C0-CDF-814

Nationalatlas Bundesrepublik Deutschland – Verkehr und Kommunikation

Nationalatlas Bundesrepublik Deutschland

1. **Gesellschaft und Staat**
2. Relief, Boden und Wasser
3. Klima, Pflanzen- und Tierwelt
4. Bevölkerung
5. Dörfer und Städte
6. Bildung und Kultur
7. Arbeit und Lebensstandard
8. Unternehmen und Märkte
9. **Verkehr und Kommunikation**
10. **Freizeit und Tourismus**
11. Deutschland in der Welt
12. Deutschland im Überblick

Registerband

Diese Reihenfolge entspricht nicht der Erscheinungsreihenfolge. Das Gesamtwerk soll bis zum Jahre 2004 abgeschlossen sein; Informationen über die geplanten Erscheinungstermine der einzelnen Bände erhalten Sie beim Verlag. Markierte Titel sind lieferbar.

Dieser Band wurde ermöglicht durch Projektförderung des Bundesministeriums für Verkehr, Bau- und Wohnungswesen.

Institut für Länderkunde, Leipzig (Hrsg.)

Nationalatlas Bundesrepublik Deutschland

Verkehr und Kommunikation

Mitherausgegeben von Jürgen Deiters, Peter Gräf und Günter Löffler

Spektrum Akademischer Verlag Heidelberg · Berlin

Die Deutsche Bibliothek – CIP-Einheitsaufnahme

Nationalatlas Bundesrepublik Deutschland / Institut für Länderkunde, Leipzig (Hrsg.). [Projektleitung: A. Mayr ; S. Tzschaschel. Trägerges.: Deutsche Gesellschaft für Geographie ... Kartographie: K. Großer ; B. Hantzsch]. – Heidelberg ; Berlin : Spektrum, Akad. Verl.
CD-ROM-Ausg. u.d.T.: Bundesrepublik Deutschland Nationalatlas

Bd. 9. Verkehr und Kommunikation / mithrsg. von J. Deiters ... – 2001
ISBN 3-8274-0941-1

Nationalatlas Bundesrepublik Deutschland
Herausgeber: Institut für Länderkunde, Leipzig
Schongauerstr. 9
D-04329 Leipzig
Mitglied der Wissenschaftsgemeinschaft Gottfried Wilhelm Leibniz

Verkehr und Kommunikation
Mitherausgegeben von
Jürgen Deiters, Peter Gräf und Günter Löffler

Nationalatlas Bundesrepublik Deutschland
Projektleitung: Prof. Dr. A. Mayr, Dr. S. Tzschaschel
Lektorat: S. Tzschaschel
Redaktion: V. Bode, K. Großer, D. Hänsgen, C. Lambrecht, A. Mayr, S. Tzschaschel
Kartographie: K. Großer, B. Hantzsch
Umschlag- und Layoutgestaltung: WSP Design, Heidelberg
Satz und Gesamtgestaltung: J. Rohland
Druck und Verarbeitung: Editoriale Bortolazzi-Stei, Verona

Umschlagfotos: PhotoDisc Volume 39/69

Geleitwort

Verkehr und Kommunikation verbinden, der Raum trennt. Das Gleichgewicht zwischen Verharren und Bewegung scheint sich in der zusammenwachsenden Welt stetig zu Gunsten von Verkehr und Mobilität zu verschieben. In einer Zeit, in der die räumliche Verortung immer mehr an Gewicht verliert, erfüllt das vorliegende Atlaswerk die wichtigste Aufgabe, Wissen über Verkehrsinfrastruktur und -abläufe wieder in seinen vielfältigen räumlichen Kontext zu stellen. Ein umfassendes Bild über das Thema Verkehr und Kommunikation, dem sich dieser Band widmet, erscheint aus zweierlei Gründen als Herausforderung: Zum einen erschöpft sich die Darstellung von modernem Verkehr nicht mehr allein auf die Abbildung von Infrastruktur, d.h. auch Sachverhalte wie z.B. Erreichbarkeit oder Logistik müssen neben dem physisch fassbaren Verkehr näher betrachtet werden, zum anderen steht das Thema Kommunikation, insbesondere wenn es sich um die Kommunikation im Rahmen neuer Informations- und Kommunikationstechniken handelt, in einem zunehmend ambivalenten Verhältnis zum Verkehr.

An den Themenfeldern Telematik und E-Commerce wird dies besonders deutlich. Mit dem Einsatz von Telematik möchten wir Verkehrsprobleme bewältigen, indem wir sie besser steuern und die Infrastruktur optimal ausnutzen; gleichzeitig schaffen wir die Voraussetzungen für mehr Kostengerechtigkeit (entfernungsabhängige Nutzungsentgelte). Internet und E-Commerce bedeuten für den Verkehrsbereich aufgrund veränderter Verteilverkehre und Lieferströme neue Herausforderungen, wobei letztlich noch nicht feststeht, ob als Folge das Verkehrswachstum noch verstärkt wird oder eher ein umgekehrter Effekt eintritt; hier müssen die physische und die nicht physische Kommunikation ihren Ausgleich und ihre Ergänzung noch finden. Jedenfalls hatte seinerzeit die Einführung des Telefons nicht den prognostizierten Einbruch bei der Briefpost zur Folge, Ähnliches gilt für Videokonferenzen im Hinblick auf den Geschäftsreiseverkehr. Gleichzeitig bieten Internet und E-Commerce Chancen für die Bewältigung der Probleme und die Schaffung neuer qualifizierter Arbeitsplätze im Verkehrsbereich.

Transport und Mobilität sind kein Selbstzweck, sondern dienen den wirtschaftlichen, sozialen und kulturellen Bedürfnissen unserer Gesellschaft. In diesem Zusammenhang darf auch die Altersentwicklung der Bevölkerung nicht außer Betracht bleiben. Es ist zu erwarten, dass der Anteil von alten Menschen an der Gesamtbevölkerung stark ansteigt. Da alte Menschen weniger körperlich mobil sind, wird z.B. E-Commerce einen wichtigen Stellenwert bei der Bewältigung ihres Alltags einnehmen, aber auch die Absicherung von Mobilität über ausreichende öffentliche Verkehrsangebote im Nah- und Fernverkehr wird noch wichtiger werden.

Die Beförderung von Personen, Gütern und Informationen hat in einer immer mehr globalisierten Gesellschaft einen besonders hohen Stellenwert. Sie macht Globalisierung überhaupt erst möglich, der Staat und die Staatengemeinschaft haben den Mobilitätsbedürfnissen von Wirtschaft und Gesellschaft im Rahmen demokratischer Entscheidungsprozesse unter ökonomischen, sozialen und ökologischen Aspekten Rechnung zu tragen. In Infrastrukturen und deren Zugangs- und Zuzugsregeln schlägt sich staatliches Handeln nieder, aber auch in Qualitäten, Verfügbarkeiten und Teilhabemöglichkeiten für Personen und Unternehmen. Vor dem Hintergrund steigender Kosten bei gleichzeitiger Notwendigkeit zur Einsparung werden staatliche Handlungsspielräume zunehmend enger und damit auch die Möglichkeiten, den erforderlichen Infrastrukturausbau ausschließlich steuerfinanziert vorzunehmen. Aus diesem Grund, aber auch im Sinne einer generellen Effizienzsteigerung findet derzeit in vielfältigen Varianten eine breite Diskussion über Finanzierung, Bau und Betrieb verkehrlicher Infrastrukturen statt. Gleichzeitig streben wir mit Nachdruck eine intelligente Vernetzung bestehender Infrastrukturen an, im Verkehrsbereich umschrieben insbesondere mit den Stichworten Logistik und Mobilitätsmanagement.

Der vorliegende Atlasband ermöglicht es Fachleuten ebenso wie einem breiten Publikum, Wissenswertes über Verkehr und Kommunikation auf der Grundlage neuester Daten über das Medium der kartographischen Darstellung zu erfahren und Zusammenhänge besser zu verstehen. Dies wird die Kreativität bei der Lösung der vielfältigen Probleme fördern. Der Vorteil kartographischer Darstellung liegt darin, komplexe Massenphänomene, wie z.B. Verkehr und Kommunikation, in ihren Erscheinungsformen perspektivisch und selektiv zu verdichten und gleichzeitig räumlich festzumachen und damit dem Betrachter ein räumliches Vergleichswissen und Kenntnisse über alternative Modelle von verkehrlichen Aktivitäten zu vermitteln. Vermutungen und Meinungen können dadurch bestätigt oder widerlegt, eventuelle Vorurteile korrigiert werden.

Im Wissen um die weiter bestehende Fülle von Herausforderungen im Verkehrsbereich möchte ich dennoch nicht ohne Genugtuung auf die Aufbauleistung bei der Verkehrs- und Informationsinfrastruktur im Rahmen des vereinigten Deutschlands hinweisen. Trotz der verbreiteten Klage über die Sparzwänge ist festzustellen, dass der heute erreichte Ausbaustand der Verkehrs- und Informationsinfrastruktur nicht ohne funktionierende, lernwillige und lernfähige Verwaltungen hätte geleistet werden können. Dies wird als

gemeinsame Aufbauleistung manchmal zu schnell vergessen, kann aber gerade in dem hier vorliegenden Themenatlas in seinem Ergebnis nachvollzogen werden. Auch gemeinsam gemeisterte Probleme und Herausforderungen sind ein Teil der Deutschen Einheit und sollten solidarisieren.

Ich wünsche dem Nationalatlas die ihm gebührende öffentliche Aufmerksamkeit und eine zahlreiche Nutzerschar. Dank und Anerkennung gebühren dem Herausgeber, dem Institut für Länderkunde in Leipzig mit seinem Institutsleiter Professor Dr. Alois Mayr, und dem Herausgeber- und Autorenteam für ihren langen Atem bei der Verwirklichung des Gesamtvorhabens Nationalatlas Bundesrepublik Deutschland.

Berlin, im November 2000

Kurt Bodewig
Bundesminister für Verkehr, Bau- und Wohnungswesen

Abkürzungsverzeichnis

Zeichenerläuterung

- ❶ Verweis auf Abbildung/Karte
- ▶▶ Verweis auf anderen Beitrag
- → Hinweis auf Folgeseiten
- ▶ Verweis auf blauen Erläuterungsblock

Allgemeine Abkürzungen

Abb. – Abbildung
BBR – Bundesamt für Bauwesen und Raumordnung
BIP – Bruttoinlandsprodukt
BRD – Bundesrepublik Deutschland
bspw. – beispielsweise
bzw. – beziehungsweise
ca. – cirka, ungefähr
DDR – Deutsche Demokratische Republik
DM – Deutsche Mark
dtsch. – deutsch
dzt. – derzeit
einschl. – einschließlich
engl. – englisch
etc. – et cetera, und so weiter
EU – Europäische Union
Ew. – Einwohner
franz. – französisch
ggf. – gegebenenfalls
GIS – Geographisches Informationssystem
h – Stunde
Hrsg. – Herausgeber
i.d.R. – in der Regel
i.e.S. – im eigentlichen Sinn
IfL – Institut für Länderkunde
inkl. – inklusive
J. – Jahr/e
Jh./Jhs. – Jahrhundert/s
Kfz – Kraftfahrzeug
km – Kilometer
k.A. – keine Angabe (bei Daten)
lat. – lateinisch
m – Meter
Max./max. – Maximum/maximal
Med./med. – Medizin/medizinisch
Min./min. – Minimum/minimal
mind. – mindestens
Mio. – Millionen
MOE – Mittel- und Osteuropa
Mrd. – Milliarden
N – Norden
n.Ch. – nach Christus
O – Osten
o.g. – oben genannt/e/r
ÖPNV – Öffentlicher Personennahverkehr
p.a. – *per annum*, je Jahr
Pkw – Personenkraftwagen
rd. – rund
s – Sekunde
s. – siehe
S – Süden
sog. – sogenannte/r/s
Tsd. – Tausend
u.s.w. – und so weiter
u.a. – und andere
u.U. – unter Umständen
v.a. – vor allem
W – Westen
z.B. – zum Beispiel
z.T. – zum Teil

Abkürzungen in diesem Band

BAB – Bundesautobahn
BauNVA – Baunutzungsverordnung
BMVBW – Bundesministerium für Verkehr, Bauwesen und Wohnungsbau
BVWP – Bundesverkehrswegeplan
DB – Deutsche Bahn
Gbit – Gigabit = 1024 Mbit
GVZ – Güterverkehrszentrum
HUK – Haftpflicht-Unterstützungs-Kasse kraftfahrender Beamter Deutschlands
ICE – Intercity Express
IuK – Information und Kommunikation
ISDN – Integrated Services Digital Network
IV – Individualverkehr
JIT – Just-in-Time (Produktion)
kbit – Kilobit = 1024 Bit
KLV – kombinierter Ladeverkehr
Lkw – Lastkraftwagen
Mbit – Megabit = 1024 kbit
MIV – motorisierter Individualverkehr
MKRO – Ministerkonferenz für Raumordnung
ÖPNV – Öffentlicher Personennahverkehr
ÖSPV – Öffentlicher Straßenpersonenverkehr
ÖV – öffentlicher Verkehr
Pkm – Personenkilometer
ppm – *engl.* parts per million, Teile pro Million
reg. – regiert
ROG – Raumordnungsgesetz
SED – Sozialistische Einheitspartei Deutschlands
SPNV – Schienenpersonennahverkehr
StVO – Straßenverkehrsordnung
TEE – Transeuropa-Express
tkm – Tonnenkilometer
TeraByte – 8 x 1024 Gbit

Für Abkürzungen von geographischen Namen – Kreis- und Länderbezeichnungen, die in den Karten verwendet werden – siehe Verzeichnis im Anhang.

Inhaltsverzeichnis

In der hinteren Umschlagklappe finden Sie Folienkarten zum Auflegen auf die Atlaskarten zur administrativen Gliederung der Bundesrepublik Deutschland (Gebietsstand 1997) mit Grenzen und Namen der Kreise in den Maßstäben 1:2,75 Mio., 1:3,75 Mio., 1:5 Mio. und 1:6 Mio. sowie zur Gliederung nach Reisegebieten, ebenfalls im Maßstab 1:2,75 Mio.

Vorwort des Herausgebers

Wie schnell wird das Alltägliche zur Selbstverständlichkeit! Noch in der Jugend unserer Großeltern war Reisen beschwerlich und Kommunikation über größere Distanzen hinweg nur auf dem langwierigen Postweg möglich, Telefongespräche waren besonderen Anlässen vorbehalten. Heute ist kaum eine Aktivität außer Haus ohne das Zurücklegen von Wegen und ohne schnelle und effiziente Verkehrsmittel vorstellbar. Die Stätten für Arbeit und Einkauf, Freizeit und Bildung befinden sich selten in unmittelbarer Nähe der Akteure, häufig nicht einmal am Wohnort. Der Alltag besteht aus unzähligen Verkehrswegen und einem beständigen Wechsel der Rolle jedes Einzelnen im Verkehrsgeschehen – als Fußgänger, Radfahrer, Autofahrer oder Fahrgast in Bus, Straßenbahn, Eisenbahn oder Flugzeug.

Aber nicht nur wir bewegen uns ständig von einem Ort zum anderen. Gleichzeitig werden Güter und Konsumartikel zu Produktions- und Distributionsorten bzw. zum Verbraucher gebracht. Gigantische Materialmassen werden tagtäglich über Straßen, Schienen, Wasserwege und durch die Luft transportiert, bis z.B. Rohstoffe aus China in der Fabrik in Ludwigshafen oder Äpfel aus Chile im Supermarkt in Cottbus sind.

Der Personen- und der Güterverkehr sind eine wichtige Basis für Produktion und Konsum. Auf der anderen Seite erzeugen die Arbeitsteilung, aber auch die Konzentrationsprozesse, zum Beispiel im Einzelhandel, neue Verkehrsströme. Räumliche Trennung macht Informationsübermittlung notwendig, im Privaten wie auch in der Wirtschaft. Doch während früher die Kommunikation ausschließlich dadurch zustande kam, dass sich einer der Partner zu dem anderen begab bzw. stellvertretend einen Boten oder eine Postkutsche mit einer Botschaft bzw. einem Brief schickte, hat sie inzwischen ganz andere Dimensionen erlangt. Um sich mitzuteilen oder zu informieren, kann man heute vielfältige Medien benutzen, vom schon klassisch zu nennenden Telefon über das Internet hin zu den neuen Mobilkommunikationsformen, die sich in rasanter Geschwindigkeit weiterentwickeln. Die Übermittlung von großen Datenmengen in Sekundenschnelle hat dem Verkehr eine neue, fast immaterielle Dimension gegeben, die die herkömmlichen Maße für Raum und Zeit obsolet erscheinen lässt. Mit den neuen Technologien verbindet sich sogar die Möglichkeit, die stark frequentierte Verkehrsinfrastruktur zu entlasten, denn sie helfen in vielen Fällen, Wege einzusparen, sei es durch Verkehrsleitsysteme, durch Telearbeitsplätze, durch Logistik im Speditionsgewerbe oder durch Videokonferenzen.

Die Beschäftigung mit Fragen des Verkehrs und der Kommunikation gehören zwar seit jeher zu den Inhalten der Anthropogeographie, wurden jedoch als „Verkehrsgeographie" und „raumbezogene Kommunikationsforschung" erst in den letzten Jahren durch Arbeitskreise der Deutschen Gesellschaft für Geographie thematisiert. Etliche Mitglieder dieser Arbeitskreise haben an dem vorliegenden Atlasband mitgewirkt. Sie wollen damit auch mehr Aufmerksamkeit und Anerkennung für ihr Spezialgebiet innerhalb der *Scientific Community* wecken. Damit ist sowohl das eigene Fach angesprochen wie auch eine interdisziplinäre Öffnung gemeint. Der Atlasband will einen fachspezifischen, explizit raumbezogenen Beitrag zu den weiten Feldern der Verkehrswissenschaft, -planung und -politik, in dem auch Soziologen, Psychologen, Ökonomen, Bauingenieure u.a. tätig sind, sowie zur Informations- und Kommunikationsforschung leisten.

Der Band wurde mit Projektmitteln des Bundesministeriums für Verkehr, Bauwesen und Wohnungsbau finanziert, dem hiermit ausdrücklich gedankt sei. Zusammen mit den drei Mitherausgebern und 44 Autoren hoffen wir, dass der Atlas nicht nur eine anschauliche und aktuelle Zusammenstellung der wichtigsten Themen aus dem Verkehrs- und Kommunikationsbereich gibt, sondern dass einige der Beiträge auch neue Perspektiven aufzeigen.

Die 47 Beiträge sind in fünf Themenblöcke gruppiert, die sich 1. mit Netzen und Knotenpunkten als Elementen der Verkehrs- und Kommunikationsinfrastruktur befassen, 2. und 3. den Personen- und den Güterverkehr mit ihren speziellen Standorten und Verflechtungen behandeln, sich 4. der Telekommunikation und den Massenmedien widmen und schließlich 5. Auswirkungen auf Gesellschaft, Wirtschaft, Raum und Umwelt thematisieren.

Es wurde versucht, in jedem Kapitel die wichtigsten Gesichtspunkte zu behandeln und Beispiele für besonders aktuelle und innovative Themen auszusuchen, dennoch musste eine ganze Reihe von interessanten Aspekten unberücksichtigt bleiben oder konnten nur randlich erwähnt werden. So kommen beispielsweise die Fußgänger und die Radfahrer zu kurz, obwohl sie als Verkehrsteilnehmer eine nicht unerhebliche Gruppe ausmachen. Die Dimension ihrer Wege lässt sich bundesweit nur in aggregierten Statistiken darstellen. Allerdings gibt es auch für Fußgänger und Radfahrer eine auf nationalem Maßstab darstellbare Infrastruktur, nämlich die Fernwanderwege und die Radfernwanderwege. Mit diesen befasst sich ein Beitrag im Atlasband „Freizeit und Tourismus" (Band 10).

Außer Acht gelassen wurden auch im Bereich Güterverkehr die flüssigen Stoffe und Gase, die durch Rohrfernleitungssysteme transportiert werden und ein ganz eigenes, meist unterirdisches Leitungsnetz über oft große Strecken haben. Dieser Güterverkehr fällt im Alltag wenig ins Auge, spielt aber für die Grundversorgung der Bevölkerung mit Energie eine wichtige Rolle, weshalb er hier zumindest erwähnt werden soll. Der Rohrleitungstransport mit den nachgeschalteten Produktionsstandorten wird im Band 8 (Unternehmen und Märkte) ausführlicher behandelt.

Schließlich seien einige Bemerkungen über das besondere Verhältnis der Kartographie zu den Themen Verkehr und Kommunikation angefügt. Verkehr ist Bewegung. Bewegung aber lässt sich in der ihrer Natur nach statischen Karte nicht unmittelbar, sondern nur in abstrakter Form darstellen. Anders auf dem Computerbildschirm, auf dem die Animation von Grafik, also auch von Karten sichtbar gemacht werden kann. Mitunter ist jedoch gerade das Abstrakte anschaulich. Grafik und Kartographie halten hierfür geeignete Gestaltungslösungen und Darstellungsmethoden bereit. Die Abstraktion beginnt bei der Wiedergabe der Verkehrswege, die sich zu Netzen zusammenschließen. Manchmal sind diese so stark generalisiert, dass sie schematischen Charakter annehmen. Um die Bewegung auf diesen Trassen zu veranschaulichen, bedient sich der Kartograph der Pfeile und Bänder, die die qualitative Aussage der Bewegung von A nach B mit der quantitativen über Fahrtenhäufigkeiten, Belastungen oder Transportvolumen verbinden, während andere Sachverhalte und besonders die gewaltigen Veränderungen, die sich in Verkehr und Kommunikation in den letzten Jahrzehnten vollzogen haben, am besten in Diagrammen dargestellt werden.

Nicht zuletzt wollen wir wie immer all denen danken, die es möglich gemacht haben, dass dieser Band in so kurzer Zeit und mit so umfassendem Material erscheinen konnte. Dank gebührt – neben den vielen Autoren, Mitarbeitern, Beratern und Datenlieferanten – auch diesmal wieder besonders dem Bundesamt für Bauwesen und Raumordnung für die selbstlose Überlassung von Daten und Forschungsgrundlagen sowie dem Statistischen Bundesamt und dem Bundesamt für Kartographie und Geodäsie für ihre schnelle und konstruktive Mitarbeit.

Das Institut für Länderkunde freut sich, mit diesem dritten Band einen weiteren wichtigen Schritt in der Realisierung des Nationalatlas Bundesrepublik Deutschland zu vollziehen und dem interessierten Publikum ein informatives, aktuelles und repräsentatives Werk überreichen zu können.

Leipzig, im November 2000

Alois Mayr
(Projektleitung)
Sabine Tzschaschel
(Projektleitung und Gesamtredaktion)
Konrad Großer
(Kartenredaktion)
Christian Lambrecht
(elektronische Ausgabe)

Deutschland auf einen Blick

Dirk Hänsgen, Birgit Hantzsch, Uwe Hein

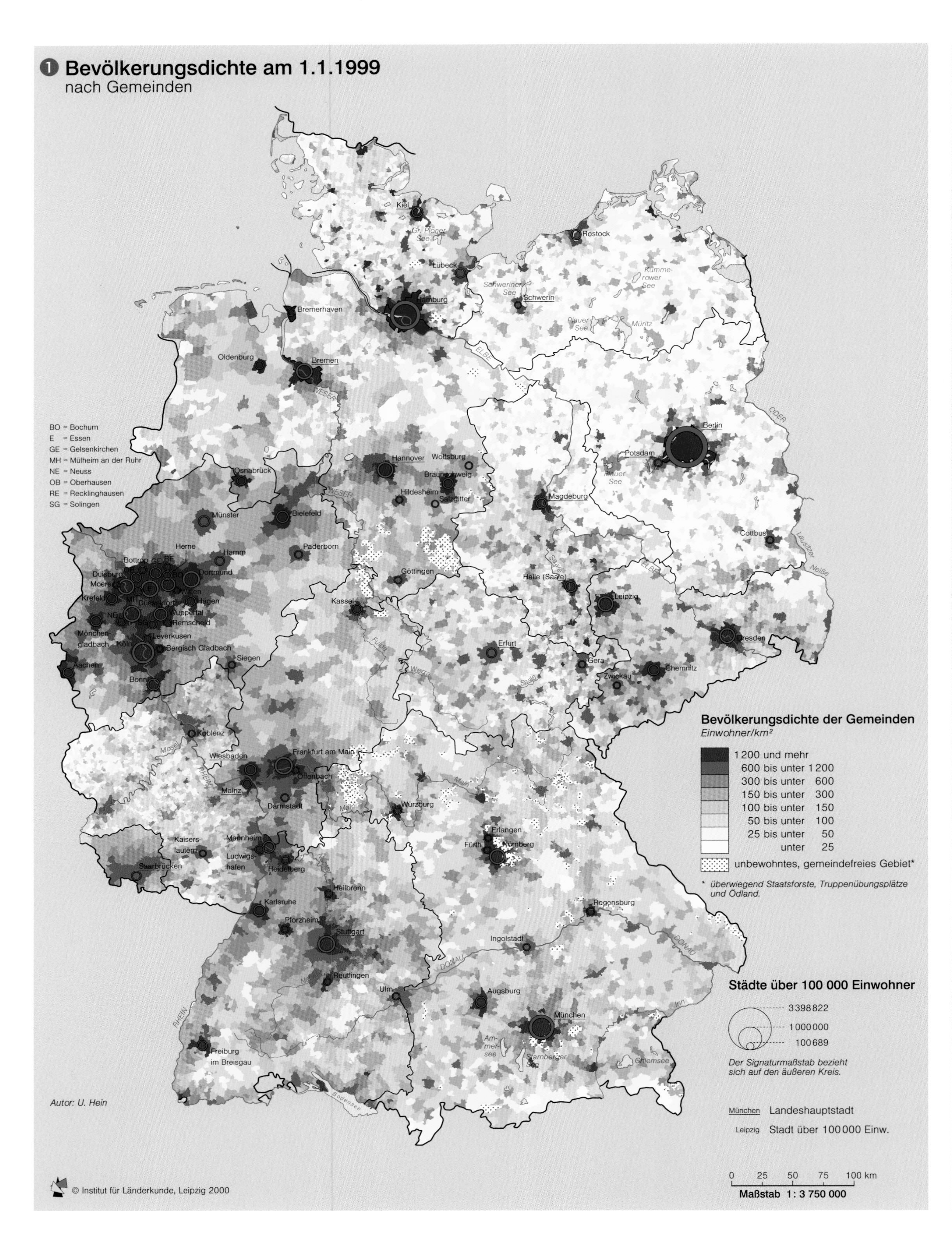

Deutschland liegt in Mitteleuropa, hat ein kompakt geformtes Territorium mit einer Fläche von 357.022 km² und grenzt an neun andere Staaten.

- **Gemeinsame Grenzen mit anderen Ländern:** Dänemark (67 km), Niederlande (567 km), Belgien (156 km), Luxemburg (135 km), Frankreich (448 km), Schweiz (316 km), Österreich (816 km), Tschechische Republik (811 km), Polen (442 km),
- **Äußerste Grenzpunkte (Gemeinden):** List (SH) 55°03'33"N / 8°24'44"E, Oberstdorf (BY) 47° 16'15"N / 10°10'46"E, Selfkant (NW) 51°03'09"N / 5°52'01"E, Deschka (SN) 51°16'22"N / 15°02'37"E,
- **N-S-Linie der Grenzpunkte:** 876 km,
- **W-O-Linie der Grenzpunkte:** 640 km.

Gliederung des Staatsgebiets

Das Bundesgebiet gliedert sich in verschiedene Gebietskörperschaften. Die föderative Struktur der 16 Länder trägt den regionalen Besonderheiten Deutschlands Rechnung. Die 323 Landkreise/ Kreise, 117 kreisfreien Städte/Stadtkreise und 14.197 Gemeinden bilden die Basis der verwaltungsräumlichen Gliederung (Stand 1997).

Landesnatur

Die landschaftliche Großgliederung ❷ Deutschlands ordnet sich in die für Mitteleuropa typischen Großlandschaften: Tiefland, Mittel- und Hochgebirge. Im Norden befindet sich das *Norddeutsche Tiefland*. Eine besondere Differenzierung erfährt die Mittelgebirgslandschaft durch das *Südwestdeutsche Schichtstufenland* und den *Oberrheingraben*. Im Süden stellt das *Süddeutsche Alpenvorland* den Übergang zu der Hochgebirgsregion der *deutschen Alpen* dar.

- **Höchste Erhebungen:** Zugspitze (2.962 m), Hochwanner (2.746 m), Höllentalspitze (2.745m), Watzmann (2.713 m)
- **Längste Flussabschnitte:** Rhein (865 km), Elbe (700 km), Donau (647 km), Main (524 km), Weser (440 km), Saale (427 km)
- **Größte Seen:** Bodensee (571,5 km²), Müritz (110,3 km²), Chiemsee (79,9 km²), Schweriner See (60,6 km²)
- **Größte Inseln:** Rügen (930 km²), Usedom (373 km²), Fehmarn (185,4 km²), Sylt (99,2 km²)

Bevölkerung, Siedlung, Flächennutzung

Auf der Fläche Deutschlands leben im Jahr 2000 rund 82 Mio. Menschen, bei einer mittleren Bevölkerungsdichte von 230 Ew./km². Die reale Verteilung ❶ weist ein ausgeprägtes West-Ost-Gefälle auf. Die Siedlungs- und Verkehrsfläche beansprucht 12% des Territoriums. Die größten Flächenanteile entfallen auf die Landwirtschaftsfläche (54%) und die Waldfläche (29%).

- **Höchste und niedrigste Bevölkerungsdichte** (Kreise)**:** kreisfreie Stadt München (3917 Ew./km²) , Landkreis Müritz (41 Ew./km²),
- **Größte Städte:** Berlin (3,4 Mio. Ew.), Hamburg (1,7 Mio. Ew.), München (1,2 Mio. Ew.), Köln (0,96 Mio. Ew.).

2
Geographische Übersicht
NORDSEE
Deutsche Bucht
Helgoländer Bucht
HELGOLAND
OSTFRIESISCHE INSELN
NORDFRIESISCHE INSELN
DÄNEMARK
OSTSEE
Kieler Bucht
Mecklenburger Bucht
Lübecker Bucht
Pommersche Bucht
FEHMARN
RÜGEN
DARSS
USEDOM
NORDFRIESLAND
ANGELN
STORMARN
OSTFRIESLAND
EMSLAND
LÜNEBURGER HEIDE
ALTMARK
HAVELLAND
MECKLENBURGISCHE SEENPLATTE
VORPOMMERN
UCKERMARK
MÜNSTERLAND
TEUTOBURGER WALD
WESERBERGLAND
HARZ
FLÄMING
SPREEWALD
LEIPZIGER TIEFLANDSBUCHT
THÜRINGER BECKEN
SAUERLAND
ROTHAARGEBIRGE
KÖLNER BUCHT
RHEINISCHES SCHIEFERGEBIRGE
EIFEL
HUNSRÜCK
TAUNUS
WESTERWALD
VOGELSBERG
RHÖN
SPESSART
ODENWALD
PFÄLZERWALD
THÜRINGER WALD
FRANKENWALD
FICHTELGEBIRGE
VOGTLAND
ERZGEBIRGE
LAUSITZER BERGLAND
SÄCHS. SCHWEIZ
FRÄNKISCHE ALB
OBERPFÄLZER WALD
BAYERISCHER WALD
SCHWÄBISCHE ALB
SCHWARZWALD
ALLGÄU
BAYERISCHE ALPEN
NIEDERLANDE
BELGIEN
LUX.
FRANKREICH
SCHWEIZ
ÖSTERREICH
TSCHECHIEN
POLEN
BERLIN
HAMBURG
MÜNCHEN
HANNOVER
Bremen
Kiel
Schwerin
Magdeburg
Potsdam
DÜSSELDORF
Wiesbaden
Mainz
Erfurt
Dresden
STUTTGART
Saarbrücken
KÖLN
ESSEN
DORTMUND
DUISBURG
FRANKFURT/M.
Leipzig
Nürnberg
Städte nach der Einwohnerzahl (Auswahl)
MÜNCHEN über 1 000 000
DORTMUND 500 000 bis 1 000 000
Magdeburg 250 000 bis 500 000
Rostock 100 000 bis 250 000
Gütersloh 50 000 bis 100 000
Stendal unter 50 000
Siedlungsfläche von Städten mit über 100 000 Einw.
BERLIN Bundeshauptstadt
Magdeburg Landeshauptstadt
Verkehr
A4 Autobahn mit Nr. (zum E-Straßennetz gehörend)
Europastraße
Eisenbahn
Kanal
Internationaler Flughafen
Seehafen (1996: > 10 Mio. t Frachtgut)
Binnenhafen (1996: > 5 Mio. t Frachtgut)
Landhöhen (in m)
2500 bis 3000
2000 bis 2500
1500 bis 2000
1000 bis 1500
500 bis 1000
200 bis 500
100 bis 200
0 bis 100
Depression
2713 Höhenangabe
HARZ Gebirge, Landschaft, Insel
Meerestiefen (in m)
0 bis 10
10 bis 20
20 bis 40
40 bis 60
60 bis 80
unter 80
Staatsgrenze (in Flüssen nicht dargestellt)
0 25 50 75 100 km
Maßstab 1: 2 750 000

Verkehr und Kommunikation – eine Einführung

Jürgen Deiters, Peter Gräf und Günter Löffler

Verkehr und Kommunikation in historischer Perspektive

Verkehr und Kommunikation waren und sind ein wesentliches Element im menschlichen Dasein und Zusammenleben. Bereits in frühen Sammler- und Jägergesellschaften diente die Kommunikation der Koordination und Organisation des täglichen Lebens innerhalb der Familienverbände. Bei sporadischen Kontakten einzelner Gruppen waren Absprachen und Regelungen notwendig, um Konflikte weitgehend zu vermeiden. Der Erfahrungsaustausch zwischen ihnen bildete eine wesentliche Basis der Entwicklung. So wurden Nachrichten und Informationen von Gruppe zu Gruppe verbreitet. Innovationen und neue Technologien – wie der Anbau von Getreide oder später die Herstellung und Verarbeitung von Bronze – breiteten sich durch Verkehr und Kommunikation über Länder und Kontinente aus. Die mündliche Übertragung und Verbreitung von Nachrichten über aktuelle Ereignisse ist aus der Antike überliefert. 490 v. Chr. verkündete ein Bote in Athen die Nachricht vom Sieg des Miltiades über die Perser in dem 42,2 km entfernten Marathon, bevor er vor Anstrengung tot zusammenbrach.

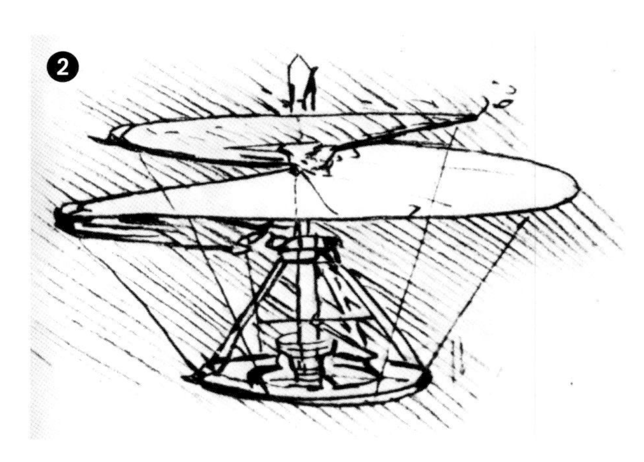

2

3

Im Mittelalter fielen Wohn- und Arbeitsstätte noch häufig zusammen, während die Versorgung der Familien mit nicht selbst erzeugten Produkten durch den Handel das Aufsuchen lokaler Märkte erforderte; oder der fahrende Händler oder Hausierer brachte die Waren an die Haustür. Die lokalen Händler ihrerseits bezogen verschiedene Waren nicht aus der Region, sondern über Kaufleute mit einem breiten Spektrum an Waren, Halbprodukten oder Rohstoffen aus dem Fernhandel.

Während Freizeit und Erholung beim überwiegenden Teil der Bevölkerung noch kaum eine Rolle spielten, erforderte der Besuch der Lateinschule (Bildung) ebenfalls das Zurücklegen eines (Schul-)Weges. Im lokalen Aktionsraum dieser Zeit wurden alle Wege überwiegend zu Fuß zurückgelegt. Im Fernhandel und bei Reisen wurden Lasttiere und Pferde- oder Ochsengespanne im Verkehr über Land sowie Schiffe zum Befahren von Flüssen, ersten Kanälen und der Meere verwendet (▶ Bild 1).

Die Neuzeit suchte nach neuen Möglichkeiten der Fortbewegung. In einigen von Leonardo da Vincis technischen Visionen spiegelt sich bereits der Wunsch der Menschen nach schnelleren und bequemeren Transportmitteln wider, wie im Fall der ca. 1510 entworfenen „Luftschraube" (▶ Bild 2). Bis zu ihrer Realisierung dauerte es jedoch bekanntlich noch mehrere Jahrhunderte. Erst mit Erfindung und Weiterentwicklung der Dampfmaschine bis zur technischen Reife durch James Watt (1781) wurde der entscheidende Schritt vollzogen, dem zahlreiche Erfindungen folgten, die in nur zwei Jahrhunderten zur völligen Umgestaltung der Verkehrs- und Kommunikationsbedingungen in der Welt führten.

Mit der Industrialisierung und den Anforderungen an den Transport von Massengütern erlebte der Schiffsverkehr einen enormen Aufschwung. Der Aus- und Neubau von Kanälen sowie von Schleusenanlagen in Flüssen und deren Regulierungen sind dafür kennzeichnend. Durch den 1895 eröffneten Kaiser-Wilhelm-Kanal zwischen Brunsbüttel und Kiel (heute Nord-Ostsee-Kanal) verkürzte sich der Seeweg zwischen Nord- und Ostsee erheblich. Mit Erfindung der Eisenbahn und dem Ausbau des Streckennetzes wurden schienengebundene Massentransporte auch auf dem Landweg möglich. Durch den Ausbau des Fernstraßennetzes seit den zwanziger Jahren gewinnt auch der Straßenverkehr allmählich an Bedeutung für den Gütertransport. Mit der Entwicklung von Luftschiff (1900) (▶ Bild 5) und Motorflugzeug (1901)

1

wurden zwar schon früh die Voraussetzungen für den Luftverkehr geschaffen, doch erreichte die zivile Nutzung des Luftverkehrs erst in der zweiten Hälfte des vergangenen Jahrhunderts Transportleistungen, die auch das Flugzeug zum Massentransportmittel werden ließen.

Der Personenverkehr gewann ebenfalls seit dem 19. Jahrhundert ständig an Bedeutung. Kamen die ersten in der Textil- und Schwerindustrie benötigten Arbeitskräfte noch aus den Standortregionen, erfolgte die Zuwanderung in die rasch wachsenden Städte in der Hochphase auch aus weiter entfernten Gebieten. Während hier die Eisenbahnen mit ihren Fernverbindungen die wachsende Nachfrage befriedigten (▶ Bild 7), erforderte die zunehmende Verstädterung und die Ausdehnung der Städte innerörtliche Transportmittel zur Überwindung der Wege. So verdoppelte sich beispielsweise zwischen 1890 und 1900 das Straßenbahnnetz (▶ Bild 6) in den Großstädten des Deutschen Reiches. Eisenbahn- und Straßenbahnlinien wurden zum Grundgerüst der Stadtentwicklung und der Siedlungstätigkeit im Umland.

In etwa zeitgleich mit der steigenden Nutzung von Lastkraftwagen zur Erschließung der Fläche im Gütertransport setzte sich der Personenkraftwagen (Pkw) als individuelles Transportmittel durch (▶ Bild 4). Mit der Entwicklung eines vergleichsweise preiswerten Pkw durch Ferdinand Porsche (1935, Prototyp des VW-Käfers) wurde der Grundstein für den Autobesitz breiter Bevölkerungsschichten gelegt. Doch erst nach dem Zusammenbruch Deutschlands 1945 fand mit dem Wiederaufbau in der Bundesrepublik eine rasante Auf-

4

Wichtige Daten zur Entwicklung

1689 baut Denis Papin einen Dampfmotor, der die Springbrunnen des Kurfürsten von Hessen betreiben soll, jedoch platzt ständig die Steigleitung
1705 Die Engländer Thomas Savery und John Cawley konstruieren die erste sicher funktionierende Dampfpumpe
1709 erfindet der Brasilianer Bartholomeu Lourenço de Gusmão den ersten Heißluftballon
1769 baut der Franzose Joseph Cugnot einen Straßendampfwagen
1781 bringt James Watt die Dampfmaschine zur technischen Reife
1801 installiert der Brite Richard Trevithick eine Hochdruckdampfmaschine in einer Kutsche. Der Wagen kann mehrere Personen mit 15 km/h befördern.
1803 Die erste Dampflokomotive, ebenfalls von Trevithick gebaut, fährt auf Eisenschienen
1808 geht das erste Dampfschiff der Welt zwischen New York und Albany in Betrieb
1825 wird zwischen Stockton und Darlington die erste Eisenbahnlinie für den Personenverkehr eröffnet
1833 richten die Göttinger Professoren Carl Friedrich Gauß und Wilhelm Eduard Weber den ersten elektrischen Telegraphen ein
1835 erste Eisenbahn in Deutschland von Nürnberg nach Fürth
1850 ca. erstes Hochrad und 1879 erstes Niederrad
1852 fährt der französische Luftfahrtpionier Henri Giffard mit seinem selbstgebauten Luftschiff 27 km weit
1863 wird die Londoner U-Bahn in Betrieb genommen
1876 Nikolaus August Otto baut den ersten Viertaktmotor
1876 Alexander Bell hält in Schottland die erste Telefonkonferenz ab
1879 führt Werner Siemens in Berlin die erste elektrische Lokomotive vor, die ihre Energie statt aus einer mitgeführten Batterie aus einer Stromschiene bezieht
1883 entwickelt Wilhelm Maybach den ersten schnelllaufenden Benzinmotor (Daimler-Motor)
1884 fährt in Richmond (Virginia, USA) die erste Straßenbahn mit Oberleitung
1885 Gottlieb Daimler meldet seinen "Reitwagen" mit einer "Gas- oder Petroleum-Kraftmaschine" an, das zugleich das erste Motorrad der Welt ist
1886 erste Benzinautos von Maybach/Daimler und Benz
1889 erste automatische Telefonvermittlung in Kansas City
1894 sendet der Italiener Guglielmo Marconi als Erster Funksignale
1894 unternimmt Otto Lilienthal seinen ersten Gleitflug
1894 wird das erste Turbinenschiff fertiggestellt
1897 stellt Rudolf Diesel seinen Motor vor
1900 Ferdinand Graf von Zeppelin schickt sein Luftschiff auf Jungfernfahrt
1901 erster Motorflug von Gustave Whitehead
1901 Autos von Daimler und Porsche in Serienfertigung
1903 erster gelenkter Motorflug von Kitty Hawk
1905 in Berlin verkehren die ersten Kraftomnibusse von Büssing
1906 Der Amerikaner Lee de Forest unternimmt erste Versuche mit der Übertragung von Sprache und Musik (Radio)
1912 Die Preußisch-Hessische Staatsbahn nimmt die erste Diesellokomotive in Betrieb
1921 In Berlin wird mit dem AVUS (Automobilverkehrs- und –übungsstraße) der Vorläufer aller Autobahnen eröffnet (heute A115)
1923 MAN stellt den ersten Lkw mit Dieselmotor vor
1927 Lindberghs Non-Stop-Flug Paris-New York
1928 erste Fernsehgeräte von Jahn Baird
1928 erfindet der Brite Frank Whittle das erste Düsentriebwerk
1933 Der „Volksempfänger" wird in Deutschland eingeführt
1935 erster VW „Käfer"
1947 erster Überschall-Flug
1950 liefert Grundig die ersten in Serie gefertigten UKW-Empfänger der Welt
1954 erstes Transistorradio der amerikanischen Fa. Regency
1959 gehen die Hovercraft-Boote in Betrieb
1960 erster Nachrichtensatellit im All
1961 stellt IBM Deutschland ein Verfahren zur Datenübertragung via Telefonleitung vor
1963 geht in Japan mit dem Shinkansen der erste Hochgeschwindigkeitszug in Betrieb. Er erreicht planmäßig 210 km/h
1966 Der US-Wissenschaftler Charles Kao verwendet erstmals ein Glasfaserkabel zur Übermittlung von Telefongesprächen
1969 Die Air France nimmt den Passagiertransport mit Überschall mit der Concorde auf
1971 Krauss-Maffei unternimmt Versuche mit einer Magnetschwebebahn
1975 ca. unternimmt die italienische Staatsbahn Versuche mit Neigetechnik-Zügen (Pendolino)
1979 Einführung der Telefaxbenutzung in der Bundesrepublik Deutschland
1981 Inbetriebnahme des planmäßigen TGV-Verkehrs zwischen Paris und Lyon bzw. Genf
1991 Beginn des Hochgeschwindigkeitsverkehrs in Deutschland
1995 Mit dem Markteintritt von großen Online-Providern (T-Online, AOL, etc.) wird das Internet kommerzialisiert und somit jedermann zugänglich

(Nach: PATURI, F. (1988): Chronik der Technik; Dortmund. © Chronik-Verlag in der Harenberg Kommunikation Verlags- und Mediengesellschaft mbH & Co KG, Dortmund)

❶ Albrecht Dürer "Auf dem Main bei Sulzfeld" am 16. Juli 1520
❷ Helikopter mit spiralförmiger Luftschraube von Leonardo da Vinci (1486-1490)
❸ Otto von Lilienthal im Flug mit einem seiner Doppeldecker-Segler um 1895
❹ Benz Patent-Motorwagen, am Steuer Karl Benz mit Josef Brecht um 1887
❺ Werbeplakat der Luftschiffbau Zeppelin GmbH (1932-1935)
❻ Berlin, Potsdamer Brücke und Potsdamer Straße um 1910
❼ Ausbesserungswerk Potsdam um 1895

wärtsentwicklung des motorisierten Individualverkehrs statt. Das politische System der DDR setzte in diesem Teil Deutschlands andere Rahmenbedingungen für die Verkehrsentwicklung.

Mit der Sesshaftigkeit und zunehmenden Differenzierung menschlicher Gesellschaften fielen deren Grundfunktionen bzw. -bedürfnisse Wohnen, Arbeiten, Versorgung, Bildung und Erholung räumlich immer stärker auseinander und erforderten zu ihrer Ausübung bzw. Wahrnehmung in wachsendem Umfang Verkehr. Nicht nur die Mobilität der Menschen, sondern auch die der Güter und Nachrichten nahm beständig zu. Regelmäßige Verkehrsvorgänge zwischen den verschiedenen Funktionsstandorten bestimmen heute den individuellen Aktionsraum eines Menschen.

Nach Überwindung des Leitbildes der autogerechten Stadt in den siebziger Jahren hat die Verkehrsforschung in Deutschland den *nichtmotorisierten* Individualverkehr (Wege zu Fuß oder mit dem Fahrrad) wieder entdeckt. Seitdem geht man – gestützt auf empirische Befunde – von einer gewissen Verhaltenskonstanz der Verkehrsmobilität aus, wonach Personen für sog. außerhäusige →

Aktivitäten im Durchschnitt drei Wege pro Tag zurücklegen und dafür – unabhängig vom Verkehrsmittel bzw. von der Verkehrsart – durchschnittlich eine Stunde aufwenden. Mit wachsendem Wohlstand (Zunahme der privaten Motorisierung) und technischem Fortschritt (Verkehrsbeschleunigung) schreitet die Trennung der Standorte zur Wahrnehmung menschlicher Grundbedürfnisse immer weiter fort; ihre Verteilungsmuster im Raum werden dabei immer komplexer. Angesichts immer größerer Reichweiten z.B. von Wochenendausflügen ist der Begriff der Naherholung mittlerweile obsolet geworden. An die Stelle der – als Planungsleitbild wieder beschworenen – „Stadt der kurzen Wege“ sind verstädterte Landschaften mit Tendenzen zur „Auflösung der Stadt“ (HESSE/SCHMITZ 1998) getreten.

Verkehrsinfrastruktur und Raumentwicklung

Die räumliche Mobilität ist an Verkehrswege als Bestandteil der im Wesentlichen linienhaft ausgeprägten Verkehrsinfrastruktur gebunden. Ausnahmen bilden der See- und Luftverkehr. Aber auch hier existieren mehr oder weniger festgelegte Korridore oder Routen für die Verbindung zwischen Quell- und Zielorten (▶▶ Beiträge Mayr, S. 82, und Nuhn, S. 96). Damit spannt die Verkehrsinfrastruktur ein Netz von Verbindungslinien zwischen Standorten im Raum (Knotenpunkten), auf denen sich Personen, Waren und Nachrichten bewegen bzw. bewegt werden. Anlage und Ausbau solcher Netze sind eng an die Entwicklung und den Einsatz neuer Verkehrstechnologien und an die Nachfrage nach Transport- bzw. Beförderungsleistungen der verschiedenen Verkehrsträger gebunden.

Heute gilt eine großräumig bedeutsame Verkehrsinfrastruktur als wichtige Voraussetzung für die regionale Wirtschaftsentwicklung. Der Ausbau „transeuropäischer Verkehrsnetze“ soll dazu beitragen, die regionalen Disparitäten in Europa zu verringern und die Kohäsion in der EU zu fördern (▶▶ Beitrag Lemke u.a., S. 42). Es besteht aber auch die Gefahr, dass das in den peripheren Regionen noch vorhandene endogene Entwicklungspotenzial von den Wirtschaftszentren aufgesogen wird. Zu dieser Frage hatte es in Deutschland Anfang der achtziger Jahre eine heftige, von LUTTER (1980) ausgelöste Kontroverse um die Auswirkungen des Autobahnbaus in strukturschwachen ländlichen Räumen gegeben, die noch heute nachwirkt.

Doch spielt die These vom wirtschaftlichen Wachstum durch eine gute Verkehrsinfrastruktur seit der Wiedervereinigung wieder eine wichtige Rolle. Der rasche Auf- und Ausbau der überregionalen Verkehrsverbindungen zwischen West- und Ostdeutschland und die Beseitigung sonstiger Engpässe in den Verkehrsnetzen sollen die Wirtschaftsansiedlung in den neuen Ländern und damit den „Aufschwung Ost“ fördern. Anhand empirischer Untersuchungen in den neuen Ländern für den Zeitraum 1991 bis 1995 konnte tatsächlich belegt werden, dass Standorte an den Verkehrsachsen bzw. mit kurzen Fahrzeiten zu Verkehrsanbindungen mehr gewerbliche Investitionen auf sich gezogen haben als andere verkehrsferne Standortbereiche. Hierbei nimmt die Nähe zu Autobahnanschlüssen eine herausragende Stellung ein (LASCHKE 1998).

Die Ausgestaltung der Verkehrsnetze, der Ausbauzustand und die Kapazität der Strecken und Knotenpunkte haben unter der Zielsetzung einer Beschleunigung des Verkehrs durch den Ausbau der Infrastruktur entscheidenden Einfluss auf die Lagegunst bzw. -ungunst von Räumen (▶▶ Beitrag Schürmann u.a., S. 124). Regionale Unterschiede der Erreichbarkeit innerhalb einzelner Verkehrssysteme geben daher einen Hinweis auf spezifische

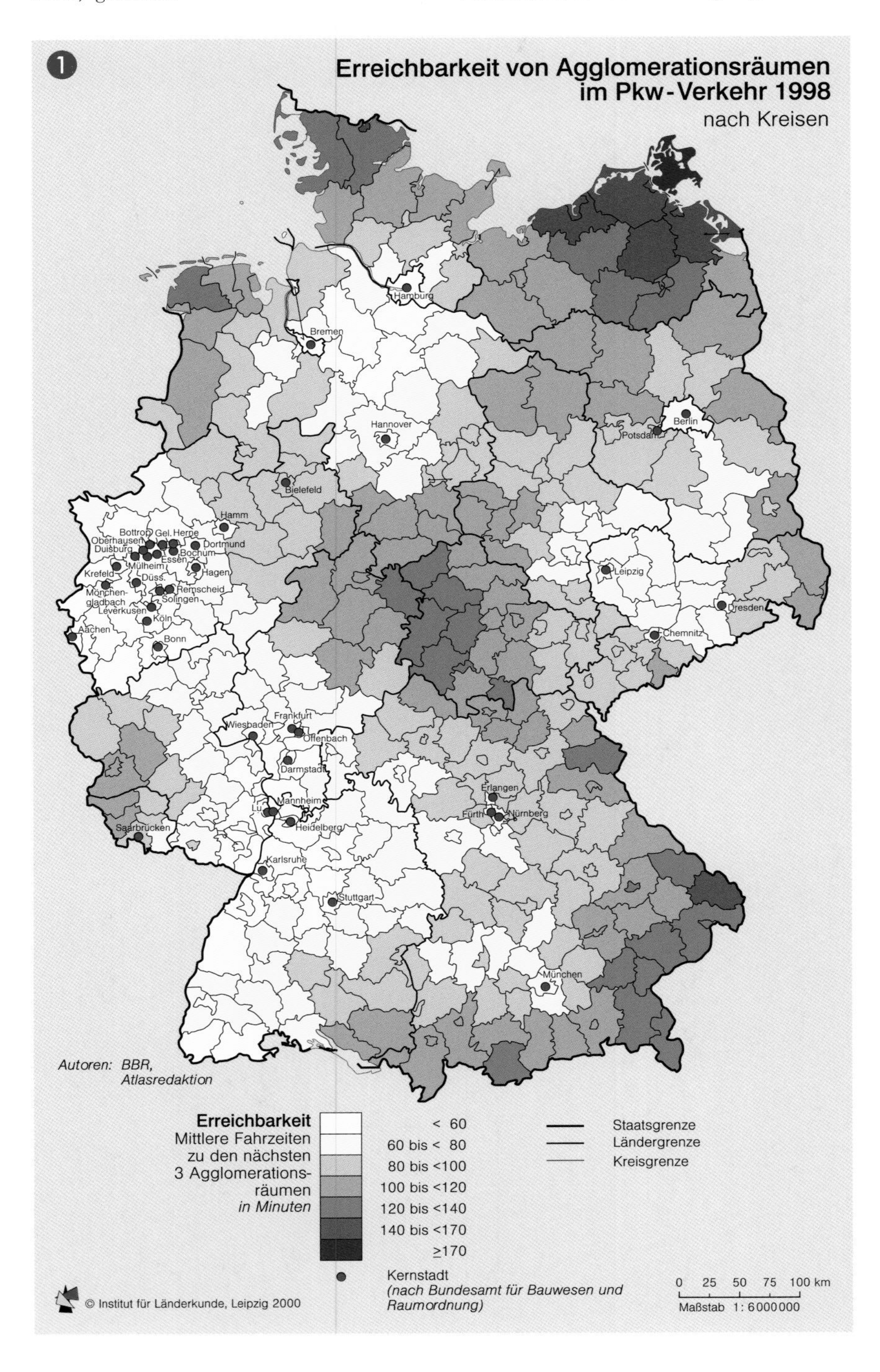

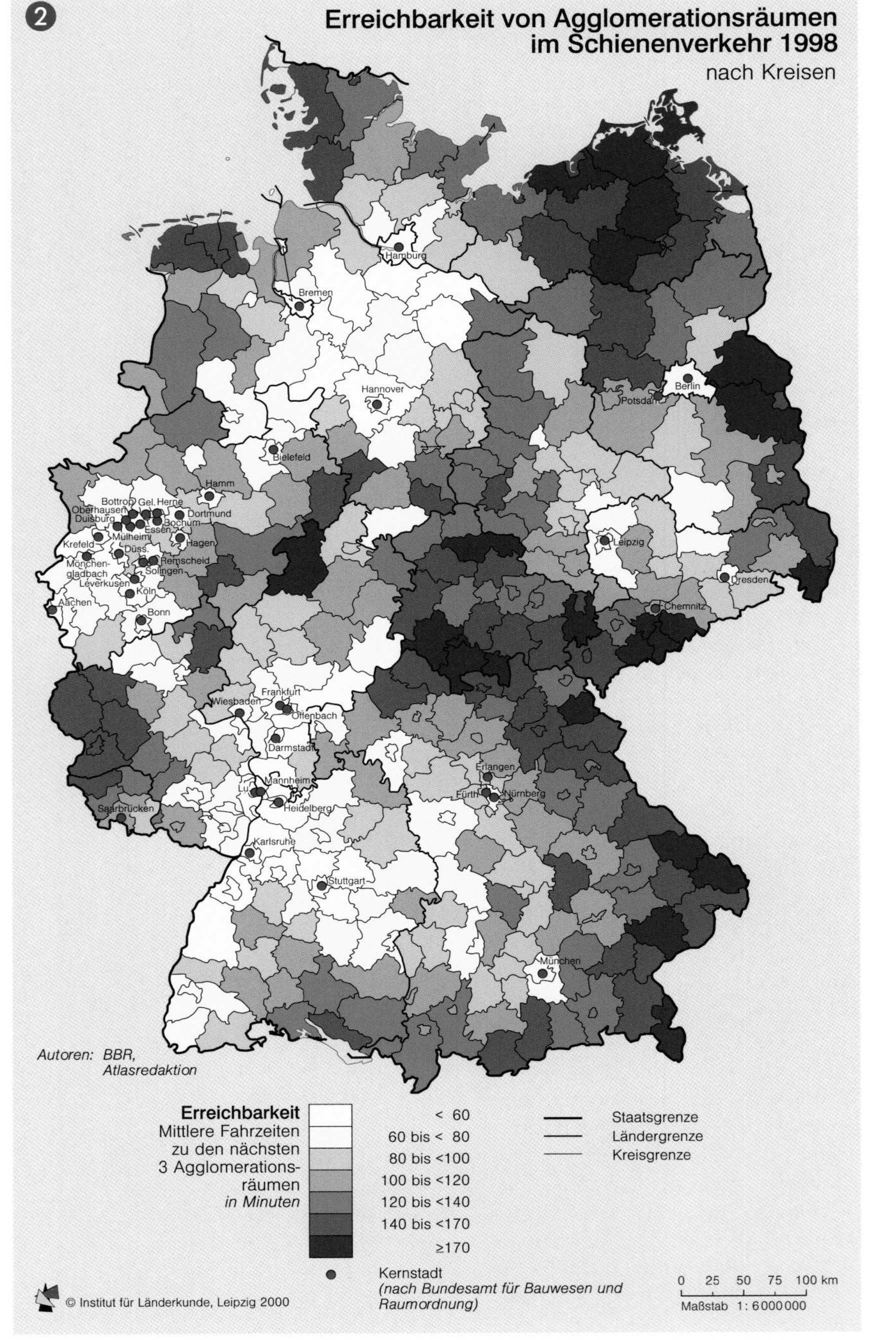

Standortnachteile und Ausbauerfordernisse der Verkehrsinfrastruktur. Bestimmt man die Lagegunst bzw. -ungunst der Kreise und kreisfreien Städte in Deutschland Mitte der neunziger Jahre anhand der durchschnittlichen Reisezeit zu den drei jeweils nächstgelegenen Agglomerationsräumen mit dem Pkw einerseits und der Bahn andererseits, so zeigen sich beträchtliche Unterschiede im Bundesgebiet ❶ ❷. Während die Agglomerationen in Nordwestdeutschland, im Rheinland und im Oberrheingebiet zumeist in einer Stunde zu erreichen sind, benötigt man in den peripheren Regionen an der Außengrenze der Bundesrepublik, vor allem aber im Nordosten (Mecklenburg-Vorpommern) und in den Grenzräumen der ehemaligen DDR, die doppelte bis dreifache Reisezeit.

Die größeren räumlichen Unterschiede in der Erreichbarkeit der Bahn rechtfertigen den vorrangigen Ausbau des Schienennetzes, zumal der Schienenverkehr auch als umweltverträglichere Alternative zum Straßenverkehr besondere Förderung verdient. Die Erreichbarkeit innerhalb bestehender und geplanter Verkehrsnetze kann daher auch als Kriterium für Investitionsentscheidungen im Verkehrswegebau herangezogen werden. Der Vergleich der Schienen- und Straßenprojekte im Rahmen der „Verkehrsprojekte Deutsche Einheit" (▶▶ Beitrag Holzhauser/Steinbach, S. 128) ist ein Beispiel dafür. Im Hinblick auf die Verkehrsmittelwahl (Verlagerung von der Straße auf die Schiene usw.) hat die Infrastrukturpolitik als reine Angebotspolitik jedoch nur eine geringe Steuerungswirkung.

Der Ausbau der Verkehrsinfrastruktur in der Bundesrepublik Deutschland lässt sich gut anhand der Brutto-Anlageinvestitionen nachvollziehen ❸. Betrachtet man den Mitteleinsatz für Verkehrsanlagen zwischen 1950 und 1990 in der früheren Bundesrepublik, wird die Dominanz des Straßenbaus besonders deutlich. Bereits 1960 kommt mit 56% mehr als die Hälfte der Investitionen in Verkehrswege und Umschlagplätze dem Straßenverkehr zugute; um 1970 lag dieser Anteil bereits bei über 70%. Während 1950 die Investitionen in die Verkehrswege der Eisenbahnen und S-Bahnen mit knapp 34% dem Volumen für Bau und Erhalt von Straßen und Brücken (35%) entsprachen, ging der Anteil der Bahn bis 1990 auf 13% der Brutto-Anlageinvestitionen zurück. Erst nach 1990 steigt der Anteil der Bahn durch die Investitionen vor allem in den neuen Ländern wiederdeutlich an (1995: 24%, 1998: 20%). Der Anteil der Investitionen in Wasserstraßen und Binnenhäfen (▶▶ Beitrag Nuhn, S. 36) halbierte sich in etwa zwischen 1950 und 1990 und nahm auch nach 1990 nicht wieder zu. Relativ am stärksten sind die Investitionen in Flughäfen von 1,4% (1950) auf 9,6% (1990, alte Länder) angewachsen.

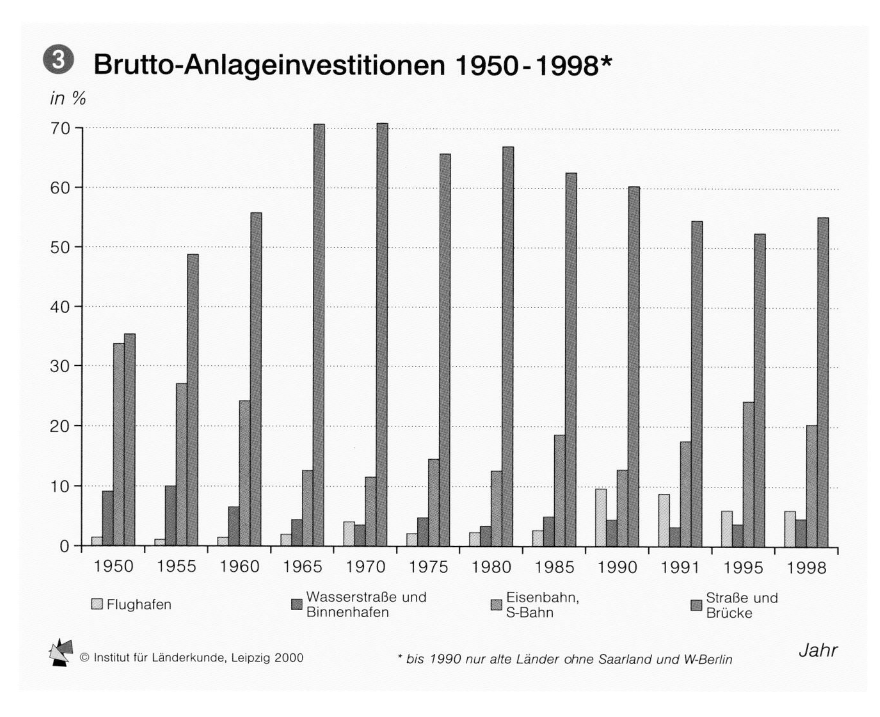

Die räumliche Differenzierung der Netzdichte der Bundesfernstraßen ❹ spiegelt im Wesentlichen die Verteilung der Bevölkerungsdichte im Bundesgebiet wider (▶▶ Beitrag: Deutschland auf einen Blick, S. 10). Auf dieser Vergleichsebene bestehen offensicht- →

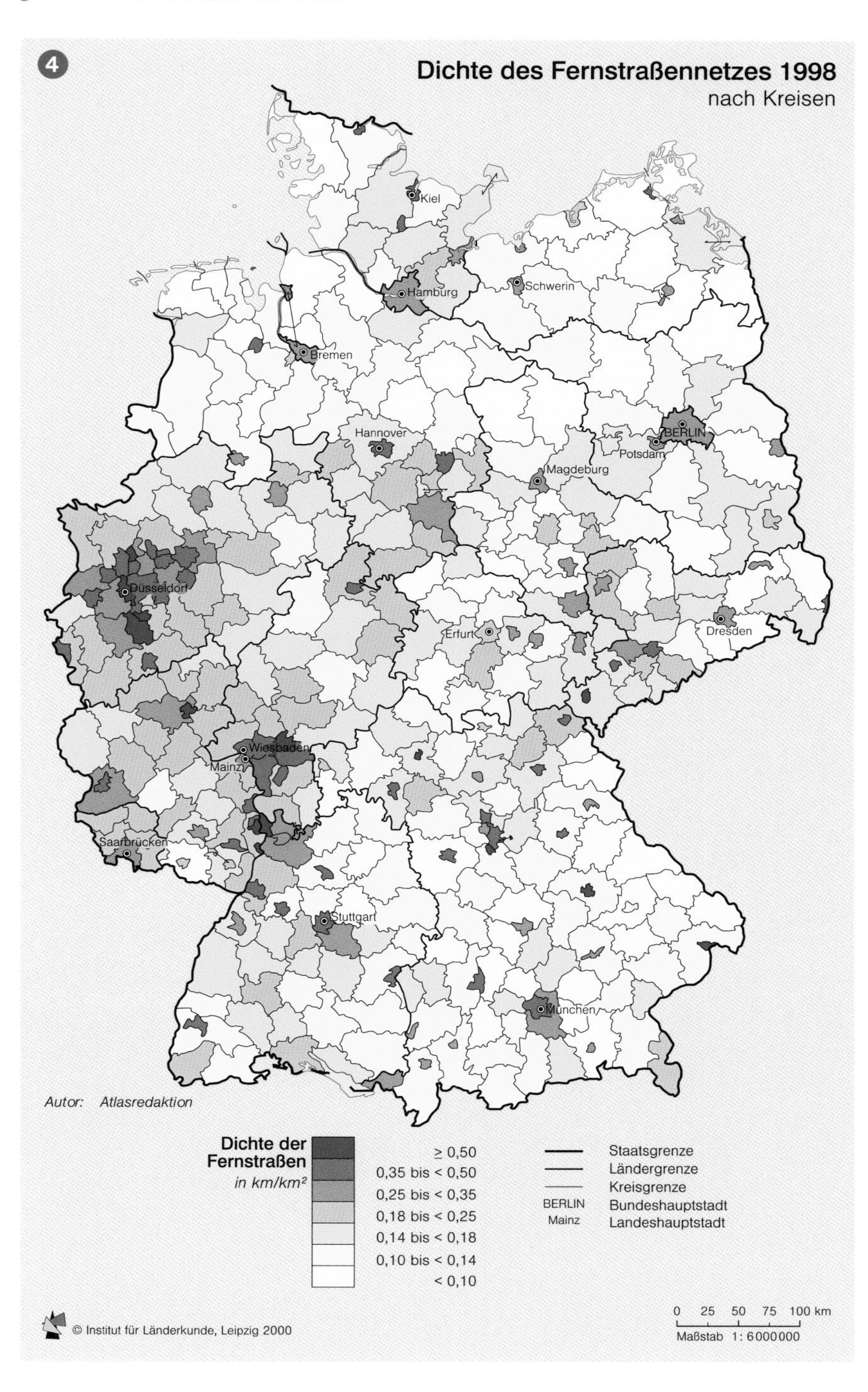

Umschlagzentrum in Bremen

lich keine Defizite in den neuen Ländern. Bemerkenswert hingegen sind die räumlichen Unterschiede der Fahrleistungsdichte im Straßennetz ❺. Es zeigt sich nämlich, dass die Verkehrsbelastungen (Fahrzeugkilometer je km²) in den ostdeutschen Kernstädten und verdichteten Umlandbereichen deutlich niedriger sind als in den alten Ländern. Die Verkehrsprobleme ostdeutscher Großstädte resultieren also nicht aus dem zu hohen Verkehrsaufkommen (das ist in westdeutschen Großstadtregionen ungleich höher), sondern aus der mangelnden Aufnahmefähigkeit des vorhandenen Straßennetzes, auf dem sich nicht selten Straßenbahn und Kraftfahrzeuge gegenseitig behindern.

Den Knotenpunkten der Netze kommt in ihrer Funktion als Umschlagplatz und „Schnittstellen" verschiedener Verkehrsträger bzw. Verkehrssysteme heute eine entscheidende Bedeutung zu. Für den Personenverkehr haben die Bahnhöfe und Flughäfen eine Neubewertung erfahren; im Güterverkehr stellen die neuen Umschlagbahnhöfe der DB, die Güterverkehrszentren, privatwirtschaftliche Distributionslager und Logistikzentren wichtige Standortpotenziale dar. Dienten solche Umschlagplätze ursprünglich allein dem Wechsel zwischen den Verkehrsarten oder dem Eintritt in das Verkehrsnetz, erweitert sich heute zunehmend ihr Funktionsspektrum. Bahnhöfe werden im Rahmen von notwendigen Sanierungen und Umbauten zu Einkaufs-, Erlebnis- und Kommunikationszentren (▶▶ Beitrag Baumgärtner, S. 46). Für den Geschäftsreiseverkehr werden an wichtigen Knotenpunkten des Eisenbahn-Fernverkehrs Sitzungs- und Besprechungsräume vorgehalten. Das Angebot an Waren und Dienstleistungen in den neuen Bahnhöfen stellt nicht mehr allein auf den Bedarf der Reisenden ab. Durch die Breite des Einzelhandels- und Dienstleistungsangebotes im neuen Bahnhof steht dieser nunmehr in Konkurrenz zur Innenstadt, wie das Beispiel Leipzig belegt.

Mit der Einführung neuer und der Reorganisation bestehender Systeme verändert sich das Standortnetz der Umschlagplätze im Güterverkehr grundlegend. Im Schienenverkehr wurden die herkömmlichen Güterbahnhöfe weitgehend aufgelassen; die Revitalisierung der brach gefallenen Verkehrsflächen eröffnet interessante städtebauliche Entwicklungsmöglichkeiten. Um dem sinkenden Transportaufkommen im Schienengüterverkehr entgegenzuwirken, weisen die verbliebenen knapp 40 Umschlagbahnhöfe der DB AG ein breites Spektrum der Umschlagsformen und Verknüpfungsmöglichkeiten auf (▶▶ Beitrag Juchelka, S. 48). Das Standortnetz der DB wird durch Umschlageinrichtungen privater Betreiber ergänzt. Idealerweise bilden Umschlagbahnhof und Güterverkehrszentrum eine integrierte Standorteinheit, um ausgehende Sendungen mit dem Lkw für den Schienenverkehr zu bündeln und eingehende Sendungen zur weiteren Verteilung in der Region von der Bahn auf den Lkw umzuschlagen. Alle dazu notwendigen Leistungen der Sortierung, Zwischenlagerung und Fahrtendisposition (Logistik) sind in solchen Einrichtungen zu erbringen. Als Schnittstellen des Fern- und Nahverkehrs mit dem Ziel, den innerstädtischen Lieferverkehr so umweltverträglich wie möglich zu gestalten, haben sich Organisationskonzepte der Stadt-Logistik bewährt (▶▶ Beitrag Eberl/Klein, S. 104).

Das seit Mitte der achtziger Jahre im Aufbau befindliche Netz von Güterverkehrszentren soll die Verlagerung des Gütertransports von der Straße auf die Schiene – unter bestimmten Voraussetzungen auch auf die Binnenschifffahrt – fördern, wenngleich der kombinierte Verkehr bisher nur in geringem Umfang zur Entlastung des Straßengüterverkehrs beitragen konnte (▶▶ Beitrag Deiters, S. 98). Doch gewinnen Güterverkehrszentren zunehmend an Bedeutung für die Standortwahl von Verkehrs- und Logistikunternehmen in Stadtregionen und tragen auf diese Weise zur Standortkonzentration der Transportwirtschaft (Zentralitätseffekt) in einem weitmaschigen Netz der „logistischen Knotenpunkte" bei (▶▶ Beitrag Nobel, S. 50). Der Stückguttransport der Bahn spielt dagegen kaum noch eine Rolle. Er wird mittlerweile überwiegend per Lkw abgewickelt. Der Paketdienst ist ebenfalls seit einigen Jahren weitgehend von der Bahn abgekoppelt. Hier sind inzwischen Postfracht- und Briefzentren errichtet worden und private Unternehmen entstanden, die eigene Distributionsnetze aufspannen (▶▶ Beitrag Juchelka, S. 52).

Verbunden mit dem Konzentrationsprozess und der Internationalisierung im Bereich der Speditions- und Logistikunternehmen kommt es im Straßengüterverkehr ebenfalls zur Herausbildung neuer, weitmaschigerer Standortnetze. Die verbleibenden Anbieter übernehmen zunehmend weitere Dienstleistungen im Umfeld des reinen Gütertransports (▶▶ Beitrag Bertram, S. 102). Insbesondere im Bereich der Distributionslogistik des Handels haben in den letzten Jahren tiefgreifende Veränderungen stattgefunden. Neben der Herausbildung weitmaschiger Standortnetze bei der Lagerhaltung übertragen Handelsunternehmen unter Ausnutzung ihrer Marktposition diese Aufgabe weitgehend auf die Produzenten, von denen die termingerechte Anlieferung der Handelsgüter in die Verkaufsstätten gefordert wird. Zahlreiche Hersteller nehmen aufgrund dieser Entwicklung daher verstärkt die Dienstleistungen von Logistikanbietern zur Abwicklung der Lagerhaltung und Warendistribution in Anspruch.

Nach der klassischen Einteilung in den Nah- und Fernverkehr zeigen sich in der Entwicklung der Verkehrsinfrastruktur zwei grundlegende Tendenzen. Zum einen werden die Verbindungslinien zwischen den Verdichtungsräumen weiter ausgebaut, um die Reise- und Transportkapazitäten zu erhöhen und den Zeitaufwand im interregionalen Verkehr (Fernverkehr) zu verringern. Dabei sollten die verschiedenen Verkehrsträger bei weiteren Infrastrukturplanungen im Sinne einer nachhaltigen Entwicklung berücksichtigt werden. Zum anderen werden im intraregionalen Verkehr (Nahverkehr) in den Verdichtungsräumen eine Entzerrung und eine gleichmäßige Auslastung der verkehrlichen Infrastruktur angestrebt.

Im Personenverkehr kommt hier dem Ausbau des öffentlichen Personennahverkehrs (ÖPNV) mit einem attraktiven Angebot eine besondere Bedeutung zu. In der „Fläche", d.h. außerhalb der Verdichtungsräume und der überregionalen Verkehrskorridore, ist auch in der Zukunft auf ein in qualitativer und quantitativer Hinsicht ausreichendes Angebot an Verkehrsinfrastruktur bzw.

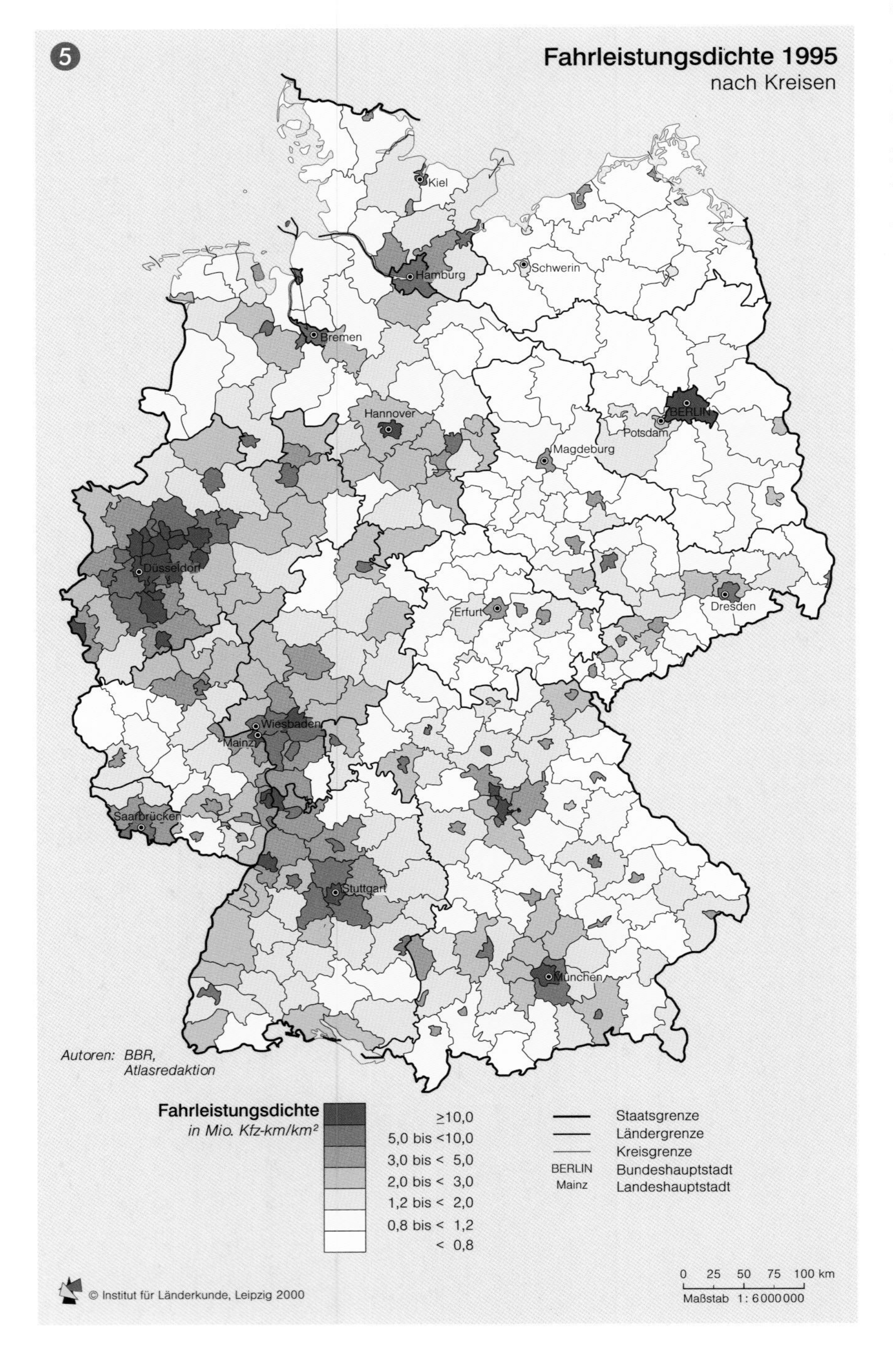

Verkehrsleistungen zu achten, um die Erreichbarkeit lokaler und regionaler Zentren und die Anbindung an den überregionalen Verkehr zu gewährleisten. Dem ÖPNV kommt in diesen Räumen vor allem die Aufgabe zur, die Mobilität derjenigen Bevölkerungsgruppen zu sichern, die nicht ständig über einen Pkw verfügen können.

Im Gegensatz zum physischen Transport von Gütern spielen bei der leitungsgebundenen Übertragung von Daten und Informationen die tatsächlichen Übertragungswege nur eine nachgeordnete Rolle. Hier werden jeweils „freie" Netzkanten oder -segmente ausreichender Kapazität – häufig unter Inkaufnahme größerer Umwege – genutzt, um eine rasche Übertragung zwischen bestimmten Knoten im Netz zu gewährleisten. Daher sind die Netzknoten als Anfangs- und Endpunkte des Daten- und Informationstransfers sowie die Kapazitäten der Verbindungen von entscheidender Bedeutung. Die für die leitungsunabhängige Übertragung im Funkverkehr notwendige Infrastruktur wurde in den neunziger Jahren nahezu flächendeckend durch die verschiedenen Anbieter aufgebaut. Diese Entwicklung zeigt, dass im Zuge neuer technologischer Entwicklungen und ihrer Marktakzeptanz benötigte Kapazitäten innerhalb kürzester Zeiträume geschaffen werden (▶▶ Beitrag Rauh, S. 56).

Verkehrsmobilität – Strukturen und Entwicklungstendenzen

Mobilität und die Strukturveränderungen im Personenverkehr

Die Zunahme der Zahl der Autofahrten und die immer länger werdenden Wege, die mit dem Auto zurückgelegt werden, sind lange Zeit von Verkehrsplanern als Zuwachs an Mobilität, d.h. als Gewinn an individueller Dispositionsfreiheit und Beweglichkeit interpretiert worden. In der einseitigen Ausrichtung auf den motorisierten Verkehr wird der Mobilitätsbegriff aber zu eng gefasst. „Mobilität" ist die Fähigkeit, möglichst viele Ziele für verschiedene Zwecke (Arbeit, Ausbildung, Einkaufen, Erholung) in einer bestimmten Zeit zu erreichen. Mobilität ist also die Gesamtheit aller aktivitätsbezogenen Ortsveränderungen bzw. zurückgelegten Wege von Personen, unabhängig von der Wegelänge und der Art der Fortbewegung (s. Deiters 1992). Wenngleich die Verkehrsmittelwahl (Modal Split) eng mit der Siedlungsstruktur und dem jeweiligen Verkehrssystem zusammenhängt, verweist die große Variabilität auf regionaler Ebene auf weitere Einflussfaktoren, wozu auch und vor allem die kommunale Verkehrspolitik gehört (▶▶ Beitrag Lötscher u.a., S. 58).

Mobilität zeichnet sich in der obigen Begriffsfassung durch eine bemerkenswerte Verhaltenskonstanz aus. Die Anzahl der durchschnittlich pro Person und Tag zurückgelegten Wege wie auch der durchschnittliche Zeitaufwand im Verkehr sind seit Ende der siebziger Jahre nahezu unverändert geblieben. Innerhalb dieses Verhaltensrahmens vollzogen sich jedoch erhebliche verkehrsstrukturelle Wandlungen, indem langsamere Fortbewegungsarten bzw. Verkehrsmittel (zu Fuß, Fahrrad) sukzessive durch schnellere ersetzt wurden. Von 1976 bis 1989 erhöhte sich der Pkw-Anteil im Berufsverkehr von 57 auf 65%, im Einkaufsverkehr sogar von 33 auf 41% (BMVBW 1999, S. 214 f.). Nach der Vereinigung legte der Pkw im Berufsverkehr um nochmals 5 Prozentpunkte, im Einkaufsverkehr um 3 Prozentpunkte zu – bei gleichzeitiger Entfernungszunahme der Pendler- und Einkaufsfahrten

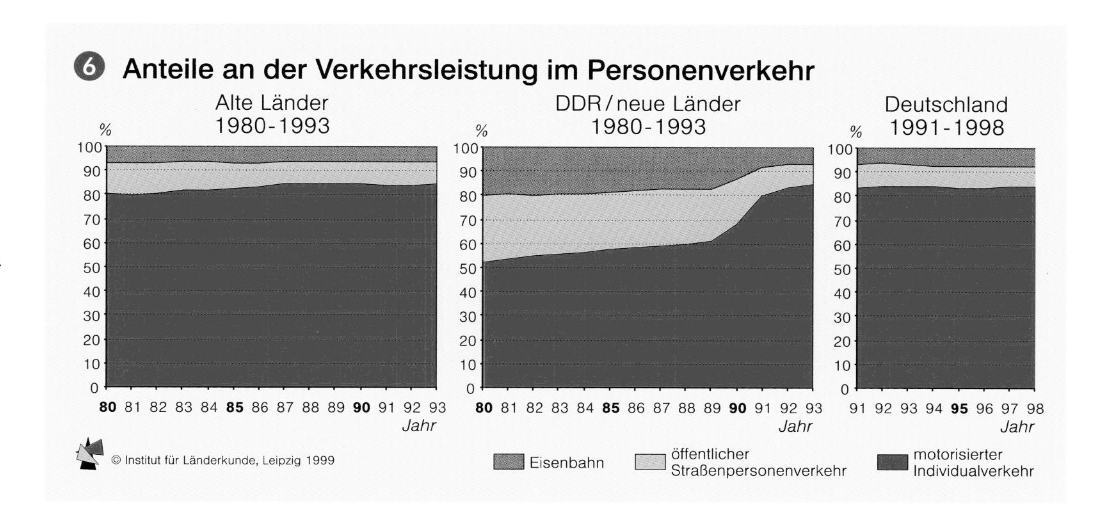

(▶▶ Beiträge Bade/Spiekermann, S. 78, und Henschel u.a., S. 74).

Die wachsende private Motorisierung und Pkw-Verfügbarkeit in Deutschland (▶▶ Beitrag Lötscher u.a., S. 62) geht einher mit einer Auflockerung der Siedlungsweise, der Herausbildung autoorientierter Lebensstile in der Fläche und einer beträchtlichen Ausweitung großstädtischer Funktionsräume. Diese Entwicklung spiegelt sich in den regionalen Unterschieden der Pkw-Fahrleistung (▶▶ Beitrag Motzkus, S. 64), aber auch in den Kosten der Pkw-Haltung wider, soweit diese – wie bei den Regionalklassen der Haftpflichtversicherung – von der Siedlungsstruktur und der gebietsspezifischen Fahrweise abhängen (▶▶ Beitrag Lambrecht, S. 66). Im ländlichen Raum sind den Bemühungen, umweltverträgliche Alternativen zur Pkw-Nutzung anzubieten, im Allgemeinen enge Grenzen gesetzt (▶▶ Beitrag Pez, S. 72). Für landschaftlich reizvolle, touristisch attraktive Gebiete ist dies eine besonders wichtige Aufgabe, sollen nicht die wirtschaftlichen Grundlagen durch den wachsenden Freizeitverkehr zerstört werden (▶▶ Beitrag Lanzendorf, S. 80).

Die Motorisierungswelle in Ostdeutschland

Seit der Wende in der ehemaligen DDR im November 1989 und ihrem Beitritt zur Bundesrepublik Deutschland haben sich die Verkehrsstrukturen in den neuen Ländern tiefgreifend verändert. Besonders rasch vollzog sich die Angleichung Ostdeutschlands an die Verhältnisse im alten Bundesgebiet im Bereich des Personenverkehrs. Die Entwicklung ist gekennzeichnet durch ein beispielloses Wachstum der privaten Motorisierung und massive Fahrgastverluste →

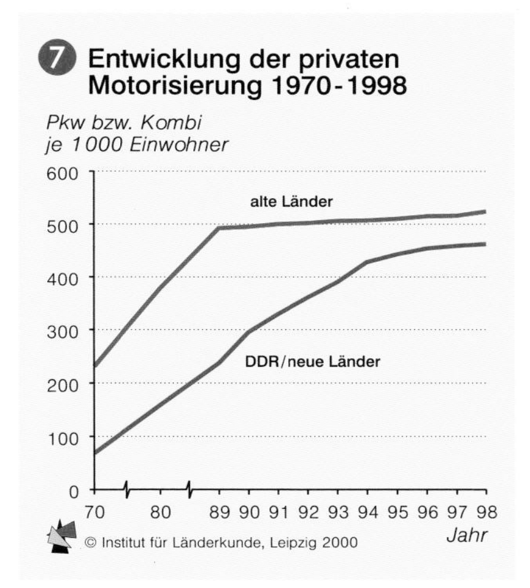

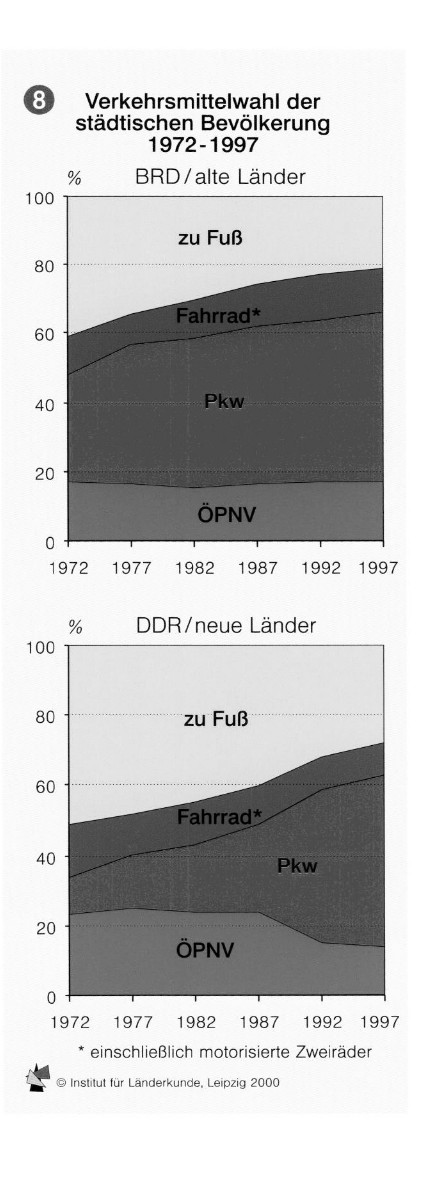

München – U-Bahn

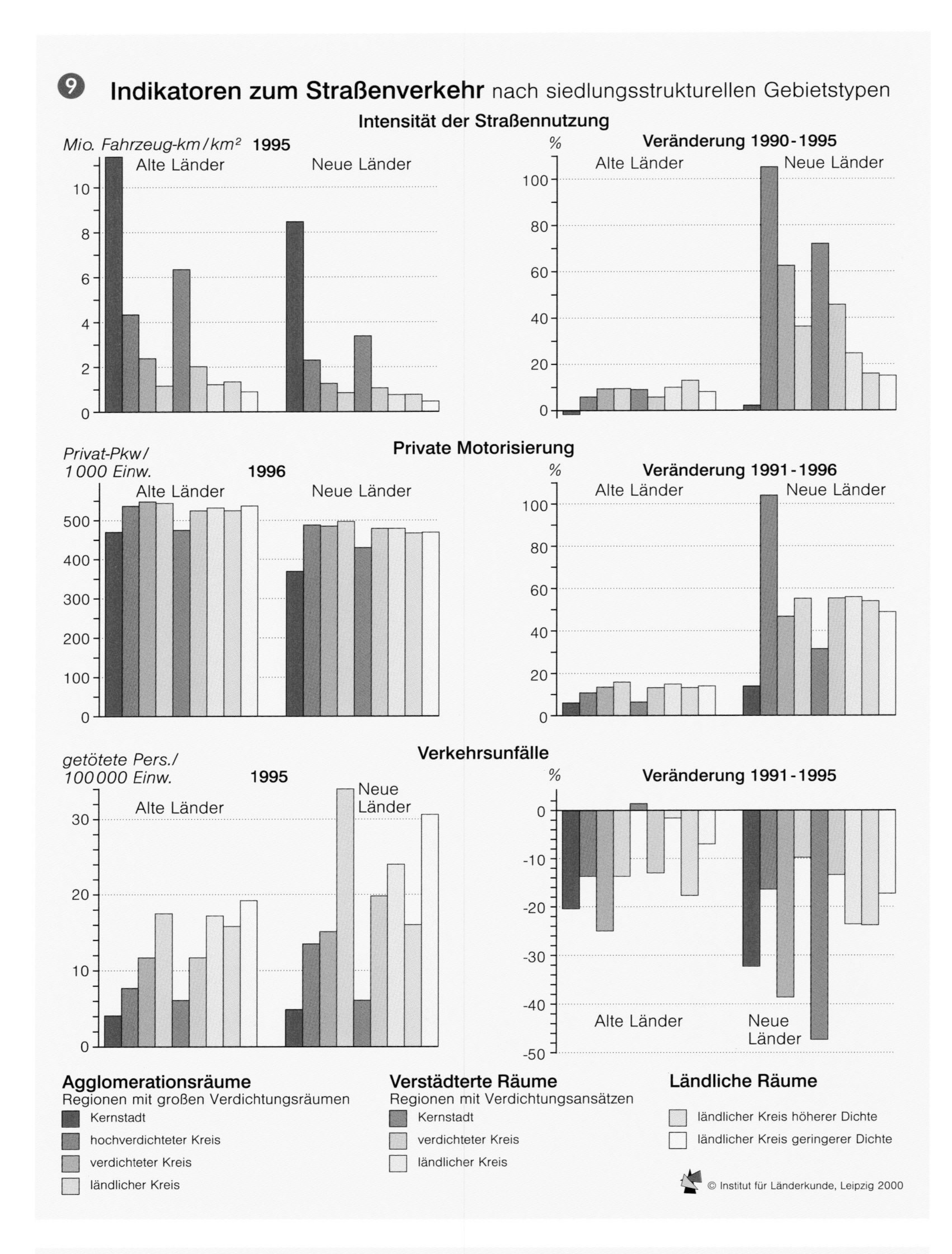

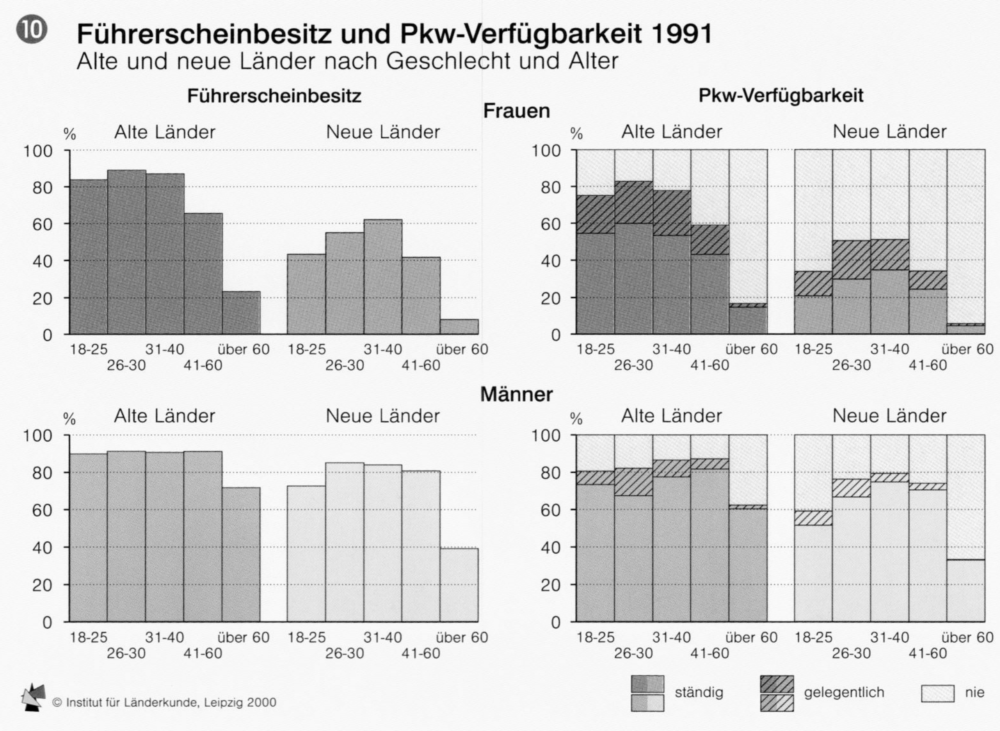

im öffentlichen Personennahverkehr (ÖPNV). Dennoch zeigt sich der ÖPNV in den meisten ostdeutschen Städten im Vergleich zu Westdeutschland noch gut behauptet (▶▶ Beitrag Deiters, S. 68) ❻.

Der Motorisierungsgrad in der DDR hatte 1989 mit 237 Pkw je 1000 Einwohner einen Stand wie in der Bundesrepublik Anfang der siebziger Jahre erreicht (1971: 247 Pkw/Kombi je 1000 Einwohner). Die Entwicklung der Verkehrsmittelwahl der städtischen Bevölkerung in West- und Ostdeutschland zeigt, dass die Mobilitätsstruktur in der DDR Ende der achtziger Jahre derjenigen der Bundesrepublik 1972 ähnlich war ❽. Hohen Anteilen an zu Fuß zurückgelegten Wegen (40%) und ÖPNV-Fahrten (17 bzw. 24%) standen relativ niedrige Anteilswerte der Pkw-Nutzung (31 bzw. 25%) gegenüber (Deiters 2000).

Zu Beginn des Transformationsprozesses wurde angesichts des hohen Pkw-Anteils der städtischen Verkehrsmobilität in Westdeutschland (1992: 48%), der vom Pkw-Besitz breiter Bevölkerungsschichten getragenen Ausweitung der Städte in den suburbanen Raum und der bekannten Folgelasten des Autoverkehrs eine besondere Chance für eine umweltverträglichere, autoreduzierte Mobilität in der völlig anderen Ausgangssituation der DDR-Gesellschaft und der Stadtstruktur mit kompakter Bebauung ohne nennenswerte Suburbanisierung gesehen, die durch Fortentwicklung verkehrssparsamer Siedlungsstrukturen stabilisiert und gestärkt werden sollte.

Doch erwies es sich schon bald als Illusion, Fehlentwicklungen in den alten Ländern durch eine alternative Verkehrsentwicklung in den neuen Ländern vermeiden zu wollen. Eine Motorisierungswelle führte dazu, dass in nur fünf Jahren nach der Wende der private Pkw-Besatz in den neuen Ländern ein Niveau erreicht hatte, das sich im alten Bundesgebiet – ausgehend vom Vergleichswert 1970/71 – erst nach 15 Jahren eingestellt hatte ❼. Ende der neunziger Jahre verfügt die Bevölkerung in den neuen Ländern über eine Pkw-Ausstattung, wie sie in der früheren Bundesrepublik im Wendejahr 1989 bestand. Auf Arbeitnehmer-Haushalte mit mittlerem Einkommen bezogen ist der Pkw-Besatz schon jetzt höher als in den alten Ländern (98 im Vergleich zu 96 je 100 Haushalte; StBA 1998). In keinem anderen Bereich haben sich die Lebensverhältnisse in beiden Teilen Deutschlands so rasch einander angeglichen.

Die räumlichen Verteilungsmuster der privaten Motorisierung und der Fahrleistungsdichte in den neuen Ländern sind – von Niveauunterschieden abgesehen – denen der alten Länder ähnlich ❾. Großstädte weisen geringere Motorisierungsgrade auf als deren Umlandbereiche und die ländlich geprägten Räume. Hinsichtlich des Indikators Fahrzeugkilometer je km² fällt auf, dass das Straßennetz in den neuen Ländern im Vergleich zum alten Bundesgebiet in allen Gebietstypen und vor allem in den Agglomerationsräumen geringere Belastungswerte aufweist. Verkehrsprobleme in den ostdeutschen Städten beruhen also im Wesentlichen auf qualitativen Mängeln des Straßennetzes und der Lichtsignalanlagen.

Das Schaubild ❾ zeigt ein weiteres Folgeproblem des rasanten Aufholprozesses bei der privaten Motorisierung. Die Anzahl der im Straßenverkehr Getöteten (je 100.000 Einwohner) lag in den neuen Ländern 1995 – trotz eines überdurchschnittlichen Rückgangs seit 1991 – noch um 70% über dem Niveau der alten Länder. Auch hier sind die raumstrukturellen Unterschiede in beiden Teilen Deutschlands ähnlich. Besonders betroffen sind die ländlich strukturierten Gebiete. Auf dem Höhepunkt der Motorisierungswelle 1990/91 hatte sich die Anzahl der Verkehrstoten gegenüber dem Durchschnitt der achtziger Jahre (DDR) mehr als verdoppelt. Bezogen auf die jeweilige Gesamtfahrleistung der Kraftfahrzeuge war das Tötungsrisiko im Straßenverkehr in den neuen Ländern 3,5mal höher als in den alten Ländern. Mecklenburg-Vorpommern und Brandenburg nehmen in dieser Hinsicht auch im europäischen Vergleich noch immer eine traurige Spitzenposition ein (s. unten).

Untersuchungen zur Alltagsmobilität in Ostdeutschland bestätigen die These, dass es sich bei der raschen Motorisierung um eine „nachholende Entwicklung“ handelt, die nur wenig Spielraum für alternative Verkehrskonzepte bietet. Fliegner (1998, S. 126) kommt auf Grund von Haushaltsbefragungen in einem innenstadtnahen Wohnquartier von Halle zu dem Schluss, dass schon zu DDR-Zeiten „eine hohe subjektive Bereitschaft für den Automobilismus“ bestand. Die private Motorisierung in West- und Ostdeutschland hätte sich annähernd gleich entwickelt, wenn es auch in der DDR einen funktionierenden Markt für Kraftfahrzeuge bei entsprechender Kaufkraft der Bevölkerung gegeben hätte. Der sprunghaft angestiegene Autobesitz nach 1989 ist besonders auf eine „nachholende Motorisierung der Frauen“ zurückzuführen, vor allem derjenigen, die nach 1989 den Führerschein erworben haben (Fliegner 1998,

S. 125). Denn mehr als die Hälfte der Frauen, denen 1994 ein Auto gehörte, hatten dieses nach 1989 angeschafft.

Das verweist auf Zusammenhänge zwischen Führerscheinbesitz und Pkw-Verfügbarkeit, die aus der früheren Entwicklung der privaten Motorisierung in der Bundesrepublik bekannt sind (vgl. Deiters 1992). Seit Mitte der siebziger Jahre war festzustellen, dass der Anteil der Führerscheinbesitzer in den Altersgruppen bis 30 Jahre vor allem bei den Frauen beständig zunahm, weil hier noch immer Nachholbedarf gegenüber den stärker autoorientierten Männern bestand. Der Führerscheinbesitz ist ein starker Antrieb, baldmöglichst selbst über einen Pkw verfügen zu können. Solange diese Aspekte vernachlässigt wurden, fielen die Prognosen zum künftigen Pkw-Bestand stets zu niedrig aus. Wie das Schaubild ⑩ zeigt, besteht also im Vergleich zum früheren Bundesgebiet in den neuen Ländern hinsichtlich Führerscheinbesitz und Pkw-Verfügbarkeit vor allem bei den Frauen noch erheblicher Nachholbedarf.

Bahnreform und die Regionalisierung des ÖPNV

Mit der Bahnreform und der Regionalisierung des öffentlichen Personennahverkehrs wurden die wettbewerbsrechtlichen Vorgaben der Europäischen Union in Deutschland umgesetzt (vgl. Deiters 1999). Die Vereinigung und privatrechtliche Umstrukturierung der Eisenbahnen in beiden Teilen Deutschlands (Deutsche Bundesbahn, Deutsche Reichsbahn) und deren Entschuldung durch den Bund führten 1994 zur Bildung der Deutschen Bahn AG (DB AG) mit den Geschäftsbereichen Fernverkehr, Nahverkehr, Netz, Güterverkehr und Personenbahnhöfe. Diese wurden am 1.1.1999 ausgegliedert und bilden als DB Reise & Touristik AG, DB Regio AG, DB Netz AG, DB Cargo AG und DB Station & Service AG rechtlich selbstständige Aktiengesellschaften unter dem Dach der DB AG als Holding bzw. Muttergesellschaft.

Grundlage für die Bahnreform ist die EWG-Richtlinie 91/440 von 1991, wonach die europäischen Staatsbahnen in eine privatrechtliche Organisationsform zu überführen sind, um sie von staatlichen und politischen Vorgaben unabhängig zu machen. Kern dieser Reform ist der „diskriminierungsfreie Zugang" aller europäischen Eisenbahnunternehmen zum gesamteuropäischen Schienennetz auf der Basis eines fairen Trassenpreissystems. Den zweiten wettbewerbspolitischen Eckpfeiler der EU bildet die EWG-Verordnung 1893/91 (Neufassung der VO 1191/69), wonach für gemeinwirtschaftliche Verkehre das „Bestellerprinzip" gilt: Verkehrsleistungen, die nicht kostendeckend (eigenwirtschaftlich) zu erbringen sind, aber aus Gründen der Daseinsvorsorge oder des Umweltschutzes vom Staat oder von einer Gebietskörperschaft verlangt werden, müssen öffentlich ausgeschrieben und entsprechend bezahlt werden. Durch das Regionalisierungsgesetz von 1993 ging die Zuständigkeit für den Schienenpersonennahverkehr (SPNV) vom Bund auf die Länder über; der übrige, straßengebundene öffentliche Personennahverkehr (mit U-Bahnen, Stadtbahnen, Straßenbahnen und Bussen) wird durch das 1993 geänderte Personenbeförderungsgesetz geregelt. Die Länder haben daraufhin Nahverkehrsgesetze erlassen, in denen die Aufgabenträgerschaft für den SPNV und den übrigen ÖPNV im einzelnen festgelegt ist. Seit 1996 erhalten die Länder nach einem bestimmten Verteilungsschlüssel die zur Weiterführung des Schienenverkehrs erforderlichen Mittel des Bundes (1999: 12,4 Mrd. DM). Die Schritte von der Bahnreform über die Regionalisierung des ÖPNV zur Bündelung der Verantwortung für den gesamten öffentlichen Nahverkehr auf regionaler Ebene zeigt Abbildung ⑪.

In Deutschland hat die Bahnreform einen erheblichen Innovationsschub zugunsten des SPNV in der Fläche (d.h. abseits der Ballungsräume) ausgelöst. Die Sanierung von Strecken und die Modernisierung von Stationen, der Einsatz neu entwickelter attraktiver Schienenfahrzeuge, die Erhöhung der Reisegeschwindigkeit und die Verdichtung sowie Vertaktung des Fahrtenangebotes haben seit 1993 zu teilweise erheblichen Fahrgastzuwächsen geführt, die in diesem Ausmaß kaum für möglich gehalten wurden. Bereits stillgelegte Strecken werden inzwischen wieder im Personenverkehr bedient.

Die Deutsche Bahn AG erbrachte im Fahrplanjahr 1997/98 Mehrleistungen von nahezu 50 Millionen Zugkilometern gegenüber 1993/94 (Status-quo-Fahrplan); das entspricht einer Steigerung von 10% in nur vier Jahren seit der Bahnreform. Wie Karte ⑫ zeigt, lassen sich die Zuwächse in den Ländern weder auf das jeweilige Ausgangsniveau (Zugleistungen pro Einwohner) noch auf die unterschiedlichen Regelungen der SPNV-Verantwortung (auf Landes- oder auf kommunaler Ebene) zurückführen. Die Erhöhung des SPNV-Angebots ist vielmehr das Ergebnis verkehrspolitischer Grundentscheidungen der Länder (wie in Rheinland-Pfalz, Bayern oder Brandenburg) sowie besonderer Voraussetzungen und Initiativen auf regionaler Ebene. Die landesweite Umsetzung des DB-Konzepts „Integraler Taktfahrplan" in Rheinland-Pfalz nach dem Vorbild „Bahn 2000" der Schweiz ist ein Musterbeispiel dafür, wie Bahnreform und Regionalisierung überkommene Bahnstrukturen überwinden und dem SPNV in der Fläche ganz neue Marktchancen eröffnen konnten (Kuchenbecker/Speck 1998). Die für die Jahre 1994 bis 1998 erwartete Nachfragesteigerung im Schienenverkehr (38%) wurde mit 80% weit übertroffen. Unter den Ländern, die ihre neue Verantwortung für den SPNV mit der Bestellung zusätzlicher Zugleistungen offensiv genutzt haben, nimmt Rheinland-Pfalz eine Spitzenstellung ein (31,8% zusätzliche Zugleistungen).

Die Effizienz des SPNV soll künftig durch mehr Wettbewerb erhöht werden, indem der Zugbetrieb verstärkt öffentlich europaweit ausgeschrieben wird. →

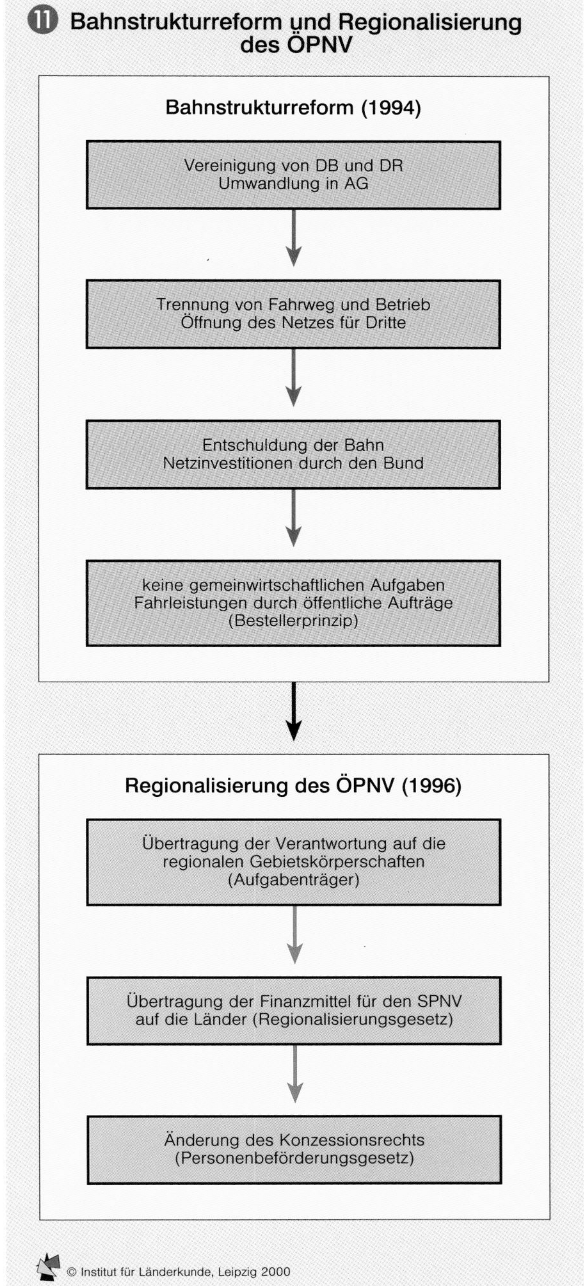

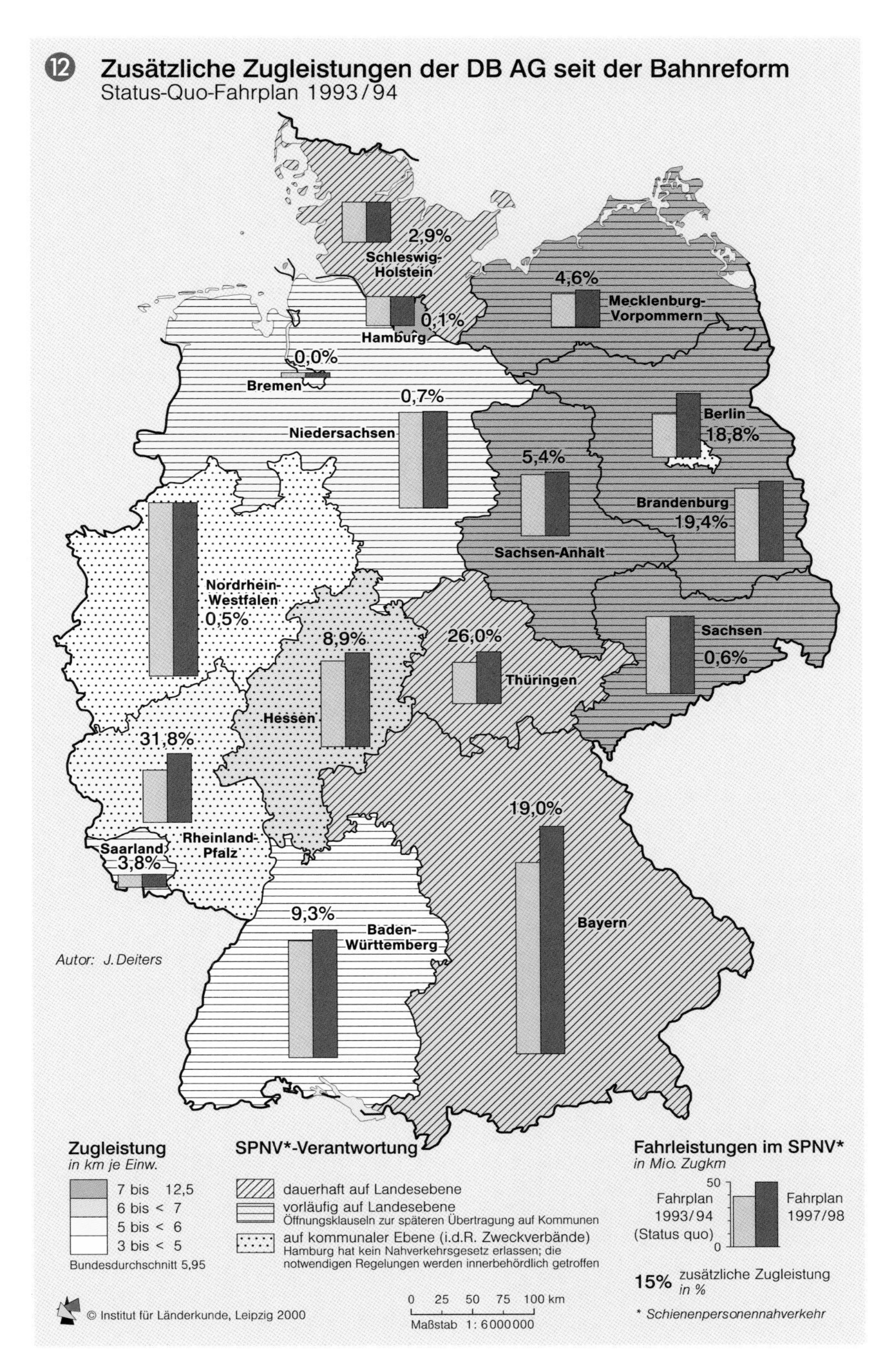

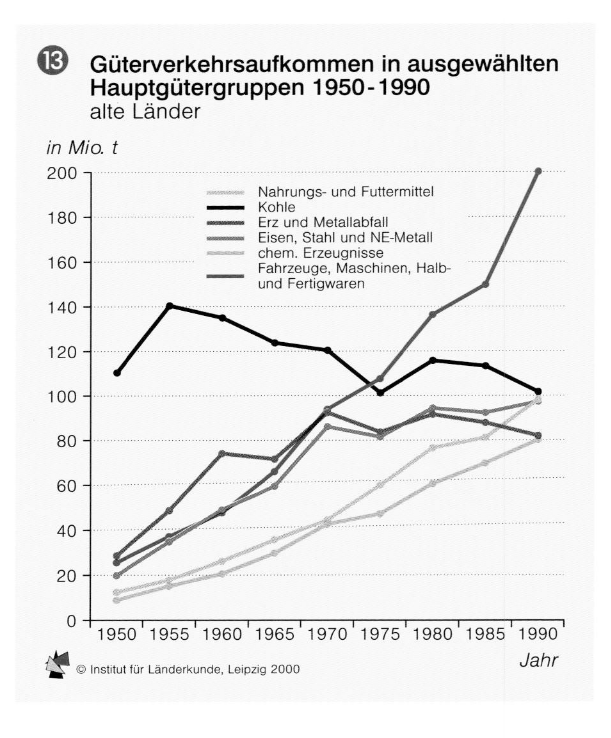

⓭ Güterverkehrsaufkommen in ausgewählten Hauptgütergruppen 1950-1990
alte Länder

Im neuen Wettbewerb mit der DB sind bisher die NE-Bahnen (nicht bundeseigene Eisenbahnen, auch Privatbahnen genannt) besonders erfolgreich gewesen. Bei Ausschreibungen von Betriebsleistungen im SPNV bis 1999 konnten sie von 35,7 Mio. Zugkilometern 19,1 Mio. (54%) für sich entscheiden und ihren Anteil am SPNV im Bundesgebiet von 3 auf 6,8% mehr als verdoppeln (VDV 2000, S. 58).

Gütertransport und Verkehrslogistik

Die Entwicklung im Güterverkehr war bis zur Vereinigung stark durch die unterschiedlichen politisch-ökonomischen Systeme geprägt. Während die marktwirtschaftliche Orientierung in den alten Ländern – trotz einer Reihe staatlicher Regulierungen im Güterverkehr (vgl. weiter unten) – vor dem Hintergrund von Zeit- und Kostenaspekten bei einer stetigen Steigerung von Güterverkehrsaufkommen und -leistung zu einer Dominanz des Straßengüterverkehrs führte, war in der ehemaligen DDR die Bahn der vorgegebene Verkehrsträger. Dort mussten oberhalb einer Transportentfernung von 50 km alle Güter per Bahn transportiert werden. Damit spielte der Straßengüterverkehr lediglich im Nahverkehr eine Rolle. Zusätzlich resultierte ein Teil des Straßengüterverkehrsaufkommens aus dem grenzüberschreitenden Verkehr, für den die Entfernungsbeschränkung nicht galt. Der im Vergleich zur Bundesrepublik geringe Umfang der Güterverkehrsleistung in der DDR resultierte aus der zentralisierten Produktionsstruktur der staatlich kontrollierten Kombinate, dem hohen Grad an lokaler Produktionstiefe sowie der engen Verzahnung von Produktion und Handel. Während in der DDR diese strukturellen Rahmenbedingungen relativ konstant blieben, bestimmten in den alten Ländern umfassende Veränderungen der gesamtwirtschaftlichen Produktionsstruktur die Entwicklung im Güterverkehr.

Entkoppelung von Verkehrs- und Wirtschaftswachstum?

Innerhalb der Wirtschaft vollzog sich im früheren Bundesgebiet während der letzten fünf Jahrzehnte ein umfassender Strukturwandel. Die Bedeutung einzelner Wirtschaftszweige veränderte sich. Dies zeigt sich u.a. in der Zusammensetzung der Umsätze innerhalb des produzierenden Gewerbes (inkl. Bergbau). So sank der Umsatzanteil des Bergbaus von 4,4% im Jahr 1960 auf lediglich 1,3% im Jahr 1990, während z.B. im Straßenfahrzeugbau der Anteil von 6,4% (1960) auf fast 12% im Jahr 1990 anstieg. Insgesamt kam es im Zuge dieser Veränderung zu einer Verlagerung von schwereren, geringwertigeren Massengütern zu leichten, höherwertigen Gütern ⓭. Seit 1955 nahm das Güterverkehrsaufkommen aus dem Kohlebergbau ab. Das Aufkommen aus der Eisen schaffenden Industrie blieb seit Beginn der siebziger Jahre weitgehend konstant. Dagegen verzeichnet es in den Bereichen "Chemische Industrie", "Fahrzeuge, Maschinen, Halb- und Fertigwaren" und bei den "Nahrungs- und Futtermitteln" zwischen 1950 und 1990 stetige Zuwächse.

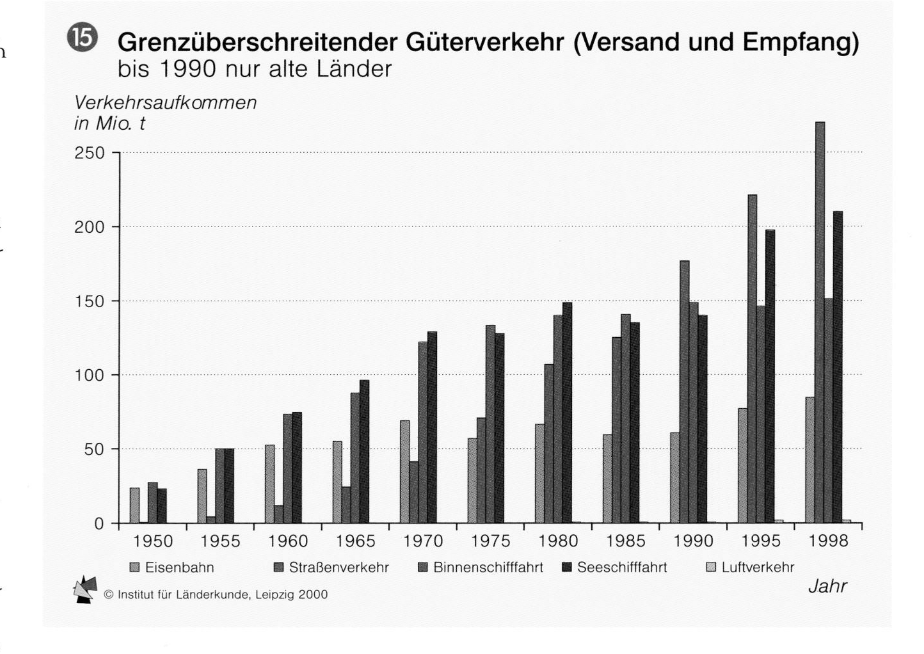

⓯ Grenzüberschreitender Güterverkehr (Versand und Empfang)
bis 1990 nur alte Länder

Die Verschiebung zwischen den Gütergruppen und die allgemeine Zunahme im Gesamtaufkommen wird nicht nur durch den wirtschaftlichen Strukturwandel bedingt, sondern zusätzlich durch die Veränderungen im Produktionsprozess verstärkt. Die Produktion der frühen Nachkriegszeit war noch weitgehend durch eine lokale Tiefe gekennzeichnet, d.h. es wurde an einem Standort ohne nennenswerte Zulieferungen gefertigt. Die zunehmende Spezialisierung in der Wirtschaft bei Ausnutzung komparativer Kostenvorteile führte zur arbeitsteiligen Verflechtung der Produktion auf regionaler, nationaler und internationaler Ebene (▶▶ Beiträge Schamp, S. 100, und Klein, S. 136). Ebenso weiteten sich die Absatzmärkte aus. Eine enorme Zunahme des damit verbundenen Transportaufwandes bei immer höheren Ansprüchen an die Schnelligkeit und Pünktlichkeit der Lieferung ist die zwangsläufige Folge dieses Prozesses. Verstärkt wird dieser Effekt noch durch die Entwicklung und Einführung neuer Logistikkonzepte zur Optimierung dieser verflochtenen Produktion.

Eine weitgehende Vermeidung kostenintensiver Lagerhaltung in den einzelnen Betriebsstätten wurde durch die Just-in-Time-Produktion möglich, d. h. durch die Anlieferung von Rohstoffen, Fertigteilen, Produktkomponenten oder Modulen genau zum Zeitpunkt und an die Stelle der Weiterverarbeitung auf der jeweiligen Stufe der Produktion. Wegen der dazu erforderlichen Flexibilität hinsichtlich Bedienungsfrequenz und Sendungsgrößen ist dies die Domäne des Lkw. Eine solche „Lagerhaltung auf der Straße“ trägt nicht unwesentlich zum Wachstum des Straßengüterverkehrs bei. Mit steigender Straßenbelastung nimmt jedoch das Risiko unpünktlicher Anlieferungen zu. Erste Zulieferparks in unmittelbarer Nachbarschaft der Endproduzenten, in denen die Betriebsstätten für die vorgelagerte Produktion konzentriert werden, sollen den reibungslosen Ablauf der Endfertigung gewährleisten; sie tragen zugleich zur relativen Verringerung des Verkehrsaufkommens bei.

Neben den großräumigen Verflechtungen in der Produktion haben die internationalen Handelsbeziehungen stark an Bedeutung gewonnen. Die fortschreitende europäische Integration, die Öffnung der Märkte in Osteuropa und die zunehmende Globalisierung führen zur Steigerung des Warenaustausches mit Deutschland und machen Deutschland selbst zum Transitland im internationalen Güterverkehr. Die Abbildungen ⓮ ⓯ zeigen die Entwicklung des grenzüberschreitenden Güterverkehrs getrennt für verschiedene Verkehrsträger. Zum einen nimmt der Anteil des grenzüberschreitenden Verkehrs am gesamten Güterverkehr beständig zu ⓮, zum anderen entfallen immer höhere Anteile auf den Straßengüterverkehr ⓯. Das ständige Anwachsen des Güterverkehrs in den letzten Jahrzehnten ist

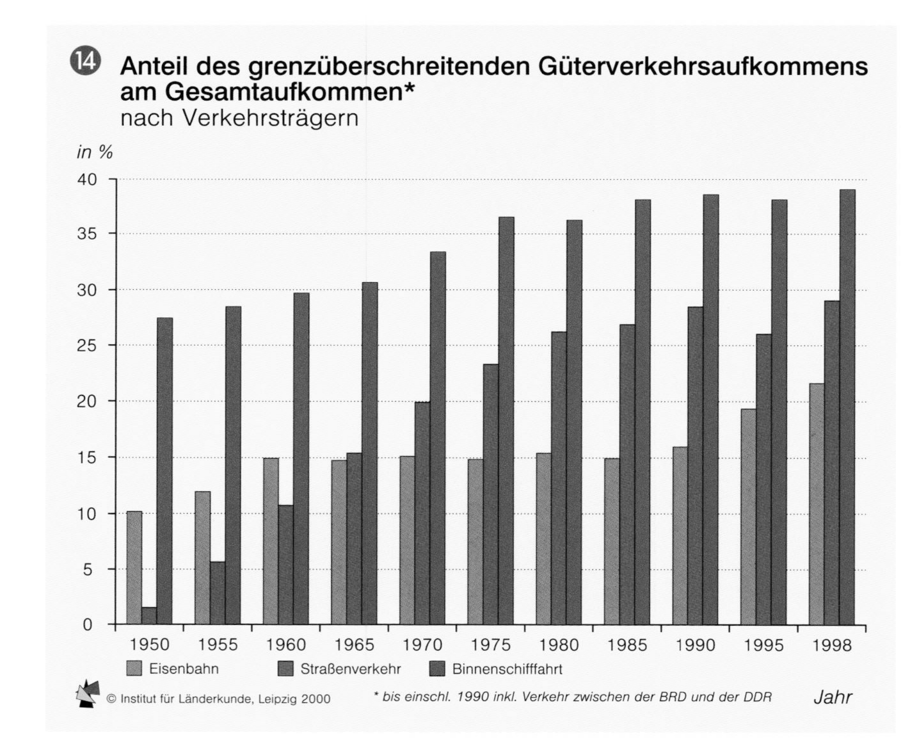

⓮ Anteil des grenzüberschreitenden Güterverkehrsaufkommens am Gesamtaufkommen*
nach Verkehrsträgern

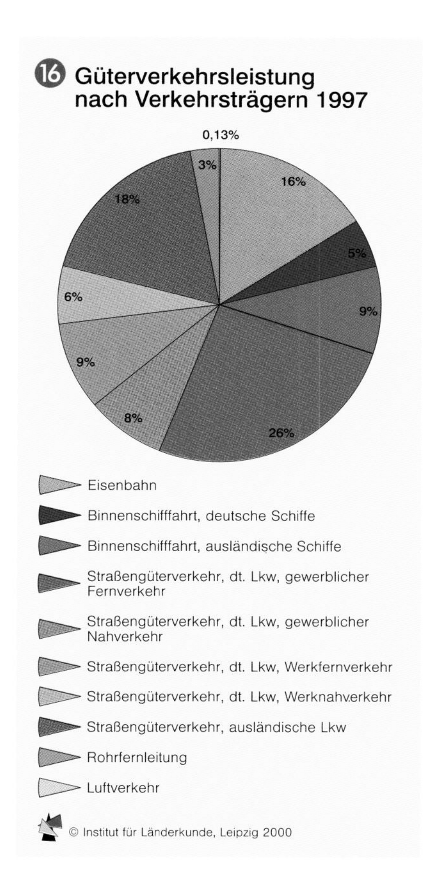

– neben dem allgemeinen Wirtschaftswachstum – vor allem auf die Veränderung der Branchenstruktur und des daraus resultierenden Transportaufkommens (Güterstruktureffekt), auf technologische Wandlungen im Produktionsprozess (Logistikeffekt) und auf die wachsende Internationalisierung der Wirtschaft (Integrationseffekt) zurückzuführen.

Liberalisierung der Verkehrsmärkte in Europa

Nach einem Urteil des europäischen Gerichtshofes 1985, das die Umsetzung der im EWG-Vertrag vereinbarten Dienstleistungsfreiheit im europäischen Transportwesen zum Gegenstand hatte, musste auch die Bundesrepublik den deutschen Verkehrsmarkt liberalisieren bzw. deregulieren. Der stark interventionistisch gestaltete Ordnungsrahmen, der in seinen Grundzügen aus der Vorkriegszeit stammte, sollte die Bahn vor der Konkurrenz des Straßenverkehrsgewerbes im Fernverkehr schützen. Die Regelungen versperrten Transportunternehmen des europäischen Auslandes den Zugang zum deutschen Verkehrsmarkt und verminderten den Konkurrenzdruck im inländischen Transportgewerbe durch Erteilung von Konzessionen und Tarifvorschriften; sie waren mit den Zielen eines europäischen Binnenmarktes ohne Zugangsbeschränkungen nicht mehr vereinbar. Mit der Aufhebung der staatlichen Tarifbindung für alle Verkehrsträger mit Beginn des Jahres 1994 und der Einführung des uneingeschränkten Marktzutritts für Transportunternehmer der EU (Kabotagefreiheit) Mitte 1998 setzte Deutschland das oben erwähnte Urteil schließlich um. Die Marktöffnung (Liberalisierung) führte zu einem erheblichen Konkurrenzdruck auf das inländische Transportgewerbe, da zahlreiche Rahmenbedingungen, die sich auf die Kostenstrukturen der Verkehrsunternehmen auswirken (wie Steuern und Abgaben, Lenkzeiten, soziale Sicherung), in ihren national unterschiedlichen Ausprägungen innerhalb der EU nicht angeglichen wurden (fehlende Harmonisierung).

Träger und Reichweiten des Güterverkehrs

Bis 1994 wird in der Verkehrsstatistik zwischen Güternah- und -fernverkehr unterschieden, der durch die Transportwirtschaft getragen wird. Zusätzlich werden Güter im sogenannten Werkverkehr befördert. Darunter wird der Transport von Gütern durch produzierende und handeltreibende Unternehmen verstanden, der als Ergänzungsfunktion zu ihren Basisleistungen betrieben wird; Werkverkehr ist daher nahezu ausschließlich Straßenverkehr. Abbildung 16 zeigt die entsprechenden Anteile an der Verkehrsleistung 1997.

Die Reichweiten des Gütertransportes unterscheiden sich zum einen nach den Gütergruppen und zum anderen nach den Verkehrsträgern. Während die Verkehrsträger Binnenschiff und Bahn Transporte über größere Entfernungen, insbesondere bei Massengütern, durchführen, sind die Transportentfernungen im Straßengüterverkehr durchschnittlich geringer 17. Hier fällt vor allem die Gütergruppe "Steine, Erden" auf, deren Transport überwiegend auf lokaler und regionaler Ebene erfolgt. Innerhalb dieser Gruppe, die mit 56,7% am Straßengüterverkehr insgesamt beteiligt ist 18, entfallen allein auf den Werkverkehr 30,5%, während nur 26,2% durch Unternehmen des Straßengüterverkehrsgewerbes befördert wird.

Verkehrsträger und Modal Split im Güterverkehr

Unter Vernachlässigung der Rohrfernleitungssysteme zum Transport von Flüssigkeiten und Gasen wird die Güterverkehrsnachfrage von den Verkehrsträgern Schiff, Bahn, Lkw und Flugzeug bedient (▶▶ Beitrag Schröder, S. 86). Diese vier Verkehrsträger weisen jeweils spezifische Vor- und Nachteile sowohl aus ökonomischer als auch aus ökologischer Sicht auf. Während Bahn, Binnenschiff und Flugzeug aufgrund der vorhandenen Infrastruktur und ihrer Raumerschließung (Schienennetz, Wasserstraßen und Flughäfen) für den Transport über große Distanzen besonders geeignet sind, ist der Lkw aufgrund der Dichte des deutschen Straßennetzes besonders für die Verteilung von Gütern in und ihr Zusammenführen aus der Fläche geeignet. Neben diesem infrastrukturell-technisch bedingten Aspekt der Raumerschließung und der Zugänglichkeit stellen Transportvolumen bzw. Sendungsgrößen eine weitere Rahmenbedingung dar. Für den Transport von Massengütern sind Binnenschiff und Güterzug besonders geeignet, während im Straßen- und Luftverkehr kleinere, höherwertige Sendungseinheiten dominieren. Für die Verkehrsmittelwahl (Modal Split) spielen jedoch die Flexibilität der Verfügbarkeit des Verkehrsträgers sowie die Transportzeiten und -kosten die entscheidende Rolle. Unter diesen Aspekten gewann daher der Straßengüterverkehr in den letzten Jahrzehnten ständig an Bedeutung (▶▶ Beitrag Schröder, S. 90).

Die Transportzeiten im Güterfernverkehr setzen sich – insbesondere bei kleineren Sendungsgrößen – im sogenannten gebrochenen Transportmodus aus drei Komponenten zusammen: dem Vorlauf, dem Hauptlauf und dem Nachlauf. Während des Vorlaufes werden Güter aus der Fläche eines Quellgebietes zu einem zentralen Umschlagplatz gebracht, dort für die verschiedenen Zielgebiete gebündelt und anschließend auf diesen Verbindungsstrecken versendet (Hauptlauf). Nach Eintreffen im Zielgebiet müssen sie an die Empfänger in der Fläche verteilt werden (Nachlauf). Die Transporte im Vor- und Nachlauf erfolgen fast ausschließlich per Lkw auf der Straße. Ob für den Transport im Hauptlauf der Verkehrsträger gewechselt wird, hängt neben der reinen Fahrzeit im Hauptlauf von den Umschlagzeiten und damit von den Ladungsschlusszeiten ab. Die Erreichbarkeit der Terminals für den kombinierten Ladeverkehr (KLV-Terminals) zeigt Karte 19. Alle Versuche, den Gütertransport auf der Schiene durch kürzere Umschlagzeiten und spätere Ladungsschlusszeiten attraktiver zu machen, haben bisher jedoch nicht zum gewünschten Erfolg geführt.

Die Transportkosten beeinflussen die Wahl der Verkehrsträger dagegen in geringerem Maße als allgemein angenommen. Im Wettbewerb innerhalb eines Verkehrsträgers kommt jedoch der Tarifgestaltung eine besondere Bedeutung zu. Im Straßengüterverkehr setzen sich die Kosten wie in Abbildung 22 dargestellt zusammen. Hier wird deutlich, dass die Personalkosten mit etwa 37% den größten Anteil ausmachen. Transportunternehmen aus Ländern mit günstigeren Lohnkostenstrukturen stellen daher eine starke Konkurrenz für die inländischen Unternehmen dar. Diese Konkurrenzsituation bedingt insbesondere die relativ niedrigen Transport- →

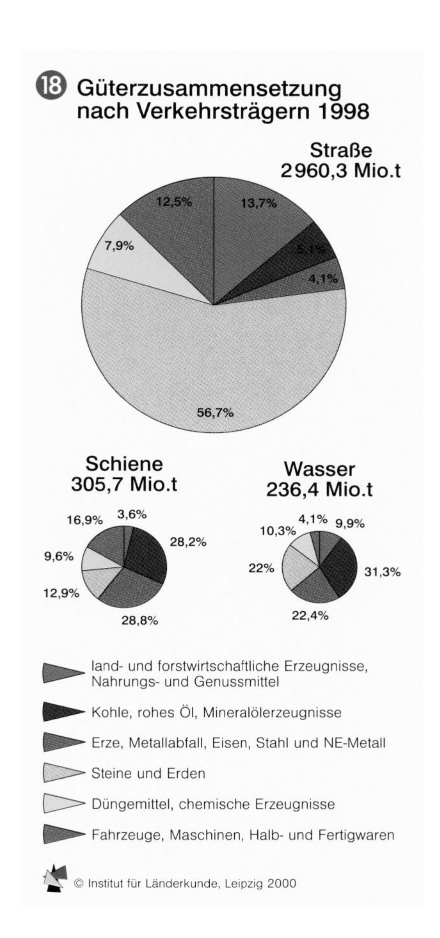

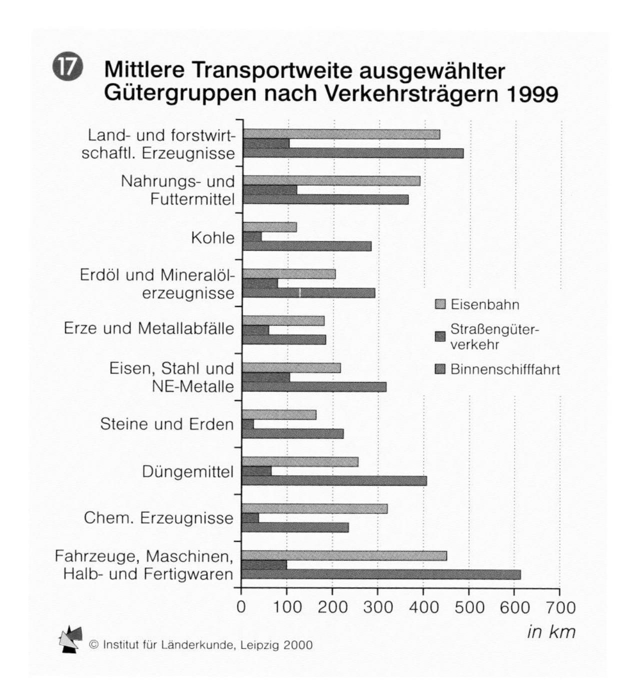

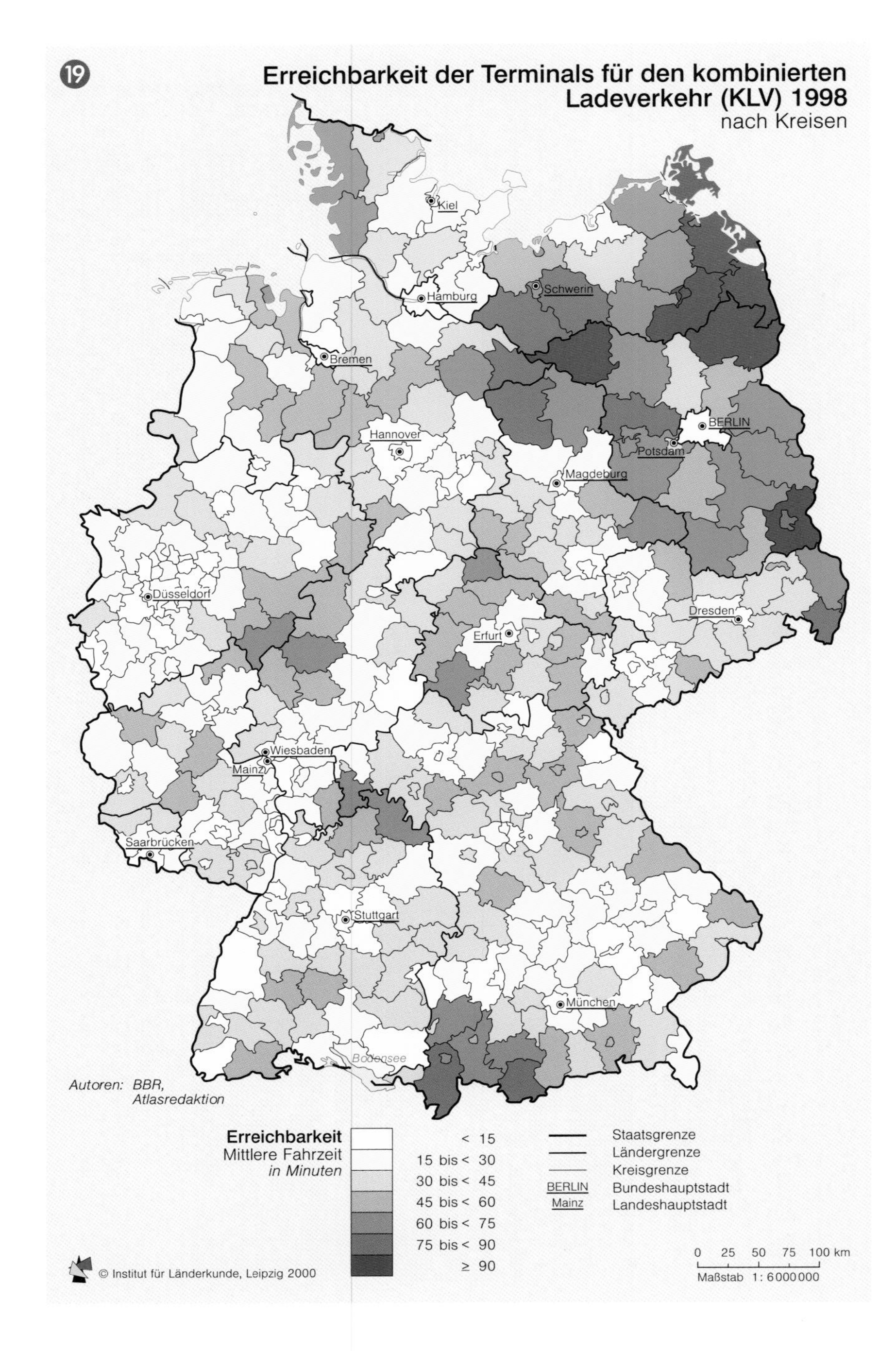

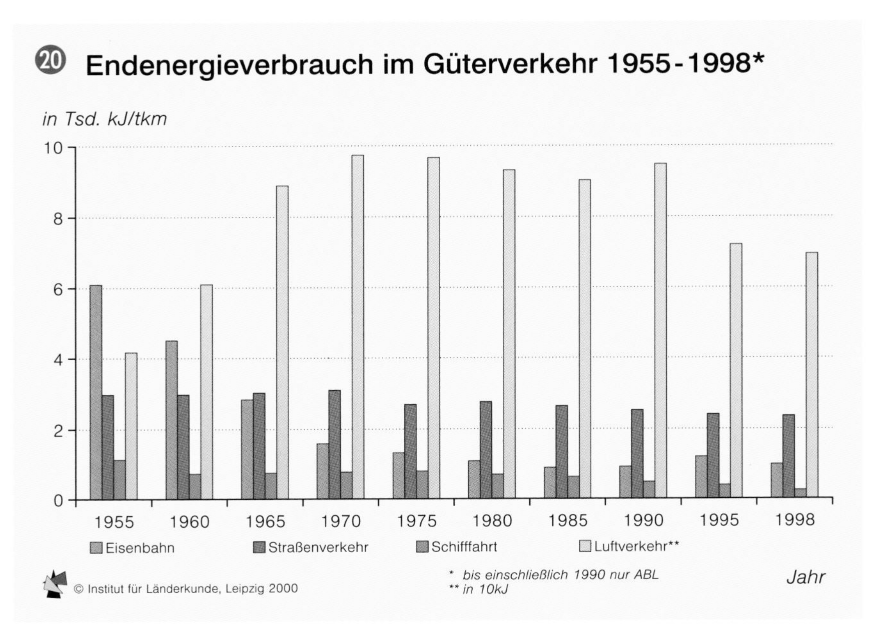

kosten im Straßengüterverkehr. Der Kostenfaktor Energie in Form von Kraft- und Schmierstoffen schlägt mit einem Anteil von 20% sichtlich geringer zu Buche.

Damit wird erkennbar, dass die gegenwärtige Diskussion um die Auswirkungen unterschiedlicher Mineralölsteuersätze und damit der Energiekosten in den Mitgliedsstaaten der EU auf die Wettbewerbsfähigkeit deutscher Transportunternehmen überzogen ist. Angesichts des Wettbewerbsnachteils von Bahn und Binnenschiff wird jedoch deutlich, dass nur eine erhebliche Verteuerung der Energiekosten die Verkehrsmittelwahl zugunsten umweltverträglicherer Verkehrsträger entscheidend beeinflussen kann. Diese erscheint aus politischen Gründen jedoch (noch) nicht durchsetzbar. Der prognostizierte Zuwachs auf ca. 415 Mrd. tkm bis zum Jahr 2015 im Straßengüterverkehr weist auf den notwendigen politischen Handlungsbedarf hin. Insbesondere wenn gesellschaftspolitische und/oder volkswirtschaftliche Kriterien für die Bewertung der Verkehrsträger angelegt werden, sprechen allein der Energieverbrauch je geleistetem Tonnenkilometer (tkm) und die damit verbundene Umweltbelastung gegen die ungebremste Zunahme des Straßengüterverkehrs ⑳.

Vergleicht man die Entwicklungen in der Verkehrsmittelwahl im Güterverkehr, sinken trotz aller Bemühungen, den Gütertransport per Bahn und Binnenschiff attraktiver zu gestalten, deren Anteile an der Verkehrsleistung weiterhin ab ㉑. Zwischen 1980 und 1992 sank der Anteil der Bahn an der Güterverkehrsleistung in den alten Ländern, ausgedrückt in Tonnenkilometern, von 25,4% auf 17,8%. In den neuen Ländern brach mit der Freigabe der Verkehrsträger im Güterverkehr der Bahntransport regelrecht ein – bei einem allgemeinen Rückgang der Verkehrsleistung im selben Zeitraum von 82,5 tkm auf 42,8 tkm. Von 1989 bis 1992 sank der Anteil der Bahn am Güterfernverkehr von 71,5 auf 31,7% ab. In Gesamtdeutschland verringerte sich der Anteil bis 1997 auf 16,2%. Diese Zahlen verdeutlichen, dass der Güterfernverkehr trotz aller Versuche und Umstrukturierungen in den neunziger Jahren nicht zu nennenswerten Anteilen an die Schiene gebunden oder auf sie verlagert werden konnte (▶▶ Beitrag Juchelka, S. 92).

Im Güternahverkehr ist der Lkw zur Bedienung der Fläche im Nahbereich eines Umschlagplatzes kaum durch andere Verkehrsträger zu ersetzen. Die Auslieferung von Stückgut und anderem Transportgut an den Einzelhandel hat insbesondere in den Innenstädten zu einer hohen verkehrlichen Belastung geführt. Die seit Ende der achtziger Jahre entwickelten und eingesetzten Konzepte, die sich unter dem Oberbegriff der Stadtlogistik zusammenfassen lassen, haben im Einzelfall durch Bündelung des Lieferverkehrs zu einer Entlastung geführt (▶▶ Beitrag Eberl/Klein, S. 104). Ob sie sich in einem nennenswerten Umfang durchsetzen, werden die nächsten Jahre zeigen.

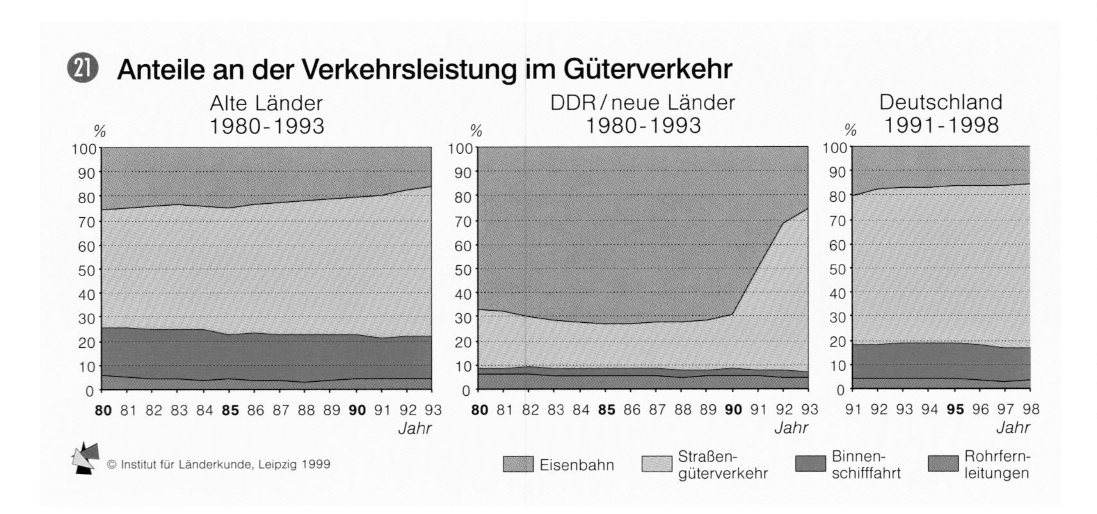

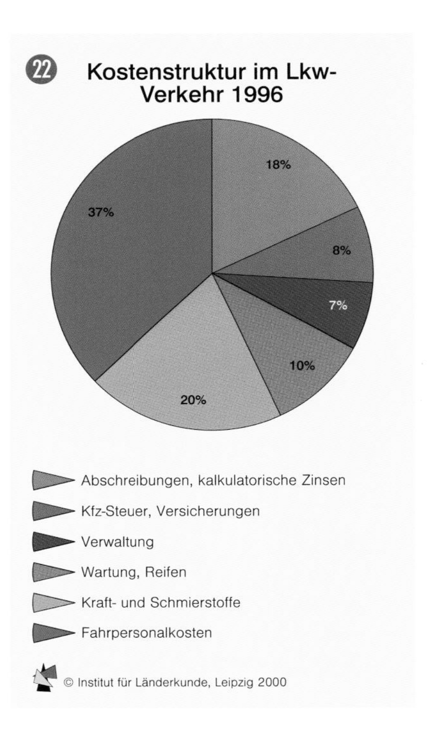

Verkehr und Umwelt

Die Bewegung von Personen und Gütern im Raum erfordert den Einsatz von Energie. In vorindustrieller Zeit wurde die Muskelkraft des Menschen bzw. die der Reit-, Last- oder Zugtiere eingesetzt; im Seeverkehr nutzte man den Wind. Mit der Einführung von Dampfmaschinen und Verbrennungsmotoren wurden Brennstoffe benötigt. Bis heute überwiegen dabei fossile Energieträger wie Kohle, Erdöl oder Erdgas, deren Vorräte auf der Erde prinzipiell nicht vermehrbar sind. Ihre Verbrennung führt trotz Verwendung modernster Technologien immer zur Immission chemischer Verbindungen, von denen die meisten als Schadstoffe einzustufen sind. Beim Verbrennungsvorgang wie auch durch die Bewegung eines Verkehrsmittels entsteht zusätzlich Lärm. Für den Bau der Verkehrswege werden Flächen verbraucht und Areale (Lebensräume) zerschnitten.

Die Teilnahme am Verkehr ist immer mit einem gewissen Unfallrisiko verbunden. Dem Straßenverkehr fielen 1998 in Deutschland 7792 Menschen zum Opfer, drei Viertel davon außerhalb von Ortschaften einschließlich Autobahnen. Nahezu 500.000 Menschen wurde im Straßenverkehr verletzt; die meisten der über 100.000 Schwerverletzten tragen lebenslang nachwirkende Schäden davon. Während Flugzeugabstürze und spektakuläre Bahnunfälle die Öffentlichkeit erregen, sind die Menschenleben, die der Straßenverkehr täglich fordert, ein gesellschaftlich weithin tabuisiertes Thema.

Im Güterverkehr beim Transport gefährlicher Stoffe besteht immer das Risiko einer Schädigung von Anwohnern sowie der Umgebung des Verkehrsweges. Die Auswirkungen des Verkehrs auf Mensch und Umwelt sind daher unter verschiedenen Perspektiven zu beurteilen. Dabei spielt die Reichweite solcher Wirkungen eine besondere Rolle. Während vom Verkehrslärm zumeist nur die in unmittelbarer Nähe zu Verkehrsanlagen Wohnenden betroffen sind, haben die Schadstoffimmissionen aus den Verbrennungsmotoren Einfluss auf unser Klima in globalem Maßstab. Der gesellschaftliche Nutzen von Verkehrsanlagen ist gegen die negativen Folgen abzuwägen, die deren Benutzung auslöst. Der Zielkonflikt zwischen regionalwirtschaftlichen Wachstumsimpulsen internationaler Verkehrsverflechtung und extremer Lärmbelastung der Bevölkerung im Nahbereich zeigt sich geradezu beispielhaft bei Großflughäfen (▶▶ Beitrag Haas/Heß, S. 140).

Umweltbelastungen durch den Verkehr

Für den Neubau und Ausbau von Verkehrsinfrastruktur werden ständig weitere Flächen benötigt (▶▶ Beitrag Löffler/Lutter, S. 132). Am Ende der neunziger Jahre nehmen die Verkehrsflächen im Bundesgebiet mehr als 16.000 km² ein, was einem Anteil von über 4,6% entspricht. In den alten Ländern hat sich der Umfang der befestigten Flächen für öffentliche Straßen (ohne Böschungen, Banketten und Mittelstreifen) innerhalb von 35 Jahren nahezu verdoppelt (▶▶ Beitrag Schliephake, S. 34) ㉓. Neben dem Flächenverbrauch führen alle neuen linienhaften Verkehrsinfrastrukturprojekte auch zu einer weiteren Flächenzerschneidung (▶▶ Beitrag Schumacher/Walz, Bd. 10). Naturnahe oder natürliche Landschaftseinheiten zerfallen in Restflächen. Auf das Netz der Bundesfernstraßen bezogen, liegt der Anteil von Restflächen mit weniger als 100 km² bereits bei etwa 15% der Bundesfläche. Große unzerschnittene Flächen über 750 km² nehmen dagegen nur noch 18% des Bundesgebietes ein. Landes- und Kreisstraßen verstärken diesen Effekt. So werden die Lebensräume von Flora und Fauna „verinselt" und eingeengt. Das trägt zum Rückgang der biologischen Vielfalt, zur Unterbrechung von Wanderungslinien zahlreicher Arten sowie zur Veränderung der Mikroklimate und damit zur Modifikation lokaler Umwelten und Lebensbedingungen bei.

Beiderseits von Verkehrswegen lässt sich je nach zugrunde gelegtem Geräuschpegel ein mehr oder weniger breiter Lärmkorridor definieren. Bei einem Lärmpegel von 65 Dezibel für Außengeräusche schließen solche Korridore bereits 17% aller Wohnungen ein. Die hier lebenden Menschen sind dadurch in ihrer Lebensqualität erheblich beeinträchtigt. Im Straßenverkehr, insbesondere an stark befahrenen Ausfallstraßen oder an Bundesfernstraßen, wird durch Lärmschutzbauten, Bau von Umgehungsstraßen sowie durch dauerhafte oder tageszeitabhängige Geschwindigkeitsbegrenzungen versucht, das Ausmaß der Lärmbelästigung zu reduzieren.

Die Bahn wird gleichfalls als störend empfunden. In engen Flusstälern verlaufen Gleisanlagen häufig in unmittelbarer Nähe von Siedlungen und damit von Wohngebäuden (wie z.B. im Rheintal). Ist die Frequenz der Reise- und Güterzüge besonders hoch, kann nur die großräumige Verlagerung des Schienenverkehrs (z.B. Neubaustrecke über den Westerwald), Abhilfe schaffen. Im Flugverkehr wird bei Start und Landung ein besonders hoher Außengeräuschpegel gemessen. Für zahlreiche Flughäfen, die keine siedlungsleeren Korridore in der An- bzw. Abflugschneise aufweisen, besteht daher Nachtflugverbot (▶▶ Beitrag Mayr, S. 38).

Neben der Lärmeinwirkung gehen von allen Verkehrsträgern Schadstoffbelastungen aus. Im Unterschied zum Lärm, der im Allgemeinen nur nahe der Quelle als Belastung auftritt, haben die verkehrsbedingten Luftschadstoffe zumeist weitreichende Wirkung – in räumlicher wie auch in zeitlicher Hinsicht (man denke an die Langzeitwirkung anthropogener Klimaveränderung). Der Hauptanteil der Schadstoffe aus dem Verkehr entsteht bei der Verbrennung der fossilen Energieträger. Die einzelnen Verbindungen wirken direkt in der emittierten Form oder indirekt nach chemischer Umwandlung in der Atmosphäre auf den Menschen, auf diverse Ökosysteme oder Bauwerke ein. Einen Überblick über solche Wirkungen und die Grenz- bzw. Orientierungswerte der Luftbelastung gibt der ▶▶ Beitrag Rabl (S. 138).

Für verschiedene Ökosysteme, aber auch für Bauwerke, sind die Säurebildner Schwefeldioxid und Stickstoffdioxid von besonderer Bedeutung. Sie verbinden sich mit dem Niederschlagswasser zu Schwefel- bzw. Salpetersäure und setzen einen Versauerungsprozess in Gang bzw. führen zu Material- und Werkstoffschäden. Gemessen am Gesamtaufkommen der einzelnen Luftschadstoffe erzeugt der Verkehr besonders hohe Anteile von Kohlenmonoxid (CO), Stickoxid (NO) sowie von flüchtigen organischen Verbindungen (CH). Das absolute Aufkommen dieser Verbindungen aus dem Verkehr geht zwar zurück, doch ist sein Anteil am Gesamtaufkommen immer noch sehr hoch ㉔. Gleichzeitig wird deutlich, dass der Straßenverkehr den größten Anteil an den verkehrsbedingten Luftverunreinigungen hat. Die durch den technischen Fortschritt erzielte Schadstoffreduktion wird durch die ständige Zunahme des Straßenverkehrs zunichte gemacht.

Neben den Erfolgen in der Abgasreinigung konnte erreicht werden, dass der End-Energieverbrauch des Verkehrs in den letzten Jahren nicht weiter zugenommen hat. Solange jedoch fossile Energieträger verwendet werden, sind →

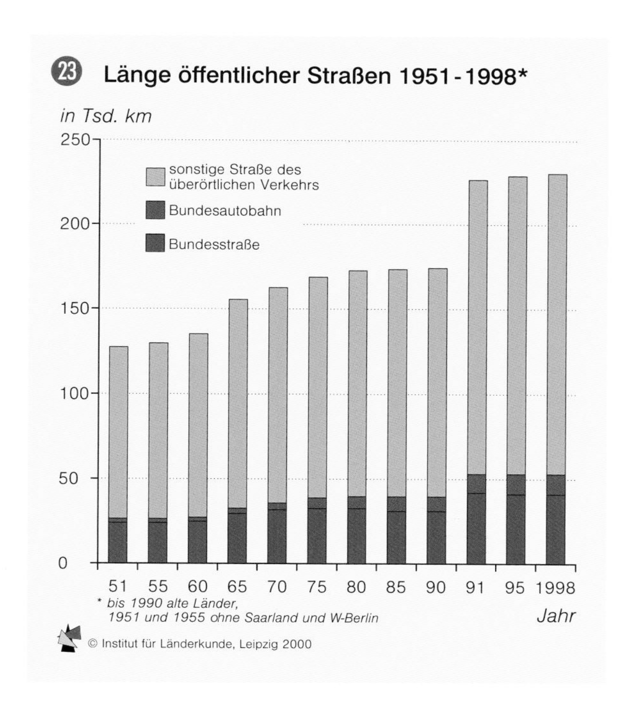

㉓ Länge öffentlicher Straßen 1951-1998*

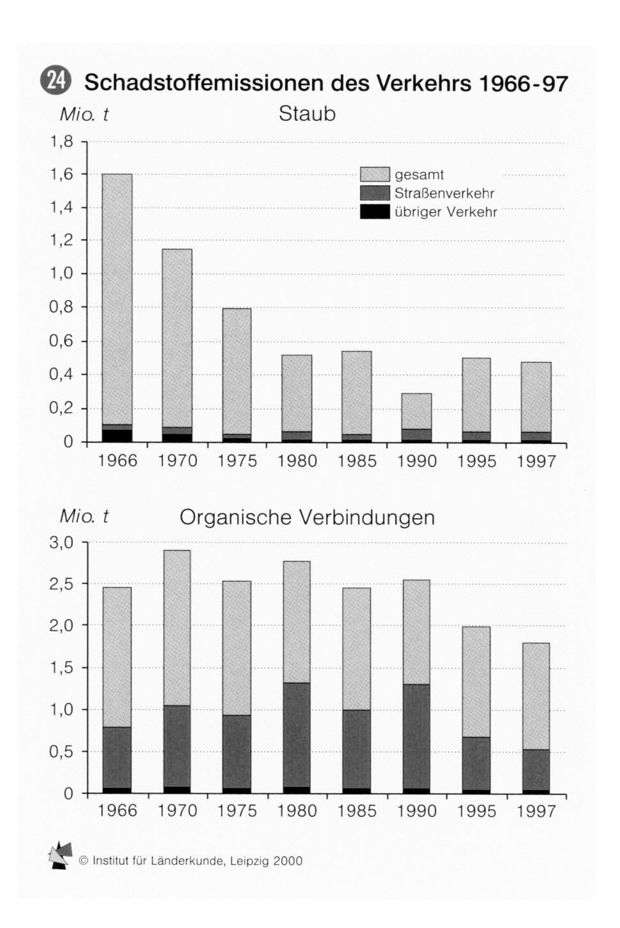

㉔ Schadstoffemissionen des Verkehrs 1966-97

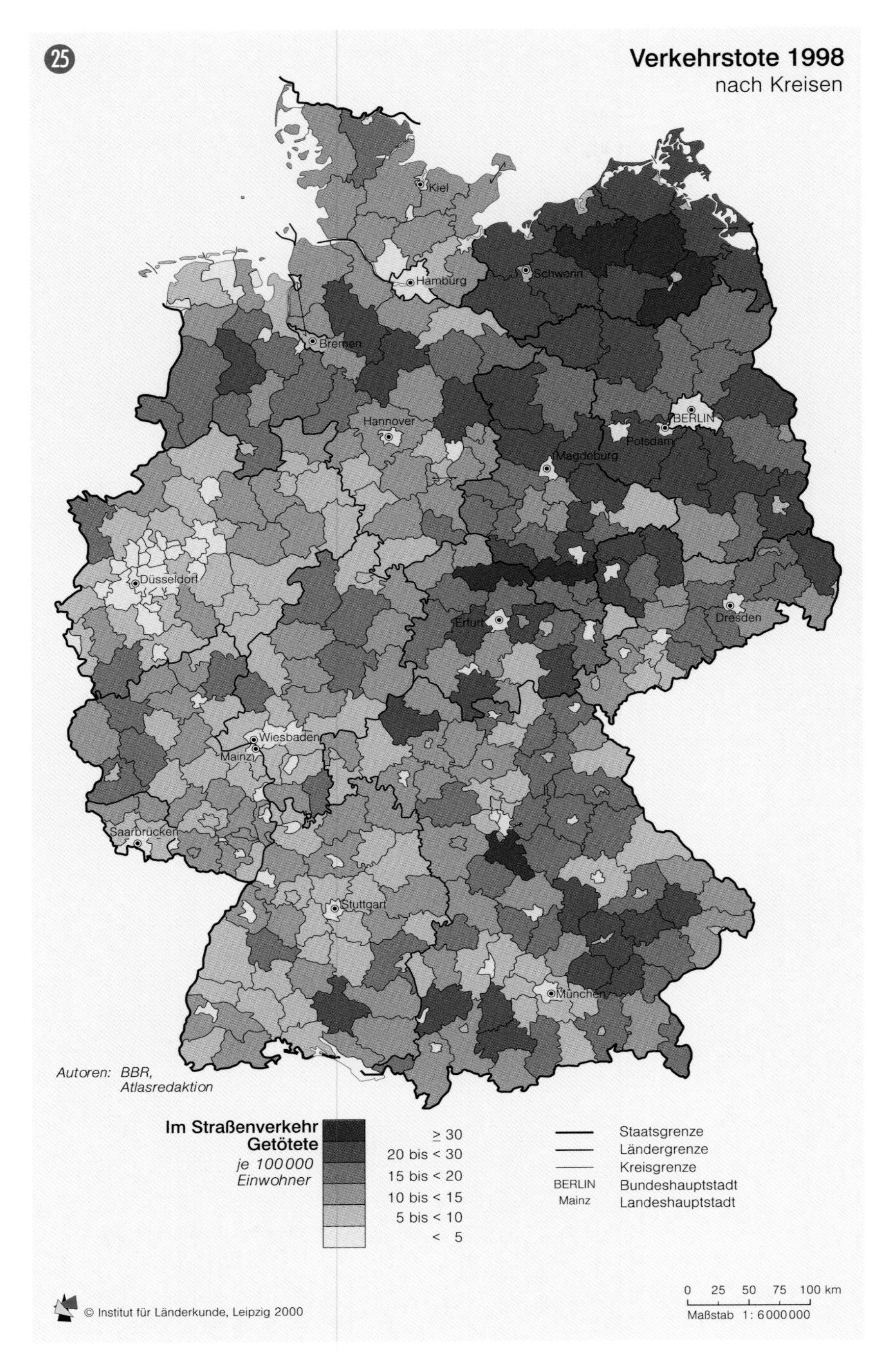

der Entlastung der Umwelt durch den Verkehr enge Grenzen gesetzt. Der Einsatz erneuerbarer Energiequellen spielt im Verkehrsbereich bisher kaum eine Rolle 26. Auf längere Sicht wird man nur durch weitgehenden Verzicht auf fossile Energieträger die notwendige Umweltentlastung erreichen können, zumal Erdöl als Primärenergiequelle für den Straßenverkehr eine endliche Ressource darstellt.

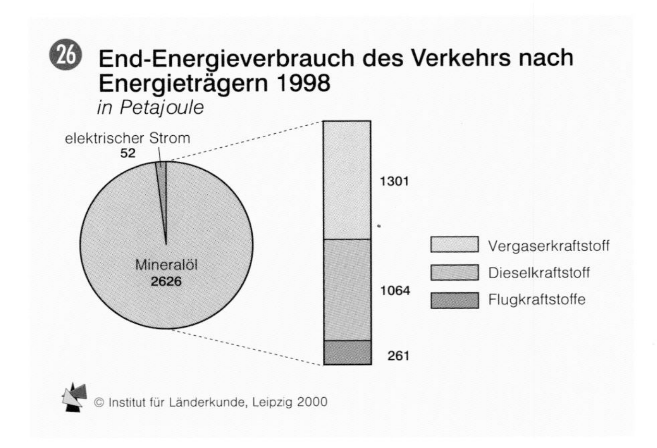

Unfallfolgen und die externen Kosten des Verkehrs

Der sprunghafte Anstieg der privaten Motorisierung in Ostdeutschland hat – wie bereits gezeigt wurde – eine beispiellose Zunahme der Straßenverkehrsunfälle zur Folge gehabt; in nur zwei Jahren nach der Wende hatte sich die Anzahl der Verkehrstoten in den neuen Ländern gegenüber dem Durchschnitt der achtziger Jahre mehr als verdoppelt. Das Statistische Amt der EU kommt anhand der Unfallzahlen von 1998 im regionalen Vergleich zu dem Ergebnis, dass der Straßenverkehr in Mecklenburg-Vorpommern und Brandenburg so lebensgefährlich ist wie sonst kaum irgendwo in der Europäischen Union. Ähnlich hohe Zahlen – 22 bis 38 Verkehrstote pro 100.000 Einwohner und Jahr – gab es 1997 nur auf Korsika, in Teilen Griechenlands, auf der Iberischen Halbinsel und im Süden Belgiens. Hohe Zahlen von Verkehrstoten in Portugal und Ostdeutschland führt Eurostat u.a. auf die "Kluft zwischen zunehmendem Fahrzeugbestand und nicht ausreichend modernisiertem Straßennetz" zurück (Pressemitteilung vom 20.10.2000).

Die Karte 25 zeigt auf der Ebene der Kreise und kreisfreien Städte die enorme Spannweite dieses Merkmals in Deutschland: Die Anzahl der im Straßenverkehr Getöteten pro 100.000 Einwohner und Jahr reicht von weniger als 5 in Hamburg, im Rhein-Ruhr-Raum sowie in zahlreichen Kernstädten, auch in Ostdeutschland bis über 30 mit Schwerpunkt in Mecklenburg-Vorpommern. Hohe Unfallbelastungen weisen vor allem die stark ländlich geprägten Umlandbereiche der großen Städte auf. Weite Wege der Berufspendler schlagen sich auch in der überdurchschnittlich hohen Jahresfahrleistung der dort zugelassenen Pkw nieder (▸▸ Beitrag Motzkus, S. 64). Aus der Typisierung verschiedener Unfallfolgen lassen sich Risikostufen ableiten, die ein umfassendes Bild der Unfallsituation der Kreise und kreisfreien Städte im Bundesgebiet vermitteln (▸▸ Beitrag Klein/Löffler, S. 134).

Unfallfolgen, deren Kosten nicht mehr von den Versicherungen getragen werden (vor allem bei Invalidität und Tod), stellen neben den Kosten der Umweltbelastung bzw. -zerstörung den Hauptfaktor sozialer Folgekosten des Verkehrs dar. Sie sind nicht Bestandteil der einzelwirtschaftlichen (internen) Nutzen-Kosten-Abwägung und werden daher externe Kosten genannt. Die Höhe der externen Kosten des Verkehrs ist für die einzelnen Verkehrsträger höchst unterschiedlich und stellt deren Rangfolge nach dem Grad der Umweltverträglichkeit geradezu auf den Kopf (▸▸ Beitrag Deiters, S. 142). So sind die externen Kosten des Straßenverkehrs in Deutschland drei- bis fünfmal höher als bei der Bahn; hinsichtlich der tatsächlichen Nutzerkosten ist die Bahn jedoch gegenüber dem Pkw und dem Lkw im Nachteil. Mit der Schaffung von Kostenwahrheit im Verkehr (auch von der EU-Kommission gefordert) soll die heimliche Subventionierung des Straßenverkehrs überwunden und Wettbewerbsgleichheit für alle Verkehrsträger hergestellt werden.

Nachhaltigkeit des Verkehrs

Seit der Veröffentlichung des Reports der UN-Kommission für Umwelt und Entwicklung "Our Common Future" 1987 (sog. Brundlandt-Bericht) haben Begriff und Ziel der nachhaltigen Entwicklung wie kein anderes Konzept zuvor die Diskussion um die künftigen Handlungserfordernisse der Klima-, Umwelt- und Raumentwicklungspolitik bestimmt. Bekanntlich fand diese Leitvorstellung auch Eingang in das deutsche Raumordnungsgesetz und bezeichnet eine "Raumentwicklung, die die sozialen und wirtschaftlichen Ansprüche an den Raum mit seinen ökologischen Funktionen in Einklang bringt und zu einer dauerhaften, großräumig ausgewogenen Ordnung führt" (ROG § 1 Abs. 2).

Auf den Verkehrsbereich übertragen bedeutet dies, den Energie-, Stoff- und Flächenverbrauch des Verkehrs sowie die verkehrsbedingten Schadstoff- und CO_2-Emissionen zu reduzieren, um trotz weiterer Expansion der Wirtschafts- und Handelsverflechtungen eine dauerhafte, nachhaltige Wirtschafts- und Lebensweise zu ermöglichen. Zuerst müssten die Potenziale zur Verkehrsvermeidung erschlossen werden, ehe Konzepte und Maßnahmen zur Verlagerung des (verbleibenden) Verkehrs auf weniger umweltbelastende Verkehrsmittel zum Einsatz kommen (Kagermeier 1998). Einige Atlasbeiträge befassen sich mit den Möglichkeiten und Grenzen derartiger Verlagerung von Mobilitäts- und Transportvorgängen und den dazu notwendigen organisatorischen und verkehrstechnischen Voraussetzungen wie Güterverkehrszentren und Stadtlogistik, Kombinierter Verkehr und ÖPNV-Attraktivierung.

Umstritten sind die Wirkungen, die von städtebaulichen Maßnahmen wie z.B. verkehrsvermeidende Siedlungsstrukturen ausgehen. Ein weiterer zentraler Ansatzpunkt zur nachhaltigen Verkehrsentwicklung wird in der Internalisierung externer Verkehrskosten (s. oben) gesehen. Zu deren Umsetzung kommen ordnungs- und preispolitische Maßnahmen wie stufenweise Erhöhung der Kraftstoffpreise und Senkung der Verbrauchs- und Emissionswerte der Kraftfahrzeuge, Erhebung von Straßenbenutzungsgebühren, Tempolimits, Verkehrsbeschränkungen, lokale Fahrverbote, Parkraummanagement und anderes mehr in Betracht.

Große Hoffnungen werden zuweilen auf Maßnahmen zur technischen Effizienzsteigerung der Verkehrsträger und -systeme sowie auf den Einsatz der Telematik im Verkehrsbereich gesetzt. Ein Gutachten im Auftrag des Umweltbundesamtes kam jedoch zu dem Ergebnis, dass die Umweltwirkungen von Verkehrsinformations- und -leitsystemen im Straßenverkehr weitaus geringer als erwartet sind (Prognos AG u.a. 1999). Von den insgesamt zehn untersuchten Einzelsystemen tragen nur solche zur Reduktion von Kohlendioxid und anderer Luftschadstoffe bei, mit deren Hilfe eine deutliche Verringerung des Automobilverkehrs erreicht werden kann. Das gilt für Telematiksysteme, mit denen automatisch Straßenbenutzungsgebühren erhoben werden können. Systeme zur Verflüssigung des Straßenverkehrs oder zur dynamischen Zielführung (z.B. zu freien Parkplätzen) können sogar die gegenteilige Wirkung haben, indem sie zu verstärkter Autonutzung einladen (▶▶ Beitrag Beer/Rosenthal, S. 148).

Kommunikation und Informationsgesellschaft

Mehr als ein halbes Jahrhundert führte aus geographischer Perspektive Kommunikation als Verkehrsvorgang von Nachrichten und Signalen eine Schat-

tenexistenz. Auch die üblichen Fachbegriffe, halb militärischen, halb verkehrsräumlichen Ursprungs, unterstrichen diese Einordnung: Telegrafie, Fernmeldetechnik, Telefonverkehr, Fernschreiben, Nachrichtenverkehr. Die Distanzüberbrückung, ungleich schneller als bei allen anderen Transporttechniken, war das herausragende Merkmal, häufig durch die vorgestellte Silbe „Tele" noch betont. Neben diesen frühen Formen der Individualkommunikation entwickelten sich mit unterschiedlicher Dynamik die Elemente der Massenkommunikation im Zeitungswesen sowie im Bereich des öffentlich-rechtlichen Rundfunks und Fernsehens. Hoheitliche, staatliche oder zumindest länderspezifische Kontrolle und damit monopolartige Strukturen (Bundesbetriebe, öffentlich-rechtliche Anstalten) entsprachen seit Ende des 19. Jahrhunderts bis in die achtziger Jahre des 20. Jahrhunderts in zahlreichen Ländern Europas der Rechtsauffassung, wie Telefon, Telegrafie, Rundfunk und Fernsehen zu organisieren und zu betreiben seien. Informationskontrolle war zudem ein erklärtes Instrument der Innenpolitik, vor allem in marxistisch-leninistisch geführten Staaten nach 1945 bis zur Wende Ende der achtziger Jahre.

Es war also ein Bündel von Einflüssen, nebst mangelndem Verständnis für die künftige Bedeutung, dass (technisch) kommunikative Erscheinungen kaum von Geographen wahrgenommen wurden. Zentralörtliche Abgrenzungsversuche waren in Deutschland die einzigen Ausnahmen, bei der Verbreitungsphänomene der Kommunikation einen ergänzenden Indikator (Zeitungen, Telefon) abgaben.

Dies alles ist schon jüngste Geschichte. Weder die rechtlichen Grundlagen, schon gar nicht die technische Vielfalt der Kommunikation, auch nicht die instrumentelle Umsetzung für Unternehmen und private Haushalte haben heute noch Wesentliches mit kommunikativen Strukturen vor 1980 gemeinsam. Aus Telekommunikation wurde Telematik indem Computertechnologie zur Telekommunikation hinzukam. In rasanter Weise findet Mobilität technischer Kommunikation (Handy) breite Akzeptanz. Das Internet wurde außerhalb der ursprünglich militärischen Anwendung in den USA weltweit zugänglich und beginnt, die räumlichen Organisationsabläufe entwickelter Volkswirtschaften wie auch die einiger Entwicklungsländer global zu überformen. Hunderte von Fernsehprogrammen erreichen über Kabel und Satellit die Konsumenten. Es zeigen sich somit die Umrisse einer neuen Gesellschaft, deren Umschreibung mit „Informationsgesellschaft" kaum auszudrücken vermag, wieviel tiefgreifender Wandel sich in der Wirtschaft, im Alltagsleben, im Bildungswesen und in der Freizeitgestaltung abzuzeichnen beginnt.

Trotz der im ausgehenden 20. Jahrhundert wesentlich verbesserten Bedingungen, Menschen über neue Kommunikationsmöglichkeiten zu informieren, induziert der drastische Schub technologischer Entwicklungen erneut Phänomene der Ignoranz, der Unsicherheit und der Fehleinschätzung. Noch 1890 äußerten führende Industriebetriebe im Deutschen Reich die Einschätzung, dass das Telefon für sie ohne größeren Belang sei, es eher als eine technische Spielerei anzusehen sei. Welche Kurzsichtigkeit aus der Rückschau und welch fatale Parallele zur anfänglichen und noch anhaltenden Unterschätzung des Internets und seiner Rolle vor allem in der Wirtschaft des beginnenden 21. Jahrhunderts!

Dienstleistungen im Umfeld der Informationswirtschaft sind in Deutschland zum wirtschaftlich zweitwichtigsten Dienstleistungsbereich geworden. Wie in vielen anderen Dienstleistungssparten fehlt es jedoch fundamental an (zugänglichen) regionalisierten Daten. Die amtliche Statistik hat sich noch keineswegs an diese veränderten Strukturen angepasst. Unternehmensinterne, nutzerspezifische Daten werden heute streng gehütet, weniger aus Aspekten des Datenschutzes, sondern als Marketingvorsprung gegenüber Mitbewerbern nach einer Liberalisierung der Telekommunikationsmärkte nach 1990 (vgl. auch Abschnitt Telekommunikation).

Die im vorliegenden Band getroffene Auswahl von Beiträgen hat sich also in erster Linie thematisch auch an der Verfügbarkeit von Daten orientieren müssen, wenngleich eine Fülle von wirtschaftsräumlich differenzierten Prozessen hochinteressante Gesamtübersichten versprochen hätten, sofern man von Fallstudien regional sehr unterschiedliche Entwicklungen ableiten kann.

Wandel des kommunikativen Verhaltens

Die Schwelle eines veränderten individuellen kommunikativen Verhaltens durch Einsatz von Kommunikationstechnik ist nicht eindeutig zeitlich festzulegen. Bis Ende der siebziger Jahre gab es regional und zeitlich noch Ausbauengpässe des Telefonnetzes der damaligen Deutschen Bundespost. Ab Mitte der achtziger Jahre wechselten neue Kommunikationsdienste von Testversuchen zu allgemeiner Verfügbarkeit. Bis zum Beginn des 21. Jahrhunderts lassen sich vier Entwicklungsphasen unterscheiden. In nur zwei Jahrzehnten erfolgten Entwicklungsschübe der Kommunikationstechnik, die zuvor (wenn überhaupt vergleichbar) weit mehr als ein Jahrhundert benötigt hätten. In dieser Dynamik der Entwicklung liegen vor allem die Akzeptanzprobleme von Altersgruppen, die nicht mit solchen technischen Möglichkeiten als Selbstverständlichkeit aufwuchsen.

Telematik – computergesteuerte Telekommunikation
Backbones – hochleistungsfähige Übertragungsachsen
ISDN – Integrated Digital Service Network
Provider – Online-Dienstleister
E-Mail – elektronische Post
Global Player – weltweit tätiges Unternehmen
Server – ein Netzwerk oder eine Internetadresse bedienender Computer
Browser – Software zum Lesen von Internetseiten
E-Commerce – elektronischer Handel; die Variante über Mobilkommunikation wird **M-Commerce** genannt
WAP-Technologie – Wireless Application Protocol; aufbereitete Seiten im Internet können im Mobilfunk über das Handy abgerufen werden
GPS – Global Positioning System, Satellitennavigation
Electronic Banking – elektronische Abwicklung von Bankgeschäften
Teleshopping – Handel über TV
Call Center – Dienstleistung der Beratung, Bestellung und Kundenakquisition per Telefon oder Internet

Phase I: 1980 - ca. 1987

Auf der Basis der Telefonnetze wurden – immer noch in analoger Technik – neue Dienste (fälschlicherweise häufig als „Neue Medien" bezeichnet) eingeführt:

- Telefax (Fernkopieren)
- Teletex (elektronisches Fernschreiben)
- Bildschirmtext – Btx (erster Online-Dienst)

Phase II: 1987 - ca. 1992

Die Digitalisierung der Kommunikationstechnik (Konvergenz mit Computertechnologie) erfordert digitale Vermittlungstechnik, leistungsfähige Übertragungswege und hochleistungsfähige Übertragungsachsen („Backbones").

- Einführung von ISDN (Integrated Digital Service Network)
- Aufbau von Glasfasernetzen, Wissenschaftsnetze
- Weltweite Vernetzung – Öffnung des Internets, Globalisierung der Kommunikation
- Expansion der Online-Dienstleister (Provider), z.B. CompuServe, AOL, Datex-J (später unter dem Namen „T-Online")

Phase III: 1992 - ca. 1998

Die Mobilität der Kommunikation sowie der überschäumende Bedeutungszuwachs des Internets prägen diese Phase.

- Tarifwettbewerb auf dem Telefonmarkt
- Mobiltelefonie im digitalen GSM-Standard (Netze D1, D2, E1, E2 sowie Satelliten-Direkttelefonie)

Phase IV: 1998 - 2000 und laufend

Die Liberalisierung der Netze und Dienste im Festnetz, die Aufwertung des Internets als Business-Plattform sowie die Leistungssteigerung der Dienste →

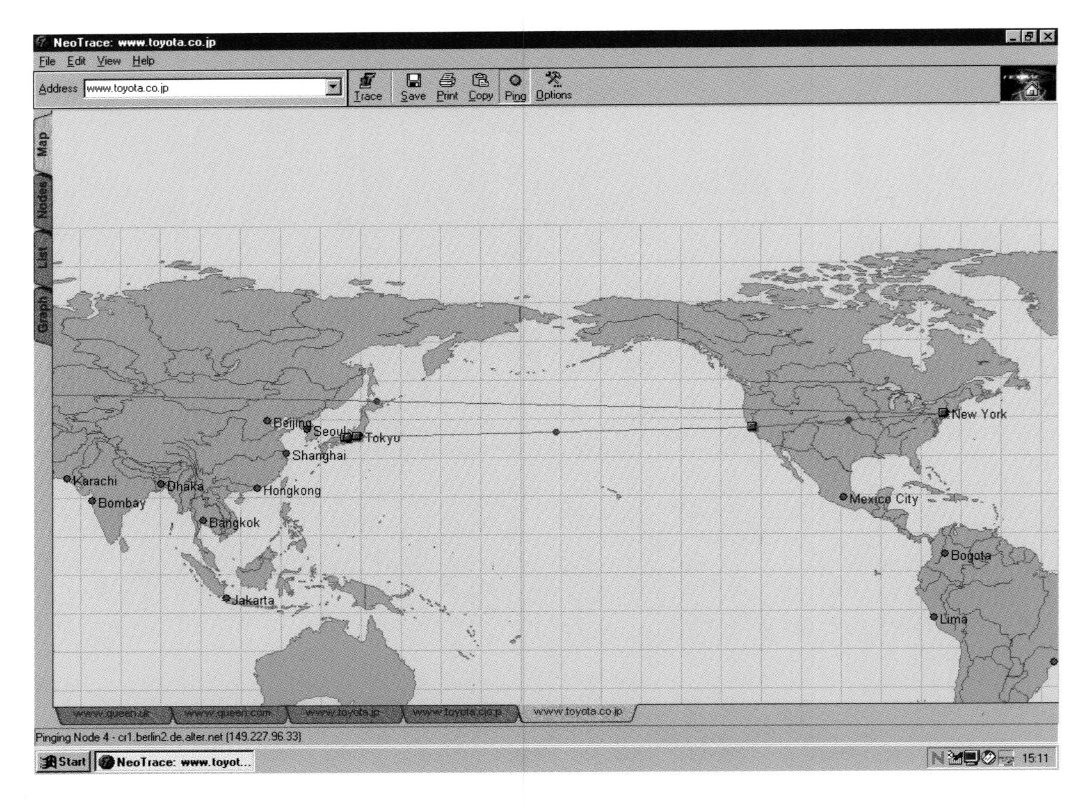

Handys der neuen UMTS-Generation

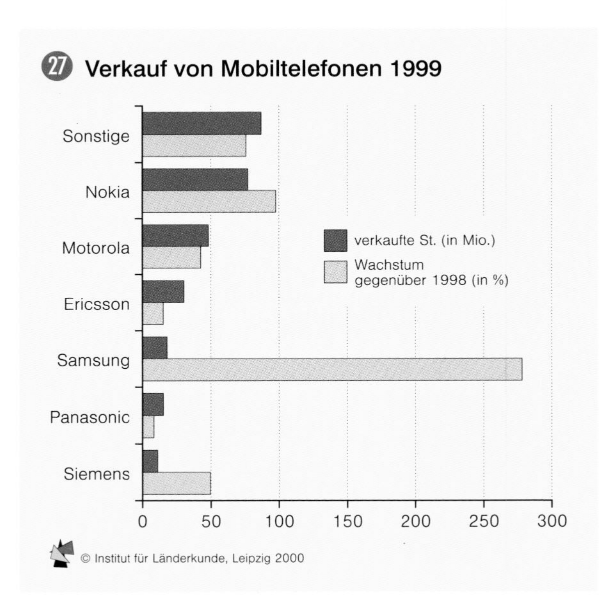

27 Verkauf von Mobiltelefonen 1999

mobiler Kommunikation sind die Merkmale der laufenden Phase.

- Liberalisierung der Festnetz-Telefonie in Deutschland
- Internet als Wirtschaftsplattform (Internet, Intranet, Extranet, E-Commerce, M-Commerce) und als Informationsinstrument (u.a. auch im Bildungssektor)
- Substitution von Brief- oder Fax-Korrespondenz durch E-Mail
- Multifunktionalität der Mobiltelefonie für Sprache, Daten (e-Mail, Fax) und teilweise Internetfähigkeit (WAP) und Lokalisierbarkeit (GRPS)
- Konvergenz der Medien und Kommunikation durch Multimedia-Anwendungen

Die Grenzen der Prognosefähigkeit solch dynamischer Entwicklungen haben sich – trotz erheblicher Investitionen in die Begleitforschung – in den vergangenen zwei Jahrzehnten überdeutlich gezeigt. Vor allem in der Startphase wurde in der Regel die Akzeptanz fehlgeschätzt und voreilig unzutreffende Schlüsse gezogen. Gleichzeitig zeigten sich auch in Europa kulturspezifisch sehr unterschiedliche Akzeptanzmuster, mit relativ vorauseilender Akzeptanz in Skandinavien (z.B. Mobiltelefonie, PC-Besatz und Internetnutzung). Die Entscheidungsträger in Deutschland haben sich bis heute immer wieder als zögerliche Langsamstarter erwiesen. In nur fünf Jahren war bis Anfang der neunziger Jahre Telefax zu einer Standardeinrichtung der Kommunikation zunächst zwischen Unternehmen geworden. Noch Anfang der neunziger Jahre sind Prognosen, es könnte bis zum Jahr 2000 rund 5 Mio. Mobiltelefon-Nutzer in Deutschland geben, als „verwegene Fantasie" betrachtet worden. Tatsächlich waren es dann Mitte 2000 mehr als 33 Mio. Handyverträge, die in Deutschland in Kraft waren 27 (▸▸ Beitrag DeTe-Mobil/Gräf, S. 146).

Noch dramatischer scheint sich der aktuelle Nachholbedarf der Wirtschaft zu zeigen, mit allen Leistungen eines Unternehmens (nicht nur seinem Vertrieb) im Internet präsent zu sein, auch ohne gleich ein „Global Player" zu werden, wenngleich technisch als Internetauftritt (sofern nicht geschlossene Intranets vorliegen) eine globale Verfügbarkeit immer gegeben ist.

Kommunikation und Raum

Thesen der Raumwirksamkeit der Informations- und Kommunikationstechnologien (IuK) werden seit den achtziger Jahren sehr kontrovers diskutiert. Die Konvergenz von Raum und Zeit hin zu einer Erreichbarkeit in Sekundenbruchteilen, unabhängig von der Distanz der Kommunikationspartner, war für Laien fast undenkbar. Die Vorstellungen von entscheidungsbezogener Zentralisierung und arbeitstechnischer Dekonzentration waren elektrisierend, die manchmal abenteuerlichen Erwartungen von Substitutionsprozessen (z.B. im Verkehr, im Handel) schienen verlockend und beängstigend zugleich. Unter- und Überschätzungen der Rationalität des Handelns hat die Fehleinschätzungen am stärksten beflügelt. Anfängliche Fehlprognosen der Entwicklung haben vermutlich am stärksten dazu geführt, dass politische Entscheidungsträger sich nur vorübergehend diesem technologischen Feld ernsthaft zugewandt haben. Erst zu Beginn des 21. Jahrhunderts, als der Mangel an Fachkräften im IuK-Bereich greifbar wurde, zeigen sich die Folgen einer Vernachlässigung dieses Strukturwandels.

Die Fixierung auf den Modebegriff der Globalisierung hat den Blick dafür verstellt, dass eine globale technische Handlungsmöglichkeit von gesetzlichen Rahmenwerken begrenzt wurde und wird, die in Deutschland, trotz starker Beeinflussung durch EU-Recht, immer noch deutlich nationale Züge erkennen lassen. Das Informations- und Kommunikationsdienste-Gesetz (IuKDG 1997), mehrere Novellen der Rundfunkstaatsverträge (1987-1997), der Medienstaatsvertrag(1997) sowie die Etablierung der Regulierungsbehörde Telekommunikation und Post (1998) und der Landesmedienanstalten (1984 Landesmediengesetze) stellen das Regelwerk über Zulassung, Lizenzierung, Tarifierung und Unternehmenskonzentration im Bereich der Individualkommunikation und der audiovisuellen Medien dar. Hinzu kommen weitere erst im Entstehen begriffene Regelungen des Steuerrechts, beispielsweise im Bereich des E-Commerce.

Internet

Hat die Mobilkommunikation in erster Linie die Flexibilität des Einsatzes und die Standortungebundenheit der Kommunikation geprägt, so haben die Durchdringung der Unternehmen und privaten Haushalte durch das Internet (als System), das World Wide Web (WWW), der Datentransfer mittels FTP-Servern und die Darstellung der Seiten in der HTML-Sprache bzw. künftig der XML-Sprache die Tür zu einer grundlegenden Neuorganisation der Wirtschaft geöffnet. Zu Beginn des Jahres 2000 sollen rund 20 Mio. Bürger in Deutschland Zugang zum Internet haben, teils an ihrem Arbeitsplatz, teils privat, in zunehmendem Maße in beiden Bereichen 31.

Das vernetzte System von Servern stellt eine universale Plattform dar, die nur an wenigen Stellen Ansätze zu einer Verortung und damit die Möglichkeit zu einer kartographischen Darstellung bietet. Die an sich interessante Analyse der Diffusion und der räumlichen Differenzierung der Internetnutzer scheitert am Datenschutz. Weder die Frage, wo wer welche ▸ Browser nutzt oder welche ▸ Provider wo wie vielen Personen Zugang zum Netz verschaffen, lässt sich heute in raumbezogenen Dichtewerten darstellen. Am ehesten lassen sich in Fallstudien Nutzergewohnheiten, Nutzungsinteressen und zeitliche Inanspruchnahme erfassen.

Noch zu Beginn des 21. Jahrhunderts lassen Diskussionen um Inhalte des Internets, Ängste um die Wahrung der persönlichen Sphäre und um Sicherheiten von Kreditkarteninformationen bei Käufen, um Kontrolle und Besteuerbarkeit von Geschäftsvorgängen im Internet nicht nach, weil die gewohnten Beziehungen auf Basis nationaler Rechtssysteme zumindest mit dem bisherigen definitorischen Instrumentarium nicht mehr funktionieren.

Solche Bedenken sind in Deutschland besonders stark ausgeprägt. Sie sind auch eine Generationenfrage. Das Internet ist deshalb in Schlüsselpositionen der Wirtschaft lange Zeit unter-

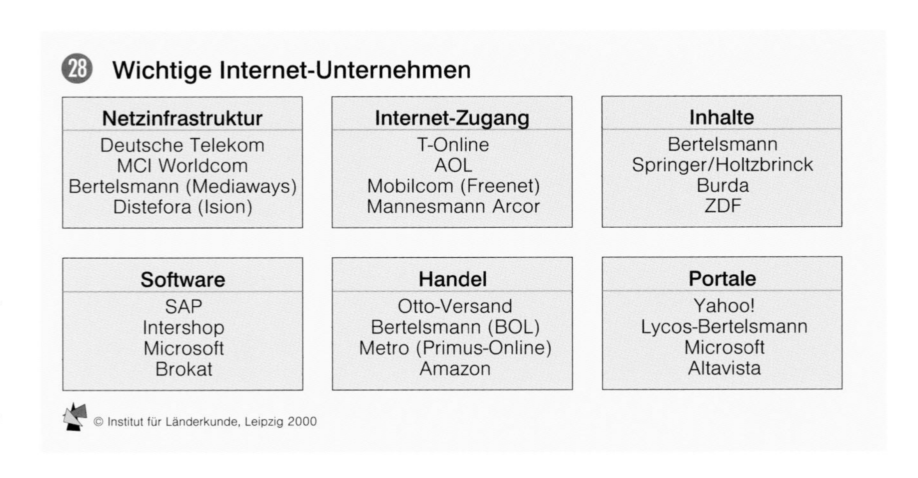

28 Wichtige Internet-Unternehmen

Netzinfrastruktur	Internet-Zugang	Inhalte
Deutsche Telekom MCI Worldcom Bertelsmann (Mediaways) Distefora (Ision)	T-Online AOL Mobilcom (Freenet) Mannesmann Arcor	Bertelsmann Springer/Holtzbrinck Burda ZDF

Software	Handel	Portale
SAP Intershop Microsoft Brokat	Otto-Versand Bertelsmann (BOL) Metro (Primus-Online) Amazon	Yahoo! Lycos-Bertelsmann Microsoft Altavista

© Institut für Länderkunde, Leipzig 2000

Call-Center

schätzt worden, und die Zögerlichkeiten haben zu Wettbewerbsnachteilen und überstürztem Nachholbedarf geführt. Banken standen mehr als ein halbes Jahrzehnt einer Elektronisierung ihrer Kerngeschäfte skeptisch gegenüber, Industrie und Handel räumten einer Handlungsplattform auf dem Internet (mehr als nur Verkaufen) kaum beachtenswerte Chancen ein.

Zur Jahrhundertwende hat sich die Einstellung radikal gewandelt. Nicht nur die global agierenden Großunternehmen (▶▶ Beitrag Grentzer, S. 112), sondern auch die stärker regional eingebundenen klein- und mittelständischen Unternehmen (KMU) sehen heute im elektronischen Geschäftsfeld (E-Commerce) ㉞㉟ sowohl zu anderen Unternehmen (business-to-business) als auch zu Kunden (business-to-consumer) ㉙ ㉝㉜ erhebliche Wachstumspotenziale ihrer Unternehmen, auch wenn dies nicht zwingend mit einer Erweiterung ihrer Aktionsreichweite verbunden sein muss. Die häufig zu lesende Verbindung mit dem Begriff Globalisierung trifft hier nur in Teilbereichen die Realität.

Bei der „Netzökonomie" ist zwischen der Ökonomie *des* Internets und der Ökonomie *im* Internet zu unterscheiden. Der wirtschaftsgeographisch interessante Aspekt eines Strukturwandels durch Wirtschaften mit Hilfe des Internets geht weit über die Umstellung von bisher üblichen Geschäftsabläufen auf digitale Verfahren hinaus. Auch das „Handeln" im Netz im doppelten Sinne trifft nicht den Kern der Veränderung, da sich E-Commerce bereits zur mobilen Variante des „M-Commerce" hin bewegt (internetfähige Handys mit WAP-Technologie, z.B. für Finanzdienstleistungen). Der Blickwinkel, der vor allem Geographen primär beschäftigt, ist die relative Distanzlosigkeit des Agierens, bei dem Entfernungen für Transaktionen im Netz weder zeit- noch kostenbezogen eine Rolle spielen (vgl. Screenshot auf S. 26, der eine Internet-Verbindung von Leipzig – www.ifl-leipzig.de nach Japan – www.toyota.co.jp – verfolgt).

Der Kern der Änderung liegt in der Befähigung, das Marktgeschehen rascher zu analysieren, aus höherer Markttransparenz Schlüsse zu ziehen und die Realität als ein „strukturiertes Chaos" zu verstehen. Die neuen Möglichkeiten im Netz schaffen Handlungsmuster, die eine Erkenntnis komplexer Strukturen künftig mittels neuronaler Netzwerke erlaubt und es ermöglichen wird, sie in unternehmensstrategische Handlungen umzusetzen, was einen organisatorischen Wandel des Wirtschaftssystems induzieren wird. Die wenig durchdachte These, das Internet würde einen Verlust an Banken- oder Einzelhandelsstandorten zur Folge haben, entbehrt sachlicher Argumente. Rationalisierungsmaßnahmen z.B. der Post- und Bankfilialen sind auch ohne Internet längst geplant gewesen.

Unternehmen nutzen heute in wachsendem Maße Internettechnologie (TCP/IP-Protokoll, HTML-Sprache), um unternehmenseigene Netze aufzubauen (in anderer Variante auch Corporate Network genannt), und zwar um sie als unternehmensinternes (Intranet) oder –mit selektiver Öffnung für Kunden – als externes (Extranet) Kommunikationssystem zu nutzen (▶▶ Beitrag Koch, S. 108).

Die Entwicklung leistungsstarker digitaler Übertragungstechniken, zunächst ISDN, nunmehr im Aufbau die xDSL-Techniken, haben den herkömmlichen Kupferkabeln wieder einen verbesserten Leistungsstandard gebracht. Der technische Internetzugang, den einzelne Provider bieten, ist jedoch heute schon nicht mehr an Festnetze der klassischen Telekommunikation gebunden. Längst drängen TV-Kabelnetze und die Satellitenübertragung in den Markt der Hochleistungs-Übertragungswege ein, was die Multimediafähigkeit des Internets erst zur vollen Entfaltung bringen wird.

Kommunikation und Mobilität

Kaum ein Bereich technologischer Weiterentwicklung unterlag in den vergangenen 20 Jahren einer so krassen Fehleinschätzung der Marktentwicklung wie die Entwicklung der Mobilkommunikation. Zelluläre, leitungsungebundene Telefonie hatte in Skandinavien und Großbritannien bereits in den achtziger Jahren eine beachtliche Verbreitung gefunden. In Deutschland (alte Länder) hatten das A-, B- und schließlich das C-Netz der damaligen Deutschen Bundespost und späteren Deutschen Telekom AG einen relativ kleinen Nutzerkreis. Erst das Durchsetzen eines europäischen (später weltweiten) digitalen Standards GSM (ursprünglich Group System Mobil, später Global System for Mobil Telefony) bildete die Grundlage einer höchst dynamischen Entwicklung vom ursprünglich berufsbezogenen Kommunikationsinstrument zum zunächst gruppenspezifischen Statussymbol bis zum heutigen Gebrauchsgegenstand für Jedermann (▶▶ Beitrag Rauh, S. 54). In Deutschland sind seit 1992 vier Lizenzen vergeben worden: D1, D2, E-plus und Viag-Interkom. Mitte des Jahres 2000 hatten mehr als 33 Mio. Kunden einen Mobilkommunikationsvertrag (davon 26 Mio. in D1- und D2-Netzen) abgeschlossen, die Zuwachsrate ist weiterhin steigend.

Zwei wesentliche Erkenntnisse waren damit in Deutschland verbunden. Zunächst war dies für einen breiten Kundenkreis die erste Erfahrung mit →

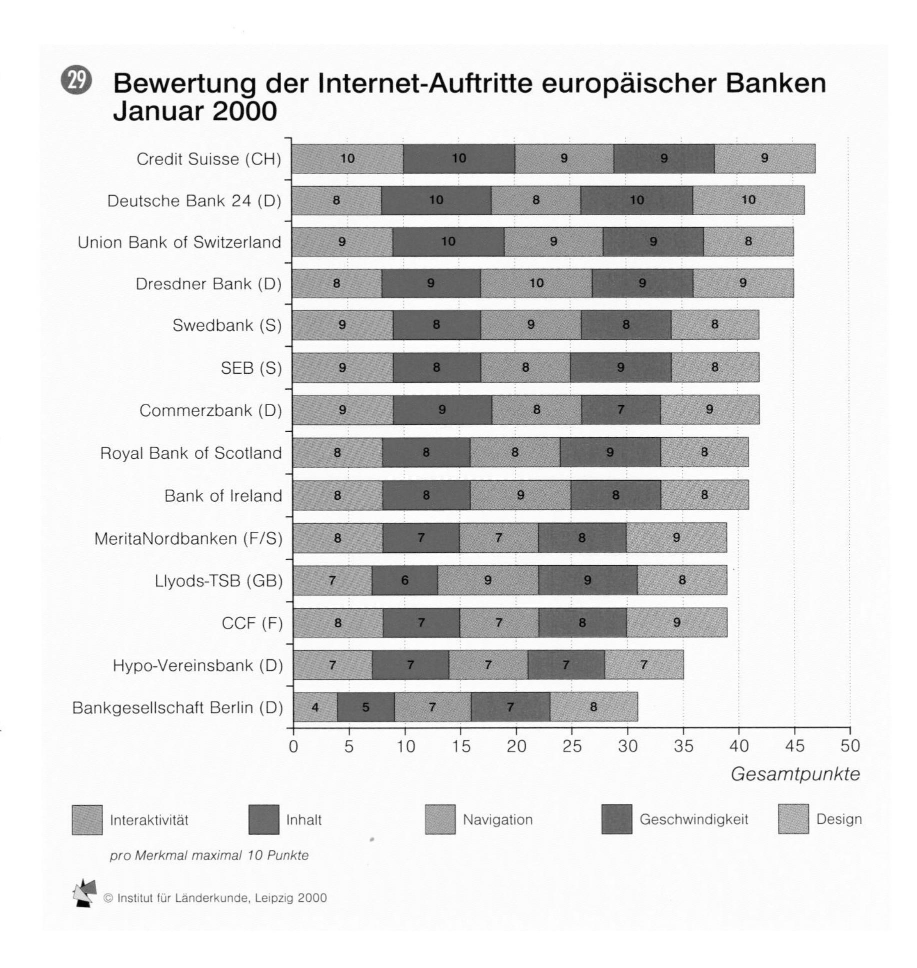

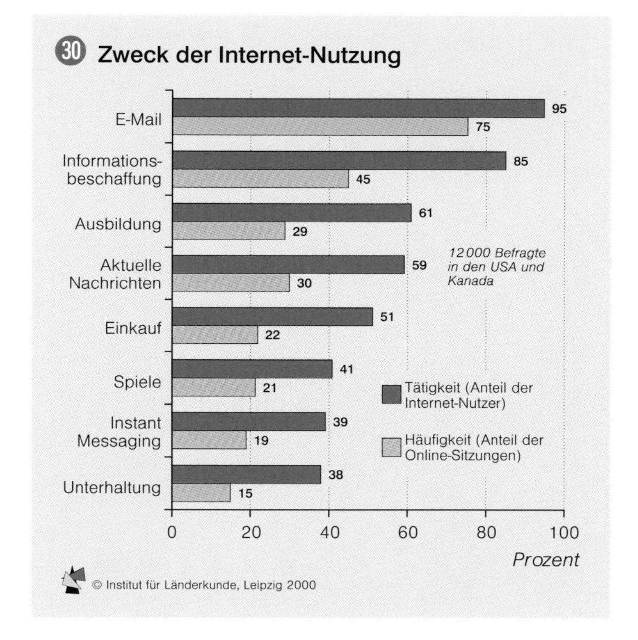

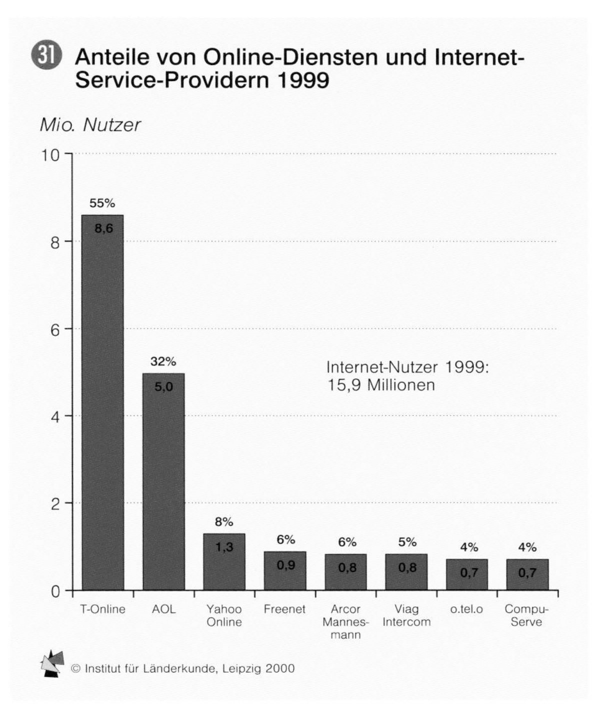

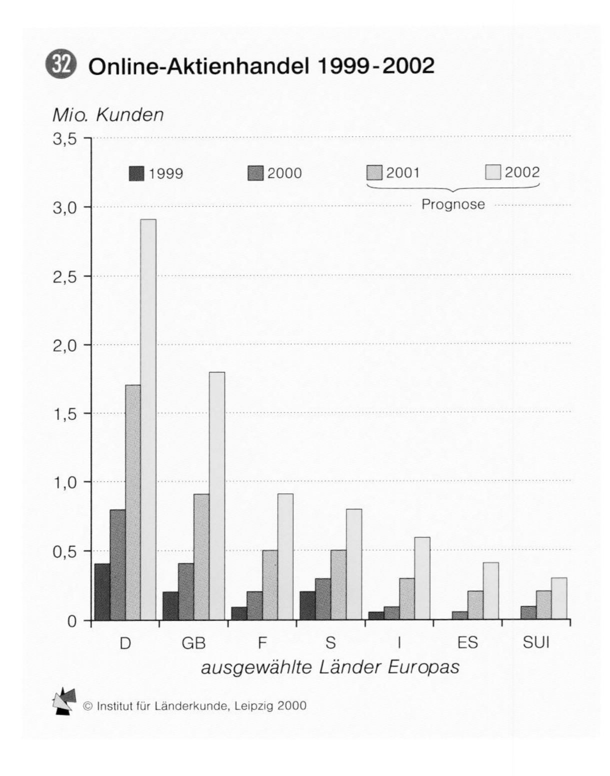

Wettbewerb im Bereich der Telekommunikation. Darüber hinaus war erstmals zu begreifen, welche Rolle Mobilität in der Kommunikation spielen kann, insbesondere dann, wenn nicht nur Sprache, sondern Daten, Faxe und E-Mails übertragen werden können. Das Handy hat nicht zuletzt in seiner Multifunktionalität die dynamische Marktdurchdringung bewerkstelligt, es ist längst über berufliche Kommunikation, Notfall- und familiäres Koordinationsinstrument hinaus zum Freizeitinstrument Jungendlicher geworden, deren Lifestyle von Handybesitz und Nutzung von Kurzmitteilungen (SMS – Short-Message-Service) geprägt wird, die über die früher schon häufig herausgestellte „Telefonitis" Jugendlicher noch deutlich hinausgeht.

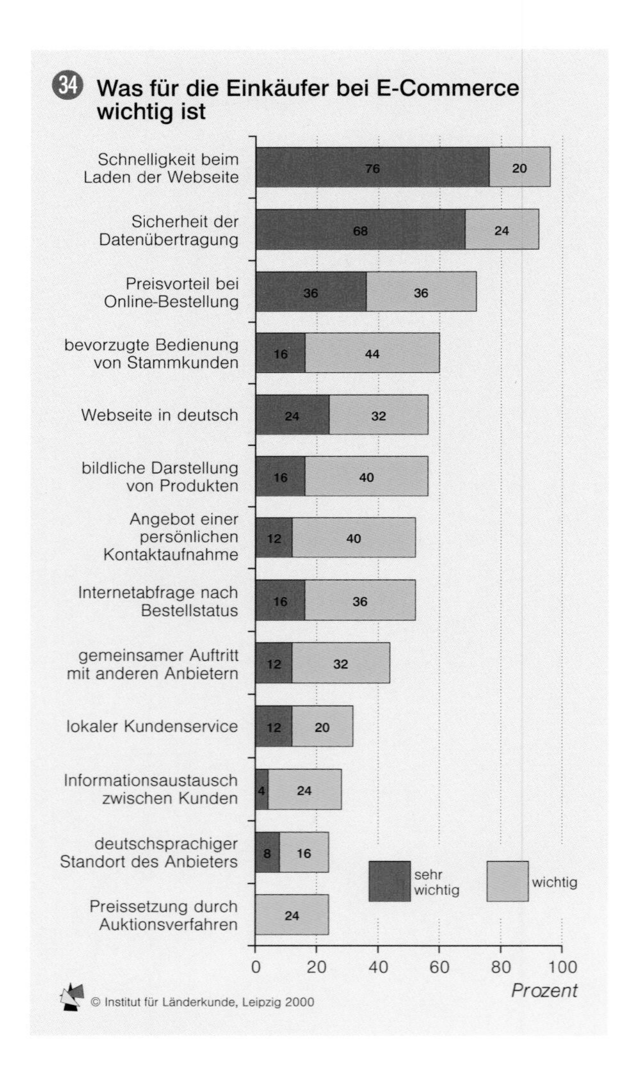

Mobilkommunikations-Provider und ihre Lizenzen sind national begrenzt und reguliert. Die Funktionalität erfordert jedoch, dass sowohl zwischen den Mobilnetzen als auch zum Festnetz Kommunikation möglich ist. Ebenso wird erwartet, dass ein Handy auch im Ausland funktioniert. Zu diesem Zweck schließen die Provider national wie international sog. Roaming-Verträge ab. So wie die heutige nahezu flächendeckende Versorgung mit Mobiltelefonie ein halbes Jahrzehnt an Diffusionszeit benötigte, galt das auch für das europäische und andere Kontinente umfassende internationale Roaming.

Die Entwicklung der Mobilkommunikation ist damit aber nicht abgeschlossen. Die nächsten Stufen beinhalten mit WAP-Handys die Erreichbarkeit bestimmter Internet-Dienstleistungen auf dem Handy bis hin zu lokalen Navigationshilfen (Stadtplan auf dem Handy) mit Satellitenunterstützung (GPS). Ein Engpass für die zuvor erwähnten Anwendungen der Mobilkommunikation sind die noch knappen Übertragungsraten von 9,6 kbits/s. In wenigen Jahren wird der UMTS-Mobilkommunikations-Standard gelten, der deutliche Erhöhungen der Übertragungsgeschwindigkeit zulassen wird und dessen Lizenzen in Europa im Bewerbungsverfahren (Beautycontest) oder auf dem Versteigerungswege vergeben werden. Erste Verbesserungen der Übertragungsleistungen brachte bereits das Mitte 2000 von der Deutschen Telekom räumlich stufenweise eingeführte GPRS-Verfahren. Die satellitengestützte Mobilkommunikation, weltweit für private Nutzer seit 1999 verfügbar, hat im ersten Anlauf ihre Marktreife noch nicht behaupten können, das Unternehmen Iridium ging Konkurs.

Mobilität und Mobilkommunikation haben nicht nur den privaten Lebensstil vieler Menschen verändert, sondern ermöglichen auch neue Arbeitsformen. Die meisten der unterschiedlichen Formen von Telearbeit lassen eine Trennung zwischen Hauptverwaltung und Standort des Arbeitsplatzes (Wohnung, Telearbeitszentrum, Nachbarschaftszentrum u.ä.) zu (▶▶ Beitrag Grentzer, S. 112). Beide Standorte sind in der Regel stationär. Mobilität der Telekommunikation bedeutet jedoch im engeren Sinne, auch bei ständig wechselnden Standorten in gleicher Qualität wie stationär kommunikativ handlungsfähig zu sein. Außendienstmitarbeiter (beratende Berufe, Versicherungs- und Bausparkassenvertreter) erzielen durch die mobile Vernetzung dabei eine Dienstleistungsqualität vor Ort, die einer Präsenz in der Hauptverwaltung entspricht.

33 Internet-Auftritte europäischer Banken

Rang	Bank	Zahl der Internetkunden
1	Credit Suisse (CH)	150000
2	Deutsche Bank 24 (D)	98000
3	Dresdner Bank (D)	k. A.
3	Union Bank of Switzerland	70000
5	Commerzbank (D)	178500
5	SEB (S)	280000
5	Swedbank (S)	332000
8	Bank of Ireland	20000
8	Royal Bank of Scotland	43000
10	CCF (F)	3500
10	Llyods-TSB (GB)	67000
10	MeritaNordbanken (F/S)	825000
22	Hypo-Vereinsbank (D)	k. A.
34	Bankgesellschaft Berlin (D)	k. A.

© Institut für Länderkunde, Leipzig 2000

Medien und Medienstandorte

Der zweite große Bereich der Kommunikation ist die Massenkommunikation, deren Teilbereiche überwiegend als Medien bezeichnet werden. Medien haben in den vergangenen dreißig Jahren einen der Telekommunikation durchaus vergleichbaren Strukturwandel vor allem im audiovisuellen Bereich vollzogen. In Deutschland wurde das Monopol der öffentlich-rechtlichen Rundfunk- und Fernsehanstalten aufgehoben. Der Boom der privaten Anbieter, die wachsende Vielfalt der Übertragungstechniken (terrestrisch, TV-Kabel, Satelliten), die Vervielfachung des Programmangebots und die (den Internetaspekten ähnliche) Schwächung nationaler Kontrollmöglichkeiten hat diesen Wandel am stärksten befördert.

Private Rundfunk- und Fernsehanstalten haben – bei gleichzeitig stark wachsendem Volumen – eine Verlagerung von Werbeausgaben der Wirtschaft nach sich gezogen, die vor allem zu Lasten der öffentlich-rechtlicher Rundfunk- und Fernsehanstalten sowie der Presseverlage ging. Diese Verlagerungen haben zu Konzentrationsprozessen im Presseverlagswesen geführt, da bei leichtem Rückgang des Zeitunglesens (bzw. der Bereitschaft, Tageszeitungen zu kaufen) ein deutlicher Rationalisierungsdruck entstand 38. Gleichzeitig nahm die Verflechtung zwischen den Medienzweigen zu, nicht zuletzt, um durch eine Diversifizierung den Verlagsbereich abzusichern.

In der aufgezeigten Prozesskette weist einiges auf die Konvergenzthese hin, nach der individuelle Kommunikation (Internet) zu einer Plattform der Präsentation klassischer Medieninhalte wird. Die Substitution (z.B. Internet statt gedruckte Zeitung, Radiohören im Internet) ist noch relativ gering ausgebildet, die übergreifende Verknüpfung beider Bereiche ist jedoch bereits unverkennbar, insbesondere zum Zwecke der Kundenbindung 36.

Verkehrsleitzentrale in Hannover

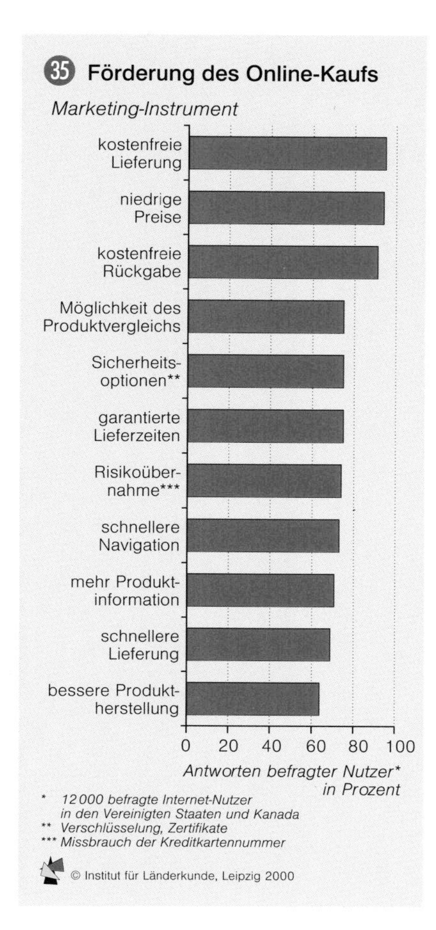

Eine Fülle sozial- wie wirtschaftsgeographischer Fragen knüpft an diese Entwicklungen an. Hat die wachsende Zahl der Kreise, in denen die lokalen Tageszeitungen nur noch einen Zeitungsmantel haben, die Vielfalt der regionalen Information und Kommunikation verringert oder nur auf andere Ebenen verschoben? (▶▶ Beitrag Rauh, S. 122) Die große Zahl von Medienunternehmen und ihrer Zulieferbetriebe lässt wiederum die Entwicklung von Medienstandorten erkennen, deren Konzentration mit zentralörtlichen Ansätzen nur teilweise zu erklären ist und zunehmend (ähnlich den Technologiestandorten) auf Standortmarketing, Nachbarschaftseffekte und Imageeinflüsse zurückzuführen ist (▶▶ Beiträge Gräf/Matuszis, S. 114, und Gräf, S. 116).

Das Wirtschaftsrecht der EU fordert auch im Mediensektor einen freien Wettbewerb, so dass mit Beginn des Jahres 2000 schrittweise – zunächst in Nordrhein-Westfalen und Hessen – das Kabelnetz der Telekom privatisiert und in internationale Konsortien der Kabelvermarktung mit weiter gehenden Diensten wie Internet, interaktivem Shopping u.a. eingebunden wurde.

Allgemein ist der Bevölkerung die zentrale Rolle der Werbemärkte für die Steuerung der Medienstrukturen wenig bewusst, obwohl – über diese Steuerungsfunktion hinaus – Werbung als kommunikatives Element nicht nur Marken- und Produktwerbung, sondern häufig auch Standort- bzw. Regionalwerbung beinhaltet (▶▶ Beitrag Floeting, S. 110). Bestimmte Einzelhandelsformen, Filialisten, Fremdenverkehrs- und Freizeiträume sind Beispiele hierfür. Diese raumrelevante Funktion ist mit der Verbreitung von lokalen bzw. regionalen Rundfunksendern noch deutlicher geworden (▶▶ Beitrag Gräf u.a., S. 118).

Märkte und Marktpartner

Märkte im Umfeld von Kommunikation sind mindestens in drei Ebenen zu gliedern:

- Märkte des Angebots von Geräten, Infrastruktur und Netzen einschließlich Software, soweit auch PC-Technologie eingebunden ist
- Märkte der kommunikativen Dienste auf den Fest- und Mobilnetzen
- Märkte der auf kommunikativen Diensten aufbauenden Dienstleistungen, z.B. E-Commerce, M-Commerce, Electronic Banking, Teleshopping

Alle diesen Märkten ist eine mehr oder minder starke Konzentrationstendenz eigen, die sich zunächst in Kooperationsformen, später in freundlichen oder feindlichen Übernahmen (Fusionen) äußert (Anfang 2000 beispielsweise spektakulär zwischen dem britischen Konzern Vodaphone und der Mannesmann AG (D2)). Zahlreiche Kooperationen haben sich als kurzlebige Zweckbündnisse gezeigt, z.B. zwischen France Telecom und der Deutschen Telekom. In der Expansionsphase versuchen Unternehmen in wachsendem Maße durch eine Börseneinführung Zugang zum Kapitalmarkt zu finden, um das aktuelle spekulative Klima in weiten Bevölkerungskreisen zu nutzen; als Beispiel sei hier der Börsengang von T-Online im April 2000 genannt.

Neben diesen sich in bekannten juristischen Bahnen von Kapital- und Personengesellschaften vollziehenden Änderungen entstehen mit eher kurzfristiger, zunächst zumindest nicht überschaubarer Lebensdauer virtuelle Märkte oder Unternehmen. Aus Ungewohntheit und Zweifel an der Anwendbarkeit der üblichen Sicherheitsmechanismen von Kauf- oder Dienstleistungsverträgen nach nationalem Recht oder aus Misstrauen gegenüber den Zahlungsmodalitäten bestehen in Deutschland noch weit verbreitete Vorbehalte gegenüber solchen Unternehmen. In manchen Aspekten erinnert diese Durchgangsphase an den Wechsel von Barzahlungen zu Gunsten der Zahlung mit Schecks, Kredit- oder Debit-Karten.

Die Informations-Ökonomie und die Internet-Ökonomie werden weit reichende Umstrukturierungen unseres Wirtschaftslebens mit sich bringen. Obwohl viele der induzierten Prozesse durchaus wirtschaftsgeographischen Charakter haben, wird – von Fallstudien abgesehen – die kartographische Darstellung dieser Prozesse (z.B. Diffusion und Retraktion von Zweigstellennetzen) rasch an die Grenzen der Bereitstellung von Daten stoßen. Auch der vorliegende Atlasband hat sich im Teil „Kommunikation" aus diesem Grund ganz erheblich beschränken müssen, da sich namhafte Unternehmen aus Furcht vor der Preisgabe marktrelevanter Daten gegenüber Wettbewerbern bedeckt gehalten haben. Selbst ausgefeilte Instrumente des GIS (Geographische Informationssysteme) laufen ins Leere, wenn ausreichend regionalisierte Datengrundlagen nicht zugänglich sind.

Informationsgesellschaften

Informationsverfügbarkeit wird zu einem strategischen Instrument zahlreicher Unternehmen werden. Märkte, Kundenbetreuung und Präsentationen werden ebenso zu den digitalen Handlungsfeldern gehören wie Auskünfte, Einkäufe, ärztliche Beratung und Bankgeschäfte. In den kommenden beiden Jahrzehnten wird der „digital divide" spürbar werden, d.h. das Aufteilen der Gesellschaft in Mitglieder, die diese digitale Welt zur ihrem Vorteil nutzen können, und solche, die davon aus unterschiedlichen Gründen ausgeschlossen bleiben. Diese gesellschaftliche Entwicklung ist von vielen Seiten, nicht zuletzt auch im Hinblick auf noch nicht technisch entwickelte Gesellschaften, heftig kritisiert worden. Die scharfen Gegensätze werden sich in den nächsten Generationen abschwächen, aber sie werden nicht verschwinden. Technologischen Trennungen nach Befähigung bzw. Ausschluss sind nicht neu. Heute gilt es als normal, dass es erwachsene Menschen mit und ohne Pkw-Führerschein gibt; die persönlichen Erschwernisse als Folgen sind denen des „digital divide" nicht unähnlich.

Dienstleistungen einer vernetzten Gesellschaft werden heute noch häufig als eine Kopie der nicht digitalen Darbietung umgesetzt (z.B. bei E-Commerce). Für eine wirtschaftsgeographische Sicht der Entwicklung sind aber jene Arbeitsformen und Berufe sowie ihre jeweiligen Standorte von großem Interesse, die es bislang nicht oder nur vereinzelt gab. Call-Center für eine sehr breite Palette von Einsatzmöglichkeiten sind nur ein Beispiel hierfür (▶▶ Beitrag Gräf, S. 106).

Die nachfolgenden Beiträge zeigen eine Momentaufnahme auf dem Wege zu einem neuen Gesellschaftstyp. Die vernetzte Informationsgesellschaft hat multimediale, mobile, individuelle sowie massenmediale Bedürfnisse, die künftig über gemeinsame Netzwerke mit universellen „Endgeräten" (TV-Gerät, Handy, PC) erfüllt werden. Sie werden zunehmend stärker mit den Bereichen der traditionellen Kommunikations-, Verkehrs- und Logistikbereiche vernetzt werden. Zu diesem Komplex finden Sie in diesem Atlasband ausgewählte Themen in Karten und Texten dargestellt.◆

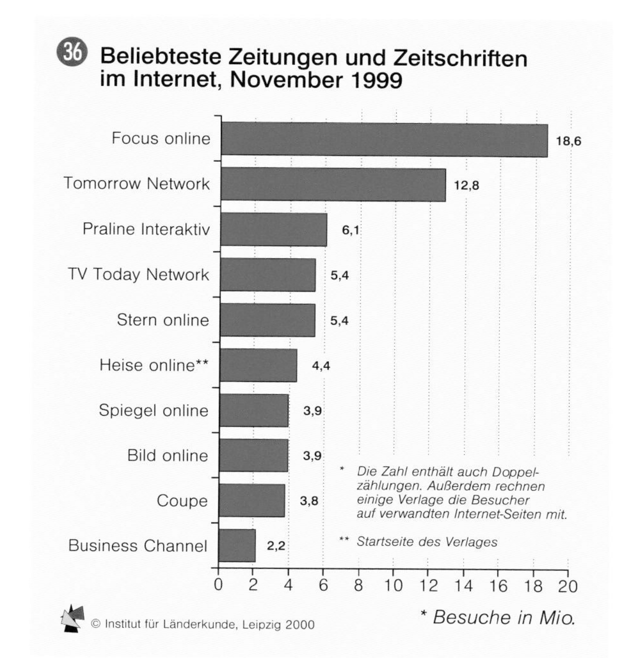

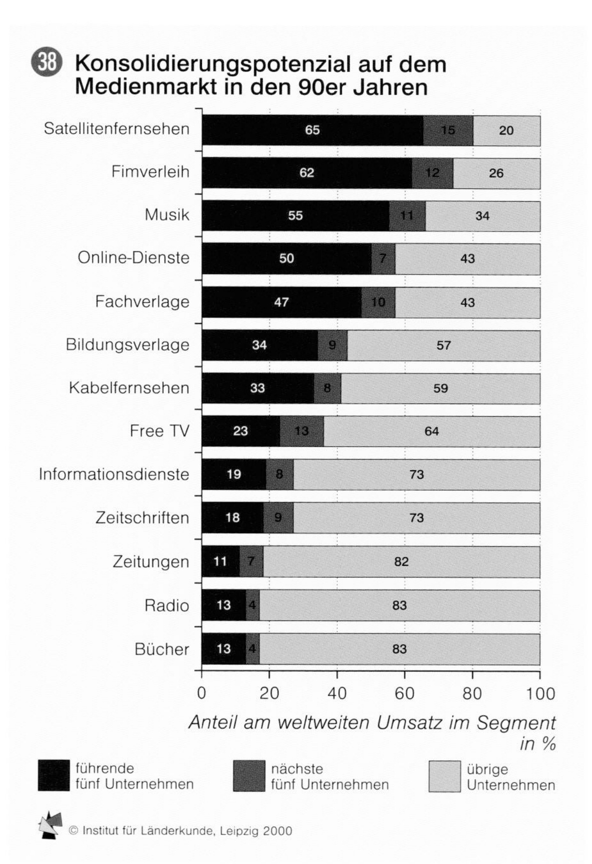

Das Eisenbahnnetz

Konrad Schliephake

Als fränkische Unternehmer am 12.07.1835 die erste deutsche Eisenbahn zwischen Nürnberg und Fürth in Betrieb nahmen, gab es weltweit bereits 2400 Streckenkilometer. Der Aufbau des schon 1833 von Friedrich List ❷ konzipierten 4290 km langen deutschen Grundnetzes in Normalspur (1435 mm), von Zeitgenossen als Phantasterei abgetan, ging nur langsam voran. Zu konträr waren die partikularistischen Interessen der deutschen Staaten, von denen Baden zu Beginn sogar für Breitspur (1,6 m, 1840-1854) votierte. So gab es bis 1840 erst 549 km, allerdings 1850 schon 5856 km und 1860 11.633 km Eisenbahnschienen im damaligen Deutschen Bund.

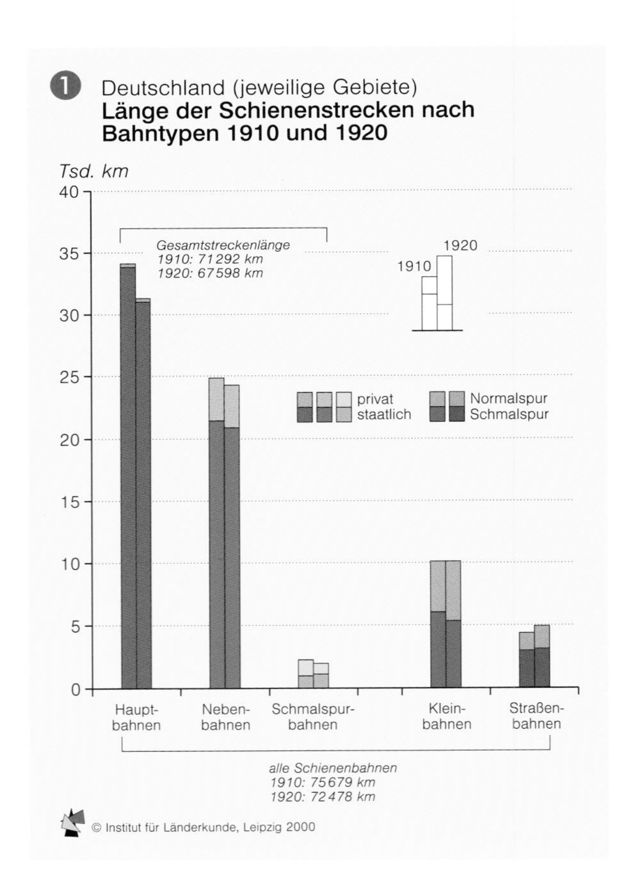

Das Eisenbahnzeitalter 1871-1920

Mit dem preußischen Primat, der Reichseinigung 1871 und der Durchsetzung des Staatsbahngedankens gewann der Ausbau endgültig an Dynamik. Bau und Betrieb wurden überwiegend von den Staaten Preußen, Bayern, Sachsen, Württemberg, Baden, Hessen, Mecklenburg-Schwerin, Oldenburg sowie dem Reichsland Elsass-Lothringen getragen. Das Netz vergrößerte sich um 73% von 19.575 km plus 766 km in Elsass-Lothringen 1870 auf 33.838 km im Jahr 1880. Als besonders förderlich erwiesen sich die „Bahnordnung für Eisenbahnen untergeordneter Bedeutung" von 1887 bzw. das Preußische Kleinbahngesetz von 1892. Danach benötigten lokale Interessenten, d.h. private oder regionale Körperschaften, für dem öffentlichen Verkehr dienende Eisenbahnen, „die sich nach Ausdehnung, Anlage und Einrichtung der Bedeutung der Nebenbahnen nähern", lediglich eine Konzession durch den Regierungspräsidenten und nicht durch das Verkehrsministerium. Die separat ausgewiesenen Bahnen blieben in vielen Übersichten vergessen, erst nach 1945 wurden sie zum einheitlichen Bahnnetz nach Eisenbahn-Betriebsordnung gezählt. Ein weiteres – hier nicht berücksichtigtes – Netz bilden die Straßenbahnen. Abbildung ❶ zeigt die typologische Vielfalt der Eisenbahnen im engeren und weiteren Sinn in den Jahren der höchsten Blüte 1910 und 1920.

Zur Zeit der größten Ausdehnung des Netzes dürfte es 1917 auf dem Gebiet Deutschlands in den Grenzen von 1937 etwa 68.000 km Schienenstrecke (ohne Straßenbahn) gegeben haben, davon 79,5% in staatlicher Hand und 11% als Schmalspurbahnen. Weitere ca. 8500 km lagen in den von den Nachbarstaaten Polen, Frankreich, Belgien und Dänemark gewonnenen Gebieten.

Bis Anfang der 1930er Jahre blieb die Eisenbahn Transportmonopolist und für die Betreiber höchst ertragreich. Von den Gesamteinnahmen der deutschen Länder im Jahr 1911 stammten 50% aus Steuereinnahmen, 36% oder 708 Mio. Mark jedoch aus den Nettoerträgen der Staatsbahnen. Auch das Deutsche Reich profitierte und vereinnahmte die Überschüsse aus dem Post- und Telegraphenwesen in Höhe von 88 Mio. Mark und aus der Reichs-Eisenbahn- →

Friedrich Lists Konzept eines deutschen Fernbahnnetzes 1833

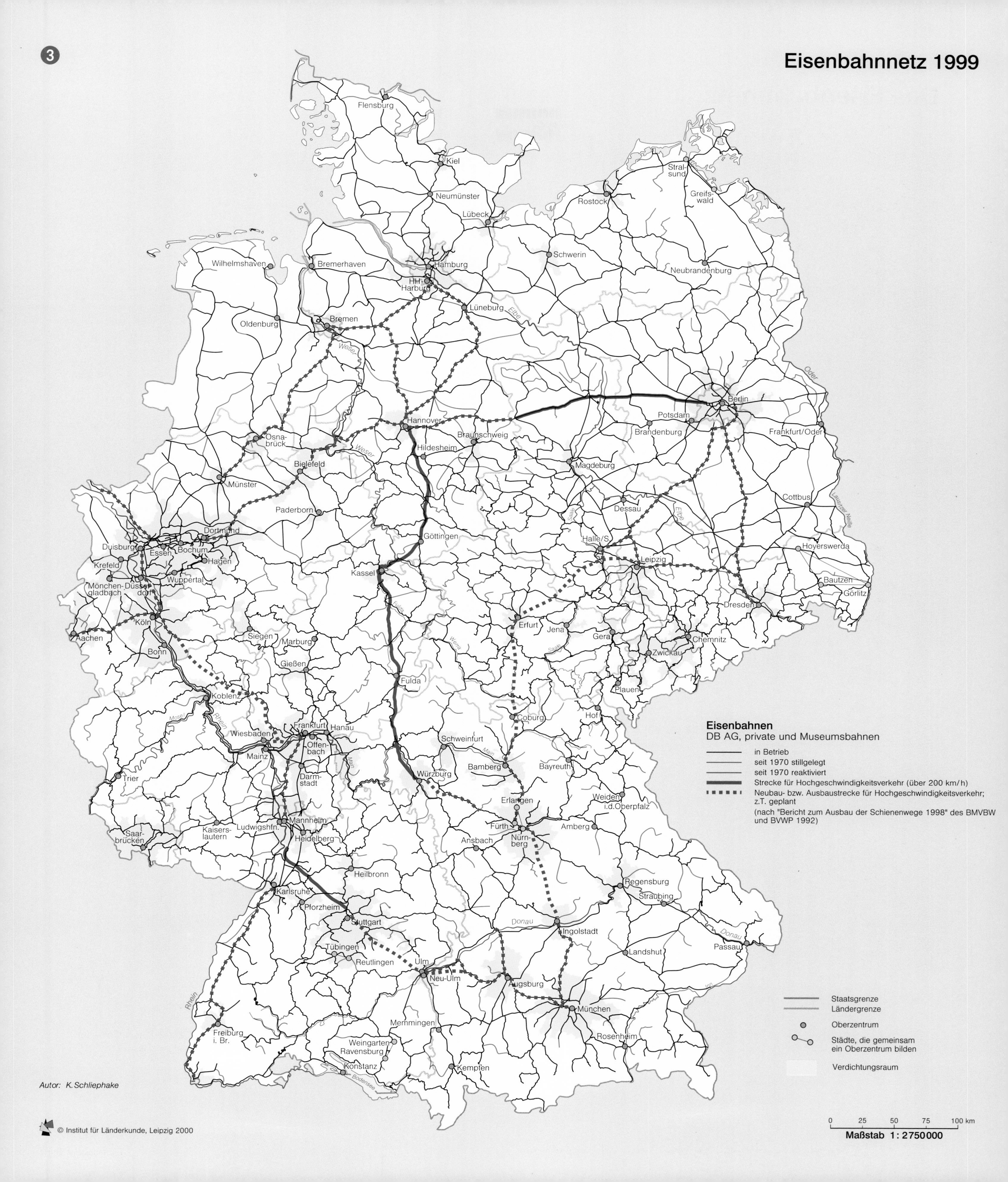
3
Eisenbahnnetz 1999
Eisenbahnen
DB AG, private und Museumsbahnen
in Betrieb
seit 1970 stillgelegt
seit 1970 reaktiviert
Strecke für Hochgeschwindigkeitsverkehr (über 200 km/h)
Neubau- bzw. Ausbaustrecke für Hochgeschwindigkeitsverkehr; z.T. geplant
(nach "Bericht zum Ausbau der Schienenwege 1998" des BMVBW und BVWP 1992)
Staatsgrenze
Ländergrenze
Oberzentrum
Städte, die gemeinsam ein Oberzentrum bilden
Verdichtungsraum
0
25
50
75
100 km
Maßstab 1 : 2750000
Autor: K. Schliephake
© Institut für Länderkunde, Leipzig 2000
Flensburg
Kiel
Neumünster
Lübeck
Stral-sund
Greifs-wald
Rostock
Schwerin
Neubrandenburg
Wilhelmshaven
Bremerhaven
Hamburg
HH-Harburg
Lüneburg
Elbe
Oldenburg
Bremen
Weser
Oder
Berlin
Potsdam
Brandenburg
Frankfurt/Oder
Hannover
Braunschweig
Hildesheim
Osna-brück
Bielefeld
Münster
Magdeburg
Paderborn
Dessau
Cottbus
Dortmund
Duisburg
Essen
Bochum
Hagen
Krefeld
Wuppertal
Mönchen-gladbach
Düssel-dorf
Göttingen
Halle/S.
Leipzig
Hoyerswerda
Kassel
Bautzen
Görlitz
Dresden
Köln
Aachen
Siegen
Marburg
Bonn
Gießen
Erfurt
Jena
Gera
Chemnitz
Zwickau
Fulda
Werra
Saale
Plauen
Koblenz
Mosel
Rhein
Coburg
Hof
Frankfurt
Hanau
Wiesbaden
Offen-bach
Mainz
Schweinfurt
Main
Bamberg
Bayreuth
Trier
Darm-stadt
Würzburg
Weiden i.d.Oberpfalz
Erlangen
Fürth
Amberg
Saar-brücken
Kaisers-lautern
Ludwigshfn.
Mannheim
Heidelberg
Ansbach
Nürn-berg
Heilbronn
Regensburg
Straubing
Karlsruhe
Pforzheim
Stuttgart
Donau
Ingolstadt
Tübingen
Reutlingen
Landshut
Passau
Ulm
Neu-Ulm
Augsburg
Inn
München
Memmingen
Freiburg i. Br.
Rosenheim
Weingarten
Ravensburg
Konstanz
Kempten
Bodensee

ICE mit Neigetechnik auf der Fahrt zwischen Stuttgart und Zürich 1999

verwaltung einschl. Fahrkartensteuer in Höhe von 66 Mio. Mark für seinen ordentlichen Haushalt.

Die Reichsbahn 1920-1945

Der Übergang der Länderbahnen an das Reich zum 01.04.1920 war trotz Widerstand der süddeutschen Staaten unerlässlich. An der langen Liste der Bauprojekte, zu denen sich das Reich anlässlich der Staatsverträge gegenüber den Ländern verpflichtete, lässt sich ablesen, dass zu jener Zeit die Schienenbahn als alleiniges Transportmittel für Güter und Personen angesehen wurde. Der Schwung der Vereinheitlichung, die allerdings die verbleibenden Privatbahnen mit 21% des Netzes von insgesamt 67.913 km (1930) unberührt ließ, erlahmte mit der anhaltenden Wirtschaftskrise und der Gründung der Deutschen Reichsbahn-Gesellschaft (DRG) im September 1924. Die DRG sollte die Reparationszahlungen an die Alliierten des Ersten Weltkrieges garantieren und brachte von 1925 bis zur Einstellung der Zahlung 1932 5 Mrd. Mark auf, eine Belastung, die größere Investitionen in die Strecken unmöglich machte. Während im Netz der Klein- und Schmalspurbahnen erste Stilllegungen auftraten, betrafen Ausbaumaßnahmen Verbindungen in grenznahen Gebieten ebenso wie Stadtverkehrslinien in den Millionenstädten Berlin (seit 1930 elektrische S-Bahn) und Hamburg. 1937, im Jahr der Auflösung der DRG, umfasste das Eisenbahnnetz 68.093 km, davon 19% privat betrieben und 10% Schmalspurstrecken. 76% aller Güter im Lande wurden mit der Bahn befördert, 21% durch die Binnenschifffahrt und nur 3% mit dem Lkw. Kein bewohnter Ort war mehr als 18 km von der nächsten Bahnstation entfernt. Die Reichsbahn mit ihren 773.000 Beschäftigten galt als weltweit größter Eisenbahnbetrieb und größtes Unternehmen Deutschlands, das allein 9% der deutschen Kohlenförderung verbrauchte.

Das Dritte Reich setzte mit seinen Autobahnen auf den Straßenverkehr. Der Ausbau des Bahnnetzes kam weitgehend zum Erliegen. Erst mit dem „Anschluss" Österreichs 1938 und des Sudetenlandes 1939 sowie mit der Zerschlagung Polens 1939 erweiterte sich das Netz zumindest statistisch. Verbindungskurven und strategische Querachsen sollten es ab 1942 gegen feindliche Angriffe resistent machen.

④ Länge des Eisenbahnnetzes 1900-1998

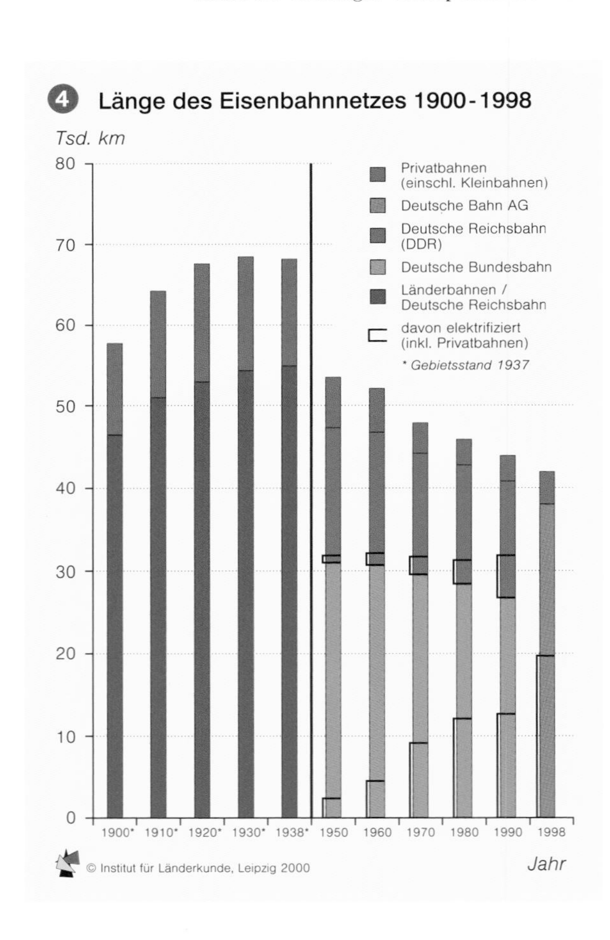

Die Bahn im Nachkriegsdeutschland

1945 lag die Bahn als williger Erfüllungsgehilfe nationalsozialistischer Expansions- und Mordpläne in Trümmern. 10.000 km Strecken gingen im Osten auf Polen und die UdSSR über, in der russischen und den westlichen Zonen waren 7400 km Gleis zerstört. Dazu kamen der Rückbau auf ein Gleis von fast allen Strecken in der damaligen sowjetisch besetzten Zone (SBZ) und der Abbau von ca. 250 km Hauptbahnen. Dagegen erweiterte sich im Osten das Netz durch die Integration von 2720 km normalspurigen und 1413 km schmalspurigen Privatbahnen in die Deutsche Reichsbahn, wovon 420 km bis 1947 demontiert wurden. Mit der Schaffung der Besatzungszonen zerfiel die Deutsche Reichsbahn (DR) in drei Teile:

- Die DR als Trägerin des Namens und damit Eigentümerin der (West-) Berliner S-Bahn mit 345 km elektrifizierten Strecken (1951), die alle öffentlichen Bahnen in der SBZ bzw. DDR betrieb.
- Das 1949 in Deutsche Bundesbahn (DB) umbenannte westliche Unternehmen war ebenso wie sein Vorgänger dem Verkehrsministerium unterstellt, allerdings mit Verpflichtung zur „Eigenwirtschaftlichkeit".
- Die 1947-57 an Frankreich abgetretenen „Eisenbahnen des Saarlandes".

Daneben wurden die sog. „nicht bundeseigenen Eisenbahnen" des öffentlichen Verkehrs auf 6300 km Strecke (1950) weiterhin eigenständig geführt.

Nach 1945 unterbrach der „Eiserne Vorhang" 47 Bahnstrecken zwischen West und Ost. Lediglich acht Übergänge besorgten den grenzüberschreitenden Güter- bzw. Personenverkehr. Die Rekonstruktion der Netze wurde zügig vorgenommen: 1947 standen im Westen 90% und im Osten 70% der zerstörten Brücken wieder, 1951 waren die Netze – bis auf grenzbedingte Ausnahmen – wieder in Betrieb, und die DB erwirtschaftete mit 521.000 Mitarbeitern auf 30.500 km Streckenlänge zum letzten Mal Gewinn, zu 66% aus dem Güterverkehr.

Beginnender Rückzug aus der Fläche

Straßenbau und Motorisierung beendeten endgültig den Vorrang der Schiene. Während die Halbierung des Nahverkehrs-Eisenbahnnetzes von 6300 km (1950) auf 3100 km (1980) und der Straßenbahn- und U-Bahnstrecken von 4181 km (1950) auf 1928 km (1980) wenig Aufmerksamkeit erregte, bekämpfte die Öffentlichkeit den bereits 1960 im Brand-Gutachten (Stilllegung von 8000 km) und 1964 im Konzept des DB-Vorstands vorgeschlagenen „Rückzug aus der Fläche" vehement. Ein weiterer Vorschlag der DB 1976 für ein „betriebswirtschaftlich optimales Netz" von 16.000 km statt der existierenden 29.000 km scheiterte am Widerstand der Länder.

1983 sah die „Strategie DB '90" weitere Stilllegungen von 5600 km Bahnstrecken vor. Die Staatsbahn schien zum Haushaltsrisiko zu werden. Trotz Zahlungen des Bundes von fast 14 Mrd. DM p.a. (1982) blieb ein Betriebsverlust von 4,1 Mrd. DM, der vor allem aus den Schulden von 44 Mrd. DM (1989) resultierte. Die qualitative Verbesserung des Angebotes auf den Reststrecken war dagegen bemerkenswert. Waren 1950 erst 5,5% der DB-Strecken elektrifiziert, so stieg der Anteil 1970 auf 29% und 1990 auf 43%.

Den Schrumpfungen im Westen stand eine relative Stabilität bei der DR der DDR gegenüber. Die Stilllegungen von 2400 km Neben- und Schmalspurbahnstrecken wurden teilweise kompensiert durch strategische Neubauten wie den Berliner Außenring (125 km, 1951-56). Diese Aktivitäten wurden 1980 aus energiepolitischen Gründen abgebrochen. Es fehlte an Investitionsmitteln, und die zögerlichen Elektrifizierungsprogramme seit 1958 erreichten bis 1989 erst 27% der Strecken.

Wiedervereinigung und Neuorganisation

Im Westen begann 1973 mit dem Bau der 327 km langen Neubaustrecke Hannover – Würzburg für 10,5 Mrd. DM (Fertigstellung 1989) eine neue Zeit. Gemäß Bundesverkehrswegeplan sollten hier und auf weiteren Schnellstrecken (Mannheim – Stuttgart, 99 km) und Ausbaustrecken Intercity-Experimental-Triebzüge (ICE) mit Hochgeschwindigkeiten von 200-250 km/h verkehren.

Die Wiedervereinigung 1990 führte zwei in Netz, Aufgaben und Selbstverständnis grundverschiedene Eisenbahnbetriebe zusammen. Ihre Vereinigung durch die neun „Verkehrsprojekte Deutsche Einheit" (▶▶ Beitrag Holzhauser/Steinbach und Beitrag Kagermeier, Bd. 1), von denen acht bis zum Jahr 2000 weitgehend abgeschlossen waren, sowie durch drei lokale Lückenschlüsse hatte erste Priorität. Die „Bahnreform" vom 01.01.1994 integrierte DB und DR in die DB AG, deren alleiniger Eigentümer die Bundesrepublik Deutschland ist. Doch die Staatsbahnzeit ist vorbei, die DB AG tut sich schwer mit dem Erbe von 38.100 km Schienenstrecken, von denen weniger als 50% elektrifiziert sind.

Grafik ④ zeigt die Entwicklung des gesamten nach Eisenbahn-Betriebsordnung genutzten Schienennetzes (ohne Straßenbahnen) von 1900 (Gebietsstand 1937) bis 1998. Deutlich zu erkennen sind der hohe Anteil der Privatbahnen bis in die 1960er Jahre wie auch die Verluste von 1945 und die anschließende Teilung in zwei Netze. Die bereits vor 1910 beginnende, anfangs zögerlich ablaufende Elektrifizierung wird erst ab 1950 erfasst. Das elektrifizierte Netz erbringt aktuell fast 90% der Leistungen.

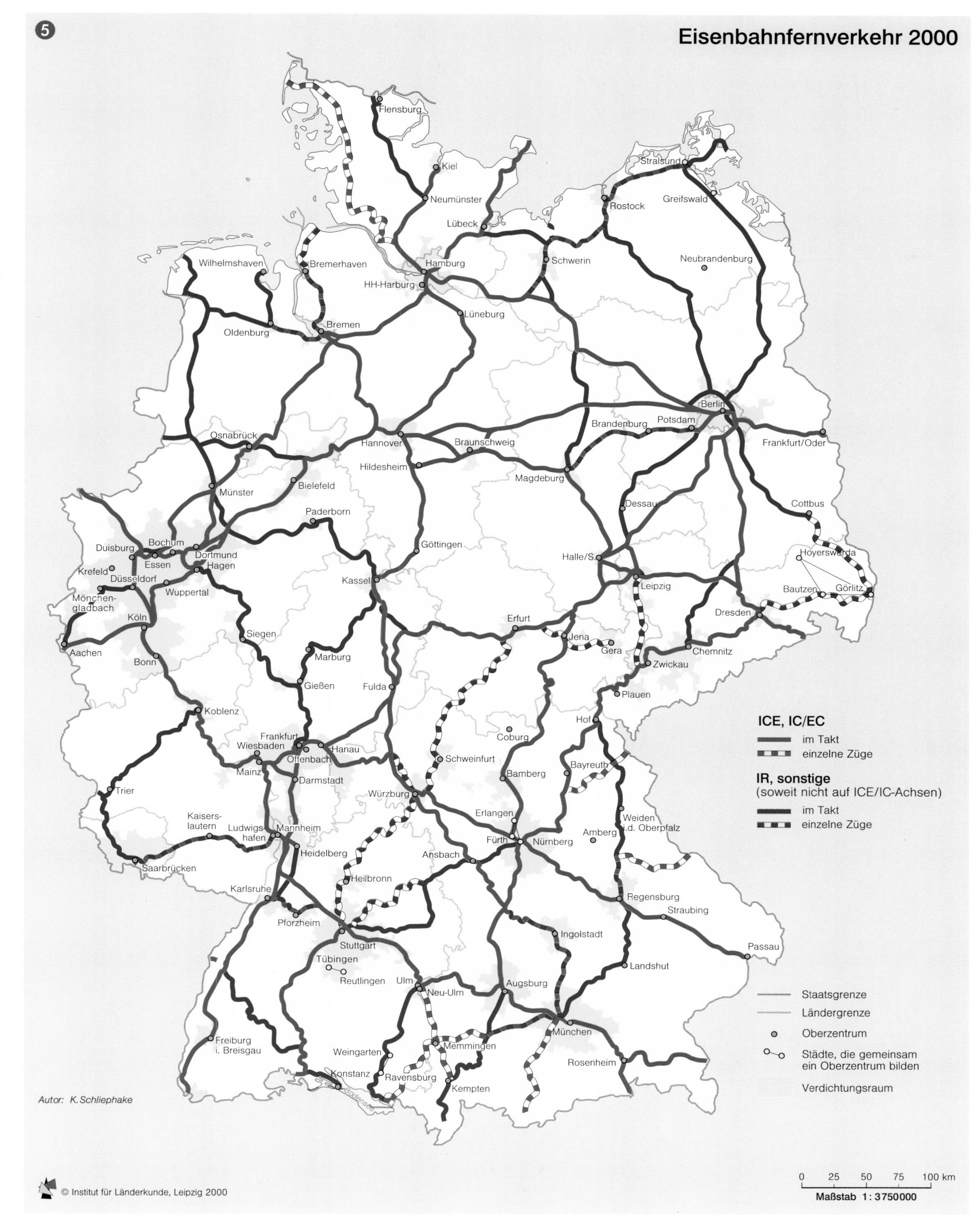

Ausbau und Restrukturierung

Die Zukunft des heutigen Netzes ist wie folgt zu bewerten:

Der Fernverkehr mit seinem ICE- und IC-Angebot im Takt nutzt die Neu- und Ausbaustrecken sowie ausgewählte zweigleisig elektrifizierte Linien.

Auf Strecken mit gutem Ausbauzustand und attraktiven Fahrzeitpotenzialen verkehren Regionalexpresszüge der DB AG oder anderer Schienenverkehrsanbieter, teilweise auf Bestellung der Länder, denen der Bund ca. 12 Mrd. DM Regionalisierungsmittel p.a. bereitstellt.

Rund um die Millionenstädte und in den städtischen Agglomerationen wird es S-Bahnen und ähnliche Angebote in den Verkehrsverbünden geben.

Einige wenige weitere Strecken mit entsprechender Nachfrage (Ganzzüge) bleiben dem Güterverkehr erhalten.

Für die übrigen ca. 10.000 km langen Strecken tragen die Länder als Besteller von Schienenpersonennahverkehrsleistungen alleinige Verantwortung. Sie werden voraussichtlich von der DB AG auf regionale Träger übergehen und im positiven Fall in verschiedensten Formen bis hin zur Museumsbahn weiterbetrieben.

Das heißt, dass die für 1970 bis 1999 auf der Karte ❸ gezeigte Entwicklung des Rückzugs aus der Fläche weiter anhalten wird. Besonders hervorzuheben sind die allerdings im Vergleich zu z.B. Frankreich quantitativ nicht hervorstechenden Hochgeschwindigkeitsstrecken. Neben den oben genannten, vor 1990 konzipierten Abschnitten Würzburg Hannover und Mannheim Stuttgart sowie dem Verkehrsprojekt Deutsche Einheit Wolfsburg Stendal Berlin (fertiggestellt) befinden sich im Rahmen des seit 1992 aktuellen Bundesverkehrswegeplanes (Realisierung bis ca. 2012) zwei weitere Hochgeschwindigkeitsstrecken im Bau: Köln Frankfurt sowie Nürnberg Ingolstadt München. Die in den Verkehrsprojekten Deutsche Einheit vorgesehene Neubaustrecke Nürnberg Erfurt (Leipzig) wird sich vorerst in einem qualifizierten Zwischenschritt auf den Abschnitt Erfurt-Ilmenau beschränken.

Das auf Karte ❺ dargestellte Fernverkehrsnetz der DB AG stellt eine Momentaufnahme des Jahres 2000 dar. Die Deutsche Bahn AG wird die IC- und ICE-Linien auch künftig betreiben. Da sie das Produkt Interregio auslaufen und durch länderfinanzierte Angebote ersetzen will, ist mit einer Reduzierung der entsprechenden Strecken zu rechnen, obwohl die Länder sich dagegen wehren, weil sie künftig die Belastungen durch den Unterhalt aufwendiger Netze fürchten.

Die Zukunft der bis in die 1970er Jahre (DDR: 1989) bestehenden Flächenbahn bleibt unklar. Doch hat das Schienennetz im Konkurrenzkampf der Verkehrsträger seine Aufgaben nicht verloren. Die Zunahmen der Kilometerleistungen im Personenverkehr um 2,5% p.a. und der tonnenkilometrischen Leistungen um 0,9% p.a. (1992-98) zeigen, dass der mobile Bürger ebenso wie die verladende Wirtschaft den Schienenweg weiterhin braucht und nutzt.◆

Der Straßenverkehr

Konrad Schliephake

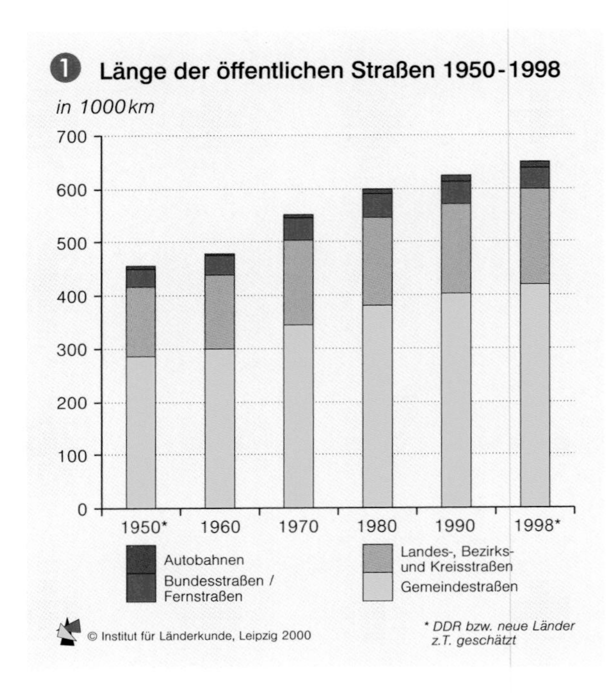

❶ Länge der öffentlichen Straßen 1950-1998

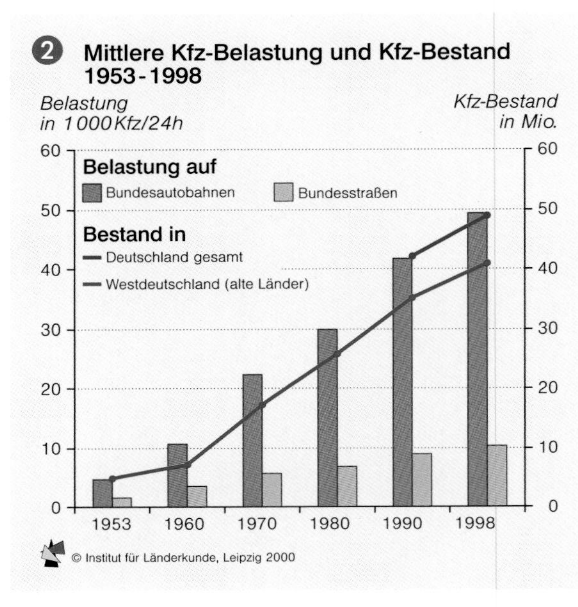

❷ Mittlere Kfz-Belastung und Kfz-Bestand 1953-1998

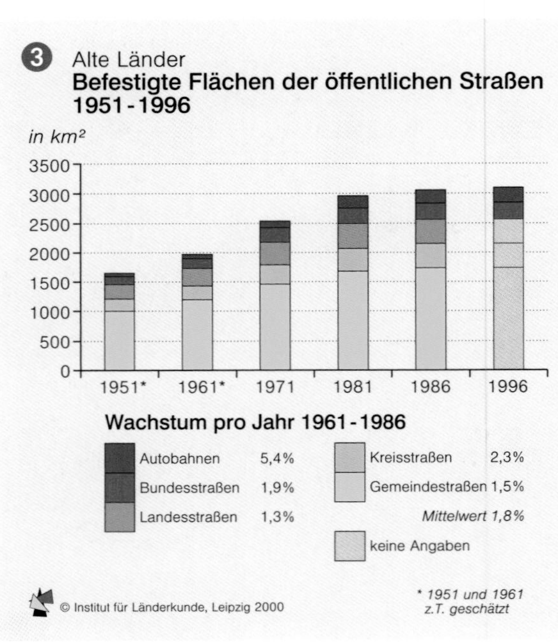

❸ Alte Länder Befestigte Flächen der öffentlichen Straßen 1951-1996

Der Wege- und Straßenbau gehört zu den frühesten Leistungen des wirtschaftenden Menschen. Die Römer verbanden um 110 n.Chr. ihr Reich mit 85.000 km Kunst-Straßen Das mittelalterliche Europa fügte nichts Wesentliches dazu. Brücken, Pässe und Städte bildeten Knotenpunkte, um den Güteraustausch zu (be-)steuern, die Wege dazwischen waren in schlechtem Zustand. Die von Dürer skizzierte Brenner-Straße als Karrengleis am Abgrund, die von Goethe durchwanderte *Via Mala* (schlechter Weg) am Hinterrhein – sie dürften eher die Regel als die Ausnahme gewesen sein.

Mit dem Erstarken der feudalen Territorialstaaten, ihrer regionalen Planung und der Förderung von Manufakturen rückten die Verkehrswege wieder ins Interesse. Erste Ausbaumaßnahmen der neuen Straßenbaubehörden nutzten innovativer Verfahren wie Makadamisierung (Steinpackung nach Mac Adam, ab 1810), Betonierung (ab 1828) und Asphaltierung (ab 1848). Doch die Straßen standen in Konkurrenz zu Kanal- und Eisenbahnausbau und dienten vorwiegend als Zubringer zu Häfen und Bahnhöfen.

Einsetzender Straßenbau

Erst die Erfindung des „Fahrzeugs mit Gasmotorbetrieb" von Carl Benz (1886) revolutionierte schrittweise den Transportsektor. Die Länge der „Chausseen" verdreifachte sich im Deutschen Reich von 115.000 km (1873) auf schätzungsweise 300.000 km (1913). 1913 waren hier Straßen bereits 22.457 Krafträder, 60.876 Pkws und 9739 Lkws unterwegs. Die Ob. Baubehörde zählte 1910 auf bayerischen Straßen in 12 Stunden durchschnittlich 4,5 Kraftwagen und 144 Zugtiere. 1927 waren es bereits 76 Kraftwagen und nur noch 123 Zugtiere. Der Krieg hatte die Einsatzmöglichkeiten des gegenüber der Bahn viel flexibleren Automobils gezeigt, und 1925 nutzten 242.000 Kfz die 206.266 km deutscher Staats- und Kreisstraßen.

1930 erarbeitete das Verkehrsministerium die „Einheitlichen Richtlinien für den Ausbau der (Reichs-) Straßen, die mindestens 8 m nutzbarer Breite haben und bei max. Steigungen von 5,5% (Hügelland) bzw. 8% (Bergland) Geschwindigkeiten von 70 bis 80 km/h erlauben" sollten. 1936 gab es rund 40.000 km Fernstraßen. Ihre damalige Nummerierung hat bis heute Bestand. 1921 ging die Berliner AVUS (Automobilverkehrs- und -übungsstraße) als erste kreuzungsfreie Schnellstraße mit getrennten Fahrbahnen auf 14 km Länge in Betrieb. Der 1926 gegründete HAFRABA-Verein plante die Schaffung eines Autobahnnetzes beiderseits der 882 km langen Achse Hamburg – Frankfurt – Basel, wozu Konrad Adenauer der Oberbürgermeister von Köln 1932 den Abschnitt Köln-Bonn eröffnete.

Moderne Fernstraßenplanung

Das „Reich" förderte seit 1933 den Kraftwagen und verpflichtete die Deutsche Reichsbahn-Ges. mit ihrer Tochter „Unternehmen Reichsautobahnen" zum Bau eines auf 14.000 km konzipierten Netzes nach AVUS-Vorbild. 1936 waren davon 1000 km, 1942 3860 km fertig und 2500 km begonnen. Den Zusammenbruch 1945 überstand das Netz erstaunlich gut. 1951 waren in Westdeutschland wieder 2110 km Bundesautobahnen und 24.300 km Bundesfernstraßen in Betrieb ❶. Das Bundesfernstraßengesetz von 1953, das Verkehrsfinanzierungsgesetz von 1955 und das „Gesetz über den Ausbau der Bundesfernstraßen" von 1957 steuerten den bis heute anhaltenden Ausbauprozess. Ziel der budgetären Bedarfspläne für die Bundesfernstraßen (seit 1971) bzw. der Bundesverkehrswegepläne war es, die Länge des Fernstraßennetzes, insbesondere der Bundesautobahnen (BAB), parallel zum Pkw-Bestand wachsen zu lassen (nach BVWP 1975) (▶▶ Beitrag Lötscher u.a.).

Mit dem Stolz der DDR auf ihren hohen Motorisierungsgrad (1970: 1,16 Mio. Pkw bzw. 6,8/100 Ew.; 1988: 3,74 Mio. bzw. 22,4/100 Ew.) begann auch dort ein – bescheidenerer – Fernstraßenausbau, z.T. durch den Westen mit finanziert (Autobahnen nach Rostock und Richtung Hamburg). Doch zeigten die Wiedervereinigung 1990 und die Angleichung an die westdeutsche Vollmotorisierung schnell die Defizite auf. Dies betraf das Autobahnnetz, das die „Verkehrsprojekte Deutsche Einheit" mit 2055 km Aus- bzw. Neubaustrecken bei Kosten von 31,3 Mrd. DM, 1992 bis ca. 2007 (▶▶ Beiträge Holzhauser/Steinbach; Kagermeier, Bd. 1) mit sieben neuen Ost-West-Verbindungen ergänzen. Daneben investiert die öffentliche Hand dzt. ca. 8-10 Mrd. DM p.a in den östl. Ländern für Rekonstruktion und Erweiterung der übrigen Straßen.

Vollmotorisierung und Grenzen des Wachstums

1999 sind 50,1 Mio. deutsche Kfz unterwegs, davon 42,3 Mio. Pkws und 2,5 Mio. Lkws. Zudem nehmen die Straßen Transitströme von 230 Mio. einreisende Pkws und 18 Mio. Lkws p.a. auf. Im Ringen um die Vormachtstellung bei der Infrastruktur haben sie gegenüber der Schiene und den Wasserwegen längst gewonnen. Auf ihnen werden heute 89% der Leistungen des Personenverkehrs (81% Individualverkehr, 8% Omnibus) und 67,5% des Güterverkehrs erbracht. So geht der Ausbau insbesondere des BAB-Netzes mit weiteren Querverbindungen, aber auch mit sechsstreifiger Erweiterung vorhandener Achsen weiter. Doch werden bei allen Planungen bezüglich des nach Frankreich zweitlängsten Straßennetzes der Europäischen Union (20% aller Straßen-km der EU) mit dem höchsten Kfz-Bestand (23% der EU) Grenzen des Wachstums sichtbar. Dies betrifft insbesondere die Elemente:

- **Flächenverbrauch**: Straßen belegen mind. 4% der Staatsfläche ❸. Soll ihr Flächenumfang weiter so zunehmen wie bisher (+1,8% p.a.), oder wie der Kfz-Bestand (+1,8%), die Verkehrsdichte auf Bundesfernstraßen (+2,0%) ❷ oder der Lkw-Verkehr (+2,7%)? Welcher Wert auch gewählt wird, die Straßenfläche müsste sich in 26 bis 38 Jahren verdoppeln.
- **Energieverbrauch und Emissionen**: 25% des deutschen Energieverbrauches bzw. 55% des Mineralölkonsums entfallen auf den Straßenverkehr (davon 30% auf Lkw), der der gefährlichste Emittent von Kohlenmonoxid (52% der Gesamtemissionen) und Stickoxiden ist; bei Kohlenmonoxid hat er nun mit 18% die Industrie überholt.
- **Kosten**: Ca. 32 Mrd. DM gibt die öffentliche Hand derzeit für Bau und Erhalt des Straßennetzes aus, davon ein Drittel die Gemeinden. Dem stehen Einnahmen aus der Mineralölsteuer von 57 Mrd. DM (1999) gegenüber, doch wurden bislang weder Zinskosten noch Abschreibungen berücksichtigt.

Große Neubaumaßnahmen sind inzwischen kaum noch durchführbar, es sei denn, der Staat entschließt sich zu einer noch stärkeren finanziellen Belastung des Straßenverkehrs, z.B. durch wegebezogene Abgaben. Das jedoch impliziert eine unerwünschte höhere Belastung mit Transportkosten. Das für jeden in fast überall gleicher Qualität zugängliche deutsche Straßennetz hat Wirtschaftswunder und räumliche Stabilität bedingt und garantiert. Ob es auch weiterhin ausbau- und finanzierungsfähig ist, muss die Zukunft zeigen.◆

Fernstraßennetz 2000

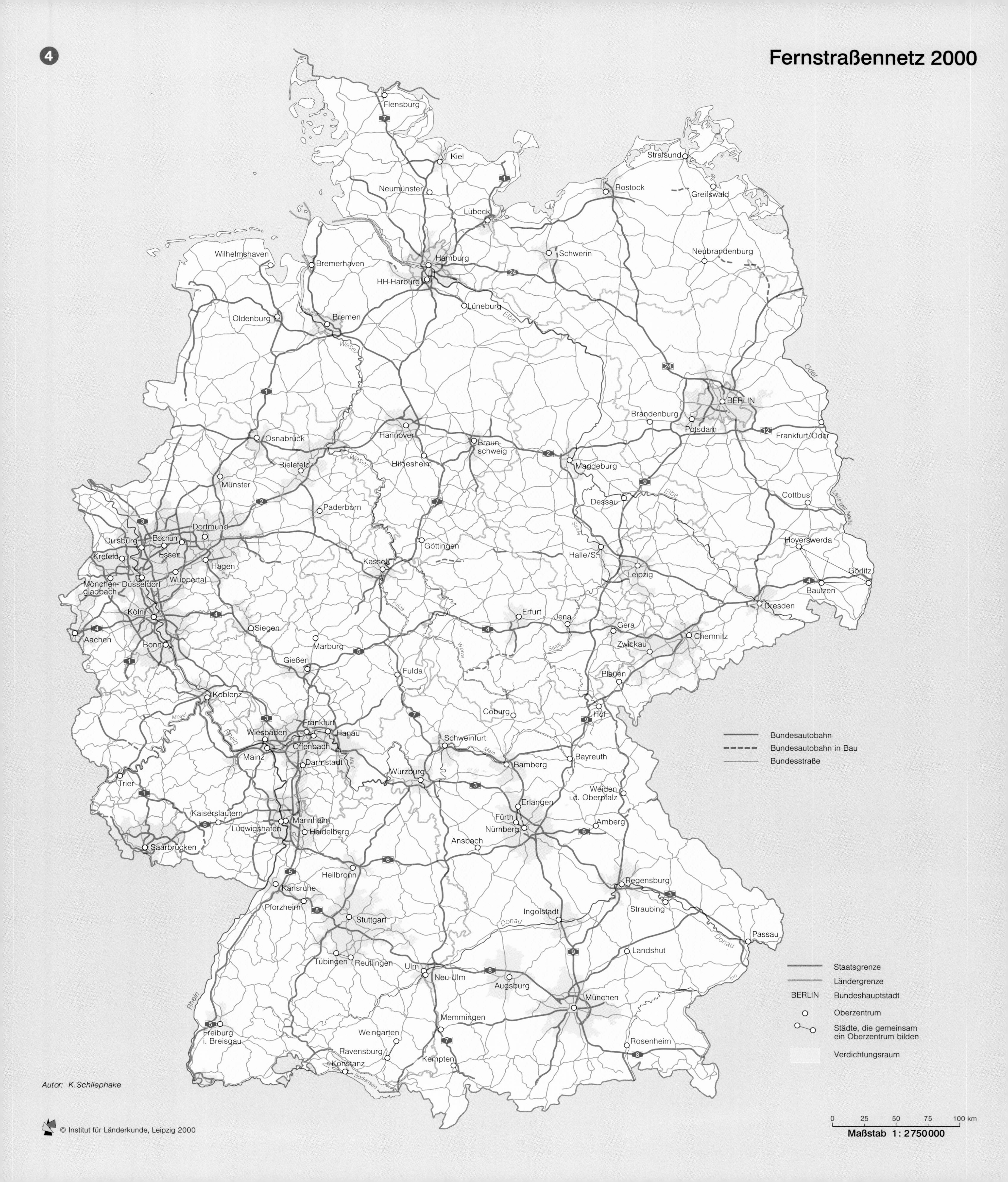

Autor: K. Schliephake

Binnenwasserstraßen und Häfen

Helmut Nuhn

Die Bundeswasserstraßen setzen sich zusammen aus den Seeschifffahrtsstraßen, welche neben den Küstengewässern auch die Unterläufe der Flüsse und den Nordostseekanal umfassen, und den Binnenschifffahrtsstraßen mit freien bzw. staugeregelten Flussstrecken und Kanälen (Gesamtlänge 6391 km). Die Einstufung der Wasserstraßenabschnitte in die 1993 auf EU-Ebene vereinbarten Klassen ergibt sich aus den Nutzungsmöglichkeiten für Motorschiffe, Schleppkähne und Schubverbände ❸. Einige nicht durch offizielle Kategorien erfasste Wasserwege werden vorweg in der Klasse 0 zusammengefasst. Weiterhin in der Karte verzeichnet sind wichtige Bauwerke, die den Verkehrsfluss bestimmen, wie Sperrwerke, Schleusenanlagen und Schiffshebewerke.

Das System der Wasserstraßen wird im Süden durch die Hauptmagistrale des Rheins und seine Nebenflüsse geprägt und weist nur im Norden Netzstrukturen auf. Es ist das Ergebnis von Aus- und Neubaumaßnahmen in den letzten 100 Jahren, um den Transport von Massen- und Schwergut zu gewährleisten, und verläuft häufig parallel zu den Schienenwegen. Eine große Anzahl von öffentlichen und privaten Binnenhäfen unterschiedlicher Ausstattung säumt die Binnenwasserstraßen.

Duisburg

Der größte deutsche Binnenhafen in Duisburg ❶, der zugleich von flussgängigen Seeschiffen angelaufen wird, entstand 1926 durch den Zusammenschluss der öffentlichen Häfen in Duisburg, Ruhrort und Hochfeld. Daneben bestehen bis heute werkseigene Privathäfen, welche auf die Erfordernisse der jeweiligen Produktionsbetriebe ausgerichtet sind. Die günstige Lage der Hafengruppe an der Einmündung der bereits 1780 kanalisierten Ruhr und des 1915 fertig gestellten Rhein-Herne-Kanals begünstigt den Betrieb direkter Schiffslinien nach Rotterdam und Antwerpen sowie ins Ruhrgebiet.

Wegen des Rückgangs des Massengutaufkommens, das zunächst einseitig auf Kohle, später auf Erz und zeitweise auf Mineralöl ausgerichtet war, bemüht sich die Duisburg-Ruhrorter Hafen AG um eine Neuorientierung hin zu einem multifunktionalen Dienstleistungszentrum. Die aktuelle Flächennutzung im Hafengebiet lässt erkennen, dass bereits größere Areale für Stückgutumschlag und Logistikdienstleistungen durch Umnutzung früherer Massengutanlagen und die Zuschüttung von Hafenbecken entstanden sind. Hierzu gehören der 1983 eröffnete Containerterminal, der RoRo-Komplex für die Fahrzeugverladung und der KV-Bahnhof für den kombinierten Verkehr. Hinzu kommen mehrere Stahlservicezentren mit Stückguthallen und vorkragenden Dächern für einen witterungsunabhängigen Umschlag. Eine Besonderheit stellt der 1990 eröffnete Freihafen dar, der die zollfreie Zwischenlagerung und Bearbeitung von Außenhandelsgütern ermöglicht. Moderne Logistikzentren sind im Kaßlerfeld sowie am Parallelhafen entstanden. Der im Aufbau befindliche Logport auf dem Gelände des ehemaligen Krupp-Hüttenwerkes in Rheinhausen ❷ reiht sich in diese Aktivitäten ein. Der Rhein-Ruhr-Hafen präsentiert sich deshalb bereits heute als ein universeller Umschlagplatz mit guten Zukunftsaussichten.

Perspektiven

Im Gegensatz zum Straßen- und Schienenverkehr sind die Kapazitäten der Binnenwasserstraßen nicht ausgelastet. Die Bundesregierung propagiert deshalb eine Verlagerung des Gütertransports auf das Schiff. Die Vorzüge des Binnenschiffs liegen im großen Transportvolumen, im geringen Energieverbrauch und im begrenzten Lärmpegel, woraus eine vergleichsweise niedrige Umweltbelastung resultiert. Außerdem sind Schiffsunfälle selten, wodurch sich eine besondere Eignung für den Gefahrenguttransport ergibt. Demgegenüber bestehen Nachteile wegen der vergleichsweise niedrigen Geschwindigkeit von 8-12 km/h sowie der zeitweisen Beeinträchtigung durch Hoch- und Niedrigwasserstände oder Eisbildung. Hinzu kommt die Begrenzung der Schiffsladefläche durch die Abmessungen der Schleusen und die Durchfahrtshöhe bei Brücken, was sich insbesondere bei der Containerstapelung negativ auswirkt.

Trotz der preisgünstigen Frachtraten ist es bis heute nicht zu einer nennenswerten Verlagerung des Gütertransports auf das Binnenschiff gekommen. Von Seiten der Reedereien und Partikuliere beschränkt sich das Transportangebot noch weitgehend auf eine Beförderung von Hafen zu Hafen ohne Berücksichtigung des Vor- bzw. Nachlaufs der Güter im Rahmen der Transportkette. Aus diesem Grunde sind ergänzende Angebote der Schiffseigner für logistische Dienstleistungen und ein besseres Marketing erforderlich. Von staatlicher Seite müssen daneben flankierende Unterstützungen für den Aufbau von integrierten kombinierten Transportketten erfolgen. Dies gilt auch für die Einführung technologischer und organisatorischer Neuerungen beim Schiffsbetrieb und beim Umschlag sowie für die Einrichtung von Güterverkehrszentren. Nur unter diesen Rahmenbedingungen werden eine Modernisierung des Binnenschiffstransports und ein erfolgreicher Wettbewerb mit den flexibleren Landverkehrssystemen kurzfristig zu erreichen sein.◆

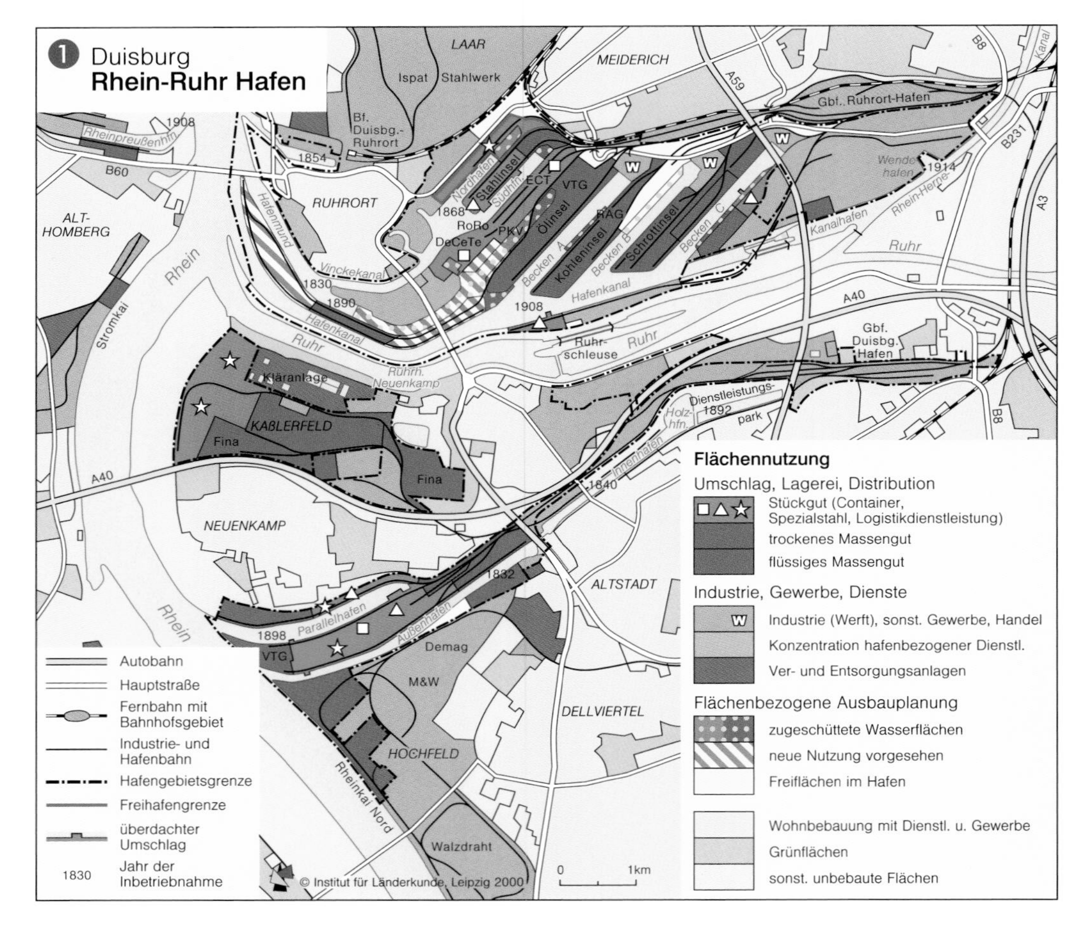

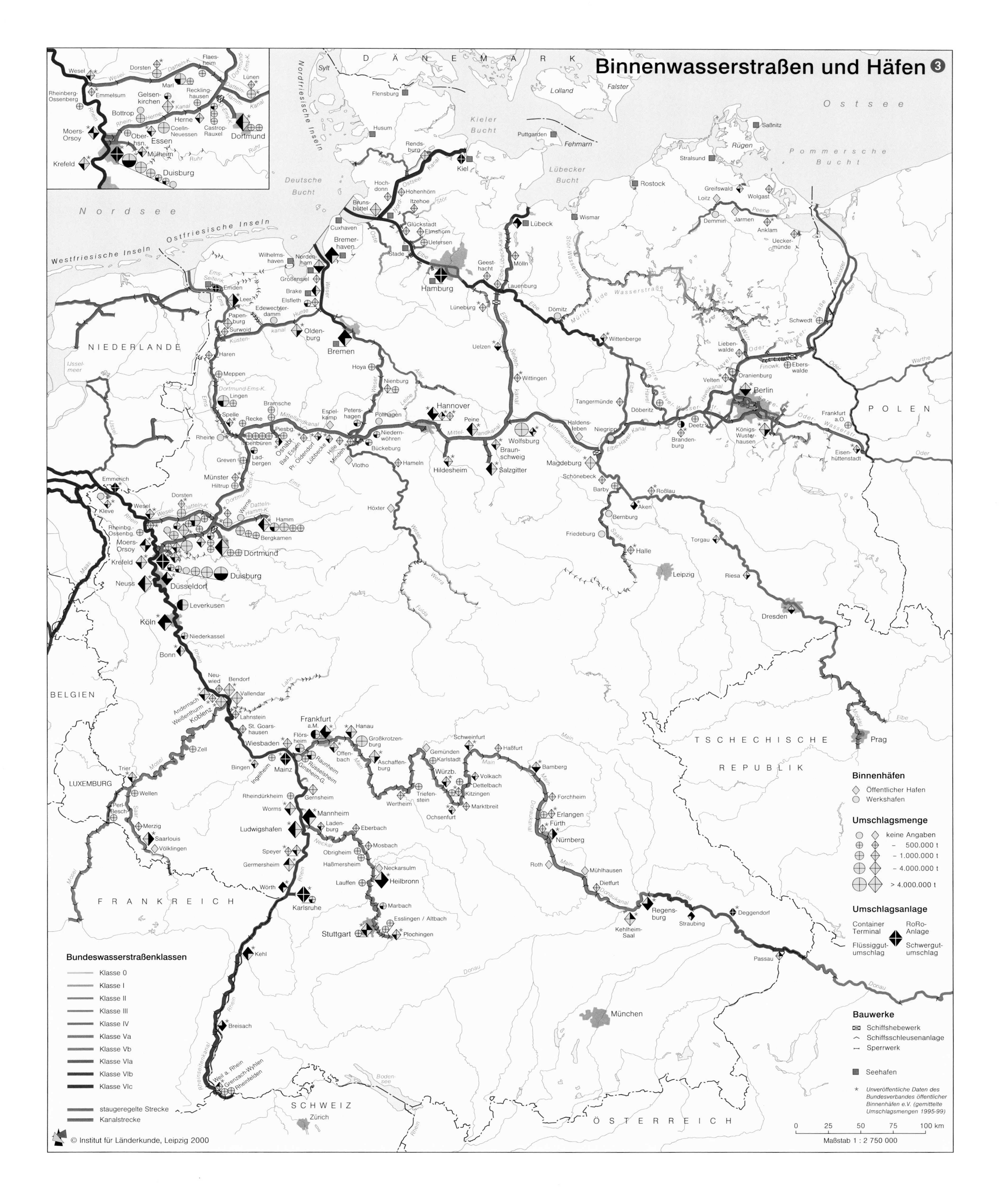

Binnenwasserstraßen und Häfen 3
D Ä N E M A R K
Nordsee
Ostsee
Ostfriesische Inseln
Westfriesische Inseln
Nordfriesische Inseln
Deutsche Bucht
Kieler Bucht
Lübecker Bucht
Pommersche Bucht
NIEDERLANDE
BELGIEN
LUXEMBURG
FRANKREICH
SCHWEIZ
ÖSTERREICH
TSCHECHISCHE REPUBLIK
POLEN
Hamburg
Bremen
Bremerhaven
Kiel
Lübeck
Rostock
Hannover
Berlin
Magdeburg
Wolfsburg
Braunschweig
Salzgitter
Hildesheim
Emden
Leer
Oldenburg
Osnabrück
Minden
Dortmund
Duisburg
Düsseldorf
Köln
Leverkusen
Bonn
Koblenz
Frankfurt a.M.
Mainz
Wiesbaden
Mannheim
Ludwigshafen
Heilbronn
Stuttgart
Karlsruhe
Kehl
Breisach
Würzburg
Bamberg
Nürnberg
Erlangen
Fürth
Regensburg
Kelheim-Saal
Straubing
Deggendorf
Passau
Leipzig
Dresden
Halle
Prag
München
Zürich
Binnenhäfen
Öffentlicher Hafen
Werkshafen
Umschlagsmenge
keine Angaben
– 500.000 t
– 1.000.000 t
– 4.000.000 t
> 4.000.000 t
Umschlagsanlage
Container Terminal
RoRo-Anlage
Flüssiggut-umschlag
Schwergut-umschlag
Bauwerke
Schiffshebewerk
Schiffsschleusenanlage
Sperrwerk
Seehafen
* Unveröffentliche Daten des Bundesverbandes öffentlicher Binnenhäfen e.V. (gemittelte Umschlagsmengen 1995-99)
Bundeswasserstraßenklassen
Klasse 0
Klasse I
Klasse II
Klasse III
Klasse IV
Klasse Va
Klasse Vb
Klasse VIa
Klasse VIb
Klasse VIc
staugeregelte Strecke
Kanalstrecke
0 25 50 75 100 km
Maßstab 1 : 2 750 000
© Institut für Länderkunde, Leipzig 2000

Luftfahrtsystem und Vernetzung internationaler Verkehrsflughäfen

Alois Mayr

Der Luftverkehr trägt entscheidend dazu bei, den internationalen Handel und die individuelle Mobilität zu fördern, und ist daher von großer wirtschaftlicher Bedeutung. In Deutschland und weltweit hat die zivile Luftfahrt nach dem Zweiten Weltkrieg einen enormen Aufschwung erlebt, der durch die zunehmende Globalisierung der Wirtschaft mit steigendem Geschäftsreiseverkehr und Güteraustausch sowie durch einen boomenden Flugtourismus bedeutsame Impulse erhalten hat.

Das deutsche Luftfahrtsystem

In der Bundesrepublik Deutschland hat sich – im Gegensatz zu anderen europäischen Ländern – ein dezentrales Flughafensystem herausgebildet. Das deutsche Luftfahrtsystem besteht im Jahre 1999 aus rd. 750 Flugplätzen, davon 396 für den Motorflug zugelassenen Plätzen ❸. Aus ihnen ragen 17 internationale Verkehrsflughäfen heraus, ergänzt durch 18 weitere Verkehrsflughäfen und Sonderflughäfen, 167 Verkehrslandeplätze und 194 meist nur am Wochenende von Luftsportlern unterhaltene Sonderlandeplätze. In der ▸ ADV gibt es neben den bedeutenden internationalen Verkehrsflughäfen die Mitgliedergruppe der regionalen Verkehrsflughäfen und Verkehrslandeplätze (bis 1990 28, inzwischen 45). Außer den 396 für den Motorflug zugelassenen Plätzen gibt es ca. 250 reine Segelfluggelände sowie eine Vielzahl von Hubschrauberlandeplätzen.

Vollautomatisch gesteuerte Hochbahn zwischen den Terminals 1 und 2 am Flughafen Frankfurt am Main

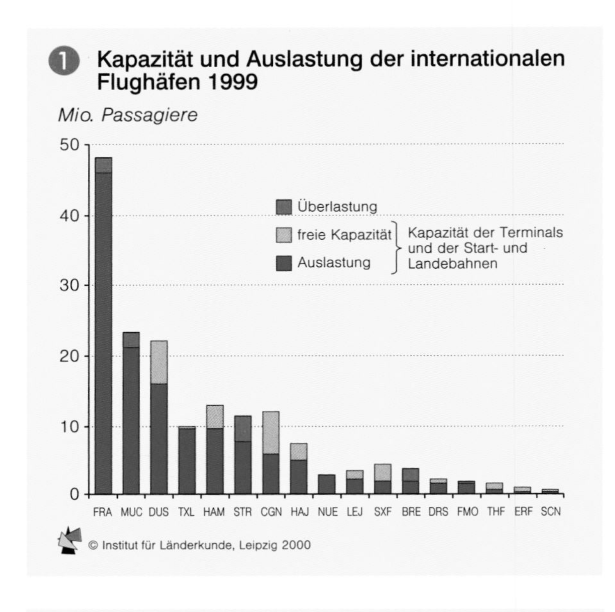

❶ Kapazität und Auslastung der internationalen Flughäfen 1999

❷ Flugzeugbewegungen (Gesamtverkehr) 1999

Die internationalen deutschen Flughäfen umfassen meist ein Areal von 200-650 ha; größer sind lediglich Frankfurt als die führende Luftverkehrsdrehscheibe (1900 ha), München (1500 ha), Köln/Bonn und Leipzig/Halle (je 1000 ha) sowie Hannover (715 ha). Auf diesen Geländen ist die gesamte für Verkehrsstationen des Luftverkehrs notwendige Infrastruktur unterzubringen. Dazu gehören landseitig insbesondere ein Fluggastgebäude oder mehrere Terminals, vielfältige Büro-, Verkaufs- und Lagerkomplexe des Flughafenträgers, von Luftverkehrsunternehmen, Luftfracht-Spediteuren, Behörden und privaten Dienstleistern sowie Areale für den fließenden und ruhenden Zubringerverkehr. Luftverkehrsseitig sind Start- und Landebahnen mit entsprechender Ausstattung, Rollwegsysteme, Vorfeldpositionen und Fluggastbrücken, Tankanlagen, Flugzeug- und Lagerhallen sowie ein ▸ Tower für die Flugsicherung selbstverständliche Elemente der Luftverkehrsinfrastruktur. 39 deutsche Verkehrsflughäfen und Verkehrslandeplätze verfügen über sog. Kontrollzonen für die Flugsicherung.

Die meisten Flughäfen besitzen zwei Start- und Landebahnen, wobei es hinsichtlich der Länge große Unterschiede gibt. Drei bzw. zwei jeweils 4 km lange Start- und Landebahnen besitzen die Flughäfen Frankfurt und München. Bahnen von 3000 und mehr Metern für den Interkontinentalverkehr gibt es ferner in Berlin-Schönefeld, Berlin-Tegel, Düsseldorf, Hamburg, Hannover, Köln/Bonn, Stuttgart und seit Frühjahr 2000 auch in Leipzig/Halle. Da die Bahnen nicht immer unabhängig voneinander genutzt werden können, ist damit noch keine Aussage über die maximale Kapazität der Start- und Landebahnen möglich.

Die Leistungsfähigkeit eines Flughafens ist letztlich von der Anzahl der Start- und Landemöglichkeiten, den ▸ Slots, abhängig. Mit 1140, mehr als 1000 bzw. 710 möglichen Bewegungen pro Tag haben die Flughäfen Frankfurt, Hannover und München mit Abstand höhere Start- und Landebahnkapazitäten als die anderen Plätze, die bei Werten um 200-300 liegen ❷. Abbildung ❶ vergleicht die Passagierstatistik 1999 (Auslastung) mit der maximalen Terminalkapazität, die in den meisten Fällen bereits erschöpft und in einigen weiteren wie Frankfurt, München und Stuttgart bereits wieder überschritten ist. Es ist daher nicht verwunderlich, dass durch zahlreiche bereits laufende oder geplante Infrastruktur-Erweiterungsmaßnahmen Anpassungen der Kapazität erfolgen.

Für die Hauptstadt Berlin soll auf dem nach langen Diskussionen ausgewählten Gelände Schönefeld-Süd der neue Flughafen Berlin-Brandenburg-International (BBI) mit zwei unabhängigen 4 km langen Start- und Landebahnen und einer Kapazität für zunächst 20 Mio. und in der 2. Ausbaustufe 30 Mio. Fluggäste entstehen. Wegen Verstoßes gegen die Vergabekriterien wurde einem Konsortium der bereits erteilte Bauauftrag entzogen und im Dezember 1999 ein neues Planfeststellungsverfahren beantragt. Nach einem für 2002 erhofften Planfeststellungsbeschluss sind Bau und Eröffnung für 2007 vorgesehen; parallel sollen die Flughäfen Tempelhof bis 2003 und Tegel im Jahre 2007 geschlossen werden. Durch eine konkurrierende Berliner Gesellschaft wird aber gleichzeitig ein vergleichbarer Großflughafen Berlin in der Altmark bei Stendal-Buchholz mit erhoffter Baugenehmigung ab 2000 und Unterstützung durch das Land Sachsen-Anhalt geplant.

Erreichbarkeit der Flughäfen

Von herausragender Bedeutung für Entwicklung und Funktionsfähigkeit eines Flughafens ist dessen Erreichbarkeit ❺. Im Fernverkehr besitzen bisher lediglich die Flughäfen Frankfurt (mit getrennten Fern- und Regionalbahnhöfen seit 1999), Berlin-Schönefeld und seit Sommer 2000 Düsseldorf eine Schienenanbindung, 2002 werden Köln/Bonn und vermutlich auch Leipzig/Halle über eine Fernbahnanbindung verfügen. In Hamburg ist eine S-Bahnstrecke, in Stuttgart eine Fernbahn zum Flughafen geplant. Alle internationalen Flughäfen sind von den Quellgebieten der Nutzer durch unterschiedliche Buslinien erreichbar. Innerhalb der Gruppe der Regionalflughäfen besitzt Friedrichshafen seit 1997 eine Haltestelle mit Brückenübergang an der Bodensee-Oberschwabenbahn, Dortmund und Paderborn/Lippstadt können mit Schnellbussen, Rostock mit einem Linien- und einem Rufbus erreicht werden.

Die zeitliche Dauer für die Erreichbarkeit mit öffentlichen Verkehrsmitteln vom Zentrum aus schwankt zwischen rd. 9 und 50 Minuten. Für den Aufbau eines integrierten Verkehrssystems Luft/Schiene setzen sich seit längerem die Bundesregierung (z.B. im Bundesverkehrswegeplan 1992), Landesregierungen, Umweltverbände und auch die ADV ein (Bernhardt 2000), um den Luftverkehrsstandort Deutschland zu optimieren und gleichzeitig zur Entlastung der Straße und zum Schutz der Umwelt beizutragen.

Vergleichbare Vernetzungen von Schienen- und Luftverkehr sind im europäischen Ausland und in Übersee sehr verbreitet und haben deutlich zum Rückgang des motorisierten Individualverkehrs beigetragen (z.B. London-Heathrow, Amsterdam, Paris-Charles de Gaulle, Zürich, Hongkong und Tokyo-Haneda). Bei Zukunftsplanungen werden integrierte Verkehrssysteme verstärkt berücksichtigt.

Die meisten der 17 internationalen Verkehrsflughäfen haben direkten Autobahn- oder Schnellstraßenanschluss, z.T. mit großzügigen Drive-in-Anlagen wie in Köln/Bonn, Hannover oder Berlin-Tegel, und alle sind relativ optimal in das Straßennetz eingebunden. Dass dennoch regionale Versorgung und Erreichbarkeit in Pkw-Fahrzeiten sehr →

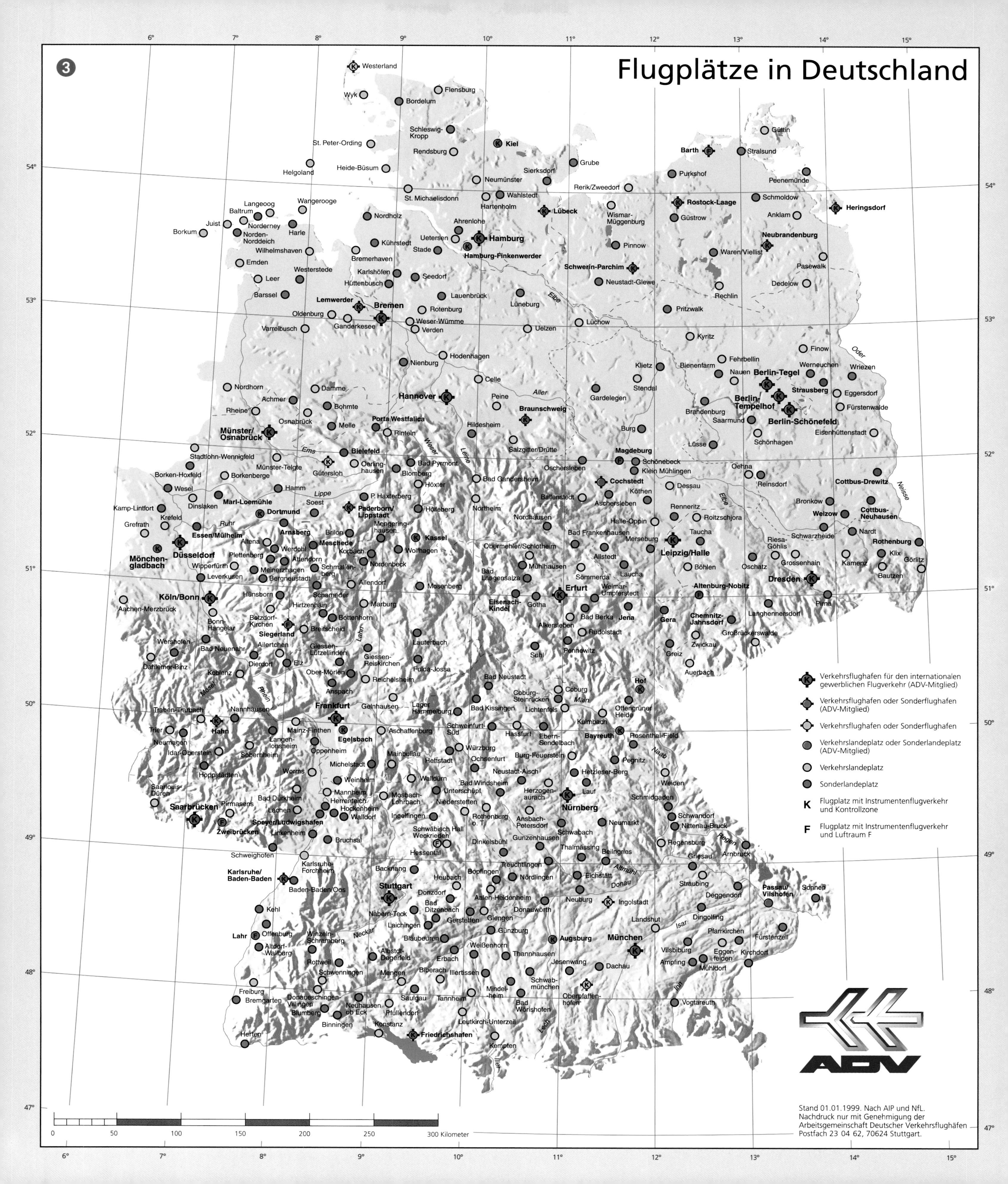

3
Flugplätze in Deutschland
Verkehrsflughafen für den internationalen gewerblichen Flugverkehr (ADV-Mitglied)
Verkehrsflughafen oder Sonderflughafen (ADV-Mitglied)
Verkehrsflughafen oder Sonderflughafen
Verkehrslandeplatz oder Sonderlandeplatz (ADV-Mitglied)
Verkehrslandeplatz
Sonderlandeplatz
K Flugplatz mit Instrumentenflugverkehr und Kontrollzone
F Flugplatz mit Instrumentenflugverkehr und Luftraum F
Westerland
Wyk
Flensburg
Bordelum
Schleswig-Kropp
St. Peter-Ording
Kiel
Rendsburg
Helgoland
Heide-Büsum
Sierksdorf
Grube
Neumünster
Barth
Stralsund
Güttin
Purkshof
Peenemünde
Rerik/Zweedorf
St. Michaelisdonn
Hartenholm
Wahlstedt
Lübeck
Rostock-Laage
Schmoldow
Heringsdorf
Langeoog
Baltrum
Wangerooge
Juist
Borkum
Norderney
Norden-Norddeich
Harle
Nordholz
Ahrenlohe
Uetersen
Hamburg
Hamburg-Finkenwerder
Wismar-Müggenburg
Güstrow
Anklam
Neubrandenburg
Wilhelmshaven
Emden
Kührstedt
Stade
Pinnow
Waren/Vielist
Bremerhaven
Westerstede
Karlshöfen
Hüttenbusch
Seedorf
Schwerin-Parchim
Pasewalk
Leer
Neustadt-Glewe
Dedelow
Barssel
Lemwerder
Bremen
Lauenbrück
Lüneburg
Rechlin
Oldenburg
Ganderkesee
Rotenburg
Pritzwalk
Varrelbusch
Weser-Wümme
Verden
Uelzen
Lüchow
Kyritz
Finow
Hodenhagen
Nienburg
Fehrbellin
Kletz
Bienenfarm
Nauen
Berlin-Tegel
Werneuchen
Wriezen
Nordhorn
Damme
Celle
Stendal
Strausberg
Eggersdorf
Achmer
Hannover
Peine
Aller
Gardelegen
Berlin-Tempelhof
Fürstenwalde
Rheine
Bohmte
Braunschweig
Brandenburg
Saarmund
Berlin-Schönefeld
Osnabrück
Melle
Porta Westfalica
Hildesheim
Burg
Eisenhüttenstadt
Münster/Osnabrück
Rinteln
Schönhagen
Lüsse
Stadtlohn-Wenningfeld
Ems
Bielefeld
Salzgitter/Drütte
Magdeburg
Münster-Telgte
Gütersloh
Oerlinghausen
Bad Pyrmont
Blomberg
Schönebeck
Klein Mühlingen
Oehna
Borken-Hoxfeld
Borkenberge
Oschersleben
Cochstedt
Reinsdorf
Cottbus-Drewitz
Wesel
Hamm
Höxter
Bad Gandersheim
Dessau
Lippe
Dinslaken
Marl-Loemühle
Soest
P. Haxterberg
Ballenstedt
Köthen
Kamp-Lintfort
Dortmund
Paderborn/Lippstadt
Höllenberg
Northeim
Aschersleben
Rennertiz
Bronkow
Krefeld
Ruhr
Mengeringhausen
Nordhausen
Halle-Oppin
Roitzschjora
Welzow
Cottbus-Neuhausen
Grefrath
Essen/Mülheim
Arnsberg
Brilon
Kassel
Bad Frankenhausen
Taucha
Nardt
Düsseldorf
Altena
Meschede
Korbach
Wolfhagen
Obermehler/Schlotheim
Merseburg
Leipzig/Halle
Riesa-Göhlis
Schwarzheide
Rothenburg
Mönchengladbach
Werdohl
Plettenberg
Attendorn
Allstedt
Oschatz
Grossenhain
Kamenz
Klix
Görlitz
Wipperfürth
Meinerzhagen
Schmallenberg
Nordenbeck
Mühlhausen
Böhlen
Bautzen
Leverkusen
Bergneustadt
Allendorf
Sömmerda
Laucha
Dresden
Altenburg-Nobitz
Bad Langensalza
Mosenberg
Weimar-Umpferstedt
Erfurt
Aachen-Merzbrück
Köln/Bonn
Hünsborn
Schameder
Marburg
Eisenach-Kindel
Gotha
Pirna
Hirzenhain
Bonn-Hangelar
Betzdorf-Kirchen
Bottenhorn
Bad Berka
Jena
Gera
Chemnitz-Jahnsdorf
Langhennersdorf
Siegerland
Breitscheid
Alkersleben
Rudolstadt
Großrückerswalde
Wershofen
Lahn
Lauterbach
Bad Neuenahr
Ailertchen
Giessen-Lützellinden
Pennewitz
Zwickau
Dahlemer-Binz
Dierdorf
Elz
Giessen-Reiskirchen
Suhl
Greiz
Koblenz
Ober-Mörlen
Fulda-Jossa
Auerbach
Reichelsheim
Bad Neustadt
Hof
Mosel
Anspach
Coburg-Steinrücken
Coburg
Rhein
Frankfurt
Gelnhausen
Lager Hammelburg
Bad Kissingen
Lichtenfels
Main
Ottengrüner Heide
Traben-Trarbach
Nannhausen
Hahn
Mainz-Finthen
Egelsbach
Aschaffenburg
Schweinfurt-Süd
Hassfurt
Kulmbach
Trier
Langenlonsheim
Ebern-Sendelbach
Bayreuth
Rosenthal-Field
Neumagen
Idar-Oberstein
Sobernheim
Oppenheim
Mainbullau
Würzburg
Burg-Feuerstein
Pegnitz
Naab
Hettstadt
Ochsenfurt
Michelstadt
Hoppstädten
Worms
Weinheim
Walldürn
Neustadt-Aisch
Hetzleser-Berg
Weiden
Bad Windsheim
Saarlouis-Düren
Mannheim
Mosbach-Lohrbach
Unterschüpf
Herzogenaurach
Lauf
Schmidgaden
Bad Dürkheim
Saarbrücken
Pirmasens
Herrenteich
Lachen
Hockenheim
Niederstetten
Nürnberg
Schwandorf
Zweibrücken
Speyer/Ludwigshafen
Walldorf
Ingelfingen
Rothenburg o. T.
Ansbach-Petersdorf
Neumarkt
Nittenau-Bruck
Linkenheim
Schwäbisch Hall Weckrieden
Schwabach
Bruchsal
Dinkelsbühl
Gunzenhausen
Regensburg
Regen
Schweighofen
Hessental
Thalmässing
Beilngries
Karlsruhe-Forchheim
Treuchtlingen
Altmühl
Griesau
Arnbruck
Karlsruhe/Baden-Baden
Backnang
Heubach
Bopfingen
Nördlingen
Eichstätt
Straubing
Donau
Baden-Baden/Oos
Stuttgart
Aalen-Heidenheim
Neuburg
Passau/Vilshofen
Sonnen
Donzdorf
Deggendorf
Kehl
Bad Ditzenbach
Donauwörth
Ingolstadt
Nabern-Teck
Gerstetten
Giengen
Landshut
Dingolfing
Laichingen
Isar
Offenburg
Lahr
Günzburg
Pfarrkirchen
Fürstenzell
Winzeln-Schramberg
Neckar
Blaubeuren
Augsburg
München
Vilsbiburg
Eggenfelden
Kirchdorf
Altdorf-Wallburg
Albstadt-Degerfeld
Weißenhorn
Thannhausen
Erbach
Ampfing
Mühldorf
Rottweil
Jesenwang
Dachau
Schwenningen
Mengen
Biberach
Illertissen
Freiburg
Schwabmünchen
Inn
Bremgarten
Donaueschingen-Villingen
Neuhausen ob Eck
Saulgau
Tannheim
Mindelheim
Oberpfaffenhofen
Bad Wörishofen
Vogtareuth
Blumberg
Pfullendorf
Leutkirch-Unterzeil
Binningen
Konstanz
Friedrichshafen
Lech
Hetten
Kempten
Iller
Elbe
Weser
Leine
Oder
Neisse
ADV
0 50 100 150 200 250 300 Kilometer
Stand 01.01.1999. Nach AIP und NfL.
Nachdruck nur mit Genehmigung der Arbeitsgemeinschaft Deutscher Verkehrsflughäfen Postfach 23 04 62, 70624 Stuttgart.

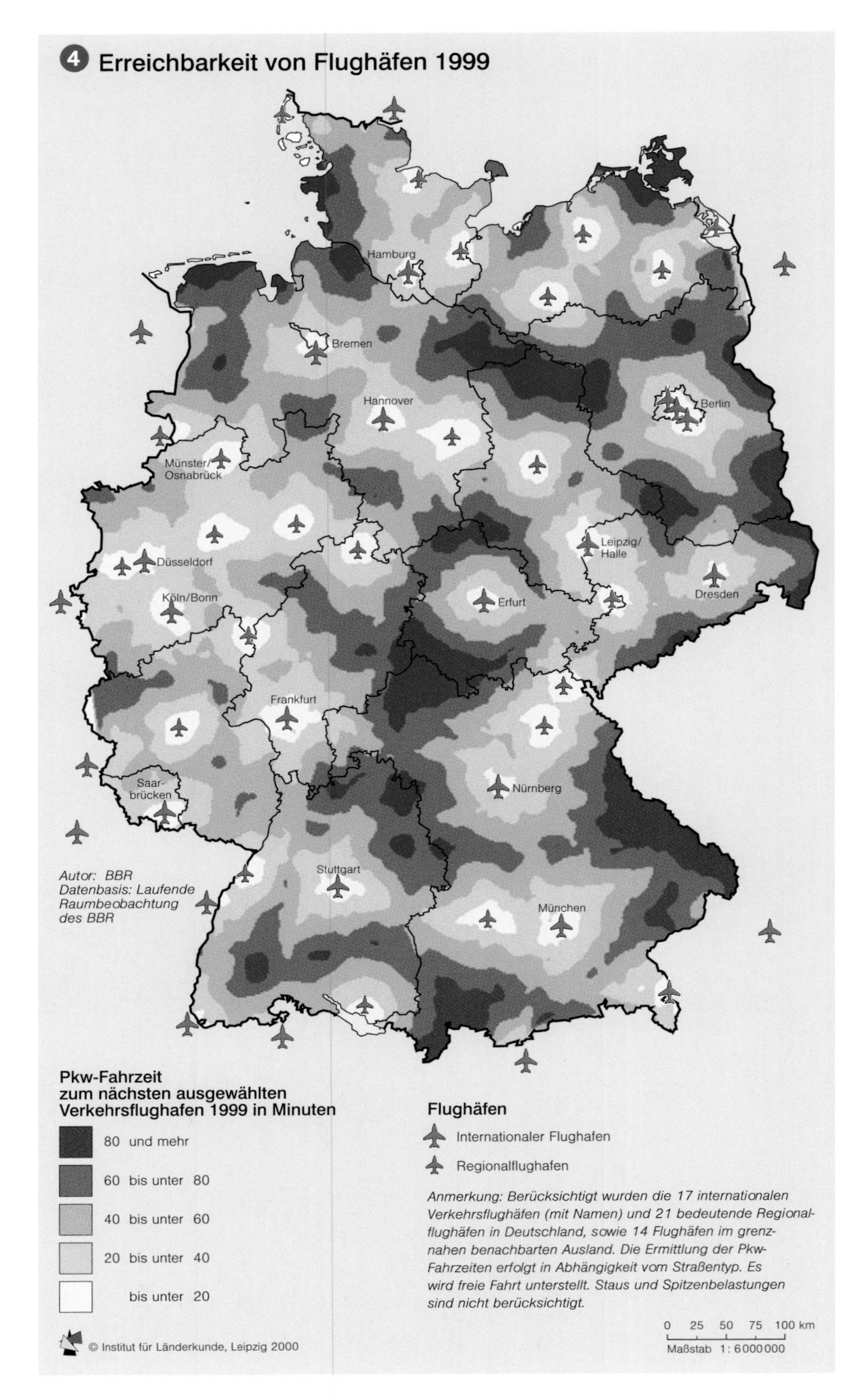

unterschiedlich sind, zeigt eine Darstellung von Isochronen 4, die für alle internationalen sowie 21 bedeutende regionale und 14 Flughäfen im grenznahen benachbarten Ausland ermittelt worden sind. Die Pkw-Fahrzeiten wurden in Abhängigkeit vom Straßentyp bei unterstellter freier Fahrt bzw. normaler Verkehrsdichte errechnet. Fahrzeiten von 60 bis unter 80 oder gar von über 80 Minuten, die deutliche Akzeptanzgrenzen charakterisieren, sind für zahlreiche periphere Regionen und erstaunlicherweise auch für Gebiete an Landesgrenzen signifikant ausgeprägt.

Entsprechend ihrer Größe halten die deutschen Verkehrsflughäfen ebenerdig, in Tiefgaragen und auf Parkdecks einige Tausend Parkplätze vor. Die Schwankungsbreite reicht von rd. 35.000 (Frankfurt) und 21.000 (München) bis zu rd. 600 (Erfurt und Berlin-Tempelhof); Flughäfen ohne Bahnanschluss zeichnen sich durch ein deutlich größeres Parkplatzangebot aus.

Modal Split der Verkehrsmittelwahl

Als Modal Split bezeichnet man die prozentuale Aufteilung einer Nutzergruppe, z.B. der abreisenden oder ankommenden Passagiere eines Flughafens, auf die verschiedenen Bodenverkehrsmittel. Zu unterscheiden sind Individualverkehre (IV) mit eigenem Pkw, Taxi oder Mietwagen und der öffentliche Verkehr (ÖV) mit Bus oder Bahn 5. Für die Dimensionierung einzelner Funktionsbereiche (z.B. Stellplätze für Taxi und Mietwagen, Parkplätze für Fluggäste und Beschäftigte) ist die Kenntnis des Modal Split von großer Bedeutung. Die Anteile des IV dominierten 1999 mit 64 bis 98%, während auf den ÖV insgesamt nur 1 bis 36% entfielen. Deutliche Verschiebungen zu Gunsten des ÖV werden insbesondere an den Bahnanteilen in Düsseldorf (18%), Frankfurt (21%) und München (28%) ersichtlich. Bei hohen Anteilen eigener Pkw oder genutzter Taxis (Hamburg 36%) werden realisierte Schienenanbindungen sicherlich zu Veränderungen des Modal Split führen. Ein Arbeitskreis der ADV hält bei günstigen Voraussetzungen ÖV-Anteile von 25 bis 40% für möglich.

Probleme und Tendenzen

Der Zuwachs im Luftverkehr stößt immer stärker an ökonomische wie ökologische Grenzen. Bedingt durch zunehmende Liberalisierungsmaßnahmen in den USA und der EU hat sich der Wettbewerb vor allem zwischen den Luftverkehrsgesellschaften, aber auch den Flughäfen seit Beginn der 1990er Jahre außerordentlich verschärft. Besonders in Amerika und Ostasien sind große ▶ Megacarrier entstanden, die auf alle Weltmärkte und damit auch nach Europa drängen. Parallel zu Fusionen und Übernahmen sind seit 1997 einige Luftfahrtallianzen großer Luftfahrtgesellschaften gegründet worden, wie z.B. die Star Alliance (mit der Lufthansa) oder die Allianz One World Sky Team (zugleich auch Luftfracht-Allianz), die durch mannigfaltige Kooperationen zu Attraktivitätssteigerungen und Kostensenkungen führen sollen.

Der rapide Zuwachs im Luftverkehr – mit höchsten Verkehrsdichten an der amerikanischen Ostküste und im westlichen Europa – hat schließlich dazu geführt, dass Europas Luftraum völlig überlastet ist; jeder dritte Flug ist verspätet. Die Flugsicherung ist in Deutschland privatisiert und seit dem 01.01.1993 an die Deutsche Flugsicherung (DFS) übergegangen. Bereits seit 1960 existiert die EU-Behörde Eurocontrol mit Sitz in Maastricht und soll ein einheitliches europäisches Flugsicherungssystem entwickeln, aber noch immer managen ca. 60 Kontrollzentren den europäischen Flugverkehr, eine effektive gemeinsame Flugüberwachungsbehörde fehlt.

Das Flughafenkonzept der Bundesregierung

Am 30.08.2000 wurde vom Bundeskabinett der Entwurf eines Flughafenkonzepts beschlossen, der vor der endgültigen Fassung noch mit Ländern und Verbänden erörtert wird. Er verfolgt einerseits das Ziel, Standorte und Beschäftigung zu sichern, zugleich aber auch Anwohner und Umwelt zu schonen. So sollen – bei erwarteter Verdoppelung der Nachfrage – die Kapazitäten der Airports dem wachsenden Bedarf angepasst werden. Dabei sollen nicht nur die Großflughäfen Frankfurt, München und Düsseldorf weiter ausgebaut und Berlin-Brandenburg-International schnellstmöglich realisiert werden, sondern etwa auch der Ausbau von Münster/Osnabrück für Interkontinentalflüge geprüft werden. Andererseits ist geplant, die Grenzwerte für Lärm und ▶ Emissionen zu reduzieren. Ein differenziertes Maßnahmenbündel soll für den Einsatz leiserer und abgasärmerer Maschinen sorgen, und es sind besondere Nachtschutzzonen vorgesehen; unbedingt notwendige Nachtflüge sollen nur mit modernstem und relativ leisem Fluggerät in den Randzeiten der Nächte durchgeführt werden dürfen. Vor diesem Hintergrund erlangen Flughäfen, die einen 24-Stunden-Betrieb anbieten wie Leipzig/Halle, deutliche Standortvorteile. Der Ausbau einer bedarfsgerechten Luftverkehrs-Infrastruktur zur Sicherung der Wettbewerbsfähigkeit liegt im wirtschaftlichen und sozialen Interesse; die staatliche Luftverkehrspolitik bedarf jedoch eines ausgewogenen Maßnahmenkatalog, um zugleich auch die ökologische Verträglichkeit sicherzustellen.◆

ADV – Arbeitsgemeinschaft deutscher Verkehrsflughäfen

Carrier – *engl.* Träger; im Verkehrssektor Verkehrsträger oder Verkehrsunternehmen; ein besonders großes Verkehrsunternehmen wird auch **Megacarrier** genannt

Emission – Schadstoffausstoß

Slot – *engl.* Schlitz; in der Fachsprache der Luftfahrt mögliche Start- und Landevorgänge von Flughäfen; sie werden vom Flugplankoordinator vergeben

Tower – *engl.* Turm; Kontrollturm der Flugsicherung

AirportExpress zum Flughafen Berlin-Schönefeld

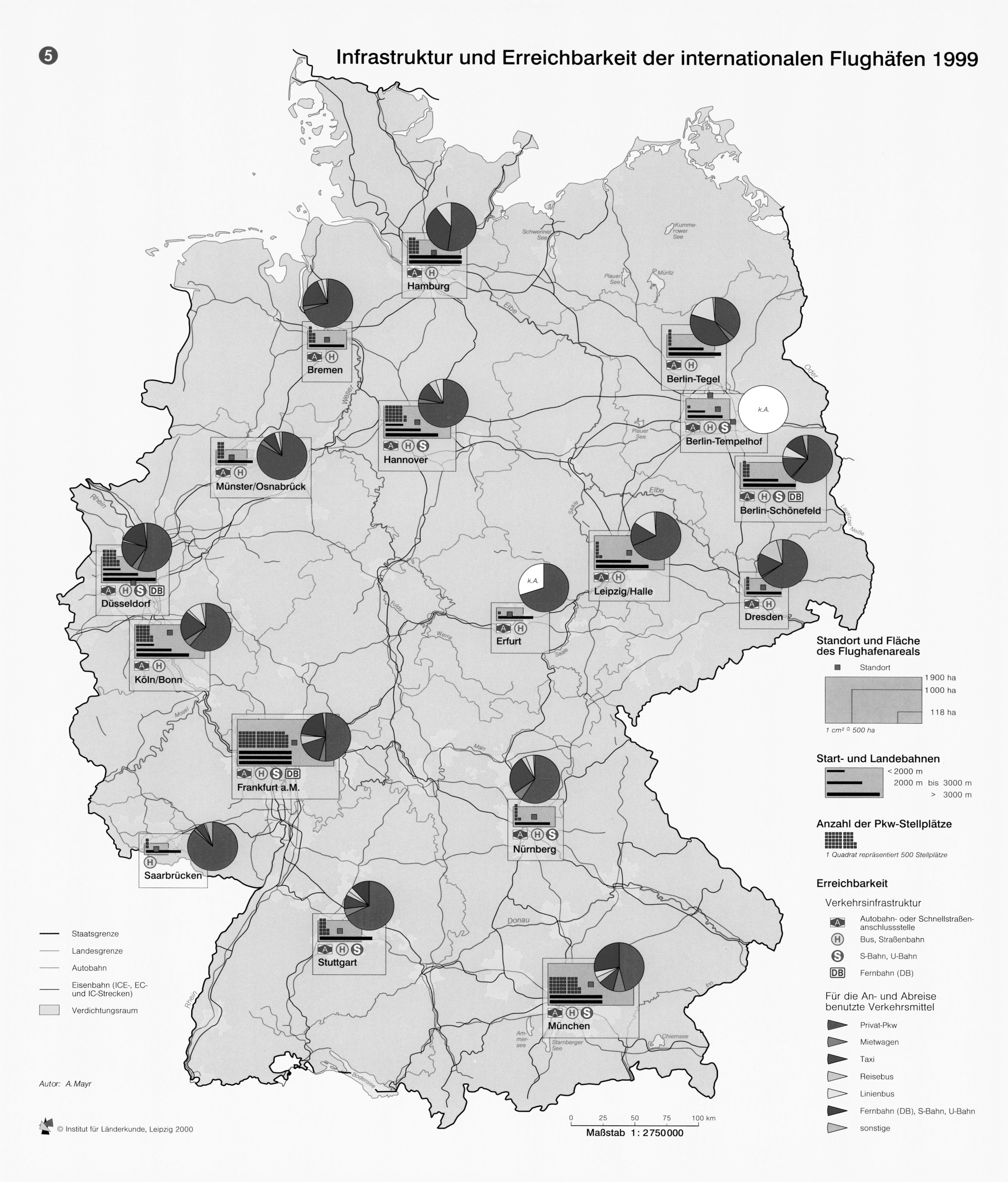
5
Infrastruktur und Erreichbarkeit der internationalen Flughäfen 1999
Hamburg
Bremen
Berlin-Tegel
Berlin-Tempelhof
k.A.
Hannover
Münster/Osnabrück
Berlin-Schönefeld
Düsseldorf
Leipzig/Halle
Dresden
Erfurt
Köln/Bonn
Frankfurt a.M.
Nürnberg
Saarbrücken
Stuttgart
München
Schweriner See
Kummerower See
Müritz
Plauer See
Elbe
Oder
Weser
Rhein
Saale
Lausitzer Neiße
Fulda
Werra
Mosel
Main
Donau
Inn
Ammersee
Starnberger See
Chiemsee
Bodensee
Standort und Fläche des Flughafenareals
Standort
1900 ha
1000 ha
118 ha
1 cm² ≙ 500 ha
Start- und Landebahnen
< 2000 m
2000 m bis 3000 m
> 3000 m
Anzahl der Pkw-Stellplätze
1 Quadrat repräsentiert 500 Stellplätze
Erreichbarkeit
Verkehrsinfrastruktur
Autobahn- oder Schnellstraßenanschlussstelle
Bus, Straßenbahn
S-Bahn, U-Bahn
Fernbahn (DB)
Für die An- und Abreise benutzte Verkehrsmittel
Privat-Pkw
Mietwagen
Taxi
Reisebus
Linienbus
Fernbahn (DB), S-Bahn, U-Bahn
sonstige
Staatsgrenze
Landesgrenze
Autobahn
Eisenbahn (ICE-, EC- und IC-Strecken)
Verdichtungsraum
Autor: A. Mayr
0 25 50 75 100 km
Maßstab 1 : 2750000
© Institut für Länderkunde, Leipzig 2000

Transeuropäische Verkehrsnetze

Meinhard Lemke, Carsten Schürmann, Klaus Spiekermann, Michael Wegener

Die politische, ökonomische und soziale Integration Europas hat in den letzten Jahrzehnten zu einer massiven Zunahme des Personen- und Güterverkehrs beigetragen. Insbesondere die grenzüberschreitenden Verkehre sind stark gestiegen. Gleichzeitig ist das Angebot an Verkehrsinfrastruktur innerhalb Europas sehr unterschiedlich. So gibt es in zentralen Bereichen dicht ausgebaute Straßen- und Bahnnetze hoher Qualität, während in vielen peripher gelegenen Staaten und insbesondere in Osteuropa erhebliche Defizite zu verzeichnen sind. Die vorhandene Verkehrsinfrastruktur erfüllt so nur bedingt die Anforderungen eines zusammenwachsenden Europas. In vielen Teilen sind die Kapazitätsgrenzen bereits weit überschritten.

Verkehrsinfrastrukturpolitik ist jedoch lange Zeit ausschließlich nationalstaatliche Aufgabe gewesen. Erst im Jahre 1992 erhielt die Europäische Union mit dem Maastrichter Vertrag eine Kompetenz in diesem Politikbereich. Der Ausbau transeuropäischer Netze für Verkehr, Energie und Telekommunikation ist in diesem Vertragswerk zum gemeinsamen europäischen Ziel erklärt worden.

Das Europäische Parlament und der Europäische Ministerrat verabschiedeten 1996 Richtlinien für den Aufbau transeuropäischer Verkehrsnetze (▸ TEN-T) auf dem Gebiet der Europäischen Union (EUROPEAN COMMUNITIES 1996). Mit den TEN-T werden zwei übergreifende Ziele verfolgt. Zum einen soll die globale Wettbewerbsfähigkeit der Europäischen Union gestärkt werden, zum anderen sollen die ökonomischen und sozialen Disparitäten zwischen den Regionen der Gemeinschaft abgebaut werden (▸ Kohäsionsziel). Gleichzeitig wird auf einer qualitativ hochwertigen Infrastruktur ein wirtschaftlich tragbarer, sozial- und umweltverträglicher sowie auch sicherer Personen- und Güterverkehr angestrebt. Das TEN-T-Programm soll ebenfalls zur Verbesserung der Interoperabilität, d.h. der technischen Kompatibilität z.B. im Bereich der Bahnsysteme der verschiedenen Länder, und zur verbesserten Intermodalität, d.h. der Integration verschiedener Verkehrsträger in ein Gesamtverkehrssystem, beitragen.

Die Europäische Union sieht leistungsfähige Verkehrsnetze als wichtige Elemente im Rahmen ihrer vorgesehenen Erweiterung an. Daher wurde in einem gemeinsamen Prozess mit elf Beitrittskandidaten (Bulgarien, Estland, Lettland, Litauen, Polen, Rumänien, Slowakei, Slowenien, Tschechische Republik, Ungarn, Zypern) eine Ausdehnung der transeuropäischen Netze nach

TEN-T – *Trans-European Transport Networks.* Die transeuropäischen Verkehrsnetze sind Teil der von der Europäischen Union definierten transeuropäischen Netze, welche auch Kommunikations-, Informations-, Ortungs- und Navigationseinrichtungen sowie Energienetze und Pipelines umfassen.

Vorrangprojekte – Insgesamt 14 TEN-T-Projekte, die aufgrund ihrer verkehrspolitischen Bedeutung vorrangig zu realisieren sind. Dabei handelt es sich um einige internationale Hochgeschwindigkeitsbahnlinien, den Lückenschluss nach Skandinavien, verbesserte Straßen- und Bahnverbindungen auf den britischen Inseln und Irland, der iberischen Halbinsel, in Schweden und Finnland sowie in Griechenland.

Helsinki-Korridore – Zehn von der paneuropäischen Verkehrsministerkonferenz 1997 definierte multimodale Verkehrskorridore in Osteuropa, die zur besseren Anbindung der osteuropäischen Wirtschaftsräume untereinander und an die TEN-T dienen sollen.

TINA-Netze – Transport Infrastructure Needs Assessment. Vorschlag aus dem Jahre 1999 zur Erweiterung der TEN-T auf die osteuropäischen EU-Beitrittskandidaten. Die zeitlich früher definierten Helsinki-Korridore bilden hierbei das Basisnetz, zu dem jedoch eine Vielzahl von Verbindungen hinzugenommen worden ist.

Kohäsionsziel – Eines der wichtigsten regionalpolitischen Ziele der Europäischen Union. Durch die Verringerung der Unterschiede im Entwicklungsstand der verschiedenen Regionen soll der wirtschaftliche und soziale Zusammenhalt in Europa gestärkt werden.

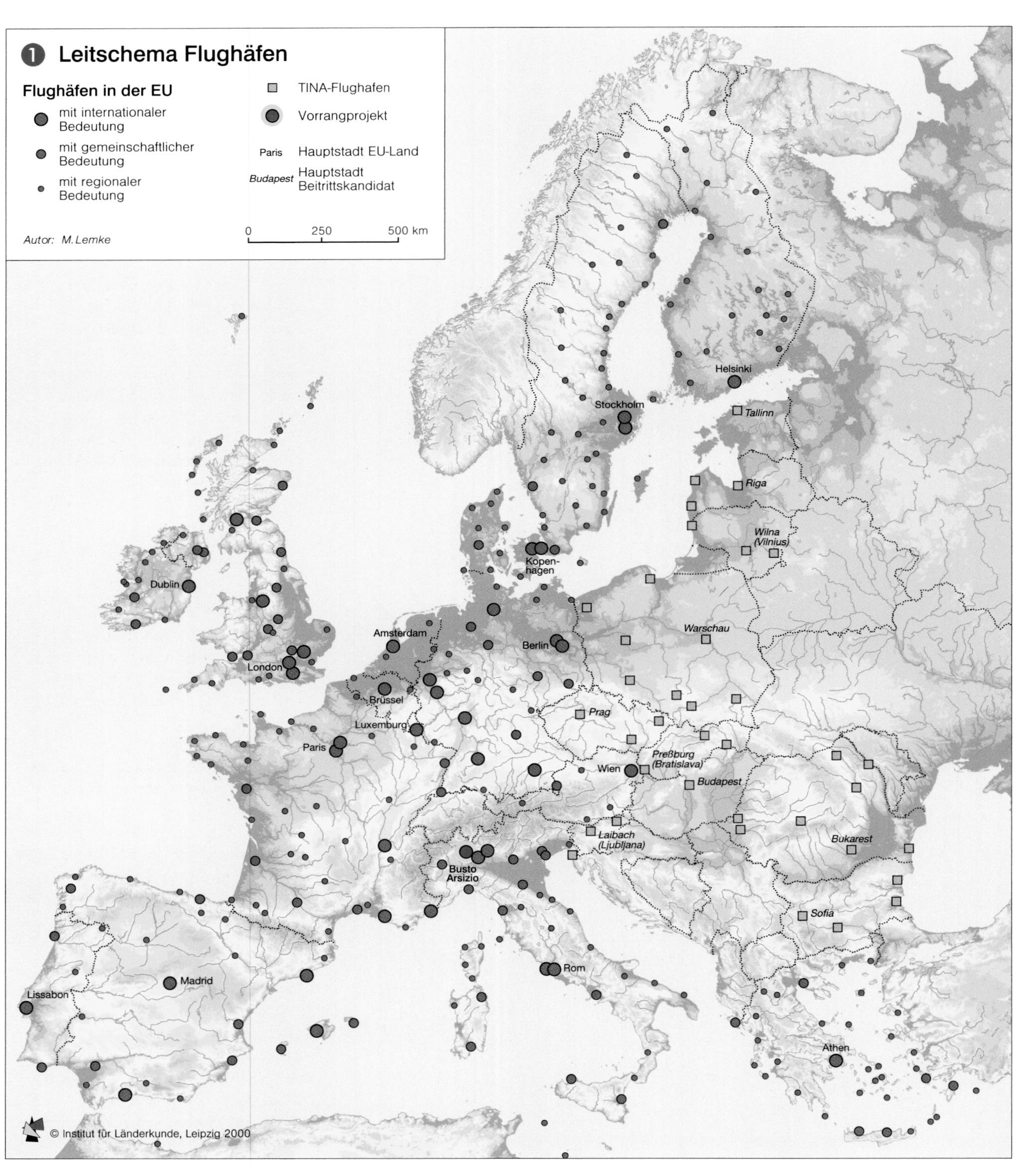

Osteuropa geplant (▶ TINA-Netze), bei der die gleichen Kriterien wie bei den TEN-T angewandt wurden (TINA SECRETARIAT 1999).

Leitschemata

Für die einzelnen Verkehrsträger wurden zunächst für das Gebiet der Europäischen Union und anschließend für das der Beitrittskandidaten Verbindungen und Verkehrsknotenpunkte von europäischem Interesse definiert und in einer Reihe von Leitschemata vorgestellt. Die Leitschemata basieren im Wesentlichen auf den nationalen Verkehrswegeplänen. Die transeuropäischen Netze umfassen dabei sowohl bestehende und auszubauende als auch neu zu bauende Verbindungen:

- Das transeuropäische Straßennetz umfasst ca. 75.000 km in der EU und ca. 19.000 km in den Beitrittsländern ❸. Ein Großteil dieses Netzes besteht bereits. Umfangreiche Neubaumaßnahmen sind in Frankreich, Griechenland und Portugal sowie in Deutschland mit den Verkehrsprojekten Deutsche Einheit (▶▶ Beitrag Holzhauser/Steinbach) und in den meisten Beitrittsländern vorgesehen.

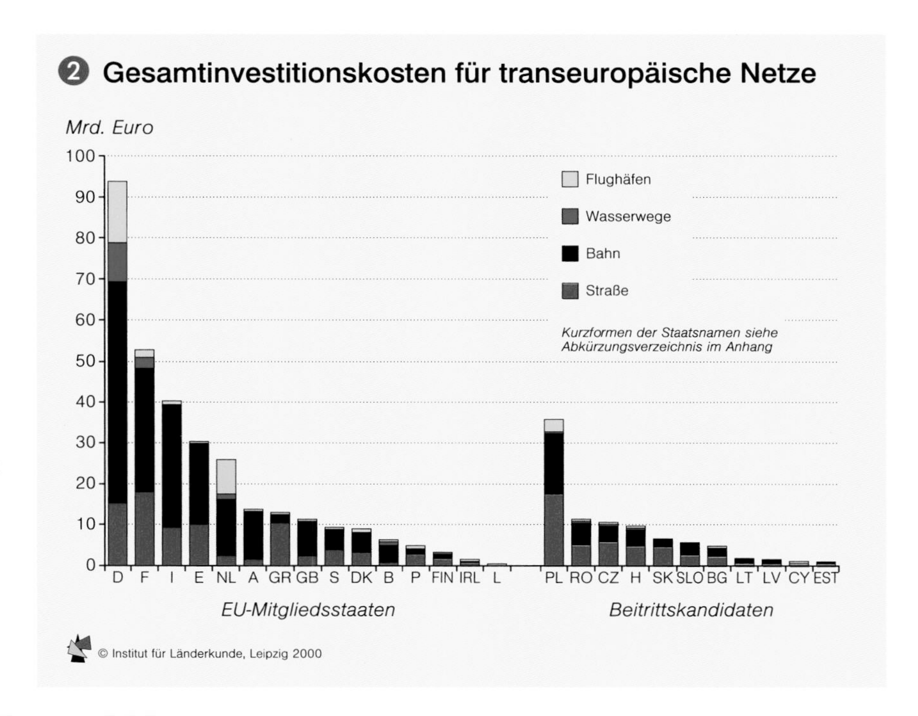

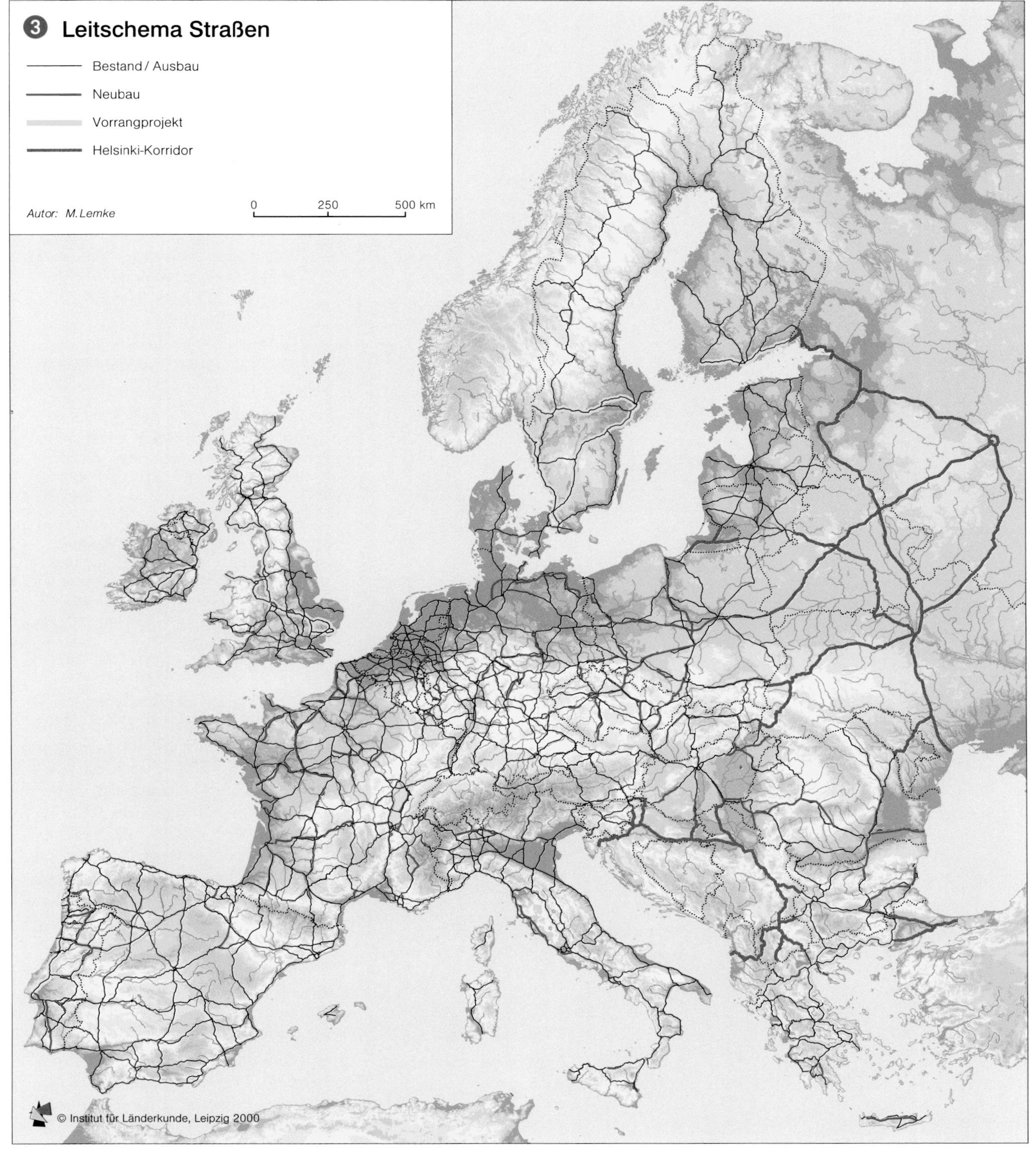

- Das transeuropäische Schienennetz umfasst ca. 79.000 km in der EU und ca. 21.000 km in den Beitrittsländern ❹. Der Schwerpunkt in der EU liegt in der Entwicklung eines Hochgeschwindigkeitsbahnnetzes durch Neubaustrecken mit maximalen Geschwindigkeiten von 300 km/h (12.600 km) und durch Ausbau bestehender Bahnstrecken für Geschwindigkeiten von bis zu 200 km/h (16.300 km). Nur in Griechenland werden in größerem Umfang konventionelle Bahnstrecken gebaut. In den Beitrittsländern hat die Modernisierung des bestehenden Fernstreckennetzes für den konventionellen Schienenverkehr Vorrang.
- Das transeuropäische Binnenwasserstraßennetz umfasst ca. 20.000 km in der EU und etwa 5000 km in den Beitrittsländern ❻. Die Planungen sehen vor allem Kapazitätserhöhungen und die Beseitigung von Engpässen vor.
- Das Leitschema für Flughäfen umfassen ca. 300 EU-Flughäfen und etwa 45 Flughäfen in den Beitrittsländern ❶. Betont wird insbesondere die Rolle regionaler Flughäfen für die Erschließung peripherer Regionen.

Implementierung

Das anvisierte Investitionsvolumen beträgt für die TEN-T etwa 400 Mrd. Euro. Davon werden bis zum ursprünglich vorgesehenen Realisierungshorizont 2010 allerdings nur etwa 300 Mrd. Euro tatsächlich in Projekte geflossen sein (COMMISSION OF THE EUROPEAN COMMUNITIES 1998). Der geplante Realisierungszeitpunkt für die TINA-Netze ist 2015, das Investitionsvolumen dort beträgt etwa 92 Mrd. Euro. In den meisten Mitgliedsstaaten der Europäischen Union überwiegen die Investitionen in den Verkehrsträger Schiene (EU insgesamt 60%, Straße 27%) während in den Beitrittsländern für den Straßenbau etwa 48% und für den Ausbau des Schienennetzes etwa 40% angesetzt werden ❷. →

Die Brücke über den Øresund (Dänemark-Schweden)

Für die Straßen- und Eisenbahnnetze gibt es Prioritäten bei der Umsetzung (Implementierung). Für die TEN-T wurden 14 ▶ Vorrangprojekte mit einem Volumen von 110 Mrd. Euro festgelegt. Fast alle Projekte sind mittlerweile in der Bauphase oder sogar fertiggestellt. Es wird erwartet, dass alle Vorrangprojekte bis ca. 2005 in Betrieb sind. Bei den ▶ TINA-Netzen werden die ▶ Helsinki-Korridore, die das Rückgrat bilden und auch in den weiteren osteuropäischen Ländern fortgeführt werden, vorrangig realisiert.

Die Implementierung einschließlich der Finanzierung der transeuropäischen Netze ist primär nationale Aufgabe. Der EU-Anteil an den Investitionen in die TEN-T betrug in den Jahren 1996/97 jedoch etwa 30%. Diese Mittel stammen aus dem TEN-T-Budget, dem Kohäsionsfonds und den regionalen Strukturfonds der Europäischen Union. Eine wichtige Rolle spielen zudem die Kredite der Europäischen Investitionsbank. Auch für die Beitrittsländer stehen schon vor der Aufnahme in die EU erhebliche Mittel für die TINA-Netze zur Verfügung.

④ Leitschema Eisenbahnen

Hochgeschwindigkeitsverkehr
Ausbaustrecke
Neubaustrecke

Konventioneller Verkehr
Bestand / Modernisierung
Neubaustrecke

Vorrangprojekt
Helsinki-Korridor

0 250 500 km

Autor: M. Lemke

Räumliche Auswirkungen

Die Auswirkungen des Ausbaus der transeuropäischen Netze auf die regionale Entwicklung sind umstritten. Auf der einen Seite erwartet die Europäische Union durch verbesserte Verkehrsanbindungen der peripheren Regionen in Europa dort deutliche wirtschaftliche Impulse. Durch die Reduzierung von Reise- und Transportzeiten sollen regionale Disparitäten in Europa abgebaut werden und das ▶ Kohäsionsziel der Europäischen Union befördert werden.

Kartographisch lässt sich diese durch den Ausbau der europäischen Verkehrsinfrastruktur bewirkte räumliche Integration Europas durch Zeitkarten darstellen ⑤. Deutliche Geschwindigkeitszunahmen im Eisenbahnverkehr führen zum „schrumpfenden" Kontinent (Spiekermann und Wegener, 1993 1994). „Auf europäischer Ebene führt diese Entwicklung zur zunehmenden wirtschaftlichen Integration der Randgebiete, so wie dies in der Vergangenheit für die zentralen Gebiete geschehen ist" (Europäische Kommission 1995, S. 65).

Kritiker warnen jedoch davor, dass die Verbesserung der Verkehrsinfrastruktur dazu führen kann, dass das in den peripheren Regionen Europas noch vorhandene endogene Wirtschaftspotenzial von stärkeren Regionen aufgesogen wird und so die räumlichen Disparitäten verstärkt werden. Zudem binden viele Projekte nicht periphere Regionen an die Zentren an, sondern stärken die ohnehin schon gut ausgebauten Achsen im wirtschaftsstarken Kern Europas. Betrachtet man die regionalen Erreichbarkeiten als einen entscheidenden Standortfaktor für Unternehmen, so werden zwar alle Regionen Europas vom Ausbau der TEN-T- und der TINA-Netze profitieren, die zentralen Agglomerationsräume jedoch weitaus überproportional (Spiekermann und Wegener 1996; Vickerman et al. 1999) (▶▶ Beitrag Schürmann u.a.).

Aber selbst in zentralen Bereichen Europas sind die zu erwartenden wirtschaftlichen Auswirkungen aufgrund

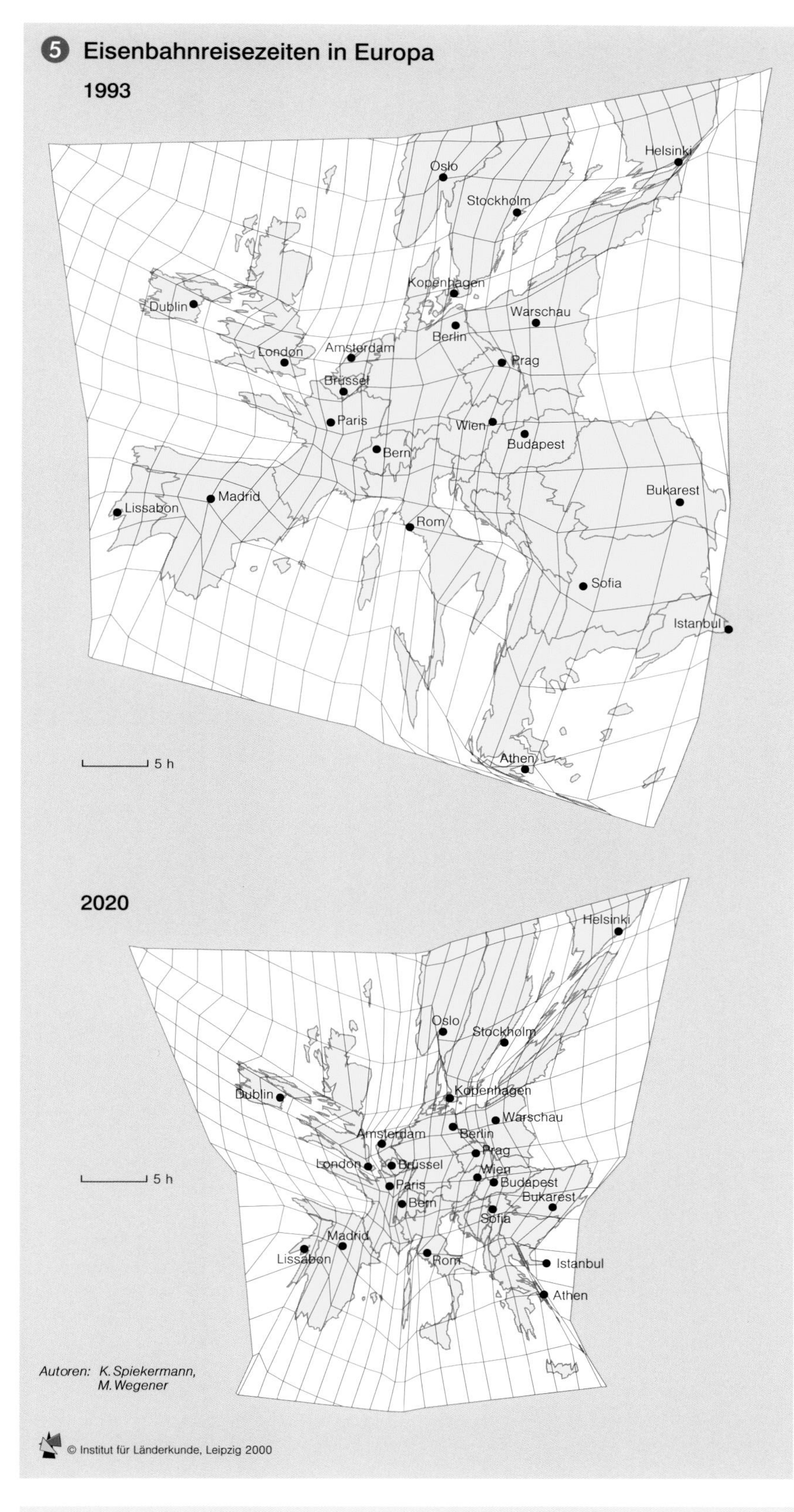

Zeitkarten
Zeitkarten bilden den Zeit-Raum (*engl.* time space) ab. In Zeitkarten werden die Elemente der Karte in einem zweidimensionalen Raum so dargestellt, dass die Abstände zwischen zwei Punkten auf der Karte nicht mehr proportional zur räumlichen Distanz zwischen ihnen sind wie beispielsweise bei Straßenkarten, sondern proportional zu den Reisezeiten. Das heißt, bei kurzen Reisezeiten zwischen zwei Orten werden diese auf der Karte nahe zusammenliegend abgebildet. Der Kartenmaßstab wird also nicht durch Raumeinheiten, sondern durch Zeiteinheiten gebildet. Diese Vorgehensweise führt zu Verzerrungen der Karte gegenüber der gewohnten Abbildung mit Distanz-Maßstäben, da die Reisegeschwindigkeit in den einzelnen Teilen des Verkehrsnetzes unterschiedlich ist (Spiekermann und Wegener 1993; 1994).

der relativen Lageverbesserungen ziemlich gering. Modellberechnungen haben ergeben, dass beispielsweise die im Sommer 2000 in Betrieb genommene Øresundverbindung zwischen Dänemark und Schweden (▶ Foto) in den anliegenden Stadtregionen Kopenhagen und Malmö eine zusätzliche Steigerung des jährlichen Bruttoinlandprodukts von maximal 1% bewirken wird (Fürst et al. 2000). Übergreifende sozio-ökonomische und technologische Entwicklungen scheinen heutzutage eine viel größere Bedeutung für die regionale Wirtschaftsentwicklung zu haben als der Ausbau der Verkehrsinfrastruktur.

Umweltauswirkungen

Der Auf- und Ausbau von Verkehrsinfrastruktur ist immer auch mit negativen Auswirkungen auf die Umwelt behaftet. Für die TEN-T ist eine strategische Umweltbewertung zwingend vorgeschrieben, sie befindet sich allerdings noch in der Pilotphase. Es lassen sich jetzt schon einige absehbare Umweltwirkungen feststellen (European Environment Agency 1998). Insbesondere in höher verdichteten Räumen wird es demnach zu Konflikten zwischen den TEN-T und Naturschutzgebieten kommen. Gleichzeitig ist hier die zusätzliche Belastung der Bevölkerung mit Lärm und Schadstoffen am höchsten. In gering verdichteten Räumen werden die TEN-T zu einer weiteren Fragmentierung von bisher großen, zusammenhängenden Freiräumen beitragen. Insgesamt ist auf dem jetzigen Gebiet der EU ein Flächenverbrauch von ca. 4000 km² durch die neu zu bauenden TEN-T zu erwarten.

Positive Umweltauswirkungen werden von den TEN-T durch Verlagerung von Güter- und Personenverkehren auf umweltverträglichere Verkehrsmittel erwartet. Insbesondere in Räumen mit hohen Straßenverkehrsbelastungen können Hochgeschwindigkeitsstrecken Anreize zum Umstieg auf die Schiene bieten und zur Entlastung des Straßenverkehrs und damit der Umwelt beitragen. Im Güterverkehr wird ebenfalls eine raumentwicklungspolitisch gewünschte Verlagerung auf die Schiene oder auf Binnenwasserstraßen sowie Küsten- und Seeverkehr durch die TEN-T für möglich gehalten (Europäische Kommission 1999).◆

Neue Bahnhofsprojekte

Götz Baumgärtner

Bahnhöfe als Tore und Drehscheiben der Städte

Im Jahr 1835 begann in Deutschland die Geschichte der Eisenbahn mit der Eröffnung der ersten Strecke zwischen Nürnberg und Fürth. Mit der aufkommenden Industrialisierung setzte ein Prozess zunehmender Verstädterung und ein rasanter Ausbau des Eisenbahnnetzes ein. Bereits im Jahr 1910 war die maximale Ausdehnung mit 63.062 Streckenkilometern erreicht (▶▶ Beitrag Schliephake).

Die Bahnhöfe als neue Aus- bzw. Einfallstore der Stadt wurden entsprechend der jeweiligen Stadtstruktur und der Entwicklung des zentralen Siedlungskörpers möglichst zentrumsnah errichtet. Territoriale Zugehörigkeiten und Anbindungen oder die Aktivitäten verschiedener Eisenbahngesellschaften führten zur Errichtung mehrerer Kopfbahnhöfe nach Pariser oder Londoner Vorbild. Es entstanden öffentliche Prunkbauten als architektonische Paradebeispiele ihrer jeweiligen Stilrichtung. Die Bahnhofsgebäude, aufgefasst als Empfangshallen für die Reisenden, prägten somit das Stadtbild nachhaltig.

Die notwendige bahntechnische Infrastruktur führte zu einem umfangreichen Flächenverbrauch im Umfeld der Bahnhofshallen. Die damals gebauten Gleisanlagen wirkten in späteren Phasen aus stadtplanerischer Sicht allerdings oft wie Sperrriegel. Im Zuge der Ausdehnung der Siedlungskörper großer Städte verdichtete sich das Schienennetz in ihrem Umland. Die Anbindung der Vorstädte über den Bahnhof an die Kernstadt durch innerstädtische schienengebundene Verkehrsmittel (Pferde-, Straßenbahn) machte den Bahnhof ebenso zur Drehscheibe des ständig zunehmenden Personennahverkehrs wie für ein-, um- und aussteigende Fernreisende. Mit wachsendem Mobilitätsbedürfnis der Gesellschaft nahm die Reisendenzahl bis über die Mitte des 20. Jhs. kontinuierlich zu.

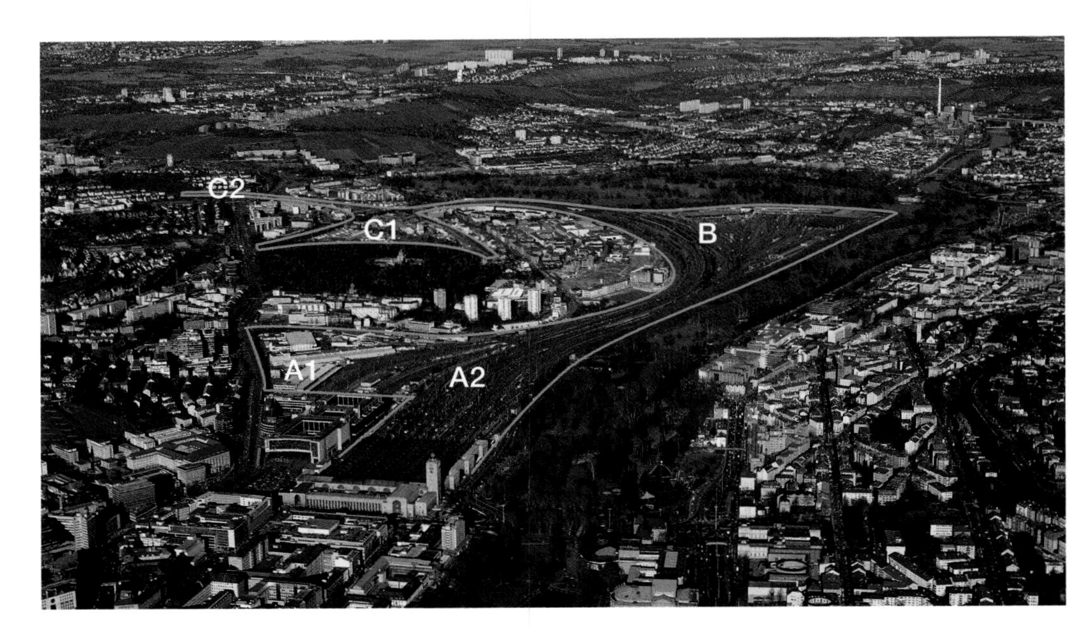

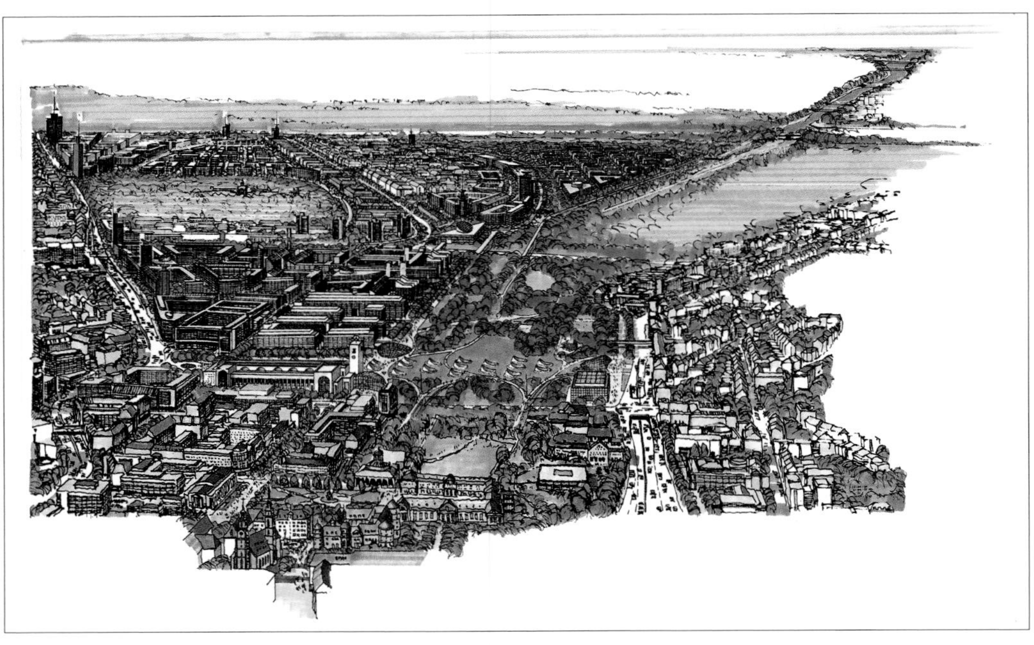

Planungsfläche des Projektes „Stuttgart 21"
Die Teilgebiete A bis C werden zu unterschiedlichen Terminen frei und werden zeitversetzt bebaut (oben). Nach dem Planungsstand von 1999 sollen ca. 2010 die letzten Gleisflächen entfernt sein, und der neue unterirdische Bahnhof kann in Betrieb genommen werden. Eine mögliche Realisierung der Bebauung zeigt die städtebauliche Vision (unten).

Bedeutungsverlust und Niedergang nach dem Zweiten Weltkrieg

Mit dem Rückgang des schienengebundenen Personenverkehrs nahm auch die Bedeutung der Bahnhöfe ab. Sanierungsrückstände an der Gebäudesubstanz und die einsetzende Abwertung des Bahnhofsumfeldes verstärkten Niedergang und Imageverlust. In zahlreichen Großstädten wurden Bahnhof und Umfeld unter dem Stichwort Bahnhofsmilieu zunehmend zum Aktionsfeld sozialer Randgruppen. Dies änderte sich erst mit der Erkenntnis, dass die wachsende Pkw-Mobilität mit allen negativen Begleiterscheinungen nur durch eine Stärkung des ÖPNV-Angebotes eingedämmt werden kann.

Bahnhöfe als neue zentrale Standorte für Einzelhandel und Dienstleistung

Bei der Entwicklung stadtplanerischer Konzepte zum Erhalt multifunktionaler Stadtzentren gewinnen der Bahnhof und sein Umfeld erneut an Bedeutung. So wird erkannt, dass aufgrund der bahntechnischen Entwicklung künftig umfangreiche zentrumsnahe Flächen für eine Nutzungsumwidmung (Flächenrecycling) zur Verfügung stehen und große Flächen der Bahnhöfe und ihres Umfelds von der Deutschen Bahn AG nicht mehr benötigt werden. Gleichzeitig führt die Steigerung der Nachfrage im ÖPNV mit dem Bahnhof als wichtiger Drehscheibe wieder zu höheren Personenfrequenzen in und vor dem Bahnhofsgebäude. Dies wiederum macht einen Standort für bestimmte Einzelhandels- und Dienstleistungsbereiche attraktiv. Während in der Vergangenheit das Angebot der Bahnhöfe auf den Bedarf der Reisenden abgestellt war – eine Gaststätte, Kioske, Souvenirartikel, Blumen, Bücher und Zeitschriften –, findet sich nach Umwidmung und Umbau ein breites Einzelhandels- und Dienstleistungsangebot, das dem Spektrum der Innenstadt sehr ähnlich ist.

Die Umplanung von Bahnhofsgebäuden und die Entwicklung von Nutzungskonzepten für die Freiflächen erfolgt überwiegend durch private Projektentwickler und -betreiber. Anhand derartiger Projektdaten können für ausgewählte Bahnhöfe Ist- und Soll-Zustand gegenüber gestellt werden ❶. Durch die bereits realisierten oder projektierten Umbaumaßnahmen ergibt sich im Mittel aller Projekte nahezu eine Verdreifachung der Geschäftsflächen für Einzelhandel, Gastronomie und weitere Dienstleister pro Bahnhof. Im Hauptbahnhof Leipzig wurde der Umbau Ende 1997 abgeschlossen. Hier entstanden ca. 140 Geschäfte mit 30.000 m² Verkaufsfläche. Mit einem mittleren Jahresumsatz von etwa 10.000 DM pro m² Verkaufsfläche stehen sie den Innenstadtgeschäften in nichts nach.

Leipziger Bahnhofspromenaden

Diese Schaffung von zusätzlichen Einzelhandelsflächen bzw. -geschäften in den Innenstädten wird aus stadtplanerischer Sicht sehr unterschiedlich bewertet. Einerseits kann bei gleichbleibender Kaufkraft der traditionelle Innenstadt-Einzelhandel durch die Konkurrenz im Bahnhof geschwächt werden, andererseits kann das zusätzliche Angebot zur Steigerung der Attraktivität der gesamten Innenstadt beitragen und zusätzliche Kaufkraft anziehen.

Die Nutzungsmöglichkeiten der Flächen, die im Verkehrsbetrieb der Bahn nicht mehr benötigt werden, sind zahlreich. In Stuttgart wird im Rahmen der „Projekte 21" die Anbindung an das regionale, nationale und internationale Schienennetz optimiert, indem der Kopfbahnhof zu einem Durchgangsbahnhof unter Straßenniveau umgebaut wird. Das städtebauliche Projekt „Stuttgart 21" sieht eine Nutzung der freiwerdenden Gesamtfläche von ca. 100 ha für die Funktionsbereiche Wohnen, Einzelhandel, Dienstleistungen, Freizeit und Erholung vor (▶ Foto).◆

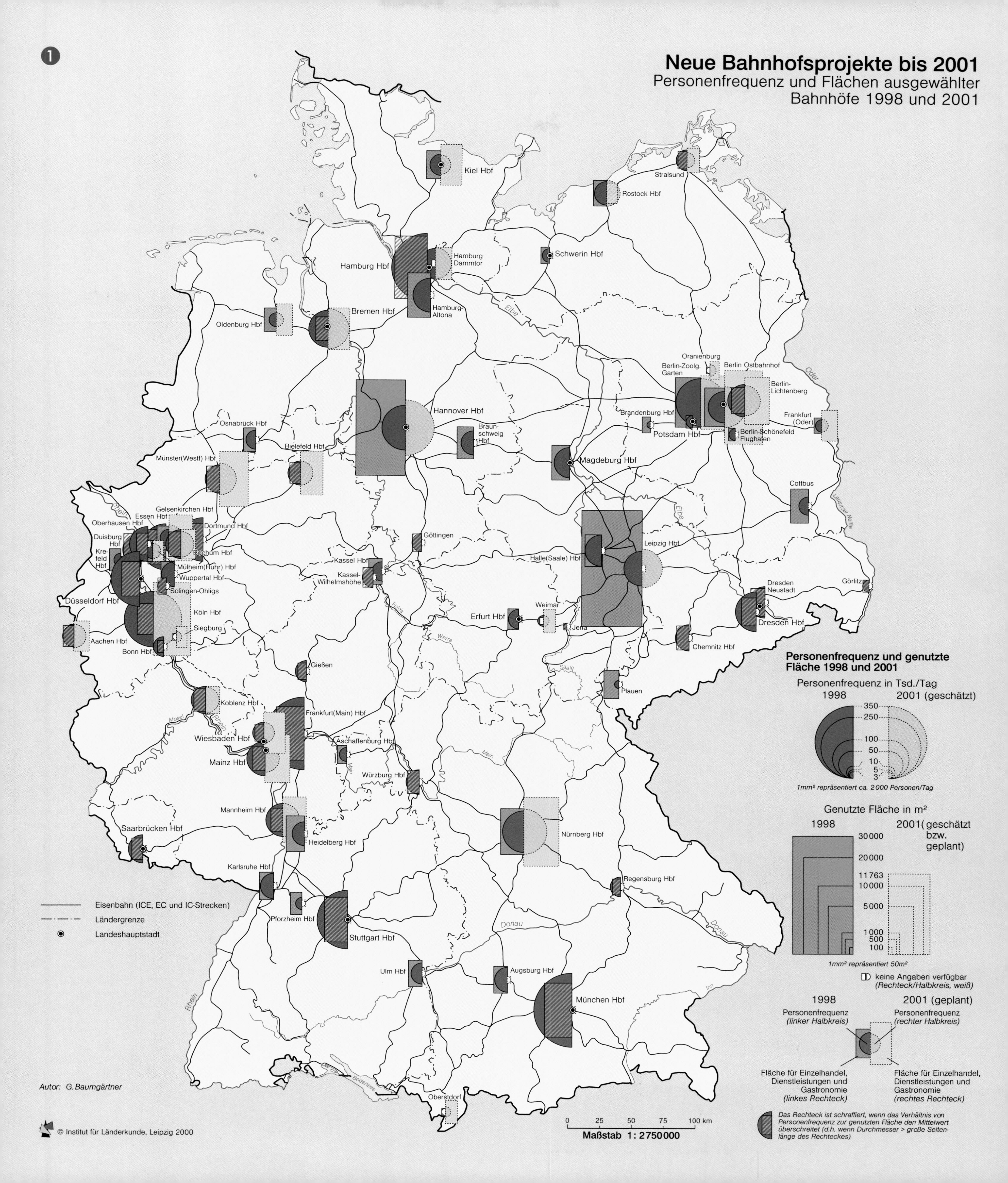
1
Neue Bahnhofsprojekte bis 2001
Personenfrequenz und Flächen ausgewählter Bahnhöfe 1998 und 2001
Kiel Hbf
Stralsund
Rostock Hbf
Schwerin Hbf
Hamburg Hbf
Hamburg Dammtor
Hamburg-Altona
Elbe
Oldenburg Hbf
Bremen Hbf
Oranienburg
Berlin-Zoolg. Garten
Berlin Ostbahnhof
Berlin-Lichtenberg
Oder
Brandenburg Hbf
Potsdam Hbf
Berlin-Schönefeld Flughafen
Frankfurt (Oder)
Hannover Hbf
Braunschweig Hbf
Osnabrück Hbf
Bielefeld Hbf
Münster(Westf) Hbf
Magdeburg Hbf
Cottbus
Gelsenkirchen Hbf
Essen Hbf
Oberhausen Hbf
Dortmund Hbf
Duisburg Hbf
Krefeld Hbf
Bochum Hbf
Mülheim(Ruhr) Hbf
Wuppertal Hbf
Solingen-Ohligs
Düsseldorf Hbf
Köln Hbf
Siegburg
Aachen Hbf
Bonn Hbf
Göttingen
Kassel Hbf
Kassel-Wilhelmshöhe
Halle(Saale) Hbf
Leipzig Hbf
Dresden Neustadt
Görlitz
Dresden Hbf
Erfurt Hbf
Weimar
Jena
Chemnitz Hbf
Gießen
Plauen
Koblenz Hbf
Frankfurt(Main) Hbf
Wiesbaden Hbf
Mainz Hbf
Aschaffenburg Hbf
Würzburg Hbf
Main
Mannheim Hbf
Heidelberg Hbf
Nürnberg Hbf
Saarbrücken Hbf
Karlsruhe Hbf
Pforzheim Hbf
Stuttgart Hbf
Regensburg Hbf
Donau
Ulm Hbf
Augsburg Hbf
München Hbf
Oberstdorf
Bodensee
Rhein
Mosel
Fulda
Werra
Saale
Inn
Lausitzer Neiße
Eisenbahn (ICE, EC und IC-Strecken)
Ländergrenze
Landeshauptstadt
Personenfrequenz und genutzte Fläche 1998 und 2001
Personenfrequenz in Tsd./Tag
1998
2001 (geschätzt)
350
250
100
50
10
5
3
1mm² repräsentiert ca. 2000 Personen/Tag
Genutzte Fläche in m²
1998
2001 (geschätzt bzw. geplant)
30000
20000
11763
10000
5000
1000
500
100
1mm² repräsentiert 50m²
keine Angaben verfügbar (Rechteck/Halbkreis, weiß)
1998
2001 (geplant)
Personenfrequenz (linker Halbkreis)
Personenfrequenz (rechter Halbkreis)
Fläche für Einzelhandel, Dienstleistungen und Gastronomie (linkes Rechteck)
Fläche für Einzelhandel, Dienstleistungen und Gastronomie (rechtes Rechteck)
Das Rechteck ist schraffiert, wenn das Verhältnis von Personenfrequenz zur genutzten Fläche den Mittelwert überschreitet (d.h. wenn Durchmesser > große Seitenlänge des Rechteckes)
Autor: G. Baumgärtner
© Institut für Länderkunde, Leipzig 2000
0 25 50 75 100 km
Maßstab 1:2750000

Neue Umschlagsysteme für den Schienengüterverkehr

Rudolf Juchelka

Ausstattung und Kapazität des Umschlagbahnhofs Köln Eifeltor

Gesamtfläche:	87 ha
Verkehrsträger:	Schiene, Straße
BAB-Anbindung:	BAB 1, 3, 4, 555; eigener BAB-Anschluss
Portal-Kräne:	5
Mobile Kräne:	3
Ladegleise:	8 (davon >550 m: 8)
Gleislänge:	5320 m
Verlademöglichkeiten:	kombinierter Ladeverkehr (Container, Trailer)
Ladeeinheiten pro Tag:	1500
Zugbildungen pro Tag:	35 Züge des kombinierten Ladeverkehrs

Das Netz der Umschlagstationen für den Schienengüterverkehr ist, wie dieser selbst, einem grundlegenden Wandel unterworfen: Herkömmliche Güterbahnhöfe der Deutschen Bahn AG (DB AG) werden aufgelassen und bieten erhebliche Flächenpotenziale für neue Stadtentwicklungsprojekte (▶▶ Beitrag Baumgärtner). Güterzüge im sog. Nachtsprung (InterCargo, InterCombiExpress, Cargo 2000) sowie die Neuorganisation des Stückgutverkehrs durch die BahnTrans GmbH (seit August 2000 ABX-Logitics), des Containerverkehrs durch die Transfracht GmbH und des übrigen kombinierten Verkehrs durch die Kombiverkehr KG erfordern neue Umschlagsysteme und veränderte Standortnetze (▶▶ Beiträge Juchelka, Schienengüterverkehr und Deiters, kombinierter Verkehr). Hierbei spielen auch Terminals privater Betreiber eine Rolle. Für die von der Bahn weitgehend abgekoppelten Paketdienste wurden ebenfalls in den letzten Jahren neue Distributionsnetze aufgebaut (Postfracht- und Briefzentren).

Umschlagbahnhöfe im Güterverkehr

Die DB AG verfügt über ein bundesweites Netz von knapp 40 Umschlagbahnhöfen, wobei eine kleinere Kompaktversion mit weniger und kürzeren Ladegleisen und mobilen Umschlagkränen sowie eine Standardversion mit mehr und längeren Ladegleisen und Hochleistungskränen ein bedarfsorientiertes Angebot ermöglichen. Andere Betreiber von Umschlagterminals ergänzen das Netz. Nicht alle Umschlagbahnhöfe liegen direkt am Hauptnetz, da in Zukunft das Streckennetz für den Güterverkehr stärker von dem für den Personenverkehr getrennt werden soll.
Die Kartenserie ❷ stellt die Standorte der Umschlagbahnhöfe in Deutschland in den Jahren 1984 (früheres Bundesgebiet), 1992/93, 1997/98 und 2000 dar. Besonders auffällig erscheinen folgende Aspekte:

- Die Anzahl der Umschlagbahnhöfe hat stark abgenommen. Diese erhebliche Netzausdünnung geht einher mit einem nahezu vollständigen Rückzug der Bahn aus dem Stückgutverkehr, der mittlerweile größtenteils per Lkw abgewickelt wird.
- Die Art und Größe der Umschlagbahnhöfe hat sich gewandelt: Während 1984 noch kleinere, monofunktionale Anlagen für Container- oder Huckepackverkehr (kombinierter Verkehr) existierten, geht die Tendenz in den neunziger Jahren zu größeren, alle Umschlagformen anbietenden Anlagen.
- In den neuen Ländern wurden einige, erst kürzlich errichtete Umschlaganlagen schon wieder geschlossen (z.B. in Zwickau und Chemnitz).
- Die Standortverteilung der Umschlagbahnhöfe orientiert sich einerseits an den Hauptstrecken der Bahn; andererseits spielt die Nähe zu bedeutenden industriellen Agglomerationen (z.B. Rhein-Ruhr-Raum) oder Einzelstandorten eine Rolle.
- Einige der privaten Umschlagbahnhöfe befanden sich früher im Besitz der DB und werden heute von regionalen Verkehrsdienstleistern betrieben.
- Eine Sonderfunktion besitzen die sieben Umschlagbahnhöfe in den Seehäfen, die über eine spezifische Infrastruktur für die Hinterlandverkehre verfügen (▶▶ Beitrag Deiters, kombinierter Verkehr).

Fallbeispiel Umschlagbahnhof Köln Eifeltor

Der Umschlagbahnhof und das Güterverkehrszentrum (GVZ) Köln Eifeltor, 1997 ausgezeichnet als besonders gelungenes Projekt zur Verknüpfung der Transportsysteme Schiene und Straße, bildet für den Güterverkehr eine europäisch bedeutsame Drehscheibe (▶ Foto). Die Lastkraftwagen übernehmen die Verteilung und Sammlung von Gütern im Kölner Raum, während im GVZ die Güterströme für die Eisenbahn gebündelt werden. Die Anlage bietet zudem spezielle Dienstleistungen mit nationaler und internationaler Ausrichtung. So verfügt das GVZ unter anderem über ein Terminal für den kombinierten Ladeverkehr, ein Servicezentrum mit Dienstleistungsangeboten, Frachtzentren und Logistikhöfe. Das GVZ ist ferner integrativer Bestandteil von Citylogistik-Konzepten der Stadt Köln, wie beispielsweise dem Konzept „Köln-Ent-Laster".

Köln Eifeltor kann als Musterbeispiel für eine konsequente und zielführende Umsetzung des klassischen GVZ-Konzepts angesehen werden (▶▶ Beitrag Nobel). Die mehrfunktionale Verknüpfung von Wege- und Logistikketten und die gute Anbindung an die Fernverkehrs- und Logistiknetze von Straße und Schiene zeichnen den Standort aus ❶. Eine Anbindung an die Binnenwasserstraßen ist zudem möglich. Hervorzuheben ist der mit 87 ha vergleichsweise geringe Flächenverbrauch des Umschlagbahnhofs Köln Eifeltor einer ansonsten eher flächenintensiven Infrastruktureinrichtung.◆

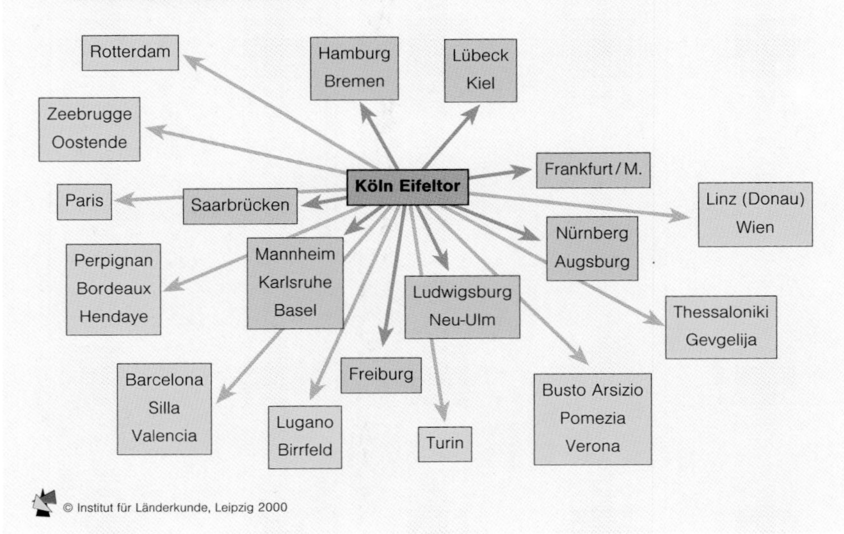

Umschlagbahnhöfe (Ubf) 1984-2000

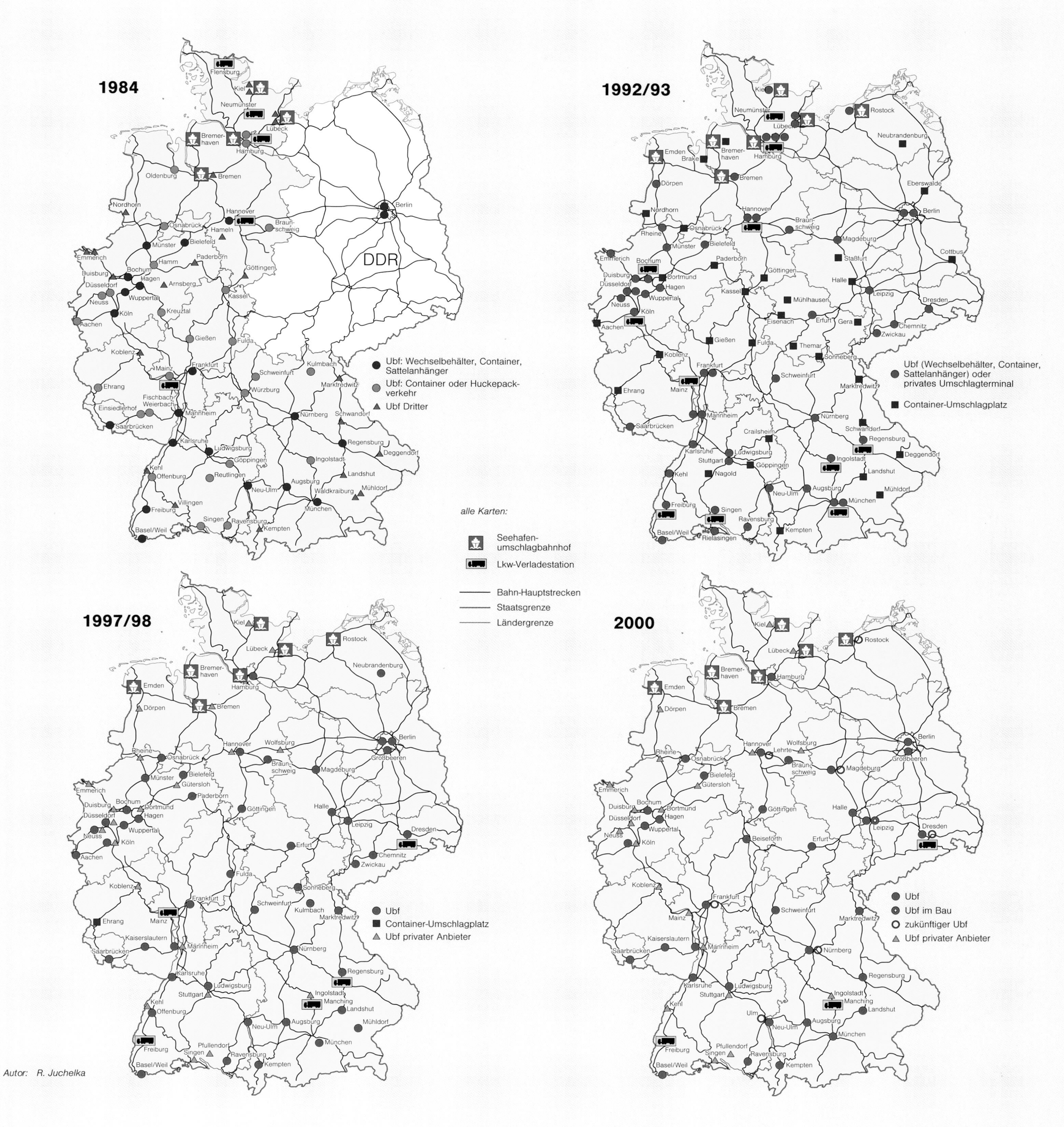

0 25 50 75 100 km
Maßstab 1: 6 500 000

Güterverkehrszentren – Knotenpunkte der Transportlogistik

Thomas Nobel

Das GVZ Leipzig

Seit fast 15 Jahren werden Güterverkehrszentren (GVZ) in Deutschland auf verschiedenen Ebenen als innovative Lösungsansätze für ▶ logistische Probleme bzw. verkehrs- und umweltorientierte Zielsetzungen intensiv diskutiert. Infolge dieses Prozesses existieren in allen Bundesländern Planungen bzw. Umsetzungen auf den unterschiedlichsten Niveaus.

Mittlerweile haben die Entwicklungen in der Transportlogistik in Deutschland zu einer neuen Gewichtung der GVZ-Diskussion geführt. Ein wesentliches Ergebnis der fortschreitenden Logistiktrends ist die Ableitung einer erweiterten GVZ-Definition. Ein GVZ ist durch folgende Merkmale gekennzeichnet:

- Ansiedlung verkehrswirtschaftlicher Betriebe, logistischer Dienstleister und logistikintensiver Industrie- und Handelsunternehmen in einem Gewerbegebiet
- Anbindung an mindestens zwei Verkehrsträger, insbesondere Straße und Schiene, z.B. durch einen Terminal des kombinierten Verkehrs (KV) (▶▶ Beitrag Deiters)
- systematisch moderierte Ausschöpfung von Synergiepotenzialen durch die Umsetzung von Kooperationsprojekten der Ansiedler (Eckstein 2000)

Die zielgerichtete Initiierung und Moderation gemeinsamer Synergien durch eine neutrale Entwicklungsgesellschaft in den Güterverkehrszentren markiert den entscheidenden Unterschied zu traditionellen Transportgewerbegebieten bzw. dem rein verkehrlich motivierten GVZ-Verständnis aus den Anfangsjahren. Erst durch die Etablierung einer entsprechenden Institution, die die Planung und Entwicklung begleitet und maßgeblich beeinflusst, qualifizieren sich logistische Standorte zu sogenannten Güterverkehrszentren.

Darüber hinaus sind insbesondere drei Aspekte für ein neues Verständnis der GVZ von Bedeutung:

- Erstens handelt es sich auch dann um ein GVZ, wenn die Schnittstelle in den Kombinierten Verkehr (KV-Terminal) nicht bzw. noch nicht vorhanden, die Anbindung an mindestens zwei Verkehrsträger aber gegeben ist. Die verkehrlichen Wirkungen entstehen nicht nur aus der ▶ modalen Verkehrsumverteilung, sondern auch durch die Wirkungen der ▶ arealen Verkehrsumverteilung, der Verkehrsreduzierung (Stichwort ▶ City-Logistik, ▶▶ Beitrag Eberl/Klein) sowie der Verkehrsvermeidung (▶ Zentralitätseffekte).
- Zweitens ist ein GVZ vor allem zunehmend ein logistisches Kompetenzzentrum einer Region, das nicht nur auf seine verkehrliche Schnittstellenfunktion reduziert werden kann.
- Drittens ist die Konzentration auf reine Verkehrsbetriebe in der Ansiedlung zunehmend kritisch zu diskutieren. Moderne Verteilzentren des

❶ Entwicklungsstand der Güterverkehrszentren (GVZ) 2000

❷ GVZ Großbeeren (Brandenburg-Berlin) 2000

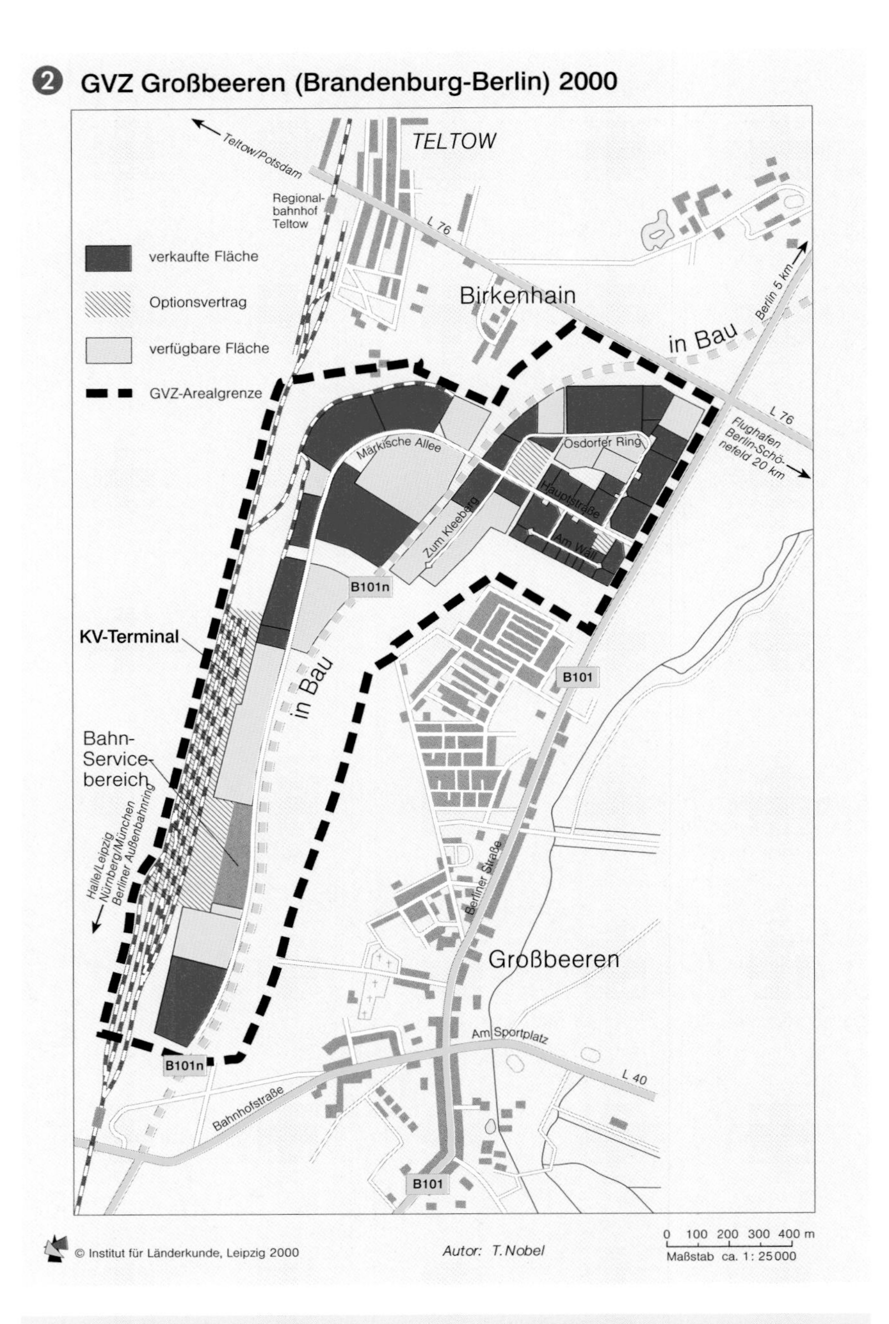

areale Verkehrsumverteilung – Umverteilung des Verkehrs von hochfrequentierten auf weniger belastete Strecken

City-Logistik – Koordinierung und Zusammenlegung von Transportwegen verschiedener Unternehmen innerhalb einer Stadt

Kombinierter Verkehr (KV) – Güterverkehr, der über mindestens zwei Verkehrsträger abgewickelt wird; die Umladung findet an sog. **KV-Terminals** statt, an denen Einrichtungen für das Umschlagen von genormten Ladeeinheiten (Container, Wechselbrücken, Sattelauflieger) vorhanden sind

Logistik, logistisch – Planung und Steuerung von Güterflüssen (zeitlich, räumlich, qualitativ und mengenmäßig)

modale Verkehrsumverteilung – Umverteilung des Verkehrs durch Wechsel der Verkehrsträger

Synergie – die Energie- oder Aufwandsersparnis, die dadurch entsteht, dass mehrere Nutzer/Unternehmen gemeinsam Einrichtungen oder Leistungen verwenden. Dadurch kommt es zu sog. **Synergieeffekten.**

Zentralitätseffekte – die Bündelung von Aktivitäten an einem zentralen Ort, d.h. einem Ort, der wichtige Dienstleistungen für ein großes Einzugsgebiet anbietet

Handels sollten genauso selbstverständlich in Güterverkehrszentren lokalisiert werden wie logistikintensive Betriebe der Industrie.

Die Entwicklung der Güterverkehrszentren in Deutschland hat in den letzten Jahren nachweislich deutliche Fortschritte gemacht. Insgesamt 18 GVZ-Standorte ❸ sind in ihrer Entwicklung so weit vorangeschritten, dass sie im Sinne der hohen theoretischen Anforderungen an das System GVZ als solche zu bezeichnen sind (ISL 2000). Diesen Erfolg begleitet die Erkenntnis, dass die Entwicklung an den einzelnen Standorten sehr heterogen verläuft. Zu beobachten sind beispielsweise Unterschiede hinsichtlich der räumlichen Ausprägung, die sich u.a. in zentralen oder dezentralen Lagen zeigen, bzw. hinsichtlich der funktionalen Ausrichtung mit all ihren daraus resultierenden Konsequenzen ❷. Hinzu kommen erhebliche Unterschiede in Bezug auf die verantwortlichen Trägerschaften und deren individuelle Zielsetzungen und Handlungsmöglichkeiten. Folglich sind von über 50 bekannten GVZ-Initiativen ungefähr 32 als aktuelle Vorhaben einzustufen ❶. Das klassische GVZ der wissenschaftlichen Lehre – wie das Pilotprojekt GVZ Bremen – existiert bei weitem nicht flächendeckend. Maßnahmen zur Weiterentwicklung des GVZ-Gedankens müssen sich zunehmend den regionalen Anforderungen und lokalen Standortgegebenheiten anpassen.

Der Ausbau eines GVZ-Netzes

Die Etablierung eines GVZ-Netzes in Deutschland mit organisatorischen und operativen Verflechtungen untereinander ist zur Zeit im Aufbau begriffen. Fehlende Flächenkapazitäten, die Konkurrenzsituation zu Alternativstandorten sowie die zeitliche Verfügbarkeit der Flächen haben teilweise zu Standortentscheidungen von Unternehmen außerhalb der GVZ geführt. Die Folgen dieser Entwicklung sind für einzelne GVZ bedenklich, da die systemimmanenten Vorteile von ▸Synergieeffekten bzw. der Nutzung des kombinierten Verkehrs sehr eng mit der angesiedelten Logistikkapazität verbunden sind. Ein weiteres Hindernis stellen an einigen GVZ-Standorten die Integrationsdefizite des Verkehrsträgers Schiene dar.

Neben systemimmanenten Schwierigkeiten stellen vor allem die noch nicht überwundenen Hemmnisse seit der Bahnstrukturreform und der Gründung der DB Cargo als Frachtunternehmen der Deutsche Bahn AG ein besonderes Problem dar (▸▸ Beitrag Juchelka, Schienengüterverkehr). Dabei war die ehemalige Deutsche Bundesbahn maßgeblich an der Etablierung der GVZ-Idee mit dem GVZ-Masterplan I und seiner 1995 veröffentlichten Nachfolgevariante beteiligt. Die Planungsunsicherheit hinsichtlich des Baus, des Betriebs bzw. der Andienung der KV-Terminals in den GVZ sind für alle Beteiligten höchst unbefriedigend und für den weiteren Ausbau eines GVZ-Netzes kontraproduktiv (▸▸ Beitrag Deiters, kombinierter Verkehr). Trotz dieser Problembereiche ist es mit der Etablierung der GVZ gelungen, unter ökonomischen, verkehrlichen und ökologischen Gesichtspunkten wertvolle Beiträge zur Modernisierung des Logistiksektors in Deutschland zu leisten.◆

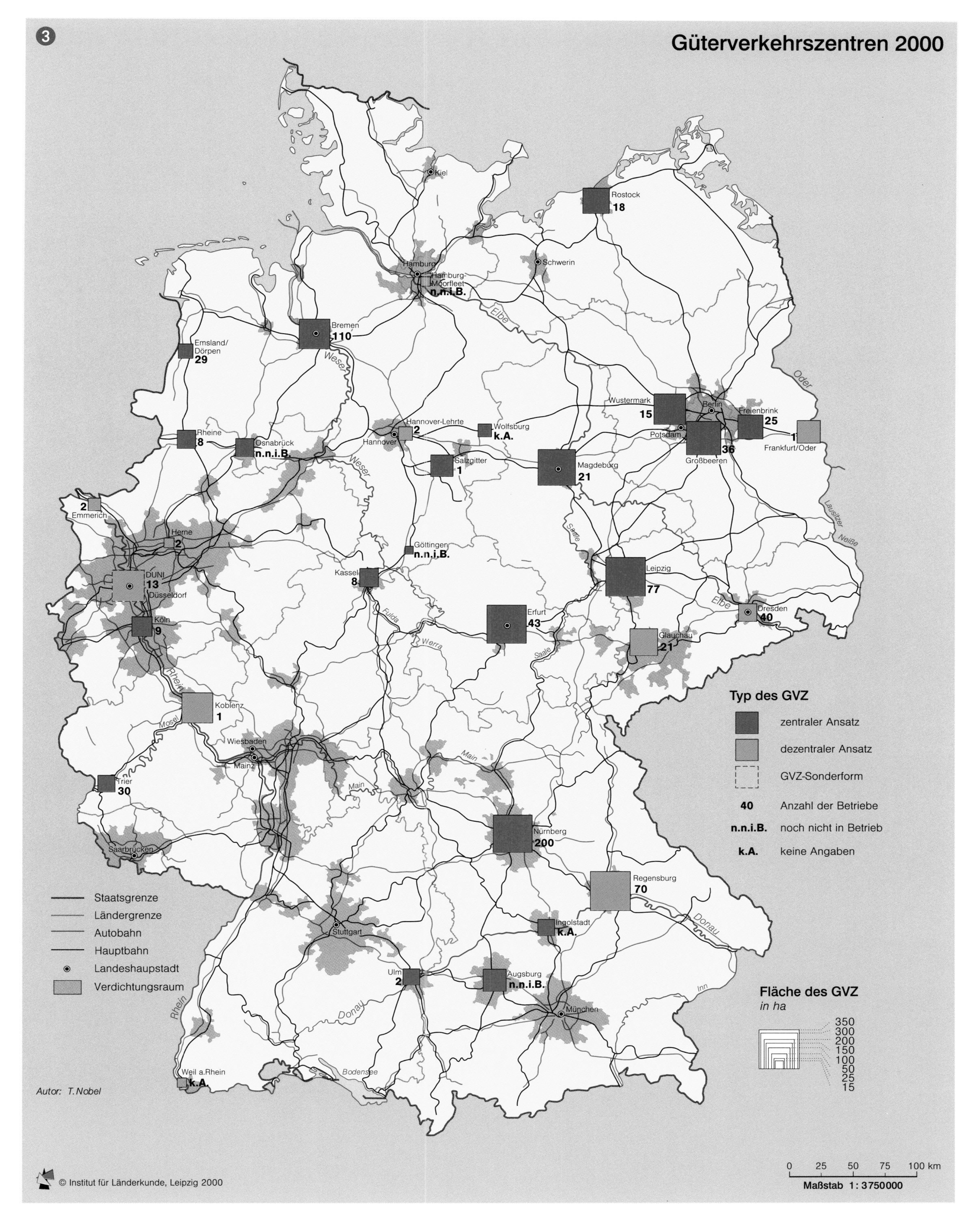

Standorte und Logistik von Kurier-, Express- und Paketdiensten

Rudolf Juchelka

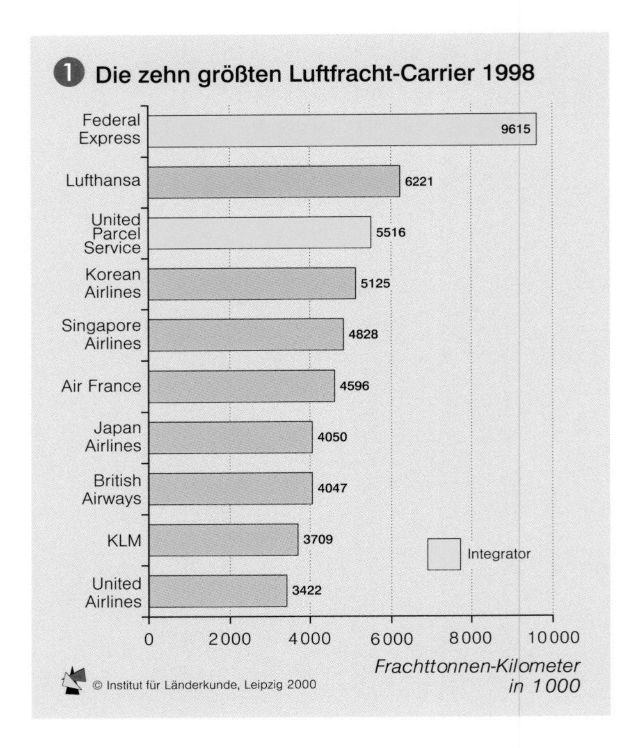

Seit Mitte der 1970er Jahre entstand – neben der traditionellen Post-Dienstleistung – in Deutschland ein eigenständiger Markt für Paketdienste. United Parcel Service (UPS), ein bereits 1908 gegründetes Unternehmen aus den USA, und der Deutsche Paket Dienst (DPD), ein Zusammenschluss mittelständischer Spediteure, waren die ersten privaten Anbieter im deutschen Paketdienst-Markt. Die Schnelligkeit der Lieferung als spezifische Kundenanforderung entwickelte sich dabei zunehmend zu einem Qualitätsmerkmal. Wenig später wurden auch die ersten Niederlassungen der großen internationalen Express-Dienste wie DHL, TNT und Federal Express in der BRD eröffnet. Heute wird der europäische Markt von den „großen Vier“ DHL, FedEx, UPS und TNT sowie den nationalen Postgesellschaften beherrscht. Hinzu kommen national tätige Firmen. Auch im Stadtbereich eröffneten sich neue Märkte, die vor allem durch in ihrem Aktionsbereich beschränkte City-Kurier-Dienste bedient werden.

Die großen internationalen Kurier-, Express- und Paketdienste (KEP) werden als ▸ Integrators bezeichnet, da sie ein verknüpftes Dienstleistungsprodukt vom Versender bis zum Empfänger in Form eines ▸ Door-to-Door-Service anbieten. Weltweit existieren sieben Firmen, die als Integrator bezeichnet werden können:

- United Parcel Service (UPS, Atlanta, Georgia, USA)
- Federal Express (FedEx, Memphis, Tenn., USA)
- Thomas Nationwide Transport (TNT, Hoofddorp, NL)
- Dalsey-Hillblom-Lynn (DHL, Redwood City, Calif., USA)
- Emery Worldwide (Redwood City, Calif., USA
- BAX-Global, ehem. Burlington Express (Irvine, Calif., USA)
- Airborne Express International (Seattle, Wash., USA)

Die Bedeutung dieser Firmen zeigt sich insbesondere im Luftfrachtverkehr, bei dem die Rolle von FedEx und UPS herausragend ist.

Die Liberalisierung im Postbereich und der zunehmende Wunsch von Wirtschaftsunternehmen nach

- Zeitgenauigkeit der Zustellung
- flächendeckendem Service
- ▸ Overnight-Service
- hohem Zuverlässigkeitsgrad (u.a. Sendungsverfolgung, ▸ Online-Tracking) sowie
- Zustellkontrolle unmittelbar nach Auslieferung

führten zu einer starken Expansion des KEP-Marktes in den 1990er Jahren. Der Markt weist in Deutschland Zuwachsraten von jährlich ca. 15 Prozent, ein Umsatzvolumen von über 16 Mrd. DM (1997) und einen Arbeitsplatzeffekt von knapp 100.000 Beschäftigten auf. Ende der 1990er Jahre ist er durch drei grundlegende Trends gekennzeichnet:

1. Es engagieren sich – im Rahmen der allgemeinen Internationalisierung der Wirtschaft – verstärkt die nationalen Post- und Paketunternehmen.
2. Es kommt zunehmend zu Übernahmen mittelständischer Anbieter durch die großen internationalen Integrators oder zu Kooperationen mittelständischer bzw. regional tätiger Dienstleister.
3. Diese Entwicklungen sind eingebettet in die Deregulierung der europäischen Transport- und Postmärkte.

Insbesondere in Folge des dritten Punktes gerät der gesamte KEP-Markt in Bewegung. Bisher mussten die nationalen Postgesellschaften Pakete an den Grenzen in die Hände einer anderen nationalen Postgesellschaft übergeben. Nur einige private Anbieter wie die großen Integrators konnten schon seit längerem grenzüberschreitende Dienstleistungen aus einer Hand anbieten, weil sie über hoch integrierte Netze verfügen. Dieser Vorteil verringert sich mit der Zeit, da die nationalen Postgesellschaften zunehmend internationale Kooperationen oder sogar Verbünde eingehen. Folgende Trends kennzeichnen die zukünftigen Entwicklungen im KEP-Markt:

- Die Postgesellschaften und die großen KEP-Dienstleister lassen unabhängige Netze entstehen, vereinzelt kommt es zu Integrationen oder partiellen Kooperationen, langfristig sind auch Übernahmen denkbar.
- Alle Marktteilnehmer versuchen, die globale Präsenz weiter auszubauen.
- Für den Kunden soll möglichst ein ▸ One-Stop-Shopping-System angeboten werden.
- Die Informationstechnologie, beispielsweise der Einsatz von ▸ Tracking-and-Tracing-Systemen oder elektronischer Verzollung, wird den KEP-Markt in erheblicher Weise weiter beeinflussen und prägen.
- Die Produktbasis wird zunehmend verbreitert, d.h. es findet eine Abwendung vom Standardprodukt hin zu individuellen Angeboten statt.

Kernbestandteile eines KEP-Logistik-Dienstleisters sind ein Netzwerk von Standorten und die Verknüpfung dieser Standorte unter Beibehaltung des Service-Anspruches. Ein feinmaschiges Netzwerk mit Depots oder Niederlassungen (Standorte der Lieferfahrzeuge, Vorsortierung) wird durch ein Netz von Hauptumschlagsbasen (▸ Hubs) überlagert. Manchmal sind noch sog. Sub-Hubs zwischengeschaltet. Daraus ergibt sich das aus der Luftfahrt bekannte ▸ Hub-and-Spoke-System. Für internationale und teilweise auch für nationale Transporte gibt es in einigen Fällen Sonder-Hubs an Flughäfen. Beispielsweise besitzt UPS seine Europa-Hub am Flughafen Köln-Bonn 7, und TNT verlagerte Ende der 1990er Jahre seine Europa-Hub vom Flughafen Köln-Bonn zum belgischen Flughafen Lüttich-Bierset (westlich von Aachen). Eine weitere Modifizierung findet auf zeitkritischen Strecken statt, indem das Hub-and-Spoke-System durch Direktlinienverbindun-

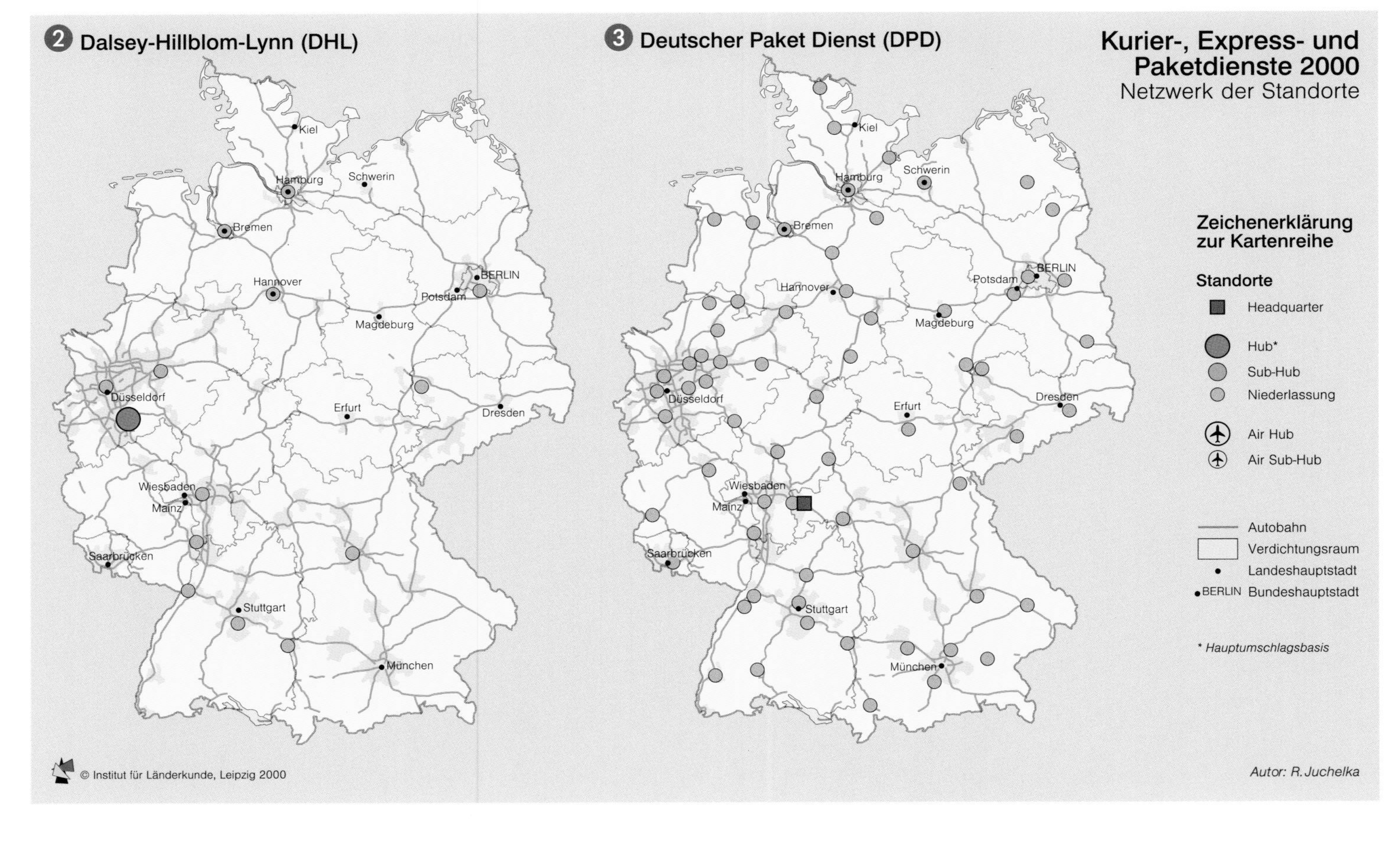

Door-to-Door-Service – Haus-zu-Haus-Lieferung

Hub – *engl.* Nabe; Hauptumschlagsbasis

Sub-Hub – untergeordnete Umschlagsbasis

Hub-and-Spoke-System – Verteilersystem nach dem „Nabe und Speichen"-System, bei dem Fluggäste bzw. Sendungen zur besseren Auslastung von Transportmitteln zu einem zentralen Verteiler gebracht werden, von dem aus sie zu den Enddestinationen weiterverteilt werden

Integrator – Unternehmen, das mehrere Dienstleistungen kombiniert anbietet

KEP-Dienste – Kurier-, Express- und Paketdienste

One-Stop-Shopping-System – kundenfreundliches Dienstleister-System, das für den Kunden lediglich eine Anlaufstelle vorsieht, auch wenn mehrere Unternehmen beteiligt sind

Online-Tracking – computergesteuerte Verfolgung des jeweiligen Standorts einer Sendung

Overnight-Service – Lieferung, als am Morgen des darauf folgenden Tages ausgeliefert wird

Tracking-and-Tracing-System – System der Nachforschung über den Verbleib einer Sendung im Nachhinein bzw. online

gen umgangen wird. Bei den KEP-Diensten kommt es im Laufe des Transportgeschehens zu einer Verknüpfung von Nah- und Fernverkehrstransporten.

Standortkriterien für das Netzwerk der Niederlassungen oder Depots sind verkehrsgünstige Lage, d.h. Nähe zu möglichst mehreren Autobahnanschlüssen und geringe Stauanfälligkeit, Verfügbarkeit von Arbeitskräften aus dem unteren Einkommenssegment und günstige Grundstückspreise. Vielfach ist eine Cluster-Bildung von KEP-Standorten anzutreffen, z.B. an Flughäfen. Innerhalb Deutschlands zeigt sich eine Ballung innerhalb Hessens.

Die großen KEP-Dienstleister wie UPS, TNT, DHL, FedEx und die eher national agierenden Firmen DPD oder German Parcel besitzen im Prinzip ähnliche, in ihrer Standortwahl und hierarchischen Struktur jedoch unterschiedliche Netzwerke ❷ bis ❻.

Merkmale der Standortmuster sind:

- je nach Firma unterschiedlich hierarchisch differenzierte Depotstrukturen
- Nähe zu Autobahnanschlüssen
- Nähe zu Verdichtungsräumen, allerdings regelhaft keine Standorte im Kernbereich
- Konzentration im Sinne eines Hub-and-Spoke-Systems
- variierende Bedeutung des Luftverkehrs für den Transport

Das Beispiel DPD

Am Beispiel des Deutschen Paket Dienstes (DPD) kann die Standortwahl verdeutlicht werden. Heute ist der DPD in 18 europäischen Ländern vertreten. Die Depotstandorte, insgesamt 400, werden nach ihrer Verkehrslage und dem Bevölkerungspotenzial ausgewählt, d.h. bei Abholung und Zustellung muss jeder Ort im Einzugsbereich eines Depots innerhalb eines Tages zu erreichen sein. Um für Versender und Empfänger gleichermaßen erreichbar zu sein, werden die Depots vorzugsweise in der Nähe von Ballungsräumen angelegt, so dass die garantierten Laufzeiten eines ▸ Overnight-Service eingehalten werden können.

Die verkehrslogistische Abwicklung bei DPD erfolgt in zwei Varianten: einmal als Systemverkehr Depot – Hub – Depot, zum anderen als Direktverkehr. Bei ersterem erfolgt – nach der Abholung beim Versender – die Weiterleitung über ein Umschlagdepot, der Transport über einen Hauptumschlagbetrieb, und von dort die Weiterleitung zum Empfangsdepot und die Zustellung beim Empfänger. Wenn möglich, werden allerdings die Sendungen unmittelbar als Direktverkehr von Depot zu Depot geleitet, da so Laufzeiten optimiert und zusätzliche Sortierungen vermieden werden können. Für nationale Transporte wird diese Variante bevorzugt.◆

❼ Europa-Netzwerk des United Parcel Service (UPS)

Standorte des Europa-Netzwerks: Europa-Hub; sonstiger Flughafenstandort; Direktlinienverbindung (für Standorte außerhalb Mittel- und Westeuropas in Auswahl)

Autor: R. Juchelka — Maßstab 1 : 30 000 000

© Institut für Länderkunde, Leipzig 2000

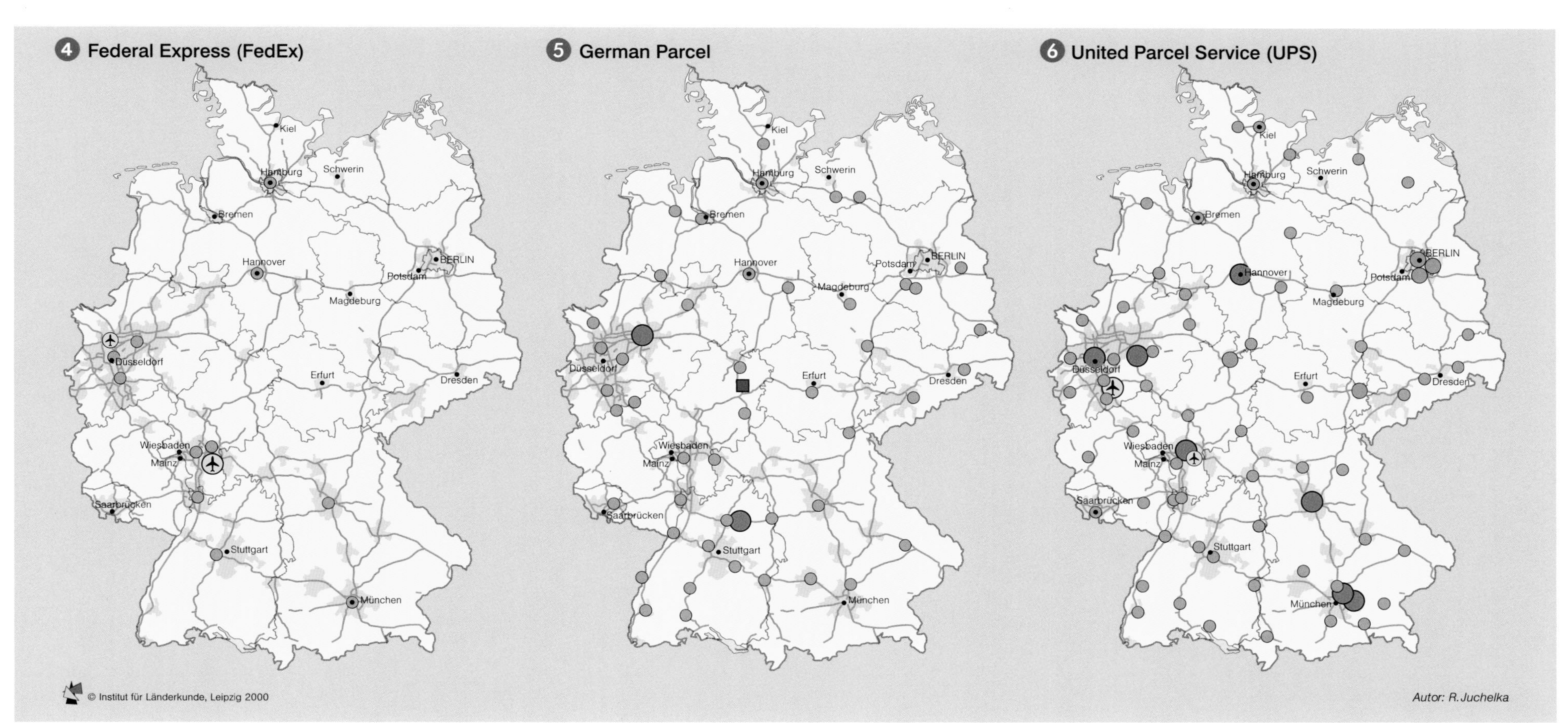

Standorte und Teilnetze privater Telefonanbieter und Citycarrier

Jürgen Rauh

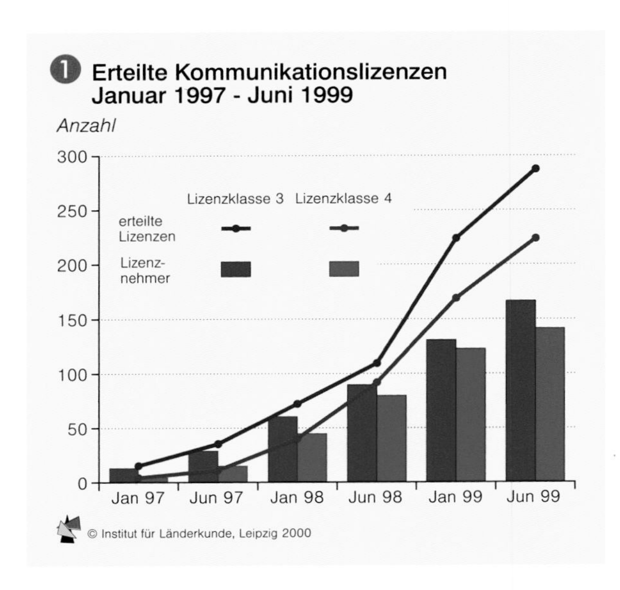

❶ Erteilte Kommunikationslizenzen Januar 1997 - Juni 1999

Zur Gesetzgebung bzgl. Telekommunikationslizenzen s. Anhang

Mit dem Zeitpunkt des Inkrafttretens des Telekommunikationsgesetzes (TKG) am 1.8.1996 entfiel das Netzmonopol der Deutschen Telekom. Das Sprachtelefondienstmonopol wurde zum 31.12.1997 aufgehoben. Damit haben sich die Angebotsstrukturen in Deutschland grundlegend geändert. Die Geschwindigkeit, in der sich dieser Wandel vollzieht, deutet bei den Handlungen vieler neuer Akteure auf der Anbieterseite nicht auf einen langfristig geplanten, strukturierten Prozess hin, sondern auf einen Umbruch, der auf relativ kurzfristigen Entscheidungen beruht. Um konkurrenzfähig zu sein, werden verschiedene Strategien des Marktzutritts durch die neuen Anbieter genutzt. Generell ergibt sich eine Stärkung der Konsumentenposition, bedingt durch die neue Wettbewerbssituation, aber auch durch die Erkenntnis einer zunehmenden Nachfrageorientierung mit individuelleren, am (regionalen) Bedarf ausgerichteten Produkten.

Standorte privater Telefonanbieter und Citycarrier

Im Gegensatz zu Providern, die über keine eigene Netzinfrastruktur verfügen und Netzkapazitäten bei Teilnehmer- und Fernnetzbetreibern einkaufen bzw. anmieten, um sie dann an Endkunden weiterzuverkaufen, betreiben Carrier eigene Übertragungswege für Telekommunikationsdienstleistungen und bieten diese der Öffentlichkeit an. Eine definitorische Abgrenzung der Carrier nach ihrem räumlichen Betätigungsfeld erscheint angebracht, ist aber im Einzelfall nicht einfach. Neben national tätigen Carriern sind vor allem Citycarrier, die über Lizenzen in einzelnen Städten und u.U. benachbarten Gemeinden und Landkreisen verfügen, sowie auf Regierungsbezirke oder Bundesländer beschränkte Regionalcarrier am deutschen Markt aktiv.

Die Karte ❸ zeigt u.a. die Standorte privater Regional- und Citycarrier, wie sie als Inhaber der Lizenzklassen 3 und 4 bei der Regulierungsbehörde zum Juni 1999 registriert waren. Der Standort eines Regional- oder Citycarriers ist nicht zwingend identisch mit seinem Lizenzgebiet. So gibt es Citycarrier, die für mehrere Großstädte Lizenzen besitzen. Der kostengünstige Zugang zu Informationen und damit der Weg zu einer Informationsgesellschaft ist besonders geprägt von ökonomischen Standortentscheidungen und Netzplanungen der alternativen Carrier. Entscheidungen über den Markteintritt, Strategien zur Marktplatzierung und Entscheidungen über den Netzausbau lehnen sich aus Sicht der Carrier idealerweise an die Bedürfnisse des Marktes an, d.h. an die räumlichen Verteilungen der potenziellen Kunden und deren telekommunikatives Verhalten. Der raum-zeitliche Ablauf der Netzanbindung orientiert sich an den Standorten der attraktivsten Kundenpotenziale. In den meisten deutschen Großstädten finden sich eigene Regional- oder Citycarrier-Gesellschaften; Ausnahmen gibt es jedoch, z.B. Rostock.

Raumordnungspolitische Aspekte haben dabei eine geringe Bedeutung. Im regionalen und lokalen Rahmen spielen vor allem politische Interessen wie auch Diversifizierungsbestrebungen von Energieversorgungsunternehmen (EVU) eine Rolle für Entscheidungen zum Markteintritt als Carrier. Etwa ein Drittel der 236 Unternehmen, welche die insgesamt 510 Lizenzen der Klasse 3 und 4 innehaben ❶, sind Gründungen von Energieversorgern, Stadtwerken oder Sparkassen (vgl. Reg TP 1999, S. 24). Die EVUs, die schon seit der ersten Hälfte des 20. Jhs. das Recht zur Verlegung und Nutzung eigener Telekommunikationsleitungen besitzen und daher in der Regel über Netzinfrastrukturen verfügen, sehen sich zwei Herausforderungen ausgesetzt: Zum einen ergibt sich für ihr Kerngeschäft der Energieversorgung, das sie in Form regionaler Monopole betrieben haben, durch Liberalisierung und Marktöffnung eine neue Situation mit z.T. rückläufigen Gewinnerwartungen, zum anderen erkennen viele der EVUs in einer Diversifizierung in den expansiven Telekommunikationsmarkt eine wichtige Möglichkeit, neue Märkte zu erschließen.

Allerdings führen der sich verschärfende Wettbewerb durch national (z.B. Completel) und international (z.B. MCI Worldcom, Colt) operierende Gesellschaften und der dramatische Preisverfall im Sprachbereich bei vielen Citycarriern zu ungenügenden Deckungsbeiträgen in diesem Tätigkeitsfeld. Die bei den meisten Citycarriern in der Vergangenheit verfolgte Strategie, möglichst alle Leistungen aus einer Hand anbieten zu können, ist vielerorts wirtschaftlich nicht durchführbar. Eine Tendenz, sich auf Kernkompetenzen zu beschränken und sich externer Dienstleister zu bedienen, ist feststellbar. Ein Beispiel für einen solchen externen Dienstleister stellt Carrier24 dar.

Das Netz von Carrier24

Carrier24 mit Sitz in München positioniert sich erst seit Mai 1999 als spezialisierter Infrastrukturnetzbetreiber in einem Nischengeschäft. Das Produktportfolio umfasst ausschließlich diensteunabhängige Transportfunktionen im Telekommunikationsbereich, insbesondere Festverbindungen von 2 Mbit/s bis 2,5 Gbit/s. Hauptadressat sind neben Endkunden mit großem Bandbreitenbedarf (z.B. Internet Service Provider, Banken) andere Carrier, vor allem Citycarrier. Die Formen der beabsichtigten Zusammenarbeit mit Citycarriern reichen von Netzkopplungen über Beteiligungen hin zu eigenen Citycarrier-Gründungen. City- und Regionale Carrier haben heute i.d.R. Bedarf an Übertragungskapazität zur Bedienung von Endkunden mit Festverbindungen – nicht nur auf lokaler oder regionaler, sondern vor allem zur Verbindung der Standorte von Geschäftskunden auch auf überregionaler Ebene.

Das zunächst 24 deutsche Städte umfassende Netz beinhaltet vier topologische Kreise ❸. Nur die Knoten Rostock, Kiel und Aachen sind nicht mehrfach angebunden. Hohe Zentralität im Carrier24-Netz haben die Knoten Frankfurt, Bielefeld, Berlin und Nürnberg, die als Koppelpunkte zwischen den vier Ringen fungieren. Außer

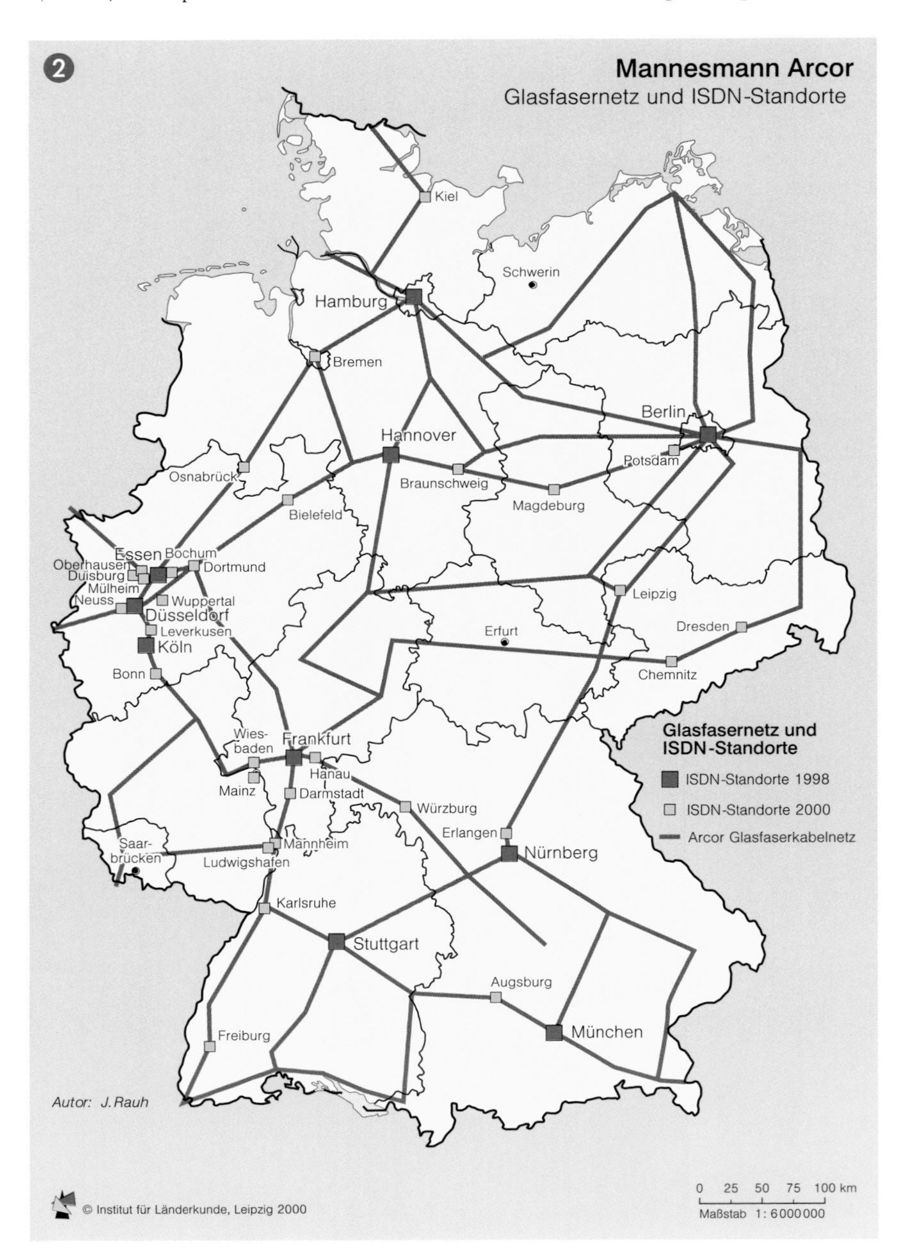

❷ Mannesmann Arcor – Glasfasernetz und ISDN-Standorte

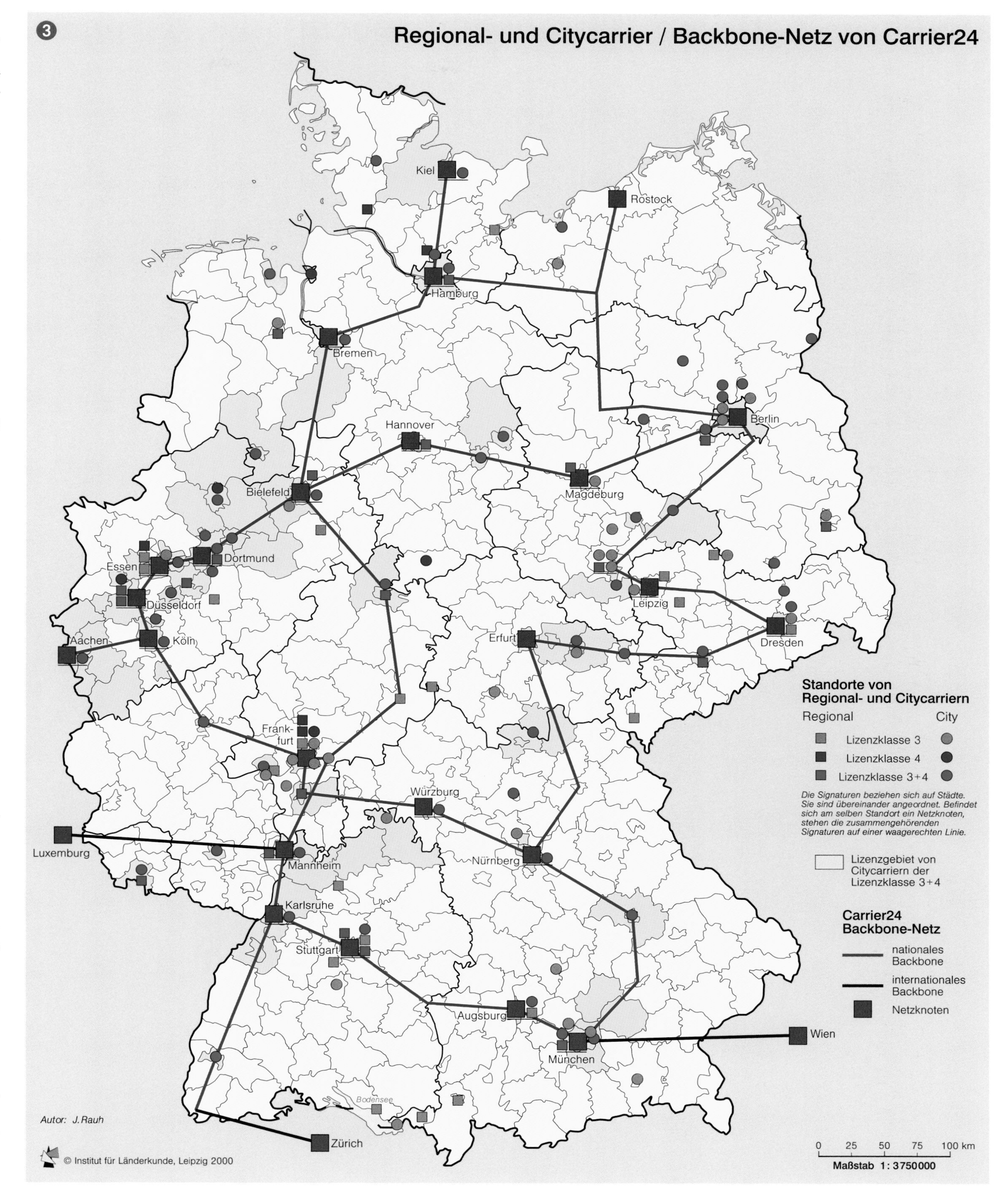

Würzburg weisen alle angebundenen Städte mehr als 200.000 Einwohner auf. Von den größten deutschen Städten fehlen aber Duisburg, Bochum, Wuppertal, Gelsenkirchen, Bonn und Halle. Internationale Übergänge bestehen nach Wien, Zürich und Luxemburg.

Das Netz von Mannesmann Arcor

Im Gegensatz zur rein auf die Vermarktung von Infrastruktur abzielenden Strategie von Carrier24 verfolgt die im Januar 1997 gegründete Mannesmann Arcor AG & Co. eine völlig andere Zielsetzung. Sie tritt als Telekommunikationsvollanbieter mit Sprach-, ISDN-, Internet- sowie Datenübertragungsangeboten (bis zu 34 Mbit/s) für Privat- und Geschäftskunden auf und gilt als der aussichtsreichste Wettbewerber der Deutschen Telekom AG. Die gesellschaftliche Beteiligung der Deutschen Bahn AG (ca. 18%) spiegelt sich auch im bundesweiten digitalen Telefon- und Datennetz wider. Ähnlich wie die Energieversorgungsunternehmen besaßen auch die Deutsche Reichsbahn und die Deutsche Bundesbahn bereits vor der Liberalisierung des Telekommunikationsmarktes das Recht zum Betrieb eigener Telekommunikationsnetze. Ein Großteil dieser Telekommunikationsleitungen konnten in das Arcor-Netz ❷ eingebracht werden. Schwerpunktmäßig verlaufen die Telekommunikationsverbindungen von Mannesmann Arcor entlang der Trassen der Deutschen Bahn AG. Ein Zugang zu den Innenstädten ist über die meist zentral gelegenen Bahnhöfe in der Regel gegeben. Jedoch ist die Qualität des Netzes sehr unterschiedlich, da bei einer Gesamtlänge von ca. 40.000 km nur etwa 7000 km Glasfaserkabel sind. Die Digitalisierung des Netzes ist im Fortschreiten, wie der sukzessive Aufbau von ISDN-Knoten deutlich macht. Generell werden die größten Städte zuerst angebunden. In der ersten ISDN-Ausbaustufe im Jahr 1999, in der zehn Städte mit mindestens 400.000 Einwohnern angeschlossen wurden, blieben die Großstädte Dortmund, Bremen, Leipzig, Dresden und Duisburg zunächst ausgeklammert. Die zweite ISDN-Ausbaustufe im Jahr 2000 zielt primär auf 30 weitere Städte mit einer Mindestgröße von ca. 150.000 Einwohnern. Jedoch sind mit Hanau, Erlangen, Neuss und Würzburg auch Orte vorgesehen, die ein z.T. deutlich geringeres Bevölkerungspotenzial aufweisen. Es fehlen hingegen in dieser Planung mit Mönchengladbach, Rostock, Aachen, Lübeck und Saarbrücken vor allem peripher in Deutschland gelegene Standorte sowie Halle, Gelsenkirchen, Münster, Krefeld, Erfurt und Kassel. Der Verlauf des Glasfasernetzes deutet aber bereits darauf hin, dass die meisten dieser genannten Städte wohl in einem weiteren Ausbauschritt folgen werden.

Ausblick

In einem sich rasant verändernden Markt, in dem zyklustheoretische Grundannahmen kaum zu einer Erklärung beitragen können, kommt es zunehmend zu einer Diversifizierung der Handlungen der Carrier. Die Spezialisierung auf Nischenmärkte, die hohe Wachstumsraten erwarten lassen (z.B. Bandbreiten, innovative Netztechnologien), bildet eine Strategie, die einen Gegenpol bzw. eine Ergänzung zum Komplettanbieter darstellt, der weitgehend nur den größeren Carriergesellschaften (wie Mannesmann Arcor) vorbehalten sein wird. Dies schließt nicht aus, dass sich im lokalen und regionalen Rahmen auch Carrier erfolgreich platzieren können, die eine breite Palette von Telekommunikations-Dienstleistungen anzubieten vermögen. Auch in Städten mit geringeren Kundenpotenzialen ist eine Gründungswelle von Telekommunikationsgesellschaften zu registrieren, was die anhaltende Aufbruchstimmung im Citycarriermarkt widerspiegelt.◆

Hochleistungs- und Wissenschaftsnetze

Jürgen Rauh

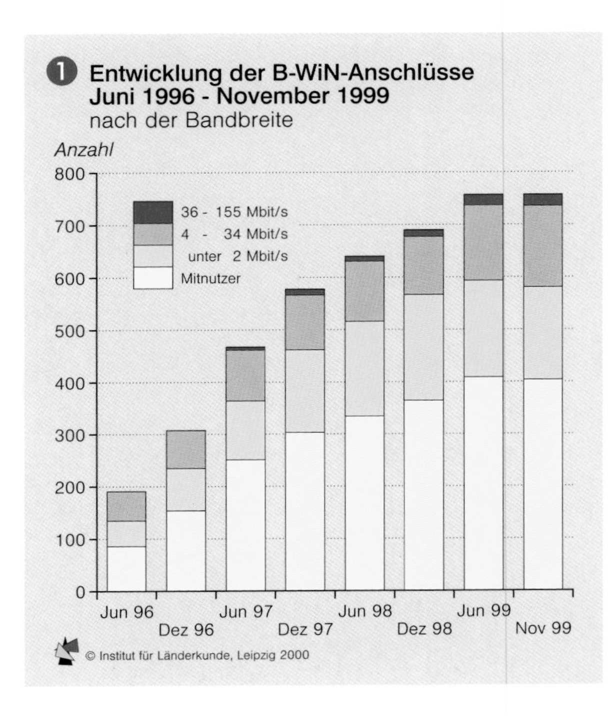

1 Entwicklung der B-WiN-Anschlüsse Juni 1996 - November 1999 nach der Bandbreite

ATM – Der Asynchronous Transfer Mode ist eine Technologie zur Datenübertragung mit hohen Übertragungsraten (155 Mbit und mehr). Im ATM können durch Verwendung kleiner Datenpakete benötigte Übertragungsraten dynamisch angefordert werden.

Backbone – Das Kernnetz eines Netzbetreibers, das aus Datenleitungen und Vermittlungsknoten besteht

B-WiN – Breitband-Wissenschaftsnetz

DFN-Verein – Der DFN-Verein ist die Gemeinschaftseinrichtung von Wissenschaft und Forschung in Deutschland zur Förderung der rechnergestützten Kommunikation und Information. Gegründet 1984 als Selbsthilfeorganisation von Hochschulen, außeruniversitären Forschungseinrichtungen und forschungsnahen Wirtschaftsunternehmen stellt er heute der Wissenschaft ein Hochgeschwindigkeitsnetz zur Verfügung.

Internet Protocol (IP) – technischer Übertragungsstandard im Internet

IP-Gate – Zugang zu einer Sammeladresse im Netz

Internet Service Provider – Internetservice-Anbieter für den Endnutzer

Internet Carrier – Internetservice mit eigenen Datenleitungen und Knoten

ISDN – Integrated Services Digital Network

Multimedia – gleichzeitiger Austausch von Text, Grafik, Video und Ton

TEN-155 – Transeuropäisches Netz mit Übertragungsraten von 155 Mbit

Übertragungsrate – Anzahl der übertragenen Bits pro Sekunde. Sie ist ein Maß für die Übertragungsgeschwindigkeit in einem Telekommunikationsnetz.

WiN - Wissenschaftsnetz

WiNShuttle – Wählzugang mittels Modem oder ISDN ins Deutsche Forschungsnetz. Insbesondere können damit kleinere Einrichtungen wie Bibliotheken, Schulen, Museen sowie forschungsorientierte kleinere und mittlere Unternehmen das Deutsche Forschungsnetz nutzen.

Wenn heute von Telekommunikation die Rede ist, geht es nicht nur um ISDN- und Mobiltelefon, neue Telefonanbieter und unübersichtliche Tarifstrukturen. Der erhöhte Bedarf an Datenkommunikationsverbindungen lässt auch die Ansprüche an die Netzinfrastrukturen der Telekommunikation steigen. Größere Übertragungsleistungen werden von den Anwendern gefordert und von den Netzbetreibern unter Entwicklung und Einsatz von Informations- und Kommunikationstechnologien auch bereitgestellt. Die Innovationszyklen sind kurz, die Netzbetreiber müssen beim Aufbau ihrer Netze Weitsicht zeigen und neue Einsatzfelder frühzeitig erkennen.

Was sind nun solche Anwendungsgebiete, die hochleistungsfähige Vernetzungen erforderlich machen? Wissenschaftlicher Datenverbund mit multimedialen Anwendungen in Forschung und Lehre sowie globaler Konnektivität zum Internet, aber auch privatwirtschaftliche Anwendungen wie Videokonferenzen, Telemedizin, Finanztransaktionen oder die Vernetzungen von neuen Telekommunikationsanbietern stellen nur einige Beispiele des expansiven „Bandbreitenmarktes" dar. Die Nutzer sind neben der Wissenschaft und Forschung demnach vor allem Banken, Versicherungen, Medizin, Medien und Verlage sowie neu entstehende Branchen wie Telekommunikationsnetzbetreiber (▸ Carrier) und ▸ Internet Service Provider. Auf die Topologien der Hochleistungsnetze nehmen die Standorte und räumlichen Beziehungsgefüge dieser Nutzer entsprechenden Einfluss.

Hochleistungsnetze werden aufgrund ihrer Übertragungsgeschwindigkeit bestimmt. Sie sind in der Regel vom allgemeinen Telefonnetz oder dem ▸ ISDN-Netz losgelöst und basieren auf Koaxial- (bis ca. 100 Mbit/s) oder Glasfaserkabeln. Letztere haben bislang noch keine obere Grenze der Kapazität erreicht und können durch Mehrfachnutzung der Fasern sogar mehrere Gigabit/s übermitteln. Hochgeschwindigkeitsnetze bilden demnach das technologische Rückgrat der Informationsgesellschaft. Im Folgenden wird am Beispiel des Wissenschaftsnetzes Struktur und Verkehr eines Hochgeschwindigkeitsnetzes dargestellt.

Wissenschaftsnetz – Entwicklung und Struktur

Seit Mai 1990 steht der Wissenschaft in Deutschland mit dem Wissenschaftsnetz (WiN) ein bundesweit zugängliches Datennetz zur Verfügung. Ursprung des WiN waren mehrere, ehemals unabhängige Datennetze, die seit 1974 unter Förderung des Bundesministeriums für Forschung und Technologie (BMFT) in mehreren Bundesländern aufgebaut wurden. Das BMFT förderte von 1990 bis 1993 auch die Erweiterung des Wissenschaftsnetzes auf die neuen Länder.

Das Deutsche Forschungsnetz wird verantwortlich vom ▸ DFN-Verein organisiert. Es umfasst ein breites Angebot an Kommunikationsdienstleistungen, einschließlich des Zugangs zu anderen Internet-Dienstanbietern. Seit Frühjahr 1996 bildet das sog. Breitband-Wissenschaftsnetz B-WiN den nationalen Netzbereich des Systems DFN **2**. Es löste ein schmalbandiges Netz ab, das aufgrund der gestiegenen Zahl und Leitungskapazität der Teilnehmeranschlüsse an seine Grenzen gestoßen war. Es steht damit eine Breitband-Infrastruktur zur Verfügung, die Anschlüsse mit der Kapazität von bis zu 155 Mbit/s ermöglicht. Das B-WiN wird als privates virtuelles Netz auf dem ▸ ATM-Netz der Deutschen Telekom AG betrieben. Zehn Zugangspunkte bedienen die 709 Kundenanschlüsse. Die Topologie des ▸ Backbone-Netzes wurde in den vergangenen Jahren mehrfach verändert; es weist mehrere Kreisstrukturen auf, welche nicht nur der Absicherung vor Unterbrechungen (Redundanz) dienen, sondern auch Verkehrsbelastungen aufzufangen vermögen. Bestand das B-WiN im Oktober 1998 noch aus drei Kreisen, so sind es im November 1999 fünf fundamentale Kreise, wobei der Standort Frankfurt/Main besonders gut eingebunden ist. Die meisten Teilnehmer-

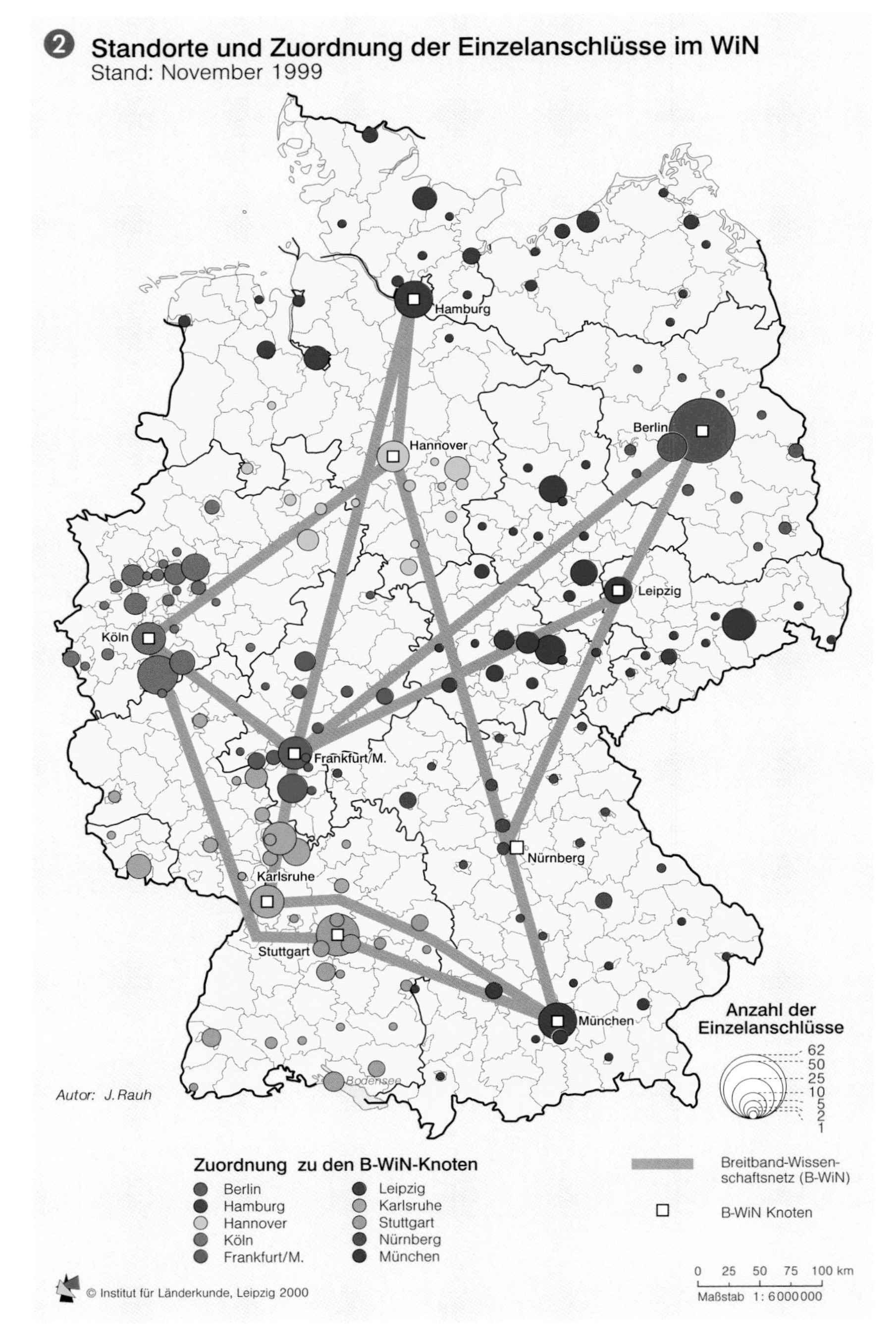

2 Standorte und Zuordnung der Einzelanschlüsse im WiN
Stand: November 1999

anschlüsse sind den Netzknoten Leipzig, der eine Anbindung für die Standorte in Sachsen, Sachsen-Anhalt und Thüringen bietet, sowie Köln zugeordnet.

Die Einbindung des B-WiN ins Internet besteht im Rahmen des europäischen Projektes ▶ TEN-155 mit einer Kapazität von 155 Mbit/s und über einen B-WiN-Knoten in den USA (600 Mbit/s) zum weltweiten Internet.

Wissenschaftsnetz – Nutzung und ▶ IP-Verkehr

Die Zahl der Kundenanschlüsse und vor allem die Zahl der Nutzer waren in den vergangenen Jahren kontinuierlich steigend, verbunden mit einem Trend zu breitbandigeren Anschlüssen ❶. Die Mehrzahl der Anschlüsse des B-WiN werden gemeinschaftlich mit unterschiedlichen Zugangskapazitäten genutzt. Angeschlossen sind nicht nur Hochschulen und Forschungsinstitute, sondern auch andere Einrichtungen, wie Schulen, Bibliotheken, Bürgernetze und forschungsorientierte Unternehmen, die über Netzknoten Zugang zum B-WiN haben (sog. ▶ WiNShuttle).

Das übertragene Datenvolumen lag im November 1999 bereits bei mehr als 180 TeraBytes pro Monat. Wichtigste Einzelnutzer sind die Universität Erlangen, die RWTH Aachen, die TU Dresden sowie das Leibniz-Rechenzentrum München ❸. Der meiste Verkehr stammt vom internationalen ▶ IP-Gate. An den Knoten Frankfurt/Main und Köln sammelt sich das größte Datenvolumen ❹. Die Bedeutung Frankfurts lässt sich damit erklären, dass sich hier der Knoten für die Anbindung an das europäische TEN-155 befindet wie auch der Austauschpunkt zu kommerziellen deutschen Internet Providern. Über den Knoten Köln ist dagegen nicht nur eine der Anbindungen in die USA realisiert, sondern über diesen Knoten sind auch die meisten verkehrsintensiven Hochschulen und Forschungseinrichtungen angebunden. Folgerichtig floss von Frankfurt nach Köln im November 1999 auch der intensivste innerdeutsche Verkehr.

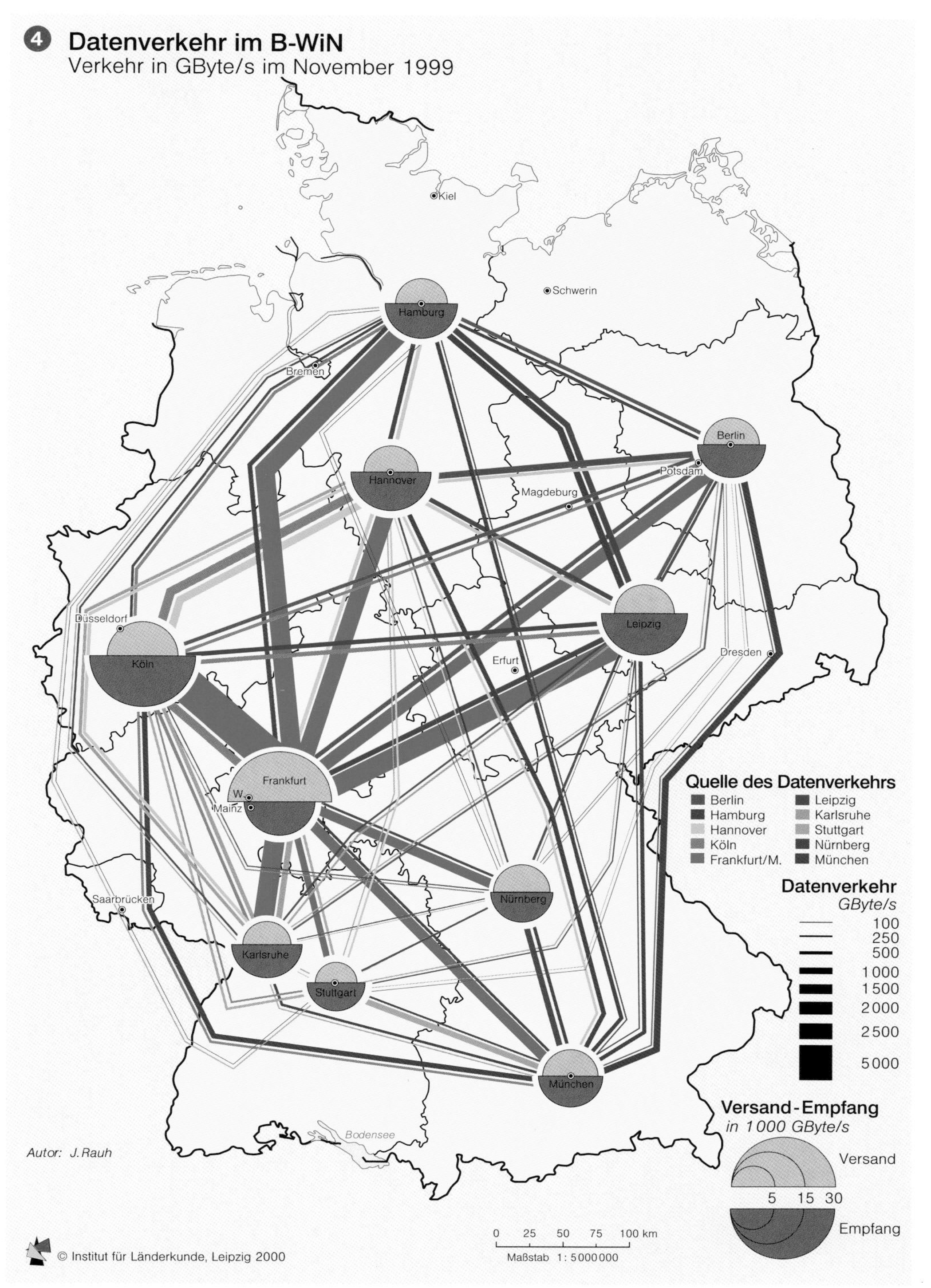

❹ **Datenverkehr im B-WiN**
Verkehr in GByte/s im November 1999

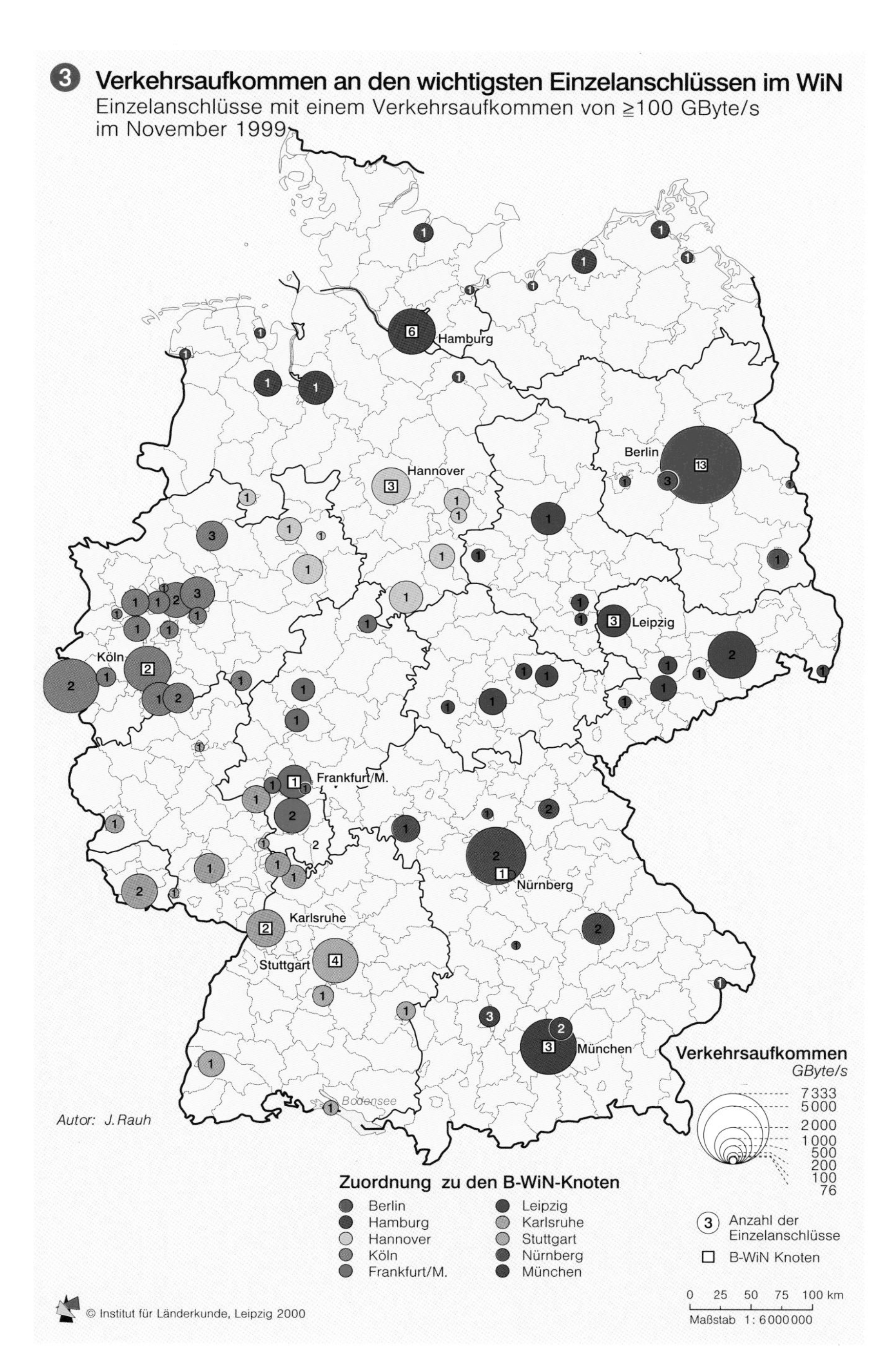

❸ **Verkehrsaufkommen an den wichtigsten Einzelanschlüssen im WiN**
Einzelanschlüsse mit einem Verkehrsaufkommen von ≥100 GByte/s im November 1999

Eine Trendfortschreibung der Verkehrswachstumsraten der vergangenen Jahre für das Prognosejahr 2004 ergibt ein zu übertragendes Datenvolumen im WiN von voraussichtlich 6000 TeraBytes im Monat (vgl. QUANDEL 1999). Die schon jetzt sehr hohe Netzauslastung macht neue technologische Lösungen erforderlich.

Ausblick: G-WiN

Ab Frühjahr 2000 wird das B-WiN durch ein neues Gigabit-Wissenschaftsnetz (G-WiN) abgelöst, das eine Anschlusskapazität von zunächst bis zu 2,5 Gbit/s gewährleistet. Folgende Gründe sind dafür verantwortlich (vgl. QUANDEL 1999, S. 17):

- Das Verkehrsvolumen wächst etwa um den Faktor 2,2 pro Jahr.
- Die Datenströme aus dem Ausland (im November 1999: ca. 37,5% des gesamten Verkehrsvolumens im B-WiN) bringen das B-WiN im Jahr 2000 an seine technologischen Grenzen.
- Neue multimediale Anwendungen in Lehre und Forschung tragen zur weiteren Steigerung der Datenströme bei.
- Das Preis-/Leistungsverhältnis für Übertragungsleistungen hat sich seit der Liberalisierung des Telekommunikationsmarktes entscheidend verändert.
- Entwicklungen in anderen Ländern geben die Richtung vor: In den USA haben die Hochschulen bereits Anschlusskapazitäten von 2,5 Gbit/s realisiert. ◆

Mobilität und Verkehrsmittelwahl

Lienhard Lötscher, Oliver Mayer und Rolf Monheim

Der Personenverkehr wird einerseits durch die Mobilität, andererseits durch die dazu benutzten Verkehrsmittel charakterisiert. Dabei bestehen enge Wechselbeziehungen mit der Struktur von Flächennutzungen, Wirtschaft, Gesellschaft, Verkehrssystem und Rahmenbedingungen, wie z.B. den Energiepreisen, Steuern oder Subventionen. Die Spannbreite und Dynamik von Mobilität und Verkehrsmittelwahl verdeutlichen, dass es sich dabei nur scheinbar um autonome Trends handelt. Bei der Analyse erweisen sich die Mobilitätskennziffern mit Ausnahme der Weglängen räumlich wie zeitlich sowie auch im internationalen Vergleich als außerordentlich konstant, während die Verkehrsmittelwahl räumlich, zeitlich und sozial erheblich differiert.

Mobilität

Mobilität ist als Symbol unserer Fortschrittsgesellschaft stark emotional besetzt. Wer mithalten will, muss mobil sein, geistig, sozial und räumlich. Mobilität ist dabei nicht nur funktional Mittel zum Erreichen von Zielen, sondern sie wird selbst zum Ziel. Ein Zuwachs an Mobilität wird mit mehr Lebensqualität gleichgesetzt, aber sie birgt Chancen und Risiken und hat Wirkungen und Nebenwirkungen, die gegeneinander abgewogen werden müssen.

Oft wird Mobilität nur auf Wege mit motorisierten Verkehrsmitteln bezogen, obwohl bis Anfang der 1970er Jahre jeder zweite und 1997 gut jeder dritte Weg zu Fuß oder mit dem Fahrrad zurückgelegt wurde. Mit einem höheren Motorisierungsgrad erfolgte eine Verlagerung vom nichtmotorisierten zum motorisierten Verkehr, speziell zum Autoverkehr. Die täglichen Aktivitäten (ca. 1,7), Wege (ca. 3), Ausgänge (1,3) und Dauer der Verkehrsteilnahme (gut 1 Std.) je Einwohner blieben zwischen 1972 und 1997 nahezu konstant. Diese Kennziffern hängen allerdings z.T. von der Erhebungsmethode ab (▶▶ Anhang).

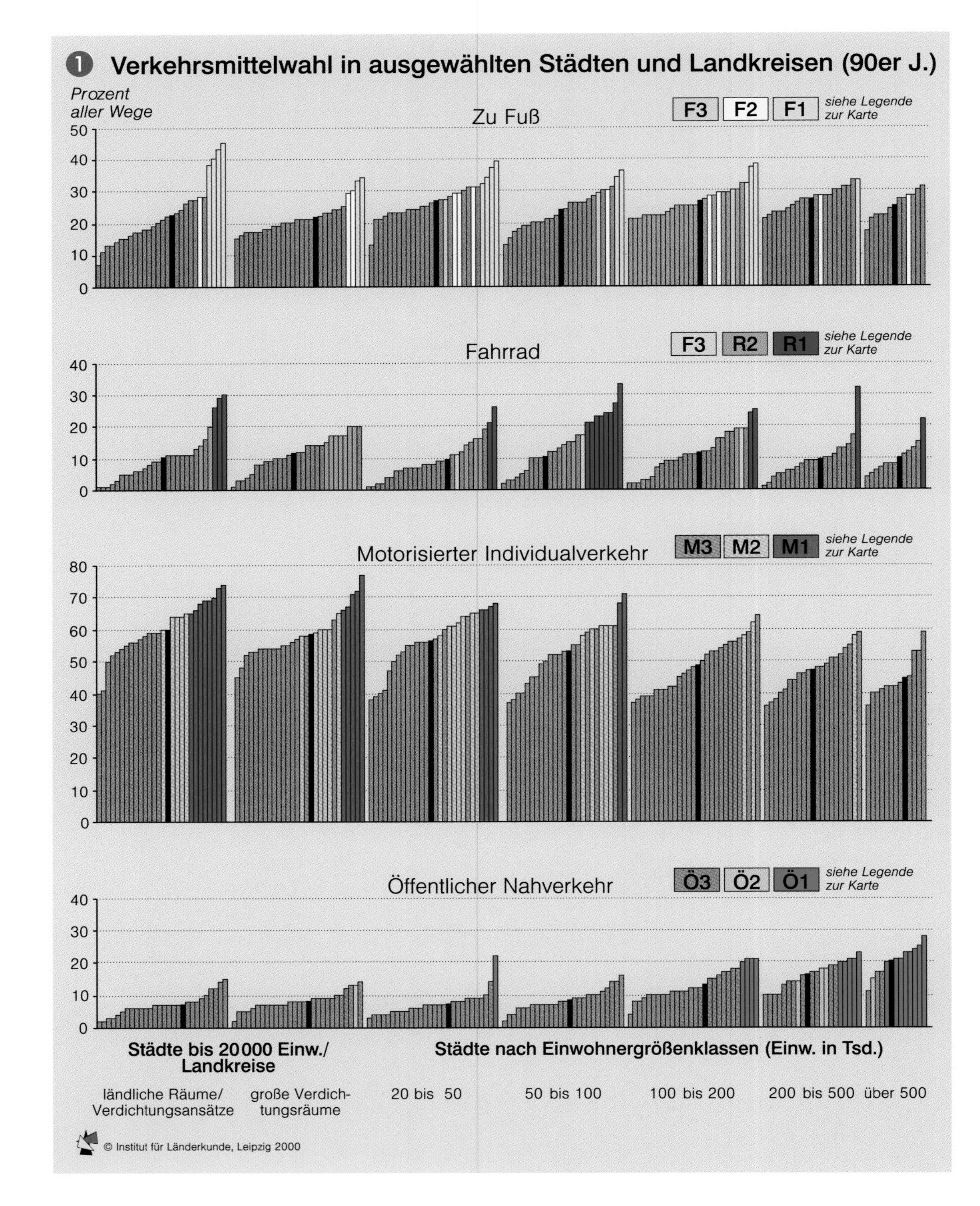

❶ Verkehrsmittelwahl in ausgewählten Städten und Landkreisen (90er J.)

Verkehrsmittelwahl

Unterschiede in der Verkehrsmittelwahl können anhand von 166 in den 1990er Jahren durchgeführten, kleinräumigen Erhebungen zur Mobilität dargestellt werden ❷. Bei allen Verkehrsmitteln zeigt sich innerhalb der Kategorien Landkreise bzw. Gemeinden im ländlichen Raum und in Verdichtungsräumen sowie Städte nach Einwohnerklassen ❶ eine breite Streuung der Werte. Besonders variieren die Fahrradanteile (ländlicher Raum 1-29%, Städte mit 50.000-100.000 Einwohnern 2-24%). Dabei überlagern sich siedlungsstrukturelle und topographische Bedingungen mit einer gewachsenen Verkehrskultur und (lokal-)politischen Entscheidungen. Die „Fahrradstädte" Bocholt, Bremen, Erlangen und Münster belegen mit Anteilen zwischen 22 und 33%, dass durch den Ausbau der Infrastruktur sowie eine konsequente Marketing- und Lobbyarbeit erhebliche Potenziale erschlossen werden können.

Die Fußgängeranteile sind relativ homogen, wobei die Karte ein Erbe der DDR-Verkehrskultur zeigt, wo Wege wesentlich häufiger und über größere Entfernungen zu Fuß zurückgelegt wurden. Allerdings nehmen diese Anteile rasch ab.

Die mit dem Auto zurückgelegten Wege erreichen in allen Stadtgrößenklassen mindestens 36-38%, in den Landkreisen und Landgemeinden 45-50%. Altindustrialisierte Räume sind in allen Gebietstypen überdurchschnittlich autoorientiert. Niedrige MIV-Anteile sind dagegen (noch) in den neuen Ländern sowie in stark dienstleistungsorientierten Städten anzutreffen (z.B. Mainz, Freiburg, Münster, München).

Der ÖPNV erreicht durchschnittlich den gleichen Anteil wie das Fahrrad, allerdings bei geringerer Varianz. Insbesondere in Landkreisen und Landgemeinden sowie Kleinstädten bleibt er schwach. Inzwischen zeigen neue ÖV-Konzepte auch für Landkreise und Kleinstädte deutliche Steigerungspotenziale. Unter den Städten mit mehr als 500.000 Einwohnern heben sich Berlin und München mit 28 bzw. 25% nur wenig ab, Hamburg fällt mit 21% auf einen mittleren Rang, die Ruhrmetropole Essen erreicht sogar nur 15%.

Zur Auswahl und Klassifizierung der 166 Beispielräume

Daten zum Modal Split, d.h. zur Verkehrsmittelwahl liegen nicht für das gesamte Bundesgebiet vor, sondern sind nur in einzelnen Gebieten zu unterschiedlichen Zeitpunkten erhoben worden (▶▶ Anhang). Der Beitrag fasst 166 Untersuchungen zusammen, die in den 1990er Jahren gemacht wurden, gleich ob sie sich auf eine Stadt, eine Gemeinde oder einen Kreis beziehen. Eine Verallgemeinerung ist dadurch nur sehr bedingt möglich, zumal die Erhebungsmethoden voneinander abweichen und z.T. nur die Werktagsmobilität erfasst wurde.

Da die einzelnen Verkehrsmittel bei sehr unterschiedlichen Anteilen prägend wirken, d.h. strukturell relevant sind, erfolgt die Klassifikation so, dass jedes Verkehrsmittel getrennt berücksichtigt wurde. In Ranglisten der Gebiete, die diese für jedes Verkehrsmittel getrennt entsprechend ihres Anteils nach der Größe anordnen, wurden die 10% Gebiete mit den jeweils höchsten Anteilen als 1. Intensitätsstufe klassifiziert, die folgenden ca. 20% als 2. Intensitätsstufe. Ein Gebiet wird in der Karte ❷ dem Verkehrsmitteltyp zugeordnet, bei dem es in der 1. oder 2. Intensitätsstufe eingestuft ist. Erreichen in einem Gebiet mehrere Verkehrsmittel oder keines die ersten beiden Stufen, so wird dieses in einen Mischtypus eingestuft.

Die Stabdiagramme ❶ zeigen für jedes Verkehrsmittel die Anteile aller Gebiete in aufsteigender Reihenfolge sowie die jeweiligen Mittelwerte, wobei die Gebiete getrennt nach siedlungsstrukturellen Kreistypen bzw. für Städte ab 20.000 Einwohner gruppiert werden, um die Streuung innerhalb von Gebietstypen zu illustrieren. Die Farbgebung entspricht der Klassifikation der Hauptkarte, so dass für jedes Gebiet nur die Säule eingefärbt ist, die zu seiner Klassifizierung geführt hat.

In den Abbildungen ❶ und ❷ sind nur die hauptsächlich benutzten Verkehrsmittel berücksichtigt. Durchschnittlich werden auf einem Weg 1,88 Etappen mit 1,51 verschiedenen Verkehrsmitteln zurückgelegt. Dabei kommt es bei 73% aller Wege zu mindestens einem Fußweg. Das Zu-Fuß-Gehen hat also eine für die Funktionsfähigkeit des Gesamtverkehrs stark unterschätzte Bedeutung.

Die kleinräumige Differenzierung der werktäglichen Verkehrsmittelwahl am Beispiel von Berlin und seinem Verflechtungsbereich veranschaulicht Unterschiede von Raumstruktur, sozioökonomischem Status und Lebensstilen sowie als Besonderheit die politische Teilung bis 1990 ❺. Letztere verhinderte für West-Berlin bis 1990 die Suburbanisierung und stützte die Orientierung auf den eigenen Stadtteil (Kiez-Bewusstsein), gefördert durch die →

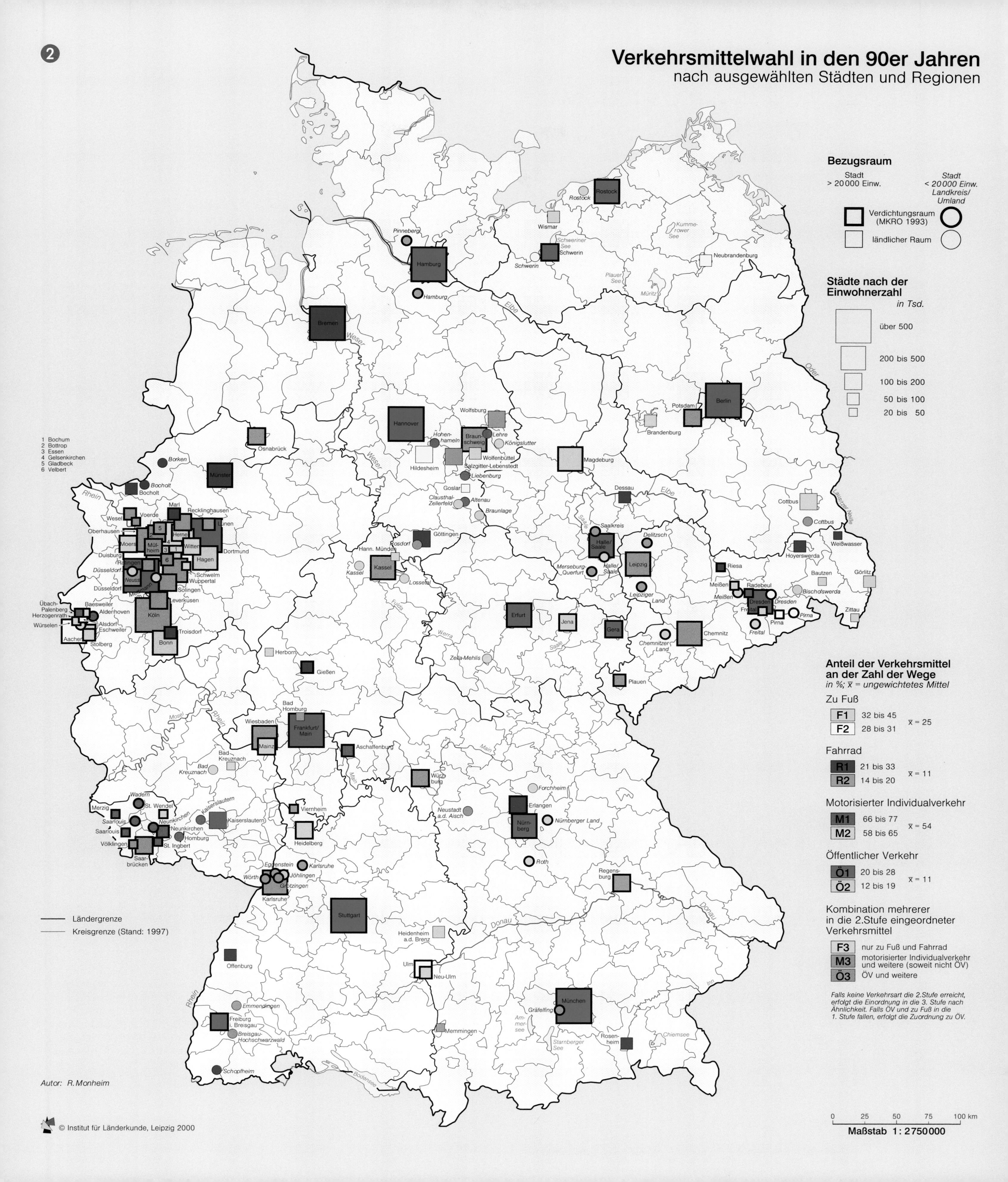

2
Verkehrsmittelwahl in den 90er Jahren
nach ausgewählten Städten und Regionen
Bezugsraum
Stadt > 20000 Einw.
Stadt < 20000 Einw. Landkreis/ Umland
Verdichtungsraum (MKRO 1993)
ländlicher Raum
Städte nach der Einwohnerzahl
in Tsd.
über 500
200 bis 500
100 bis 200
50 bis 100
20 bis 50
Anteil der Verkehrsmittel an der Zahl der Wege
in %; x̄ = ungewichtetes Mittel
Zu Fuß
F1 32 bis 45
F2 28 bis 31
x̄ = 25
Fahrrad
R1 21 bis 33
R2 14 bis 20
x̄ = 11
Motorisierter Individualverkehr
M1 66 bis 77
M2 58 bis 65
x̄ = 54
Öffentlicher Verkehr
Ö1 20 bis 28
Ö2 12 bis 19
x̄ = 11
Kombination mehrerer in die 2.Stufe eingeordneter Verkehrsmittel
F3 nur zu Fuß und Fahrrad
M3 motorisierter Individualverkehr und weitere (soweit nicht ÖV)
Ö3 ÖV und weitere
Falls keine Verkehrsart die 2.Stufe erreicht, erfolgt die Einordnung in die 3. Stufe nach Ähnlichkeit. Falls ÖV und zu Fuß in die 1. Stufe fallen, erfolgt die Zuordnung zu ÖV.
1 Bochum
2 Bottrop
3 Essen
4 Gelsenkirchen
5 Gladbeck
6 Velbert
Ländergrenze
Kreisgrenze (Stand: 1997)
Autor: R.Monheim
© Institut für Länderkunde, Leipzig 2000
0 25 50 75 100 km
Maßstab 1 : 2750000
Rostock
Wismar
Schwerin
Neubrandenburg
Pinneberg
Hamburg
Bremen
Berlin
Potsdam
Brandenburg
Hannover
Wolfsburg
Braunschweig
Hildesheim
Salzgitter-Lebenstedt
Wolfenbüttel
Königslutter
Goslar
Braunlage
Magdeburg
Osnabrück
Münster
Borken
Bocholt
Dessau
Cottbus
Weißwasser
Hoyerswerda
Göttingen
Halle/Saale
Leipzig
Delitzsch
Riesa
Meißen
Radebeul
Dresden
Freital
Pirna
Bautzen
Görlitz
Bischofswerda
Zittau
Kassel
Erfurt
Jena
Gera
Chemnitz
Plauen
Zella-Mehlis
Herborn
Gießen
Bad Homburg
Frankfurt/Main
Wiesbaden
Mainz
Aschaffenburg
Bad Kreuznach
Würzburg
Kaiserslautern
Viernheim
Heidelberg
Erlangen
Nürnberg
Forchheim
Nürnberger Land
Roth
Regensburg
Karlsruhe
Stuttgart
Heidenheim a.d. Brenz
Ulm
Neu-Ulm
Offenburg
Freiburg i. Breisgau
Emmendingen
Breisgau-Hochschwarzwald
Schopfheim
Memmingen
München
Gräfelfing
Rosenheim
Köln
Bonn
Troisdorf
Leverkusen
Düsseldorf
Neuss
Solingen
Wuppertal
Schwelm
Hagen
Dortmund
Lünen
Recklinghausen
Marl
Herne
Witten
Mülheim
Duisburg
Moers
Oberhausen
Wesel
Voerde
Ratingen
Aachen
Stolberg
Würselen
Herzogenrath
Baesweiler
Alsdorf
Eschweiler
Aldenhoven
Saarbrücken
Saarlouis
Völklingen
Neunkirchen
St. Ingbert
Homburg
St. Wendel
Merzig
Wadern
Elbe
Weser
Rhein
Oder
Donau
Main
Bodensee

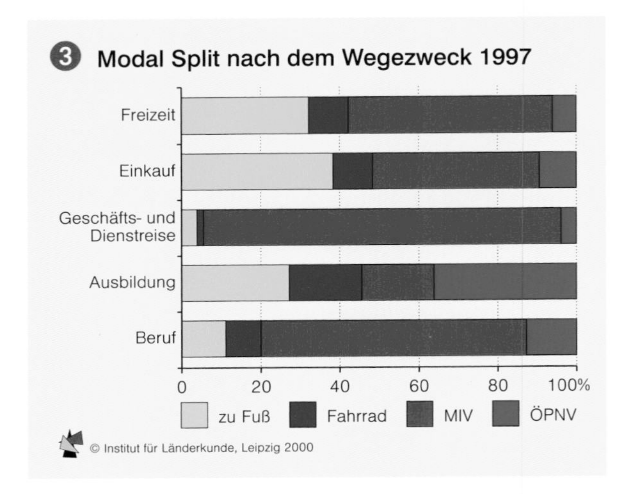

historisch bedingte polyzentrische Stadtstruktur.

Weglänge

Der Eindruck einer steigenden Mobilität entsteht besonders durch die Zunahme der täglich zurückgelegten Entfernungen. Diese stiegen in den Städten der alten Länder im Zeitraum von 1972 bis 1992 alle 5 Jahre um 2 km (von 11 auf 19 km) und seither jährlich um durchschnittlich 1 km (1997: 20 km). In der DDR betrug der Anstieg alle 5 Jahre 1 km (1972-1987 von 10 auf 13 km). Mit der Wende explodierte die mittlere Weglänge (1987-1992 +4 km) und entspricht inzwischen dem Niveau der alten Länder. Insgesamt legt jeder Deutsche im Durchschnitt täglich 22 km zurück, wobei nur Wege bis 100 km und keine Urlaubsreisen eingerechnet sind. Davon werden von Männern 19 km, von Frauen 7 km als Fahrer/in eines Autos zurückgelegt.

Viele Ziele liegen jedoch in geringer Entfernung. In den neuen Ländern kann jedes dritte Ziel innerhalb eines Kilometers erreicht werden, in den alten gut jedes vierte. Gut die Hälfte der Wege ist nicht länger als 3 km. Wege über 10 km sind selten, nämlich lediglich 11% aller Wege in den neuen und 15% in den alten Ländern. Durchschnittlich ist jeder Weg 7 km und jeder Ausgang vom Verlassen der Wohnung bis zur Rückkehr 17 km lang.

Entwicklung der Mobilität

Mit dem Entfernungswachstum nehmen die mit dem Pkw zurückgelegten Wege zu. In den alten Ländern erfolgten die stärksten Veränderungen in den 1970er Jahren. Dort gewann die Pkw-Nutzung von 1972-1977 neun Prozentpunkte, während die Fortbewegung zu Fuß und mit dem Rad acht verlor. In den neuen Ländern fanden diese Veränderungen nach der Wiedervereinigung statt. Dort gewann der Pkw 1987-1992 19 Prozentpunkte, während die Zahlen der Wege zu Fuß und mit dem Rad sowie auch die mit dem ÖPNV jeweils um neun Punkte abnahmen. Dabei verlief der Zusammenhang mit der Entwicklung der Motorisierungsrate (▶▶ Beitrag Lötscher u.a.) in den alten und neuen Ländern gegensätzlich. In ersteren nahm die durchschnittliche Zahl täglicher Fahrten je Pkw zwischen 1972 und 1997 von 2,9 auf 2,2 ab, in letzteren von 1,6 auf 2,4 (1992) bzw. 2,3 (1997) zu; gleichzeitig sank der Besetzungsgrad je Fahrt von 1,6 auf 1,2 bzw. von 1,8 auf 1,3.

Die Zunahme der Weglänge wird oft als Vergrößerung der Wahlfreiheit angesehen. Allerdings verringert sich gleichzeitig die Dichte des Angebotes, was weitere Wege erfordert. Außerdem führen individuellere Lebensstile zum Entfernungswachstum. Dies zeigt sich in einer Aufweichung der zentralörtlichen Versorgungsbeziehungen sowie im Freizeitverkehr.

Die normative Sicht des Themas Weglängen spiegelt sich bereits in der Begriffswahl wider. Der Verkehr als Wirtschaftszweig produziert eine wachsende Verkehrs*leistung*. Für die Erfüllung wirtschaftlicher und gesellschaftlicher Bedürfnisse nimmt jedoch der erforderliche Verkehrs*aufwand* zu. Er bringt einen steigenden Energie-, Flächen- und Kostenaufwand sowie steigende Belastungen für Mensch und Natur mit sich. Langfristig müssen Wirtschafts- und Verkehrswachstum durch mehr Effizienz entkoppelt werden. Dieses 1997 vom Bundesministerium für Bildung, Wissenschaft, Forschung und Technologie im „Forschungsrahmen Mobilität – Eckwerte einer zukunftsorientierten Mobilitätsforschungspolitik" gesteckte Ziel gewinnt mit der dritten Öl-Preis-Krise 2000 an Dringlichkeit.

Unterschiedliche Entwicklungen der Verkehrsmittelwahl

In der Verkehrsmittelwahl kann es örtlich zu erheblichen Abweichungen kommen ❹. Der MIV-Anteil lag beispielsweise 1976 im Ruhrgebiet bei 42% und in München bei 44%. Bis 1992 stieg er im Ruhrgebiet auf 53% und sank in München auf 36%. Seither hat er im Ruhrgebiet leicht ab-, in München leicht zugenommen. Der ÖPNV-Anteil stieg in München bis 1992 um sechs Prozentpunkte, während er im Ruhrgebiet bis 1990 um vier sank, während der Fahrradanteil in München bis 1992 um neun Prozentpunkte auf das Zweieinhalbfache stieg, gegenüber einer Stagnation im Ruhrgebiet. Dabei nahm der Fußgängeranteil in München weniger ab als im Ruhrgebiet (-7/-10 Prozentpunkte).

Für Freiburg kann die Entwicklung 1982-1998 mit vier 1989 berechneten Szenarien für 2000 verglichen werden, die unter folgenden Annahmen erstellt wurden (Socialdata):

- Fortschreibung des Trends 1982-89: Zunahme MIV, Abnahme ÖV
- Anpassung der MIV-Infrastruktur an Trend verstärkt diesen
- nur ÖPNV-Förderung: MIV geht zu Gunsten des ÖV auf Stand 1982 zurück
- Förderung des gesamten Umweltverbundes

Die reale Entwicklung zeigt, dass der bis 1989 erfolgte Einbruch des Fußgängeranteils gestoppt werden konnte. Der MIV-Anteil ging nach starkem Zuwachs auf das Niveau von 1982 zurück, während der ÖPNV-Anteil auf fast das Doppelte stieg.

Soziale Differenzierung der Mobilität

Die soziale Differenzierung der Mobilität zeigt die spezifische Betroffenheit verschiedener Bevölkerungsgruppen. Erwerbstätige Männer mit Partnerin und Kind legen 72% aller ihrer Wege als Pkw-Fahrer zurück, erwerbstätige Frauen 51% und Hausfrauen mit Kind 42% (1997). Die geschlechtsspezifischen Unterschiede zeigen sich bereits bei in Ausbildung Befindlichen ab 18 Jahre: die Männer machen 44% der Wege, die Frauen 34% mit dem Pkw. Bei den Senioren von 60-69 Jahren betragen diese Werte 46% (Männer) und 16% (Frauen), bei den über 69-Jährigen 35% (Männer) und 8% (Frauen). Dies hängt zum Teil mit der Rolle als Selbst- oder Mitfahrer zusammen. Besonders deutlich unterscheiden sich jedoch die Anteile des nichtmotorisierten Verkehrs,

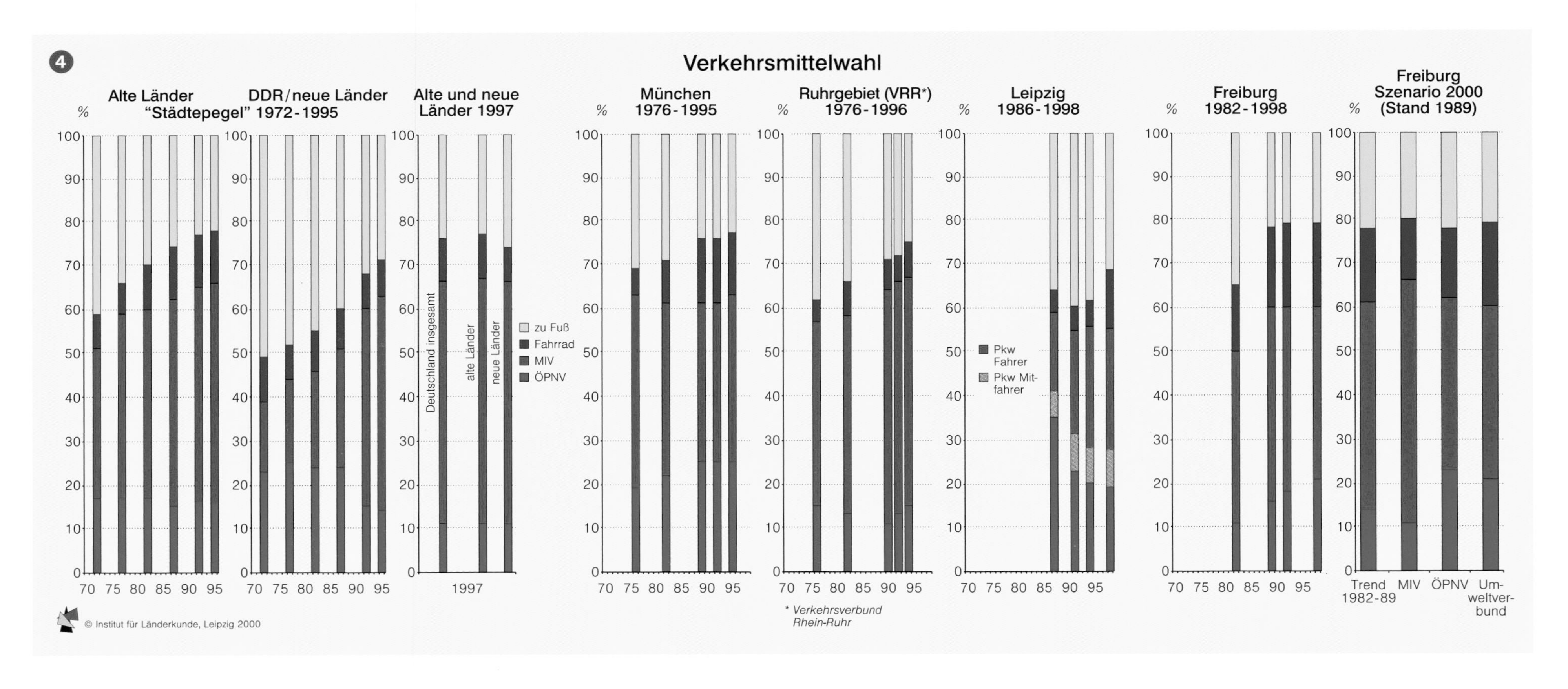

Besetzungsgrad – durchschnittliche Anzahl von Personen in einem Pkw/Fahrt

MIV – motorisierter Individualverkehr

Mobilität – Zahl, Länge, Dauer und Ziele der Ausgänge oder Reisen und Wege, die eine Person/engruppe in einem gegebenen Zeitraum unternimmt

Mobilitätskennziffern – statistische Werte, anhand derer die Mobilität gemessen wird, wie Ausgänge, Wege, Dauer der Verkehrsteilnahme, Verkehrsmittelwahl u.a.

ÖPNV – öffentlicher Personennahverkehr, als Kurzform abgekürzt **ÖV** – öffentlicher Verkehr

Park & Ride – Fahrt mit dem Pkw bis zu einer Bus-/Bahnhaltestelle, von der ab der ÖPNV genutzt wird; durch die Anlage großer Parkplätze unterstützt

Public Awareness – *engl.* öffentliches Bewusstsein

Verkehrsaufwand – mit dem Verkehr verbundene Kosten für Verkehrsinfrastruktur, Flächen, Energie, Umweltbelastung, ästhetische und Lärmbelastung u.a.m.

Verkehrsleistung – vom Verkehr erbrachter Transport von Personen oder Gütern in Kilometern (Pkm bzw. tkm, im ÖV z.T. Wagen-km bzw. Sitzplatz-km)

Verkehrsmittelwahl/Modal Split – Art der Fortbewegung mit den Hauptgruppen Pkw (Selbst- bzw. Mitfahrer), ÖV, Fahrrad, zu Fuß; Prozentangaben sind meist auf die Zahl der Wege bezogen, teilweise auch auf die zurückgelegten Entfernungen oder die Dauer der Verkehrsteilnahme, was jeweils deutlich unterschiedliche Werte ergibt. In der Regel wird nur das Hauptverkehrsmittel berücksichtigt, obwohl Kombinationen häufig sind (z.B. Park & Ride, Fußwege zu Haltestellen, von Parkhäusern); Mopeds und Motorräder gehen meist in den MIV mit ein.

der bei erwerbstätigen Männern mit Kind 17%, bei erwerbstätigen Frauen mit Kind 28% und bei Hausfrauen mit Kind 40% ausmacht.

Die geringe Beachtung des Zu-Fuß-Gehens und Radfahrens in der Verkehrspolitik ist für Kinder, Jugendliche und Senioren besonders problematisch, weil sie den größten Teil ihrer Wege betrifft. In der Ausbildung befindliche 6-18-Jährige legen 57%, 75-79-Jährige 53% und 80-89-Jährige 57% ihrer Wege zu Fuß oder mit dem Rad zurück.

Im Hinblick auf Entwicklungsalternativen ist die gruppenspezifische Differenzierung allgemeiner Trends aufschlussreich. Im Durchschnitt der alten Länder hat der Autoanteil bei den 30-44-Jährigen von 1982 bis 1997 nicht mehr zugenommen. In Freiburg sank sogar der Anteil der Wege als Kraftfahrzeug-Lenker 1989-1992 bei den erwerbstätigen Männern von 74 auf 67% und bei den erwerbstätigen Frauen von 51 auf 44%; selbst bei den Rentnern und Rentnerinnen stieg er nur von 29 auf 30% und bei den Schülern von 15 auf 16%.

Veränderung von Verkehrsverhalten

Im Hinblick auf die Beeinflussbarkeit des Verkehrsverhaltens gewinnen Konzepte an Bedeutung, die bei den Wahrnehmungen, Kenntnissen und Einstellungen der Beteiligten ansetzen. Ein erfolgreiches Konzept zur besseren Ausschöpfung der Potenziale des ÖPNV setzt beim Bewusstsein an. Dazu benötigt man Informationen über die Kenntnisse und Einstellungen der Verkehrsteilnehmer wie auch der Entscheidungsträger sowie über das Bild, das letztere von den Bürgern haben.

Der Public-Awareness-Ansatz nutzt mehrere Strategien: Intern die Motivation von ÖPNV-Mitarbeitern und Entscheidungsträgern, nach außen zunächst eine gezielte Öffentlichkeitsarbeit und seit Mitte der 1990er Jahre das sog. individualisierte Marketing. Durch den direkten Dialog werden die Entscheidungsfähigkeit der Verkehrsteilnehmer verbessert und die Kundenzufriedenheit erhöht. Das 1991 entwickelte Konzept (Socialdata) wird inzwischen in großem Umfang eingesetzt.

Direktmarketing ist Teil eines umfassenden Mobilitätsmanagements zur Förderung von Einstellungs- und Verhaltensänderungen hin zu einem nachhaltigen Verkehr durch Information, Kommunikation, Organisation, Koordination und Marketing. Seine Träger sind Gebietskörperschaften, Verkehrsunternehmen, sonstige Wirtschaftsunternehmen (Arbeitswege) und umweltorientierte Verkehrsverbände, die häufig in Kooperation Mobilitätszentralen betreiben.

Als Mobilitätsdienstleistungen in Zusammenarbeit mit den ÖPNV-Unternehmen gewinnt das Nutzen eines Gemeinschafts-Pkw (Car Sharing) an Bedeutung. Es verändert das Mobilitätsverhalten und verringert die Motorisierung. Hier ist die Schweiz Vorreiter. In Deutschland erreichen inzwischen einige Metropolen beachtliche Teilnehmerzahlen, z.B. die StattAuto AG Berlin/ Hamburg mit 7000 Mitgliedern und gut 300 Kfz.

Gegenüber diesen neuen Ansätzen besteht noch eine weit verbreitete Skepsis. In der Regel wird angenommen: „Alle wollen zurück zur Natur, aber keiner zu Fuß". Dagegen belegen Fallstudien deutliche Zusammenhänge zwischen allgemeinen Einstellungen und Mobilitätsverhalten. Z.B. zeigt die Analyse von Lebenssituation und Lebensstilorientierung, Mobilitätsorientierung und (Stichtags-) Mobilität in Freiburg und Schwerin extrem unterschiedliche Verhaltensgruppen ❻. Verkehrsverhalten hängt eng mit lebensstilspezifischen Entscheidungen über das Raummuster von Aktivitäten zusammen, vom Wohnstandort bis zu den Einkaufs- und Freizeitorten. Besonders groß ist zum Teil der Verkehrsaufwand zum Arbeitsplatz, der jedoch häufig unfreiwillig ist, z.B. durch Engpässe auf dem Wohnungsmarkt oder Wechsel des Arbeitsplatzes.

Perspektiven nachhaltiger Mobilität

Eine der Nachhaltigkeit verpflichtete Mobilitätsgestaltung erfordert optimale Mobilitätschancen für alle Bevölkerungsgruppen durch Wahlfreiheit zwischen gleichwertigen Alternativen der Fortbewegung, eine Steigerung der ökonomischen Effizienz des Verkehrsystems in seiner Gesamtheit und eine Minimierung der Umweltbelastungen bzw. des Ressourcenverbrauchs. Dies kann für einzelne Gruppen auch mit Mobilitätseinschränkungen verbunden sein, z.B. in autofreien oder temporeduzierten Bereichen.

Die Politik darf den Verkehr nicht als zwangsläufiges Ergebnis der Wirtschafts- und Gesellschaftsentwicklung hinnehmen, sondern sollte ihn als wichtigen Gestaltungsbereich sehen. Vorbilder sind Energiesparen und Abfallvermeidung, die zu wertvollen Innovationsschüben geführt haben.

Die Umsetzung dieser Ziele wird erschwert durch einflussreiche Interessengruppen, durch den Widerstand gegenüber individuellen Verhaltensänderungen und die Rückkoppelungen mit unterschiedlichen Handlungsfeldern, welche Entmischung, Entfernungswachstum und Autoabhängigkeit forcieren. Das Konzept der „freien Fahrt für freie Bürger" wird zwar nicht mehr offiziell vertreten, prägt aber weiter viele Verkehrsplanungen. Sowohl einzelne Städte, als auch einzelne Lebensstilgruppen zeigen jedoch: Trend ist nicht Schicksal.◆

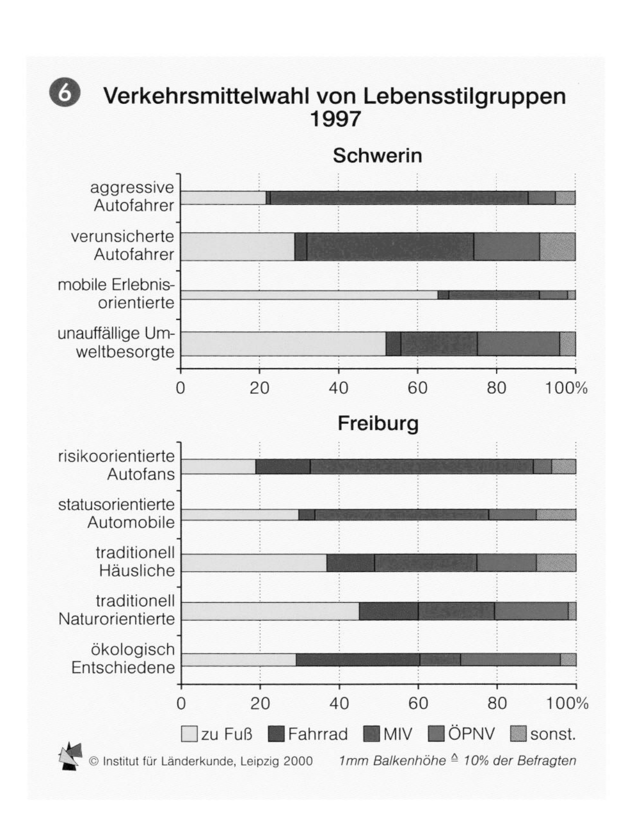

Entwicklung der privaten Motorisierung

Lienhard Lötscher, Oliver Mayer, Rolf Monheim

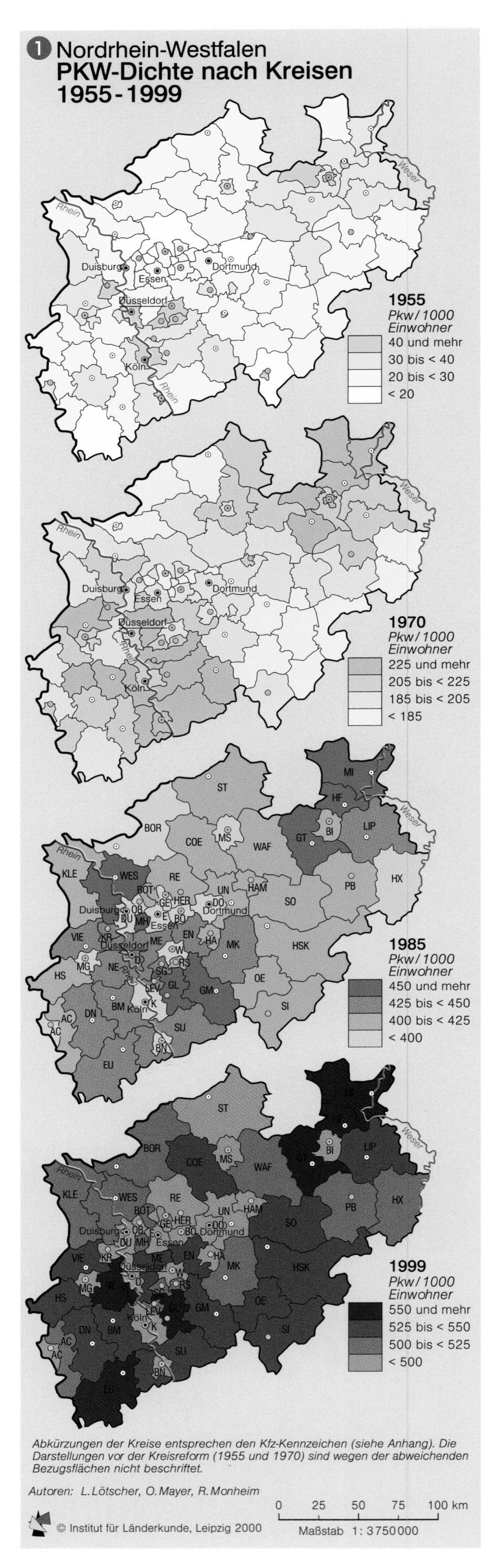

Seit den 1950er Jahren haben der „American Way of Life" und mit ihm das Auto – auch wenn es sich längst nicht alle Mitbürger leisten können oder wollen – unsere Lebensweise nachdrücklich beeinflusst. Das Auto vor der Haustür verspricht nicht nur Prestige, sondern in erster Linie Mobilität, da es jederzeit zur Verfügung steht. So hat die private Motorisierung in einem Maße zugenommen, die stets sämtliche Prognosen übertraf. Die aufkommende Diskussion um Lebensqualität und nachhaltige Entwicklung, aber auch um zunehmend verstopfte Verkehrswege, Lärm und Abgase, führt vermehrt zu Bemühungen, die Mobilitätswünsche auch anders zu befriedigen. Geringere Pkw-Dichten in Städten mit umweltfreundlicher Verkehrsplanung weisen in diese Richtung. Die über lange Zeit stark ansteigende Kurve der privaten Motorisierung ist in den letzten Jahren abgeflacht. Vergleiche zwischen Städten sowie innerhalb der EU zeigen, dass die Motorisierungsrate nicht mit ökonomischer Stärke, sondern ganz wesentlich mit Schwächen in Siedlungs- und Verkehrsinfrastruktur zusammenhängt.

Pkw-Bestand

In der BRD stieg der Pkw-Bestand nach Kriegsende zunächst nur langsam an ❷. Seit Ende der 1950er Jahre betrug die Zunahme durchschnittlich etwa 850.000 Pkw pro Jahr. Die Ölkrisen 1973 und 1979 verringerten die Zuwachsraten lediglich vorübergehend. Der Pkw-Bestand in der DDR blieb weit unter dem der BRD. Mit der Wiedervereinigung stieg die Zahl der Pkw in den neuen Ländern jedoch dramatisch an. Seit der Mitte der 1990er Jahre hat sich das Pkw-Wachstum insgesamt deutlich abgeschwächt. 1999 sind in Deutschland insgesamt 42,3 Millionen Pkw zugelassen.

Motorisierung

1999 gibt es in Deutschland ❸ durchschnittlich 516 Personenkraftwagen pro 1000 Einwohner (630/1000 Erwachsene). Generell finden sich in Süddeutschland und im zentralen Bereich Norddeutschlands hohe Pkw-Dichten ❻. Die höchsten Dichten sind im suburbanen Umland der großen Städte anzutreffen. Ausnahmen bilden Städte mit Automobilherstellern (Wolfsburg: 647 Pkw/1000 Ew., Ingolstadt: 650 Pkw/1000 Ew.), Kreise, in denen viele Mietfahrzeuge (z.B. Schaumburg: 884 Pkw/1000 Ew., zugleich höchster Wert) bzw. Vertreterfahrzeuge (z.B. Hohenlohekreis: 629 Pkw/1000 Ew.) zugelassen sind, wie auch Landeshauptstädte (z.B. Wiesbaden 748 Pkw/1000 Ew.), in denen zahlreiche Fahrzeuge der öffentlichen Hand gemeldet sind.

Unterdurchschnittliche Pkw-Dichten finden sich im Emsland und (noch) in den neuen Ländern, mit Ausnahme des Korridors Hannover – Berlin. Die geringste Pkw-Dichte in Deutschland mit nur 335 Pkw/1000 Ew. liegt im Landkreis Leipziger Land vor. Pkw-Dichten von unter 500 Pkw/1000 Ew. kommen fast nur in kreisfreien Städten vor. Dies dürfte darauf zurückzuführen sein, dass es dort ein besseres Angebot an öffentlichen Verkehrsmitteln gibt und die zurückzulegenden Wege vielfach so kurz sind, dass sie zu Fuß oder mit dem Fahrrad zurückgelegt werden können. Die hohe Pkw-Dichte von durchschnittlich 516 Pkw je 1000 Ew. suggeriert, nahezu jedem Haushalt in Deutschland stünde ein Pkw zur Verfügung. Tatsächlich befindet sich in rund 25% aller Haushalte kein Pkw, in den Großstädten sogar bis zu 40%. Bei Haushalten von Alleinstehenden, Frauen und älteren Menschen ist z.T. weit mehr als die Hälfte ohne Auto.

Mit einer Pkw-Dichte von 516 Pkw/1000 Ew. liegt Deutschland deutlich über dem Durchschnitt in der Europäischen Union mit 442 Pkw/1000 Ew. Eine höhere Pkw-Dichte gibt es in Italien (577 Pkw), geringere Dichten z.B. in Frankreich (441 Pkw), Großbritannien (376 Pkw), den Niederlanden (370 Pkw) und Dänemark (332 Pkw). Die beiden letztgenannten Staaten fördern systematisch die Fahrradnutzung und den öffentlichen Verkehr.

Pkw-Prognosen

Seit Ende der 1950er Jahre veröffentlicht die Deutsche Shell AG regelmäßig Prognosen zum Wachstum des Pkw-Bestandes in der Bundesrepublik, die oft als Grundlage zur Verkehrsplanung herangezogen werden ❹. Doch bislang wurden alle Prognosen nach wenigen Jahren von der Realität übertroffen. Sie wirkten als *self-fulfilling-prophecies*: Weil eine starke Zunahme des Pkw-Bestandes

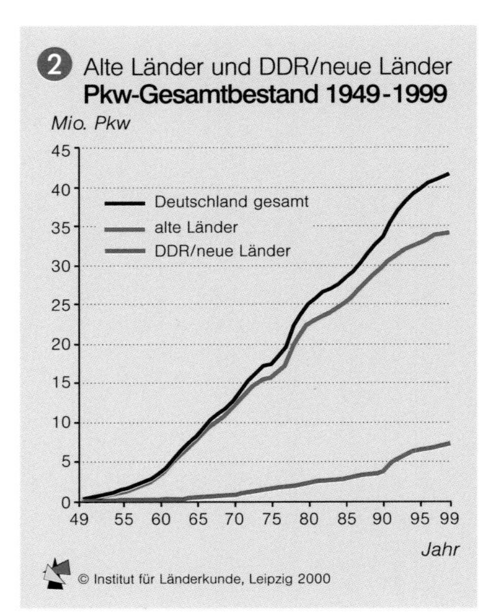

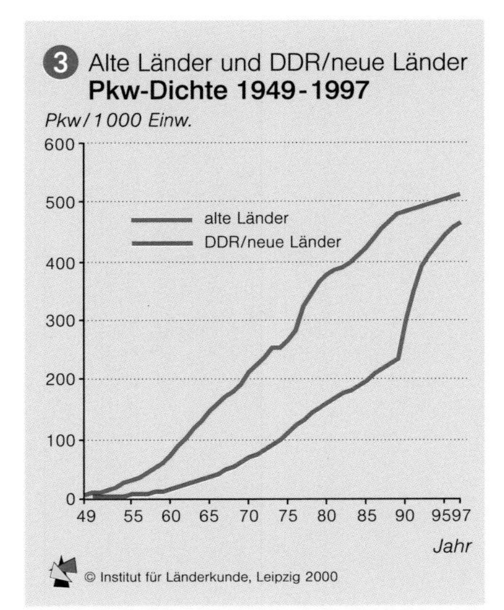

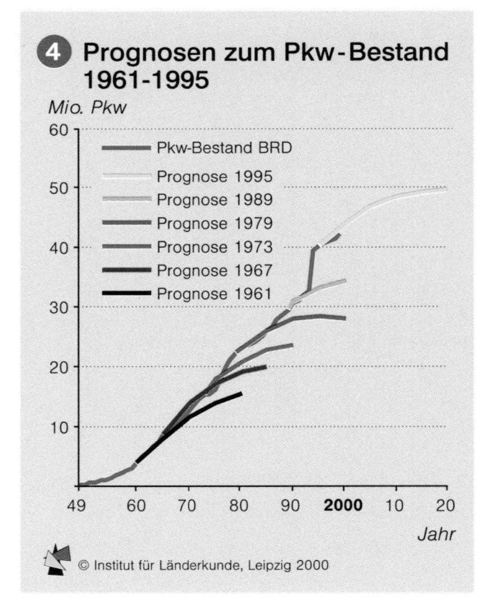

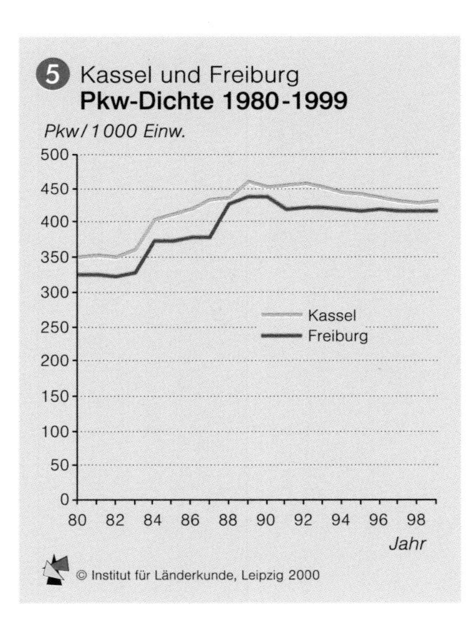

Pkw-Dichte in Kassel und Freiburg
In Kassel und Freiburg sind seit den 1990er Jahren verstärkt Maßnahmen zur Förderung des Umweltverbundes (Fußgänger, Radfahrer und ÖPNV-Nutzer) umgesetzt worden. Der leichte Rückgang der Pkw-Dichte deutet darauf hin, dass der politische Wille zur Förderung des Umweltverbundes Wirkung zeigt.

Zur Datenlage

Bis 1990 bestanden zwei deutsche Staaten, deren Pkw-Statistiken ungleich differenziert vorliegen. In der DDR wurde der Pkw-Besitz für das gesamte Staatsgebiet veröffentlicht, die Angaben für die Bezirke waren vertrauliche Verschlusssache. Die Statistik seit 1990 enthält keine Angaben zu Fahrzeugen mit DDR-Kennzeichen, die noch bis Ende 1993 zugelassen waren, so dass zuverlässige Aussagen zur Anzahl der Pkw in Deutschland nur bis 1990 und ab 1994 möglich sind.

Bundesweit sind 10,7% aller Pkw nicht auf Privatleute, sondern auf Firmen und Institutionen zugelassen. Diese Daten liegen jedoch nicht regional differenziert vor. Städte und Kreise mit zentralen Funktionen – besonders Landeshauptstädte – weisen überdurchschnittliche Werte auf, da dort viele Behörden und große Firmen ihre Pkw anmelden. Beispielsweise sind in Wiesbaden alle Polizeifahrzeuge des Landes Hessen gemeldet. In Städten mit Hauptverwaltungen großer Automobilhersteller (Wolfsburg, Ingolstadt) sind viele Autos zugelassen, die z.B. als Vorführwagen im ganzen Bundesgebiet unterwegs sind. Universitätsstädte weisen besonders niedrige Pkw-Werte auf, aber viele Studenten haben ihr Auto noch in ihrem Heimatort angemeldet.

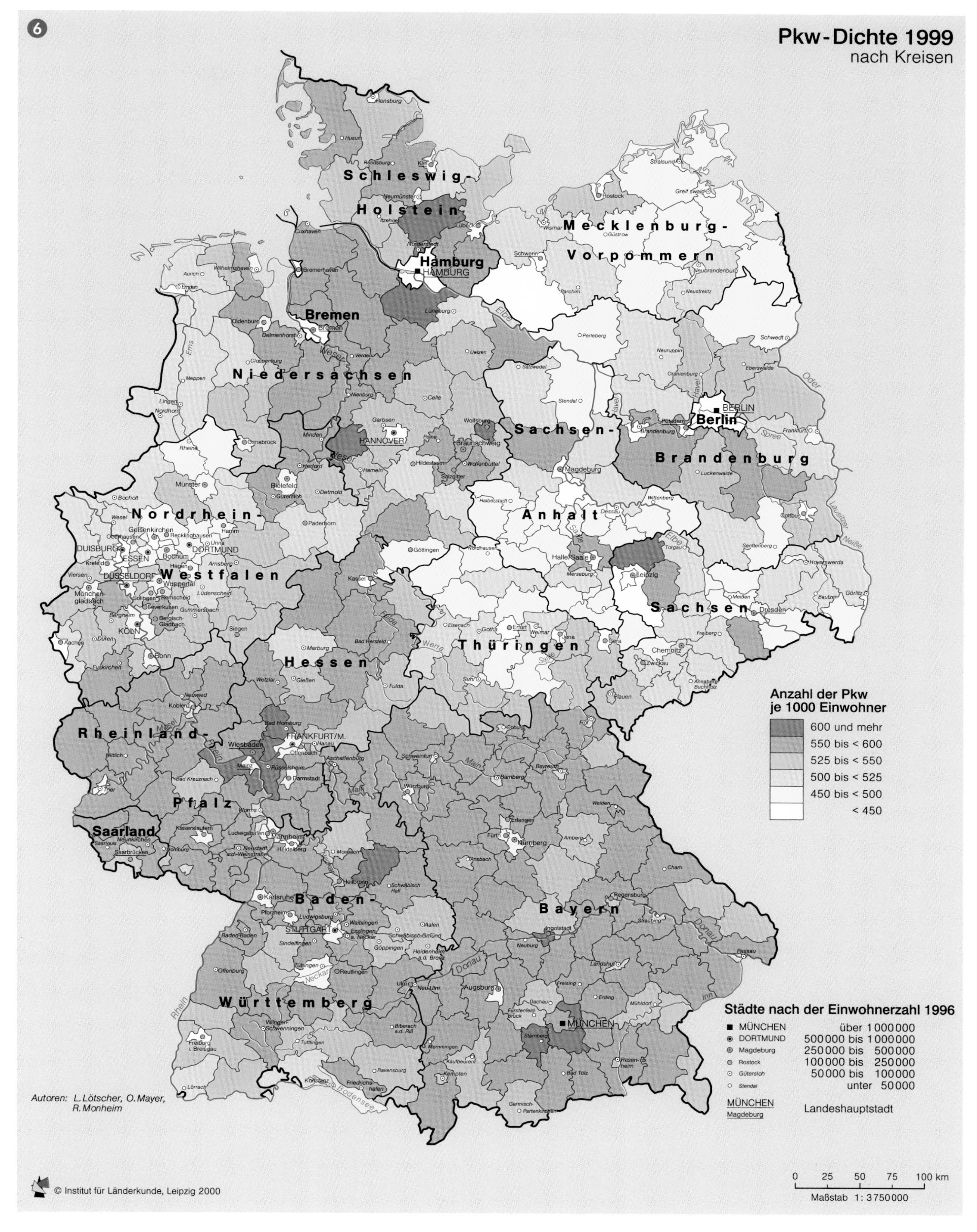

befürchtet wurde, glaubten die Entscheidungsträger, die Infrastruktur, d.h. vor allem das Straßennetz, entsprechend ausbauen zu müssen. Das bessere Angebot führte zu einer verstärkten Nachfrage und somit zu einem weiteren Anstieg der Motorisierung.

Seit 1977 wird die Pkw-Dichte in Pkw je 1000 Erwachsene statt je 1000 Einwohner angegeben. Das Sättigungsniveau sollte nach der Prognose aus diesem Jahr mit 548 Pkw je 1000 Erwachsene 1990 erreicht sein. Aber auch diese Annahme ist inzwischen überholt. Die 1999 erstellte Shell-Prognose geht davon aus, dass die Pkw-Dichte von heute 630 Pkw je 1000 Erwachsene auf 750 Pkw im Jahr 2020 ansteigen wird. Dass diese scheinbar naturgesetzliche Zunahme auch ohne „Krisenszenario" ausbleiben und sich sogar umkehren kann, zeigen die Beispiele von Freiburg und Kassel ⑤.

Entwicklung in NRW ①

In NRW betrug die Motorisierung 1955 erst 31 Pkw/1000 Ew. In den größeren Städten war der Pkw-Bestand höher als auf dem Land, vermutlich weil das Straßennetz in den Städten besser ausgebaut war, und die Bevölkerung über ein höheres Einkommen verfügte. Nur im Ruhrgebiet war die Pkw-Dichte vergleichsweise gering. Im nördlichen Ruhrgebiet befanden sich sogar die geringsten Werte von NRW.

Bis 1970 stieg die Pkw-Dichte auf etwa das Zehnfache. Besonders hohe Werte fanden sich ähnlich wie 1955 in Ostwestfalen und im südlichen Rheinland. Unterdurchschnittliche Dichten traten in den peripheren Regionen auf. Eine Trendwende mit geringeren Pkw-Dichten in den Städten deutete sich bereits an, z.B. in Köln, Wuppertal und Münster.

Bis 1985 verdoppelte sich die Pkw-Dichte in NRW. Erneut lag sie entlang des Rheins und in Ostwestfalen über dem Durchschnitt. In den großen Städten verstärkte sich die Tendenz zu geringeren Dichten als im Umland. Dies ist vermutlich darauf zurückzuführen, dass ein gutes Angebot im öffentlichen Verkehr sowie geringere Reiseweiten ein Auto nicht unbedingt erforderlich machten, andererseits Engpässe der Infrastruktur (Parken) dessen Nutzung erschwerten.

Bis 1999 stieg die Pkw-Dichte in NRW nur noch um etwa 25% auf 504 Pkw/1000 Ew. Damit hat sich die Zuwachsrate deutlich verlangsamt. Hohe Dichten finden sich im suburbanen Einzugsbereich großer Städte sowie in Ostwestfalen und in der Eifel. Die Tendenz der kreisfreien Städte zu unterdurchschnittlichen Pkw-Dichten wird jetzt noch deutlicher.◆

Räumliche Struktur des Pkw-Verkehrs

Arnd Motzkus

Methodische Erläuterung

In den Abbildungen und in der Karte wird die Pkw-Jahresfahrleistung, die die gesamte Kilometerleistung eines Privatfahrzeuges für ein Jahr umfasst, in seinen räumlichen Ausprägungen und Mustern dargestellt. Datengrundlage ist eine Fahrzeughalterbefragung im Rahmen der Fahrleistungserhebungen 1990 und 1993, die durch das Institut für angewandte Verkehrs- und Tourismusforschung e.V. Heilbronn (IVT Heilbronn) im Auftrag der Bundesanstalt für Straßenwesen (BaSt) durchgeführt wurden. Auf dieser Grundlage beauftragte das Bundesamt für Bauwesen und Raumordnung (BBR) das IVT Heilbronn mit der Erstellung des sogenannten Fahrleistungsatlas, der die Stichprobe von 34.000 Pkw zu Gesamtfahrleistungen pro Jahr und zu mittleren Fahrleistungen pro Privat-Pkw bundesweit hochgerechnet hat. Aus dem Fahrleistungsatlas geht die regional unterschiedliche Nutzungsintensität des Pkw hervor.

Die Unterschiede auf Kreisebene sind bei einer sachgerechten Interpretation mit der Einschränkung zu versehen, dass die Kreiswerte einen Durchschnitt widerspiegeln, der auf relativ geringen Stichprobenumfängen beruht. Diese Durchschnittswerte sind um so aussagekräftiger, je größer die Stichprobe ist und je geringer die Einzelangaben der befragten Pkw-Halter streuen.

Pkw-Fahrleistungen und Verkehrsverflechtungen

Für die Beurteilung der Wirkungen von Mineralölsteuererhöhungen benötigt die Raumordnung adäquate Informationen über die räumliche Struktur der Pkw-Jahresfahrleistungen. Werden die Pkw-Jahresfahrleistungen nach den vom Bundesamt für Bauwesen und Raumordnung definierten siedlungsstrukturellen Regions- und Kreistypen analysiert, so wird deutlich, dass die ländlichen Räume die höchsten Pkw-Fahrleistungen aufweisen ❶. Mit rund 14.300 km pro privatem Pkw liegen sie über dem gesamtdeutschen Durchschnitt von 13.866 km. In gleicher Weise gilt dies für die ländlichen Kreise in Agglomerationen und verstädterten Räumen. Sie verzeichnen mit 14.350 km bzw. 14.379 km einen überdurchschnittlichen Pkw-Fahrleistungswert.

Demgegenüber sind die geringsten Pkw-Fahrleistungen mit 13.160 km bzw. 13.218 km in Kernstädten der Agglomerationen und der verstädterten Räume festzustellen. Insgesamt gilt, dass die Pkw-Fahrleistungen in der Tendenz mit abnehmendem Verdichtungsgrad steigen. Anders ausgedrückt: Ein in einem ländlichen Kreis des ländlichen Raumes wohnhafter Pkw-Halter legt im Durchschnitt jährlich 10% mehr Kilometer zurück als ein Pkw-Halter der Kernstadt einer Agglomeration. Während die hohen Pkw-Fahrleistungen im ländlichen Raum auf die Fernpendelbeziehungen zurückgehen, spiegeln die hohen Pkw-Fahrleistungen im weiteren Umland der Kernstädte die intensiven Verkehrsverflechtungen über relativ große Distanzen wider. Insbesondere die Großstädte weiten ihren Einzugsbereich stetig aus. Sie ziehen quantitativ eine hohe Zahl von radialen, distanzaufwendigen Berufspendelströmen auf sich. Besonders ausgeprägt ist dieses Phänomen in Einzugsbereichen monozentrischer Agglomerationen wie Hamburg oder München. Sie sind durch ein starkes Zentrum-Peripherie-Gefälle gekennzeichnet. In polyzentralen und dispers orientierten Agglomerationen wie Rhein-Main oder Rhein-Ruhr nehmen tangentiale Verflechtungen in ihrer Bedeutung gegenüber radialen Verflechtungen zu. Die tangentialen Umlandverflechtungen sind zwar kürzer, können aber durch den ÖPNV nicht effizient bedient werden, so dass gerade hier die Pkw-Fahrleistungen entsprechend hoch ausfallen (▶▶ Beitrag Bade/Spiekermann).

Pkw-Fahrleistungen und Siedlungstypen

Die niedrigen Pkw-Fahrleistungen in den Kernstädten und hochverdichteten Gebieten sind auch auf das attraktive öffentliche Verkehrsangebot, die städtische Sozial- und Einkommensstruktur sowie auf die geringen zurückzulegenden Distanzen der Bewohner der Kernstadt und ihres näheren Umlandes zurückzuführen. Das dichte und gute Arbeitsplatz- und Versorgungsangebot in den Städten bedingt kurze Wege, die in weit höherem Maße als im ländlichen Raum nichtmotorisiert zurückgelegt werden. Demnach ist zu erwarten, dass die Fahrleistungen auch von der Zentralität und Größe des Wohnortes abhängig sind. Betrachtet man die durchschnittlichen Pkw-Fahrleistungen für die einzelnen Gemeindetypen ❶, fällt auf, dass die mittleren Fahrleistungen der sonstigen Gemeinden signifikant über denen der Ober- und Mittelzentren liegen. Die höchste mittlere Fahrleistung wird mit 14.812 km/Jahr von Pkw-Haltern der sonstigen Gemeinden in verstädterten Kreisen verstädterter Räume erzielt. Dieser Wert liegt um rund 12,5% über dem der Kernstädte in Agglomerationen (13.164 km/Privat-Pkw im Jahr). Auch eine Analyse nach Einwohnergrößenklassen der Gemeinden zeigt, dass die Pkw-Halter in Wohngemeinden unter 20.000 Einwohnern überdurchschnittliche Fahrleistungen aufweisen. Die geringsten Fahrleistungen treten bei Pkw-Haltern in mittelgroßen, kompakten Städten zwischen 100.000 und 200.000 Einwohnern auf. Diese wohnortbezogenen Werte berücksichtigen allerdings nicht die Verkehrsbelastungen des Einpendel- bzw. Zielverkehrs in die größeren Städte. Grundsätzlich liegen die Pkw-Fahrleistungen in den nicht zentralen, kleineren Gemeindetypen etwas höher als in den übergeordneten Zentren. Insgesamt fallen die Fahrleistungsunterschiede zwischen Regions-, Kreis- und Gemeindetypen wesentlich geringer aus als zunächst vielleicht erwartet.

Regionale Unterschiede der Pkw-Fahrleistungen und Motorisierungsgrad

Verlässt man die abstrakte Ebene der siedlungsräumlichen Typisierung und differenziert die Fahrleistungen nach Kreisen und Regionen West- und Ostdeutschlands, so fallen deutlich größere räumliche Unterschiede auf ❷. Auf die hohe räumliche Streuung weisen auch die in Hautzinger u.a. (2000) dargestellten Untersuchungen hin. Vor allem zwischen Ost- und Westdeutschland sind die Differenzen hochsignifikant. Die Fahrleistungen mit dem Pkw fallen in Westdeutschland wesentlich höher als in Ostdeutschland aus. Die Unterschiede wurden von Hautzinger u.a. (1996) als ausschließlich strukturell bedingt erkannt, d.h. sie sind auf Unterschiede im Pkw-Bestand zurückzuführen und weniger darauf, dass in Ostdeutschland weniger gefahren wird als in Westdeutschland. Die Unterschiede im Motorisierungsgrad zwischen Ost und West waren im Jahr 1993 noch stark ausgeprägt. Da sich die Werte jedoch mehr und mehr angleichen (▶▶ Beitrag Lötscher u.a.), verliert der Pkw-Motorisierungsgrad als Erklärungsdimension zunehmend an Bedeutung.

Innerhalb von Ostdeutschland sind in eher ländlich geprägten und strukturschwachen Gebieten niedrige Pkw-Fahrleistungen bei einem geringen Motorisierungsgrad festzustellen, beispielsweise in den Regionen Mecklenburgische Seenplatte, Altmark, Dessau, Westsachsen und Südthüringen.

Innerhalb von Westdeutschland bedeutet die geringe Motorisierung einiger ländlicher Regionen nicht zwangsläufig eine geringe Fahrleistung bzw. Pkw-Nutzungsintensität. So legt beispielsweise in peripheren Regionen Nordwestdeutschlands die geringe Gesamtzahl von Pkw-Haltern hohe Fahrleistungen aufgrund von Fernpendelbeziehungen zurück. Die geringen Fahrleistungen pro Privat-Pkw in ländlichen Regionen Süddeutschlands bei gleichzeitig hohem Motorisierungsgrad dürften dagegen einem statistischen Effekt geschuldet sein, nämlich dem Phänomen, dass die Fahrleistungen je Privat-Pkw bei einer steigenden Zahl von Pkw je Einwohner in der Tendenz sinken; in der Summe steigen die Fahrleistungen jedoch aufgrund des wachsenden Pkw-Bestandes.◆

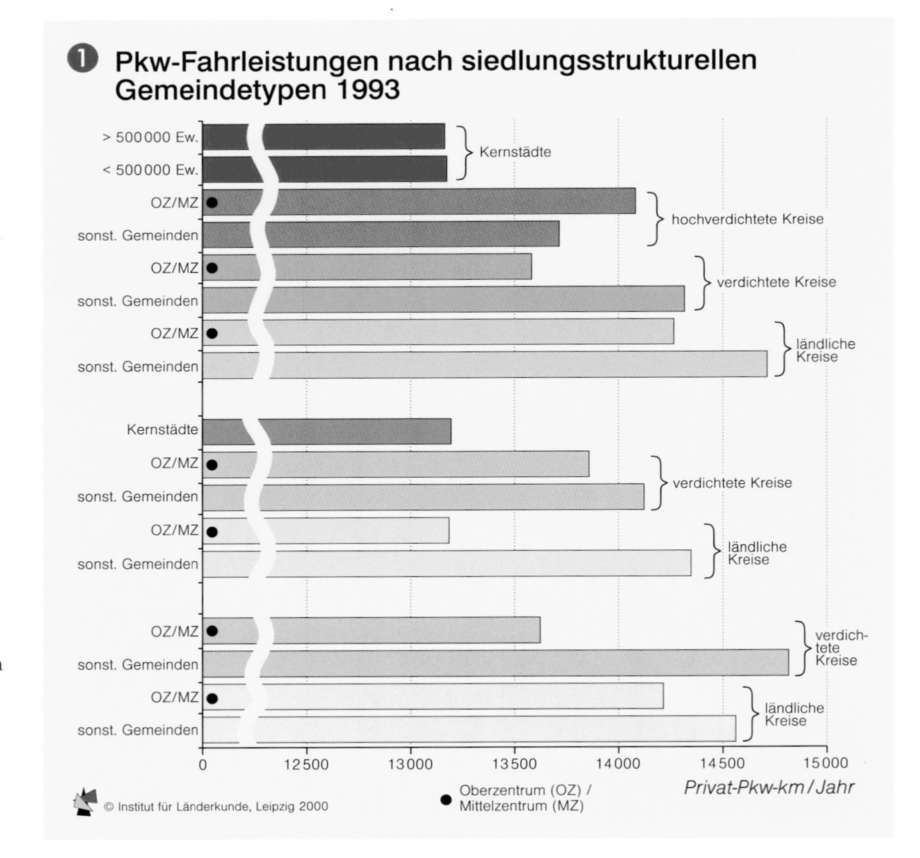

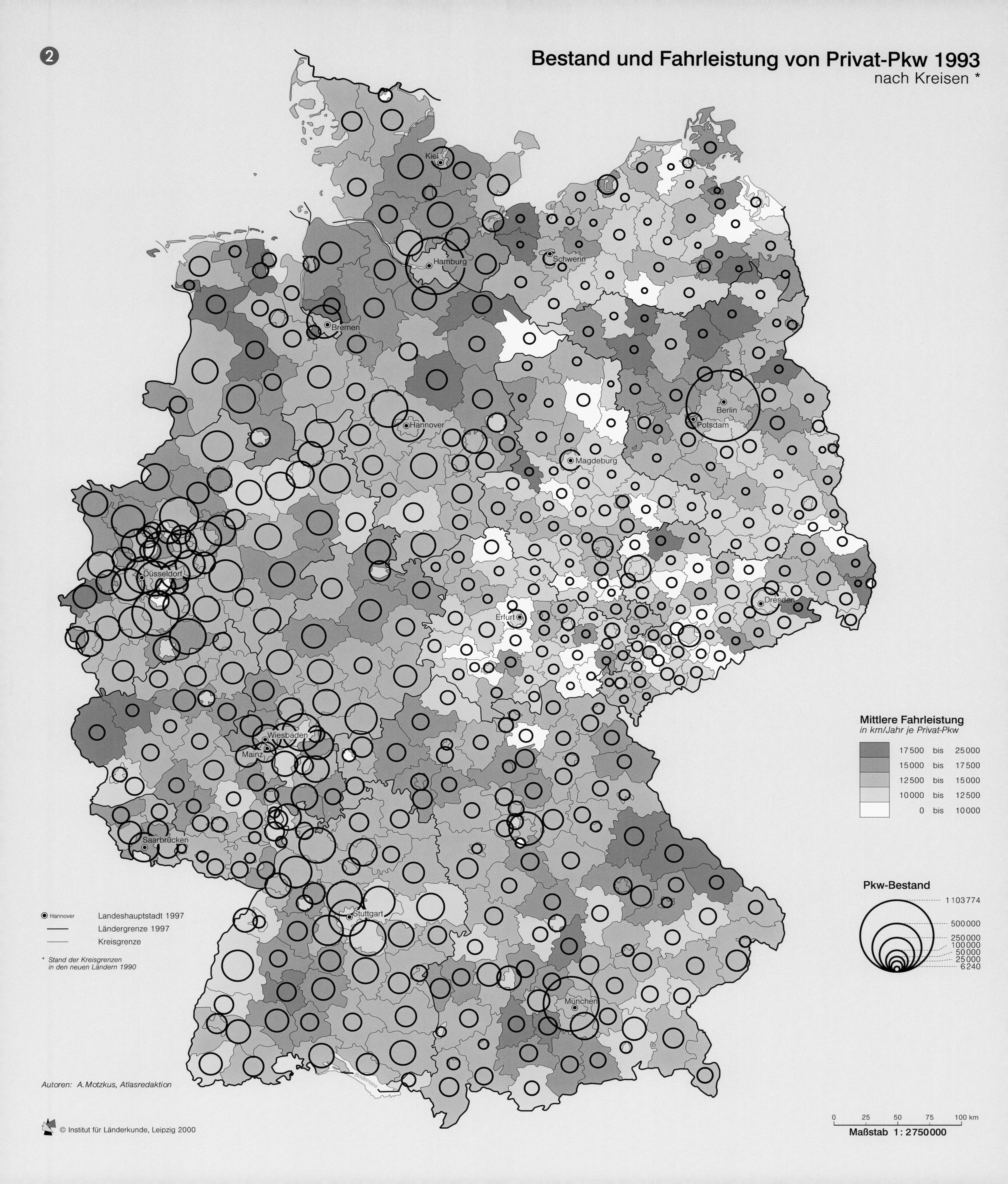
2
Bestand und Fahrleistung von Privat-Pkw 1993
nach Kreisen *
Kiel
Hamburg
Schwerin
Bremen
Hannover
Berlin
Potsdam
Magdeburg
Düsseldorf
Erfurt
Dresden
Wiesbaden
Mainz
Saarbrücken
Stuttgart
München
Bodensee
Mittlere Fahrleistung
in km/Jahr je Privat-Pkw
17 500 bis 25 000
15 000 bis 17 500
12 500 bis 15 000
10 000 bis 12 500
0 bis 10 000
Pkw-Bestand
1 103 774
500 000
250 000
100 000
50 000
25 000
6 240
Hannover Landeshauptstadt 1997
Ländergrenze 1997
Kreisgrenze
* Stand der Kreisgrenzen
in den neuen Ländern 1990
Autoren: A. Motzkus, Atlasredaktion
0 25 50 75 100 km
Maßstab 1 : 2 750 000
© Institut für Länderkunde, Leipzig 2000

Kosten der Pkw-Haltung

Christian Lambrecht

„Das Auto – der Deutschen liebstes Kind". Der Pkw als Fortbewegungsmittel nimmt in Deutschland eine bedeutende Stellung ein. So werden ca. 75% aller längeren und rund 50% aller Wege mit dem Auto zurückgelegt, und auf 1000 Erwachsene kommen im bundesweiten Durchschnitt 630 Fahrzeuge (▶▶ Beitrag Lötscher u.a. Motorisierung). Doch der Wunsch, mit dem Auto mobil zu sein, verursacht beträchtliche Kosten. Neben dem Bau der Infrastruktur und externen Kosten (▶▶ Beitrag Deiters) hat auch der Pkw selbst seinen Preis. Dieser lässt sich in Anschaffung, Kraftstoffkosten, Kfz-Steuern, Versicherungen und Sonstigem, wie Inspektion, Reparatur, Autowäsche und ähnliches, aufteilen. Einige dieser Preiskomponenten fallen individuell aus, z.B. der Kaufpreis und ob eine Teil- oder Vollkaskoversicherung abgeschlossen wird. Die Kfz-Steuern sind für einen gegebenen Autotyp überall gleich. Kraftstoffpreise sowie die Haftpflichtversicherung lassen sich dagegen regional differenzieren.

❶ Preisentwicklung für Normalbenzin
Januar 1999 - Juni 2000

DM je Liter
2,00
1,50
1,00
0,50
0,00
Steuererhöhung
Steuererhöhung
Jan 1999
Apr
Jul
Okt
Jan 2000
Apr
Monat

Dollar
Verbraucherpreis
Mineralöl- u. Ökosteuer
Produktenimportpreis
Mehrwertsteuer
Sonstiges*

* Aufwand für Transport, Lagerhaltung, gesetzliche Bevorratung, Verwaltung, Vertrieb und Gewinn

Kraftstoffpreise

Die Kraftstoffpreise setzen sich aus dem Produktenimportpreis, der Mineralöl- und Ökosteuer, der Mehrwertsteuer, dem Aufwand für Transport, Lagerhaltung und gesetzliche Bevorratung, den Verwaltungs- und Vertriebskosten sowie dem Gewinn zusammen ❶. Der Produktenimportpreis steht dabei in direkter Abhängigkeit vom Rohölpreis, der in Dollar festgelegt wird, d.h. er schwankt nicht nur infolge einer Veränderung des Rohölpreises, sondern auch bei einer Veränderung der Relation von Dollar und Euro. Als konstant können dagegen die Mineralölsteuer und – als relative Konstante in Abhängigkeit vom Nettopreis – die Mehrwertsteuer angesehen werden. Bis auf den Gewinn sind auch die anderen Preiskomponenten relativ feststehend. Regionale Abweichungen sind also von unterschiedlichen Gewinnmargen an den einzelnen Tankstellen abhängig und entstehen im lokalen Wettbewerb.

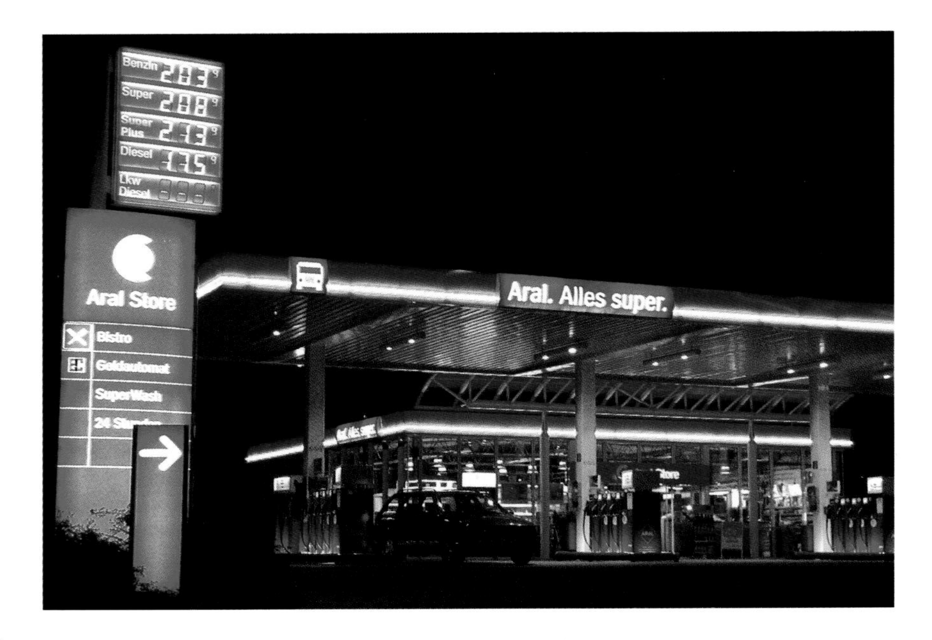

Als Wettbewerber treten – neben den Markentankstellen der Mineralölgesellschaften – die freien und die zu Einkaufszentren gehörenden Tankstellen auf. Dabei sind in der Regel die mit Lockangeboten agierenden Tankstellen der Einkaufszentren die Preisbildner. Fällt der bundesdurchschnittliche Preis bei den Markentankstellen durch den Markteinfluss unter eine bestimmte Gewinnschwelle, werden die Preise angehoben, was sich auch auf die Mitbewerber auswirkt, da diese ihre Kraftstoffe über die Großhändler der Mineralölgesellschaften beziehen.

Drei Befragungen von jeweils einer Markentankstelle pro Kreis innerhalb eines Jahres lassen dabei auch über den gesamten Zeitraum wirkende regionale Differenzierungen erkennen ❷. Generell zeigt sich ein Gefälle zwischen den alten und den neuen Ländern. Dies lässt sich mit einem Abschöpfen der höheren Kaufkraft in den alten Ländern erklären

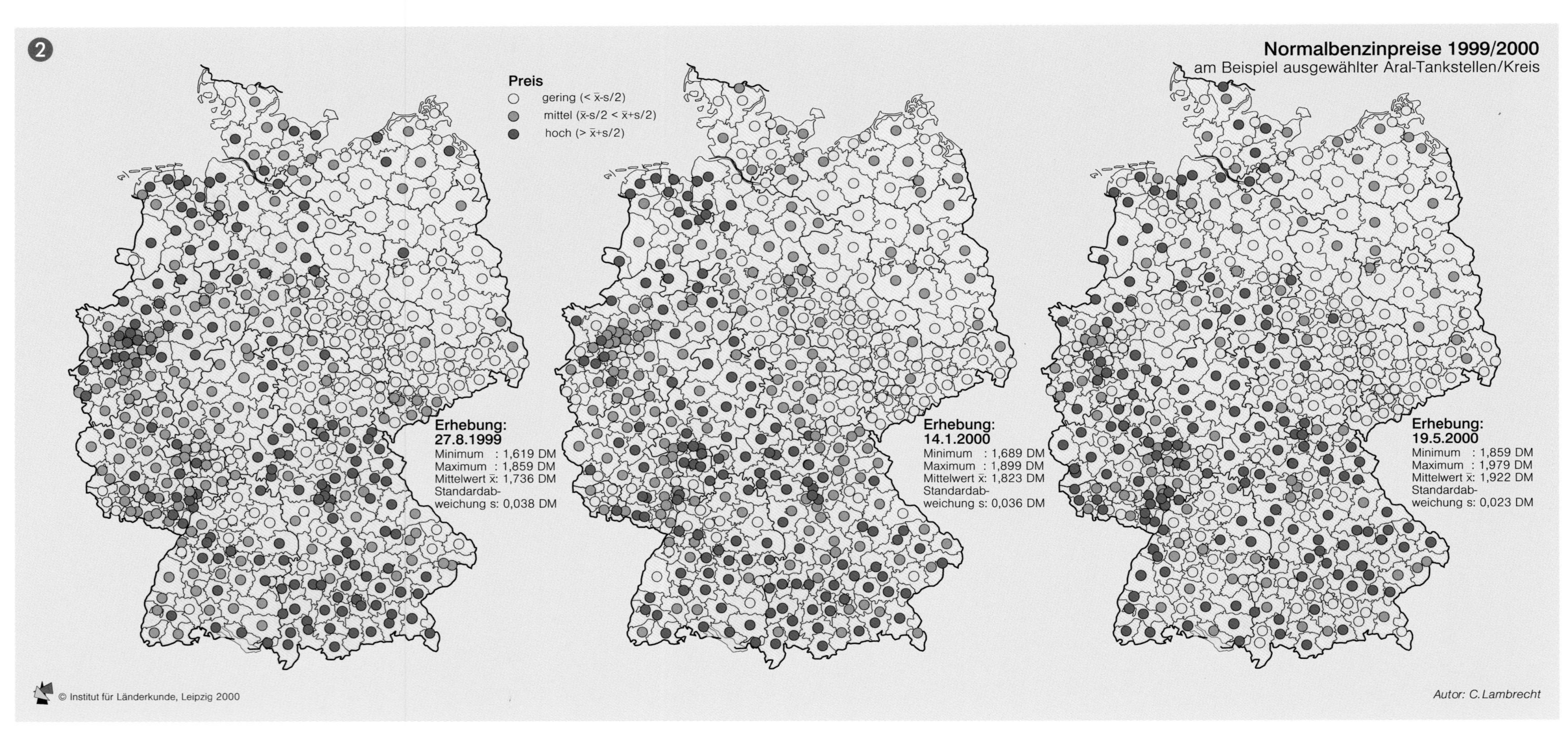

(▶▶ Beitrag Henschel u.a.). Die Gebiete mit konstant niedrigen Preisen liegen fast ausschließlich in den neuen Ländern in einem Korridor von Wismar bis zum Vogtland und der Region um Dresden. Den einzigen zusammenhängenden Bereich in den alten Ländern bildet die Region um Heilbronn. Dagegen befinden sich alle Gebiete mit konstant hohen Preisen in den alten Ländern, vor allem in Bayern mit dem westlichen Unterfranken und der Region nordöstlich und südwestlich von München sowie in Niedersachsen rund um den Jadebusen. Mit zunehmender Höhe der Kraftstoffpreise werden die Unterschiede zwischen dem höchsten und dem niedrigsten Preis geringer. Es ist eine Abnahme von 24 auf 12 Pfennige zu verzeichnen, und auch die Standardabweichung fällt von 3,8 auf 2,3 Pfennig. Bei einer Kontrolluntersuchung nach Ablauf von einem Jahr hat sich gezeigt, dass sich dieser Trend fortsetzt, d.h. die Preiselastizität der Nachfrage lässt – räumlich gesehen – mit steigendem Preis nach.

Haftpflichtversicherung

Die Kosten für die Haftpflichtversicherung werden von individuellen Faktoren bestimmt. Neben dem Autotyp spielt auch die Schadenfreiheitsklasse eine wichtige Rolle. Aber es existiert auch eine räumliche Komponente, die in die Berechnung der Gesamtsumme mit einfließt, die sog. Regionalklassen. Sie werden vom Gesamtverband der Deutschen Versicherungswirtschaft (GDV) auf Basis der Schadensanzahl pro 1000 Autos und der durchschnittlichen Schadenshöhe (▶▶ Beitrag Klein/Löffler) je Zulassungsbezirk berechnet. Die Zahl der Zulassungsbezirke beträgt 446 gegenüber 440 Kreisen und kreisfreien Städten in der Bundesrepublik. Dabei werden in fünf Landkreisen die jeweils dominierenden Städte (Bad Kreuznach, Göttingen, Idar-Oberstein, Lahnstein, Neuwied) separat und außerdem Völklingen getrennt von Saarbrücken berechnet.

Die räumliche Verteilung der Regionalklassen zeigt ❸, dass die beiden höchsten Klassen nur von ostdeutschen Großstädten besetzt werden. Den höchsten Wert besetzt Dresden. Regionale Konzentrationen höherer Klassen sind an der Ostseeküste Mecklenburg-Vorpommerns, in Thüringen sowie im südlichen Bayern zu verzeichnen. Die günstigsten Gebiete liegen im niedersächsischen Bereich des Harzes mit dem niedrigsten Wert für Goslar und im Raum Schwäbisch Hall/Waiblingen. Erklärungen für das räumliche Verteilungsmuster sind aus Sicht des GDV nicht bekannt und in der Regel von individuellen örtlichen Gegebenheiten, wie z.B. verfehlter baulicher Infrastruktur, die zu Unfallschwerpunkten führt, abhängig. Bei der Zuordnung ostdeutscher Großstädte zu den höchsten Regionalklassen könnte aus Sicht des Autors ein spezifisches statistisches Phänomen eine Rolle spielen. Faktisch weisen die betreffenden Städte eine höhere Pkw-Grundgesamtheit auf. Doch wird diese Anzahl nicht berücksichtigt, da eine hohe Dunkelziffer zugezogener überwiegend westdeutscher Beschäftigter ihren Pkw nicht an ihrem neuen Lebensmittelpunkt anmelden. Dieses Phänomen kann den Faktor „Schadensanzahl pro 1000 Autos" erheblich beeinflussen.

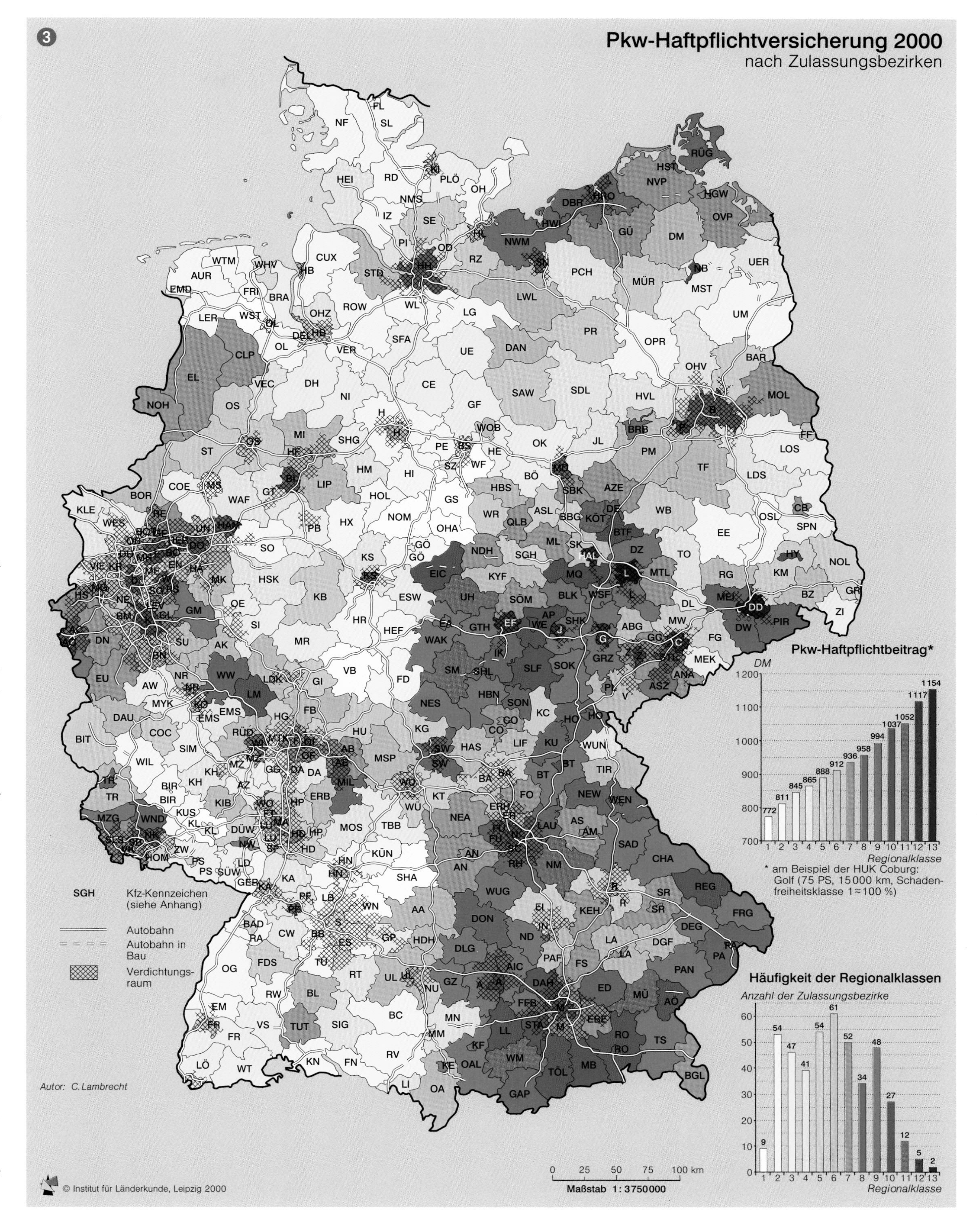

Sowohl die regionale Differenzierung der Benzinpreise als auch die Regionalklassen bei der Haftpflichtversicherung unterliegen einem stetigen Wechsel. Kurz- bis mittelfristig wird sich jedoch an den generellen regionalen Differenzierungen kaum etwas ändern, da rasche Veränderungen auf den lokalen Kraftstoffmärkten oder beim Fahrverhalten der Autofahrer nicht zu erwarten sind. Räumlich gesehen bedeutet dies, dass das Autofahren mit Blick auf die Kraftstoffkosten und die Haftpflichtversicherung in Brandenburg eher günstiger und in großen Teilen Bayerns eher teuer bleiben wird.◆

ÖPNV in Städten und Stadtregionen

Jürgen Deiters

❶ Bahnsysteme des öffentlichen Personennahverkehrs

Städte	Einwohner (1998)	Bahnsystem[1]	Streckenlänge (km) gesamt in Betrieb	Streckenlänge (km) in Bau bzw. geplant[2]	Linienlänge in Betrieb (km)
Augsburg	249978	Strb	30,9	7,6	34,4
Berlin	3407252	S-Bahn	323,9	8,2	565,1
		U-Bahn	152,2	0,5	179,2
		Strb	181,6	?	413,0
Bielefeld	323140	Sb	27,0	4,5	55,5
Bochum	684680	Sb	102,4	3,7	127,0
Bonn	320352	Sb	55,5	–	125,7
Brandenburg	81489	Strb	22,8	–	37,9
Braunschweig	242593	Strb	34,7	5,2	113,6
Bremen	544441	Strb	63,4	11,8	99,3
Chemnitz	251696	Strb	25,6	2,6	49,1
Cottbus	113000	Strb	23,7	1,4	30,4
Darmstadt	137393	Strb	36,2	4,0	77,1
Dessau	86000	Strb	6,8	6,0	10,7
Dortmund	593289	Sb	76,3	–	108,8
Dresden	456320	S-Bahn	0,0	25,3	90,9[3]
		Strb	130,6	8,8	214,3
Duisburg	524384	Sb	58,7	3,6	99,0
Düsseldorf	568879	Sb	145,7	2,1	291,8
Erfurt	201069	Strb	31,6	11,9	49,4
Essen	604991	Sb	68,9	5,5	109,1
Frankfurt/Main	651090	Sb	117,3	1,7	1.865,7
Frankfurt/Oder	75132	Strb	20,6	–	46,4
Freiburg	200316	Strb	24,1	4,0	34,9
Gera	117008	Strb	13,2	3,1	14,5
Görlitz	64100	Strb	11,0	1,0	13,2
Gotha	52000	Strb	25,7	0,4	36,3
Halberstadt	42600	Strb	9,6	–	11,7
Halle	261360	S-Bahn	23,0	–	23,0
		Strb	73,6	9,4	197,9
Hamburg	1704700	S-Bahn	110,3	3,0	212,4
		U-Bahn	100,7	–	100,7
		Strb	–	–	–
Hannover	520372	S-Bahn	249,0	–	?
		Sb	108,4	3,6	181,7
Heidelberg	139961	Strb	20,7	6,0	32,8
Jena	100000	Strb	21,9	–	60,6
Karlsruhe (VBK)[4]	267598	Sb	63,3 (365,5)	10,0 (54,0)	111,6 (471,0)
Kassel	198000	Strb	51,1	–	118,0
Köln	1011912	Sb	186,0	10,4	289,7
Krefeld	240922	Strb	37,7	2,0	46,5
Leipzig	427217	Strb	152,8	0,5	298,8
Ludwigshafen	167822	Strb	30,2	–	52,6
Magdeburg	258713	S-Bahn	38,7	–	38,7
		Strb	59,0	13,0	123,6
Mainz	200934	Strb	19,2	–	31,4
Mannheim	319000	Sb	59,2	–	125,6
Mülheim	175128	Sb	39,2	–	42,7
München	1188953	S-Bahn	413,0	–	517,0
		U-Bahn	85,0	14,7	137,6
		Strb	71,2	–	98,2
Nordhausen	45379	Strb	6,6	1,3	7,8
Nürnberg	489758	S-Bahn	41,0	26,0	41,0
		U-Bahn	29,8	7,3	29,8
		Strb	36,3	–	42,1
Oberhausen	222431	Strb	8,5	6,6	8,5
Pirna	38000	Strb	7,9	–	7,8
Plauen	66359	Strb	17,5	–	34,9
Potsdam	135757	Strb	28,2	1,4	56,6
Rostock	206000	S-Bahn	60,0	27,0	86,0
		Strb	22,3	13,7	86,4
Saarbrücken[4]	185000	Sb	5,8 (19,3)	23,0	5,8
Schöneiche	12000	Strb	14,5	–	14,5
Schwerin	104468	Strb	22,2	–	43,1
Strausberg	27000	Strb	6,2	–	6,0
Stuttgart	554783	S-Bahn	175,0	3,3	246,0
		Sb	113,8	20,5	153,8
Ulm	111912	Strb	5,5	–	5,5
Woltersdorf	6400	Strb	5,6	–	5,6
Würzburg	125787	Strb	21,6	1,2	39,8
Zwickau	99466	Strb	15,1	4,3	19,1

[1] *Erläuterung im Text*
[2] *Inbetriebnahme bis 2005*
[3] *S-Bahn-Vorlaufbetrieb (keine eigenen Gleise)*
[4] *in Klammern die von der Stadtbahn außerhalb des Stadtgebietes befahrenen DB-Strecken*

Strb – Straßenbahn
Sb – Stadtbahn

Der öffentliche Personennahverkehr (▸ ÖPNV) bildet das Rückgrat des Stadt- und Regionalverkehrs. Unter der Zielsetzung nachhaltiger Entwicklung kommt ihm eine Schlüsselstellung zur Eindämmung des motorisierten Individualverkehrs (MIV) zu. In den Verdichtungsräumen sollen attraktive Nahverkehrssysteme Bewohner und Umwelt vom Autoverkehr entlasten und die Städte funktionsfähig sowie lebenswert erhalten. In der Fläche kommt dem ÖPNV hauptsächlich die Aufgabe zu, im Rahmen der Daseinsvorsorge die Mobilität von Bevölkerungsgruppen ohne Pkw-Verfügbarkeit sicherzustellen.

ÖPNV mit Wachstumstendenzen

Die Entwicklung des ÖPNV im vereinten Deutschland ist durch einen Aufwärtstrend gekennzeichnet. Von 1991 bis 1999 wurden im Durchschnitt rund 3% mehr Fahrgäste befördert; die ▸ Verkehrsleistung stieg sogar um nahezu 6% an. Nach Angaben des Statistischen Bundesamtes hält dieser Trend auch im Jahr 2000 an. Allerdings nahm im gleichen Zeitraum der Pkw-Verkehr (Verkehrsaufkommen im MIV) um 10% zu (▸▸ Beitrag Lötscher u.a.).

Die Entwicklungstendenzen des ÖPNV in West- und Ostdeutschland werden immer noch stark durch die völlig unterschiedlichen Ausgangsbedingungen nach der Wende bestimmt. Während die ÖPNV-Unternehmen im alten Bundesgebiet seit Ende der achtziger Jahre durch Einsatz moderner Busse und Bahnen mit Niederflurtechnik, durch Fahrplanverdichtung, Ausweitung des Liniennetzes und kundenfreundliche Tarife die Fahrgastzahlen bis Mitte der neunziger Jahre um mehr als ein Viertel steigern konnten, verloren die Verkehrsbetriebe in den neuen Ländern mehr als die Hälfte ihres früheren ▸ Fahrgastaufkommens.

Umbruch und Neubeginn in Ostdeutschland

Bis 1990 führten Leipzig, Halle und Erfurt mit einem Wege- bzw. Fahrtenanteil des sog. Umweltverbundes (ÖPNV, Fahrrad, zu Fuß) von zwischen 63 und 68% eine Rangliste deutscher Großstädte nach dem Grad der Umweltverträglichkeit der Verkehrsmittelwahl an – vor Münster, München, Hannover und Freiburg. Auch nach dem Indikator ▸ „spezifische Fahrtenhäufigkeit im ÖPNV" waren bis 1990 ostdeutsche Großstädte die Spitzenreiter (Erfurt mit jährlich 502, Dresden mit 434 und Leipzig mit 386 Fahrten pro Einwohner). In den alten Ländern kommt nur die Stadt München mit inzwischen 336 Fahrten pro Einwohner und Jahr dieser Größenordnung nahe.

Die unterschiedlichen Entwicklungstendenzen des ÖPNV in den alten und neuen Ländern zeigen sich deutlich beim Vergleich von je zehn ausgewählten Städten ❷. In den ostdeutschen Städten war nach 1990 ein deutlicher Einbruch des Fahrgastaufkommens zu erkennen, für den neben der rasanten Motorisierung die Notwendigkeit wirtschaftlicher Betriebsführung mit der Folge von Fahrpreiserhöhungen maßgeblich war. Während diese Entwicklung noch immer fortwirkt (z.B. in Leipzig), verzeichnen die westdeutschen Verkehrsbetriebe eine stabile bis steigende Fahrgastnachfrage. Dabei wird die spezifische Fahrtenhäufigkeit im ÖPNV offensichtlich nicht allein von der Stadtgröße und vom jeweiligen Nahverkehrssystem (Straßen-/Stadtbahn oder reiner Busbetrieb) bestimmt.

Für den tiefgreifenden Strukturwandel des städtischen Nahverkehrs in den neuen Ländern sind die Verhältnisse in Dresden exemplarisch. 1991 hatte die private Motorisierung mit 290 Pkw je 1000 Einwohner bereits ein Niveau erreicht, das nach einer Prognose von 1989 erst für das Jahr 2000 erwartet worden war. Der ÖPNV-Anteil im Berufsverkehr war von 46% (1987) auf 30% gefallen. Die Dresdner Verkehrsbetriebe, die 1990 als Eigenbetrieb der Stadt noch 4200 Mitarbeiter beschäftigten, 254 Mio. Fahrgäste beförderten, 195 Mio. DM dafür einnahmen und bei einem Kostendeckungsgrad von 17% Zuschüsse der Stadt in Höhe von 200 Mio. DM erforderten, beschäftigten als Aktiengesellschaft 1998 nur noch 2100 Mitarbeiter – mit weiter abnehmender Tendenz –, beförderten 133 Mio. Fahrgäste und erreichten einen Kostendeckungsgrad von über 50%. In Leipzig (1990: 255 Mio. Fahrgäste) ist der Tiefpunkt der Entwicklung (1998: 79 Mio. Fahrgäste) überwunden; 1999 waren es über 91 Mio. Fahr- →

❷ Spezifische Fahrtenhäufigkeit im ÖPNV 1990-1998 (ausgewählte Städte)

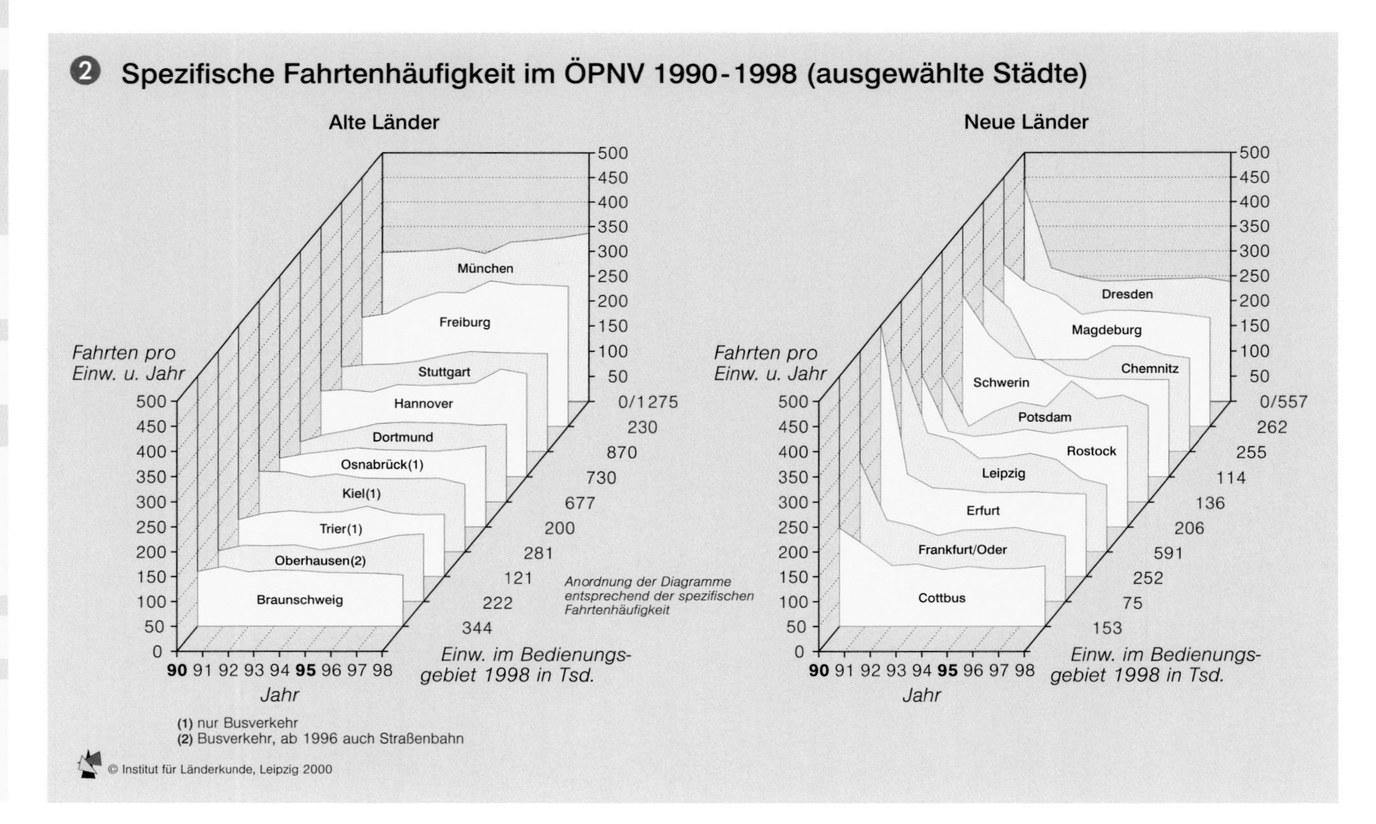

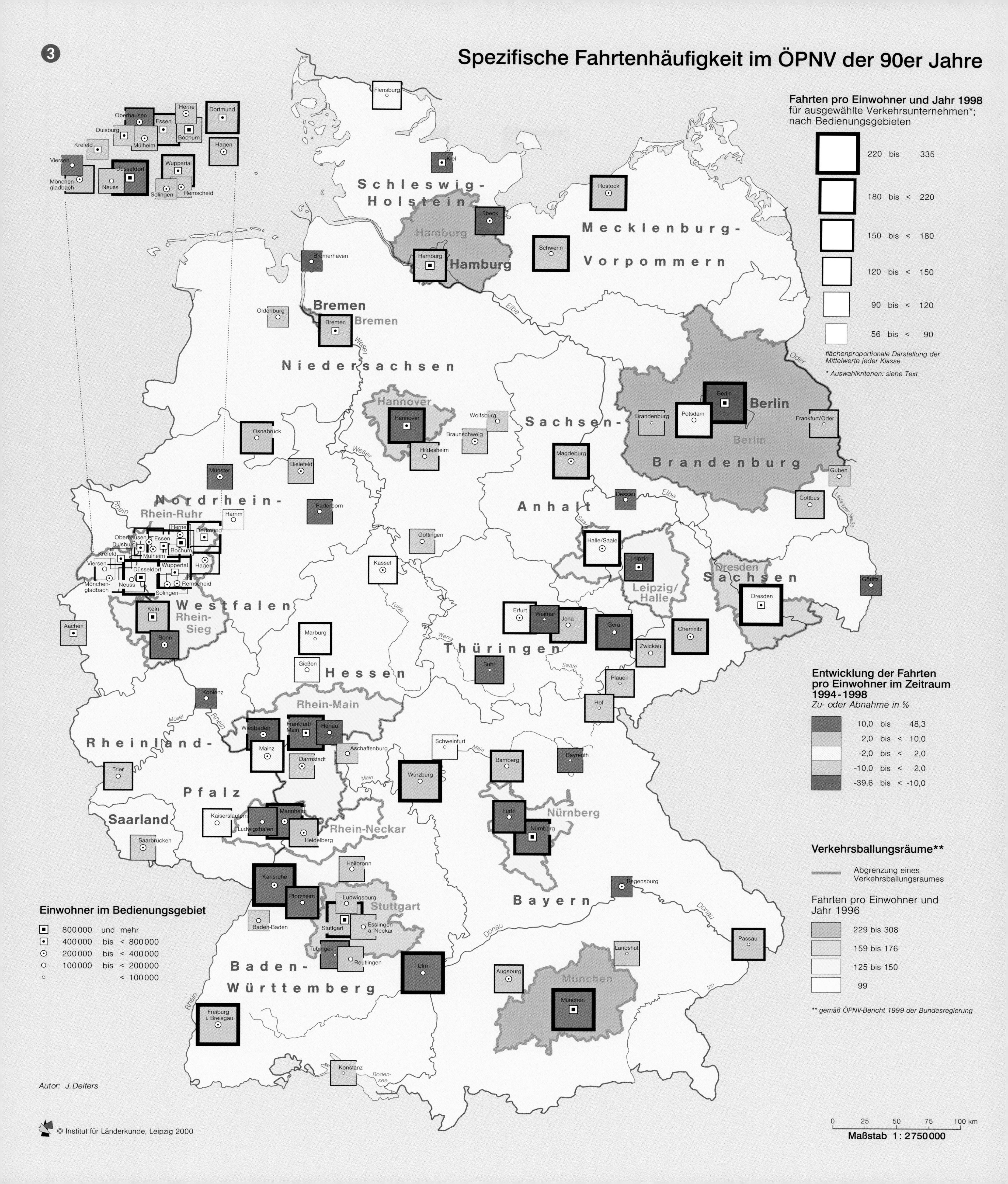
3
Spezifische Fahrtenhäufigkeit im ÖPNV der 90er Jahre
Fahrten pro Einwohner und Jahr 1998
für ausgewählte Verkehrsunternehmen*;
nach Bedienungsgebieten
220 bis 335
180 bis < 220
150 bis < 180
120 bis < 150
90 bis < 120
56 bis < 90
flächenproportionale Darstellung der Mittelwerte jeder Klasse
* Auswahlkriterien: siehe Text
Entwicklung der Fahrten pro Einwohner im Zeitraum 1994-1998
Zu- oder Abnahme in %
10,0 bis 48,3
2,0 bis < 10,0
-2,0 bis < 2,0
-10,0 bis < -2,0
-39,6 bis < -10,0
Verkehrsballungsräume**
Abgrenzung eines Verkehrsballungsraumes
Fahrten pro Einwohner und Jahr 1996
229 bis 308
159 bis 176
125 bis 150
99
** gemäß ÖPNV-Bericht 1999 der Bundesregierung
Einwohner im Bedienungsgebiet
800 000 und mehr
400 000 bis < 800 000
200 000 bis < 400 000
100 000 bis < 200 000
< 100 000
Schleswig-Holstein
Mecklenburg-Vorpommern
Niedersachsen
Sachsen-Anhalt
Brandenburg
Nordrhein-Westfalen
Hessen
Thüringen
Sachsen
Rheinland-Pfalz
Saarland
Baden-Württemberg
Bayern
Hamburg
Bremen
Berlin
Hannover
Rhein-Ruhr
Rhein-Sieg
Rhein-Main
Rhein-Neckar
Leipzig/Halle
Dresden
Stuttgart
Nürnberg
München
Flensburg
Kiel
Lübeck
Rostock
Schwerin
Bremerhaven
Oldenburg
Osnabrück
Bielefeld
Münster
Paderborn
Hamm
Wolfsburg
Braunschweig
Hildesheim
Magdeburg
Potsdam
Frankfurt/Oder
Guben
Cottbus
Dessau
Halle/Saale
Leipzig
Göttingen
Kassel
Görlitz
Erfurt
Weimar
Jena
Gera
Chemnitz
Zwickau
Plauen
Hof
Suhl
Marburg
Gießen
Aachen
Köln
Bonn
Koblenz
Wiesbaden
Frankfurt/Main
Hanau
Mainz
Darmstadt
Aschaffenburg
Schweinfurt
Würzburg
Bamberg
Bayreuth
Trier
Kaiserslautern
Ludwigshafen
Mannheim
Heidelberg
Saarbrücken
Fürth
Nürnberg
Heilbronn
Karlsruhe
Pforzheim
Ludwigsburg
Baden-Baden
Stuttgart
Esslingen a. Neckar
Tübingen
Reutlingen
Ulm
Regensburg
Passau
Landshut
Augsburg
München
Freiburg i. Breisgau
Konstanz
Dortmund
Herne
Oberhausen
Essen
Duisburg
Bochum
Mülheim
Krefeld
Hagen
Viersen
Düsseldorf
Wuppertal
Mönchen-gladbach
Neuss
Solingen
Remscheid
Elbe
Weser
Oder
Rhein
Mosel
Main
Fulda
Werra
Saale
Donau
Inn
Lausitzer Neiße
Bodensee
Autor: J. Deiters
0 25 50 75 100 km
Maßstab 1 : 2 750 000

Beförderungsfall – Ortsveränderung/Fahrt eines Fahrgastes (beförderte Person) im öffentlichen Nahverkehr von der Einstiegs- zur Zielhaltestelle (Beförderungsweite); statistische Grundlage zur Ermittlung des Fahrgastaufkommens und der Verkehrsleistung

Fahrgastaufkommen – Anzahl der beförderten Personen (Beförderungsfälle) für einen bestimmten Zeitraum (i.d.R. Jahr); allgemein: Verkehrsaufkommen

ÖPNV – Öffentlicher Personennahverkehr, im weiteren Sinne Bezeichnung für die Gesamtheit öffentlicher Verkehrssysteme; im engeren Sinne für straßengebundenen öffentlichen Linienverkehr. Neben dem Busverkehr gehören Straßenbahnen, U- und Stadtbahnen dazu; sie unterliegen den Vorschriften der „Verordnung über den Bau und Betrieb der Straßenbahnen" (BOStrab). Zusammen mit dem Gelegenheitsverkehr (Reisebusse) bildet der ÖPNV den öffentlichen Straßenpersonenverkehr.

Regionalbahn – Regionalbahnen bedienen das Umland großer Städte und damit auch dünner besiedelte Gebiete. Sie sind Teil des ÖPNV und unterliegen als Schienenpersonennahverkehr (SPNV) den Normen des Eisenbahnverkehrs (Eisenbahngesetz). Als Träger und Betreiber der Bahnen kommen neben der DB AG durch Ausschreibung zunehmend NE-Bahnen (nicht bundeseigene Privatbahnen) zum Zuge (2-5 Tsd. Fahrgäste/Tag).

S-Bahn – gehört zum Schienenpersonennahverkehr und unterliegt den Normen des Eisenbahnverkehrs; im Unterschied zur Regionalbahn bedienen die S-Bahnen dichtbesiedelte Achsen in Ballungsräumen. Träger und Betreiber sind die DB AG bzw. deren Tochtergesellschaften (20-120 Tsd. Fahrgäste/Tag).

spezifische Fahrtenhäufigkeit – Anzahl der Fahrten bzw. Beförderungsfälle im ÖPNV pro Einwohner und Jahr; für Stadtvergleiche geeigneter Indikator, da er von der Einwohnerzahl und deren Entwicklung unabhängig ist.

Stadtbahn – elektrische Schienenbahnen für den Nahverkehr, die sich aus Straßenbahnen weiterentwickelt und z.T. Elemente der U-Bahn (Untertunnelung der Innenstadt) übernommen haben; in der Leistungsfähigkeit liegen sie zwischen Straßenbahnen und U-Bahnen (20-100 Tsd. Fahrgäste/Tag).

Straßenbahn – Straßenbahnen verkehren überwiegend im Straßenbereich, zunehmend auf eigenem Gleiskörper. Haltestellen sind ebenerdig; im Unterschied zur Stadtbahn fahren Straßenbahnen überwiegend auf Sicht (10–30 Tsd. Fahrgäste/Tag).

U-Bahn – Öffentliches Verkehrsmittel mit den höchsten Fahrgastzahlen (100–200 Tsd. Fahrgäste/Tag) auf unabhängigem Bahnkörper mit Zugsicherung; im Kernbereich der Städte vornehmlich im Tunnel, z.T. auch in Hochlage; im Außenbereich aus Kostengründen auch ebenerdig geführt.

Verkehrsballungsräume – für Zwecke der ÖPNV-Berichterstattung des Bundesverkehrsministeriums in Anlehnung an die siedlungsstrukturellen Kreistypen des BBR auf Kreisebene abgegrenzte Räume. Die übrigen Räume bezeichnet man als „Fläche".

Verkehrsleistung – ergibt sich durch Multiplikation der Beförderungsfälle mit der jeweils zurückgelegten Entfernung (Beförderungsweite) und wird in Personenkilometern (Pkm) gemessen.
(nach BMVBW 1999 und VDV 2000)

gäste, und innerhalb der nächsten zehn Jahre wollen die Leipziger Verkehrsbetriebe jährlich mehr als 100 Mio. Fahrgäste befördern.

Strukturelle Unterschiede im Bundesgebiet

Karte ❸ zeigt die ▸ spezifische Fahrtenhäufigkeit im ÖPNV und deren Entwicklung 1994-1998 für nahezu 100 Städte im Bundesgebiet. Ausgewählt wurden städtische Verkehrsunternehmen mit mindestens 100 Fahrten pro Einwohner im Einflussbereich 1998 oder – bei geringerer Fahrtenhäufigkeit – einem Bedienungsgebiet mit wenigstens 100.000 Personen, von denen aber mindestens die Hälfte in der Stadt wohnt, in der das Verkehrsunternehmen seinen Sitz hat (um ÖPNV in der Fläche auszuschließen). Die Karte zeigt darüber hinaus die Zugehörigkeit der Städte zu einem der 13 ▸ Verkehrsballungsräume, die 17% der Fläche, 42% der Bevölkerung und 63% des ÖPNV-Aufkommens der Bundesrepublik umfassen.

Auf den ersten Blick fällt die Häufung von Städten mit einer starken und weiter zunehmenden Stellung des ÖPNV in Süddeutschland auf. Anhand der Ortssignaturen lässt sich darüber hinaus die Größenklasse des jeweiligen Bedienungsgebietes (Einwohner 1998) ablesen. So weist z.B. die Stadt Würzburg (126.000 Ew. im Einflussgebiet) mit 288 ÖPNV-Fahrten pro Einwohner eine Spitzenposition unter den ÖPNV-freundlichen Städten auf – hinter München (335 Fahrten pro Ew.) und vor Freiburg (279/Ew.) und Karlsruhe (270/Ew.). Die beiden Oberrhein-Städte besitzen Vorbildcharakter für innovative, kundenfreundliche Tarifsysteme und für die Verknüpfung von Straßenbahn- und Eisenbahnstrecken zu regionalen Stadtbahnnetzen („Karlsruher Modell", s. unten). Es war in Freiburg, wo 1984 erstmals die „Umweltschutzkarte" als übertragbare Monatsnetzkarte für Busse und Bahnen eingeführt wurde.

Auch in den neuen Ländern treten hohe Werte der spezifischen Fahrtenhäufigkeit in Erscheinung. Dresden nimmt mit 238 Fahrten pro Einwohner 1998 den fünften Rang hinter den genannten süddeutschen Städten ein. In der Klasse 180 bis 220 Fahrten pro Einwohner (14 Städte) finden sich allein acht ostdeutsche Städte, deren Fahrgastentwicklung im Verhältnis zur Einwohnerzahl allerdings eher stagniert oder gar rückläufig ist und damit den zum Teil dramatischen Einwohnerrückgang noch übertrifft. Unter den ostdeutschen Städten mit einer Zunahme der spezifischen Fahrtenhäufigkeit sind nur in Gera und Suhl die Fahrgastzahlen von 1994 bis 1998 tatsächlich angestiegen (um 7 bis 8 %).

Des Weiteren fällt in der Karte auf, dass die Städte im Verdichtungsraum Rhein-Ruhr mit Ausnahme von Düsseldorf, Köln und Bonn nicht gerade „Hochburgen" des ÖPNV sind, denn sie weisen in einwohnerstarken Bedienungsgebieten relativ schwache Ausprägungen des Indikators ÖPNV-Fahrtenhäufigkeit auf. Das gilt auch für Ostwestfalen (Bielefeld, Paderborn) und das Münsterland, wobei die Stadt Münster das Defizit im ÖPNV durch einen ungewöhnlich hohen Radverkehrsanteil ausgleicht (▸▸ Beiträge Lötscher u.a.).

Trotz der geradezu dramatischen Fahrgastverluste ostdeutscher Verkehrsunternehmen nach der Wende (das Fahrgastaufkommen sank 1989-1993 um 58%) besitzt der städtische Nahverkehr in den neuen Ländern immer noch eine stärkere Marktposition (196 Fahrten pro Einwohner 1998) als in den alten Ländern (155/Ew.). Diese Überlegenheit gilt für alle Stadtgrößenklassen und tritt am deutlichsten in Städten mit einem Bedienungsgebiet von 200 bis 400 Tausend Einwohnern hervor ❹.

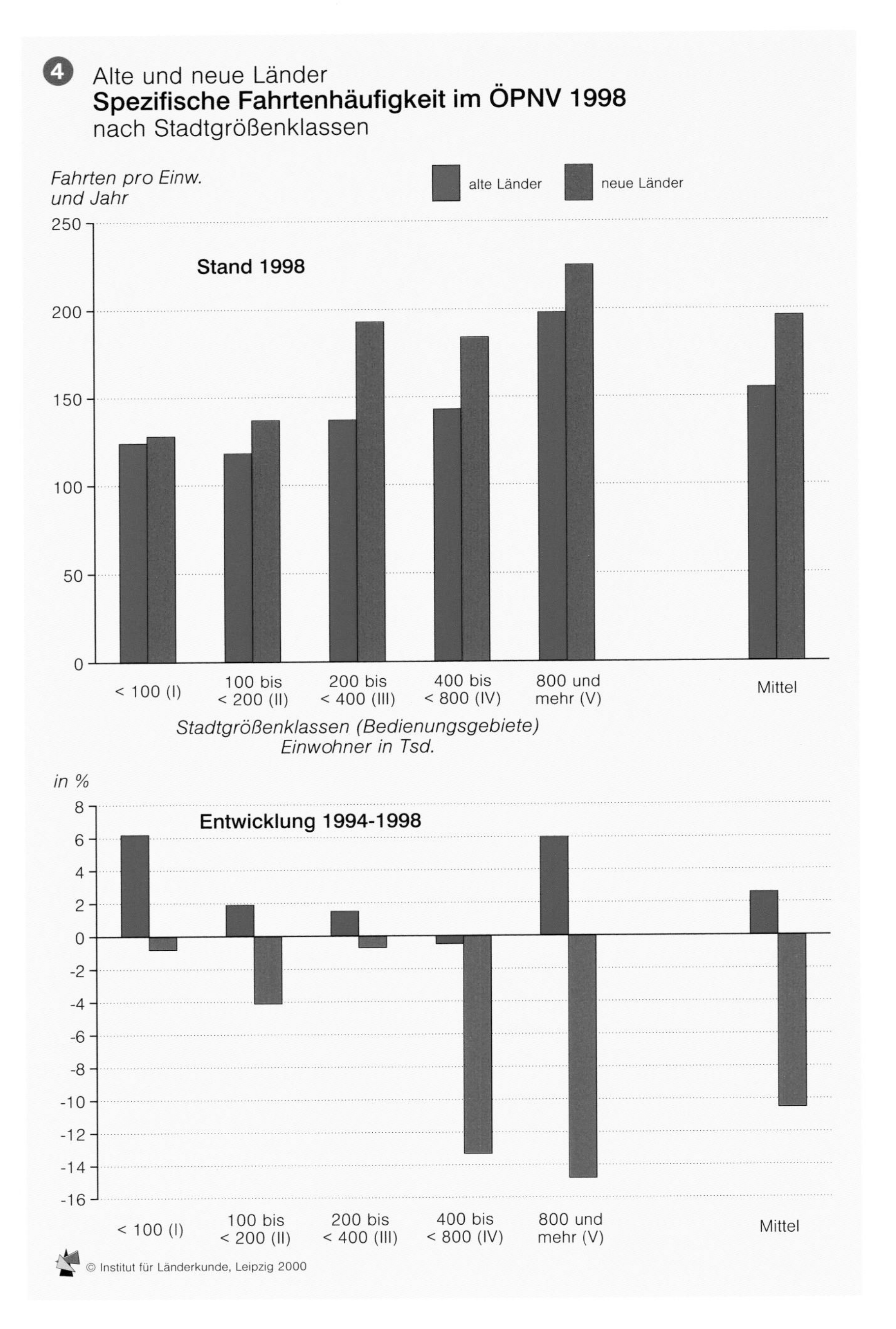

Im Kontrast dazu steht die Entwicklung der spezifischen Fahrtenhäufigkeit 1994–1998. Sie ist in allen Stadtgrößenklassen Ostdeutschlands negativ ausgeprägt, wobei die „Klassen" IV (Dresden, Leipzig) und V (Berlin) als Einzelfälle nur bedingt vergleichbar sind. Bedenklich ist die rückläufige Entwicklung in der für die neuen Länder so typischen Größenklasse II, d.h. in ÖPNV-Bedienungsgebieten mit 100 bis 200 Tausend Einwohnern, die im Unterschied zu den alten Ländern ausnahmslos über Straßenbahnen verfügen. Angesichts der beträchtlichen Fahrgastzuwächse durch Ausbau und Modernisierung der Bahnsysteme in Deutschland seit den siebziger Jahren, stellt die in den neuen Ländern noch weit verbreitete Straßenbahn ein besonderes Potenzial dar, ein zum Pkw konkurrenzfähiges ÖPNV-Angebot aufzubauen.

Während die positive Entwicklung des ÖPNV in westdeutschen Nahverkehrsräumen mit weniger als 100.000 Einwohnern (+6,2%) nicht zuletzt auf die erfolgreiche Umsetzung innovativer Stadtbuskonzepte für Klein- und Mittelstädte zurückzuführen ist, beruht die Zunahme der spezifischen ÖPNV-Fahrtenhäufigkeit (+6%) in den großen Verdichtungsräumen mit über 800.000 Einwohnern vor allem auf den neuen Stadtbahnsystemen mit zum Teil extremen Fahrgastzuwächsen.

Bahnsysteme des ÖPNV ❶

Keine anderen Nahverkehrsmittel sind so leistungsfähig und werden in so hohem Maße von Autobenutzern akzeptiert wie Stadtschnellbahnen. Erhebungen in mehreren deutschen Großstädten haben ergeben, dass über 50% der Fahrgäste ständig über einen Pkw verfügen können, während es im übrigen ÖPNV-Bereich 20 bis 30% sind. Hierzu zählen die ▸ S-Bahn, die ▸ U-Bahn und – als Weiterentwicklung der ▸ Straßenbahn – die ▸ Stadtbahn.

U-Bahnen besitzen die größte Beförderungskapazität und kommen daher nur in den großen Ballungszentren (Berlin, Hamburg, München, Nürnberg) zum Einsatz. S-Bahnen werden in

❺ Karlsruhe - Beispiel der Vernetzung von Regionalbahn-, Stadtbahn- und Straßenbahnlinien

Deutschland in 13 Städten betrieben. 15 Städte – ausschließlich in den alten Ländern – verfügen über Stadtbahnsysteme, zumeist in Verbindung mit Straßenbahnen; in weiteren 38 Städten, darunter allein 25 in den neuen Ländern, werden ausschließlich Straßenbahnen betrieben. Durch Verknüpfung von Stadtbahnnetz und Eisenbahnstrecken im Umland – wie erstmals in Karlsruhe praktiziert – kann die Bedienung durch die Stadtbahn weit in die Stadtregion ausgedehnt werden. Überall dort, wo der ÖPNV durch Neu- und Ausbaumaßnahmen in Stadtbahnnetzen durchgreifend verbessert wurde, konnten zumeist enorme Fahrgastzuwächse erzielt werden.

Das Beispiel Karlsruhe

Mit der Eröffnung der 25 km langen Stadtbahnlinie Karlsruhe – Bretten Ende 1992 durch die Karlsruher Verkehrsbetriebe wurde die Grundidee eines Übergangs vom Straßenbahn- bzw. Stadtbahnnetz auf die Eisenbahnstrecken im Umland verwirklicht. Durch konsequente Anbindung weiterer DB-Strecken an das Karlsruher Stadtbahnnetz (Länge 63 km) konnte dieses auf eine Gesamtlänge von 366 km zu einem regionalen Stadtbahnnetz ausgebaut werden ❺. Eigens dafür entwickelte Zwei-System-Stadtbahnwagen (für verschiedene Spannungssysteme und Fahrleitungen) verbinden seitdem zahlreiche Gemeinden des Umlandes einschließlich der Regionalzentren Pforzheim, Bruchsal, Rastatt und Baden-Baden sowie Wörth (als Verknüpfungspunkt für die Pfalz) direkt mit der Karlsruher Innenstadt. Die neuen Stadtbahnlinien auf DB-Gleisen reichen inzwischen sogar über den Karlsruher Verkehrsverbund (KVV) hinaus bis Mühlacker, Bietigheim-Bissingen (Stuttgarter Verkehrsverbund) und Heilbronn ❻.

Seit 1998 besteht der KVV als kommunaler Verkehrsverbund mit der Stadt Karlsruhe und den Landkreisen Karlsruhe, Rastatt, Baden-Baden, Germersheim und Südliche Weinstraße (Landau) als Gesellschaftern. Neben den Verkehrsbetrieben Karlsruhe (mit 7 Stadtbahnlinien und einer innerstädtischen Straßenbahnlinie) und anderen ÖPNV-Unternehmen in der Region gehört die Deutsche Bahn AG mit 13 ▸ Regionalbahnlinien zum KVV. Damit wurden – wie zuvor in anderen Agglomerationsräumen – alle Verkehrsleistungen im Verbundraum zu einem integrierten Nahverkehrssystem zusammengefasst.

Für rund 60% der über 130 Mio. jährlichen ÖPNV-Fahrten im Verbundgebiet ist die Stadt Karlsruhe Quelle und Ziel; die Hälfte aller dortigen Einkaufsfahrten entfällt auf öffentliche Verkehrsmittel. Günstige Tarifangebote, wie die übertragbare Umweltkarte, die in Karlsruhe 61 DM pro Monat kostet (Stand 2000), oder die Citykarte, eine 24-Stunden-Familienkarte für 8 DM, fördern darüber hinaus den Umstieg vom Individualverkehr auf den ÖPNV. Zwischen 1985 und 1997 stiegen die Fahrgastzahlen in der Stadt Karlsruhe von 55 auf über 100 Mio. pro Jahr.◆

❻ Karlsruhe
Region mit Verkehrsverbund und Stadtbahnnetz

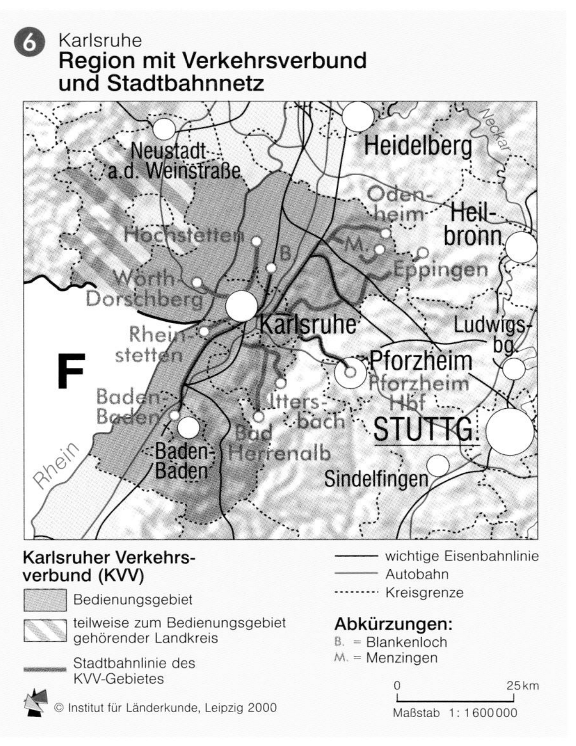

Verkehr im ländlichen Raum

Peter Pez

Der ländliche Raum wird in Forschung und Raumplanung häufig als eine Restgröße abgegrenzt, d.h. er umfasst alle jene Regionen oder Landkreise, die *nicht* die Bedingungen von Verdichtungsräumen oder Räumen mit Verdichtungsansätzen bezüglich Bewohnermindestzahl, Einwohner-/Arbeitsplatzdichte und Flächengröße erfüllen. Sicherlich wäre es besser, den ländlichen Raum mit ihm eigenen Merkmalen zu beschreiben. Aber in einem industrialisierten Staat ist es schwierig, dafür geeignete und eindeutige Kriterien zu finden. So ist der Anteil von Erwerbstätigen in der Landwirtschaft in vielen Dörfern und erst recht in Landkreisen nicht oder kaum höher als im Bundesdurchschnitt. Aber auch ohne Schwellenwerte gibt es aus verkehrlicher Sicht in ländlichen Räumen relativ stark prägende Gemeinsamkeiten, insbesondere eine geringe Bevölkerungsdichte und eine große Streuung der Bewohner auf viele kleine und kleinste Siedlungen.

1 Schienen- und Fernstraßennetz 1951-1997

Tsd. km

Schienennetz: nicht DB-eigene Bahnen; nur Güterverkehr; Personenverkehr

Straßennetz: Autobahnen; Bundestraßen

1951, 1960, 1970, 1980, 1990 – alte Länder; 1991, 1997 – alte und neue Länder

Verkehrswegebau als Regionalförderung?

Damit ist ein Hauptproblem des ländlichen Raumes angesprochen: die Schwierigkeit, Verkehrsleistungen bei geringer, räumlich und zeitlich gestreuter Nachfrage zu tragbaren Kosten anbieten zu können. Über eine lange Zeitspanne hinweg ist das noch am einfachsten mit Verkehrs*wege*investitionen zu bewerkstelligen. Die westlichen Bundesländer sind dafür ein gutes Beispiel. Seit den 1960er Jahren galt der Ausbau vor allem von Bundesstraßen und Autobahnen als ein wichtiges Instrument der Regionalförderung. Der ländliche Raum sollte dadurch als Wirtschaftsstandort attraktiv und die ländliche Bevölkerung in die Lage versetzt werden, Einkaufs- und Dienstleistungsstandorte in Mittel- und Oberzentren schnell zu erreichen. Ob die Verdichtung der Straßenverkehrsnetze im Westen Deutschlands 1 für den ländlichen Raum immer positiv gewesen ist, wird seit einer grundlegenden Studie von LUTTER (1980) zunehmend in Frage gestellt. In der Regel profitierten die erfahrenen Planungs- und Baufirmen der Verdichtungsräume von großen Straßenbauvorhaben. War der Verkehrsweg erst einmal geschaffen, blieben Verlagerungen von Arbeitsplätzen in den ländlichen Raum dennoch nahezu aus, weil der Verkehrsanschluss nur einer von vielen Standortfaktoren ist. Zumindest auf der Basis einer bereits dichten und qualitativ hochwertigen Verkehrserschließung ist es deshalb fraglich, ob ein weiterer Ausbau positive regionalwirtschaftliche Effekte nach sich zieht. Im Prinzip gilt das auch für die neuen Länder (LUTTER/PÜTZ 1992), wobei hier allerdings der Ausbau der Verkehrsinfrastruktur in ein Netz zahlreicher anderer Fördermaßnahmen eingebettet ist und deshalb die Erfolgschancen günstiger stehen.

Öffentlicher Personenverkehr – Problem oder Chance?

Nicht von Aus-, eher von Abbau war über viele Jahre im öffentlichen Verkehr die Rede. Ein Kennzeichen hierfür ist die Ausdünnung des Streckennetzes der Bahn – wiederum vor allem in den westlichen Bundesländern. Da es im öffentlichen Verkehr aufgrund des hohen Lohnkostenanteils mit Streckeninvestitionen nicht getan war und gleichzeitig bei stark gestiegener Motorisierung der Pkw als schnellere und bequemere Konkurrenz viel Verkehrsnachfrage auf sich zog, sahen sich viele Verkehrsunternehmen zu Rationalisierungen veranlasst, d.h. zu Stilllegungen von Strecken, mehr aber noch zur Ausdünnung der Bedienungstakte. Seit den 1980er Jahren hat ein Umdenken begonnen. Mit verbesserten Angeboten sollen wieder Fahrgäste hinzugewonnen, und so zumindest der Zweit- oder Dritt-Pkw in den Haushalten entbehrlich gemacht werden. Wichtig hierzu sind Versuche zur Intensivierung des Bahnverkehrs (z.B. integrale Fahrpläne wie beim „Rheinland-Pfalz-Takt", vgl. BMVBW 1999, S. 41 ff.) bis hin zu Forderungen nach einer Wiedererschließung des ländlichen Raumes mit einer „Flächenbahn" (HÜSING 1999).

Im Straßenverkehr zählen ▸ integrierte und ▸ bedarfsorientierte Verkehre zu den wichtigsten Handlungsoptionen. Mobilitätszentralen (z.B. in Hameln) geben nicht nur Auskünfte über öffentliche Verkehrsmittel, sondern vermitteln auch ▸ Fahrgemeinschaften – ein bislang gerade im ländlichen Raum noch weitgehend ungenutztes Potenzial (vgl. FGSV 1986, BMV 1990). Auch die Koppelung mit dem Fahrrad als Zubringer- und Anschlussverkehrsmittel gewinnt allmählich Beachtung. Neben der Förderung des Bike & Ride (oder Bike & Rail) durch witterungs- und diebstahlgeschützte Abstellanlagen werden vor allem in touristisch geprägten Regionen auch schon Gelenkbusse oder Busse mit Anhängern zur Mitnahme des Fahrrades eingesetzt (z.B. Fehmarn, Nordfriesland).

Staus und Parkplatzknappheit im ländlichen Raum?

Gerade im Bereich touristischer Attraktionen im ländlichen Raum kommt es aber auch zu klassischen, eher für Großstädte typischen Verkehrsproblemen. In Bayern hat z.B. Oberstdorf die Notbremse gezogen und sich für „autofrei" erklärt – wovon streng genommen gar keine Rede sein kann, trotz der durchaus imposanten Maßnahmen zur Verkehrsberuhigung. Die ostfriesischen Inseln oder z.B. die Insel Hiddensee erlauben von jeher keinen privaten Autoverkehr. Die Zufahrt oder das Parken werden auch an anderen Stellen stark reglementiert oder mit hohen Gebühren belegt – letztlich, um den ländlichen Raum vor dem zu schützen, was ihm eigentlich nutzen soll, dem motorisierten Verkehr.◆

Integrierter Verkehr – Form optimierten Verkehrsmanagements im ländlichen Raum. Spezialverkehre, wie z.B. Werks- und Schulbusse, werden für alle Personen geöffnet, Fahrten verschiedener Busunternehmen zeitlich und routenmäßig aufeinander und möglichst auch mit der Bahn abgestimmt, eine gegenseitige Anrechnung der Fahrscheine vereinbart. Bei der gesteigerten Form „Verkehrsverbund" geben die beteiligten Firmen ihre unternehmerische Selbstständigkeit auf. Äußeres Zeichen sind dafür einheitliche Tarife und Tickets.

Bedarfsorientierter Verkehr – Der fahrplanmäßige Linienverkehr wird zu Gunsten von Rufbussen oder Anrufsammeltaxen aufgegeben, die den Fahrgast auf telefonische Anforderung in der Nähe seines Startortes abholen und ihn in der Regel bis vor die Haustür des Zielortes bringen. Bei einer Mischform mit dem Linienverkehr (Richtungsbandbetrieb), bedienen die Rufbusse oder Taxen einen sektorenförmigen Ausschnitt eines Verkehrsgebietes, meist mit festen Abfahrtzeiten.

Fahrgemeinschaften – Regelmäßige oder unregelmäßige Mitnahme von Personen in privaten Fahrzeugen. Von organisierten Fahrgemeinschaften spricht man bei Vermittlung durch eine Mobilitätszentrale, die Fahrer- und Mitfahrerwünsche koordinieren hilft – häufig bei regelmäßigen Verkehren, wie z.B. auf Arbeitswegen. Bei unorganisierten Fahrgemeinschaften treffen sich Fahrer und Mitfahrer ohne vorherige Absprache erst auf der Fahrtstrecke.

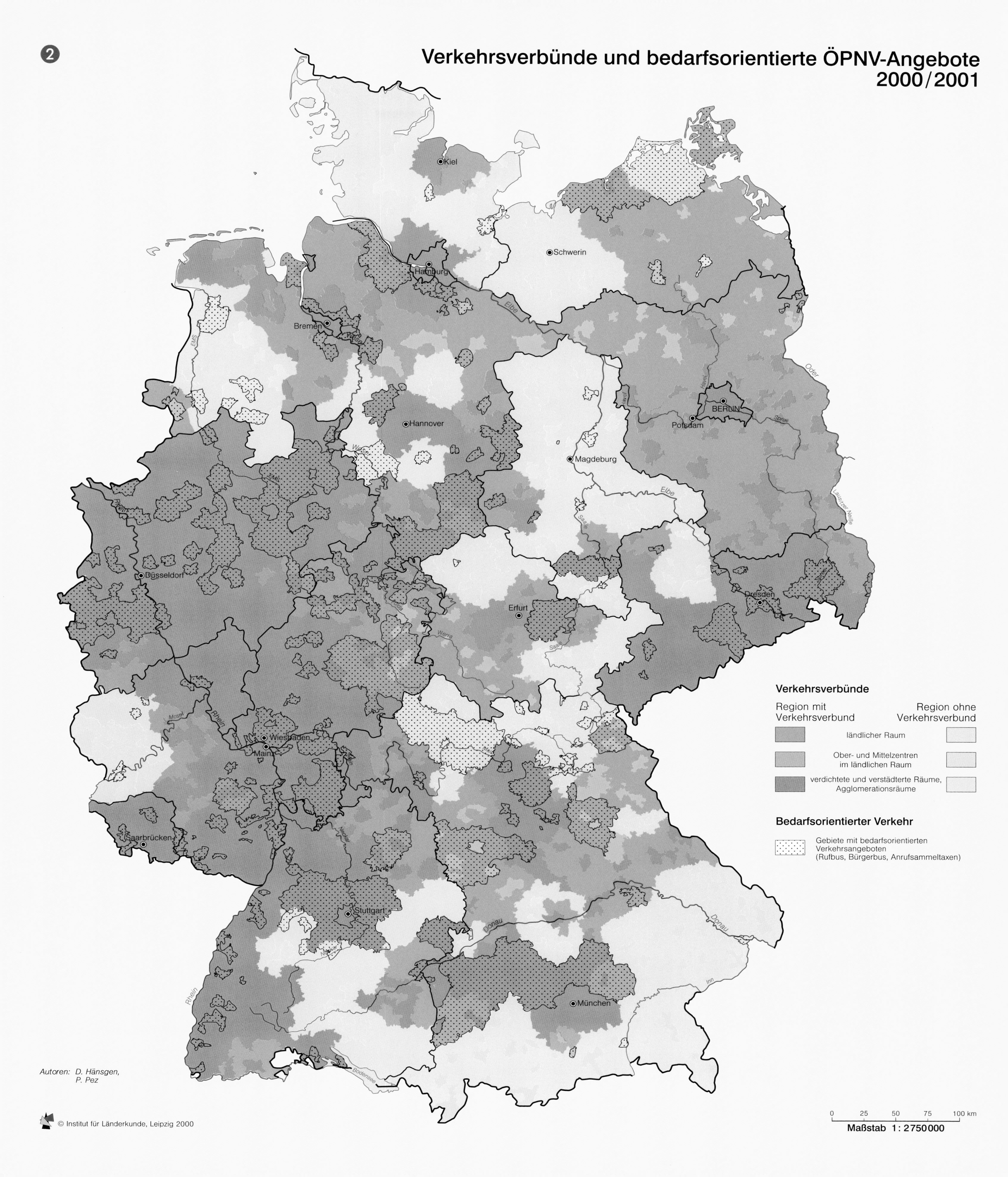
2
Verkehrsverbünde und bedarfsorientierte ÖPNV-Angebote 2000/2001
Kiel
Schwerin
Hamburg
Bremen
Hannover
BERLIN
Potsdam
Magdeburg
Düsseldorf
Erfurt
Dresden
Wiesbaden
Mainz
Saarbrücken
Stuttgart
München
Elbe
Oder
Ems
Weser
Rhein
Saale
Spree
Havel
Lausitzer Neiße
Werra
Mosel
Main
Neckar
Donau
Inn
Bodensee
Verkehrsverbünde
Region mit Verkehrsverbund
Region ohne Verkehrsverbund
ländlicher Raum
Ober- und Mittelzentren im ländlichen Raum
verdichtete und verstädterte Räume, Agglomerationsräume
Bedarfsorientierter Verkehr
Gebiete mit bedarfsorientierten Verkehrsangeboten (Rufbus, Bürgerbus, Anrufsammeltaxen)
Autoren: D. Hänsgen, P. Pez
0 25 50 75 100 km
Maßstab 1:2750000

Einzelhandel – Versorgungsstrukturen und Kundenverkehr

Sven Henschel, Daniel Krüger und Elmar Kulke

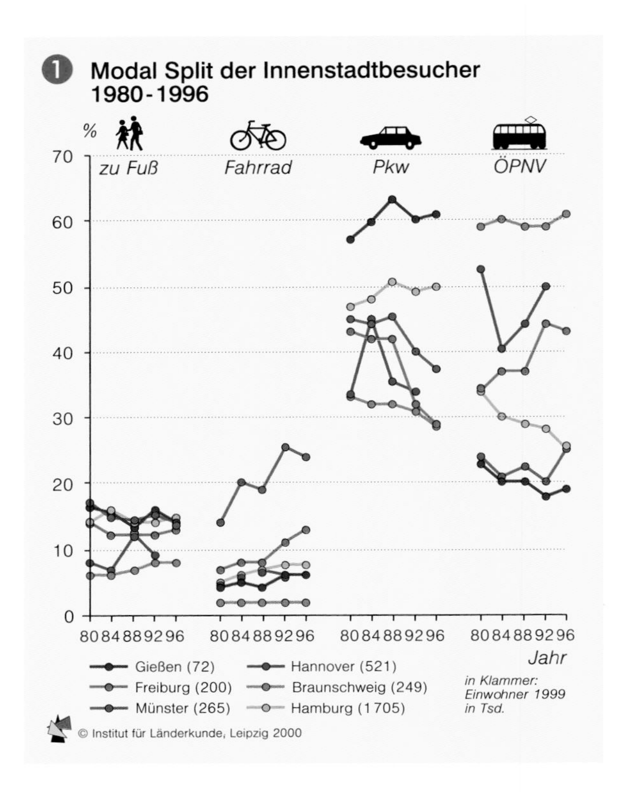

Der Handelsbereich besitzt mit einem Anteil von ca. 14% an den Beschäftigten und von ca. 10% am Bruttoinlandsprodukt große wirtschaftliche Bedeutung. Noch relevanter ist jedoch das raumprägende Gewicht des Einzelhandels. Die Standorte der Geschäfte beeinflussen das Siedlungs- und Zentrensystem, die räumlichen Verhaltensweisen im Versorgungsbereich sowie die Verkehrsströme.

In den letzten Jahrzehnten verzeichnete der Einzelhandel starke strukturelle und räumliche Veränderungen. Auf der Angebotsseite wurden zahlreiche kleine „Tante-Emma-Läden“ aufgegeben und neue großflächige Einheiten (▶ Super-, Verbraucher-, Fachmärkte) von Filialisten errichtet. Auf der Konsumentenseite erhöhte sich durch Einkommensanstieg und verfügbare Individualverkehrsmittel die räumliche Nachfrageflexibilität, und es entstanden neue Verhaltensweisen wie der Erlebniseinkauf. Auf der Seite von Planern und Politikern vergrößerten sich die Bereitschaft und die Möglichkeiten, auf die Standortwahl Einfluss zu nehmen (§11.3 BauNVO, Regionale Raumordnungsprogramme).

Die strukturellen Veränderungen führten zu einem Wandel in der räumlichen Verteilung der Geschäfte. Auffälligste Merkmale waren die Ausdünnung des Versorgungsnetzes in ländlichen Orten und Wohngebieten der Städte sowie die Entstehung eines sekundären Standortnetzes außerhalb der geschlossenen Bebauung der Städte.

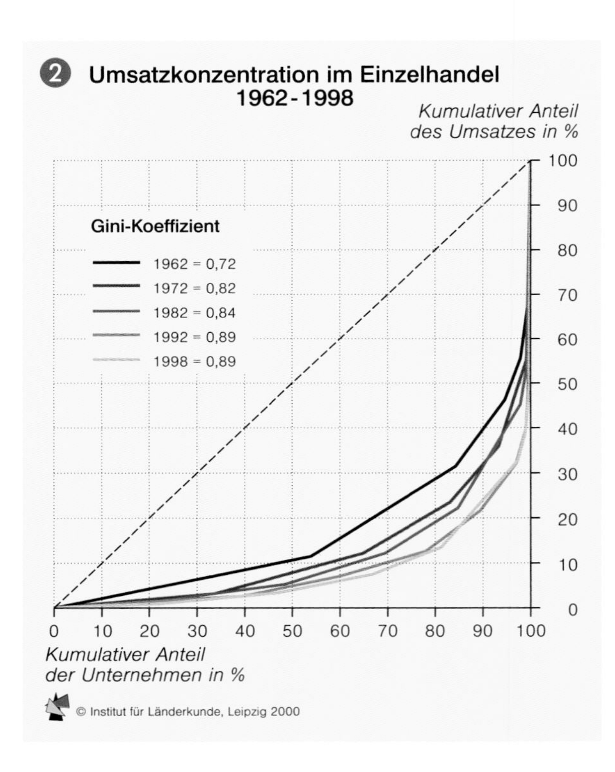

Merkmale des Standortsystems

Einzelhandelsgeschäfte lassen sich in Abhängigkeit von Größe, Sortiment und Bedienungsart verschiedenen ▶ Betriebsformen (s.S. 76) zuordnen. Diese weisen unterschiedliche räumliche Verteilungen und typische Konzentrationen in Versorgungszentren auf ❸. Kleine Lebensmittelläden besitzen eine große räumliche Streuung; sie befinden sich häufig an Einzelstandorten in unmittelbarer Nachbarschaft von Wohnbereichen. Großflächigere Einheiten des Lebensmitteleinzelhandels bevorzugen innerstädtische Subzentren mit größerem Nachfragepotenzial (▶ Supermärkte) oder mit Individualverkehrsmitteln gut erreichbare Stadtrandlagen (▶ Verbrauchermärkte). Kleine Fach- und Spezialgeschäfte des ▶ Non-Food-Bereichs suchen die Nähe zu anderen Anbietern, da sie nur dadurch eine ausreichende Kundenfrequenz und ein großes Einzugsgebiet erlangen können. Sie konzentrieren sich ebenso wie die großflächigen ▶ Kauf-/Warenhäuser in höherrangigen innerstädtischen Zentren. Die neuen großflächigen ▶ Verbraucher- und ▶ Fachmärkte bevorzugen verkehrsgünstig gelegene, nicht in die Bebauung integrierte Flächen am Stadtrand. Aufgrund ihrer eigenen Angebotsvielfalt sind sie für Kundenbesuche so attraktiv, dass sie dort auch ohne Nähe zu anderen Anbietern existieren können.

❸ Typen städtischer Zentren

Zentrentyp	Betriebsformen	Sortiment	Fristigkeit	Einzugsbereich	Besuchshäufigkeit
City	Waren-/Kaufhaus/ Fachgeschäft	non-food	mittel, lang	Stadt und Umland	seltener
Stadtteilzentrum	kleines Warenhaus/Fachgeschäft	non-food, food	mittel	Stadtgebiet	häufiger
Nachbarschaftszentr.	Supermarkt/z.T. Fachgeschäft	food, z.T. non-food	kurz	Nahbereich	häufig
Nachbarschaftsladen	SB-Laden/ Supermarkt	food	kurz	Baublock	oft
nicht integriertes Zentrum	Verbrauchermarkt/ Fachmarkt	food, non-food	kurz, lang	Umland und Stadt	seltener

Nachfrage- und Verkehrsverflechtungen des Standortsystems

Grundsätzlich bestehen im Einzelhandel nur im Lieferverkehr großräumige Verkehrsbeziehungen, während im Kundenbereich lokale Vernetzungen dominieren. Die einzelnen Versorgungszentren weisen aufgrund ihres Angebots- und Betriebsformenmix unterschiedliche Nachfrageverflechtungen auf (Besuchshäufigkeit, Einkaufsmenge, Distanz, Verkehrsmittel) ❸. Nachbarschaftsläden/-zentren mit einem Angebot an Gütern des täglichen Bedarfs (z.B. Lebensmittel) werden von Kunden aus der unmittelbaren Umgebung sehr häufig zum Einkauf kleinerer Mengen besucht, und zwar vor allem im Individualverkehr, d.h. zu Fuß, mit dem Fahrrad oder mit dem Auto. Mit zunehmender Zentrengröße und steigendem Angebotsanteil von Non-Food-Gütern des mittel- und langfristigen Bedarfs werden Besuche seltener, es werden größere Distanzen zurückgelegt und verstärkt der Pkw oder öffentliche Verkehrsmittel zum Erreichen genutzt. ▶ Nicht integrierte Zentren weisen große räumliche Einzugsgebiete auf, und die Nachfrager kommen überwiegend mit dem Pkw zum Einkauf größerer Mengen.

Der ▶ Modal Split im Einkaufsverkehr ist zusätzlich von der Siedlungsgröße abhängig ❶. In kleinen Orten des ländlichen Raumes dominiert der Individualverkehr. In Städten steigt der Anteil des öffentlichen Verkehrs mit zunehmender Einwohnerzahl (s. die Beispiele Braunschweig, Hannover, Hamburg), denn größere Städte besitzen ein leistungsfähigeres öffentliches Verkehrs-

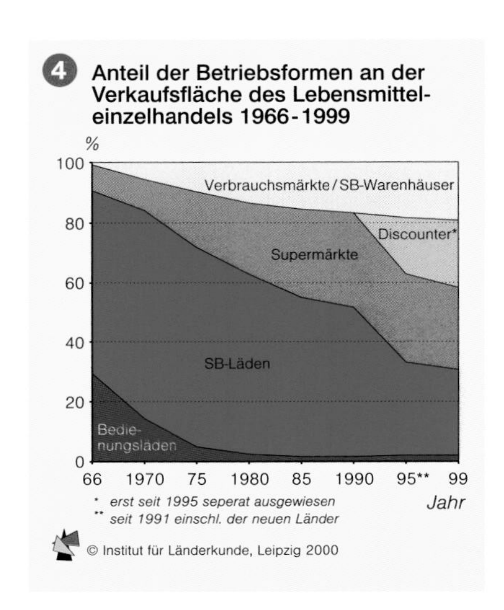

Der Gini-Koeffizient G (nach L. Schätzl 1981)
Die Verteilung von Werten über eine Grundgesamtheit, wie z.B. Einkommen auf die Bevölkerung oder Landfläche auf alle Grundbesitzer, kann durch eine Kurve abgebildet werden, die durch kumulatives Auftragen der Prozente der Population auf der einen Achse und der Prozente der Werte auf der anderen Achse entsteht. So kann man ablesen, ob eine solche Verteilung gleichmäßig ist oder besondere Konzentrationen aufweist, wie beispielsweise wenn 20% der Grundbesitzer 80% der Fläche einer Region besitzen, während die restlichen 80% der Grundbesitzer nur 20% der Fläche auf sich vereinen. Solche Kurven heißen Lorenzkurven. In dieser Darstellungsform ergäbe die Gleichverteilung eine gerade Linie in der Diagonale eines x/y-Achsensystems.
Ausgehend von der Lorenzkurve entwickelte der Italiener C. Gini (1910) ein Konzentrationsmaß, das die Abweichung einer Verteilung von der Gleichverteilung so misst, dass die Fläche zwischen beiden Kurven als Anteil der größtmöglichen Fläche zwischen beiden Kurven, nämlich dem Dreieck 0BC, ausgedrückt wird. Bei Gleichverteilung ist der Wert G=0, bei extremer Ungleichverteilung nähert er sich 1.

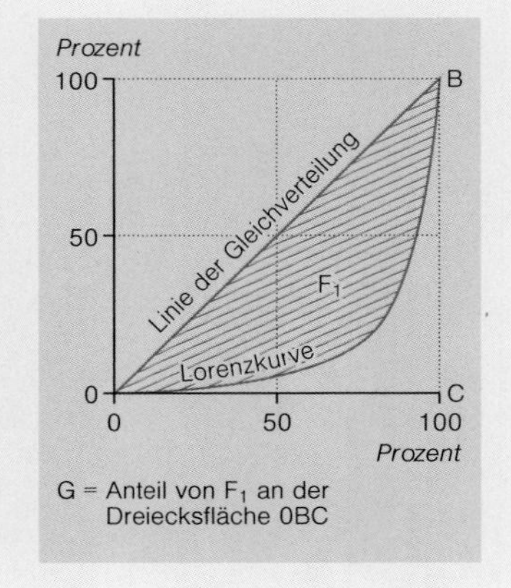

G = Anteil von F_1 an der Dreiecksfläche 0BC

Branchenmix – Verhältnis der in einem Zentrum vertretenen Branchen zueinander

E-Commerce – elektronisch abgewickelter Handel

food/non-food – Unterscheidung des Sortiments nach Lebensmittel/keine Lebensmittel

integrierte/nicht integrierte Zentren/ Standorte – Angabe über den Grad der Einbindung von Einrichtungen in ein städtisches Gefüge bzw. den geschlossenen Baukörper einer Stadt

Kopplung – Verbindung mehrerer Aktivitäten bei einem/r Ausgang/Ausfahrt

Mehrbetriebsunternehmen – Unternehmen, die zahlreiche Niederlassungen oder Filialen haben, auch **Filialisten** genannt

Modal Split – errechnetes Verhältnis der von einer gegebenen Population/Gruppe benutzten Verkehrsmittel; meist als Prozentwert angegeben

sekundärer Einzelhandel – das Standortnetz des großflächigen Einzelhandels außerhalb der geschlossenen Bebauung der Städte

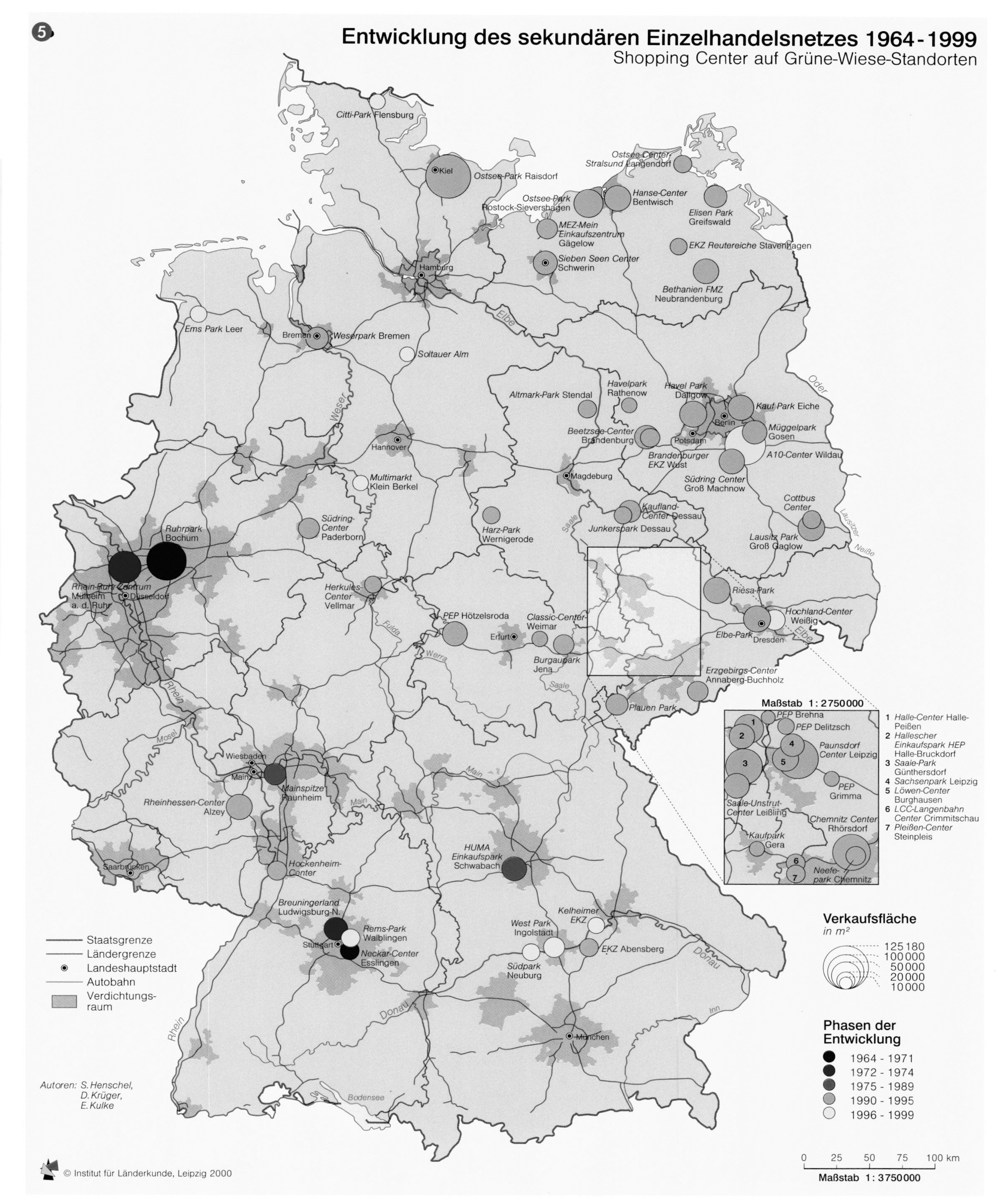

netz (Netzdichte, Frequenzen), und es treten begrenzende Faktoren im Individualverkehr auf (Stau, Parkplatzknappheit/-kosten).

Darüber hinaus besitzt auch die Verkehrspolitik in großen Städten erheblichen Einfluss auf den Modal Split im Einkaufsverkehr. Ohne gezielte Maßnahmen dominiert der Individualverkehr (z.B. Braunschweig). Die Erfahrung zeigt, dass der Autoverkehr durch Ausbau des ÖPNV (z.B. Freiburg) oder des Radwegenetzes (z.B. Münster) zu Gunsten umweltfreundlicherer Verkehrsmittel reduziert werden kann.

Veränderungen des Standortsystems

Von entscheidender Bedeutung für Veränderungen der Angebotsseite waren in den letzten Jahrzehnten das Auftreten neuer Betriebsformen und die Konzentration auf Mehrbetriebsunternehmen. Der Wandel der Betriebsformen wurde durch die Vergrößerung der Zahl der angebotenen Artikel beeinflusst sowie durch den verstärkten Einsatz des Selbstbedienungsprinzips zur Reduzierung von Personalkosten und durch den Anstieg der zur Existenz eines Betriebes erforderlichen Umsatzuntergrenze. Dies bewirkte, dass neue großflächige Einheiten kleine Geschäfte ersetzten ❷. Auf dem Gebiet der Bundesrepublik wurden im Lebensmittelbereich die ehemals dominierenden Bedienungsläden (1961 noch 86% der Geschäfte und 61% des Umsatzes) in den sechziger Jahren durch SB-Märkte, später durch Supermärkte und zuletzt durch Verbrauchermärkte abgelöst. Die Zahl der Geschäfte verringerte sich in Westdeutschland von 161.319 (1966) auf 60.361 (1989).

Auch nach der Wiedervereinigung setzte sich der Trend fort. In Gesamtdeutschland reduzierte sich zwischen 1991 und 1999 die Anzahl von 85.294 auf 72.497 Einheiten. Vergleichbare Entwicklungen verzeichnete der Non-Food-Einzelhandel, in welchem Fachgeschäfte und Warenhäuser seit den siebziger Jahren von Fachmärkten für z.B. Möbel, Bau oder Unterhaltungselektronik verdrängt werden.

Parallel dazu erfolgte auch ein Wandel der Unternehmensformen. Seit den 1970er Jahren wurden selbstständige Einbetriebsunternehmen aufgegeben, während immer größere Filialisten, →

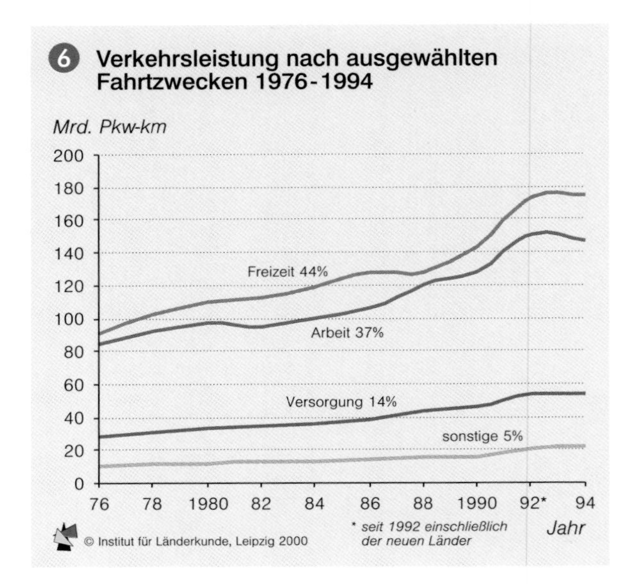

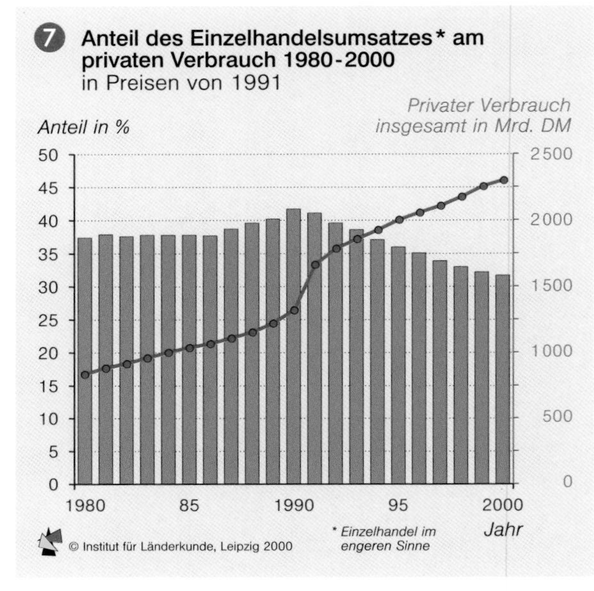

die hohe Umsatzanteile erzielen, entstanden ❹. Ihre Geschäfte bieten ein standardisiertes Sortiment in einheitlicher Ausgestaltung und sind in moderne Warenwirtschaftssysteme sowie überregionale Werbemaßnahmen eingebunden.

Schließungen kleiner Einheiten unabhängiger Einzelhändler erfolgten vor allem in kleinen Siedlungen und Wohngebieten sowie in Subzentren der Städte. Die Netzdichte des Lebensmitteleinzelhandels verringerte sich, und das primäre Einzelhandelsnetz innerhalb der geschlossenen Bebauung erfuhr einen Bedeutungsverlust. Die neuen großflächigen Einheiten und Filialisten trugen durch ihre Standortwahl zur Entwicklung eines sekundären Einkaufsnetzes im Umland der Städte bei. Dort entstanden Einzelstandorte großflächiger Einheiten (z.B. Baumärkte), Agglomerationen mehrerer Betriebe (zumeist Kombinationen von Verbraucher- und Fachmärkten) und baulich zusammenhängende Shopping-Center ❺.

In jüngster Zeit erfährt der Einzelhandel durch den Einsatz moderner Informations- und Kommunikationstechnologien eine umfassende Neuorientierung in den Bereichen Warenwirtschaft und Logistik. Scannerkassen, Mikrocomputer und Datenfernübertragung vereinen sich in rechnergestützten Warenwirtschaftssystemen. Sie erlauben ein effizienteres Bestandsmanagement und Sortimentsoptimierungen entsprechend dem lokalen Nachfrageprofil. Die unmittelbare Umgebung kann damit auch bei Filialen wieder stärker Einfluss auf die Sortimentsgestaltung nehmen. Zulieferbeziehungen verändern sich in Richtung auf häufigere, aber entfernungsreduzierende Frequenzen. Daneben entstand mit dem World Wide Web eine technische Kommunikationsplattform für ▶ E-Commerce. Sie erlaubt Verbesserungen in der Planung und Steuerung eines flexiblen und nachfrageorientierten Produktions- und Handelsablaufs zwischen Unternehmen. Zwischen Unternehmen und Kunden werden ein zeit- und standortunabhängiger Verkauf, differenzierte Kundenansprache und benutzerdefiniertes Marketing möglich. Im stationären Einzelhandel dürfte sich dadurch der räumliche Ausdünnungsprozess selbstständiger kleiner Einheiten weiter verstärken.

Veränderungen der Nachfrageverflechtungen

Die Netzausdünnung und die Entstehung nicht integrierter Zentren wurden erst durch eine gestiegene räumliche Nachfrageflexibilität der Kunden ermöglicht. Ohne den motorisierten Individualverkehr sind die Nachfrager an den Nahbereich oder die Knoten des öffentlichen Verkehrsnetzes gebunden. Durch die in den letzten Jahrzehnten gestiegene Ausstattung der Privathaushalte mit Pkw – 1999 verfügten 96% aller Haushalte über ein oder mehrere Autos, und im Durchschnitt entfielen 1,3 Pkw auf jeden Haushalt – können weiter entfernte und außerhalb des ÖPNV-Netzes gelegene Standorte erreicht werden.

Wichtige Betriebsformen des Einzelhandels

Bedienungsladen – kleinflächiges Geschäft (bis 100 m²) mit Fremdbedienung und begrenztem Lebensmittelsortiment

Discounter – größerer Selbstbedienungsladen mit Orientierung auf niedrige Warenpreise

Fachmarkt – großflächiger Selbstbedienungsladen mit preisgünstigem Non-Food-Sortiment einer Warengruppe (z.B. Heimwerkerbedarf, Möbel, Unterhaltungselektronik)

Fach-/Spezialgeschäft – kleinerer Bedienungsladen mit tiefem Sortiment einer Non-Food-Warengruppe (z.B. Schuhe, Bekleidung, Elektrogeräte)

Filiale – Niederlassung eines Geschäftes, das von einem großen Konzern eingerichtet wurde und unter gleichem Namen mit standardisiertem Sortiment und einheitlicher Ausgestaltung an mehreren Standorten existiert

Kauf-/Warenhaus – großflächige Einheit mit breitem und tiefem Non-Food-Sortiment und dezentraler Selbst- und Fremdbedienung

SB-Laden/SB-Markt – kleinerer Lebensmittelladen (bis 400 m²) mit Selbstbedienung

Supermarkt – größeres Lebensmittelgeschäft (ab 400 m²) mit vielfältigem, preisgünstigem Sortiment und Selbstbedienung

Verbrauchermarkt/SB-Warenhaus – großflächige Einheit (ab 1500 m²) mit vielfältigem Lebensmittelangebot und breitem Non-Food-Begleitsortiment in konsequenter Selbstbedienung

Durch den parallel erfolgten Einkommensanstieg vergrößerte sich nicht nur die Zahl der nachgefragten Artikel, sondern auch die räumliche Reichweite. Bei gleichbleibender zum Einkauf zur Verfügung stehender Zeit mussten deshalb die Kunden während eines Besuchs

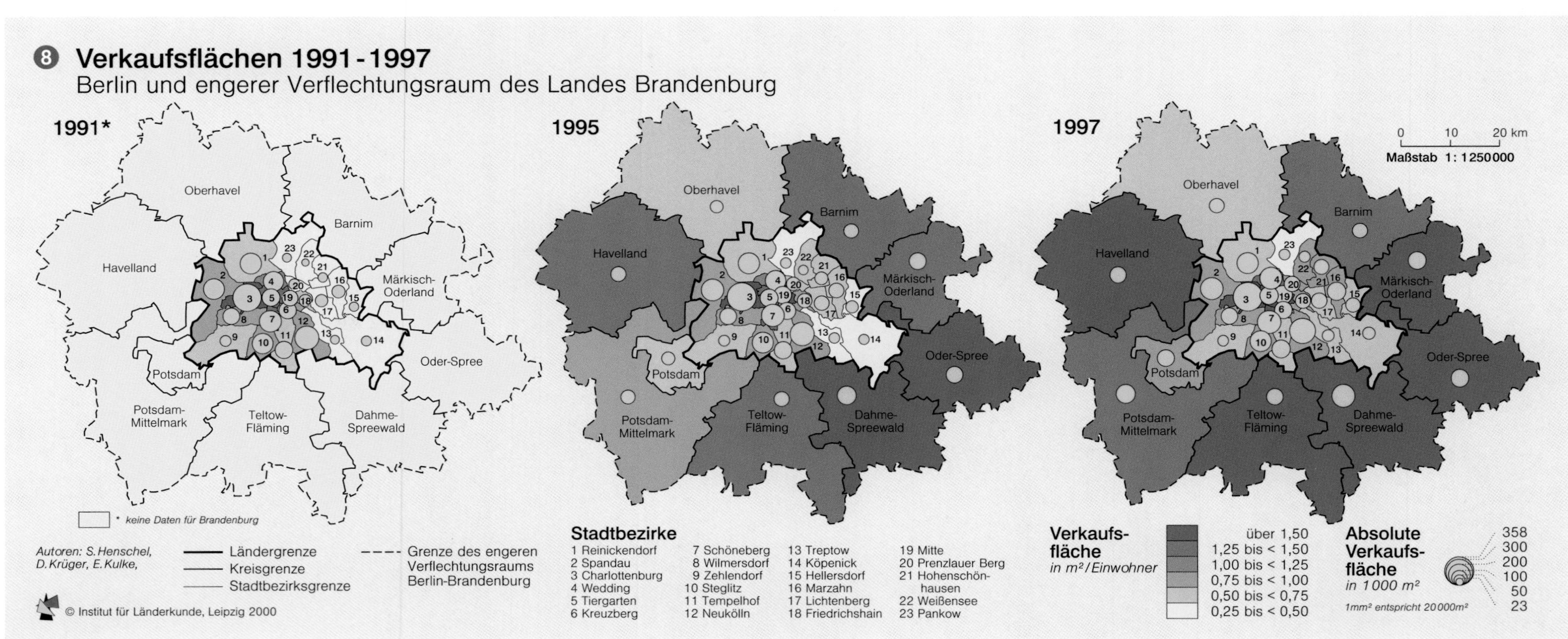

mehrere Besorgungen tätigen. Diese ▸ Kopplung begünstigte großflächige Geschäfte mit einem vielfältigen Sortiment sowie attraktive innerstädtische Zentren, sie trug aber zum Rückgang der Nachfrage im Nahbereich kleiner Orte und Wohngebiete bei. Mit dem erhöhten Bedarf an Transportkapazitäten und dem Anwachsen der Entfernungen nahm der Einkaufsverkehr mit dem Pkw zu ❻.

An dem einkommensbedingten Anstieg des privaten Verbrauchs war der Einzelhandel unterproportional beteiligt ❼, während Ausgaben für Freizeit stark zunahmen. Dies drückt sich auch im Wandel der Einkaufsgewohnheiten aus. Reine Versorgungseinkäufe im Nahbereich verloren an Bedeutung, während Erlebniseinkäufe wichtiger wurden. Dabei wird der Einkauf hochwertiger und teurer Waren oft als Freizeitgestaltung empfunden, was attraktivere Versorgungszentren begünstigt. Parallel dazu verstärkte sich die Preisorientierung der Verbraucher bei standardisierten Grundbedarfsgütern. Dies unterstützte das Auftreten von ▸ Discountern. Jüngster Trend ist das *smart-shopping*, d.h. der Einkauf hochwertiger Markenprodukte zu niedrigen Preisen. Die Veränderungen im Verhalten führen zu einer Verringerung der Bindung an die jeweils nächst gelegenen Zentren und zu sich laufend verändernden Orientierungen auf fernere Ziele.

Räumliche Besonderheiten

Standortstrukturen und Nachfrageverhaltensweisen sowie ihre Veränderungen unterscheiden sich zwischen städtischen und ländlichen Gebieten und zwischen den alten und den neuen Ländern ❾ ❿. Im Westen besitzen die größeren Städte die höchste Versorgungsdichte. Sie erfüllen oft zentralörtliche Funktionen für ihr Umland und können eine überdurchschnittliche Kaufkraft verzeichnen. Sie weisen ein differenziertes innerstädtisches Zentrensystem mit vielfältigem Betriebsformen-, Besitzformen- und ▸ Branchenmix auf. Im suburbanen Raum entstanden auch nicht integrierte Einzelhandelsstandorte, deren Entwicklung jedoch seit den achtziger Jahren planerisch begrenzt wird. Im ländlichen Raum konnten die Mittelzentren durch Nachfrageumschichtungen und Angebotsdiversifizierung einen Bedeutungszuwachs erzielen, während Netzausdünnungen in den kleinen Orten erfolgten.

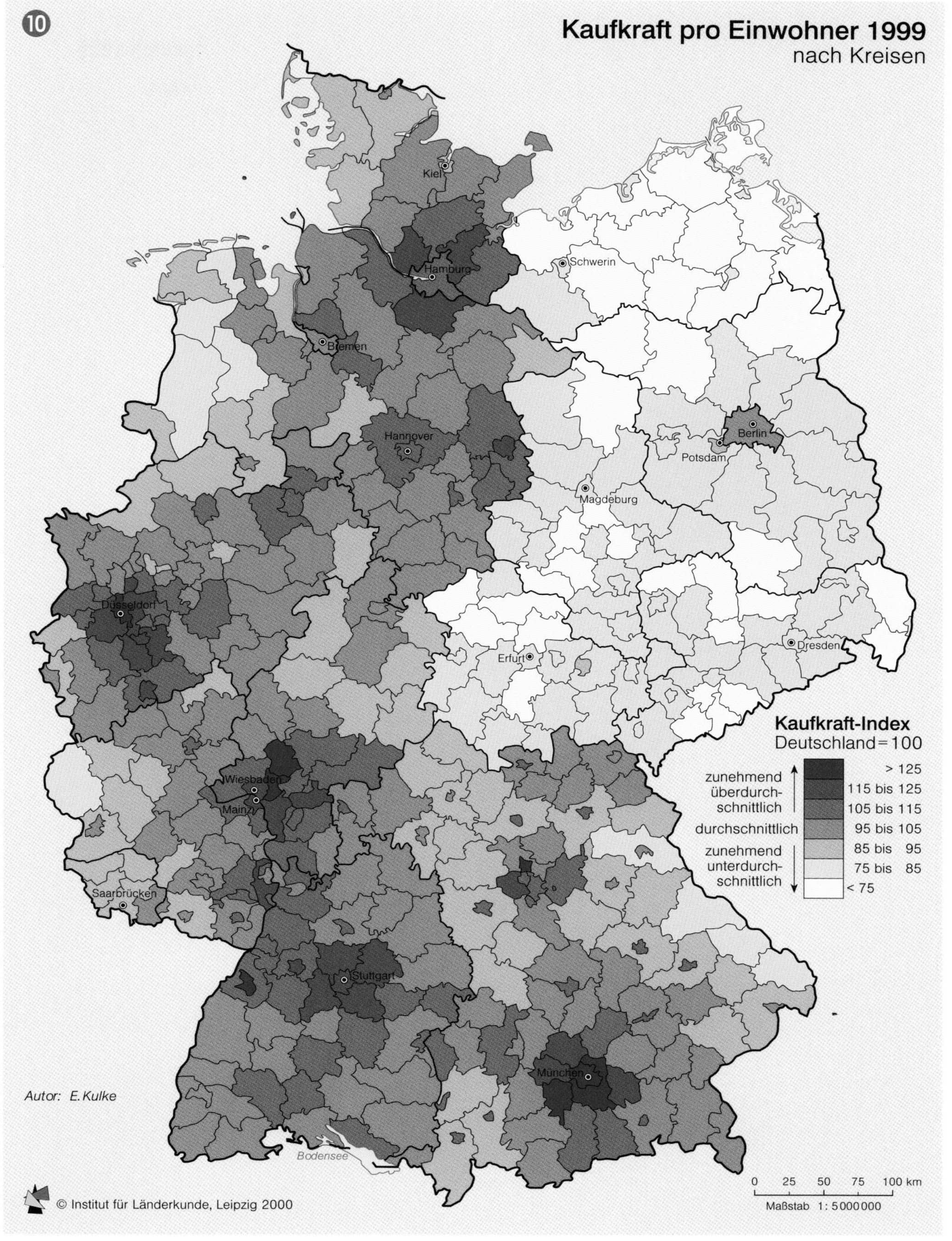

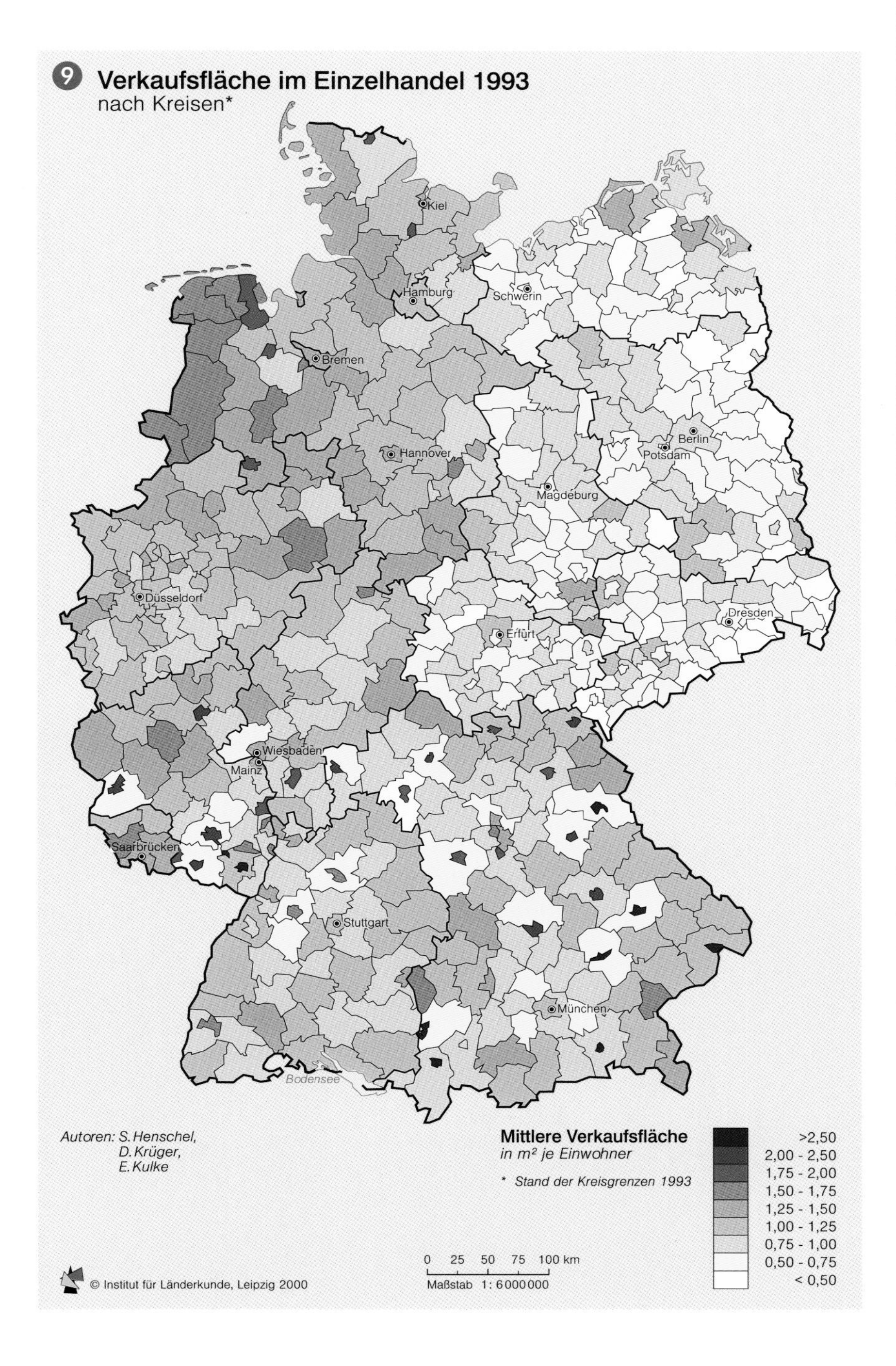

Die neuen Länder erfuhren nach der Wende einen raschen Expansionsprozess westdeutscher Filialisten. Sie wählten für ihre modernen großflächigen Betriebsformen vor allem nicht integrierte Stadtrandlagen. Dort bestanden in der ersten Zeit nach der Wende keine planerischen Beschränkungen. Es entstand ein ausgeprägtes sekundäres Handelsnetz ❺ ❽, für das eine Marktdominanz von Filialisten mit standardisiertem Sortiment charakteristisch ist. Die im Vergleich zum Westen insgesamt niedrigere Kaufkraft ❿ hat eine stärkere Preisorientierung bedingt, was diese Standorte begünstigte. Die Entwicklung innerstädtischer Bereiche wurde längere Zeit durch unklare Besitzverhältnisse und vorhandene Bebauung erschwert. Erst in jüngster Zeit entstehen geplante innerstädtische Shopping-Center ❽, die sich jedoch in ihren Merkmalen bezüglich des Anteils von Filialisten, der baulichen Geschlossenheit sowie der Standardisierung des Angebots wesentlich von gewachsenen Zentren westdeutscher Städte unterscheiden.◆

Arbeit und Berufsverkehr – das tägliche Pendeln

Franz-Josef Bade und Klaus Spiekermann

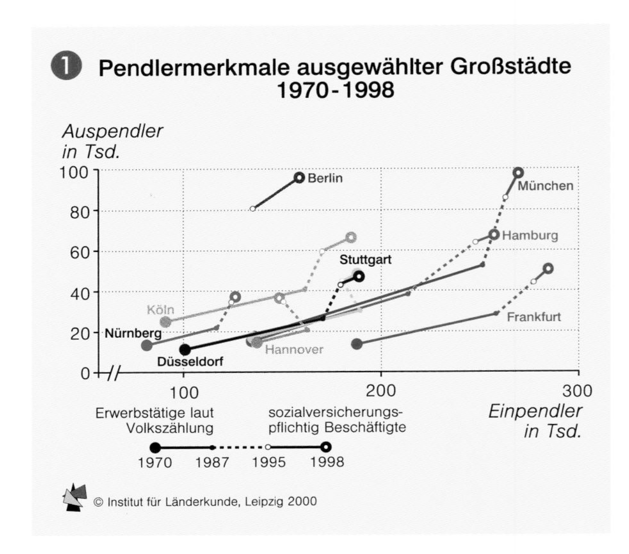

Berufspendler sind Erwerbstätige, die außerhalb ihres Wohnorts arbeiten. Sie legen in der Regel den Weg zwischen Wohnung und Arbeitsplatz täglich zweimal zurück (**Tagespendler**). Einige Pendler verfügen über eine Zweitwohnung oder eine sonstige Unterkunft am Arbeitsort und pendeln nur einmal wöchentlich oder noch seltener zu ihrem Hauptwohnsitz (**Wochenpendler**).

Berufspendler werden in ihrer Wohnortgemeinde als **Auspendler** gezählt, an ihrem Arbeitsort als **Einpendler**. Pendler über größere Strecken innerhalb einer Gemeinde werden als **Binnenpendler** bezeichnet (vgl. Leser et al. 1997).

Als **Auspendlerquote** wird der Anteil der Auspendler an den in einer Gemeinde wohnenden Erwerbstätigen bezeichnet, als **Einpendlerquote** der Anteil der Einpendler an den in einer Gemeinde verfügbaren Arbeitsplätzen.

Pendlersaldo – rechnerische Differenz zwischen Ein- und Auspendlern einer Gemeinde

Vor der Industrialisierung lagen Wohnort und Arbeitsstätte dicht beieinander. Lediglich in wenigen größeren Städten mit räumlichen Konzentrationen von Gewerbe, Handel und Verwaltung wie etwa Berlin oder Hamburg pendelte eine größere Zahl von Personen aus den Vorstädten oder dem ländlichen Umland in das Stadtzentrum zu ihren Arbeitsplätzen. Deutliche Pendlerzuwächse ergaben sich im Zuge der Industrialisierung. Anfang dieses Jahrhunderts war das Arbeitsplatzpendeln in allen großen Städten vorzufinden. Seitdem sind die Pendlerströme stetig gestiegen (vgl. Ott/Gerlinger 1992).

Gründe für das Wachstum des Pendlerverkehrs waren die räumliche Trennung von Wohnorten und Arbeitsstätten durch die spezifischen Standortanforderungen von Industrie und Dienstleistungen und die Herausbildung von reinen Wohnquartieren am Stadtrand. Die räumliche Funktionstrennung in den Agglomerationsräumen wurde durch die Entwicklung der Verkehrssysteme ermöglicht. Mit dem Ausbau des ÖPNV konnten auch größere Pendeldistanzen zurückgelegt werden. Seit den fünfziger Jahren ermöglichte die gestiegene Motorisierung schließlich eine vom Arbeitsplatzstandort fast unabhängige Wahl des Wohnortes.

Berufspendleraufkommen

Während im Jahre 1950 die ▶ Auspendlerquote in der Bundesrepublik bei lediglich 14,5% aller Erwerbstätigen lag, betrug sie im Jahre 1987 schon 36,8% (Ott/Gerlinger, 1992). Heute pendeln fast 54% der sozialversicherungspflichtig Beschäftigten über die Gemeindegrenzen. Die Gemeinden der Bundesrepublik weisen höchst unterschiedliche ▶ Auspendlerquoten auf 3. In kleineren und ländlichen Gemeinden haben fast alle Beschäftigten ihren Arbeitsplatz in einer anderen Gemeinde. Die Umlandgemeinden von Verdichtungsräumen besitzen ebenfalls überdurchschnittlich hohe Auspendlerquoten. Mittel- und Großstädte haben ihre Dominanz als Ziele der Pendlerbewegungen behalten, obwohl die Suburbanisierung nicht nur bei der Bevölkerung, sondern später einsetzend auch bei den Arbeitsplätzen zu beobachten war (vgl. z.B. Bade/Niebuhr 1999). Mittel- und Großstädte bieten auch ihrer eigenen Bevölkerung noch immer so viele Arbeitsplätze, dass die Auspendlerquoten nur zwischen 10 und 30% betragen.

Mit zunehmender Gemeindegröße steigt der Pendlergewinn. Insbesondere die Kernstädte von Agglomerationsräumen verfügen bei geringen Auspendlerquoten über hohe positive ▶ Pendlersalden, aber auch über einen hohen Anteil an ▶ Binnenpendlern. Bei ständig steigendem Pendlervolumen hat sich hier vielfach die Dynamik der Zuwächse verschoben. Während in den siebziger und achtziger Jahren die Suburbanisierung der Bevölkerung vor allem zu einer starken Zunahme der ▶ Einpendlerzahlen führte, bewirkte in den neunziger Jahren die Suburbanisierung der Arbeitsplätze eine deutliche Zunahme der Auspendlerzahlen 1.

Heutzutage hat nur etwa die Hälfte aller Erwerbstätigen einen Arbeitsweg von weniger als 10 km. 13% der ▶ Berufspendler müssen mehr als 25 km zurücklegen. Die durchschnittlich weitesten Berufswege haben Beschäftigte, die in den Umlandgemeinden der Großstädte wohnen (BBR 2000). Besonders stark ausgeprägt ist dies im Umland monozentrischer Verdichtungsräume wie Hamburg, Berlin oder München. In po-

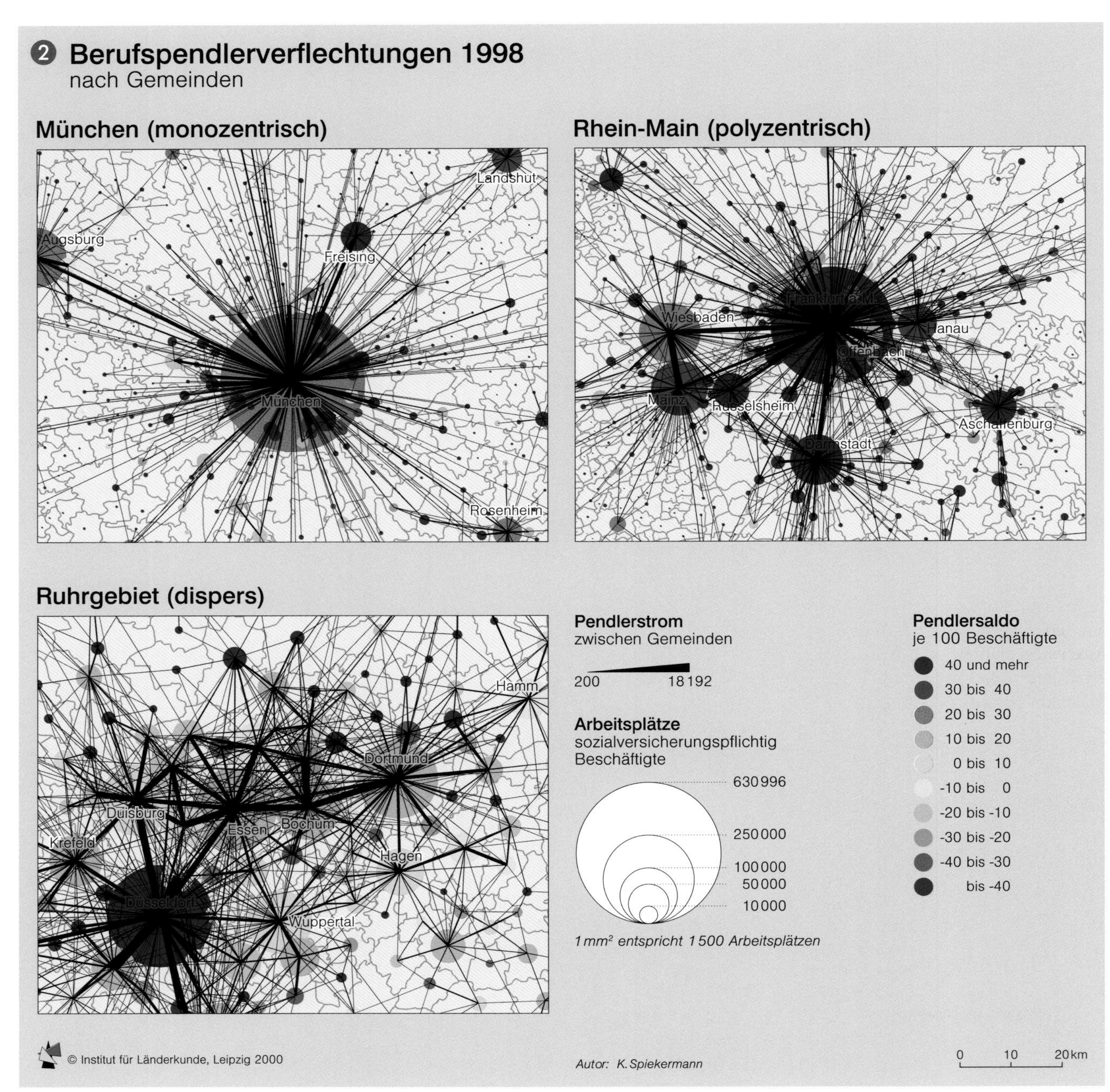

lyzentrischen Stadtregionen und in ländlichen Gebieten sind die Pendelentfernungen kürzer. Unabhängig von der Gemeindegröße ist der Verkehrsaufwand für den Berufsverkehr derjenigen Gemeinden am geringsten, die über ein ausgewogenes Verhältnis zwischen der Anzahl der Erwerbstätigen und der Anzahl der Arbeitsplätze verfügen (HOLZ-RAU 1997).

Stadtregionale Pendlerverflechtungen

In den deutschen Verdichtungsräumen führen die jeweiligen Siedlungsstrukturen mit ihren spezifischen räumlichen Bevölkerungs- und Arbeitsplatzverteilungen zu sehr unterschiedlichen Mustern der Pendlerströme ❷ (vgl. SINZ/BLACH 1994; SPIEKERMANN 1997).

- In monozentrischen Stadtregionen wie München laufen die Pendlerströme radial aus dem Umland auf das Stadtzentrum zu. Die Kernstadt hat ein hohes positives Pendlersaldo, die Umlandgemeinden weisen entsprechend negative Salden auf. Einige Arbeitsplätze der Kernstadt haben sich räumlich in den Ring der an München angrenzenden Gemeinden ausgedehnt, welche ebenfalls über positive Pendlersalden verfügen.
- In polyzentrischen Stadtregionen wie Frankfurt werden neben der noch dominierenden Kernstadt weitere Zielpunkte der Pendlerströme wie Wiesbaden, Mainz, Darmstadt oder Aschaffenburg sichtbar, in denen ebenfalls ein signifikantes Arbeitsplatzangebot vorhanden ist. Intensive Pendlerverflechtungen bestehen zwischen den Zentren der Stadtregion. Neben der Kernstadt haben die Nebenzentren ihr eigenes System von Pendlereinzugsbereichen herausgebildet.
- In räumlich dispers organisierten Stadtregionen wie dem Ruhrgebiet gibt es ein netzartiges Muster von Pendlerbeziehungen. Es existiert kein dominierendes Zentrum. Eine so deutliche Ausrichtung der Pendlerströme wie in anderen Stadtregionen ist nicht vorzufinden, zudem ist ein erheblicher Tangentialverkehr feststellbar. Die Kernstädte in diesem Verdichtungsraum weisen sowohl Pendlergewinne (z.B. Dortmund, Essen) als auch Pendlerverluste (z.B. Herne, Gelsenkirchen) auf.

Verkehrsmittelwahl im Berufsverkehr

Die Fahrt zur Arbeit wird überwiegend mit dem privaten Pkw bewältigt. Benutzte 1970 erst jeder zweite Erwerbstätige das Auto, lag der Anteil 1987 mit 80% bereits wesentlich höher (OTT/GERLINGER 1992). Bei den Berufspendlern wird heute in zahlreichen Großstädten die Relation von Individualverkehr zu ÖPNV mit Werten zwischen 80:20% und 95:5% angegeben (MOTZKUS 1997). Deutliche Zusammenhänge existieren zwischen der Erschließungsqualität im ÖPNV und der Autonutzung. Im Münchner Umland ist beispielsweise bei Gemeinden mit Bahnanschluss die Pkw-Nutzung auf 60% zurückgegangen (KAGERMEIER 1997) (▶▶ Beitrag Lötscher u.a.).

Berechnungen für die Stadt Dortmund haben ergeben, dass die Auto- und Motorradfahrer, d.h. zwei Drittel der Pendler, 94% der Gesamtenergie des Berufsverkehrs verbrauchen, während die 23%, die den ÖPNV nutzen, lediglich 6% der Energie verbrauchen. Damit benötigt ein Autopendler durchschnittlich mehr als fünfmal so viel Energie wie ein ÖPNV-Pendler. 10% der Pendler sind zudem Fußgänger oder Radfahrer und verbrauchen keine Energie (SPIEKERMANN/WEGENER 1997).◆

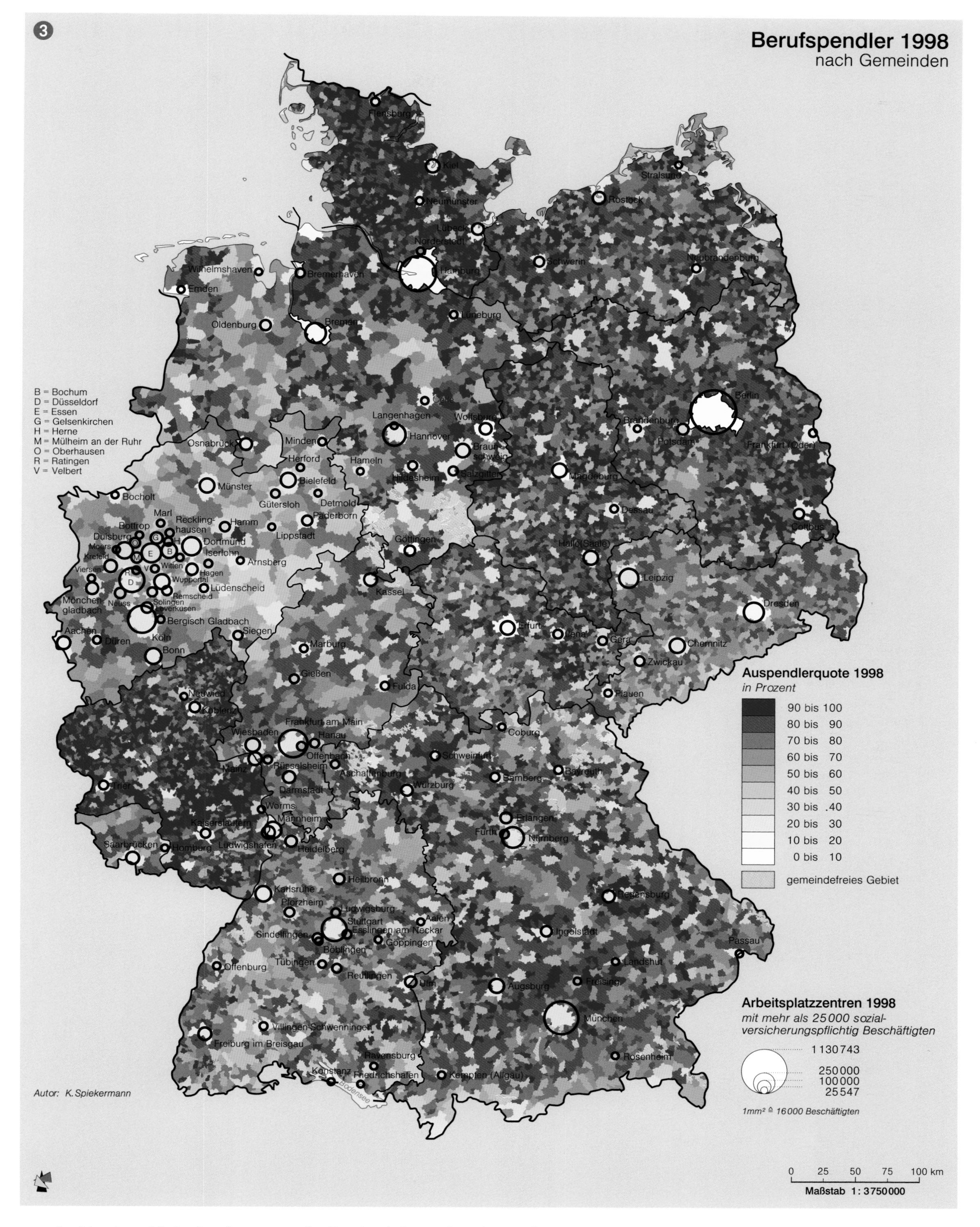

Wachsender Freizeitverkehr – umweltverträgliche Alternativen

Martin Lanzendorf

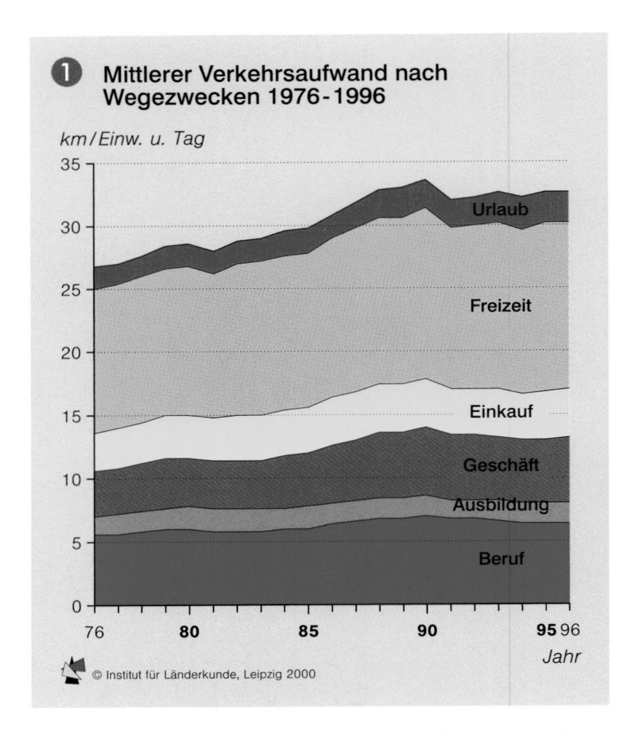

Etwa die Hälfte aller Kilometer im Personenverkehr werden in Deutschland zu Freizeit- oder Urlaubszwecken zurückgelegt ❶. In Zukunft wird ein weiterer Anstieg der Distanzen erwartet, was die Erreichung politischer Ziele wie eine Wachstumsbeschränkung des motorisierten Verkehrs oder eine Reduktion der CO_2-Emissionen erheblich erschwert.

Kürzere Urlaubsreisen

Im Trend fahren die Deutschen kürzer, aber häufiger in Urlaub, so dass insgesamt größere Reisedistanzen zurückgelegt werden. Zunehmende Bedeutung gewinnen auch Kurzurlaubsreisen, d.h. Reisen mit ein bis drei Übernachtungen, die vorwiegend am Wochenende durchgeführt werden. Der motorisierte Individualverkehr ist die für Urlaubsreisen am häufigsten genutzte Verkehrsart ❷. Der Flugverkehr, mit dem 1998 bereits knapp ein Drittel aller Urlaubsreisen durchgeführt wurden, gewinnt zunehmend an Bedeutung und führt zu einem sprunghaften Anstieg der Reiseweiten.

Terminologie der Freizeitmobilität

Als **eine Reise** werden alle Wege vom Verlassen der Wohnung bis zur Rückkehr in die Wohnung zusammengefasst. Die Kategorie **Freizeitinfrastruktur** umfasst alle Reisen zu Gaststätten, Sportanlagen, Theatern, Museen, Kinos, Zoos, Jahrmärkten etc.

Die Kategorie **soziale Kontakte** erfasst Besuche von Freunden und Verwandten und das Engagement in gesellschaftlichen Gruppen, wie Kirchen, Vereinen etc.

Fortbewegung bezeichnet Aktivitäten, bei denen das Unterwegssein im Vordergrund steht, wie z.B. Spazierfahrten oder Spaziergänge.

Die Kategorie **Natur** fasst Reisen zu Parkanlagen, zur Erholung und Bewegung in der Natur, zum Wochenendhaus und zum Schrebergarten zusammen.

Wochenendverkehr

Im Tagesfreizeitverkehr, worunter Freizeitfahrten ohne Übernachtungen gefasst sind, werden an Wochenenden die größten Distanzen zurückgelegt. Freizeitreisen können in die ▸ fünf Kategorien

- Freizeitinfrastruktur,
- soziale Kontakte und Freizeitinfrastruktur,
- soziale Kontakte,
- Natur und Fortbewegung sowie
- Fortbewegung

eingeteilt werden, die jeweils sowohl hinsichtlich der Reisehäufigkeit als auch hinsichtlich des damit verbundenen Verkehrsaufwands bedeutsam sind ❸. Bezüglich dieser Freizeitkategorien zeigen sich deutliche Unterschiede hinsichtlich der räumlichen Verteilungsmuster der Reiseziele und der Anteile der genutzten Verkehrsmittel. Aktivitäten der Kategorie Freizeitinfrastruktur finden vorwiegend im Stadt- oder Stadtteilzentrum statt, Naturziele liegen in der Peripherie, und die Gelegenheiten für soziale Kontakte – in erster Linie Privatwohnungen – sind dispers über den Raum verstreut. Zum Zweck von sozialen Kontakten wird am Wochenende besonders häufig auf den motorisierten Individualverkehr zurückgegriffen, während für natur- oder fortbewegungsbezogene Aktivitäten die nichtmotorisierten Verkehrsformen die größte Bedeutung haben ❹.

Freizeitmobilität

Freizeitmobilität kann nicht allein aus der Notwendigkeit einer Zielerreichung, also der Raumüberwindung von A nach B, erklärt werden. Vielmehr ist das Unterwegssein selbst häufig der Haupt- oder ein Nebenzweck der Verkehrsteilnahme wie z.B. beim Spaziergang oder der Spazierfahrt. Im Gegensatz zu Erwerbs- oder Versorgungszeiten bietet die freie Zeit vielfältige Optionen zur Aktivitätsgestaltung. Individuen markieren ihre Zugehörigkeit zu sozialen Milieus oder Gruppen unter anderem durch die ausgeübten Freizeitaktivitäten und die genutzten Verkehrsmittel. Individuelle Stilisierungsmerkmale werden daher ebenso wie räumliche Strukturen, die Verfügbarkeit von Verkehrsmitteln sowie soziodemographische Merkmale zur Erklärung der Verkehrsentstehung im Freizeitverkehr herangezogen.

Innovative Lösungen

Die Umgestaltung des Verkehrs- und Siedlungssystems erfordert planerische, finanzielle und ordnungsrechtliche Maßnahmen zur Schaffung geeigneter Rahmenbedingungen. Zugleich sind beim Freizeitverkehr innovative Lösungen gefragt, die darauf abzielen, entweder den Verkehr auf umweltverträgli-

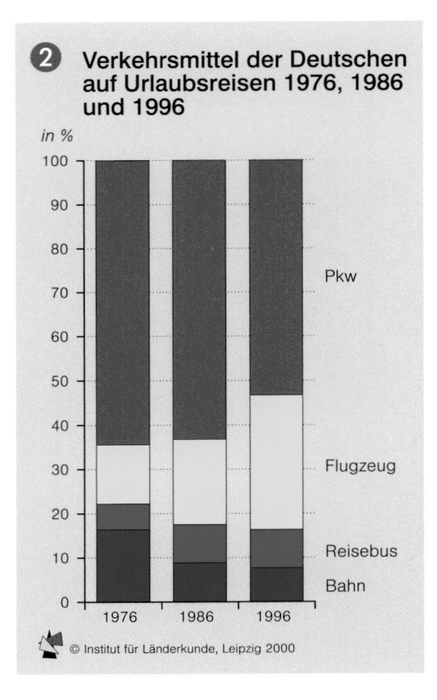

chere Verkehrsmittel zu verlagern, also z.B. vom privaten Pkw auf Bus, Bahn oder Fahrrad, oder Freizeitverkehr zu vermeiden, indem Ziele attraktiver gemacht werden, die nahe am Wohnort liegen. Eine Vielzahl von innovativen Lösungen werden bereits in der Praxis erprobt ❺ und zielen in erster Linie auf die Aufwertung des Nahraumes sowie auf die Gestaltung, Kommunikation und Vermarktung bedarfsgerechter Angebote ab. Einige Beispiele sind:

- Angebote für Bus- und Bahn, wie Verkehrsverbünde, Wander-, Ausflugs- und Nachtbusse, Ferien- und Wochenendtickets, Erlebnisfahrten;
- Förderung der Fahrradnutzung, z.B. durch Fahrradwegenetze in Kommunen, Regionen oder überregional, Vernetzung mit Bus und Bahn durch Fahrradmitnahme, -stationen oder -verleih;
- Förderung nichtmotorisierter und körperbetonter Trend-Verkehrsmittel wie Inline-Skating;
- Car-Sharing zur Reduktion des Pkw-Besatzes und des ruhenden Verkehrs sowie zur gezielten Nutzung für Ausflüge und Besuche am Wochenende;
- autofreie Erlebnistage und Events;
- Informationsdienste zu Verkehrsmitteln und Freizeitangeboten, wie Broschüren, Internet, Call-Center, individuelle Mobilitätsberatung mit Ausflugsangeboten;

- Kooperation von Tourismus- und Verkehrsanbietern zur Vermarktung umweltverträglicher Verkehrsmittel auf Urlaubsreisen, wie autofreie Urlaubsorte, Parkplatzbeschränkungen, autounabhängige An- und Abreise sowie Mobilitätsangebote am Urlaubsort.◆

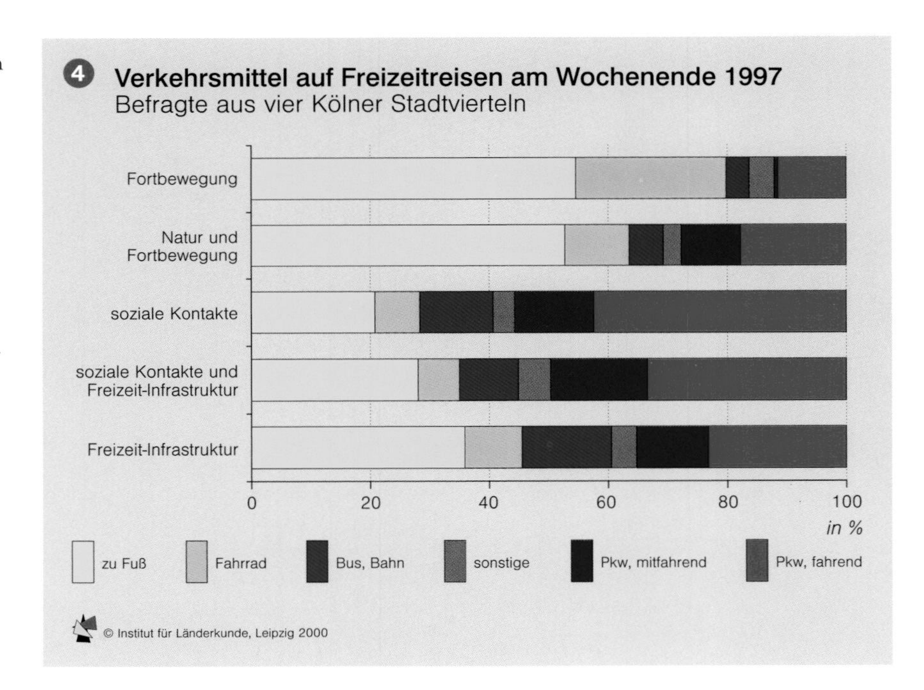

5
Umweltverträglicher Freizeitverkehr 1999
ausgewählte Beispiele
Fahrrad
Fahrradmitnahme in Bahn und Bus
Ausbau des Radwegenetzes
Weimar
Fahrradvermietstation
Radfernweg
Bd. 10, Beitrag P. Becker, S. 91
Öffentlicher Verkehr
Abend- und Nachtangebot
Bus und Bahn zu Ausflugszielen
Wiedereröffnung einer Bahnstation
attraktiver Tarif
umweltfreundliche Fahrzeuge
Informationssysteme
Broschüren zu Freizeitzielen mit Umweltverbund
Computerinformationen zu Verkehrsmitteln und touristischen Zielen
Mobilitätszentrale
Verkehrsreduzierung
Kylltal
autofreier Erlebnistag
Autounabhängigkeit – autofreie Inseln und Orte
neue Verkehrsmittel – Inline Skating
Attraktivierung nahegelegener Ausflugsziele
Zingst
Bezugspunkt (Ort ohne Fahrradvermietstation)
Bezugspunkt (Berg)
Odenwald
Bezugsgebiet
Gewässer mit Stausee
Staatsgrenze
Landesgrenze
Siedlungsfläche über 100 000 Einwohner
Kiel
Landeshauptstadt
Autor: M. Lanzendorf
0
25
50
75
100 km
Maßstab 1 : 2 750 000
Westerland
Niebüll
Süderbrarup
Schleswig
Rendsburg
Kiel
Fehmarn
Hiddensee
Zingst
Rügen
Lietzow
Binz
Stralsund
Graal-Müritz
Warnemünde
Ribnitz-Damgarten-West
Rostock
Usedom
Helgoland
Malente-Gremsmühlen
Haffkrug
Scharbeutz
Timmendorfer Strand
Itzehoe
Lübeck-Travemünde
Wismar
Weseberg
Demmin
Güstrow
Ückermünde
Langeoog
Spiekeroog
Baltrum
Juist
Wangerooge
Cuxhaven
Esens (Ostfriesl.)
Bremerhaven
Barsbüttel
Hamburg
Schwerin
Altentreptow
Waren (Müritz)
Neubrandenburg
Parchim
Neustrelitz
Feldberg
Varel
Rastede
Winsen (Luhe)
Lüneburg
Mirow
Bad Zwischenahn
Oldenburg
Bremen
Papenburg
Dannenwalde
Angermünde
Soltau
Ebstorf
Fallingbostel
Walsrode
Elbe
Weser
Oder
Nienburg
Celle
Berlin
Potsdam
Bramsche
Wunstorf
Hannover
Ibbenbüren
Osnabrück
Rheine
Minden
Bückeburg
Bünde
Bad Oeynhausen
Hess. Oldendorf
Rinteln
Hameln
Bad Salzdetfurth
Magdeburg
Münster
Bielefeld
Bad Pyrmont
Gütersloh
Vienenburg
Goslar
Bad Harzburg
Innerstetal
Lübben
Lübbenau
Bocholt
Borken
Kleve
Wesel
Xanten
Haltern
Selm-Beifang
IBA Emscher Park
Gladbeck-West
Bottrop
Oberhausen
Castrop-Rauxel
Lünen
Hamm
Bönen
Kamen
Unna
Soest
Dortmund
Wanne-Eickel
Essen
Witten
Mülheim (Ruhr) Styrum
Mülheim (Ruhr) Hbf
Heiligenhaus
Ratingen
Düsseldorf
Wuppertal
Remscheid
Oelde
Paderborn
Bad Sassendorf
Höxter
Uslar
Hardegsen
Northeim
Bodenfelde
Bad Karlshafen
Wahlsburg
Bodensee
Göttingen
Kassel
Dessau
Wittenberg
Pretzsch/Elbe
Bad Schmiedeberg
Cottbus
Bitterfeld
Halle (Saale)
Senftenberg
Sangerhausen
Bestwig
Meschede
Olsberg
Edersee
Kassel-Wilhelmshöhe
Bad Sooden-Allendorf
Sonderhausen
Bad Frankenhausen
Karsdorf
Freyburg
Kirchscheidungen
Laucha
Bad Kösen
Mühlhausen
Leipzig/Cospudener See
Grevenbroich
Geilenkirchen
Winterberg
Rothaargebirge
Köln
Rotenburg (Fulda)
Dresden
Bad Schandau
Fuldatal
Erfurt
Weimar
Aachen
Düren
Marburg-Biedenkopf
Niederwalgern
Bad Hersfeld
Arnstadt
Zwickau
Euskirchen
Siegtal
Neuwied
Saynta
Prümtal
Remagen
Mücke-Flensungen
Wetzlar
Lobenstein
Gelbbachtal
Nassau
Limburg
Cochem/Mosel
Kylltal
Rheintal
Moseltal
Cochem-Zell
Wiesbaden
Mainz
Frankfurt/M.
Kinzigtal
Bad Kissingen
Coburg
Kronach
Weissmain
Karlstadt
Von Tal zu Tal
„Rhein Radeln“
Bad Kreuznach
Trier
Ruwertal
Konz-Karthaus
Alsenztal
Appel-bachtal
Guntersblum
Bergstrasse
Eistal
Würzburg
Bamberg
Heiligenstadt
Amorbach
Odenwald
Saartal
Lautertal
Kaiserslautern
Wein-strasse
Landstuhl
Mannheim
Schönau
Heidelberg
Neustadt/Aisch
Taubertal
Saarlouis
Saarbrücken
Neckartal Heilbronn
Heilbronn
Rothenburg
Cham
Bodenmais
Karlsruhe
Gunzenhausen
Regensburg
Freyung-Grafenau
Baden-Baden
Stuttgart
Calw
Tübingen
Donauwörth
Donau
Donautal
Passau
Nagoldtal
Ulm
Inn
Emmendingen
Breisach
Freiburg
Moosburg
Biberach/Riß
München
Neustadt (Titisee)
Feldberg
Hinterzarten
Beuron
Bad Waldsee
Herrsching
Dießen am Ammersee
Bad Endorf
Traunstein
Leutkirch
Holzkirchen
Prien
Bodenseeradeln
Schopfheim
Radolfzell
Uhlingen-Mühlhofen
Markdorf
Kempten
Marktoberdorf
Bad Feilnbach
Bernau-Felden
Bad Reichenhall
Ruhpolding
Lörrach
Wehr (Baden)
Konstanz
Friedrichshafen
Kressbronn
Immenstadt
Lindau
Oberallgäu
Murnau
Kochel am See
Lenggries
Schliersee
Bayrischzell
Berchtesgaden
Füssen
Pfronten-Heitern
Oberstaufen
Sonthofen
Oberstdorf
Garmisch-Partenkirchen
Rhein
Mosel
Main
Neckar
Isar
Lech
Saale
Havel
Spree
Mittellandkanal
Ems
Leine
Aller
Werra
Fulda
Lahn
Iller
Salzach
Weiße Elster
Mulde
Zwickauer Mulde
Lausitzer Neiße
Kummerower See
Schweriner See
Plauer See
Müritz
Gr. Plöner See
Ammersee
Starnberger See
Chiemsee
Saar
Sauer
Altmühl
Lippe
Ruhr
© Institut für Länderkunde, Leipzig 2000

Luftverkehr – Mobilität ohne Grenzen?

Alois Mayr

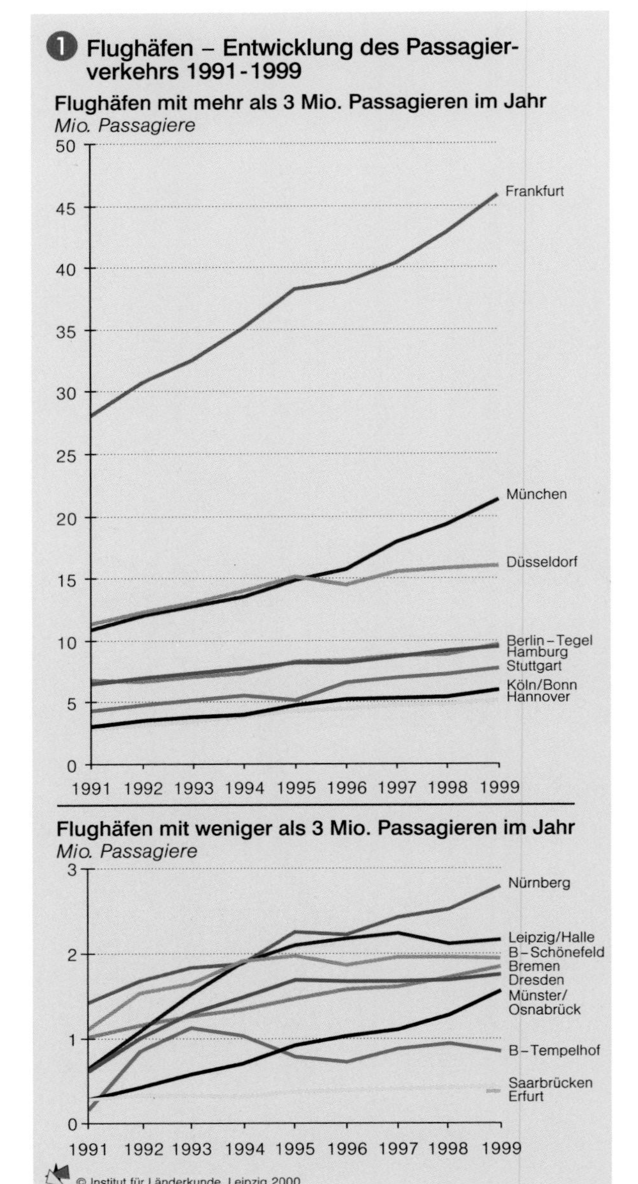

Flughafen Frankfurt a.M.

Nächst dem Kraftfahrzeugverkehr hat keine andere Verkehrsart ein so dynamisches Wachstum erlebt wie der Luftverkehr, obwohl dieser erst relativ spät nach dem Ersten Weltkrieg als konkurrierendes Verkehrsmittel in den Markt eingetreten ist. Nach 1945 erlebte der Luftverkehr einen unvorstellbaren Aufschwung, insbesondere seit der Rückgabe der Lufthoheit durch die Alliierten an die beiden deutschen Staaten im Jahre 1955. Zu dieser Entwicklung trugen wirtschaftliche und soziale Veränderungen der Nachkriegszeit wie auch technische Innovationen bei. Entscheidend waren stetig wachsende Verkehrsbedürfnisse, bedingt durch die Internationalisierung der Wirtschaft sowie die gestiegene Mobilität im Geschäftsleben und einen boomenden Flugtourismus. Der Zusammenbruch des kommunistischen Gesellschafts- und Wirtschaftssystems mit der Öffnung Deutschlands und Europas nach Osten, der gemeinsame Binnenmarkt der EU und die damit verbundene Liberalisierung sowie die weitere Globalisierung der Wirtschaft verstärkten das Wachstum des Luftverkehrs in den 1990er Jahren (vgl. ADV 1997) ❶ ❸.

Die wichtigsten der zahlreichen Vorkriegs-Flugplätze mit überregionaler Bedeutung konnten sich nach 1945 erneut etablieren, wurden jedoch durch neue Standorte ergänzt. Die Funktion der führenden Luftverkehrsdrehscheibe der alten Bundesrepublik ging auf den zentral gelegenen Rhein-Main-Flughafen in Frankfurt über. 1960 wurden auf den internationalen Verkehrsflughäfen der damaligen Bundesrepublik 7,8 Mio. Fluggäste gezählt, zwischen 1969 und 1984 verdoppelte sich das Passagieraufkommen von rd. 25 Mio. auf 50 Mio. und bis 1994 – nunmehr einschließlich dreier ostdeutscher Flughäfen – ein weiteres Mal auf rd. 100 Mio. Fluggäste. Bereits 1999 gab es auf den 17 internationalen Verkehrsflughäfen rd. 135 Mio. Passagiere, auf 41 regionalen Verkehrsflughäfen und Verkehrslandeplätzen weitere 4,2 Mio. Bis 2010 wird gegenüber 1994 eine nochmalige Verdoppelung der Passagierzahlen erwartet (ADV 2000, Bundesregierung 2000).

Passagierverkehr

Die 17 internationalen Verkehrsflughäfen lassen sich nach Entwicklung und aktuellen Strukturen in fünf Größenklassen gliedern.

1. Als führende Luftverkehrsdrehscheibe Deutschlands nimmt Frankfurt innerhalb des dezentralen Flughafensystems einen herausragenden Rang ein. Der Rhein-Main-Flughafen hat sein Fluggastaufkommen seit 1991 von 28 Mio. auf knapp 46 Mio. Passagiere gesteigert und beförderte 1999 allein rd. 34% der Fluggäste in Deutschland. Frankfurt ist u. a. Heimatflughafen der Deutschen Lufthansa und mehrerer Chartergesellschaften, höchstrangiges Deutschland-Flugziel ausländischer ▸ Carrier und – bei gleichzeitig hohem Zubringerverkehr – Ausgangspunkt der meisten von Deutschland ausgehenden Interkontinentalstrecken. Im für die Luftfahrt charakteristischen ▸ Hub-and-Spoke-System hat es sich zu einem Drehkreuz von Weltbedeutung entwickelt.

2. Weniger als halb so groß sind mit inzwischen über 21 Mio. bzw. knapp 16 Mio. Passagieren die Flughäfen München und Düsseldorf. Der Flughafen München nahm in den letzten Jahren als zweites Drehkreuz der Lufthansa eine besonders dynamische Entwicklung. München ist Sitz der Deutschen British Airways (Deutsche BA), Düsseldorf der großen Linien- und Chartergesellschaft Lufttransport-Union (LTU).

3. Einer dritten Gruppe mit 5 bis 10 Mio. Passagieren gehören Berlin-Tegel, Hamburg, Stuttgart, Köln/Bonn und Hannover an. Bei Berlin-Tegel, Hamburg und Köln/Bonn ist der Deutschland-Verkehr besonders ausgeprägt.

4. Die Flughäfen Nürnberg, Leipzig/Halle, Berlin-Schönefeld, Dresden, Bremen und Münster/Osnabrück haben 1 bis unter 3 Mio. Fluggäste.

5. Mit unter 1 Mio. Passagieren verbleiben schließlich die Flughäfen Berlin-Tempelhof, Saarbrücken und Erfurt (erst seit 1999 international). 1975 bereits offiziell geschlossen, musste →

❷ Von Deutschland angeflogene Flugziele 1997 und 1999

Ab Flughafen	Direktziele 1997	davon nach Außereuropa 1997	Direktziele 1999	Zielländer 1999
Frankfurt	231	97	280	110
München	174	36	207	65
Düsseldorf	183	49	172	48
Hannover	87	16	126	37
Stuttgart	107	15	115	35
Hamburg	168	46	113	38
Berlin-Tegel	79	6	109	24
Köln/Bonn	113	31	105	34
Berlin-Schönefeld	58	14	89	32
Nürnberg	60	7	58	20
Leipzig/Halle	93	28	58	20
Dresden	55	3	52	16
Berlin-Tempelhof	32	–	42	8
Bremen	39	2	36	13
Münster/Osnabrück	46	7	33	8
Saarbrücken	21	2	24	8
Erfurt	26	3	24	7

ADV – Arbeitsgemeinschaft deutscher Verkehrsflughäfen

Airport – *engl.* Flughafen

Cargo – *engl.* Luftfracht

Carrier – Lufttransportunternehmen

Flugzeugbewegungen – Statistik, in der die auf den Flughäfen erfolgten Starts und Landungen erfasst werden

Hub-and-Spoke–System – (*engl.* Nabe und Speiche) Verteilersystem, bei dem zur besseren Auslastung alle Transporte zu einem zentralen Flughafen gesandt und von dort weiterverteilt werden (▸▸ Beitrag Juchelka, KEP-Dienste)

IATA – International Air Transport Association

Luftfracht – gemäß der IATA-Resolution 507b gilt neben der per Flugzeug beförderten Fracht auch die Lkw-Beförderung während eines Teilstückes der Transportkette (**Trucking** oder Luftfrachtersatzverkehr) als Luftfracht. Deutsche Luftfrachtgüter, die im Zu- und Ablauf mit Lkw zu im Ausland gelegenen Flughäfen, z.B. nach Amsterdam oder Lüttich, transportiert werden, sind in den statistischen Angaben zum deutschen Luftfrachtverkehr nicht enthalten.

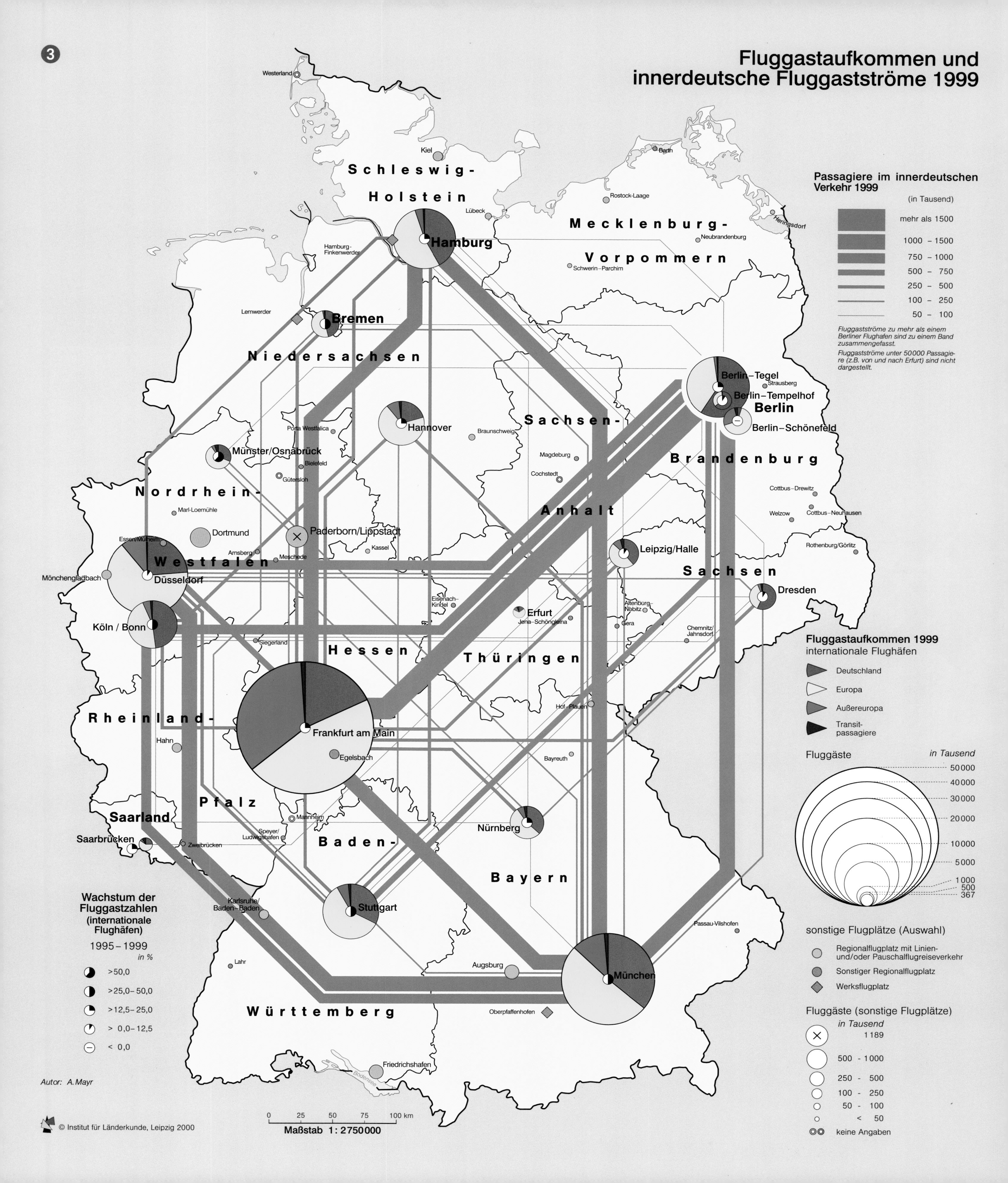
3
Fluggastaufkommen und innerdeutsche Fluggastströme 1999
Passagiere im innerdeutschen Verkehr 1999
(in Tausend)
mehr als 1500
1000 - 1500
750 - 1000
500 - 750
250 - 500
100 - 250
50 - 100
Fluggastströme zu mehr als einem Berliner Flughafen sind zu einem Band zusammengefasst.
Fluggastströme unter 50000 Passagiere (z.B. von und nach Erfurt) sind nicht dargestellt.
Fluggastaufkommen 1999
internationale Flughäfen
Deutschland
Europa
Außereuropa
Transitpassagiere
Fluggäste
in Tausend
50000
40000
30000
20000
10000
5000
1000
500
367
sonstige Flugplätze (Auswahl)
Regionalflugplatz mit Linien- und/oder Pauschalflugreiseverkehr
Sonstiger Regionalflugplatz
Werksflugplatz
Fluggäste (sonstige Flugplätze)
in Tausend
1189
500 - 1000
250 - 500
100 - 250
50 - 100
< 50
keine Angaben
Wachstum der Fluggastzahlen (internationale Flughäfen)
1995 - 1999
in %
>50,0
>25,0 - 50,0
>12,5 - 25,0
> 0,0 - 12,5
< 0,0
Schleswig-Holstein
Mecklenburg-Vorpommern
Niedersachsen
Sachsen-Anhalt
Brandenburg
Nordrhein-Westfalen
Sachsen
Hessen
Thüringen
Rheinland-Pfalz
Saarland
Baden-Württemberg
Bayern
Westerland
Kiel
Lübeck
Barth
Rostock-Laage
Heringsdorf
Neubrandenburg
Schwerin-Parchim
Hamburg
Hamburg-Finkenwerder
Lemwerder
Bremen
Hannover
Braunschweig
Porta Westfalica
Münster/Osnabrück
Bielefeld
Gütersloh
Magdeburg
Cochstedt
Berlin-Tegel
Strausberg
Berlin-Tempelhof
Berlin
Berlin-Schönefeld
Cottbus-Drewitz
Welzow
Cottbus-Neuhausen
Rothenburg/Görlitz
Marl-Loemühle
Dortmund
Paderborn/Lippstadt
Kassel
Essen/Mülheim
Arnsberg
Meschede
Mönchengladbach
Düsseldorf
Leipzig/Halle
Dresden
Köln / Bonn
Eisenach-Kindel
Erfurt
Jena-Schöngleina
Altenburg-Nobitz
Gera
Chemnitz/Jahnsdorf
Siegerland
Hof-Plauen
Frankfurt am Main
Hahn
Egelsbach
Bayreuth
Mannheim
Speyer/Ludwigshafen
Nürnberg
Saarbrücken
Zweibrücken
Karlsruhe/Baden-Baden
Stuttgart
Passau-Vilshofen
Lahr
Augsburg
München
Oberpfaffenhofen
Friedrichshafen
Bodensee
Autor: A. Mayr
0 25 50 75 100 km
Maßstab 1: 2750000

Berlin-Tempelhof nach der Wende wegen des Booms im Berlin-Verkehr wieder geöffnet werden.

Eine Auswertung der Direkt-Flugziele im Sommer 1997 und 1999 sowie der angeflogenen Zielländer bestätigt die Rangfolge der Flughäfen ❷ weitgehend. Auch die innerdeutschen Fluggastströme im Jahre 1999 verdeutlichen die Bedeutung der Verkehrsflughäfen (nach StaBA 2000). Am aufkommensstärksten waren die Verbindungen von Frankfurt nach Berlin-Tegel und nach München sowie die von München nach Berlin-Tegel, nach Düsseldorf und nach Hamburg ❸. Verkehrszuwächse erfolgten besonders auf der Strecke Köln/Bonn – Berlin-Tegel durch die Verlagerung der Hauptstadtfunktion. Abnahmen der innerdeutschen Luftverkehrsströme und sogar Streckeneinstellungen erfolgten bei Relationen, die inzwischen durch das Hochgeschwindigkeitsnetz der Deutschen Bahn (ICE, IC) optimal bedient werden.

Flughafen Leipzig/Halle mit neuer Interkontinentalbahn (links)

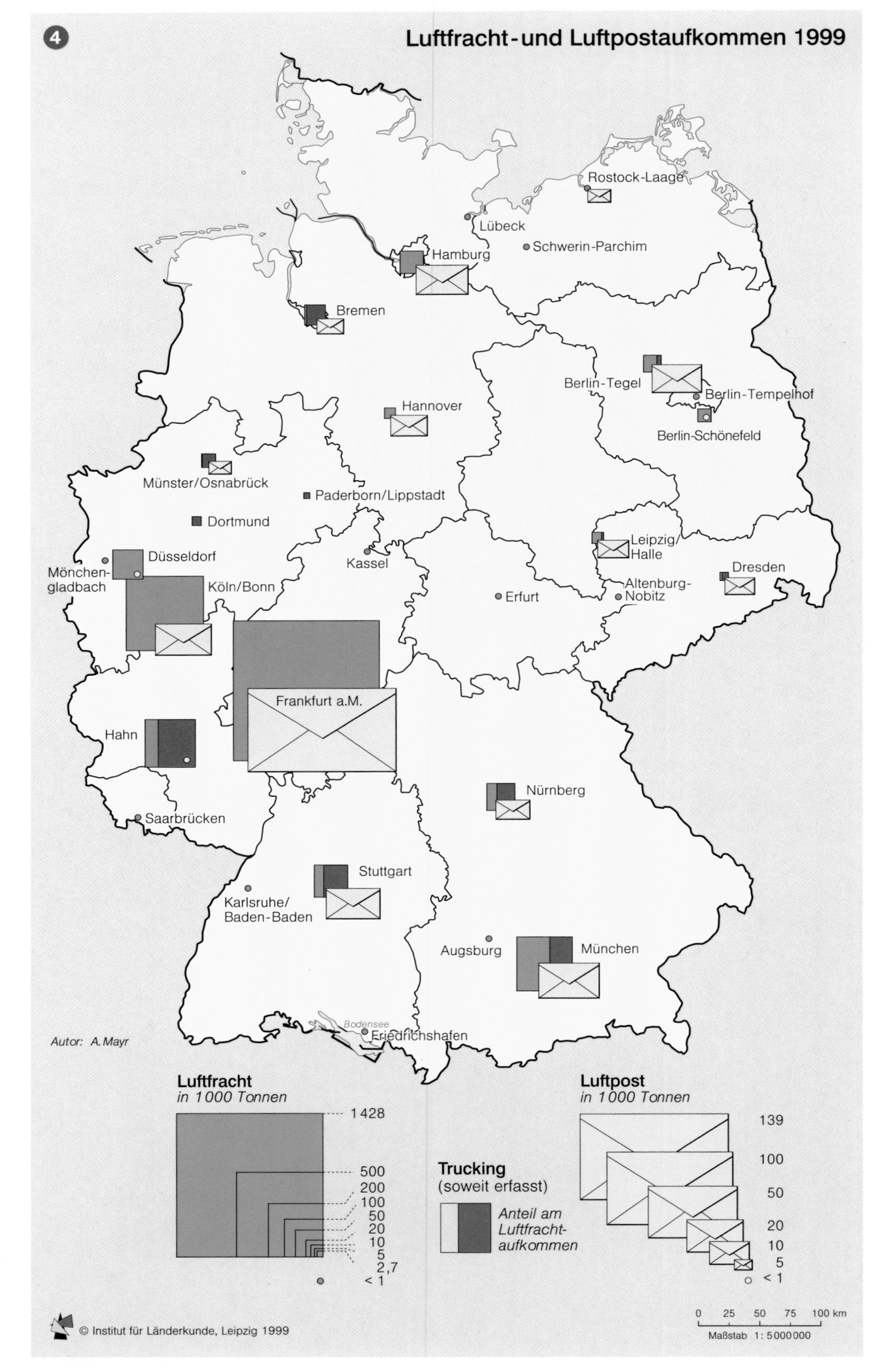

Insgesamt stieg die Zahl der Inlandspassagiere 1999 um 5% auf 20,9 Mio. an, 16% (1995: 21%) aller Passagiere, die auf deutschen Flughäfen abgefertigt wurden. Die weitaus meisten waren Geschäftsreisende, die das Flugzeug zu einer Tagesreise innerhalb Deutschlands nutzten. 2,8 Mio. Passagiere flogen eine innerdeutsche Strecke als Zubringer zu einer ins Ausland führenden Flugreise.

Nachdem noch im Vorjahr der innerdeutsche Passagierverkehr stärker gewachsen war als der Auslandsverkehr, stieg der grenzüberschreitende Flugverkehr 1999 um 7,8% an und umfasste 84% aller Fluggäste. Es dominierten Einsteiger in europäische Zielländer (34,4 Mio., vorwiegend EU) vor Amerika (5,5 Mio.), Asien (3,5 Mio.), Afrika (2,4 Mio.) sowie Australien (48.000). Bedeutendstes einzelnes Zielland war erneut Spanien (8,9 Mio. Passagiere) vor Großbritannien (3,9 Mio.), den USA (3,6 Mio.) und der Türkei (3,0 Mio) ❻.

▸ Luftfrachtverkehr

Das Luftfrachtaufkommen als weitere Leistungsgröße eines Flughafens ist ein wichtiger Indikator für dessen wirtschaftliche Kooperation mit dem Umland. Entsprechend den steigenden Handelsverflechtungen des Weltmarktes ist der Güterverkehr auf deutschen Flughäfen kontinuierlich angestiegen und erreichte 1999 mit 2,1 Mio. t geflogener Fracht sein bisheriges Maximum; dabei übertraf die Einladung geringfügig die Ausladung.

Auf Frankfurt, Europas größtes ▸ Cargo-Zentrum, entfielen 1999 mit 1,4 Mio. t allein 67% der geflogenen Luftfracht ❹; die Nachbargemeinde Kelsterbach wird wirtschaftlich dominant durch Luftfrachtspeditionen und affine Betriebe geprägt. Zweitwichtigster deutscher Cargo-Flughafen ist Köln/Bonn. Viele Flughäfen verstärken ihre Funktion als Frachtflughäfen durch die Ansiedlung von Frachtcarriern und Expressdiensten. Im Luftfrachtgüteraustausch mit Deutschland dominierten 1999 eindeutig die USA vor Großbritannien, den Vereinigten Arabischen Emiraten, Hongkong und Japan (▸▸ Beitrag Juchelka, KEP-Dienste).

Luftpostverkehr

Auch der Luftpostverkehr hat nach dem Zweiten Weltkrieg einen starken Aufschwung genommen. Einerseits ist das Bestreben, für Brief- und Paketsendungen das schnellste Beförderungsmittel zu wählen, stark gestiegen, andererseits sind die Luftverkehrsgesellschaften an der Beförderung von Luftpost wegen hoher Gebühreneinnahmen sehr interessiert. Der Transport erfolgt teils als Beifracht durch spezielle Nachtluftpostdienste der Lufthansa und wird am Stern Frankfurt am Main zusammengeführt. Der Rhein-Main-Flughafen dominierte 1999 mit rd. 139 000 t (rd. 51% der Gesamtmenge) den Luftpostverkehr; mit großem Abstand folgten München, Köln/Bonn, Hamburg, Stuttgart und Berlin-Tegel ❹. Insgesamt sind in jeder Nacht 23 Flugzeuge mit 41 Flügen auf 13 Strecken im Einsatz.

Das Luftpostaufkommen erreichte 1995 mit rd. 372.000 t sein Maximum und ist seither rückläufig, da die Deutsche Post ihre innerdeutschen Tagesbeförderungen zunehmend auf den Lkw verlagert und durch Express- und Kurierdienste per Flugzeug beförderte Postsendungen statistisch als Fracht erfasst werden.

Flugzeugbewegungen

Die Anzahl der ▸ Flugzeugbewegungen in Deutschland hat kontinuierlich zugenommen und erreichte 1999 2 Mio., davon knapp 1,8 Mio. im gewerblichen Verkehr. Die jährlich einige Millionen von der Deutschen Flugsicherung GmbH kontrollierten Überfliegungen vor allem im Bereich oberhalb von 24.500 Fuß Höhe (ca. 8000 Meter) bleiben unberücksichtigt (MAYR/BUCHENBERGER 1994, S. 11f).

Auch hinsichtlich der Starts und Landungen führte 1999 Frankfurt (28% = rd. 439.000 Bewegungen), gefolgt von München, Düsseldorf, Hamburg, Köln/Bonn, Stuttgart und Berlin-Tegel (▶▶ Beitrag Mayr, Luftfahrtsystem, ❷). Angesichts bestehender Kapazitätsengpässe werden nicht gewerbliche Flugzeugbewegungen und solche mit kleinerem Fluggerät im Rahmen von Kooperationen zunehmend von den internationalen auf benachbarte kleinere Verkehrslandeplätze verlegt.

Verkehrsleistungen der Regionalflugplätze

Das System der internationalen Verkehrsflughäfen wird sehr effektiv durch eine große Anzahl von Regionalflugplätzen ergänzt, von denen z.Z. 45 der ▶ ADV angehören, 16 davon in den neuen Ländern (▶▶ Beitrag Mayr, Luftfahrtsystem). Sie dienen der Allgemeinen Luftfahrt mit besonderer Ausrichtung auf den Geschäftsreiseverkehr großer Unternehmen. Von den 1999 von den ADV-Regionalflugplätzen insgesamt erfassten 4,2 Mio. Passagieren wurden rd. 3,3 Mio. im gewerblichen Verkehr und rd. 167.000 im Werkverkehr mit firmeneigenem Fluggerät befördert.

Von 20 deutschen Regionalflugplätzen aus wurde 1999 Linien- und/oder Pauschalflugreiseverkehr betrieben; dabei übertrafen Paderborn/Lippstadt (rd. 1,2 Mio. Passagiere) und Dortmund (rd. 677.000) nach Fluggästen sogar die kleinsten internationalen Verkehrsflughäfen Saarbrücken und Erfurt. Von den Regionalflugplätzen aus erfolgen vor allem Zubringerflüge von und nach Frankfurt, München, Hamburg und Berlin sowie in ausländische Metropolen. Zudem sind verschiedene Regionalflugplätze seit den 1980er Jahren beliebte Ausgangspunkte des Pauschalreiseverkehrs geworden.

Deutsche Verkehrsflughäfen im europäischen Wettbewerb

Die deutschen Verkehrsflughäfen stehen in einer ausgeprägten internationalen Konkurrenz. Diese hat sich seit dem amerikanischen Airline Deregulation Act von 1978 und den Liberalisierungserlassen der EU beständig verstärkt. Die Flughäfen sind bestrebt, möglichst viele Anschlussflüge an sich zu binden und ihre Infrastruktur und Vernetzung zu verbessern, um dadurch ihr Einzugsgebiet auszuweiten bzw. einen größeren Marktanteil des in- und ausländischen Luftverkehrs zu sichern.

Der internationale Vergleich zeigt deutlich den herausragenden Rang von Europas führenden Luftverkehrsdrehkreuzen London (1999: 103 Mio. Passagiere auf 4 ▶ Airports) und Paris (69 Mio. auf 3 Airports) ❺, die weltweit auch die großen nordamerikanischen und ostasiatischen Hubs übertreffen. Frankfurt am Main, weltweit auf Rang 7, ist Europas drittwichtigste Flughafenstadt (46 Mio.) und hat nach London-Heathrow (62 Mio.) und vor Paris-Charles de Gaulle (44 Mio.) sogar den zweitgrößten Flughafen des Kontinents.

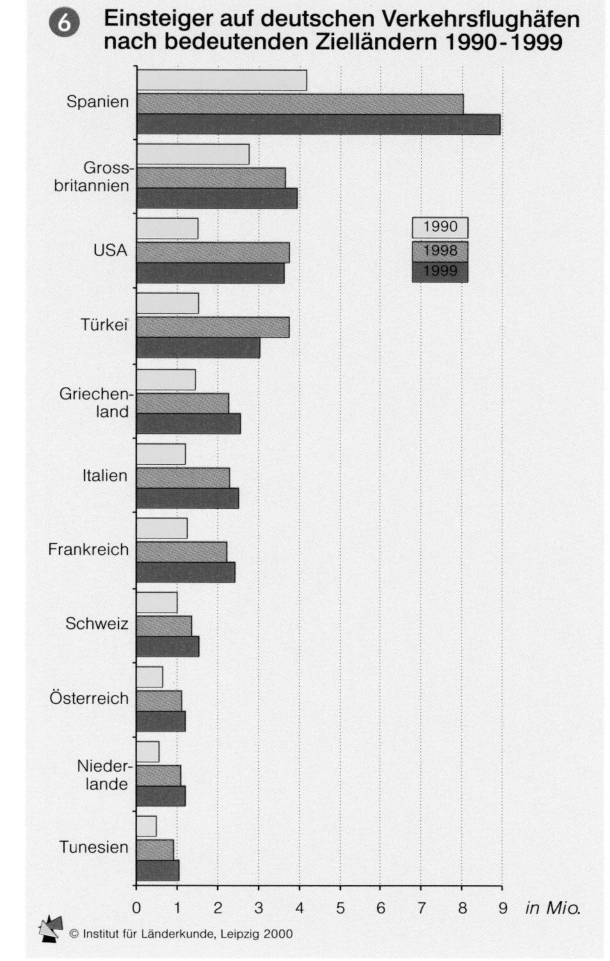

Ein nicht unbeträchtlicher Teil des deutschen Fluggastaufkommens fließt über die Staatsgrenzen ab, und zwar insbesondere nach Amsterdam, Brüssel, Maastricht/Aachen, Luxemburg, Straßburg, zum Euro-Airport Basel/Mulhouse/Freiburg, nach Zürich oder Salzburg. Luftfracht wird von Deutschland in größerem Umfang per Lkw nach Amsterdam, Brüssel oder Luxemburg transportiert. Andererseits ziehen die Berliner Flughäfen Passagiere aus dem westlichen Polen an, Dresden aus Tschechien, München aus Österreich und selbst aus Norditalien und Düsseldorf aus den Niederlanden.

Um im Wettbewerb der Regionen innerhalb der EU und weltweit bestehen zu können, ist eine nachfrage- und bedarfsgerechte Weiterentwicklung des deutschen dezentralen Flughafensystems unerlässlich. Die durch die Luftfahrt-Allianzen verstärkte Konzentration vor allem des Interkontinentalverkehrs auf die großen Hubs mit den sich daraus ergebenden Platzbedarfsproblemen dürfte dabei parallel zu einem stärkeren Ausbau von Zubringerflügen erfolgen.◆

Entwicklung und Strukturwandel des Güterverkehrs

Ernst-Jürgen Schröder

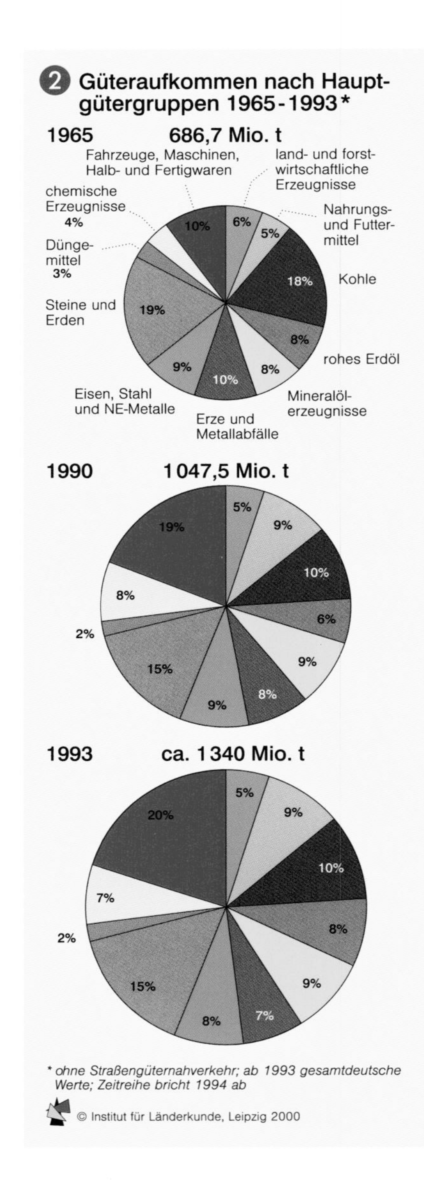

Im Zuge der Globalisierung von Wirtschaftsbeziehungen kommt dem Transportsektor eine immer größere Bedeutung zu, wobei sich der Transport über die Straße gegenüber der Schiene, dem Luft- und dem Wasserweg immer stärker herausbildet.

Veränderung der Güterverkehrsnachfrage

In der Bundesrepublik Deutschland stieg das ▸ Güterverkehrsaufkommen im binnenländischen Verkehr ohne Straßengüternahverkehr in den Jahren 1991 bis 1997 jedoch lediglich um 4,4% von 1457,1 Mio. t auf 1520,5 Mio. t ❶. Dieser relativ geringe Anstieg ist Folge des bekannten Phänomens einer abnehmenden Transportelastizität in Ländern mit hohem Entwicklungsstand, d.h. einer im Verhältnis zum realen Wirtschaftswachstum unterproportionale Zunahme oder Stagnation der Güterverkehrsnachfrage. In den alten Ländern zeichnete sich diese Entwicklung bereits seit 1974 ab. Den Wendepunkt markierte die damalige Stahlkrise, die erstmalig die Folgen des beschleunigten wirtschaftlichen Strukturwandels für die Transportmärkte deutlich werden ließ. Transportintensive Branchen begannen zu schrumpfen oder stagnierten. Dennoch war die ▸ Güterverkehrsleistung in den alten Ländern im binnenländischen Verkehr (ohne Straßengüternahverkehr) im Zeitraum 1974-1990 um 28,1% von 195,9 Mrd. tkm auf 250,9 Mrd. tkm gestiegen, in Gesamtdeutschland nahm sie allein in den sechs Jahren von 1991 bis 1997 um 15,4% von 332,9 Mrd. tkm auf 384,1 Mrd. tkm zu.

Aggregierung – Summierung

bilaterale Kontingente – von zwei Seiten ausgehandelte, festgelegte Transportmengen

Güterverkehrsaufkommen – Transportmenge in Tonnen/Jahr

Güterverkehrsleistung – Transportmenge in Tonnen multipliziert mit den transportierten Kilometern/Jahr

intermodal – mehrere Verkehrsträger betreffend

Kabotagefreiheit – der unbeschränkte Marktzugang von ausländischen Transportunternehmen zu inländischen Transporten

Logistik – Organisation und Koordination im Transportwesen

Margentarife – Festlegung von Transporttarifen innerhalb zu definierender Bandbreiten

Modal Split – Anteile der verschiedenen Verkehrsträger an der Verkehrsleistung

Der wichtigste Verkehrsträger für den Güterverkehr: Lkw – hier als Huckepack-Ladung

Güterstruktureffekt

Die verkehrlichen Auswirkungen der in allen hochentwickelten Volkswirtschaften feststellbaren Änderungen der gesamtwirtschaftlichen Produktionsstruktur werden als Güterstruktureffekt bezeichnet. Seit über zwei Jahrzehnten sind die Güterverkehrsmärkte in Deutschland von sektoralen Umschichtungen betroffen; leichte, höherwertige Güter lösen schwere, geringwertige Massengüter ab. Insbesondere sinkt der Güteranteil aus dem Steinkohlebergbau, der Stahlindustrie, dem Hochbau und der Landwirtschaft seit 1974. Dagegen führt die zunehmende Spezialisierung und Veredelung der Produktion zu steigenden Anteilen des Transports chemischer Erzeugnisse und hochwertiger Halbfertig- und Fertigprodukte ❷.

Ein sinkender Rohstoffeinsatz je Produkteinheit wirkt sich zudem stagnierend auf das ▸ Güterverkehrsvolumen aus. Überlagert sind diese Vorgänge von dem starken Vordringen des wenig transportintensiven Dienstleistungsbereichs. Die Verwendung der Maßeinheiten Tonne bzw. Tonnenkilometer in der Verkehrsstatistik lässt sich damit zumeist nur noch aus Gründen der zeitlichen Vergleichbarkeit rechtfertigen.

Integrationseffekt

Die dennoch starke Zunahme der Güterverkehrsleistung hat andere Ursachen. Sie ist vor allem auf die intensivierten Handelsbeziehungen im Zuge der fortschreitenden europäischen Integration zurückzuführen. Die Öffnung der Märkte Mittel- und Osteuropas und die zunehmende Globalisierung haben für Deutschland zudem einen hohen Transitverkehr zur Folge. Zusätzlich stimuliert die sich ständig vertiefende nationale und internationale Arbeitsteilung zur Erzielung von Arbeitskosten-

Frachter auf der Elbe bei Meißen

Strategien für eine Trendumkehr
Die Einführung einer entfernungsabhängigen Autobahngebühr von voraussichtlich 0,25 DM/km für Lkw ab 12 t in Deutschland (in Abstimmung mit der Eurovignetten-Richtlinie 1999/62/EG) ist notwendig im Sinne einer gerechteren Wegekostenanlastung und damit der Schaffung gleicher Wettbewerbsbedingungen für alle Verkehrsträger sowie hinsichtlich der Internalisierung der externen Kosten des Straßenverkehrs (von 2003 an beabsichtigt).

Im intermodalen Wettbewerb ist die Erhöhung der quantitativen und qualitativen Leistungsfähigkeit der Bahn vor allem im grenzüberschreitenden Verkehr erforderlich. Die im Rahmen der Bahnstrukturreform von 1994 nach Vorgabe der EG-Richtlinie 91/440 vorgenommene Trennung zwischen Fahrweg und Betrieb sowie der diskriminierungsfreie Zugang jedes Eisenbahnverkehrsunternehmens aus der EU zum deutschen Schienennetz sind hierbei entscheidende Rahmenbedingungen. Wettbewerb auf der Schiene durch Marktöffnung für neue Anbieter und internationale Allianzen – wie die Zusammenlegung der Güterverkehrssparten der Deutschen Bahn AG (DB Cargo) und der niederländischen Eisenbahn (NS Cargo) in ein gemeinsames Unternehmen – sind eine Voraussetzung dafür, dass die Bahn ihre bisher national orientierten Güterverkehrsstrukturen überwindet und durch wettbewerbsfähige durchgehende Transportangebote ihren Marktanteil im grenzüberschreitenden Verkehr wieder erhöht.

Weitere Maßnahmen sind die Gleisanbindung von Gewerbe- und Industriegebieten, da der kombinierte Ladungsverkehr Straße-Schiene bei weitem nicht die in ihn gesetzten Erwartungen erfüllt. Seit Jahren stagniert hier der Wert bei 33 Mio. t. Zwar lässt sich in den Terminals die Massenleistungsfähigkeit der Schiene mit der Flächenerschließung der Straße ideal verknüpfen, doch entstehen für den Verlader durch den Vor- und Nachlauf auf der Straße gegenüber dem reinen Straßentransport meist längere Transportzeiten und höhere Transportkosten. Zudem gilt es, den Umschlagbetrieb zu beschleunigen und an die logistischen Anforderungsprofile anzupassen. Auf einigen Strecken – vor allem entlang der Rheinschiene – ist es im Sinne einer nachhaltigen Verkehrspolitik, die Binnenschifffahrt angesichts ihrer freien Kapazitätsreserven bei der Bewältigung des zu erwartenden Verkehrswachstums stärker einzubeziehen. Zur Erleichterung ihrer Einbindung in intermodale Transportketten sind die Schnittstellen zwischen den Verkehrsträgern zu optimieren. Binnenhäfen nehmen dabei immer mehr die Funktionen multimodaler Verkehrsdrehscheiben und logistischer Knotenpunkte ein.

und Spezialisierungsvorteilen die Güterverkehrsnachfrage (▶▶ Beitrag Schamp).

Karte ❸ zeigt den grenzüberschreitenden Verkehr zwischen Deutschland und den derzeit 14 EU-Staaten auf der Basis des Gewichtes (und *nicht* des Wertes) des Frachtaufkommens. Die vom Statistischen Bundesamt erstellte Quelle-Ziel-Matrix enthält den gesamten grenzüberschreitenden Eisenbahn-, Binnenschifffahrts-, und Seeverkehr sowie den Straßenverkehr mit deutschen Lkw ohne die Lkw-Transporte nach und von Finnland, Griechenland, Irland und Portugal. Nicht enthalten sind ferner die in ausländischen Lkw sowie in Rohrfernleitungen und auf dem Luftwege beförderten Gütermengen. Dennoch ergibt sich ein ungefähres Bild des grenzüberschreitenden Verkehrs zwischen Deutschland und den 14 EU-Staaten entsprechend den jeweiligen bilateralen Handelsverflechtungen.

Logistikeffekt

Die logistischen Anforderungsprofile haben seit Mitte der achtziger Jahre die Transportmärkte verändert. Insbesondere die verstärkte Anwendung des Just-in-Time-Prinzips in Produktion und Handel zur Kostensenkung der Lagerhaltung führt zum Ansteigen der Verkehrsleistung. Dieses Prinzip erfordert eine Erhöhung der Bedienungsfrequenz bei gleichzeitiger Verkleinerung der durchschnittlichen Sendungsgröße – eine Anforderung, der der Straßenverkehr am besten entsprechen kann. Speditionen entwickeln sich hierbei immer mehr zu Logistikunternehmen, da sie neben dem eigentlichen Transport verstärkt auch die Lagerung, Kommissionierung, Disposition und Veredelung der Waren für die Verlader übernehmen.

Liberalisierungs- und Deregulierungspolitik der EU

Wachstum und Strukturwandel des Güterverkehrs in Europa hängen auch eng mit der Politik der EU zur Liberalisierung bzw. Deregulierung der Verkehrsmärkte zusammen. Entscheidend war das sog. Untätigkeitsurteil des Europäischen Gerichtshofes vom 22.5.1985, in dem dieser die längst überfällige Herstellung der Dienstleistungsfreiheit im europäischen Transportwesen entsprechend dem EWG-Vertrag anmahnte. Das betraf vor allem die Beseitigung nationaler Marktzutrittsbeschränkungen. Gerade die deutsche Verkehrspolitik zeichnete sich durch einen interventionistischen Ordnungsrahmen aus. Zum Schutze der Bahn, aber auch zur Verhinderung von ruinöser Konkurrenz innerhalb des Transportgewerbes waren seit den dreißiger Jahren der gewerbliche Straßengüterfernverkehr durch Kontingente und – wie auch bei Bahn und Binnenschifffahrt – durch Tariffestsetzungen im Binnenverkehr reguliert. Europäische Anbieter waren vom reinen Inlandsverkehr ausgeschlossen. Selbst der grenzüberschreitende Verkehr wurde durch ▶ bilaterale Kontingente und zum Teil durch ▶ Margentarife reguliert. Von der Marktordnung weitgehend ausgenommen, wenn auch nicht von der Lizenzpflicht befreit, waren der zu Eisenbahn und Binnenschifffahrt komplementär stehende Nahverkehr sowie der Werkverkehr, d.h. der von einem Unternehmen für eigene Zwecke betriebene Verkehr.

Die Deregulierung der deutschen Verkehrsmärkte setzte zum 1.1.1994 mit der Aufhebung der staatlichen Tarifbindung für alle Binnenverkehrsträger ein. Zum 1.7.1998 erfolgte die Einführung der völligen ▶ Kabotagefreiheit, d.h. der unbeschränkte Marktzugang eines jeden Transportunternehmens der EU mit Gemeinschaftslizenz zu allen Inlandsverkehren der Mitgliedsstaaten. Auch Werkverkehr treibende Unternehmen können durch Erwerb einer entsprechenden Lizenz gewerbliche Transporte übernehmen. Die Aufhebung der Kapazitätsbeschränkungen und der staatlichen Eingriffe in die Preisbildung →

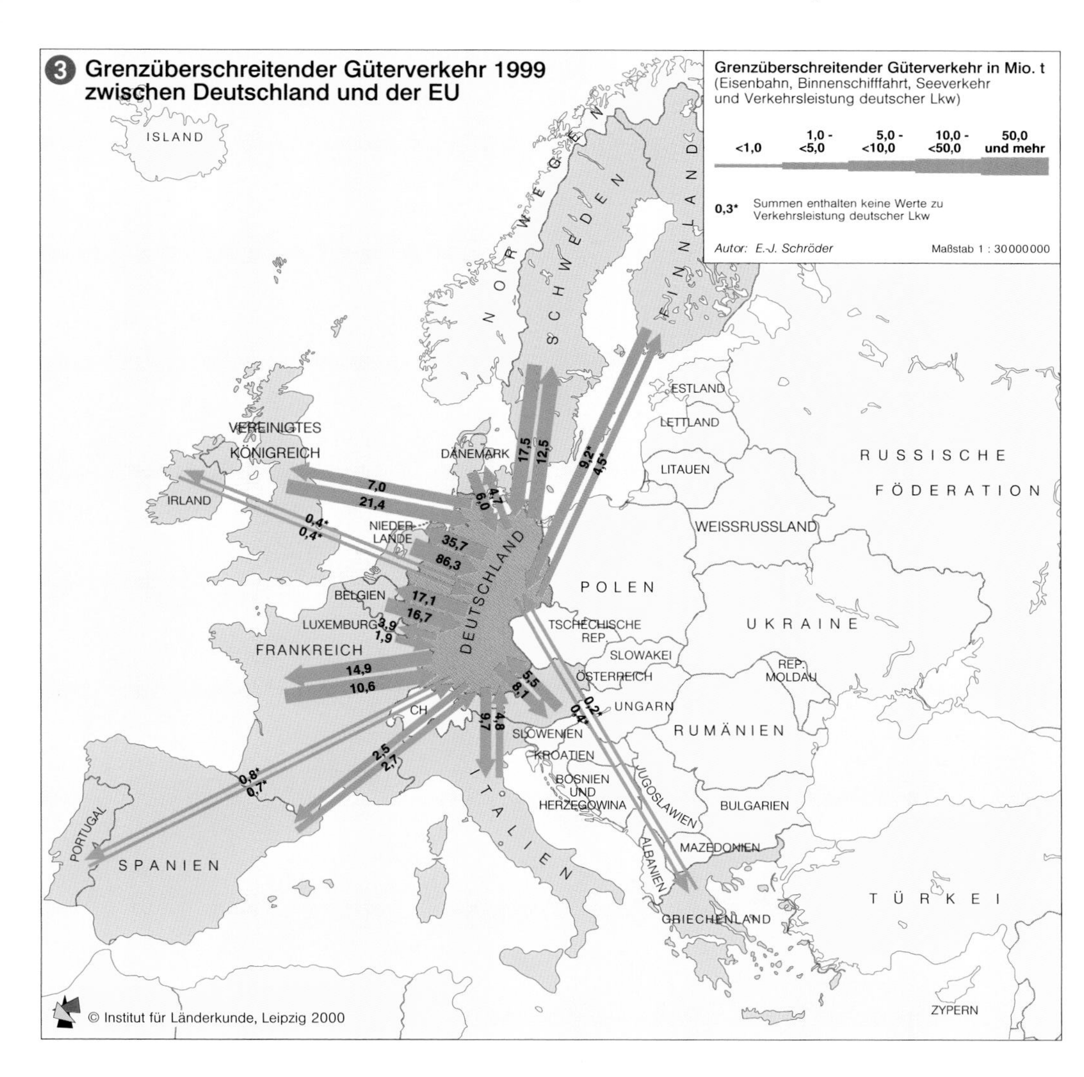

Wachstumssektor Luftfracht

haben einen scharfen Preiswettbewerb im Straßengüterfernverkehr mit der Folge sinkender Frachtraten und einer weiteren Schwächung der Wettbewerbsposition der Bahn ausgelöst.

Anteile der Verkehrsträger an der Güterverkehrsleistung

Die quantitativen und qualitativen Veränderungen der Güterverkehrsnachfrage führten zu einer fast dramatischen Veränderung des ▸ Modal Split. Bildete die Bahn noch 1974 in den alten Ländern mit einem Anteil von 35,4% an der Güterverkehrsleistung das Rückgrat im Güterfernverkehr, so hat sie diese Stellung in der Folgezeit mit zunehmender Tendenz an die Straße verloren ❹. Allein zwischen 1991 und 1997 sank der Bahnanteil in Gesamtdeutschland von 80,2 Mrd. tkm auf 72,9 Mrd. tkm bzw. von 24,1% auf 19% und dies, obwohl noch 1991 in den neuen Ländern 59,7% der Güterverkehrsleistung auf der Schiene erbracht wurden. Im Jahre 1999 sank die Gesamttonnage erstmals unter 300 Mio. t und damit unter das Volumen des früheren Bundesgebietes von 1990.

Ebenfalls weniger Tonnage wurde in den Rohrfernleitungen befördert, deren Einsatzfeld auf flüssige und gasförmige Stoffe begrenzt ist. Die Binnenschifffahrt gehört – wie die Bahn – zu den Verlierern im ▸ intermodalen Wettbewerb, obwohl sie ihre absolute Beförderungsleistung leicht erhöhen konnte. Eindeutiger Gewinner im Wettbewerb um Transportleistungen ist jedoch der Straßengüterfernverkehr, dessen Anteil sich von 29,9% (1974) auf 61,8% (1997) mehr als verdoppelte ❹. Hohe Wachstumsraten bei allerdings geringem Ausgangsniveau sind dank seiner Eignung für internationale Transporte hochwertiger Güter auch für den Luftverkehr zu verzeichnen.

In Anbetracht der Überlastung der Fernstraßen und Autobahnen sowie einer Unterauslastung des Verkehrsträgers Schiene und des guten Ausbaustandes der Binnenschifffahrtswege ist es verkehrspolitisch wünschenswert, dieses Verhältnis wieder zu ändern. Die Strategien zur Erlangung einer Trendumkehr konzentrieren sich vor allem auf die Einführung einer Schwerverkehrsabgabe und die Vernetzung der Verkehrsträger.

Aktuelle Güterverkehrsströme

Karte ❺ zeigt sehr prägnant die heutige Grundstruktur der Hauptströme im Güterverkehr in Deutschland. Dargestellt sind die großräumigen Korridore der Belastung im Güterfernverkehr. Die Belastung wurde durch ▸ Aggregierung der im Fernverkehr beförderten Tonnage aller in den Korridoren parallel verlaufenden Bundesfernstraßen, Eisenbahnstrecken und Bundeswasserstraßen ermittelt. Grundlagen sind die amtlichen Statistiken des Straßengüter-, des Eisenbahngüter- und des Binnenschifffahrtsverkehrs von 1998 sowie eine Umlegung der Güterströme auf die jeweiligen Verkehrsnetze unter Beachtung betrieblicher Gegebenheiten. Diese Daten wurden mit Hilfe von Wirtschaftsstrukturdaten und empirischen Netzbelastungen nach Regionen und Güterarten feiner untergliedert und auf das Jahr 1999 hochgerechnet. Aus diesen Angaben kann aber nicht auf die Auslastung einzelner Streckenabschnitte geschlossen werden.

Auch nach Wegfall des eisernen Vorhangs dominiert der Nord-Süd-Verkehr eindeutig vor dem Ost-West-Verkehr. Am stärksten sind die Güterströme zwischen den zur zentraleuropäischen Wachstums- und Verdichtungsregion gehörenden Wirtschaftszentren Rhein-Ruhr, Rhein-Main, Rhein-Neckar, Stuttgart und München. Hinzu kommt die wachsende Transitfunktion Deutschlands aufgrund der verkehrgeographischen Zentrallage des Landes in Europa. Deutlich tritt in Westdeutschland die herausragende Stellung des Rheins als Europas meistbefahrene Wasserstraße hervor, während in den neuen Ländern die Binnenschifffahrt wegen des geringen Ausbaustandards nahezu bedeutungslos ist.◆

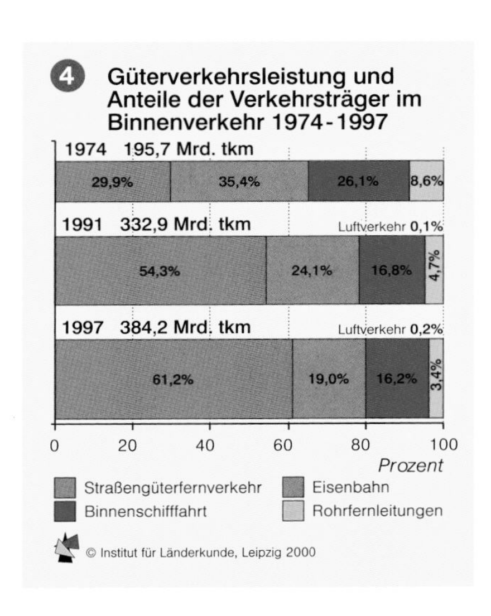

Schienengüterverkehr

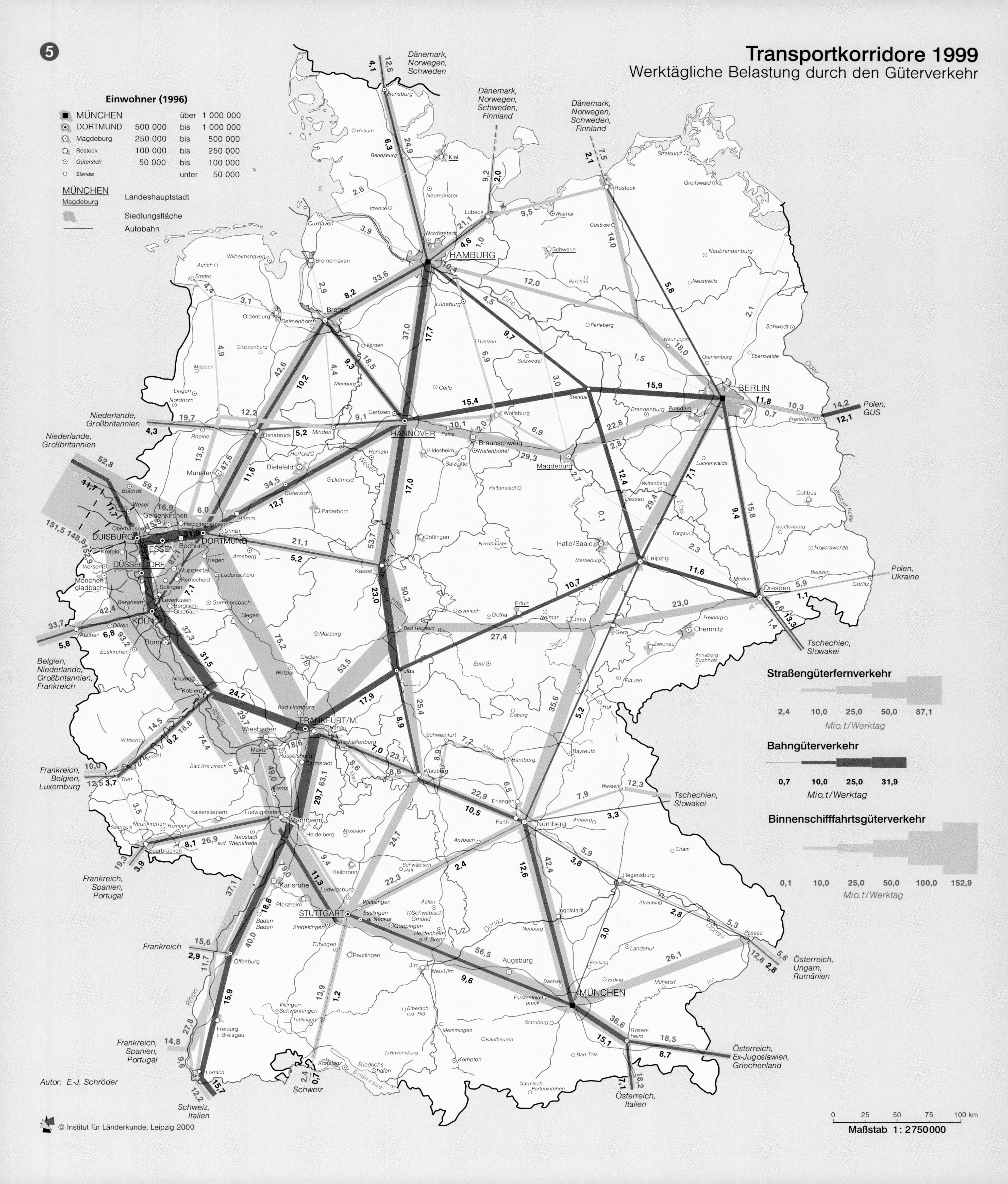

5
Transportkorridore 1999
Werktägliche Belastung durch den Güterverkehr
Einwohner (1996)
MÜNCHEN über 1 000 000
DORTMUND 500 000 bis 1 000 000
Magdeburg 250 000 bis 500 000
Rostock 100 000 bis 250 000
Gütersloh 50 000 bis 100 000
Stendal unter 50 000
MÜNCHEN
Magdeburg
Landeshauptstadt
Siedlungsfläche
Autobahn
Straßengüterfernverkehr
2,4 10,0 25,0 50,0 87,1
Mio. t/Werktag
Bahngüterverkehr
0,7 10,0 25,0 31,9
Mio. t/Werktag
Binnenschifffahrtsgüterverkehr
0,1 10,0 25,0 50,0 100,0 152,9
Mio. t/Werktag
Dänemark, Norwegen, Schweden
Dänemark, Norwegen, Schweden, Finnland
Dänemark, Norwegen, Schweden, Finnland
Polen, GUS
Polen, Ukraine
Tschechien, Slowakei
Tschechien, Slowakei
Österreich, Ungarn, Rumänien
Österreich, Ex-Jugoslawien, Griechenland
Österreich, Italien
Schweiz
Schweiz, Italien
Frankreich, Spanien, Portugal
Frankreich
Frankreich, Spanien, Portugal
Frankreich, Belgien, Luxemburg
Belgien, Niederlande, Großbritannien, Frankreich
Niederlande, Großbritannien
Niederlande, Großbritannien
HAMBURG
BERLIN
HANNOVER
DORTMUND
DUISBURG
ESSEN
DÜSSELDORF
KÖLN
FRANKFURT/M.
STUTTGART
MÜNCHEN
Bremen
Kiel
Schwerin
Magdeburg
Potsdam
Erfurt
Wiesbaden
Mainz
Dresden
Leipzig
Nürnberg
Saarbrücken
Rhein
Elbe
Weser
Main
Donau
Mosel
Saale
Oder
Bodensee
0 25 50 75 100 km
Maßstab 1 : 2 750 000
Autor: E.-J. Schröder
© Institut für Länderkunde, Leipzig 2000

Straßengüterverkehr auf Wachstumskurs

Ernst-Jürgen Schröder

❶ Güterverkehrsaufkommen und Anteile der Verkehrsträger 1994 und 1998

Grenzüberschreitender Verkehr

Luftverkehr 0,3% · 11,5% · 10,6% · 29,9% · 20,7% · 27,0%

1994 704,2 Mio.t

Luftverkehr 0,3% · 8,8% · 10,7% · 34,4% · 19,2% · 26,7%

1998 786,4 Mio.t

Transitverkehr

Luftverkehr 0,2% · 14,6% · 54,7% · 30,5%

1994 55,4 Mio.t

Luftverkehr 0,1% · 12,9% · 59,7% · 27,3%

1998 77,0 Mio.t

Eisenbahn · Straßenverkehr · Binnenschifffahrt · Seeschifffahrt · Rohrfernleitung · Luftverkehr

Über 60% der Güterverkehrsleistung im Fernverkehr werden – bei zunehmender Tendenz – über die Straße abgewickelt. Das Aufkommen im Straßengüterfernverkehr stieg im Zeitraum 1991-1997 um 20,1% von 733,7 Mio. t auf 880,9 Mio. t, während das der Eisenbahnen um 21,1% von 401,2 Mio. t auf 316,7 Mio. t zurückging und das der Binnenschifffahrt mit etwa 230 Mio. t konstant blieb. Hierbei nahm die in ausländischen Lastkraftfahrzeugen transportierte Tonnage von 150,7 Mio. t auf 221,0 Mio. t überdurchschnittlich zu (46,6%) ❷. Unter Einschluss des Nahverkehrs – diese institutionelle Aufteilung zwischen Fern- und Nahverkehr entfällt infolge der Deregulierung des Verkehrssektors ab 1998 – erhöhte sich das Straßengütervolumen von 2918,7 Mio. t auf 3196,0 Mio. t. Auch in den neuen Ländern, in denen noch 1990 aufgrund der zentralen Lenkung des Transportwesens knapp 80% der Güterverkehrsleistung auf der Schiene abgewickelt wurden, hat sich nach der wirtschaftlichen Transformation der Modal Split im Güterverkehr binnen weniger Jahre weitgehend den gesamtdeutschen Werten angeglichen. In nur zwei Jahren nach der Wende verlor die Bahn durch den Zusammenbruch ganzer Industriezweige rund zwei Drittel ihres Frachtaufkommens und wurde durch den Lkw als wichtigsten Träger des Güterfernverkehrs abgelöst.

Karte ❺ zeigt das 1999 in deutschen Lastkraftfahrzeugen transportierte Güteraufkommen der Regierungsbezirke des Bundesgebietes, differenziert nach Hauptgütergruppen. Die Unterschiede sind im Wesentlichen Ausfluss der regional unterschiedlichen Höhe und Struktur ökonomischer Aktivitäten. Diese durch das Kraftfahrt-Bundesamt und das Bundesamt für Güterverkehr mittels einer Zufallsstichprobe erstellte Verkehrsleistungsstatistik kann seit 1994 gesetzlich nur noch deutsche Kraftfahrzeuge in die Erhebung einbeziehen, da seitdem in Zusammenhang mit der Deregulierung der Verkehrsmärkte die generelle Pflicht der Frachtführer zur Vorlage von Kraftbriefen entfallen ist. Das Gesamtausmaß des Straßengüteraufkommens ist daher um das in ausländischen Kraftfahrzeugen transportierte nach oben zu korrigieren ❷.

Grenzüberschreitender und Transitverkehr

Infolge der Vollendung des Europäischen Binnenmarktes (1993) und der Öffnung des Ostens (1991) hat der grenzüberschreitende Straßengüterverkehr überproportional stark zugenommen, und zwar innerhalb von nur vier Jahren um 28%, der reine Transitverkehr sogar um 51,8% ❶. Die Straße konnte im intermodalen Wettbewerb auf diesen stark wachsenden Teilverkehrsmärkten ihre schon vorherrschende Position weiter ausbauen, wie die Zunahmen ihrer Verkehrsanteile im grenzüberschreitenden Verkehr von 30% auf 34,4% und im reinen Transitverkehr von 54,8% auf 59,7% ❸ belegen. Die Bahn nimmt im grenzüberschreitenden Güterverkehr trotz ihrer unbestreitbaren Vorteile gerade bei mittleren und höheren Transportentfernungen durch die bislang fehlende technische Vereinheitlichung im europäischen Streckennetz eine schwache Position ein.

Neben den Systemschwächen der Bahn in dem am stärksten wachsenden Segment des grenzüberschreitenden Verkehrs und den Auswirkungen der Güterstruktur- und Logistikeffekte sind auch die Liberalisierung und Deregulierung der Transportmärkte für die ausgezeichnete Positionierung des Straßengüterverkehrs verantwortlich. Die Aufhebung der staatlichen Tarifbindung für alle Binnenverkehrsträger zum 1.1.1994 und die völlige Kabotagefreiheit ab dem 1.7.1998 führten seither durch den verstärkten Markteintritt ausländischer Anbieter und den intensivierten Wettbewerb zum Absinken des Transportpreisniveaus im Straßengüterfernverkehr um 25-50%.

Ausbau der Straßeninfrastruktur und dezentrale Standortstrukturen

Die Verlagerung des Güterverkehrs von der Schiene auf die Straße wurde durch

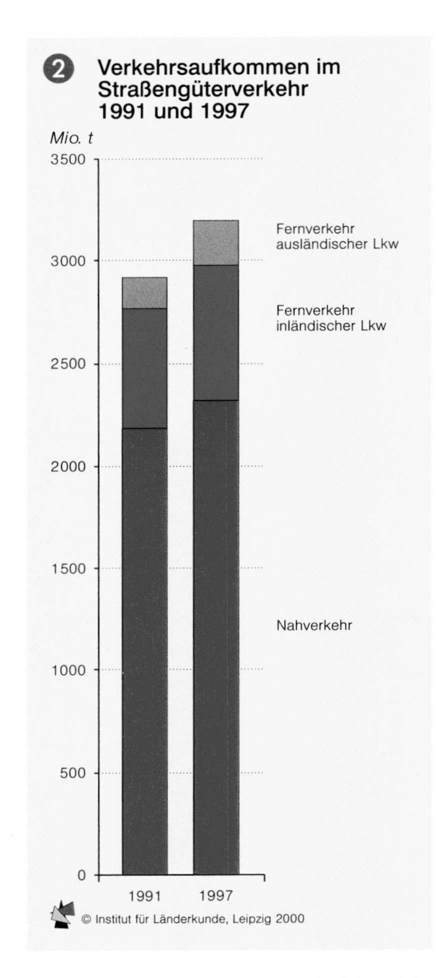

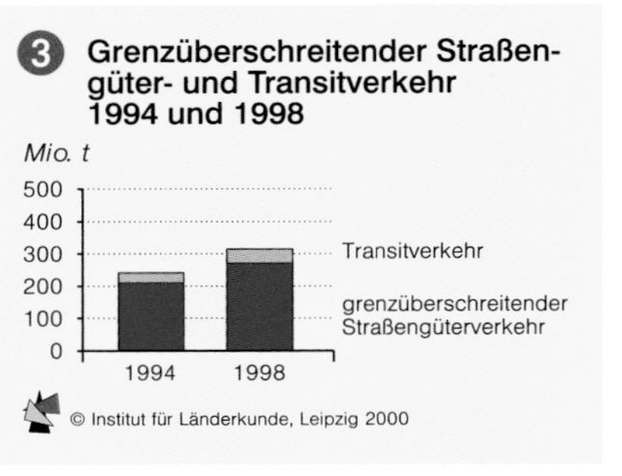

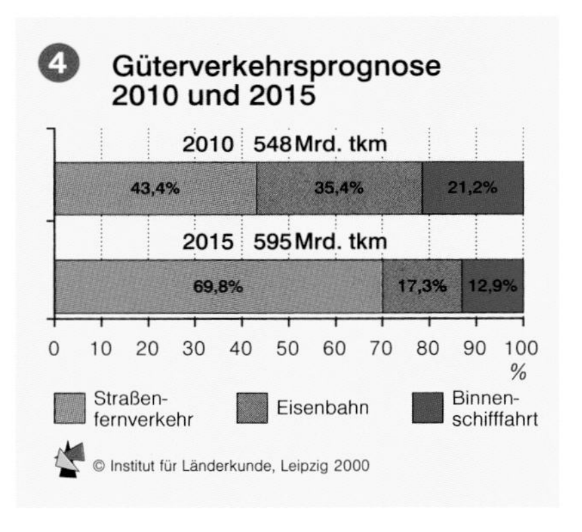

den verstärkten Ausbau der Straßeninfrastruktur bei gleichzeitigem Rückzug der Bahn aus der Fläche unterstützt. Neben dem wichtigen quantitativen Ausbau des überörtlichen Straßen-, insbesondere des Autobahnnetzes von 10.955 km (1991) auf 11.427 km (1998) sind hierbei auch die durchgeführten

Maßnahmen zur effizienteren Nutzung der vorhandenen Infrastruktur durch den Bau zusätzlicher Fahrspuren und Umgehungsstraßen zu berücksichtigen. Hierdurch verfügt der Straßengüterverkehr gegenüber allen konkurrierenden Landverkehrsträgern über die intensivste Raumerschließung. Weitere Systemvorteile sind seine durch die direkte Punkt-zu-Punkt-Beförderung insgesamt kürzere Transportdauer und seine größere Flexibilität gegenüber den Erfordernissen gewandelter Transportmärkte, die seine mit 40 t geringere Massenleistungsfähigkeit gegenüber der Schiene (4000 t) relativieren. Dies führt zu einer Auflösung der bisherigen bahnorientierten zentralen Standortstrukturen in Produktion, Handel und Distribution nach amerikanischem Muster. Die neuen Gewerbegebiete, vor allem die in den neuen Ländern, finden sich fast ausnahmslos in dezentralen, straßenaffinen Lagen, wobei Autobahnanschlüsse besonders bevorzugt sind.

Drohender Verkehrsinfarkt durch Überlastung der Transportkorridore

Alle aufgeführten Rahmenbedingungen sprechen für einen weiteren Bedeutungszuwachs des Straßengüterverkehrs. Insbesondere der Wegfall der EU-Binnengrenzen, die Öffnung neuer Märkte in Osteuropa und der liberalisierte Ordnungsrahmen im Straßengüterverkehr lassen eine explosionsartige Zunahme der Verkehrsströme in Europa erwarten. Hiervon ist Deutschland aufgrund seiner verkehrsgeographisch vorteilhaften Lage in Mitteleuropa als Verkehrsdrehscheibe im sich verstärkenden Nord-Süd- und Ost-West-Verkehr in besonderem Maß betroffen. Bereits heute zeichnen sich in den großräumigen Straßenkorridoren zunehmende Kapazitätsengpässe (▶▶ Beitrag Schröder, Güterverkehr) und die Grenzen der Umweltbelastung (▶▶ Beitrag Löffler) ab, aber auch die Bahn als umweltpolitische Alternative steht auf den wichtigsten Hauptabfuhrstrecken am Rande ihrer Aufnahmefähigkeit. Nach einer Berechnung von BMW entstehen der Volkswirtschaft durch den zusätzlichen Kraftstoffverbrauch und den Zeitverlust jährlich Staukosten von rund 200 Mrd. DM.

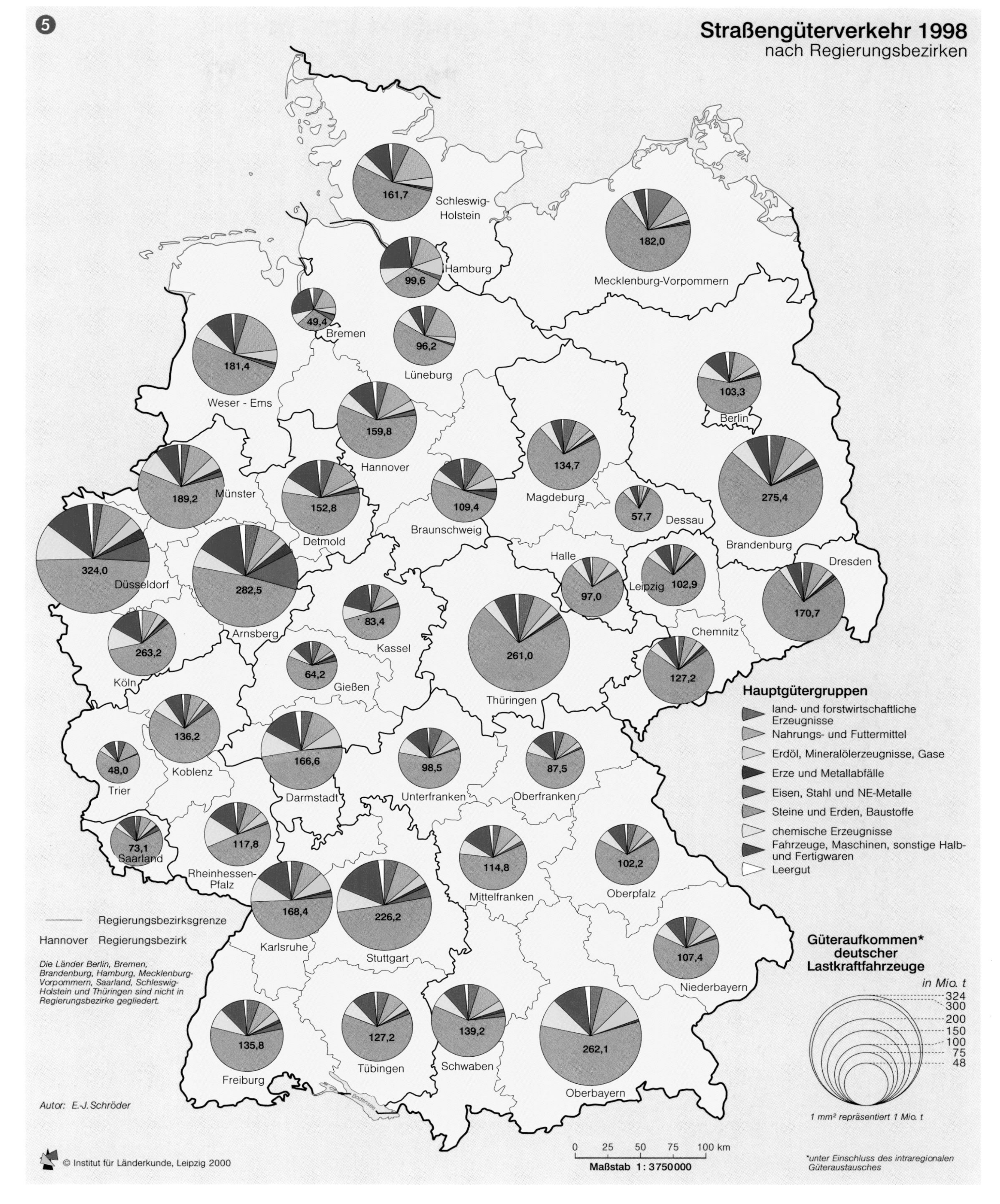

Inzwischen ist auch die optimistische Annahme einer stärkeren Verlagerung des Verkehrszuwachses auf die Eisenbahn und die Binnenschifffahrt, die der Güterverkehrsprognose 2010 des Bundesverkehrswegesplanes 1992 zugrunde liegt, deutlich nach unten korrigiert worden. Die auf der Basis der Verkehrsstatistik von 1998 erstellte Güterverkehrsprognose 2015 geht von einem Anstieg der Verkehrsleistung im Fernverkehr auf rund 595 Mrd. tkm im Jahre 2015 aus, die zu 70% auf der Strasse erbracht werden ❹. Die Gründe für den weiteren Bedeutungsschwund der Eisenbahn als Güterverkehrsträger liegen in unterlassenen Investitionen im Bestandsnetz und ausgebliebenen Leistungssteigerungen, vor allem aber in der nach wie vor zu geringen internationalen und intermodalen Zusammenarbeit. Dies gilt auch für die Binnenschifffahrt, bei der insbesondere in Ostdeutschland nennenswerte Investitionen in Wasserstraßen und Hafeninfrastruktur bislang ausblieben.

Die zur Erhaltung des Wirtschaftsstandortes Deutschland im globalen Wettbewerb erforderliche hohe Mobilität kann nur über ein integriertes Verkehrssystem gesichert werden, da isolierte Maßnahmen die heutigen Verkehrsprobleme der Straße, wie Schadstoffbelastungen und Staus, nicht lösen. Eine grundlegende Kurskorrektur der Verkehrspolitik ist daher zur Verhinderung eines Verkehrsinfarktes auf den Straßen unverzichtbar (▶▶ Beitrag Schröder, Güterverkehr).◆

Schienengüterverkehr – unausgeschöpfte Potenziale

Rudolf Juchelka

❶ Kenndaten der DB Cargo AG 1999

Streckenlänge Schienennetz	ca. 40000 km
Transportleistung pro Jahr	71,4 Mrd. tkm (1998: 73,3 Mrd. tkm)
Transportmenge pro Jahr	280 Mio. t (1998: 289 Mio. t)
Mitarbeiter	39900 + 1900 Auszubildende
Jahresumsatz	6,6 Mrd. DM (1998)
Züge pro Tag	6500 (1998: 7000)
Züge pro Jahr	1,4 Mio. (1998: 1,8 Mio.)
Güterwagen	130000 (Normal-/Spezialwagen) (1998)
Lokomotiven	4600 (1998)

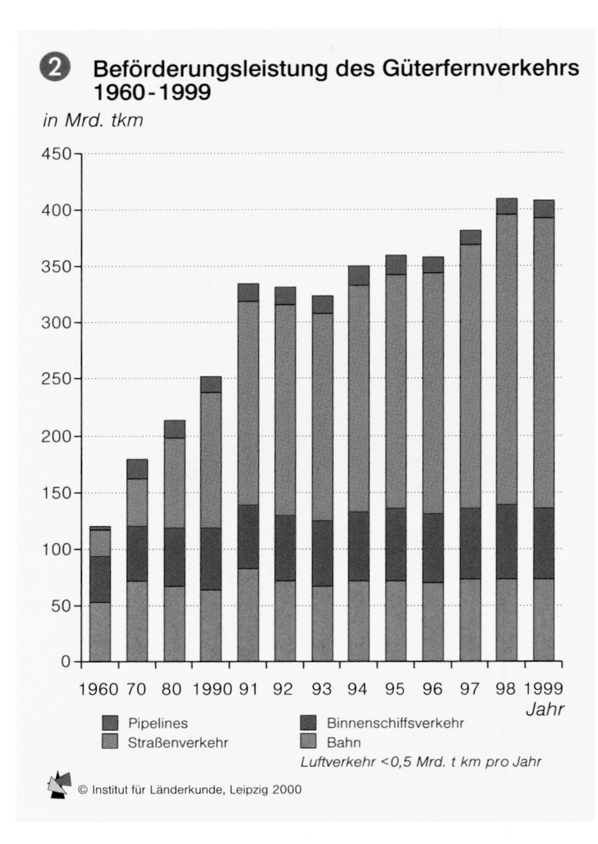

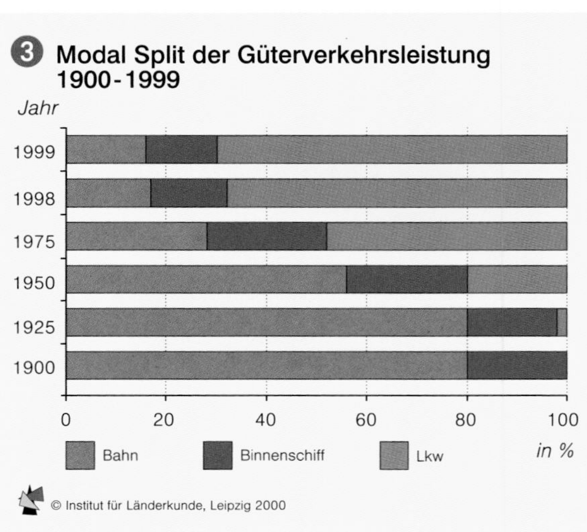

1999 transportierte DB Cargo, die Güterverkehrstochter der Deutschen Bahn AG, 280 Millionen Tonnen Güter. Das entspricht einem täglichen Aufkommen von fast 1 Mio. Tonnen in etwa 6500 Zügen, die eine jährliche Verkehrsleistung von mehr als 70 Mrd. Tonnenkilometern erbringen. Fast 42.000 Mitarbeiter sind bei DB Cargo in den Bereichen Transport, Organisation und Kundenberatung im Einsatz ❶.

Prognosen zum Güterverkehrsaufkommen

Allen Prognosen zufolge muss weiterhin mit deutlichen Zuwächsen im Personen- und Güterverkehr gerechnet werden. Stärker als das Verkehrsaufkommen (Personen bzw. Tonnen) wird wegen der ständig zunehmenden Beförderungsweiten die Verkehrsleistung (Personen- bzw. Tonnenkilometer) ansteigen (▶▶ Beitrag Schröder, Güterverkehr). Das gesamte Frachtaufkommen in Europa wird bis 2010 voraussichtlich um etwa 50 Prozent steigen. Vor allem solche Segmente des Gütertransports gehören zu den Wachstumsbereichen, in denen der Lkw und die Luftfracht eine starke Wettbewerbsposition besitzen.

Entgegen der verkehrs- und umweltpolitischen Zielsetzung, Güterströme wieder stärker auf die Bahn als relativ umweltverträglichen Verkehrsträger zu verlagern, verliert diese ständig an Marktanteilen. Das gilt europaweit. So stellte ein Mitglied der Europäischen Kommission 1996 resignierend fest: „Wenn der bisherige Trend anhält, wird es im Jahre 2016 keinen nennenswerten Bahngüterverkehr in Europa mehr geben". Die Tendenz ist eindeutig: In den vergangenen 20 Jahren halbierte sich in Europa der Anteil der Bahn am Frachtgüteraufkommen. Heute liegt er im europäischen Durchschnitt nur noch bei etwa 15 Prozent.

Bedeutungsverlust der Bahn im Güterverkehr

Trotz Bahnreform, Öffnung des Schienennetzes für Dritte und Vorrang von Schienenprojekten beim Bundesverkehrswegebau nimmt die Bahn am Wachstum des Güterverkehrsmarktes nicht teil. Auf den Straßengüterverkehr, der zu Lasten von Bahn und Binnenschifffahrt ständig zunimmt, entfallen inzwischen nahezu 70% der Transportleistung in Deutschland, während die Bahn nur noch 16% aller Gütertransporte abwickelt. Im ersten Jahr der gesamtdeutschen Statistik 1991 waren es noch 21%. Abbildung ❷ zeigt, dass die Beförderungsleistung der Bahn seit langem stagniert, während die Gesamtleistung beständig wächst.

Die Verschiebung der Transportanteile ist Folge des wirtschaftlichen und verkehrstechnischen Strukturwandels. Entfiel in den fünfziger Jahren mehr als die Hälfte des gesamten Frachtaufkommens auf Massengüter wie Kohle, Steine und Stahl, die noch immer am günstigsten mit Bahn und Schiff verfrachtet werden, stehen heute hochwertige Stückgüter wie Maschinen und High-Tech-Produkte im Vordergrund, die schnell und sicher zum Kunden transportiert werden müssen ❸. Angebotsseitige Defizite wie fehlendes Wagenmaterial oder Unflexibilität bei Zuglaufzeiten kommen als Erklärungsfaktoren hinzu.

Transportsparten im Güterverkehr

Der Schienengüterverkehr wird in die Transportsparten Ladungsverkehr, Stückgutverkehr, Kleingutverkehr und kombinierter Verkehr (KV) (▶▶ Beitrag Deiters) eingeteilt. Der mit Abstand

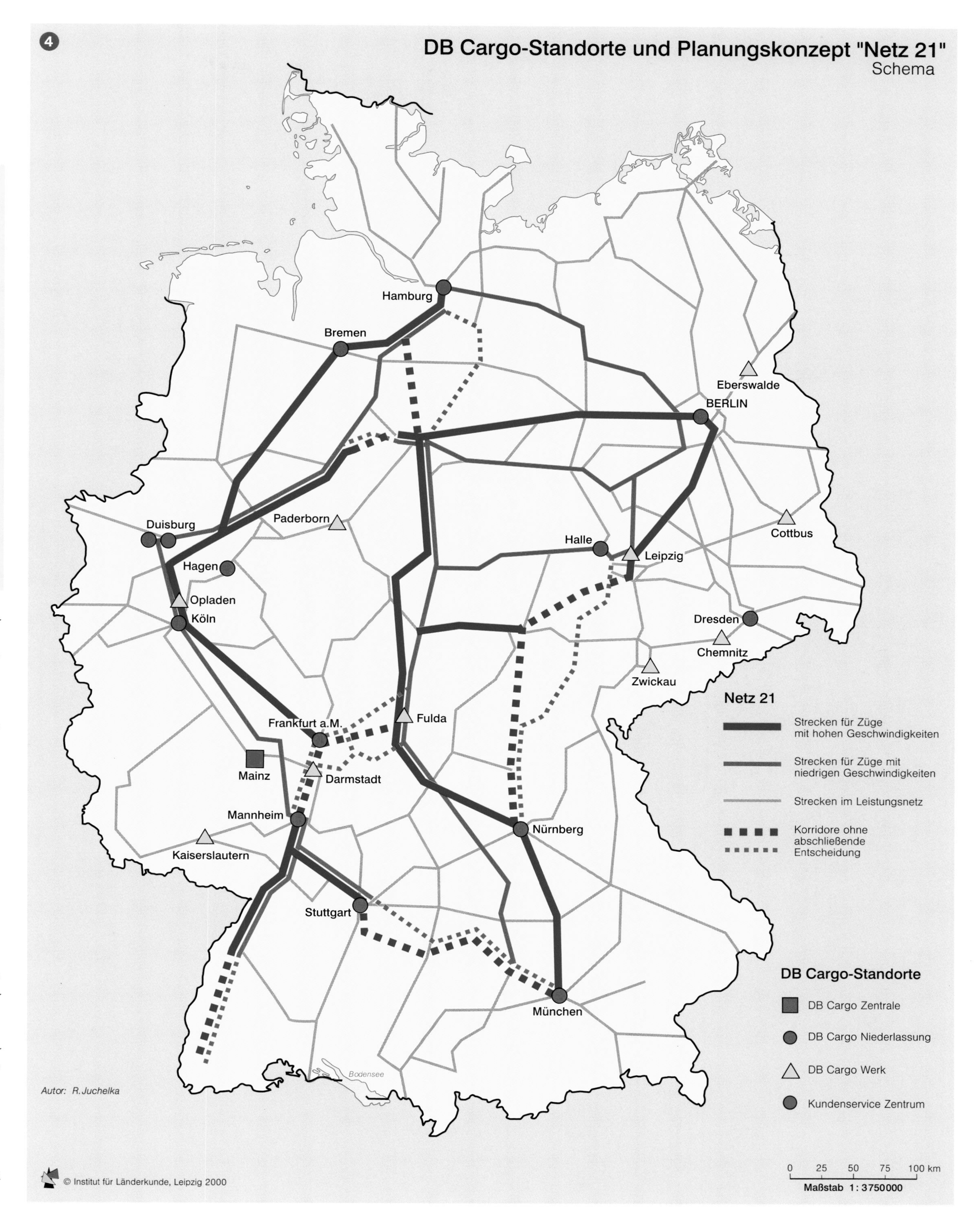

Computer-Integrated-Railroading (CIR) – der Einsatz von Informatik für einen computergesteuerten Bahnverkehr

Güter-Freeways – Hochgeschwindigkeitsstrecken für den Güterverkehr; angelehnt an den amerikanischen Begriff für Autobahn

Interoperabilität – Funktionsfähigkeit zwischen verschiedenen Systemen

KEP-Bereich – Kurier-, Express- und Paketdienste

Nachtsprung – Beförderung über Nacht

One-Stop-Shopping – kundenfreundliches Dienstleister-System, das für den Kunden lediglich eine Anlaufstelle vorsieht, auch wenn mehrere Unternehmen beteiligt sind

Telematik – Nutzung von Telekommunikation und Informatik für Lösungen im Verkehrswesen

Tracking and Tracing – System der Nachforschung über den Verbleib einer Sendung im Nachhinein bzw. online

umfangreichste Bereich ist der Ladungsverkehr, der sich wiederum in die Teilbereiche Ganzzugverkehr und Wagenladungsverkehr aufgliedert. Ein Ganzzug besteht im Allgemeinen aus Waggons mit nur einem Transportgut für einen Empfänger oder aus Leerwagen der gleichen Gattung; er verkehrt in der Regel geschlossen, d.h. ohne rangiertechnische Zwischenbehandlung, direkt vom Abgangs- zum Empfangsbahnhof nach individuell abgestimmtem Fahrplan. Der Ganzzug als Programmzug für den Transport von Massengütern der Montan-, Baustoff- und Mineralölindustrie oder der chemischen Industrie ist die logistische Lösung für den Massengutverkehr. Gerade im Bereich funktional ausgerichteter Spezialzüge ergeben sich Potenziale für eine kunden- und marktgerechte Ausrichtung des DB-Güterverkehrs. Ein Beispiel dafür ist das DB-Cargo-Netz zur Verknüpfung von Chemie-Standorten ❻.

Im Wagenladungsverkehr werden einzelne beladene Wagen oder Wagengruppen von einem versendenden Gleisanschluss zu einem empfangenden Gleisanschluss über eine Transportkette, das sog. Knotenpunktsystem, transportiert. In den Stufen der Transportkette werden die Wagen und/oder Wagengruppen rangiertechnisch behandelt. Zwischen den Knotenpunkten verkehren die Wagen bzw. Wagengruppen in gemischten Zügen, d.h. in Zügen mit unterschiedlichen Transportgütern für verschiedene Empfänger.

Produktgruppen

Die Angebote der Deutschen Bahn AG im Güterverkehr umfassen vier wesentliche Produktgruppen: Einzelwagen, Wagengruppen, Ganzzüge und den kombinierten Verkehr. Die Produktgruppen verkehren in verschiedenen Angebots- und Qualitätsprofilen:

System Cargo ist mit über 6000 Zügen pro Tag das Basisangebot für Wagenladungen. In den Transport dieses Systems sind rund 3000 Versand- und Empfangsbahnhöfe eingebunden. →

Im ▸ Nachtsprung verknüpfen schnelle *InterCargo*-Züge (Einzelwagen und Wagengruppen) die 17 bedeutendsten deutschen Wirtschaftszentren miteinander. Rund 1000 Versand- und Empfangsstationen werden bedient. Auf europäischer Ebene verkehren entsprechende *EuroCargo*-Züge im 36-Stunden-Takt.

Parcel InterCity – der Wiederbeginn der Kooperation von Bahn und Post

Seit Frühjahr 2000 verkehren auf einer Nord-Süd-Verbindung Parcel Intercity-Züge der DB Cargo im Auftrag der Deutschen Post GmbH.

Die täglich in beide Richtungen verkehrenden Parcel InterCity-Züge, kurz PIC genannt, verkehren in besonders eng gefassten Zeitfenstern mit einer durchschnittlichen Reisegeschwindigkeit von 110 und mit Spitzengeschwindigkeiten von bis zu 160 Stundenkilometern. Mit ihnen wird der Pakettransport von Hamburg nach München (und umgekehrt) im Nachtsprung zwischen neun Uhr abends und vier Uhr morgens abgewickelt. Damit die jeweils 80 Wechselbehälter pünktlich am Zielbahnhof eintreffen, sind die Ladeschluss- und Bereitstellungszeiten in den Umschlagbahnhöfen Hamburg Billwerder, Hannover Linden, Nürnberg und München Riem peinlich genau einzuhalten.

Zur Optimierung des Transports und zur Einhaltung des erforderlichen Dienstleistungsstandards wurden spezielle Bestimmungen zur Verladung der Behälter und der Paketbehandlung im jeweiligen Umschlagbahnhof erarbeitet. Auch für den Fall möglicher Abweichungen vom planmäßigen Transportverlauf wurde vorgesorgt: Sollte es einmal zu einer Fehlleitung von Behältern kommen, stünden binnen Stundenfrist, organisiert durch das Kundenservice-Zentrum in Duisburg, Ersatztransporte über die DB Tochter Transa Spedition GmbH zur Verfügung.

Die hohen Geschwindigkeiten der Transporte machten besondere technische Innovationen bei den Radsätzen und bei den Bremsen erforderlich. Die für Gütertransporte hohe Fahrgeschwindigkeit wird durch eigens dafür von der DB Reise & Touristik angemietete Lokomotiven sichergestellt.

Das Angebot soll weiter ausgebaut werden. Für Ende des Jahres 2000 ist die Anbindung von Stuttgart vorgesehen, eine West-Ost-Erweiterung mit Integration der Umschlagbahnhöfe in Köln, Hagen und Berlin ist ebenfalls noch für das Jahr 2000 in Planung.

Das Angebot steht auch anderen Anbietern als der Deutschen Post AG offen, da die Post jeweils nur einen Teil der PIC-Kapazitäten nutzt. Die nicht belegten Behälter werden frei vermarktet.

Perspektiven

Weitere Maßnahmen und Konzepte im Schienengüterverkehr kommen hinzu und ergänzen die bestehenden Angebote:

CIR-ELKE (▸ Computer-Integrated-Railroading) versucht durch den Einsatz von ▸ Telematik die Leistungsfähigkeit im Schienennetz (Zugfolge, optimierte Streckenausnutzung) zu erhöhen. Bis zum Jahre 2010 ist insgesamt eine verstärkte Nutzung von Telekommunikation und Automation geplant, die den Einsatz moderner Ortungssysteme wie z.B. das aus dem ▸ KEP-Bereich bekannte ▸ „Tracking and Tracing" (▸▸ Beitrag Juchelka, KEP-Dienste) sowie weiterer Kommunikations- und Datenverarbeitungssysteme im Betriebsablauf vorsieht.

Die Überlegungen von Cargo Rail-Net sowie Cargo-Net sehen zudem eine Trennung des Güter- und Personenverkehr auf unterschiedliche Trassen vor, was allerdings vielfach eine Streckenausstattung mit vier parallel verlaufenden Gleisen voraussetzt. Die in Karte 4 dargestellte Konzeption „Netz 21" greift dieses Konzept auf: Strecken für Züge mit hohen Geschwindigkeiten, insbesondere Neubau- und Ausbaustrecken mit Schwerpunkt im Personenverkehr, werden getrennt von Strecken für langsamere Züge. Beispielhaft hierfür ist die Rheintalstrecke zwischen Köln und dem

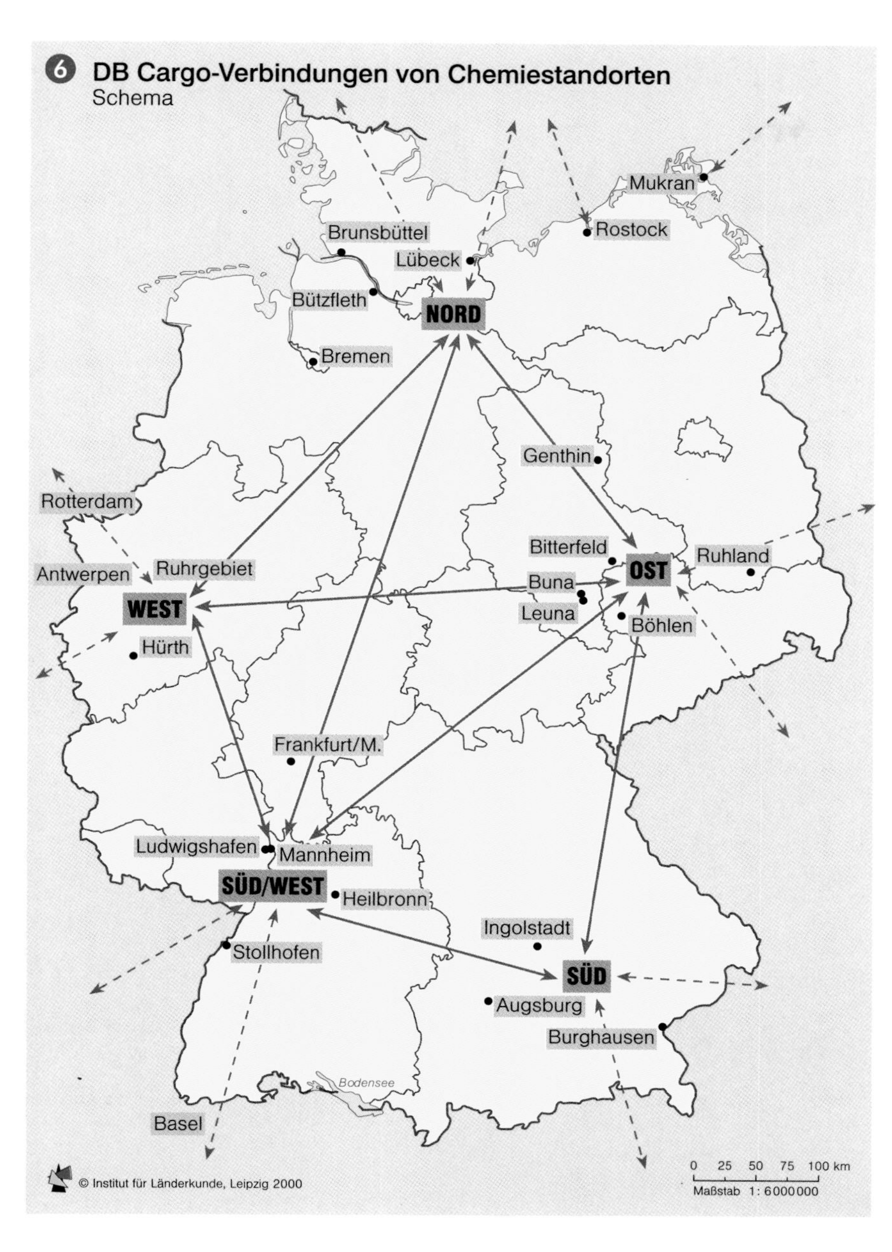

❻ **DB Cargo-Verbindungen von Chemiestandorten**
Schema

Rhein-Main-Gebiet: Die rechtsrheinische Neubaustrecke ist als Hochgeschwindigkeitsstrecke vorgesehen, während die alte, dem Rheintal folgende Strecke mit Verkehrsmöglichkeiten auf beiden Rheinseiten für langsamer verkehrende Zugeinheiten bestimmt ist. Das sog. Leitungsnetz beinhaltet als Basisnetz die nicht eindeutig einer Geschwindigkeitskategorie zuzuordnenden Schienenstrecken.

Im Bereich des Fahrzeugmaterials können innovative Güterwagen wie der Cargo-Sprinter, ein von Oberleitungen unabhängiger Gütertriebzug mit halbautomatischer Kupplung, als neue Angebotsformen erste Einsatzerfolge verbuchen.

Planungen für den europäischen Schienengüterverkehr

Mit Hilfe des Kooperationsprojekts „Trans European Rail Freight Freeways" ❺ wollen die nationalen Bahngesellschaften den bisher umständlichen internationalen Güterverkehr vereinfachen, indem bei Trassenbestellungen, Lok- und Wageneinsatz sowie bei der Abwicklung der Formalitäten nicht für jedes zu durchquerende Land das jeweilige Bahnunternehmen auftritt, sondern im Sinne des ▶ „One-Stop-Shopping" nur ein Eisenbahnunternehmen für die gesamte Transportleistung verantwortlich ist. Noch bestehende ▶ Interoperabilitätsprobleme wie unterschiedliche Spurweiten, Lichtraumprofile, Strom- und Signalsysteme bedürfen ebenfalls einer entsprechenden Koordinierung. Ergänzt werden sollen diese europäischen ▶ Güter-Freeways, in Frankreich „corridores de fret" genannt, durch PRODIT (Project Direct Trains), wie geplante internationale Direktgüterzüge als Start-Ziel-Verbindungen ohne Zwischenhalt bezeichnet werden.

Lösungsansatz Frachthochgeschwindigkeit

Innerhalb dieses Maßnahmenbündels zur Attraktivitätssteigerung des Schienengüterverkehrs kann das geplante Angebot von Frachthochgeschwindigkeit (FHG) unter dem programmatischen Leitsatz „billiger als die Luftfracht – schneller als der Lkw" als ein weiterer Baustein betrachtet werden. Karte ❼ stellt aus den bestehenden Transportrelationen abgeleitete mögliche Punkt-Punkt-Verbindungen im FHG-Bereich dar.

Frachthochgeschwindigkeit meint dabei die Beförderung von Gütern in genormten Ladeeinheiten – voraussichtlich nicht in 20- oder 40-Fuß-Containern, sondern in 10-Fuß-Containern, wie sie in der Luftfracht verwendet werden – in speziellem Fahrzeugmaterial und mit Geschwindigkeiten über 200 km/h, während derzeit in Deutschland durchschnittlich 100-110 km/h, in Einzelfällen 160 km/h erreicht werden. Die Konzeption der Zugeinheiten erlaubt die Befahrung des gesamten – vornehmlich auf den Personenverkehr ausgerichteten – europäischen Hochgeschwindigkeitsnetzes (▶▶ Beitrag Lemke u.a.).◆

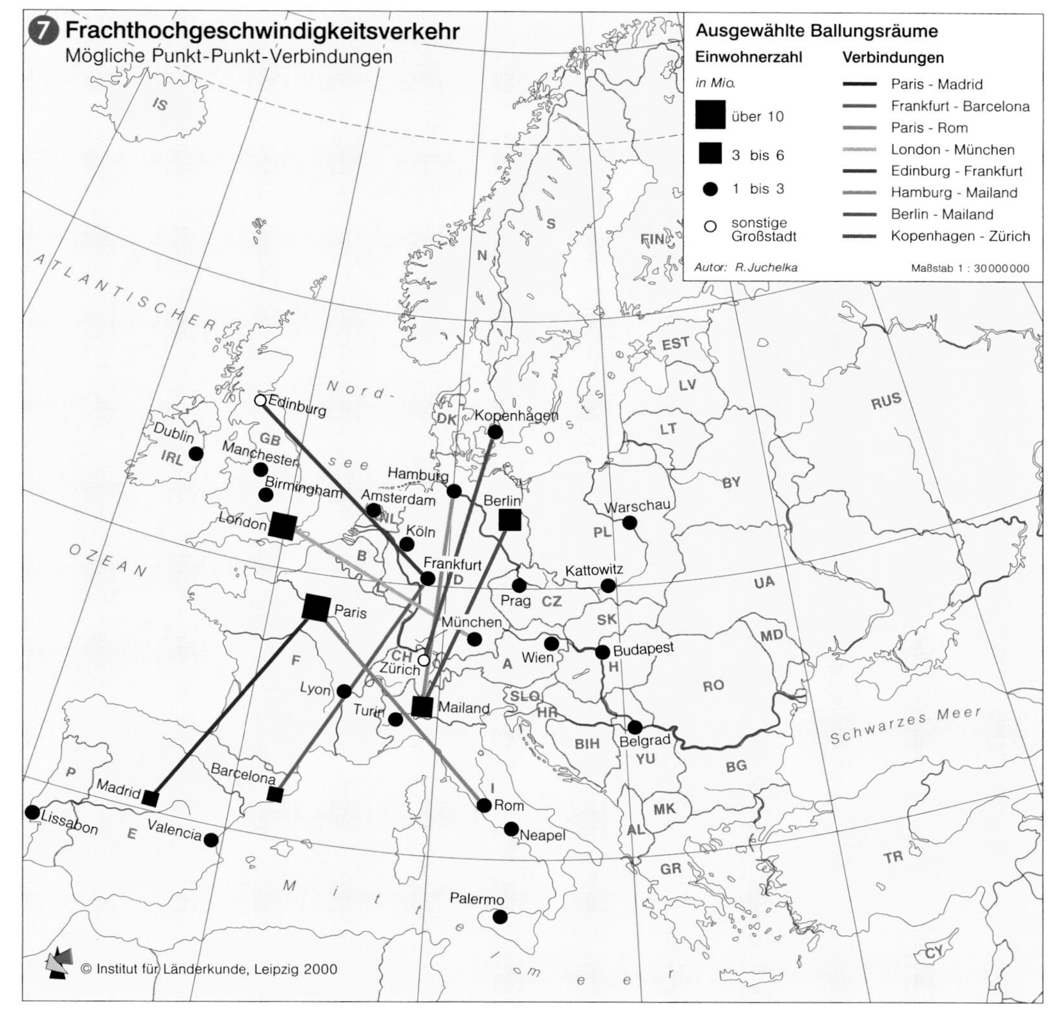

❼ **Frachthochgeschwindigkeitsverkehr**
Mögliche Punkt-Punkt-Verbindungen

Seeverkehr und Umstrukturierungen der Häfen

Helmut Nuhn

Main Port – *engl.* Haupthafen
Secondary Port – *engl.* Sekundärhafen
Ro-Ro-Umschlag – Roll-on-roll-off, *engl.* für an und von Bord rollenden Verkehr
Telematik – Verbindung von *Tele*kommunikation und Infor*matik*
TEU – Twenty Feet Equivalent Unit, *engl.* für 20-Fuß-Container

Durch die Liberalisierung des Welthandels, die Verstärkung der internationalen Arbeitsteilung und den Wegfall der politischen Blöcke hat sich das globale Transportaufkommen stark erhöht. Dies betrifft insbesondere den Seeverkehr, der zwei Drittel der Welthandelsgüter befördert. Zur Bewältigung des steigenden Transportvolumens waren tiefgreifende technologische und organisatorische Neuerungen erforderlich (Vergrößerung u. Spezialisierung der Schiffe, Standardisierung der Transportbehälter u. Normierung der Ladungseinheiten). Hierdurch konnten die aufwendigen Verpackungs- und Umschlagsaktivitäten vereinfacht und teilweise automatisiert werden. Die Nutzung der ▶ Telematik ermöglichte den Aufbau von Informationssystemen und die Umsetzung logistischer Konzepte zur Integration und effektiven Steuerung der Transportkette. Durch diese Maßnahmen erhöhte sich die Produktivität des Seetransports nachhaltig.

Die Häfen waren gezwungen, sich diesen Neuerungen durch hohe Investitionen in die Infra- und Suprastruktur anzupassen. Hierzu gehören u.a. die Vertiefung und Verbreiterung des Fahrwassers, die Installation neuer Umschlaganlagen sowie die Schaffung von ausgedehnten Abstellflächen, Silos und Tanklagern. An die Stelle der Vielzweckanlagen mit hohem Personaleinsatz traten Spezialterminals mit teilautomatisierten EDV-gesteuerten Lade- und Löschvorgängen. Nur die günstig gelegenen, gut organisierten und kapitalstarken Häfen konnten diese Neuerungen umsetzen und ihre Position im Wettbewerb mit Konkurrenten behaupten. Die Großreedereien mit ihren Superschiffen laufen heute nur noch diese ▶ Mainports an, während ▶ Secondary Ports die Rolle als regionale Sammel- und Verteilstellen übernehmen und mit kleineren Zubringerschiffen angebunden werden. Auch die traditionelle Zuordnung des Hafenhinterlandes ist durch den flexiblen Einsatz der Lkw-Flotte nicht mehr möglich.

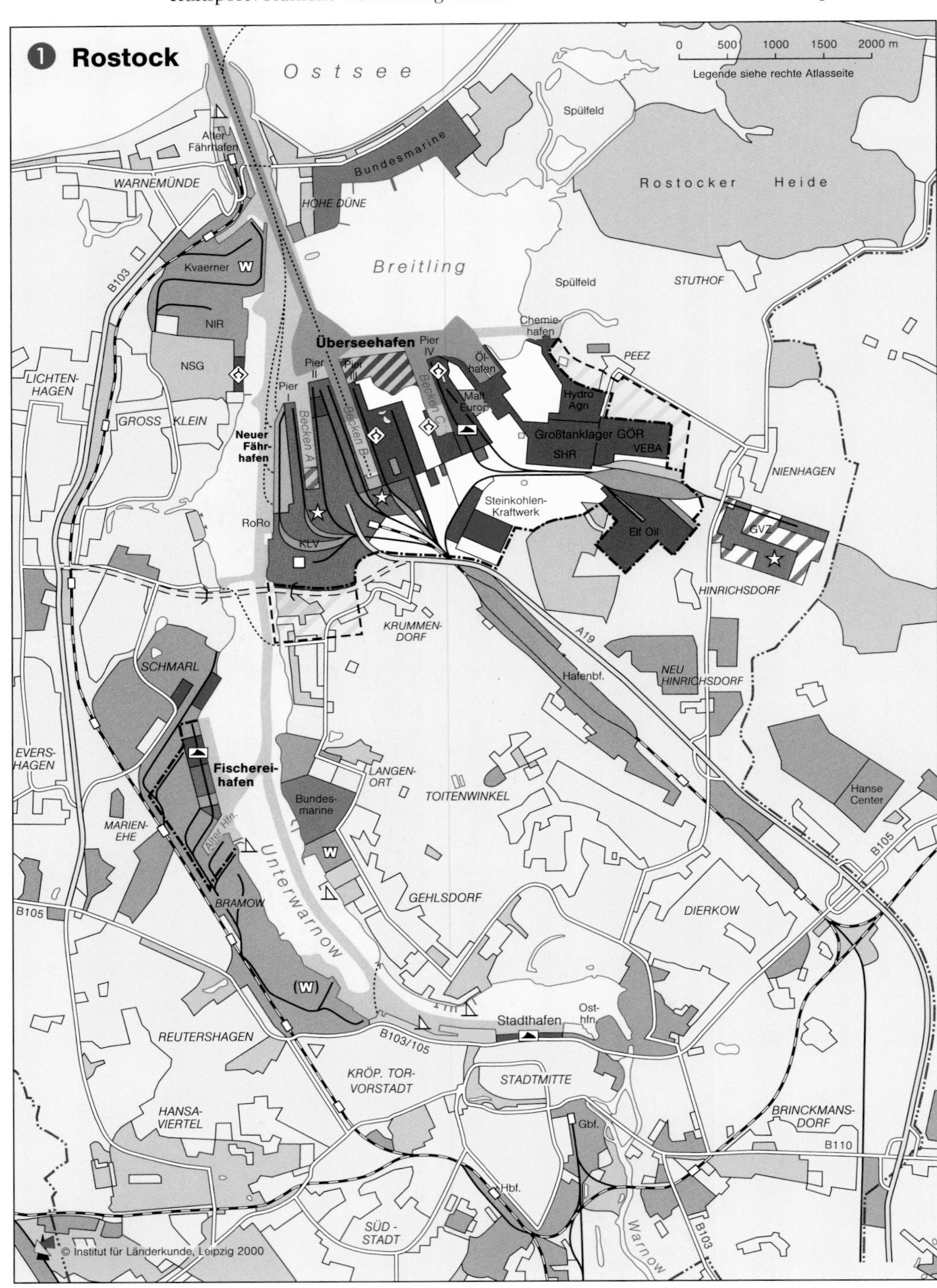

Häfen an Nord- und Ostsee

Heute konzentriert sich der Containerumschlag auf wenige Haupthäfen ❷. Neben Hamburg und den bremischen Häfen besitzen insbesondere Rotterdam und Antwerpen für das südliche und westliche Deutschland Bedeutung, weil der Rhein kostengünstig für den Zu- und Ablauf der Güter genutzt werden kann. Die norddeutschen Häfen haben eine wichtige Transitfunktion für die skandinavischen bzw. osteuropäischen Länder und versuchen, ihre traditionellen Hinterlandbeziehungen zu Österreich und den südosteuropäischen Ländern durch fahrplanmäßig verkehrende Containerzüge abzusichern.

Hamburg ❸

Der Hamburger Hafen weist mit 81 Mio. t und 2,5 Mio. ▶ TEU (1999) die größten Umschlagmengen auf. Zur Verbreiterung der schmalen Kaizungen sind im östlichen Freihafen bereits mehrere Becken zugeschüttet worden. Die sich hier früher konzentrierenden Umschlagaktivitäten sind weitgehend der Lagerhaltung, Kommissionierung und Distribution gewichen. Im Rahmen des Projektes Hafen-City sollen die an der Norderelbe gelegenen Hafenanlagen einer urbanen Nutzung zugeführt werden. Die hafenbezogene Industrie hat im Zusammenhang mit der Krise der Werften und der Schrumpfung des Mineralölsektors bereits größere Flächen freigesetzt, die heute für Gewerbe und Logistikdienstleistungen genutzt werden. Der Schwerpunkt des Umschlags hat sich elbabwärts nach Waltershof verlagert. Neben der bereits in den 1970er Jahren in Betrieb genommenen Massengutanlage Hansaport wird in Altenwerder ein neuer halbautomatisierter Containerterminal gebaut. Bei stark rückläufigen Beschäftigtenzahlen hat sich der Hamburger Hafen im Wettbewerb gut behaupten können. Einen Wachstumsschub brachte die Wiedereinbeziehung des früheren Hafenhinterlandes nach der Wiedervereinigung. Die zukünftige Dynamik wird vom weiteren Zugang für Großschiffe auf der Elbe abhängen.

Bremerhaven ❹

Die Hafenstadt Bremen kann trotz der jüngeren Ausbaumaßnahmen der Unterweser nicht mehr von Großschiffen angelaufen werden. Deshalb hat der seit 1827 ausgebaute Vorhafen Bremerhaven diese Funktion übernommen. Der Umschlag verlagerte sich vom ehemaligen Dockhafen im Süden an die Stromkaje, wo weitere Liegeplätze für Containerschiffe geplant sind. Ebenfalls stark gewachsen ist in den letzten Jahren der Import und Export von Pkw mit Spezialschiffen (1,1 Mio. Einheiten 1999). Hierfür wurden Zwischenlagerflächen sowie spezielle Parkdecks auf früher anderweitig genutzten Umschlagflächen errichtet. Im Osten der Hafenanlagen sind neue Gewerbegebiete im Aufbau, die teilweise aus der Konversion ehemaliger Militärflächen resultieren, im Süden werden mit dem Projekt Ocean-Park touristische Nutzungen verstärkt. Der von der Geestemündung ausgehende Fischereihafen gehörte zu den bedeutendsten Umschlagplätzen Europas, ist aber stark geschrumpft und wird durch vielfältige Nachfolgenutzungen geprägt. Am gegenüberliegenden Weserufer in Nordenham befinden sich Hafenanlagen von Industriebetrieben sowie Privathäfen mit öffentlichem Charakter.

Rostock ❶

Die Häfen an der Unterwarnow erhielten ab 1960 durch die Konzentration der maritimen Wirtschaft der DDR auf Rostock infolge des großzügigen Ausbaus des Überseehafens sowie des Fischereihafens Bedeutung als Tor zur Welt für den sozialistischen Staat. Neue Autobahn- und Eisenbahnbauten nach Berlin stellten die Verbindung zu den Industriegebieten im Süden der DDR her. Nach der Wende verlor die Hafenwirtschaft in Rostock in kurzer Zeit ihre frühere Bedeutung. Der Gesamtumschlag sank von 21 Mio. t im Jahr 1989 auf 15 Mio. t 1994 und erhöhte sich erst im letzten Jahr wieder auf das frühere Niveau. Die Umstrukturierung von einem in allen Bereichen starken internationalen Universalhafen zu einem Ostseehafen mit Schwerpunkten bei flüssigem und trockenem Massengut sowie beim ▶ Ro-Ro-Umschlag im Fährdienst ist positiv verlaufen.◆

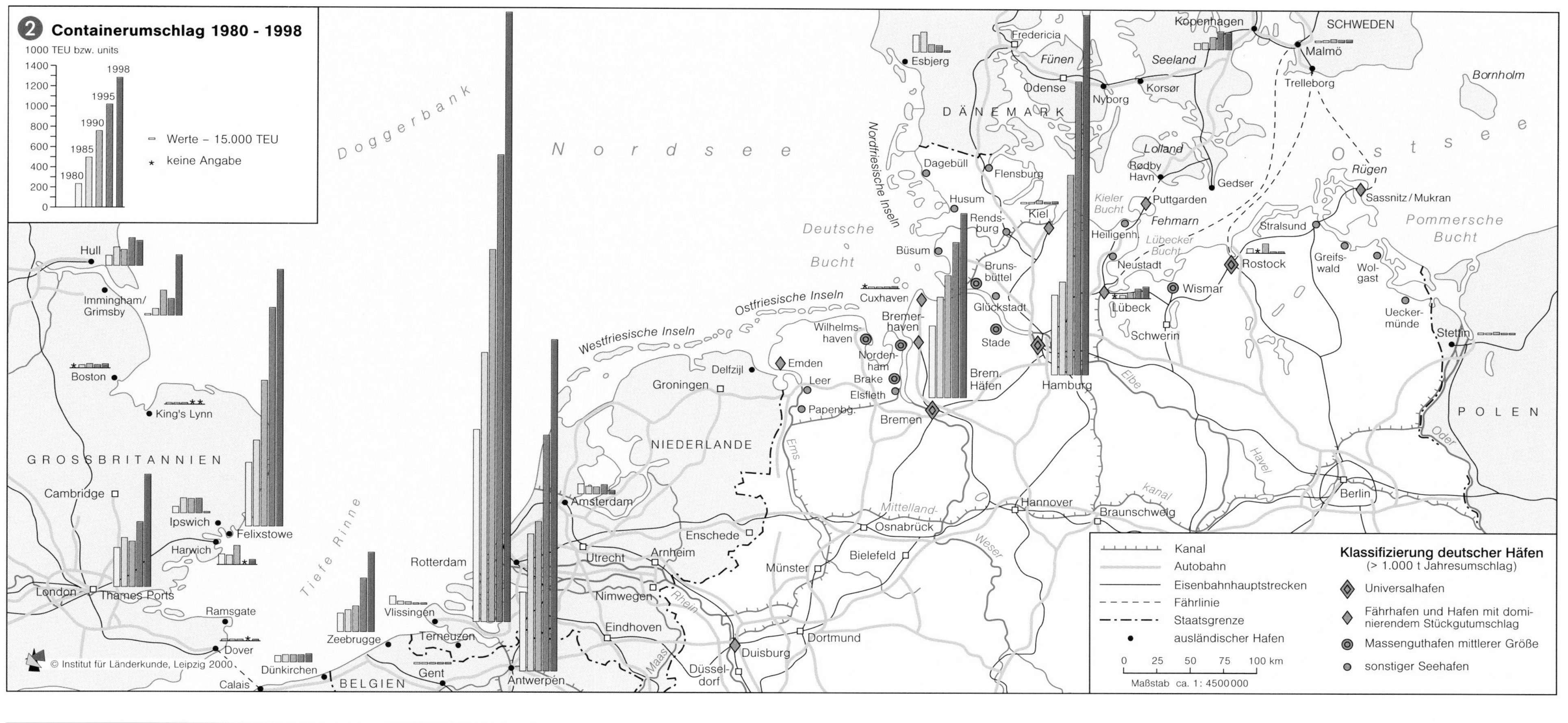

2 Containerumschlag 1980 - 1998
1000 TEU bzw. units
1400
1200
1000
800
600
400
200
0
1980
1985
1990
1995
1998
Werte – 15.000 TEU
keine Angabe
N o r d s e e
D o g g e r b a n k
Deutsche Bucht
O s t s e e
Pommersche Bucht
Nordfriesische Inseln
Ostfriesische Inseln
Westfriesische Inseln
Tiefe Rinne
GROSSBRITANNIEN
NIEDERLANDE
BELGIEN
DÄNEMARK
SCHWEDEN
POLEN
Hull
Immingham/ Grimsby
Boston
King's Lynn
Cambridge
Ipswich
Felixstowe
Harwich
London
Thames Ports
Ramsgate
Dover
Calais
Dünkirchen
Zeebrugge
Vlissingen
Terneuzen
Gent
Antwerpen
Rotterdam
Amsterdam
Utrecht
Arnheim
Nimwegen
Eindhoven
Enschede
Groningen
Delfzijl
Emden
Leer
Papenburg
Münster
Osnabrück
Bielefeld
Dortmund
Duisburg
Düssel-dorf
Hannover
Braunschweig
Berlin
Bremen
Elsfleth
Brake
Norden-ham
Wilhelms-haven
Bremer-haven
Cuxhaven
Brem. Häfen
Hamburg
Stade
Glückstadt
Bruns-büttel
Büsum
Husum
Rends-burg
Kiel
Flensburg
Dagebüll
Esbjerg
Fredericia
Fünen
Odense
Nyborg
Korsør
Seeland
Kopenhagen
Malmö
Trelleborg
Bornholm
Lolland
Rødby Havn
Gedser
Puttgarden
Fehmarn
Kieler Bucht
Lübecker Bucht
Heiligenh.
Neustadt
Lübeck
Wismar
Schwerin
Rostock
Stralsund
Rügen
Sassnitz / Mukran
Greifs-wald
Wol-gast
Ueckermünde
Stettin
Elbe
Ems
Weser
Rhein
Maas
Havel
Oder
Mittelland-kanal
Kanal
Autobahn
Eisenbahnhauptstrecken
Fährlinie
Staatsgrenze
ausländischer Hafen
Klassifizierung deutscher Häfen
(> 1.000 t Jahresumschlag)
Universalhafen
Fährhafen und Hafen mit dominierendem Stückgutumschlag
Massenguthafen mittlerer Größe
sonstiger Seehafen
0 25 50 75 100 km
Maßstab ca. 1 : 4500000
© Institut für Länderkunde, Leipzig 2000

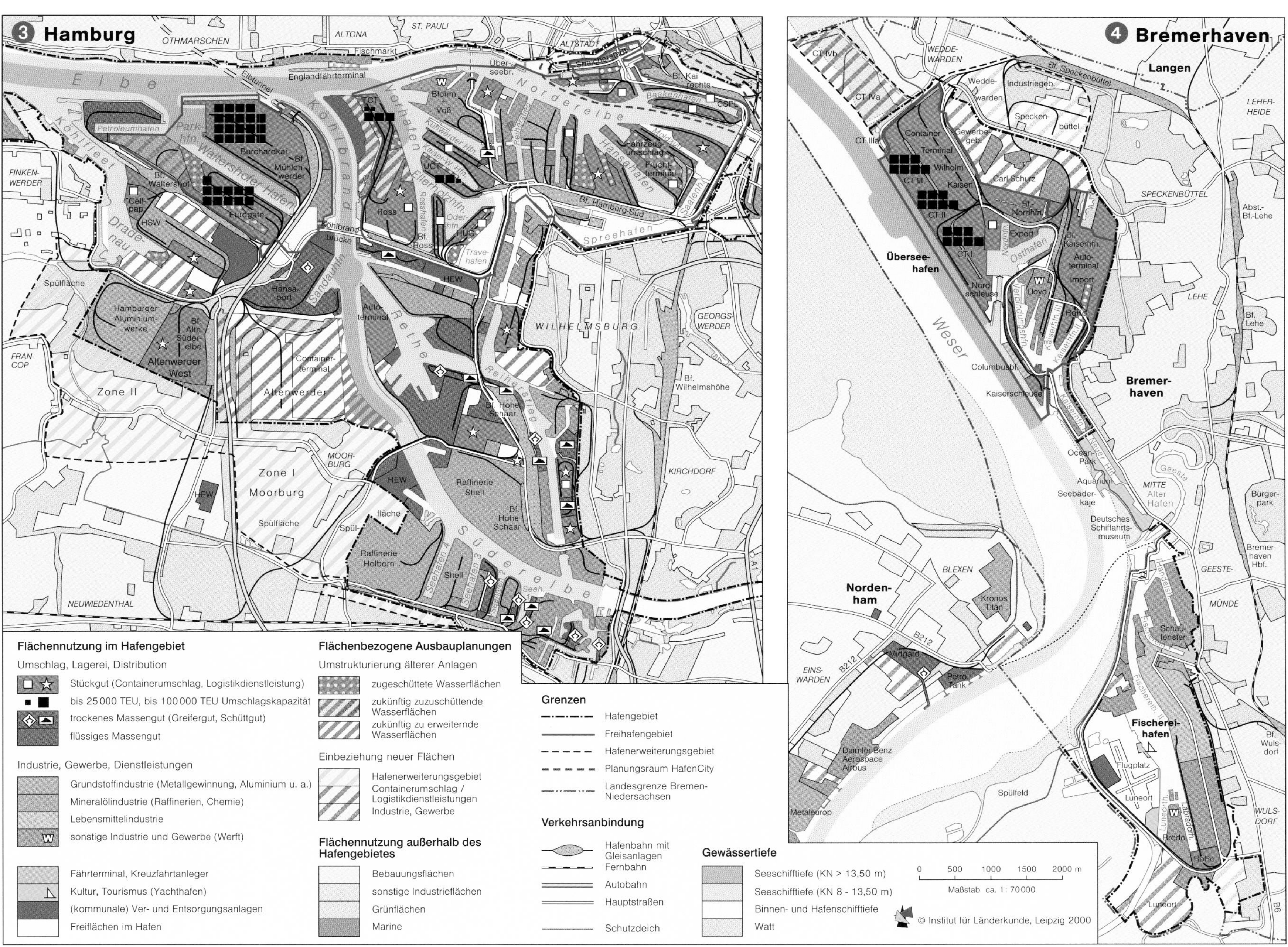

3 Hamburg
Elbe
Norderelbe
Süderelbe
Köhlbrand
Rethe
Reiherstieg
ALTONA
ST. PAULI
OTHMARSCHEN
FINKEN-WERDER
FRAN-COP
WILHELMSBURG
GEORGS-WERDER
KIRCHDORF
MOORBURG
NEUWIEDENTHAL
Petroleumhafen
Parkhafen
Waltershofer Hafen
Burchardkai
Eurogate
Dradenau
Spülfläche
Hamburger Aluminium-werke
Altenwerder West
Altenwerder
Zone II
Zone I Moorburg
Raffinerie Shell
Raffinerie Holborn
Hansa-port
Autoterminal
Ross
Blohm + Voß
Fischmarkt
Englandfährterminal
Spreehafen
Travehafen
HEW
Flächennutzung im Hafengebiet
Umschlag, Lagerei, Distribution
Stückgut (Containerumschlag, Logistikdienstleistung)
bis 25 000 TEU, bis 100 000 TEU Umschlagskapazität
trockenes Massengut (Greifergut, Schüttgut)
flüssiges Massengut
Industrie, Gewerbe, Dienstleistungen
Grundstoffindustrie (Metallgewinnung, Aluminium u. a.)
Mineralölindustrie (Raffinerien, Chemie)
Lebensmittelindustrie
sonstige Industrie und Gewerbe (Werft)
Fährterminal, Kreuzfahrtanleger
Kultur, Tourismus (Yachthafen)
(kommunale) Ver- und Entsorgungsanlagen
Freiflächen im Hafen
Flächenbezogene Ausbauplanungen
Umstrukturierung älterer Anlagen
zugeschüttete Wasserflächen
zukünftig zuzuschüttende Wasserflächen
zukünftig zu erweiternde Wasserflächen
Einbeziehung neuer Flächen
Hafenerweiterungsgebiet Containerumschlag / Logistikdienstleistungen Industrie, Gewerbe
Flächennutzung außerhalb des Hafengebietes
Bebauungsflächen
sonstige Industrieflächen
Grünflächen
Marine
Grenzen
Hafengebiet
Freihafengebiet
Hafenerweiterungsgebiet
Planungsraum HafenCity
Landesgrenze Bremen-Niedersachsen
Verkehrsanbindung
Hafenbahn mit Gleisanlagen Fernbahn
Autobahn
Hauptstraßen
Schutzdeich
Gewässertiefe
Seeschifftiefe (KN > 13,50 m)
Seeschifftiefe (KN 8 - 13,50 m)
Binnen- und Hafenschifftiefe
Watt
0 500 1000 1500 2000 m
Maßstab ca. 1 : 70000
© Institut für Länderkunde, Leipzig 2000
4 Bremerhaven
Langen
WEDDE-WARDEN
LEHERHEIDE
SPECKENBÜTTEL
LEHE
GEESTE-MÜNDE
WULS-DORF
MITTE Alter Hafen
Übersee-hafen
Container Terminal
Kaiserhfn.
Nordschleuse
Columbusbf.
Kaiserschleuse
Bremer-haven
Weser
Geeste
Fischerei-hafen
Norden-ham
BLEXEN
Kronos Titan
Midgard
Petro Tank
EINS-WARDEN
Daimler-Benz Aerospace Airbus
Metalerop
Spülfeld
Flugplatz
Deutsches Schiffahrts-museum

Von der Straße auf die Schiene: kombinierter Verkehr

Jürgen Deiters

Eurogate-Containerzug mit Privat-Lok

Rollende Landstraße

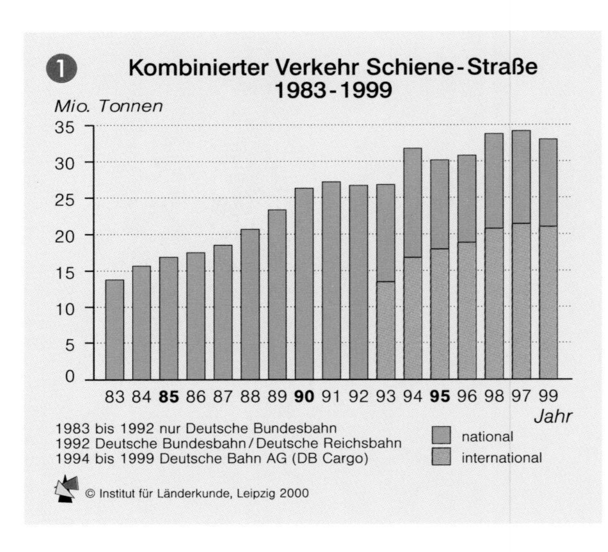

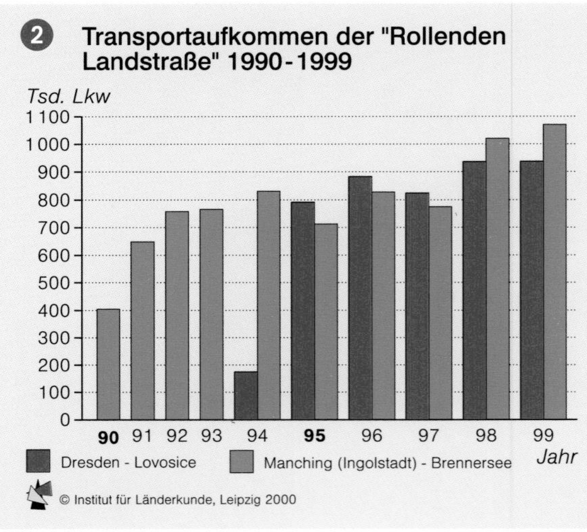

Der Güterverkehrsmarkt wird im Wesentlichen vom Straßengüterverkehr beherrscht. Trotz eines weiterhin kräftigen Wachstums des Transportaufkommens und zunehmender Überlastung der Straßen können alternative Verkehrsträger wie Eisenbahn und Binnenschifffahrt kaum von dieser Entwicklung profitieren. Es wird daher eine weitgehende Verlagerung des Güterverkehrs von der Straße auf die Schiene oder unter bestimmten Voraussetzungen auch auf Binnenwasserstraßen gefordert, um dem zunehmenden Stauproblem auf der Straße zu begegnen, ungenutzte Kapazitäten im Schienennetz zu nutzen und den Güterverkehr insgesamt umweltfreundlicher abzuwickeln. Es geht also um die Stärkung des ▶ kombinierten Verkehrs (KV).

Doch das Transportaufkommen im kombinierten Verkehr von DB Cargo (Deutsche Bahn Gruppe) stagniert auf einem niedrigen Niveau ❶. Von den 1998 beförderten 34,2 Mio. Tonnen entfallen nahezu zwei Drittel auf den internationalen Verkehr. Am nationalen KV-Aufkommen (12,7 Mio. t) hat der Seehafen-Hinterlandverkehr – zumeist mit den Albatros-Express-Zügen der DB-Tochter Transfracht International – mit 45% den größten Anteil. Nach Abzug der „Streuverkehre" (Wagenladungsverkehr in Gleisanschlüsse) verbleiben 4,8 Mio. Tonnen, die in den InterKombi- und InterKombi-Express-Zügen von DB Cargo auf 168 Verbindungen im Nachtsprung befördert wurden und als Kernmenge des nationalen kombinierten Verkehrs gelten. Auf das gesamte Transportvolumen von 289 Mio. t von DB Cargo (1998) bezogen, sind das aber nur 1,7%.

Die seit Jahren bestehende Zielvorstellung, das Gesamtaufkommen im kombinierten Verkehr bis 2010 auf 90 Mio. Tonnen zu verdreifachen, erweist sich im Lichte neuerer Untersuchungen als völlig unrealistisch. Unter den bestehenden Rahmenbedingungen und Strukturen hält das Beratungsunternehmen HaCon (im Auftrag des BMVBW) den Umfang des KV, der in Zusammenarbeit mit DB Cargo betrieben wird, für kaum steigerungsfähig. Der Streit um ein neues Preissystem zwischen DB Cargo und der Kombiverkehr GmbH & Co. KG, die als größter deutscher KV-Operateur bislang den Verkehr der DB organisiert und abgewickelt hat, Qualitätsmängel bei der Traktion (Unpünktlichkeit) und weiter sinkende Frachtraten im Straßengüterverkehr ließen das Transportaufkommen des Kombiverkehrs 1999 um 8% auf 892.490 Sendungen bzw. 2 Mio. TEU (20-Fuß-Behälter) sinken ❹. Besonders betroffen war das nationale KV-Aufkommen (-24%). Im internationalen Verkehr hat sich der sog. ▶ begleitete KV gut behauptet (-1%).

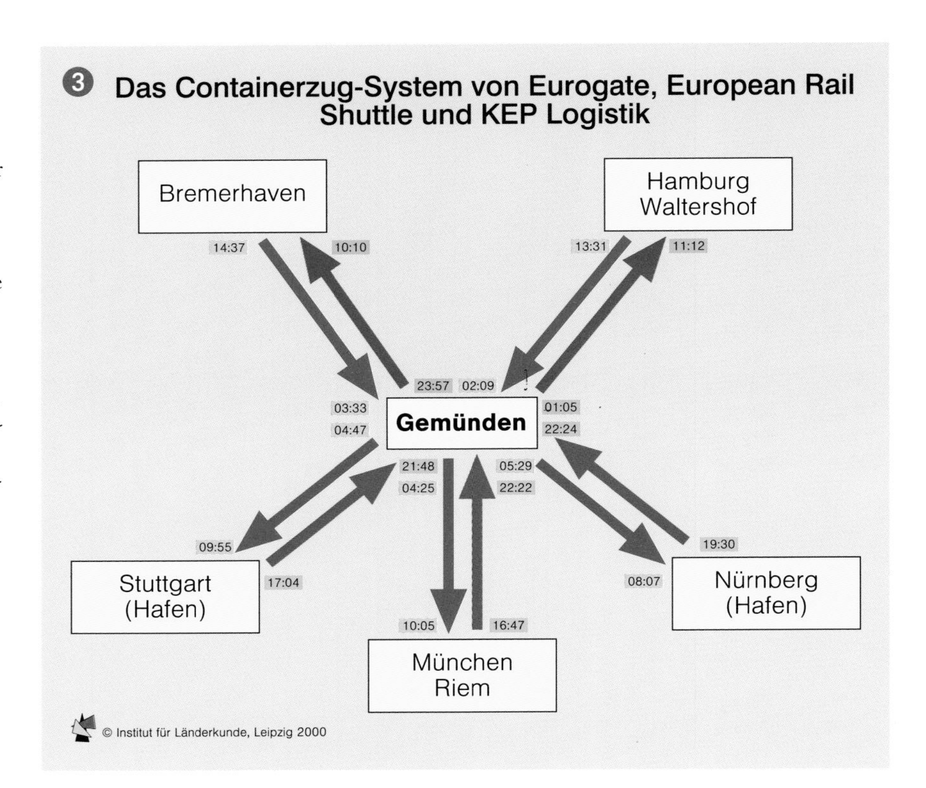

Die Zukunft des Kombiverkehrs

Um dem kombinierten Verkehr eine Zukunftsperspektive zu geben, richten sich die Erwartungen nunmehr verstärkt auf die privaten Eisenbahnverkehrsunternehmen (EVU) und Systemanbieter. Kombiverkehr, seit 1999 als öffentliches EVU anerkannt, hat ein eigenes Kernnetz von Kombiverbindungen in Deutschland entwickelt und sich als Gesamtsystem bei DB Cargo eingekauft. Das Kombi-Netz 2000+ mit 20 Terminalstandorten, zwischen denen 26 Züge täglich 58 Verbindungen im Nachtsprung bedienen, soll ab Mai 2001 um weitere neun Terminals und 30 zusätzliche Zugverbindungen erweitert werden ❺. Das – gegenüber früher – ausgedünnte KV-Netz mit reduzierter Flächenbedienung ist eine Konzession an die Wirtschaftlichkeit mit der Notwendigkeit zur Bündelung. Die Züge waren in den ersten vier Monaten zu über 70% ausgelastet.

Eine Besonderheit im internationalen kombinierten Verkehr stellt der begleitete KV in Form der „Rollenden Landstraße" dar. Ein Viertel des gesamten Transportaufkommens im Kombiverkehr entfiel 1999 auf diese Verkehrsart. Zu den wichtigsten Verbindungen zählen die seit zehn Jahren bestehende Alpenquerung zwischen Ingolstadt (Manching) und dem Brennersee (Österreich) sowie die auf Betreiben des Sächsischen Wirtschaftsministers 1994 eingerichtete Verbindung Dresden – Lovosice (Tschechien) zur Entlastung der E 50 über das Erzgebirge. Pro Verkehrstag mit 10 Zugpaaren werden inzwischen durchschnittlich 335 Lkw auf dem Schienenweg durch das Elbtal befördert (▶ Foto). Das Lkw-Aufkommen auf beiden Strecken hat sich sehr günstig entwickelt ❷. Die mit den jeweiligen Partnern Ökombi und Bohemiakombi betriebenen Verkehre sind dank staatlicher Förderung preislich attraktiv und wirtschaftlich tragfähig.

Seit der Bahnreform können zugelassene Eisenbahnverkehrsunternehmen (EVU) gegen Zahlung von Trassengebühren auf dem DB-Netz Zugverkehr

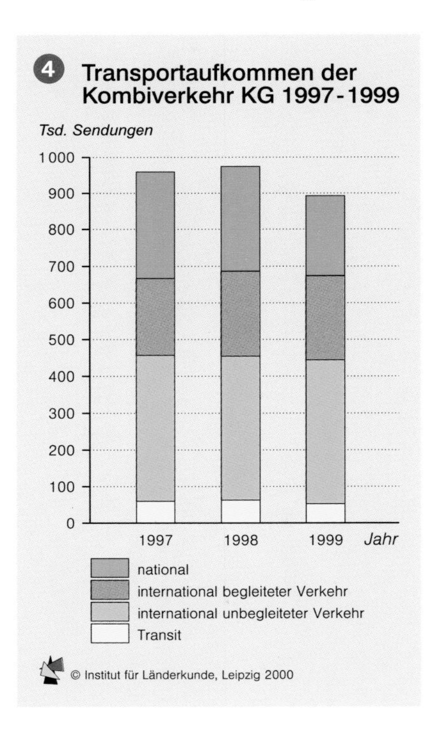

kombinierter Verkehr (KV) – auch Kombinierter Ladungsverkehr (KLV), ist ein integriertes Verkehrssystem zur Verknüpfung verschiedener Verkehrsträger, zwischen denen die Sendung wechselt. Der Wechsel zwischen den Verkehrsträgern muss systematisch durch spezielle Umschlageinrichtungen erleichtert sein; das Umladen im konventionellen Stückgutverkehr zählt nicht zum KV. Zur Erleichterung des Umschlags werden standardisierte Ladeeinheiten (Container, Wechselbehälter) verwendet. Die meisten KV-Angebote verfügen heute über transportbegleitenden Informationsfluss sowie durchgehende Preise und Transportbedingungen im Haus-Haus-Verkehr.

begleiteter KV – Die Rollende Landstraße (RoLa) ist der Normalfall des begleiteten KV. Lastzüge und Sattel-Kfz fahren über eine Rampe auf die zur durchgehenden Ladefläche hintereinander gekuppelten Spezialwaggons; die Fahrer begleiten ihren Lkw im Liegewagen des gleichen Zuges. Der Umschlag ist extrem einfach und billig. Diese Form des KV findet im grenzüberschreitenden Verkehr mit den mittel- und osteuropäischen Ländern und im Alpentransit Anwendung.

unbegleiteter KV – Nur die Ladeeinheit (Container, Wechselbehälter, Sattelanhänger) wechselt im KV-Terminal den Verkehrsträger (mit oder ohne Zwischenlagerung). Auf der Strecke (Bahn, ggf. Binnenschiff) wird die Ladeeinheit nicht von einem Fahrer begleitet. Der unbegleitete KV ist zwar effizienter, doch in der Konkurrenz zum durchgehenden Lkw-Verkehr schwerer am Markt durchzusetzen.

überseeische Transportketten – Beim überseeischen Gütertransport ist die Benutzung mehrerer Verkehrsträger in der Regel zwingend. Der **Containerverkehr** nach Übersee ist die spektakulärste Form des KV. Verkehrspolitisch bedeutsam ist die Organisation des Hafenhinterlandverkehrs mit Lkw, Bahn oder Binnenschiff. Bei kurzen Seestrecken z.B. nach Skandinavien dominiert der **Roll-on/Roll-off-Verkehr** mit Fährschiffen (Parkdecks für Pkw und Lkw). Weniger bedeutsam sind die sog. Lash-Systeme, die die Binnen- und Seeschifffahrt verbinden.

kontinentale Transportketten – Sie stehen in Konkurrenz zum durchgehenden Lkw-Verkehr. Am bedeutendsten ist der KV Straße/Schiene. Da jede Brechung der Transportkette den ökonomischen Aufwand erhöht, muss der Effizienzgewinn durch Wechsel des Verkehrsträgers die Brechungskosten mindestens ausgleichen. Das wird in Deutschland erst bei einer Transportweite von 300-500 km erwartet. Kontinentale Transportketten lassen sich nach der Art der umgeschlagenen Ladeeinheit, nach der Umschlagtechnik oder nach wirtschaftlich-organisatorischen Gesichtspunkten systematisieren.

Beide KV-Formen werden als **Huckepackverkehr** zusammengefasst. Davon zu unterscheiden sind **bimodale Systeme**: Spezielle Sattelanhänger (Road-Railer) können auf Schienenlaufwerke gesetzt und mehrere solcher Waggons zu einem Trailer-Zug zusammengestellt werden.

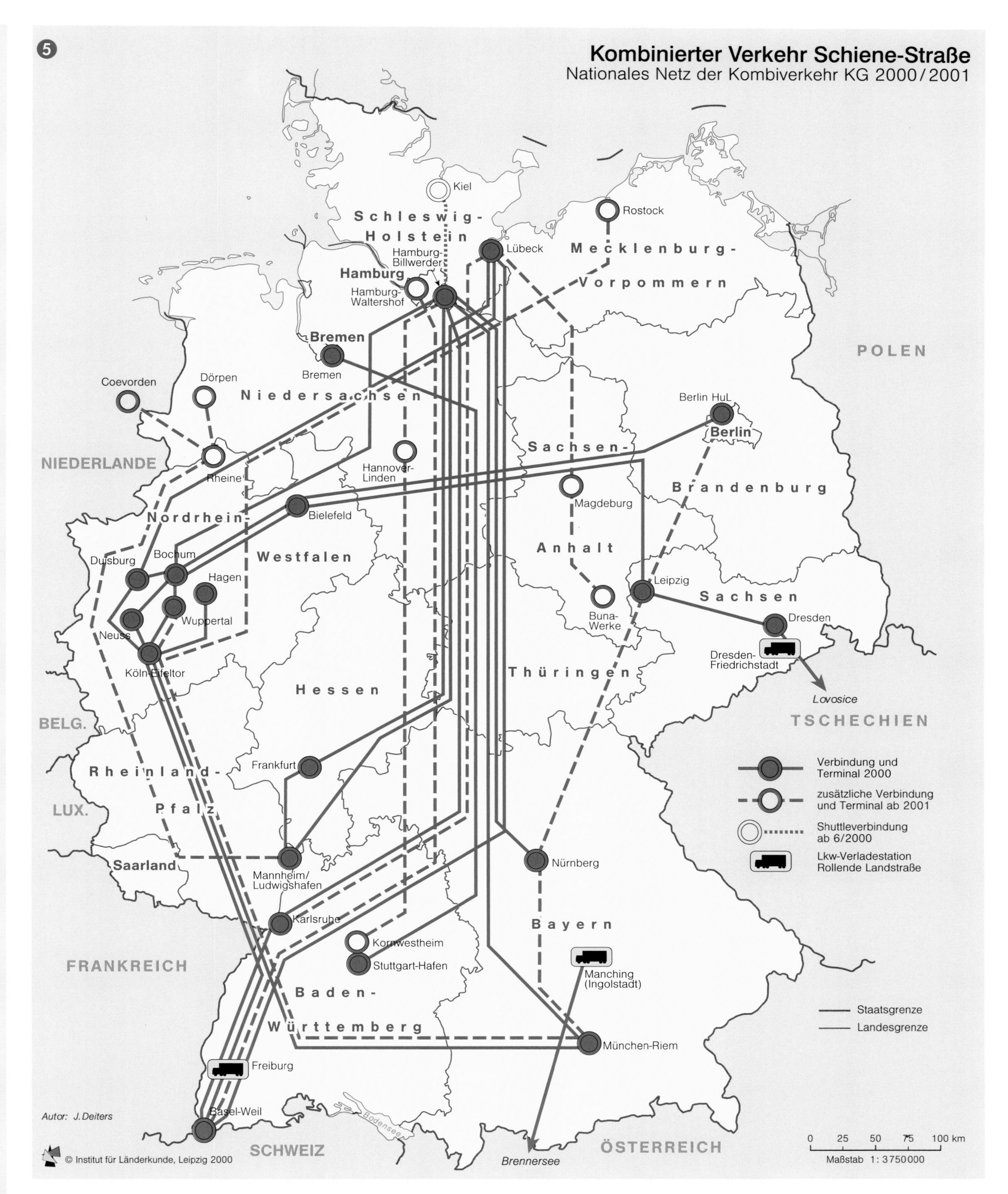

durchführen. Anders als im Personenverkehr, bei dem die Regionalisierung des ÖPNV einen lebhaften Wettbewerb auslöste (▶▶ Beitrag Deiters/Gräf/Löffler, Einführung), müssen die Güterverkehrsunternehmen aus eigener Kraft in den Markt eintreten. Erst der Aufbau gemeinsamer Lokpools ermöglicht es den neuen EVU, unabhängig von DB Cargo Güterverkehr zu betreiben. EUROGATE Intermodal, ein auf dem Containermarkt führendes Unternehmen, betreibt seit Mitte 2000 gemeinsam mit European Rail Shuttle (ERS) und KEP Logistik ein Containerzug-System mit Privat-Loks (▶ Foto), das die Häfen Hamburg und Bremerhaven im Nachtsprung mit Stuttgart, München und Nürnberg verbindet; Gemünden (Main) dient als Drehscheibe, wo die Züge je nach Zielort neu zusammengestellt werden ❸.◆

Räumliche Arbeitsteilung und Lieferverkehr

Eike W. Schamp

Industrieunternehmen organisieren die Fertigung in arbeitsteiligen Produktionssystemen zwischen vielen Standorten – gemäß einem neuen strategischen Konzept der schlanken und modularen Produktion. Sie nutzen dabei die Möglichkeiten der Kostenreduzierung, die durch Größeneffekte in der Produktion erreicht wird. Die Produktionssysteme, die verschiedene Betriebsstätten untereinander verbinden, erzielen ihre Vorteile durch niedrige Transportkosten sowie geringe Transportzeiten und Lagerhaltung. Das Prinzip der Just-in-Time-Lieferung (JIT, genau zur rechten Zeit) versucht, den Anforderungen an eine flexible, schnelle und rechtzeitige Anlieferung zwischen den Betriebsstätten ohne Lagerhaltung langfristig, tages- oder stundengenau zu entsprechen. Dabei ist das Einhalten von Qualitätsnormen auf jeder Produktionsstufe sowie einer zuverlässig rechtzeitigen Lieferung an die Betriebsstätte der folgenden Produktionsstufe zwingend.

Der Transport im Straßengüterverkehr ist für dieses System die kostengünstigste Lösung. Die arbeitsteilige Produktion an spezialisierten Standorten hat zur Folge, dass sich die Transport-Distanzen vergrößern. Dem wirkt man durch die Bündelung vieler Teile in der Vormontage von Modulen entgegen, womit die Zahl der Verkehrsbewegungen reduziert wird.

Die Fertigung von Autositzen für die Pkw-Produktion

Die Autoindustrie steht an der Spitze der Branchen in der Umsetzung dieser Konzepte. Im Produktionsverbund mit Zulieferern bündelt der Systemzulieferer im sog. Kaskadenmodell ❶ durch die Vormontage viele Komponenten (z.B. Sitzversteller, Lehnenrahmen, Gurtstraffer oder Sitzheizung) zu einem Modul (z.B. Sitze), während Komponenten-Hersteller wiederum Teile und andere Vorprodukte bündeln. In der Kaskade entsteht ein europäischer Produktionsverbund, zu dessen Aufrechterhaltung u.a. besondere Verträge über Umfang, Zeit und Qualität der Lieferung nötig sind. Der reibungslose Ablauf erfordert moderne Informationstechnologie, spezialisierte Logistikunternehmen sowie eine möglichst kleine Zahl von direkt an das Autowerk liefernden Unternehmen. Alle deutschen Autohersteller haben die Zahl der Direktlieferanten gesenkt; einige von ihnen streben eine Zahl unter 200 an. Nur wenige Autokonzerne stellen noch selbst Sitze oder Sitzbänke her ❸.

Der Systemzulieferer für Sitze liefert im Rhythmus der Auto-Montage nach stundengenauem Abruf (unter 4 Std.) Sitze montagesynchron an das Montageband. Es entsteht kein Lager, aber die Notwendigkeit, bis zu 20mal täglich einen Lkw von dem Werk der Sitz-Montage zum Werk der Auto-Montage zu senden. Der Umfang der Lieferung richtet sich kurzfristig nach dem Auftragsvolumen und der Produktionsplanung des Autoherstellers. Um Zeitgenauigkeit einzuhalten, sind kurze Wege notwendig. Ein Systemfertiger montiert daher vor den Toren oder sogar auf dem Gelände des Autoherstellers.

Um die Lagerhaltung beim Hersteller von Sitzen zu reduzieren, liefern die Komponenten- und Teilehersteller täglich ein- bis zweimal im Straßengüterverkehr. Erst die Lieferung von Vorprodukten an die Standorte der Komponenten-Hersteller kann auch wöchentlich erfolgen.

Die montagesynchrone Produktion und Anlieferung ist nur für solche Zuliefermodule sinnvoll, die einen hohen Wert haben, groß im Volumen und daher teuer im Transport sind und die in vielen Varianten geliefert werden müssen. Für diese werden Produktionsstätten vor Ort notwendig. Andere Zuliefermodule und -teile können über große Distanzen tagesgenau geliefert werden. Hier ist die Verlagerung von Güterverkehr von der Straße auf die Schiene möglich.

Zulieferparks

Was man bei den Sitzen gelernt hat, wird auch für andere Systeme angewendet: die JIT-Anlieferung von Standorten der Vormontage, die räumlich nahe am Autowerk liegen. Dazu errichten die Autohersteller Zulieferparks, in denen die wichtigsten Systemfertiger gebündelt werden. Die Aufgabe der Organisation des Transports übernimmt oft ein spezialisiertes Logistik-Unternehmen, ein sog. Systemlogistiker. Er stellt sicher, dass das jeweilige vormontierte System rechtzeitig am Montageband des Autoherstellers ankommt. Auch dies erfordert einen nahen Standort des Zulieferparks beim Autowerk mit täglich häufigen Lkw-Fahrten ❹.

In besonderer Weise wird das Transportproblem neuerdings z.B. bei den Fordwerken Saarlouis gelöst. Dort transportiert eine Hängebahn die vormontierten Systeme an das Montageband. Der Produktions- und Transportfluss bei den Systemzulieferern wird auf diese Weise in die innerbetrieblichen Transportflüsse des Autoherstellers integriert ❷. Der Straßengütertransport wird damit jedoch nicht überflüssig. Bis zu einer möglicherweise organisierbaren Verlagerung auf die Schiene werden alle Komponenten und Teile durch Lkw an den Zulieferpark geliefert.◆

❶ Kaskaden-Modell der modularen Lieferung am Beispiel eines Autositzes

Stufe 4 Rohstoffe – Aluminium, E-Metalle, Kunststoff, Textilien
Stufe 3 Teile – Schienen, Metallträger, Kunststoffteile, Textilien, Leder
Stufe 2 Komponenten – Sitzunterbau, elektr. Sitzverstellung, Polster etc.
Stufe 1 Modul – Sitz
Stufe 0 Auto-Montage
stundengenau
Abruf nach Art, Zahl, Reihenfolge, Zeitpunkt

© Institut für Länderkunde, Leipzig 2000

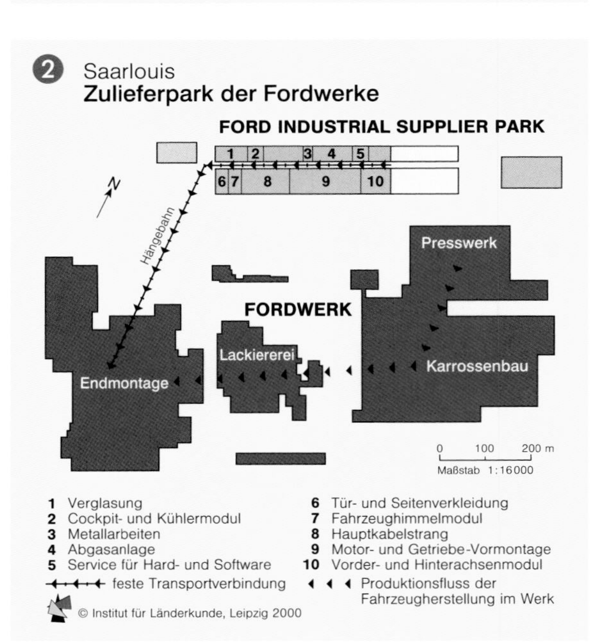

❷ Saarlouis
Zulieferpark der Fordwerke

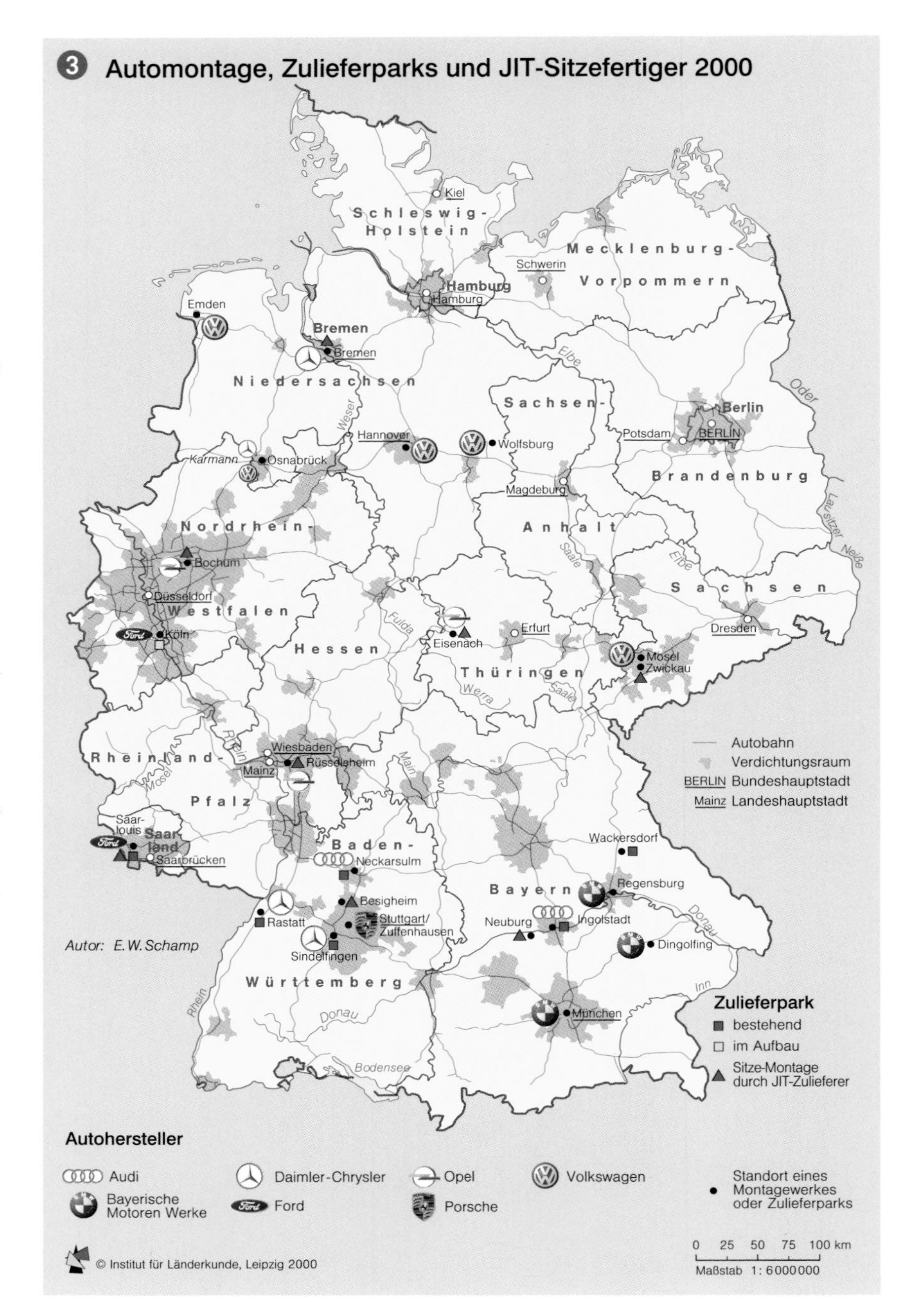

❸ Automontage, Zulieferparks und JIT-Sitzefertiger 2000

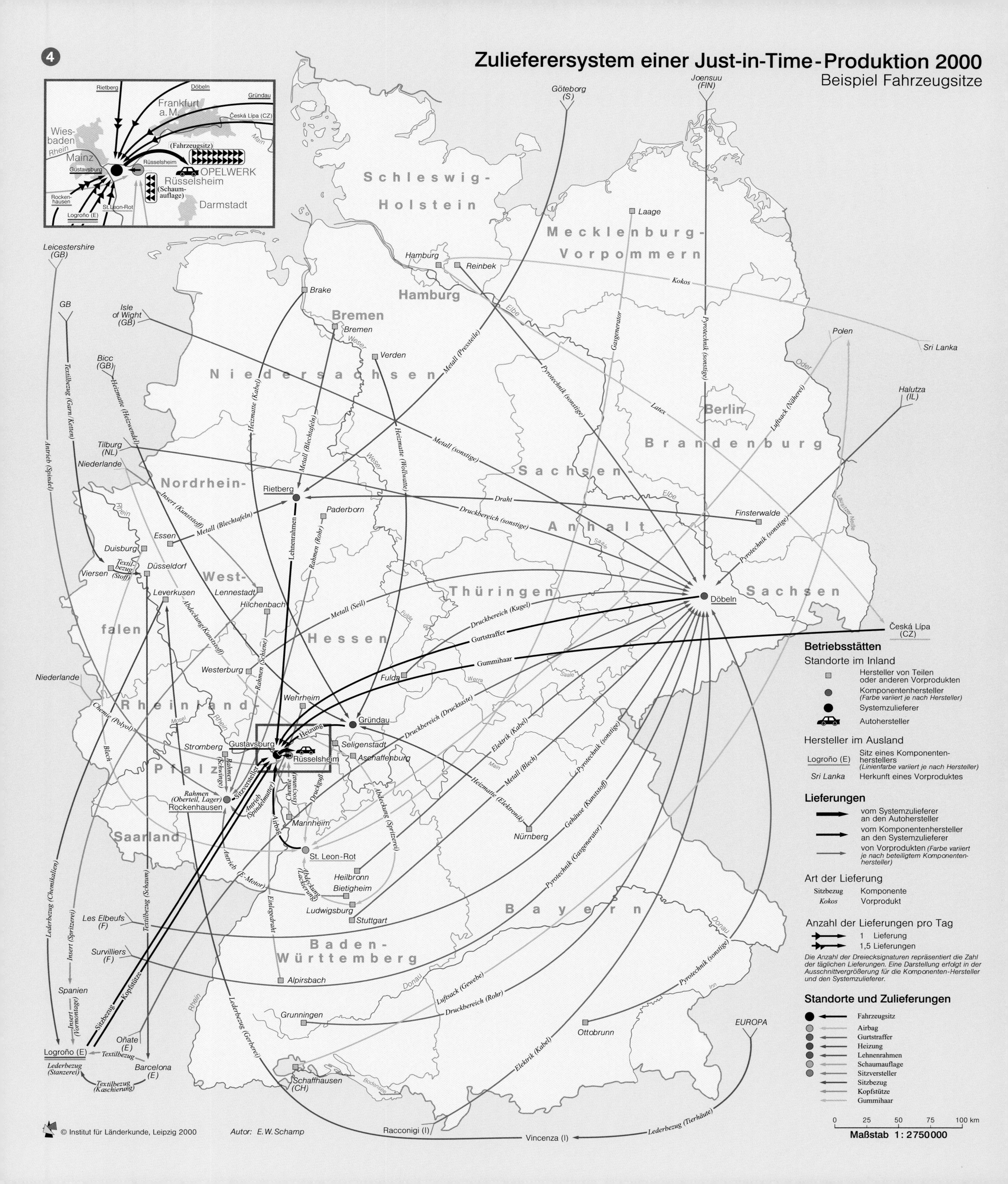
4
Zulieferersystem einer Just-in-Time-Produktion 2000
Beispiel Fahrzeugsitze
Rietberg
Döbeln
Gründau
Frankfurt a.M.
Česká Lípa (CZ)
Wies-baden
Rhein
Main
Mainz
(Fahrzeugsitz)
Gustavsburg
Rüsselsheim
OPELWERK
Rüsselsheim
(Schaum-auflage)
Rocken-hausen
St. Leon-Rot
Logroño (E)
Darmstadt
Schleswig-Holstein
Mecklenburg-Vorpommern
Hamburg
Bremen
Niedersachsen
Berlin
Brandenburg
Sachsen-Anhalt
Nordrhein-Westfalen
Thüringen
Sachsen
Hessen
Rheinland-Pfalz
Saarland
Bayern
Baden-Württemberg
Göteborg (S)
Joensuu (FIN)
Laage
Hamburg
Reinbek
Kokos
Brake
Bremen
Verden
Leicestershire (GB)
GB
Isle of Wight (GB)
Bicc (GB)
Polen
Sri Lanka
Halutza (IL)
Tilburg (NL)
Niederlande
Rietberg
Paderborn
Finsterwalde
Essen
Duisburg
Viersen
Düsseldorf
Leverkusen
Lennestadt
Hilchenbach
Döbeln
Česká Lípa (CZ)
Westerburg
Fulda
Niederlande
Wehrheim
Gründau
Stromberg
Gustavsburg
Seligenstadt
Rüsselsheim
Aschaffenburg
Rockenhausen
Mannheim
St. Leon-Rot
Nürnberg
Heilbronn
Bietigheim
Ludwigsburg
Stuttgart
Les Elbeufs (F)
Surviliers (F)
Spanien
Alpirsbach
Grunningen
Ottobrunn
Oñate (E)
Logroño (E)
Barcelona (E)
Schaffhausen (CH)
EUROPA
Racconigi (I)
Vincenza (I)
Elbe
Weser
Oder
Saale
Fulda
Werra
Mosel
Rhein
Main
Donau
Inn
Bodensee
Lausitzer Neiße
Metall (Pressteile)
Gassgenerator
Pyrotechnik (sonstige)
Latex
Luftsack (Näherei)
Metall (sonstige)
Heizmatte (Kabel)
Metall (Blechtafeln)
Heizmatte (Wollwatte)
Textilbezug (Garn/Ketten)
Heizmatte (Heizwendel)
Antrieb (Spindel)
Draht
Druckbereich (sonstige)
Insert (Kunststoff)
Lehnenrahmen
Rahmen (Rohr)
Textilbezug (Stoff)
Abdeckung (Kunststoff)
Metall (Seil)
Druckbereich (Kugel)
Gurtstraffer
Gummihaar
Rahmen (Schiene)
Heizung
Druckbereich (Drucktaste)
Elektrik (Kabel)
Metall (Blech)
Pyrotechnik (sonstige)
Gehäuse (Kunststoff)
Heizmatte (Elektronik)
Chemie (Polyol)
Blech
Rahmen (Schwinge)
Sitzversteller
Rahmen (Oberteil, Lager)
Antrieb (Spindelmutter)
Chemie (Isocyanat)
Druckknopf
Airbag
Abdeckung (Spritzerei)
Antrieb (E-Motor)
Abdeckung (Lackierung)
Pyrotechnik (Gasgenerator)
Einlegedraht
Lederbezug (Chemikalien)
Insert (Spritzerei)
Textilbezug (Schaum)
Insert (Vormontage)
Sitzbezug
Kopfstütze
Lederbezug (Gerberei)
Luftsack (Gewebe)
Druckbereich (Rohr)
Elektrik (Kabel)
Textilbezug
Lederbezug (Stanzerei)
Textilbezug (Kaschierung)
Lederbezug (Tierhäute)
Betriebsstätten
Standorte im Inland
Hersteller von Teilen oder anderen Vorprodukten
Komponentenhersteller (Farbe variiert je nach Hersteller)
Systemzulieferer
Autohersteller
Hersteller im Ausland
Logroño (E) Sitz eines Komponentenherstellers (Linienfarbe variiert je nach Hersteller)
Sri Lanka Herkunft eines Vorproduktes
Lieferungen
vom Systemzulieferer an den Autohersteller
vom Komponentenhersteller an den Systemzulieferer
von Vorprodukten (Farbe variiert je nach beteiligtem Komponentenhersteller)
Art der Lieferung
Sitzbezug Komponente
Kokos Vorprodukt
Anzahl der Lieferungen pro Tag
1 Lieferung
1,5 Lieferungen
Die Anzahl der Dreieckssignaturen repräsentiert die Zahl der täglichen Lieferungen. Eine Darstellung erfolgt in der Ausschnittvergrößerung für die Komponenten-Hersteller und den Systemzulieferer.
Standorte und Zulieferungen
Fahrzeugsitz
Airbag
Gurtstraffer
Heizung
Lehnenrahmen
Schaumauflage
Sitzversteller
Sitzbezug
Kopfstütze
Gummihaar
0 25 50 75 100 km
Maßstab 1 : 2750000
Autor: E.W. Schamp

Der Strukturwandel im Speditions- und Transportgewerbe

Heike Bertram

Das wirtschaftliche Zusammenwachsen im Europäischen Binnenmarkt sowie die Globalisierung der Arbeitsteilung zwischen Produktionsgebieten und Konsumtionsgebieten hat einen, nach Distanz und Umfang wachsenden Transportbedarf zur Folge. Das Speditions- und Transportgewerbe bietet die dafür notwendigen logistischen Dienstleistungen an. Es ist daher ein Bereich des Dienstleistungssektors, der in den letzten Jahren schnell gewachsen ist.

Spediteure organisieren den Transport von Waren, kümmern sich um die richtige Auswahl des Verkehrsträgers (Modal Split), die rechtliche Abwicklung, die versicherungstechnische Vermittlung, die logistische Organisation und ganz zuletzt vielleicht auch um den Transport selbst (Spediteure mit Selbsteintritt), wenn er nicht von Transporteuren (Frachtführern) durchgeführt wird. Der Transport kann sowohl auf der Straße als auch mit Bahn, Flugzeug oder Schiff stattfinden und wird daher von unterschiedlich spezialisierten Unternehmen organisiert (z.B. Luftfracht-, See- oder Bahnspediteure). Zur logistischen Leistung gehörten nicht allein die Organisation des Transports sowie die Güterbeförderung selbst, sondern auch der Umschlag und die Lagerung. Die Statistik unterscheidet in diesem Sektor zwei Wirtschaftsklassen, die „Güterbeförderung mit Kraftfahrzeugen“ und den Bereich „Spedition, Lagerei und Kühlhäuser“, in denen zusammen etwa 45.000 Unternehmen tätig sind.

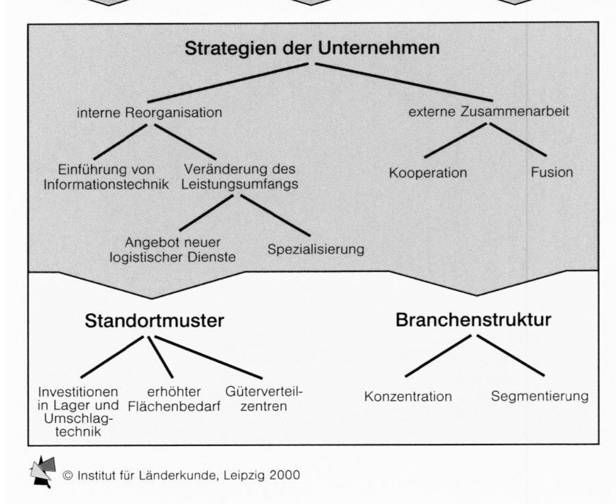

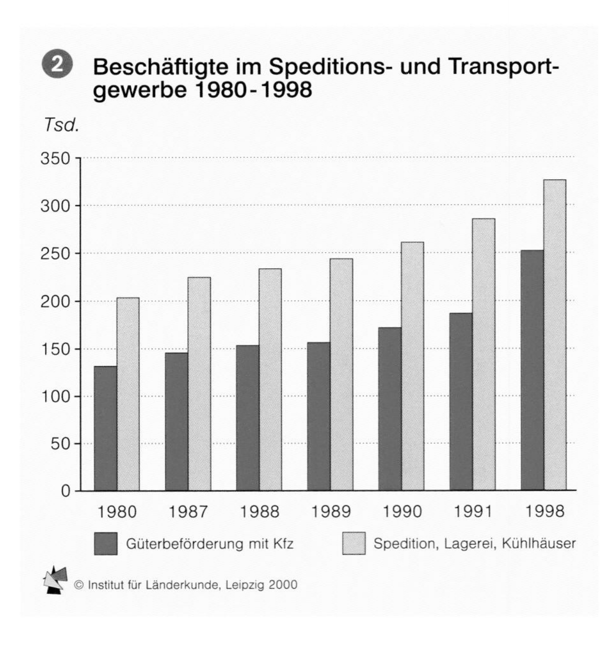

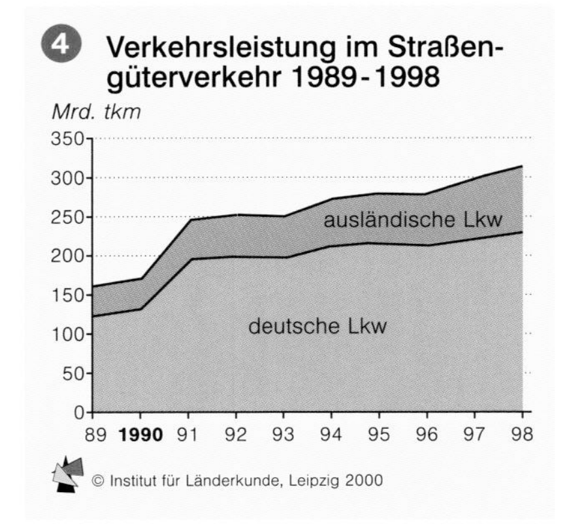

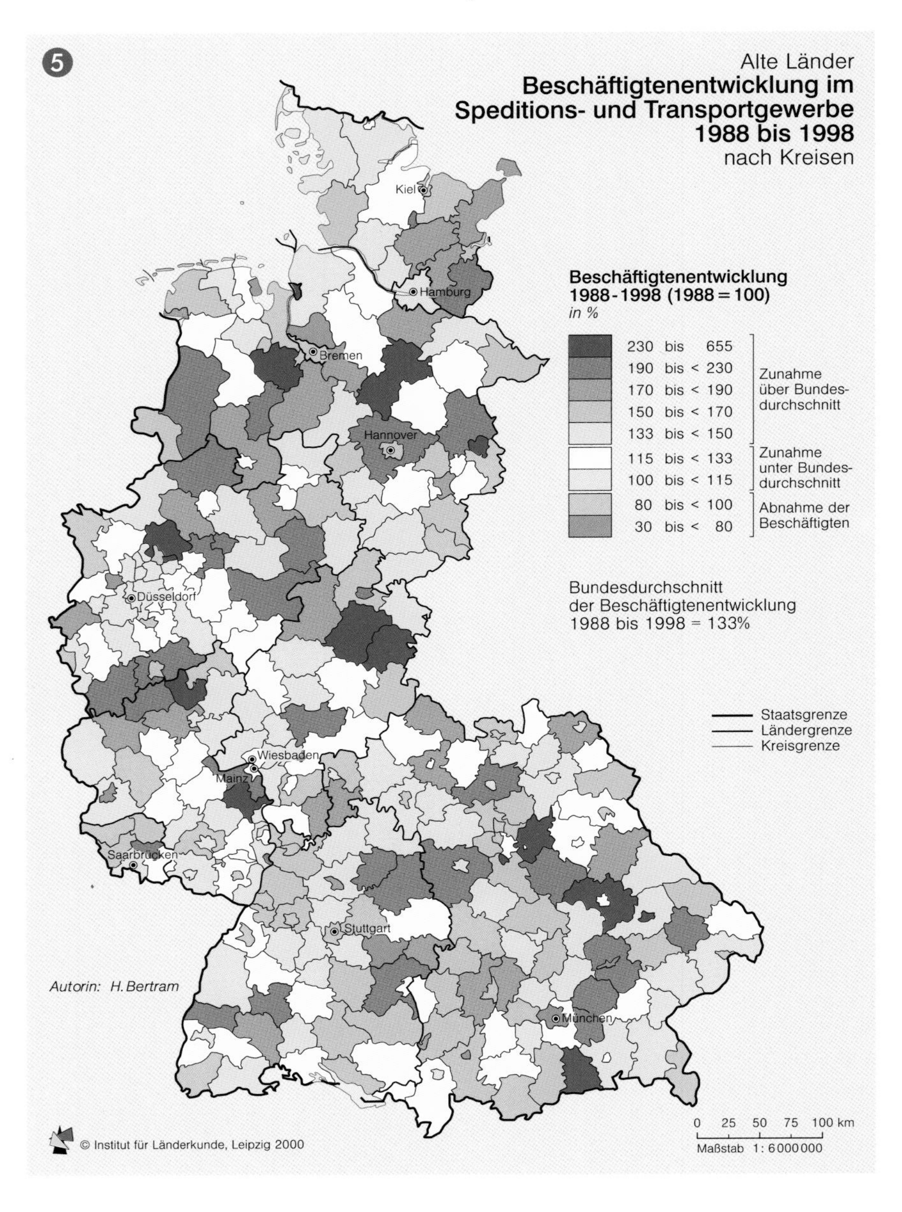

Struktureller Wandel in der Branche

Neue Anforderungen der Versender, die Deregulierung des Verkehrssektors im europäischen Binnenmarkt und die wachsenden Investitionskosten z.B. für IuK-gestützte und satellitengeführte Transportsysteme haben zu einem enormen Wettbewerbsdruck unter den Speditions- und Transportbetrieben geführt. Eine Folge ist das zunehmende auseinander Klaffen von wenigen sehr großen, international tätigen Speditionsunternehmen und vielen, teils sehr kleinen Unternehmen mit recht eingeschränktem Leistungsangebot ❸.

Eine Reihe von Faktoren begünstigen den Strukturwandel der Branche. Da die Versender versuchen, Lagerhaltungskosten zu reduzieren, müssen immer kleinere Mengen in immer kürzeren Zeitintervallen transportiert werden. Diese Anforderungen werden begleitet von einer zunehmenden Nachfrage nach logistischen Dienstleistungen, die über die eigentliche Transportabwicklung und Durchführung weit hinaus gehen ❶. Speditionen begegnen diesen Anforderungen, indem sie sich zu Logistikunternehmen entwickeln, die zahlreiche Koordinationsaufgaben an den Schnittstellen der Wertkette übernehmen. Diese Dienstleistungen werden mittels elektronischer Vernetzung mit den Kunden abgewickelt. Das verlangt von den Speditions- und Transportunternehmen hohe Investitionen in Anlagen für den ergänzenden Dienstleistungsbereich (Speziallager, Kommissionierungslager), in Datenverarbeitung sowie in die Qualifikation des Personals.

Bis 1998 wurde der Wettbewerb der Unternehmen auf dem deutschen Verkehrsmarkt durch Marktzugangs-, Kapazitäts- und Preisregulierungen eingeschränkt. Durch die Deregulierung entsteht nun eine völlig neue Konkurrenzsituation. So haben die deutschen Un-

Kabotage – Zugangsfreiheit zu einem Binnenmarkt für ausländische Speditionsunternehmen

Standortquotient – Anteil der sozialversicherungspflichtig Beschäftigten in einem Sektor an allen Beschäftigten einer Region, gewichtet mit dem Durchschnitt der Bundesrepublik Deutschland

Verkehrsleistung – Produkt aus transportierter Menge und Distanz, gemessen in Tonnenkilometern

ternehmen nach der Aufhebung des ▸ Kabotageverbotes nun die Möglichkeit, im europäischen Ausland unbegrenzt Binnenverkehr durchzuführen, sehen sich aber gleichzeitig im Inland einer neuen Konkurrenz durch ausländische Unternehmen ausgesetzt ❹.

Seit dem 1. Juli 1998 gibt es keine Unterscheidung zwischen Umzugsverkehr, Güterfern- und -nahverkehr mehr. Bis dahin waren ca. 38.000 Unternehmen im Nahverkehr tätig, von denen viele nun versuchen werden, ihr Angebot auszuweiten und in den Fernverkehrsmarkt einzutreten. Damit entstand zusätzlich eine interne Wettbewerbsveränderung.

Die Freigabe der Tarife bewirkt, dass sich die deutschen Unternehmen der Konkurrenz zu osteuropäischen Frachtführern stellen müssen, die aufgrund ihrer günstigeren Arbeitskostenstruktur einen Wettbewerbsvorteil haben. Demgegenüber steht auch hier eine erwartete Zunahme des Güterverkehrs durch die Öffnung der osteuropäischen Märkte.

Da diese neue Wettbewerbssituation insgesamt von den Unternehmen ein qualitativ höherwertiges Angebot, breitere geographische Präsenz und mehr funktionale Kompetenz fordert, sind viele Unternehmen gezwungen, aus dem Markt auszuscheiden. Hohe Konkursraten und Konzentrationsprozesse in der Branche sind die Folge.

Räumliche Verteilung

Die räumliche Verteilung des Speditions- und Transportgewerbes kann man auf zwei Wegen messen: erstens in der absoluten Zahl der Beschäftigten je Kreis ❺. Hier erkennt man – wenn auch nur Daten für die alten Länder vorliegen – eine Konzentration auf die Verdichtungsräume, vor allem auf die Städte Hamburg, Bremen, Berlin und Frankfurt. Dies gilt mehr für den Bereich Spedition und Lagerei als für die reinen Transportunternehmen.

Zweitens kann man die relative Verteilung des Gewerbes mit Hilfe des ▸ Standortquotienten messen. Dabei zeigt sich, dass sich die Branche auf das Umland der Verdichtungskerne konzentriert ❻. Bezogen auf alle Beschäftigten in allen Branchen haben nun die Städte eine relativ geringe Ausstattung mit Speditions- und Transportdiensten, während diese Branche für die Wirtschaftsstruktur der Umlandgemeinden von Verdichtungsräumen von großer Bedeutung ist.

Die hohe interne Dynamik des Sektors wird verstärkt durch sein Wachstum. Die Zahl der Beschäftigten ist im Bereich Gütertransport von 1980-1998 um 90,2% auf 253.121 gewachsen, im Bereich Spedition ist sie jedoch im selben Zeitraum nur um 77,2% auf 362.931 Beschäftigte gestiegen ❷. Für die Verdichtungsräume verläuft dieser Trend z.T. umgekehrt. Hier weisen die Speditionen ein stärkere Zunahme auf als die Transportunternehmen. Misst man die Veränderung der Beschäftigung 1998 in Prozent des Wertes von 1988 für alle Kreise, dann wird die Dynamik des Sektors an zwei Entwicklungen deutlich: In den letzten zehn Jahren verschiebt sich erstens die regionale Bedeutung des Sektors von den Häfen wie Hamburg und Bremen zu einigen Binnenstandorten. Dort nimmt die Zahl der Beschäftigten wesentlich stärker zu als im Bundesdurchschnitt. Zweitens entwickelt sich eine zunehmende Differenzierung zwischen Kern und Rand der Verdichtungsräume.◆

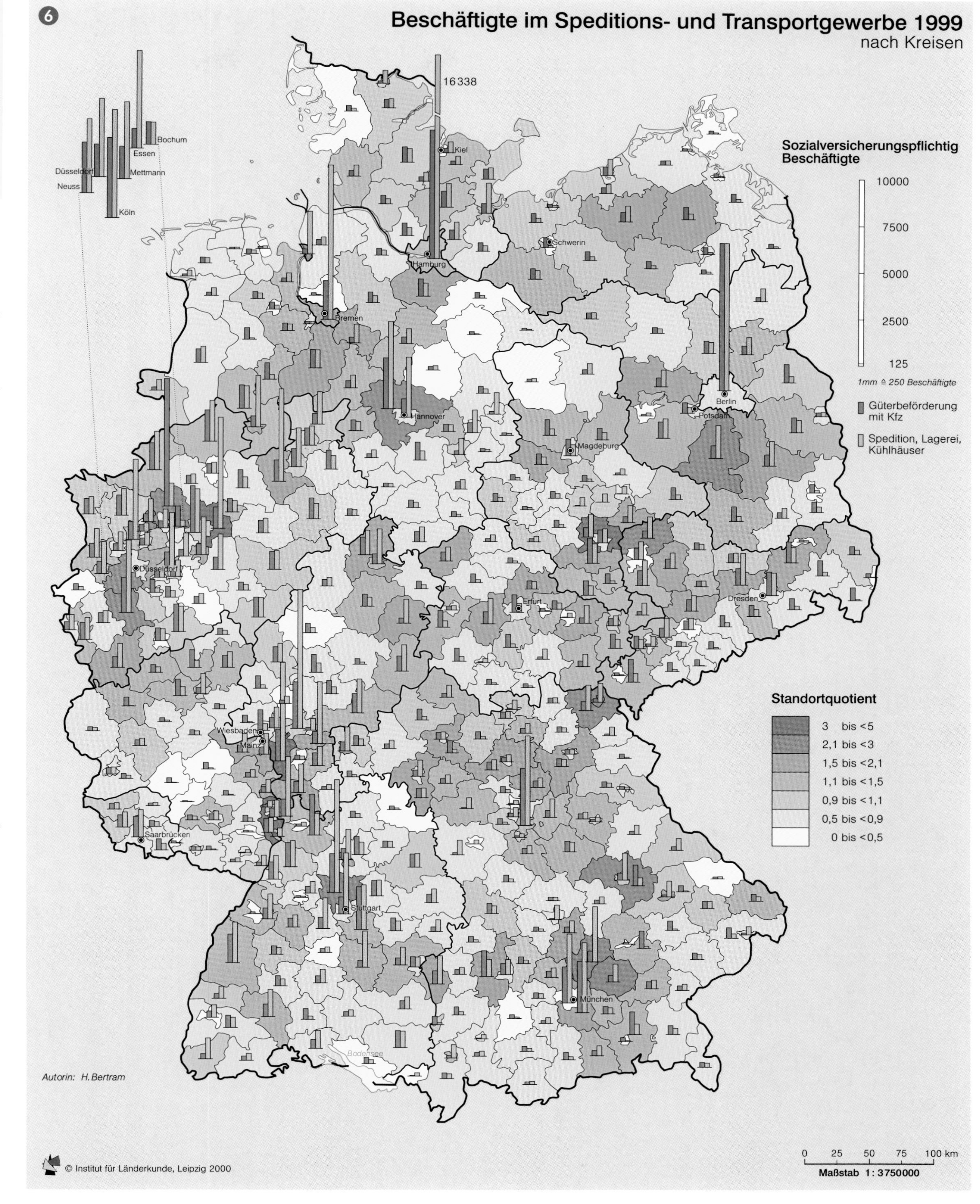

Stadtverträglicher Güterverkehr durch Stadtlogistik

Reinhard Eberl und Kurt E. Klein

Citylogistik mit moderner Telematik-Ausstattung

Im Jahr 1999 hat der motorisierte ▶ Wirtschaftsverkehr einen Anteil von 30-40% an der gesamten motorisierten städtischen Verkehrsleistung, wobei seine Fahrleistung laut Prognosen bis 2010 um 30% zunehmen soll. Damit bahnt sich ein Konflikt zwischen der steigenden Nachfrage der Wirtschaft nach Verkehrsleistungen und der begleitend wachsenden Umweltbelastung und Qualitätsminderung des von den Bürgern gesuchten „Erlebnisses Innenstadt" an. Seit 1990 versuchen Transportunternehmen in zahlreichen deutschen Städten durch Aufbau eines unternehmensübergreifenden Logistiksystems, die kosten- und aufwandsintensive Ver- und Entsorgung der Innenstadt, der Gesamtstadt oder des Ballungsraums nach ökonomischen und ökologischen Zielen zu planen, zu steuern und zu kontrollieren (▶ Stadt-/Citylogistik). Denn gerade die besondere Situation in Innenstädten, geprägt durch eine kleinteilige Sendungsstruktur, verkehrliche Enge, Engpässe an den Laderampen der Empfänger und administrativ vorgegebene Anfahrtsbeschränkungen der Innenstadt (▶ Foto), schränkt die Wirtschaftlichkeit des Lieferverkehrs ein.

Lösungsansätze durch Stadtlogistik

Die größten Verbesserungspotenziale werden in dem von Speditionen abgewickelten Stückgutverkehr (zwischen 15 und 20% des Güterverkehrs) vermutet, während Paketzustellung und Werkverkehr aufgrund geschlossener Systeme bereits weitgehend optimiert durchgeführt werden. Die unternehmensübergreifende Lösungsstrategie zielt auf Touren- und Sendungsverdichtung ab. So erreicht man durch Zusammenlegung und Neuführung von Touren überschneidungsfreie Belieferungsgebiete mit kürzeren Entfernungen zwischen den Empfängern und weniger Fahrleistung bei den Verteilverkehren. Gleichzeitig sammelt man die für einen Empfänger bestimmten Sendungen und kann sie geschlossen ausliefern. Die gemeinsame logistische Leistung führt zu einer verbesserten Auslastung der Fahrzeuge sowie zu einer Verminderung ihrer Anzahl und der zurückgelegten Fahrstrecke. Diesen Einspareffekten steht der Aufwand für die Zusammenführung der Sendungen (Konsolidierung) gegenüber.

Je nach räumlicher Verteilung der kooperierenden Transportunternehmen eignen sich verschiedene Lösungsansätze zur Konsolidierung. Während sich bei räumlich gestreuten Standorten der beteiligten Transportunternehmen Sammeltouren (ohne zusätzlichen Umschlag)anbieten, fördert die räumliche Nähe in einem Güterverkehrszentrum (GVZ) das Anliefern der für die Citylogistik bestimmten Sendungen auf dem Betriebshof eines Kooperationspartners, von wo sie auf die einzelnen Touren verteilt werden ❶. Ebenso ist ein Anliefern aller Kooperationspartner zu einem nahe an der Innenstadt gelegenen Cityterminal möglich, der als Ausgangspunkt der Touren- und Sendungsverdichtung dient.

Dieser logistische Ansatz wird bei der gemeinsamen Belieferung von Problemkunden verfolgt, d.h. bei Kunden, die durch ihre Abfertigungsmodalitäten, wie z.B. einen beschränkten Zugang zur Laderampe, erhebliche Standzeiten verursachen, und/oder in Problemgebieten, z.B. der Innenstadt mit knapp bemessenem Lieferzeitfenster, wie auch beim Transport von Waren mit bestimmten Ansprüchen, wie z.B. Kühlung oder Hängeversand. Außerdem lassen sich zusätzliche Dienstleistungen wie etwa Entsorgung von Verpackungen, Heimliefer- oder Lagerservice anbieten.

Stadt- und Citylogistikprojekte

Die große Fluktuation in den 70 dargestellten Projekten zeigt sich darin, dass nur 40% operativ sind, knapp die Hälfte dagegen geplant oder ruhend (46%) während 14% wieder eingestellt wurden ❸. Frühe Gründungen fanden 1990 statt, ihren Höhepunkt erreichte die Bewegung 1995 und ist seitdem – v.a. aufgrund des schwierigen wirtschaftlichen Spagats zwischen Konsolidierungsaufwand und -ersparnissen – wieder rückläufig. Die operative Phase beträgt durchschnittlich vier Jahre. Je größer die Stadt, desto wahrscheinlicher das Auftreten eines Stadt-/Citylogistik-Projektes. In allen Städten mit mehr als 500.000 Einwohnern gibt es solche Projekte und in mehr als 50% der Städte mit zwischen 200.000 und 500.000 Einwohnern. Die Häufung in NRW ist auf die Förderungspolitik des Landes zurückzuführen.

Die Projekte können nach Leistungsumfang, Art der Bündelung und Verteilung von Sendungen sowie Organisati-

❶ Regensburg
Reduzierung der Straßenbelastung in der Innenstadt durch Stadtlogistik

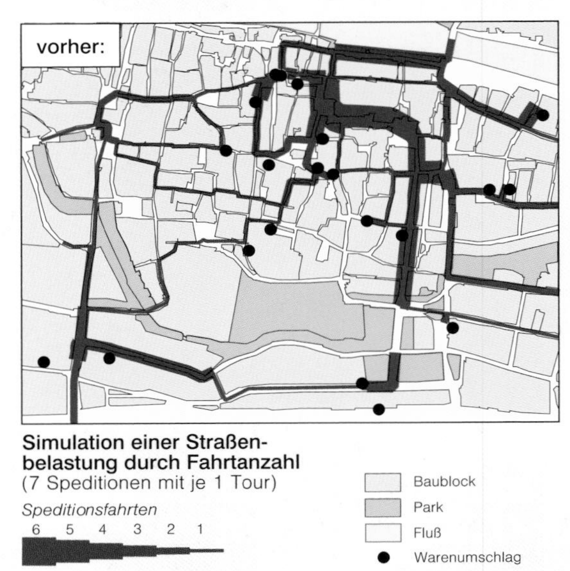

Simulation einer Straßenbelastung durch Fahrtanzahl
(7 Speditionen mit je 1 Tour)
Speditionsfahrten 6 5 4 3 2 1
Baublock
Park
Fluß
Warenumschlag

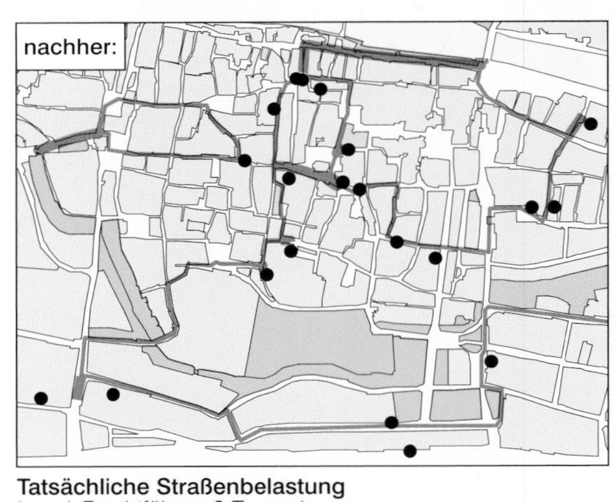

Tatsächliche Straßenbelastung
(nur 1 Frachtführer, 2 Touren)
Messung am 23.4.1999
Speditionsfahrten 3 2 1
0 100 200 300 400 500 m
Maßstab ca. 1: 20 000
© Institut für Länderkunde, Leipzig 2000
Autoren: R. Eberl, K. Klein

❷ Regensburg
Veränderung der Tourenorganisation durch Stadtlogistik bei der Belieferung der Innenstadt

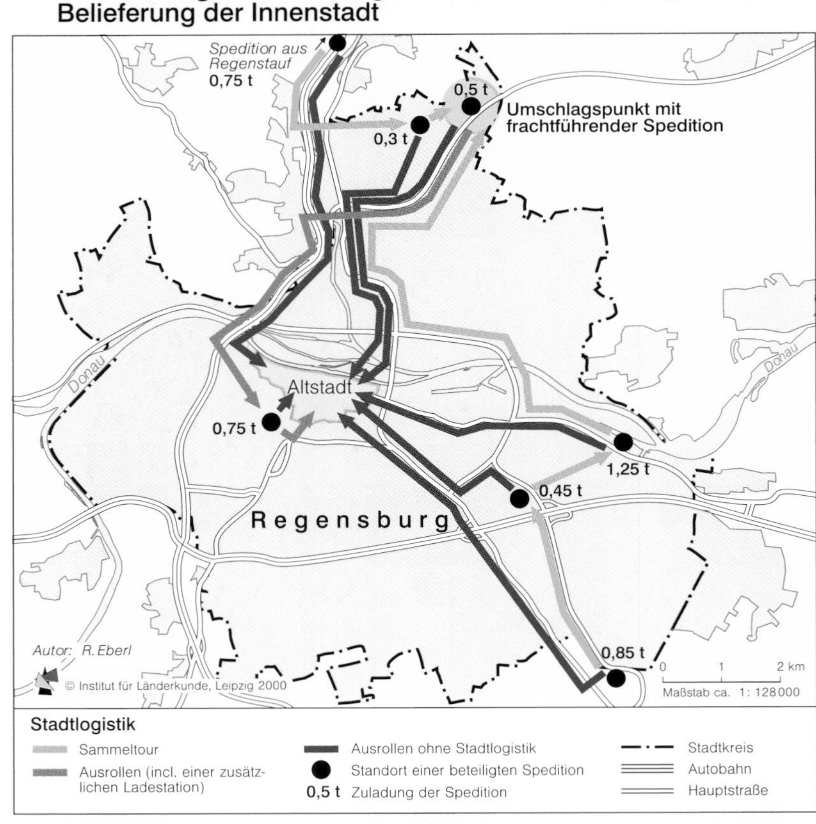

Wirtschaftsverkehr und Stadt-/Citylogistik

Städtischer **Wirtschaftsverkehr** umfasst alle Güter-, Personen- und Nachrichtenbewegungen, die im Vollzug erwerbswirtschaftlicher und dienstlicher Tätigkeiten durchgeführt werden und im verkehrlichen Funktions- und Planungsfeld von Städten ablaufen. Die Transportunternehmen streben aus ökonomischer Sicht durch weitgehende Standardisierung der Ver- und Entsorgung ihrer Kunden eine Minimierung der Verkehrs- und/ oder Fahrleistungen an.

Stadt-/Citylogistik will durch unternehmensübergreifenden Aufbau von Logistiksystemen nicht nur eine ökonomische, sondern auch eine ökologische Planung, Steuerung und Kontrolle des Güterverkehrs erreichen. Neben der Ver- und Entsorgung einer Stadt oder eines Ballungsraumes wird die Verbesserung der Aufenthaltsqualität durch Reduzierung der Verkehrsbelastung verfolgt. Die Termini Stadt- bzw. Citylogistik werden teils synonym verwendet, teils wird Citylogistik ausschließlich für Projekte, die den engen Innenstadtraum betreffen, benutzt.

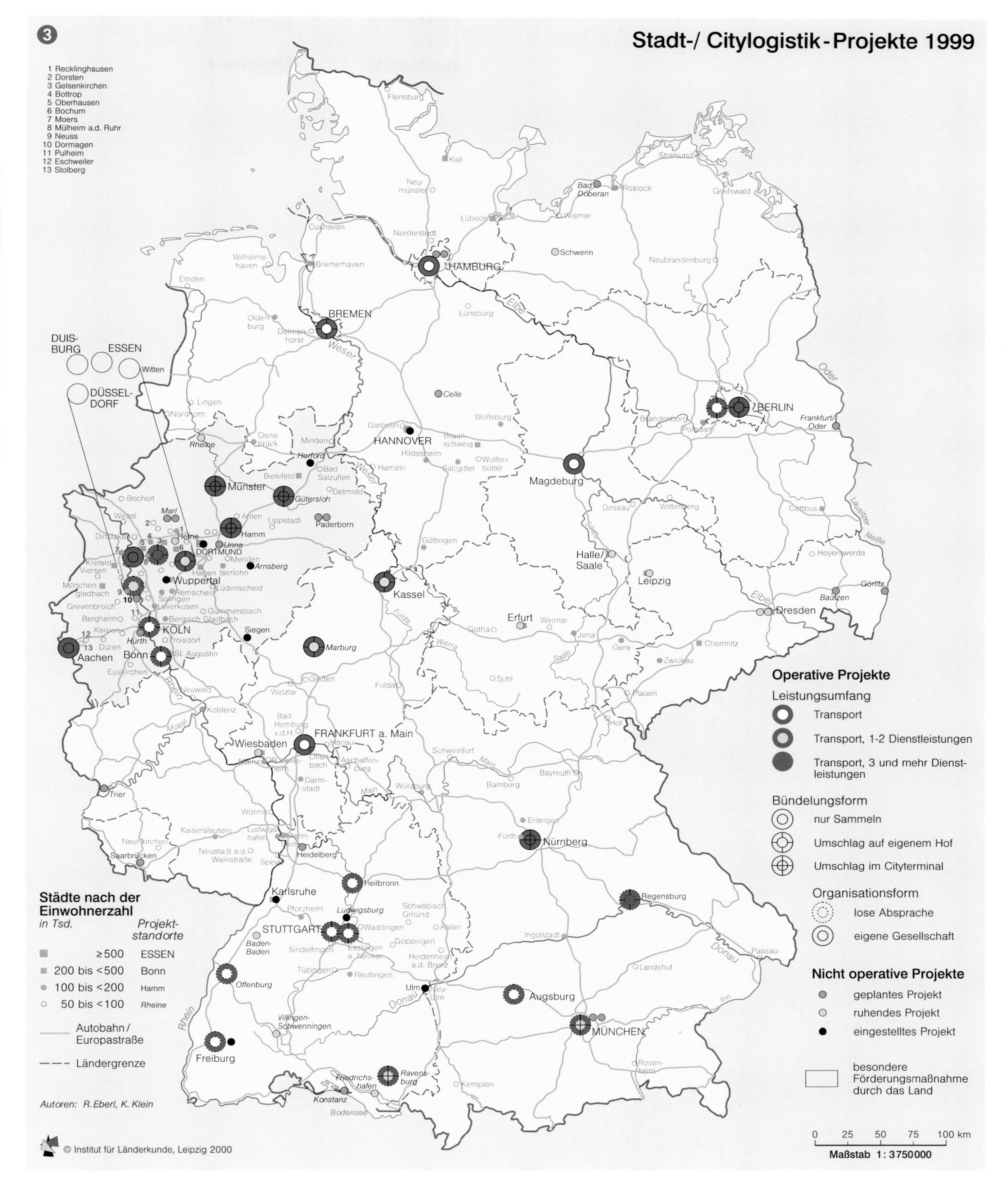

onsform der kooperierenden Unternehmen klassifiziert werden. Die ersten Projekte verfolgten einen reinen Transportansatz, der auch heute noch bei der Hälfte der operativen Projekte zu finden ist. Die zusätzliche Übernahme von Dienstleistungen ist eine neue Entwicklung. Etwa ein Fünftel bieten eine oder zwei zusätzliche Dienstleistungen an, ein Drittel mehr als zwei. Es besteht eine geringe Neigung zur Investition in aufwendige Infrastruktur. So arbeiten nur ein Sechstel der Projekte mit einem eigenen Terminal, ein Drittel führt Sammelfahrten durch, die Hälfte schlägt auf dem eigenen Betriebshof um. Auch eine langfristige Bindung der Vertragspartner wird eher vermieden: Nur in 40% der Fälle ist eine eigene Gesellschaft gegründet worden.

Das Beispiel Regensburg

Enge Altstadtgassen und gestreute Standorte der Empfänger zwangen die Spediteure in Regensburg zu einer Mischkalkulation: Nur 10% der Fahrzeugladung, die auf Routen mit Innenstadtberührung eingesetzt wurden, war auch für Innenstadtkunden bestimmt. In einer Erhebung wurden täglich 80 t Waren mit Ziel Innenstadt ermittelt, davon aber nur 11 t bündelbares Potenzial bei Stückgutspeditionen. Seit 1998 bündeln die sieben aufkommensstärksten Transporteure pro Tag ca. 5 t mit für die Innenstadt bestimmten Sendungen. Diese werden bei verstreut liegenden Spediteuren abgeholt, auf dem Betriebshof eines Kooperationsmitglieds umgeschlagen und anschließend ausgeliefert. Zusätzlich werden Dienstleistungen wie Entsorgungs- oder Lagerservice integriert. Karte ❷ zeigt die dabei erzielten Einsparungen an Fahrten und die Reduktion der Straßenbelastung.

Zukünftige Entwicklung

Neue Logistikansätze entwickelt der Einzelhandel durch die Umstellung der Belieferung von „frei Haus" auf „ab Werk", um die Auswahl des Transporteurs und die Preise beeinflussen zu können. Damit könnten in Zukunft lokale Einkaufs- und Logistikgemeinschaften ihre gesamte Belieferung vor Ort logistisch effizienter abwickeln. Auch im Dienstleistungsbereich von Banken, Versicherungen, Behörden und im Gesundheitswesen werden Bündelungsstrategien getestet.

Es bleibt zu hoffen, dass sich die bereits bestehenden Projekte so weit stabilisieren, dass nicht aufgrund des immer härter werdenden Wettbewerbs und des Preisverfalls den Gesichtspunkten des ökonomisch begründeten Kostendenkens der Vorrang gegeben und der Kooperationsansatz verdrängt wird.◆

Innovation Telearbeit und Call-Center-Standorte

Peter Gräf

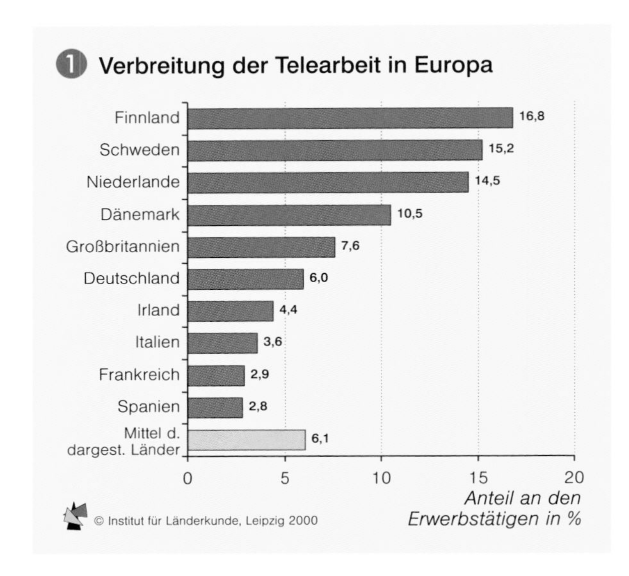

Telearbeit ist zu einem häufig gebrauchten Schlüsselbegriff geworden, wenn der Strukturwandel auf spezifischen Arbeitsmärkten auf dem Wege zu einer Informationsgesellschaft diskutiert wird. Der Begriff kann als ein Dach über einer großen Vielfalt an Gestaltungsansätzen von flexiblen Arbeitsstandorten gesehen werden, denen gemein ist, dass diese Standorte telekommunikativ vernetzt sind. Die neuen Formen der Arbeitsorganisation sind in erster Linie für Verwaltung, Sachbearbeitung, externe Akquisition und beratende Berufe einsetzbar (▶▶ Beitrag Grentzer). Sie verbinden ökonomische Rationalisierungseffekte mit der Möglichkeit eigenständiger Gestaltung von Arbeitsrhythmus und -ort, sofern die qualitativen Anforderungen von den Arbeitnehmern oder „Schein"-Selbständigen erfüllt werden.

Die zögerliche Durchsetzung von Telearbeit ❶ hängt mit der – bei geschickter Gestaltung unbegründeten – Furcht vor sozialer Isolation und der juristisch nur teilweise geklärten Gestaltung von Arbeitsverträgen zusammen. Telearbeit ist keineswegs allein etwas für Großunternehmen, sondern hat auch im Bereich von klein- und mittelständischen Unternehmen (KMU) ökonomisch sinnvolle Anwendungsmöglichkeiten. Die – vielleicht auch nur testweise – Befassung mit Telearbeit zeugt von einer innovativen Grundhaltung von Unternehmen.

Prognosen über die Bedeutung von Telearbeit in Europa wie auch Schätzungen der Beteiligung gehen weit auseinander, nicht zuletzt wegen der Definitionsunterschiede. Somit wird es schwierig bleiben, Telearbeit flächendeckend zu erfassen. Der Beitrag nähert sich dem Phänomen auf zweierlei Weise an: Erstens mit dem Versuch, regionale Interessenpotenziale an Telearbeit zu erfassen, und zweitens mit der exemplarischen Darstellung eines Typs von unternehmerischer Anwendung von Telearbeit, den Verwaltungsstandorten von ▶ Call Centern.

Telearbeit für den Mittelstand

Das Bundesministerium für Forschung und Technologie hat 1997 eine Initiative „Telearbeit für den Mittelstand" gestartet. Die Unternehmen konnten sich mit entsprechenden Konzepten um die Teilnahme bewerben, wobei bundesweit etwas mehr als 400 KMU eine Förderung erfuhren.

Karte ❹ zeigt die regionale Verteilung der KMU, die Interesse an diesem Projekt hatten und überwiegend durch die Initiative zum tatsächlichen Einstieg in Telearbeitserfahrung angeregt wurden, wobei die Umsetzbarkeit überall möglich ist, da die Mindestanforderung eines ISDN-Anschlusses im Unternehmen und am Telearbeitsplatz technisch ohne Probleme zu lösen ist. Der Erklärungsansatz für die regionale Verteilung stützt sich überwiegend auf zwei Einflussgrößen: zum einen auf die regionale Konzentration von KMU, insbesondere von solchen mit einem hohem Dienstleistungsanteil, zum anderen auf einen „Interessenfaktor", der Informiertheit, Versiertheit mit Kommunikations- und Computertechnik sowie Organisationsformen mit flachen Hierarchien widerspiegelt. Das Kartenbild unterstreicht anhand der Standorte der interessierten Unternehmen eine Regionalisierung, mit deutlichen Häufungen in Baden-Württemberg, im Rhein-Main-Raum sowie in Nordrhein-Westfalen, vorwiegend entlang der Rheinschiene.

Innovatives unternehmerisches Denken – als Vorstufe der Verbreitung von

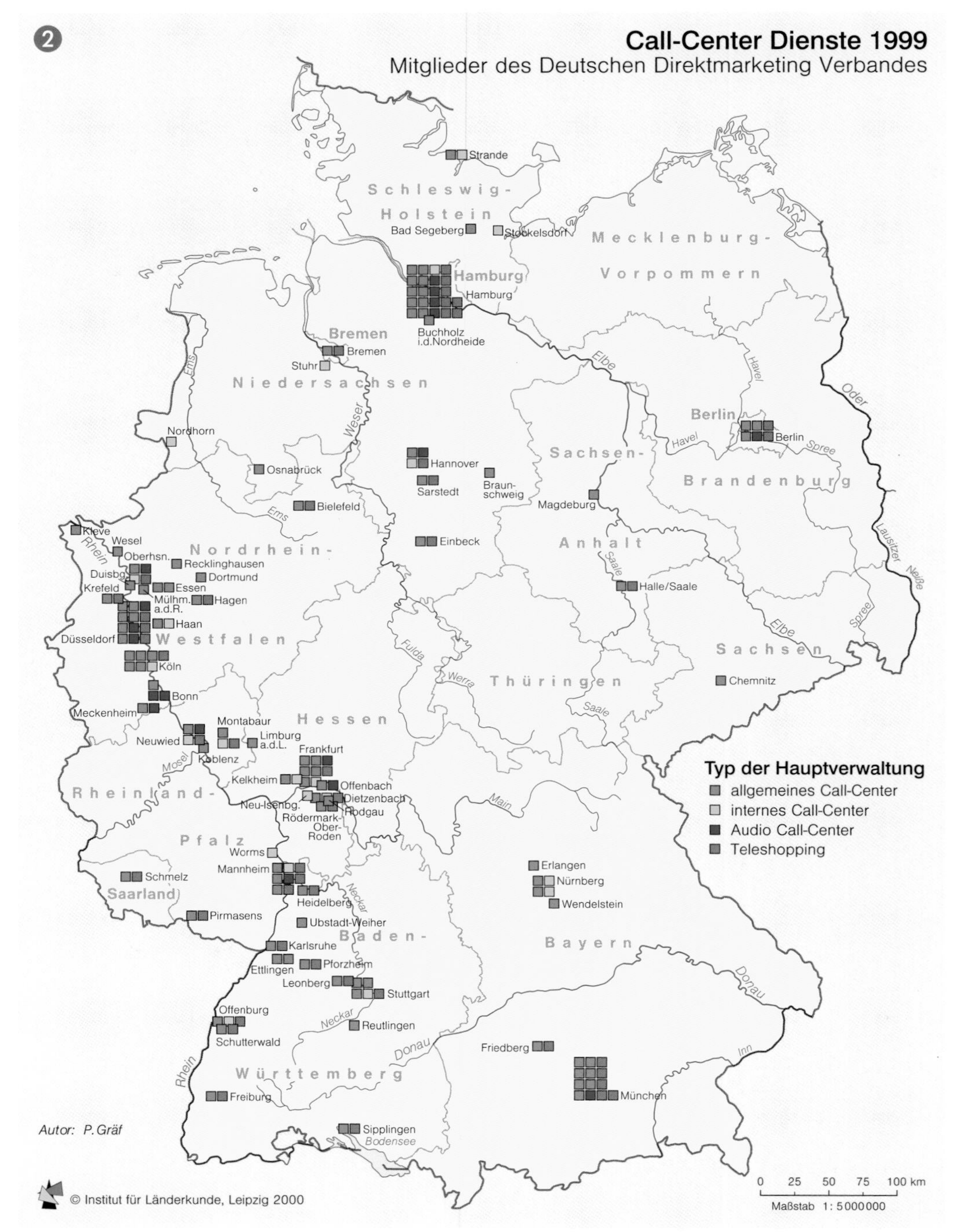

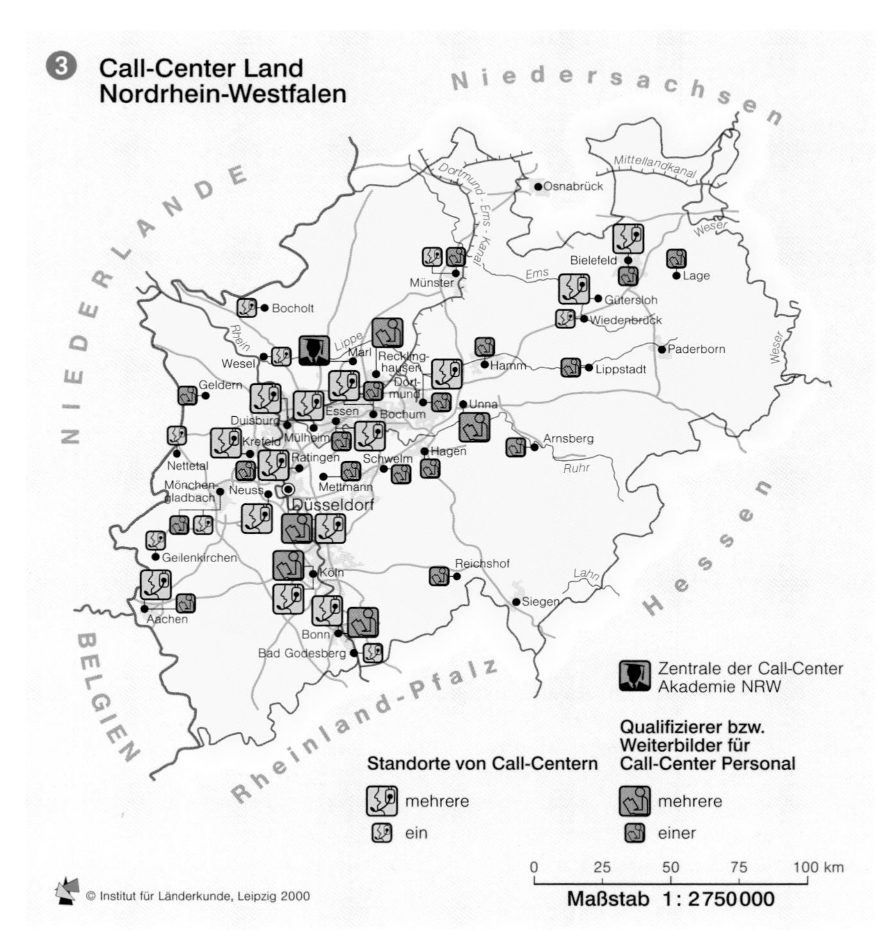

bmf+t – Bundesministerium für Forschung und Technologie

Call Center – Dienstleistung der Beratung, Bestellung und Kundenakquisition per Telefon oder Internet. Sie können reale Einrichtungen (Büros) oder virtuelle Center als Vernetzung einzelner Teleheimarbeitsplätze sein

Direkt Marketing – direkte Verkaufsaktivitäten vom Produzenten zum Konsumenten, meist als Telemarketing durchgeführt

Hotline-Dienste – eine ständig verfügbare telefonische Beratung, z.B. von Herstellern von Computer-Software

KMU – klein- und mittelständische Unternehmen

Nachbarschaftsbüro – Telearbeitszentrum *mehrerer* Unternehmen in wohnstandortnaher Lage der Telearbeiter

Satellitenbüro – Telearbeitszentrum *eines* Unternehmens in wohnstandortnaher Lage der Telearbeiter

Telearbeit – räumliche Trennung eines Arbeitsplatzes von der zentralen Verwaltung des Arbeitgebers mit großer Vielfalt der räumlichen (Teleheimarbeit, Telecenter, Telehaus) und zeitlichen (reine Teleheimarbeit, mobile oder alternierende, d.h. zeitweise Telearbeit) Formen

Telearbeitszentren – Konzentration von Telearbeitsplätzen in wohnortnaher Lage der Telearbeiter (meist im suburbanen Raum), vgl. Satellitenbüro, Nachbarschaftsbüro

Telehaus – Dienstleistungsangebote in Form von Telearbeitsplätzen vorwiegend in ländlichen Räumen

Telemarketing – Verkaufsaktivitäten per Telefon

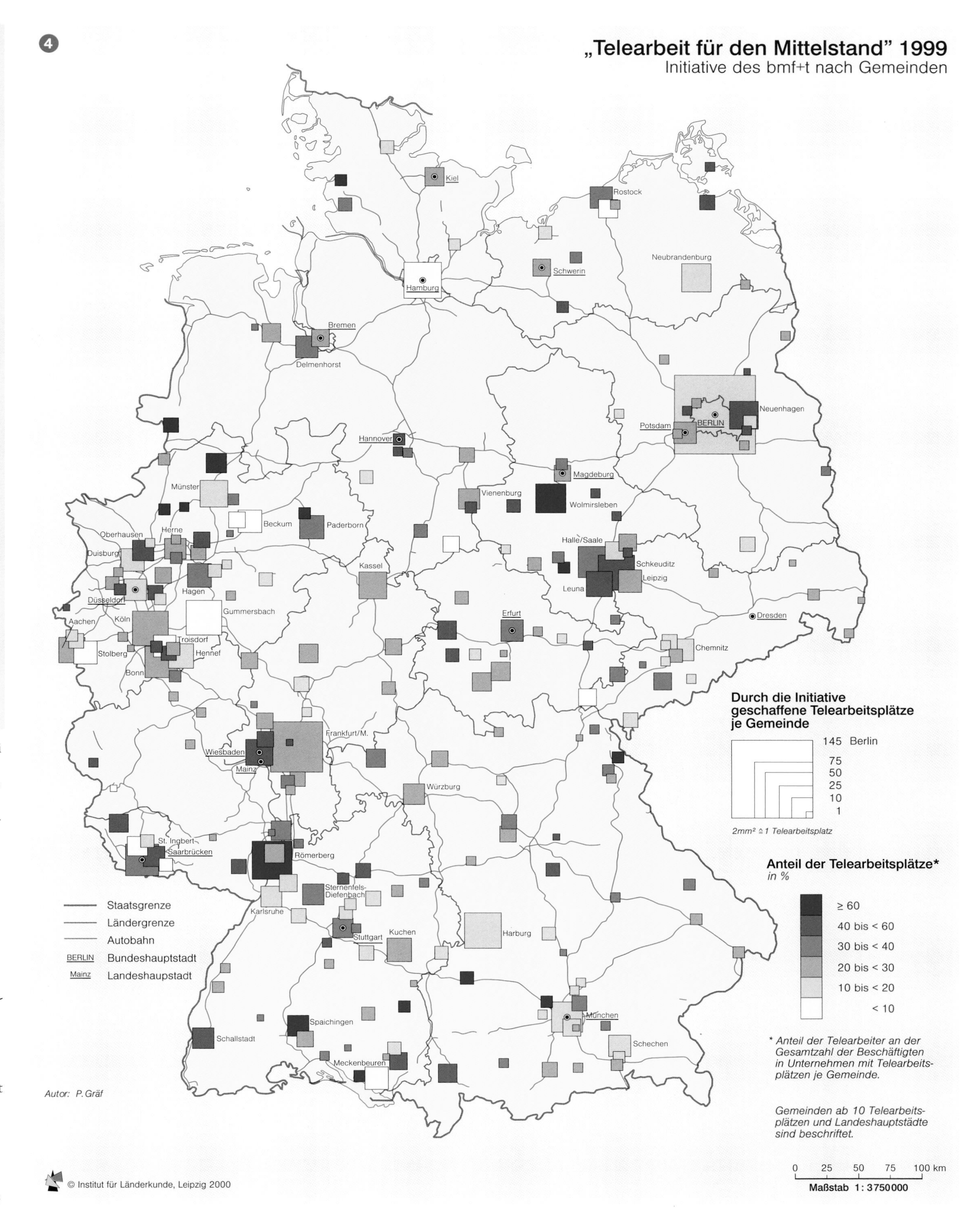

Telearbeit in KMU – ist vorwiegend bei jungen Firmen zu finden. Das beweisen die durchschnittlichen Gründungsjahre der beteiligten Unternehmen. Knapp die Hälfte ist nach 1990 gegründet worden, nur wenige vor 1985, darunter auch solche, die vor der Wende in anderer Form vor allem in Brandenburg existierten.

Call Center

Unternehmen nehmen in zunehmendem Maße Teletätigkeiten in Form von ▸ Call Centern als externalisierte Dienstleistung in Anspruch. Die Aufgaben dieser telefon- und internetbasierten Dienste bestehen in Beratung, Bestellannahme, in ▸ Hotline-Diensten und aktivem ▸ Telemarketing. Die dort verrichtete Dienstleistung ist Telearbeit im doppelten Sinne. Sie setzt Kommunikationstechnik als Grundlage voraus, Kunde und Call Center kennen keinen persönlichen Kontakt. Die Tätigkeit selbst kann wiederum in Call Centern konzentriert angeboten werden oder als Vernetzung von einzelnen Teleheimarbeitsplätzen aus organisiert sein. Man schätzt, dass zu Beginn des Jahres 2000 in Deutschland unternehmensintern und -extern ca. 18.000 Call Center existieren.

Neben unternehmensintegrierten Call Centern werden zunehmend ▸ Telearbeitszentren in Form von ▸ Satellitenbüros oder ▸ Nachbarschaftsbüros als Call Center betrieben. Standorte im Einzugsbereich von Hochschulen mit preiswerten studentischen Arbeitskräften und Regionen geringeren Lohnniveaus z.B. in den neuen Ländern sind dabei bevorzugt.

Der Karte ❷ liegen die 108 Standorte der Mitglieder des Deutschen ▸ Direkt Marketing Verbandes zugrunde, die unterschiedliche Dienstleistungen in Call Centern sowie Telefonmarketing anbieten. Das auffälligste Merkmal ist die bipolare räumliche Verteilung mit einer extremen Konzentration entlang der Rheinschiene von Düsseldorf bis Freiburg/Br. und daneben isoliert den Oberzentren Hamburg, Berlin, München, Stuttgart und Nürnberg. Bedeutende Oberzentren der neuen Länder (z.B. Leipzig, Dresden, Magdeburg) spielen nur eine untergeordnete Rolle für Call-Center-Verwaltungen.◆

Der Intrabanken- und Interbanken-Zahlungsverkehr

Andreas Koch

Die Hauptstelle der Landeszentralbank der Freistaaten Sachsen und Thüringen in Leipzig

Mit 3577 selbständigen Kreditinstituten und etwa 63.200 inländischen Zweigstellen inklusive derer der Postbank (1997) verfügt Deutschland über eines der dichtesten Bankstellen-Netze der Welt. Dabei nehmen die Sparkassen und die Genossenschaftsbanken mit 39% bzw. 38% die größten Anteile ein. Auf den Bereich der privaten Geschäftsbanken entfallen knapp 15%, auf die sonstigen Kreditinstitute die übrigen 8%.

Aber nicht nur der stationäre Vertriebsweg erfordert leistungsfähige Netze für den Zahlungsverkehr (ZV) innerhalb und zwischen den Bankengruppen. Hinzu kommen elektronische Transaktionen mit ▸ ec, POS/POZ, Kunden-, Kredit- oder Geldkarten und Electronic/Internet-Banking sowie ▸ EDIFACT oder ▸ DTAUS. Da Autorisierung und ▸ Clearing in diesen Bereichen von organisatorisch eigenständigen Netzbetreibern durchgeführt werden, ist die Verknüpfbarkeit der Netze ein weiteres wichtiges Kriterium.

Die technisch-organisatorische Funktionsfähigkeit des ZV muss aber auch rechtlichen Erfordernissen Rechnung tragen. In dieser Hinsicht ist die Stellung der Deutschen Bundesbank von grundlegender Bedeutung. Nach § 3 Bundesbankgesetz hat sie u.a. den Auftrag, „für die bankmäßige Abwicklung des Zahlungsverkehrs im Inland und mit dem Ausland zu sorgen". Um diesem rechtlichen Auftrag gerecht zu werden, hat die Bundesbank ein umfassendes Dienstleistungsangebot entwickelt (▸ BSE, EAF, ELS, EMZ, GSE). Sie stellt allen Bankengruppen ein wettbewerbsneutrales Gironetz mit sieben Rechenzentren und zwei ZV-Punkten zur Verfügung. Die Kreditinstitute können jedoch selbst entscheiden, ob sie – sofern vorhanden – auf ihre eigenen Netze zurückgreifen oder jenes der Bundesbank nutzen.

Der Intrabanken-Zahlungsverkehr

Mit Ausnahme einiger Privatbankiers und Spezialbanken besitzen alle Kreditinstitute heute ihr eigenes ZV-Netz. Die Netzinfrastruktur hängt dabei von der jeweiligen Unternehmensorganisation und der strategischen Ausrichtung ihrer ZV-Organisation ab. Dies hat u.a. zur Folge, dass die noch Mitte der 1990er Jahre ausgewiesenen Überweisungsarten – Hausverkehr innerhalb des eigenen Instituts, Platzverkehr innerhalb des gleichen Standortes und Fernverkehr im eigenen sowie im fremden Netz – für viele Kreditinstitute heute so nicht mehr gültig sind. Ferner unterhalten heute alle Banken umfassende DV-Systeme mit entsprechenden Rechenzentren, die nicht in jedem Fall am originären ZV partizipieren.

Die Organisationsstruktur des Sparkassensektors ❷ ist mit der Deutschen Girozentrale, 13 Landesbanken (LB) sowie 594 Sparkassen (1998) dreistufig gegliedert. Der Geltungsbereich der Landesbanken erstreckt sich dabei in den meisten Fällen auf die Länder. Zusammenschlüsse gibt es zwischen Hessen und Thüringen (Helaba) sowie zwischen Niedersachsen, Sachsen-Anhalt und Mecklenburg-Vorpommern (NordLB). Seit 1999 gibt es in Baden-Württemberg fusionsbedingt nur mehr eine LB. Die WestLB ist Sparkassenzentralbank in Nordrhein-Westfalen, aber auch in Brandenburg; zugleich unterhält die Berliner LB Regionaldirektionen in Brandenburg.

Die zwei- bzw. dreistufige Organisationsstruktur der genossenschaftlichen Volks- und Raiffeisenbanken (andere Genossenschaftsinstitute wie z.B. die Sparda-Bank bleiben unberücksichtigt) ist primär durch historische Entwicklungen geprägt. Neben der Deutschen Genossenschaftsbank AG (DG Bank) als nationalem Zentralinstitut existieren drei weitere regionale Zentralbanken im Finanzverbund. Das Geschäftsgebiet der Genossenschaftlichen Zentralbank AG (GZB-Bank) umfasst Württemberg, jenes der Südwestdeutschen Genossenschafts-Zentralbank AG (SGZ-Bank) Baden, Hessen, das Saarland und den rheinland-pfälzischen Regierungsbezirk Rheinhessen-Pfalz, und jenes der Westdeutschen Genossenschafts-Zentralbank eG (WGZ-Bank) Nordrhein-Westfalen und die rheinland-pfälzischen Regierungsbezirke Koblenz und Trier. Alle übrigen Länder wickeln ihren ZV direkt mit der DG Bank AG bzw. mit ihren Niederlassungen ab. Auf der unteren Ebene befinden sich die 2248 Volks- und Raiffeisenbanken (1998), die als sogenannte Ring-

Clearing – Tätigkeit einer bei der Nutzung von Scheckkarten zwischen Karteninhaber und Bank geschalteten Akzeptanzstelle

DTAUS – Datenträgeraustausch-System; standardisiertes elektronisches ZV-System

DV – Datenverarbeitung

ec – electronic cash; Debit-Zahlungs-System mit Eurocheque-Karte

EDIFACT – Electronic Data Interchange for Administration of Commerce and Transport; standardisiertes elektronisches ZV-System

POS/POZ – Point of Sale/Point of Sale ohne Zahlungsgarantie; Debit-Zahlungs-System mit Eurocheque-Karte mit Geheimzahl/mit Unterschrift

ZV – Zahlungsverkehr

Dienstleistungen der Bundesbank:

BSE – Belegloses Scheckeinzugsverfahren; gilt für Schecks unter 5000 DM bei inländischen Instituten

EAF – Elektronische Abrechnung Frankfurt; freiwillige Teilnahme am ZV (für ausländische Institute nur mittelbare Teilnahme)

ELS – Elektronischer Schalter; Echtzeitbruttosystem von nationalen Großzahlungen, die taggleich abgewickelt werden

EMZ – Elektronischer Massenzahlungsverkehr; wird bei Massenzahlungen ohne zeitliche Priorität genutzt

GSE – Großbetrag-Scheckeinzugsverfahren; gilt für Schecks über 5000 DM

❶ Transaktionen im Intrabanken- und Interbanken-Zahlungsverkehr
Beispiel für zwei Absender- und fünf Empfängerinstitute

Raiffeisenbank Rosenheim
DG Bank, Ndl. München
Hauptstelle der LZB Kiel
LB Schleswig-Holstein, Kiel
DG Bank, Ndl. Hamburg
Postbank-Clearing-Stelle, Hamburg
MCV-Stelle Frankfurt, e.t.b. ag
Stadtsparkasse Flensburg
Postbank/Post Flensburg
VZ Düsseldorf, e.t.b. ag
Bankhaus Nord Companie Kiel
Flensburger Volksbank
Filiale Flensburg, Deutsche Bank 24
Stadtsparkasse München
MCV-Stelle München, e.t.b. ag
VZ Leipzig, e.t.b. ag

Transaktionen im eigenen Netz
Transaktionen zwischen verschiedenen Netzen
Transaktionen im Netz der Bundesbank bzw. LZB
Transaktionen im direkten bilateralen Austausch
Absenderinstitut
Empfängerinstitut

Autor: A. Koch

stellen den ZV mit ihren Zweigstellen regeln. Diesen Ringstellen übergeordnet sind 14 Ringhauptstellen, wobei die GZB-Bank über eine Ringhauptstelle verfügt, die SGZ-Bank über zwei, die WGZ-Bank über drei und die DG Bank über sieben. Die 14. Ringhauptstelle wird von der Deutschen Verkehrsbank gestellt.

Von den privaten Banken sind die Dresdner Bank und die Deutsche Bank 24 dargestellt ❸. Während erstere ihren gesamten ZV über 2 Rechenzentren zentral organisiert, hat die Deutsche Bank 24 über ihre Tochtergesellschaft European Transaction Bank AG (e.t.b. ag) mit drei Verarbeitungs-Zentren (VZ) und 17 Magnetband-Clearing-Verfahrens-Stellen (MCV) eine zweistufige Infrastruktur errichtet. Das VZ Hamburg ist zuständig für Hamburg, Bremen, Schleswig-Holstein und Niedersachsen; das VZ Düsseldorf für Nordrhein-Westfalen, Hessen, das Saarland und den rheinland-pfälzischen Regierungsbezirk Rheinhessen-Pfalz; das VZ Leipzig für die übrigen Bundesländer.

Der Interbanken-Zahlungsverkehr

Beim Interbanken-ZV kommen grundsätzlich drei Alternativen in Betracht, wobei die Wahl für die jeweilige Alternative von Kosten- und Zeitfaktoren, vom Zahlungsmedium bzw. ihrem Umfang (Überweisung, Scheck etc.), aber auch von unternehmensstrategischen Gesichtspunkten abhängig ist. Die erste Möglichkeit besteht darin, den ZV netzübergreifend zu realisieren. Ein Austausch der Zahlungsinformationen erfolgt dann zwischen den jeweiligen Verrechnungszentren. Die zweite Alternative ist durch die Kopplung mit dem Gironetz der Bundesbank gegeben. Der Stellenwert dieser Möglichkeit variiert zwischen den Instituten erheblich, z.B. nutzt die Deutsche Bank 24 das Bundesbanknetz im Massenüberweisungsverkehr nur zu etwa 5%. Der dritte Weg erfolgt durch direkten bilateralen Datenaustausch. Dieser Weg wird vor allem bei hohem Buchungsaufkommen in wachsendem Maße genutzt.

Bestrebt, die Leistungsfähigkeit des ZV weiter zu erhöhen, beginnen manche Institute, ihr ZV-Geschäft auszugliedern. Mit diesem Konzentrationsprozess (bei ca. 2000 ZV-Abwicklern) entstehen dann institutsübergreifende, rechtlich selbstständige ZV-Einheiten. Ein Beispiel, das in diese Richtung weist, ist die e.t.b. ag der Deutschen Bank 24.◆

❷ Zuständigkeitsbereiche der Sparkassen und Volks- und Raiffeisenbanken 1998/99

❸ Intrabanken- und Interbanken-Zahlungsverkehr

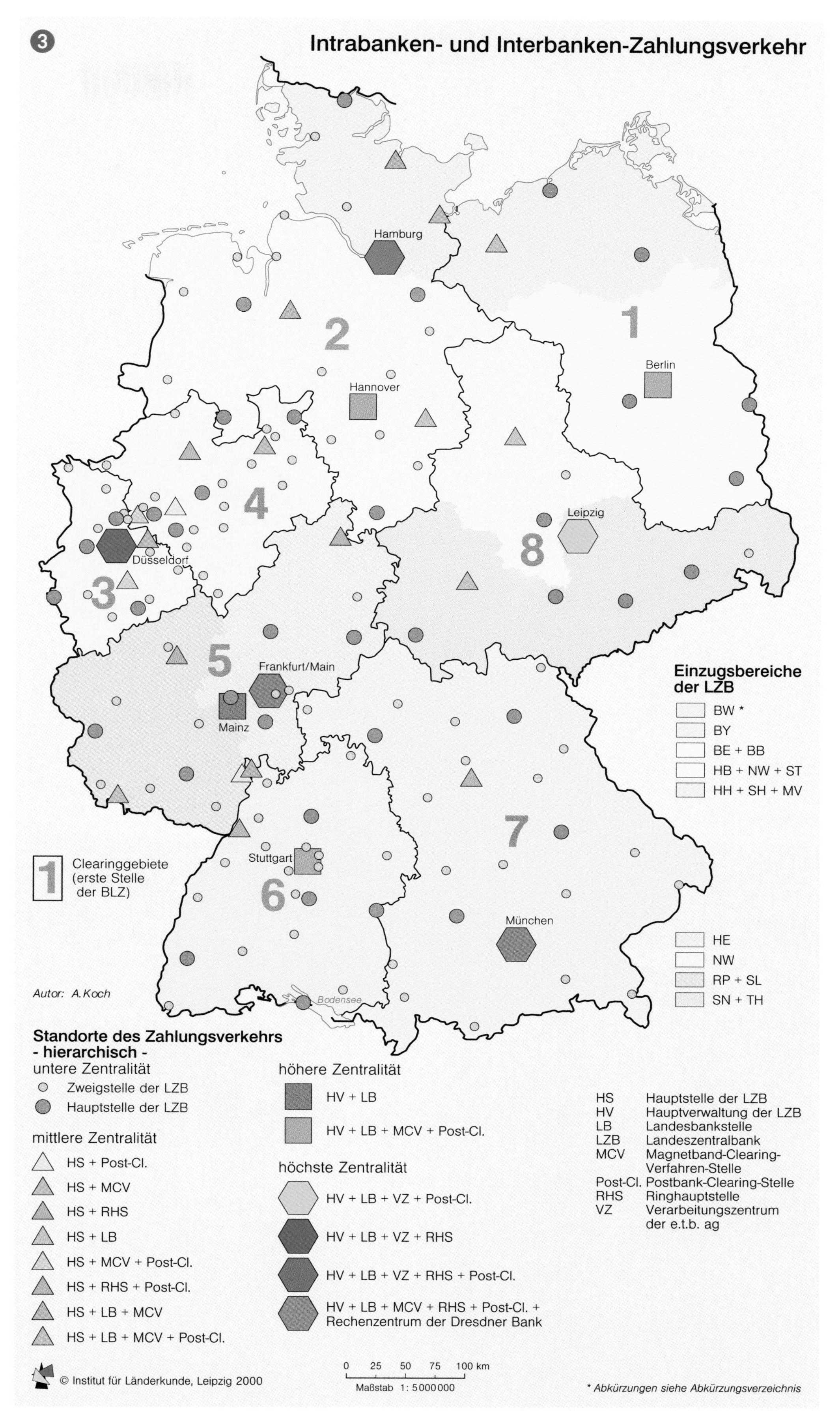

Städte und Regionen im Internet

Holger Floeting

Viele Bereiche unseres Alltags sind mittlerweile mit dem Internet verwoben. Fast jeder zweite Bürger in Europa ist an elektronischen Dienstleistungen der Kommune interessiert, mehr als an ▶ Online-Reisebuchungen oder Online-Jobangeboten und deutlich mehr als an elektronischen Bildungsangeboten, Produktinformationen oder Zeitungen (iwd 1999).

Die Anfänge

Die Präsenz im Internet ist für Städte und Regionen in kurzer Zeit zu einem wichtigen Thema geworden. ▶ Online-Angebote gehören zu einer Reihe von Veränderungen im Bereich der Informations- und Kommunikationstechnik (IuK-Technik) der Kommunen. Seit 1995 gibt es Angebote der Städte und Bundesländer im Internet (Difu-Städteumfrage „Städte im Netz“, Sommer 2000). Länder, die der IuK-Technik insgesamt frühzeitig eine hohe Bedeutung beimaßen, waren meist auch selbst frühzeitig mit einem Online-Angebot im ▶ WWW vertreten. Die meisten Internet-Angebote von Städten entstanden 1996 ❹. Vorreiter waren vor allem die größeren Städte. Schon 1997 sahen 86% der deutschen Städte in der Bereitstellung von elektronischen Stadtinformationen eine kommunale Aufgabe (Floeting/Gaevert 1997). Kommunale Online-Angebote entwickeln sich seitdem immer stärker von Informationsabruf-Angeboten zu universellen Kommunikations- und Transaktionsplattformen (Bütow/Floeting 1999) ❸.

Zunächst gab es vor allem zahlreiche Angebote mit allgemeinen Informationen, spezialisierte Informationsbereiche waren kaum online zugänglich. Auch technisch waren die Angebote eher einfach: Interaktive Elemente fehlten. Heute bieten nahezu alle deutschen Städte in ihrem Online-Angebot eine Rückantwortmöglichkeit per ▶ E-Mail, mehr als die Hälfte der Städte ermöglicht die direkte Recherche in Datenbanken, weitere 36% planen für die Zukunft solche Angebote ❶. Direkte Buchungsmöglichkeiten sind heute in rund 32% der Online-Angebote möglich. Vor allem die großen Städte bieten dies schon heute an.

Der Weg zum virtuellen Rathaus

Seit Ende der 1990er Jahre bestimmen die Stichworte ▶ virtuelles Rathaus, ▶ digitale Signatur, regionaler elektronischer Marktplatz und ▶ Electronic Payment die Internet-Diskussion in den Städten. In virtuellen Rathäusern im WWW werden kommunale Informationen und Dienstleistungen angeboten. Dabei werden z.B. Formulare bereitgestellt und z.T. ganze Antragsverfahren über das Netz abgewickelt. Innovative Online-Angebote kommen dabei nicht nur aus den großen Städten, auch wenn deren Angebote insgesamt weiter entwickelt sind. Gerade kleinere Kommunen nutzen die Möglichkeiten des Mediums. 46% der Städte bieten zur Zeit an, Formulare online abzurufen. Mit zunehmender Größe bieten die Städte häufiger diesen Service, und nahezu alle Städte, die heute noch nicht darüber verfügen, planen ihn. Die vollständige Online-Antragstellung ist heute schon in knapp 11% der Städte möglich. Auch hier sind die größeren Städte führend. Bei den Antragsverfahren handelt es sich zumeist um einfache Verfahren, die keiner besonderen Sicherheit und keiner persönlichen Unterschrift bedürfen. Die digitale Signatur als rechtsverbindliche Unterschrift in Online-Verfahren wird Mitte des Jahres 2000 von keiner Stadt genutzt, obwohl die bundesrechtlichen Voraussetzungen bereits längere Zeit bestehen. Geplant wird ihr Einsatz immerhin von rund 65% der Städte, auch hier wieder im Wesentlichen von den größeren Städten. Ein weiteres wichtiges Instrument zur Entwicklung städtischer Online-Angebote in Richtung ▶ transaktionsorientierter Portale ist die Möglichkeit der elektronischen Bezahlung von Waren und Dienstleistungen. Electronic Payment ist bisher nur in rund 2% der Online-Angebote deutscher Städte möglich. Meist ist man noch auf Hilfskonstruktionen wie die Erteilung von Einzugsermächtigungen oder die Führung besonderer Konten angewiesen. Knapp 44% der Städte planen aber die Einführung von Electronic Payment.

Träger der Online-Angebote der Städte können öffentliche oder privatwirtschaftliche Einrichtungen oder öffentlich-private Kooperationspartner sein (Bütow/Floeting 1998). Knapp 57% der deutschen Städte stellen ihre Online-Angebote alleinverantwortlich zur Verfügung, rund 36% greifen auf Kooperationspartner zurück. So entstehen die Hälfte der Online-Angebote der sehr großen Städte in Kooperation, bei den großen Städten sind es rund 31% und bei den mittelgroßen Städten rund 38%.

Die Zukunft

Die Online-Angebote der deutschen Städte werden sich weiter in Richtung universeller lokaler und regionaler Informations-, Kommunikations- und Transaktionsportale entwickeln. Die Zahl der angebotenen Online-Dienste im Internet wird ebenso zunehmen wie deren Nutzung. Parallel dazu wird die Spezialisierung der Dienste weiter voranschreiten. Die Anwendungen werden mobil vom Handy aus nutzbar werden. Erste sinnvolle Pilotanwendungen sind jetzt bereits z.B. mit Fahrplanauskunft, Stadtplandiensten, Parkleitsystemen und Veranstaltungskalendern im Einsatz. Neue Möglichkeiten der Modellierung eigener virtueller Umgebungen werden sich in den Online-Angeboten der Städte und Regionen widerspiegeln. Auch hierfür gibt es erste Umsetzungsbeispiele: ▶ 3-D-Visualisierungen bieten ganz neue Möglichkeiten für die Gestaltung virtueller Räume, sog. ▶ Push-Dienste versorgen den Bürger als Kunden der Stadt mit Informationen, die sein spezifisches Nutzerprofil berücksichtigen, und intelligente Agenten werden zukünftig die Angebote gezielt nach spezifischen Informationen absuchen können.

Es bestehen viele Möglichkeiten für Städte und Regionen, das WWW gezielt zu nutzen, den virtuellen Raum mit dem materiellen Raum zu verknüpfen und damit die Informationsgesellschaft auch auf lokaler und regionaler Ebene zu fördern. Sie müssen ja nicht immer gleich direkte Auswirkungen auf die Landkarte haben, wie die Namensänderung der 360-Einwohnergemeinde Halfway in Oregon (USA), die seit Anfang des Jahres 2000 Half.com heißt.◆

digitale Signatur – Unterschrift in einem elektronischen Dokument anstelle einer handschriftlichen Signatur

Electronic Payment – elektronische Bezahlung von Waren und Dienstleistungen

E-Mail – *engl.* electronic mail, elektronische Post

IuK-Technik – Informations- und Kommunikationstechnik

online – mit dem Internet verbunden

Portal – ein WWW-Angebot, das nach Inhalten strukturiert redaktionell aufbereitet ist und den Zugang zu anderen Angeboten ermöglicht

Push-Dienste – automatisierte Informationszustelldienste im Internet, im Gegensatz zum aktiven Abruf von Internetseiten

Transaktion – Folge von Datenbankoperationen, z.B. Bestell- oder Bezahlungsvorgänge

virtuell – nur im elektronischen Medium vorhandene Realität

WWW – *engl.* world wide web, weltweit zugänglicher Dienst des Internets

3-D-Visualisierung – dreidimensionale Veranschaulichung

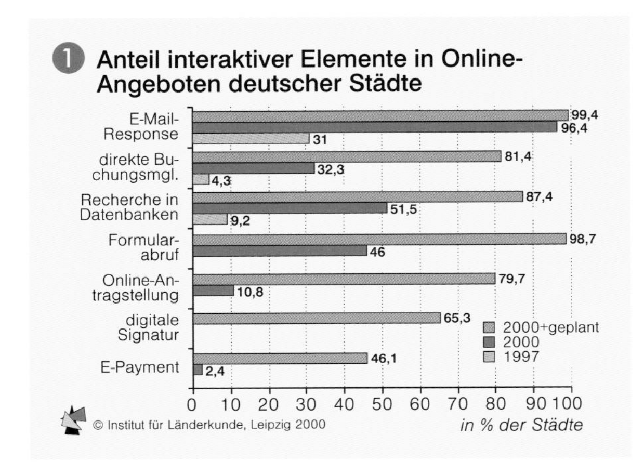

❶ Anteil interaktiver Elemente in Online-Angeboten deutscher Städte

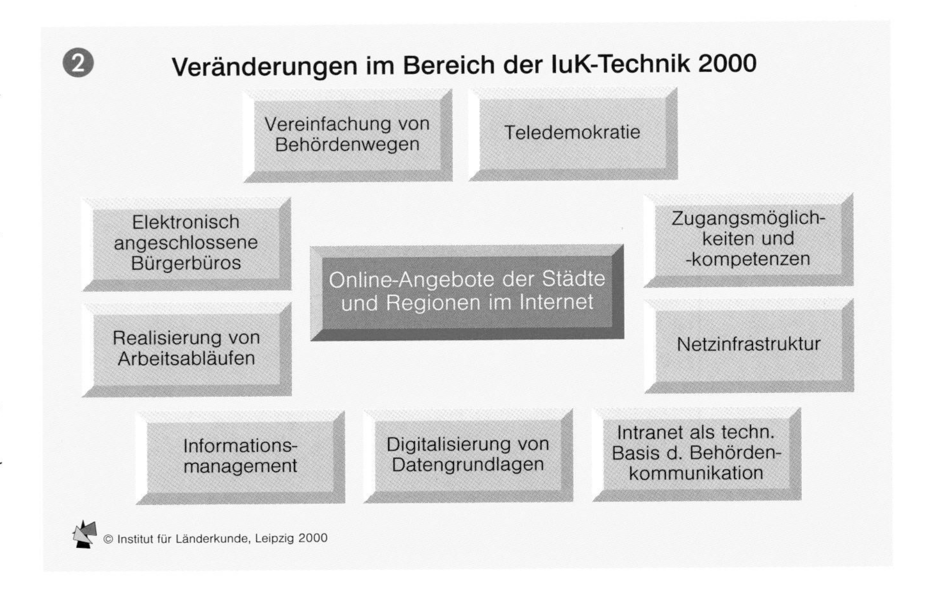

❷ Veränderungen im Bereich der IuK-Technik 2000

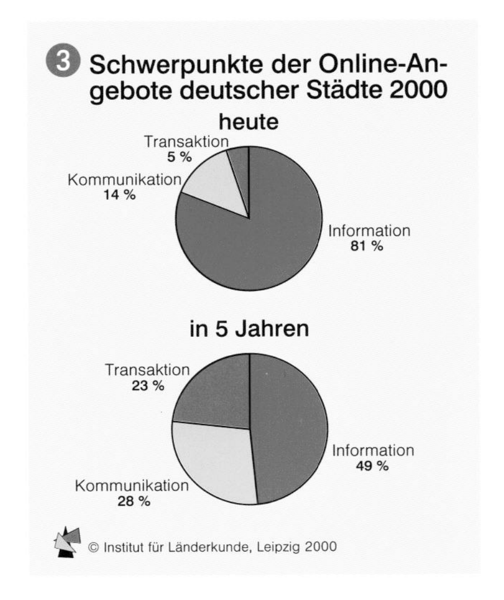

❸ Schwerpunkte der Online-Angebote deutscher Städte 2000

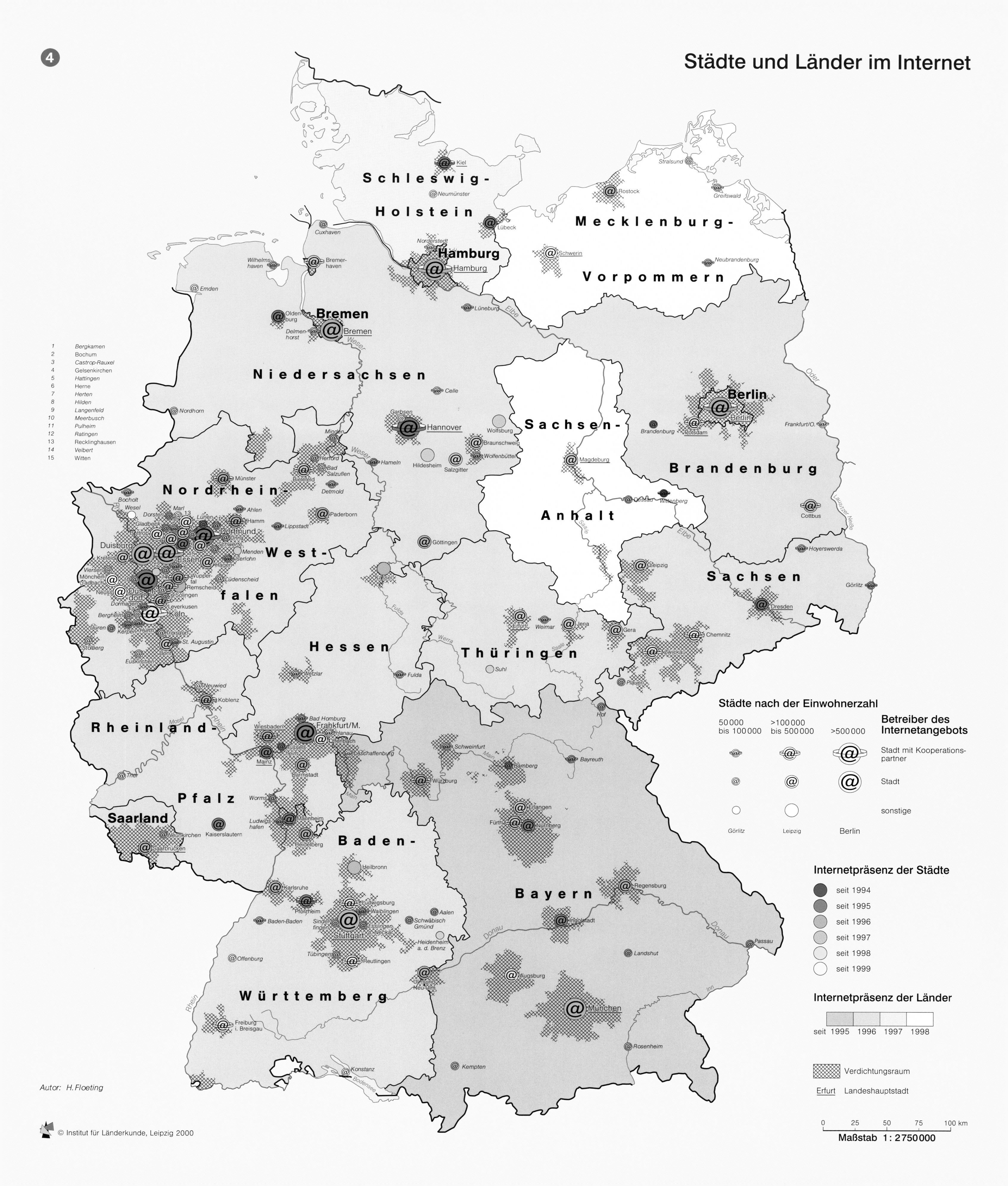

4
Städte und Länder im Internet
Schleswig-Holstein
Mecklenburg-Vorpommern
Hamburg
Bremen
Niedersachsen
Berlin
Sachsen-Anhalt
Brandenburg
Nordrhein-Westfalen
Sachsen
Hessen
Thüringen
Rheinland-Pfalz
Saarland
Baden-Württemberg
Bayern
Kiel
Neumünster
Lübeck
Stralsund
Rostock
Greifswald
Schwerin
Neubrandenburg
Cuxhaven
Norderstedt
Wilhelmshaven
Bremerhaven
Emden
Lüneburg
Elbe
Oldenburg
Delmenhorst
Weser
Celle
Nordhorn
Garbsen
Hannover
Wolfsburg
Braunschweig
Wolfenbüttel
Minden
Herford
Hameln
Hildesheim
Salzgitter
Bad Salzuflen
Bielefeld
Detmold
Münster
Magdeburg
Brandenburg
Potsdam
Frankfurt/O.
Oder
Dessau
Wittenberg
Cottbus
Lausitzer Neiße
Bocholt
Wesel
Marl
Dorsten
Ahlen
Hamm
Paderborn
Lippstadt
Gladbeck
Bottrop
Lünen
Dortmund
Duisburg
Krefeld
Essen
Menden
Iserlohn
Hagen
Viersen
Mönchengladbach
Wuppertal
Remscheid
Lüdenscheid
Neuss
Düsseldorf
Dormagen
Solingen
Leverkusen
Bergheim
Köln
Düren
Kerpen
Hürth
St. Augustin
Stolberg
Bonn
Euskirchen
Göttingen
Kassel
Fulda
Werra
Saale
Leipzig
Hoyerswerda
Görlitz
Dresden
Erfurt
Weimar
Jena
Gera
Chemnitz
Zwickau
Plauen
Suhl
Wetzlar
Neuwied
Koblenz
Mosel
Rhein
Hof
Bad Homburg
Wiesbaden
Frankfurt/M.
Hanau
Offenbach
Mainz
Darmstadt
Aschaffenburg
Schweinfurt
Main
Bayreuth
Bamberg
Trier
Würzburg
Worms
Erlangen
Fürth
Nürnberg
Ludwigshafen
Mannheim
Kaiserslautern
Neunkirchen
Saarbrücken
Heidelberg
Heilbronn
Karlsruhe
Regensburg
Pforzheim
Ludwigsburg
Waiblingen
Baden-Baden
Sindelfingen
Stuttgart
Esslingen a. Neckar
Aalen
Schwäbisch Gmünd
Ingolstadt
Heidenheim a. d. Brenz
Donau
Passau
Tübingen
Reutlingen
Landshut
Offenburg
Ulm und Neu-Ulm
Augsburg
Inn
München
Freiburg i. Breisgau
Rosenheim
Kempten
Konstanz
Bodensee
1 Bergkamen
2 Bochum
3 Castrop-Rauxel
4 Gelsenkirchen
5 Hattingen
6 Herne
7 Herten
8 Hilden
9 Langenfeld
10 Meerbusch
11 Pulheim
12 Ratingen
13 Recklinghausen
14 Velbert
15 Witten
Städte nach der Einwohnerzahl
50 000 bis 100 000
>100 000 bis 500 000
>500 000
Betreiber des Internetangebots
Stadt mit Kooperationspartner
Stadt
sonstige
Görlitz
Leipzig
Berlin
Internetpräsenz der Städte
seit 1994
seit 1995
seit 1996
seit 1997
seit 1998
seit 1999
Internetpräsenz der Länder
seit 1995 1996 1997 1998
Verdichtungsraum
Erfurt Landeshauptstadt
0 25 50 75 100 km
Maßstab 1 : 2 750 000
Autor: H. Floeting

Vernetzte Unternehmenskommunikation – das Beispiel der Siemens AG

Martin Grentzer

Siemens-Standort München-Perlach

Die Siemens AG als global agierendes Unternehmen im Bereich von Spitzentechnologien der Elektrotechnik und Elektronik nutzt zur weltweiten Kommunikation seiner 440.000 Mitarbeiterinnen und Mitarbeiter ihr eigenes Kommunikationsnetz, das Siemens Corporate Network (SCN). Mit dieser Infrastruktur bewältigt die Siemens AG die Anforderungen der Globalisierung, die sich in weltweiter technischer Vernetzung, internationaler Zusammenarbeit und globalen Märkten widerspiegelt, und positioniert sich damit als ▸ Unternehmen mit virtuellen Strukturen (GRENTZER 1999b).

Karte ❷ bildet das Siemens Corporate Network – ab einer Übertragungsleistung von 256 kbit/s – für die Bundesrepublik Deutschland ab, welches die unternehmensinterne Kommunikation durch Sprache, Text, numerische Daten und Bilder für 190.000 Mitarbeiterinnen und Mitarbeiter deutschlandweit gewährleistet. Das aufgezeigte, sogenannte ▸ Backbone-Netz, das „Rückgrat" der Kommunikationsinfrastruktur, stellt ein terrestrisches Netz dar, dessen Leitungen (Glasfaser, Kupfer etc.) sich nicht im Eigentum der Siemens AG befinden. Vielmehr werden Übertragungskapazitäten von ▸ Netzprovidern gemietet, die auf das Kommunikationsaufkommen zwischen den einzelnen Siemens-Standorten ausgerichtet sind.

Im Gegensatz zu Eisenbahnlinien oder Straßen, deren genauer örtlicher – und damit physischer – Verlauf kartiert werden kann, spiegeln die Übertragungskapazitäten eine logische Struktur wider. Dies bedeutet, dass beispielsweise zwischen München und Berlin Leitungen in einem Leistungsumfang von 2,4 Gbit/s bis unter 6,5 Gbit/s geschaltet sind, wobei über deren tatsächlichen, örtlich-physischen Verlauf keine Aussage getroffen wird. Mittels ▸ Routing können über Ausweichstrecken kurzfristig zusätzliche Übertragungskapazitäten geschaffen werden, die z.B. von München via Paderborn und Hamburg nach Berlin führen. Die Vergangenheit hat gezeigt, dass bei ständiger Überlastung zwischen zwei Knotenpunkten dort die bestehenden Übertragungskapazitäten erhöht wurden.

Insofern können lediglich die Netzknoten örtlich-physisch eindeutig abgebildet werden. Sie stellen Städte mit Siemens-Standorten in der Bundesrepublik Deutschland dar. Die Höhe der Übertragungskapazitäten, die von einem Ort weg- bzw. zu diesem hinführen, ist dabei in aller Regel ein Maß für die Bedeutung dieses Ortes innerhalb der Organisation der Siemens AG. So stechen München mit seiner ▸ Headquarter-Funktion der Unternehmenszentrale, Erlangen mit wichtigen Bereichsleitungen, Fürth mit dem dort befindlichen zentralen Rechenzentrum und Berlin, die einstige Unternehmenszentrale mit immer noch zahlreichen Standorten, sowie Paderborn mit der früheren Firmenleitung des Nixdorf-Unternehmens (1990 in den Siemens-Konzern eingegliedert) hervor.

Videokonferenzräume

Die Infrastruktur des Siemens Corporate Network ermöglicht auch die Übertragung von Videokonferenzen ❷. Bei den dargestellten Videokonferenzräumen sind nur solche berücksichtigt, in denen eine Videokonferenz zwischen Gruppen von jeweils drei bis acht Personen stattfinden kann. Unberücksichtigt bleibt die Vielzahl von ▸ Desktop-Videoconferencing. Untersuchungen haben zum einen gezeigt, dass Videokonferenzen vorwiegend für internationale, insbesondere transkontinentale Besprechungen genutzt werden (GRENTZER 1999a), zum anderen, dass sie jedoch keinen Ersatz, sondern lediglich eine Ergänzung zu Face-to-Face-Interaktionen, d.h. persönlichen Kontakten, darstellen (RANGOSCH-DU MOULIN 1997). Die Nutzung von Videokonferenzen führt damit nicht zu einer vollständigen Einsparung des Geschäftsreiseverkehrs, bremst aber dessen Wachstum.

Die Anzahl an Videokonferenzräumen spiegelt die Bedeutung der Standorte im internationalen Siemens-Umfeld wider. München mit der Konzernzentrale, einigen Bereichsleitungen und seinen vielen Standorten besitzt mit weitem Abstand die meisten Videokonferenzräume. Dagegen weisen beispielsweise Mannheim, Dortmund, Erfurt und Chemnitz keine Videokonferenzräume auf, da dort lediglich Vertriebsorganisationen für Regionen in Deutschland lokalisiert sind.

2

Siemens Corporate Network 1998
Datenübertragungskapazitäten und Standorte von Videokonferenzräumen

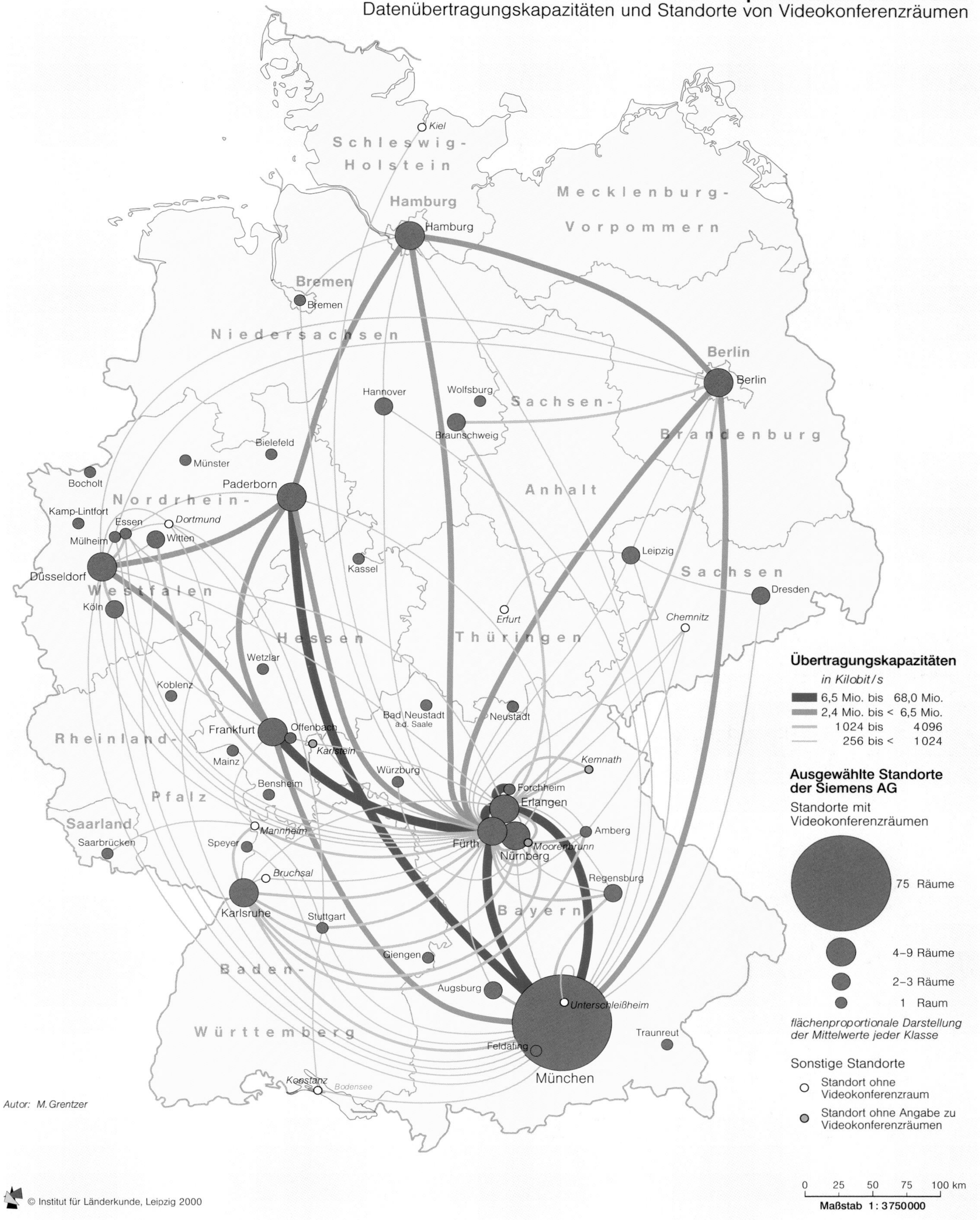

Autor: M. Grentzer

Backbone-Netz – Datenautobahn mit hohen Übertragungskapazitäten, die das Grundgerüst (Rückgrat) für schnelle und wirtschaftliche Datenfernübertragung über große Distanzen hinweg bildet

Desktop-Videoconferencing – PC mit Kamera, Mikrofon und Lautsprecher für eine Zwei-Personen-Videokonferenz

Geographie der Kommunikation – Neue Forschungsrichtung der Geographie, die die räumlichen Auswirkungen von Kommunikations- und Informationstechnologien untersucht

Headquarter-Funktion – Firmensitz, der zentral die Verwaltung eines Unternehmens durchführt

Netzprovider – Anbieter von Leitungen bzw. ganzen Netzen zur Übertragung von Daten (wie Sprache, Text, Bilder etc.)

Routing – Durchleiten von Information durch Datennetze, wobei Umleitungen erfolgen können, wenn z.B. die direkte Durchleitung aufgrund zu geringer Übertragungskapazität blockiert ist

Unternehmen mit virtuellen Strukturen – Unternehmen, das im Innenverhältnis wie ein virtuelles Unternehmen organisiert ist. Virtuelle Unternehmen bilden sich ad-hoc für eine begrenzte Zeit, um in einem Netzwerk an einem Projekt zusammenzuarbeiten, bis dieses abgeschlossen ist.

Telearbeit

Die Siemens AG als modernes Großunternehmen fördert durch Flexibilisierung und Individualisierung der Arbeitsbeziehungen deren Effizienz und die persönlichen Belange der Mitarbeiterinnen und Mitarbeiter. Dies lässt sich u.a. anhand der geographischen Verteilung der Telearbeitsplätze erkennen, die exemplarisch für den Münchner Siemens-Standort in der Hofmannstraße dargestellt wird 1. Dabei werden nur solche Telearbeitsplätze berücksichtigt, für die entsprechende Arbeitsverträge abgeschlossen wurden. Diese beinhalten eine fest installierte Hardware-Infrastruktur zu Hause beim Telearbeiter. Mobile Telearbeitsplätze mittels Notebook oder Laptop bleiben unberücksichtigt.

Interessant ist dabei, dass sich die Mehrzahl dieser Telearbeitsplätze im Stadtgebiet selbst oder in den angrenzenden Landkreisen befinden. Hoffnungen, wonach durch Telearbeit besonders schwach strukturierte Regionen gestärkt werden könnten, haben sich damit nicht erfüllt (Grentzer 1995). Der Grund dafür ist u.a. zum einen darin zu suchen, dass sich im Regelfall aus einem normalen (Präsenz-) Arbeitsplatz erst im Laufe der Zeit ein Telearbeitsplatz entwickelt, zum anderen, dass grundsätzlich alle Telearbeitsverträge auf alternierender Telearbeit basieren, bei denen der Mitarbeiter zwei- bis dreimal pro Woche in einem Büro des Unternehmens arbeitet.

Das hier gezeigte Unternehmensbeispiel der Siemens AG macht deutlich, dass beharrende Kräfte, wie die Konzentration von Telearbeitsplätzen um die Unternehmenszentrale oder ein guter Infrastrukturanschluss ehemaliger Unternehmenszentralen, und Flexibilisierung, wie die logische Verknüpfungen von Datenübertragungskapazitäten oder Kommunikation mittels Videokonferenzen, sich nicht gegenseitig ausschließen müssen. In einem flexiblen Netz von Kommunikationsinfrastruktur wird es immer Ankerpunkte – wie beispielsweise Unternehmensstandorte – geben, die den Raum prägen (Castells 1994). Daraus erwachsen interessante Ansätze zu einer ▸ Geographie der Kommunikation (Kellerman 1993; Grentzer 1999a).◆

Medienstandorte: Schwerpunkte und Entwicklungen

Peter Gräf und Tanja Matuszis

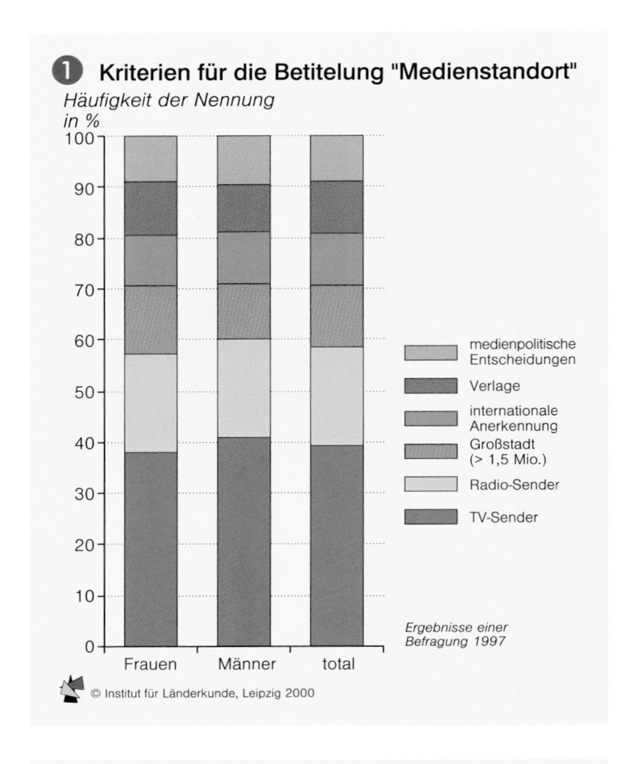

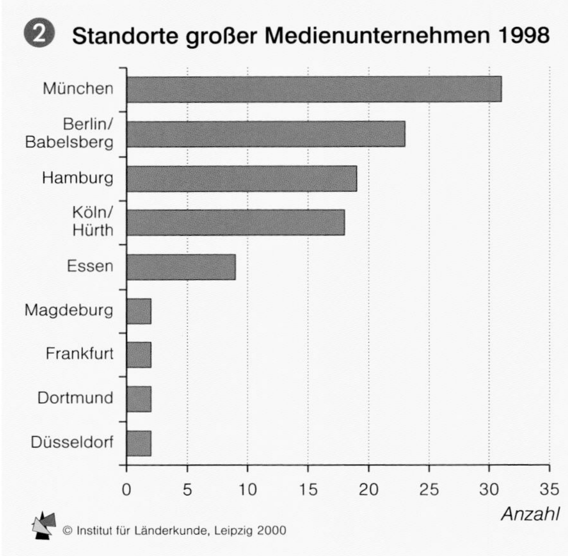

Die Medienwirtschaft gilt als überaus dynamischer Wirtschaftszweig, dessen Zukunft durch den steigenden Einsatz von Multimediatechnik noch wachsen wird. Wie bei vielen neuen Wirtschaftssparten – z.B. der Informations- und Kommunikationstechnik – neigen Unternehmen bei Standortentscheidungen zur Wahl der Nähe branchenähnlicher Unternehmen und ihrer Zulieferer (meist Dienstleistungsunternehmen). Hieraus ergeben sich ▸ Agglomerationseffekte, die ein Image als führender Medienstandort begründen können. In Deutschland haben sich Berlin, Hamburg, Köln und München – mit unterschiedlichen Akzenten – besonders als Medienstandorte profiliert.

Die Vielfalt der Medienunternehmen lässt sich überschaubar in die Kategorien ▸ Printmedien, ▸ audiovisuelle Medien, ▸ Multimedia, ▸ Werbung und ▸ Informationsdienste gliedern. Es existieren keine nach gemeinsamer Systematik aufgebauten Datenquellen für Medienstandorte, so dass die Karten ❸ und ❹ nicht in allen Bereichen vergleichbar sind. Interessant bleibt dennoch die Beobachtung, dass vor allem für den Bereich von Multimedia und Werbung innerstädtische Standorte einen hohen Stellenwert haben. Durchschnittlich sind 60% der Medienunternehmen jünger als 10 Jahre alt, darunter auch zahlreiche Neugründungen mit weniger als 20 Mitarbeitern. In Stadt und Landkreis München hat sich beispielsweise die Zahl der fest angestellten Mitarbeiter im Mediensektor zwischen 1995 und 1999 um 12% auf 80.997 erhöht, die der Unternehmen um 32% auf 8855.

Standortstrategien

Als Instrument des regionalen Strukturwandels ist die Medienwirtschaft durchaus attraktiv, zumal sie über ein hohes Kopplungs- und Transferpotenzial in andere Wirtschaftsbereiche verfügt und Zuwachsraten verzeichnet, wie kaum eine andere Branche des deutschen Dienstleistungssektors. Um jedoch dieses hohe regionalwirtschaftliche Potenzial der Branche abschöpfen zu können, bedarf es einer Reihe von spezifischen Standortfaktoren. Zu den wichtigen zählen der klare Informationsfluss zwischen den Medienunternehmen und der öffentlichen Hand, die Unterstützung durch Politiker und regionale Partner, ein hoch qualifiziertes Arbeitskräftepotenzial, eine hoch entwickelte Telekommunikations-Infrastruktur, monetäre Förderung und eine gepflegte Medienkultur. Die Standortstrategie einer Stadt oder Kommune muss auf einer koordinierten, sukzessiv aufbauenden Medienentwicklung gründen. Das Erkennen der standortspezifischen Stärken ist hierbei im Vorfeld unerlässlich. Die wichtigste Voraussetzung für eine spezialisierte Standortpolitik ist die Herausbildung eines ▸ Branchennukleus, der eine magnetische Wirkung auf Unternehmen der gleichen oder benachbarter Branchen ausübt. Beispiele für solche Konzentrationskerne sind ein Technologie-

Agglomerationseffekte – Auswirkungen der Ballung von Elementen; hier speziell die Vorteile, die sich aus der Häufung von Betrieben eines Typus ergeben

audiovisuelle Medien – Hörfunk, Fernsehen, Video, Filmwirtschaft, Fotografie

Branchennukleus – Konzentrationskern einer Branche

Business-TV – Handel über das Fernsehen

E-Commerce – elektronischer Handel

Informationsdienste – Korrespondenz- und Nachrichtenbüros

Multimedia – Elektronische Textmedien, Erstellung von Produkten, die im Bereich der audiovisuellen Medien bzw. für telekommunikative Verbreitung (Internet) Verwendung finden

Printmedien – Verlagsgewerbe, Druckereien, Vertrieb von Druckprodukten

Werbung – Gestaltung von Werbemitteln und ihre Verbreitung, Marktforschung, Public Relations-Beratung

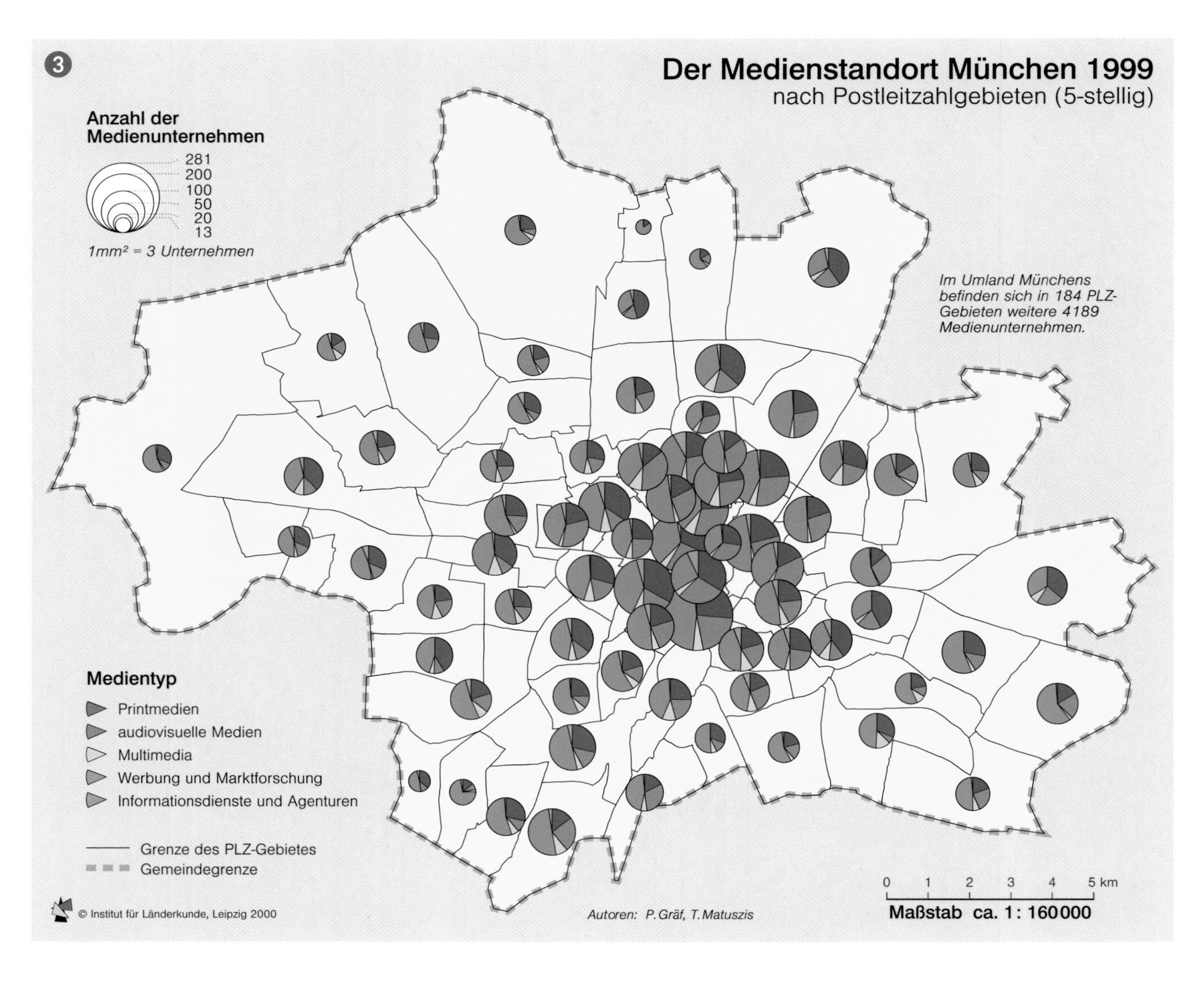

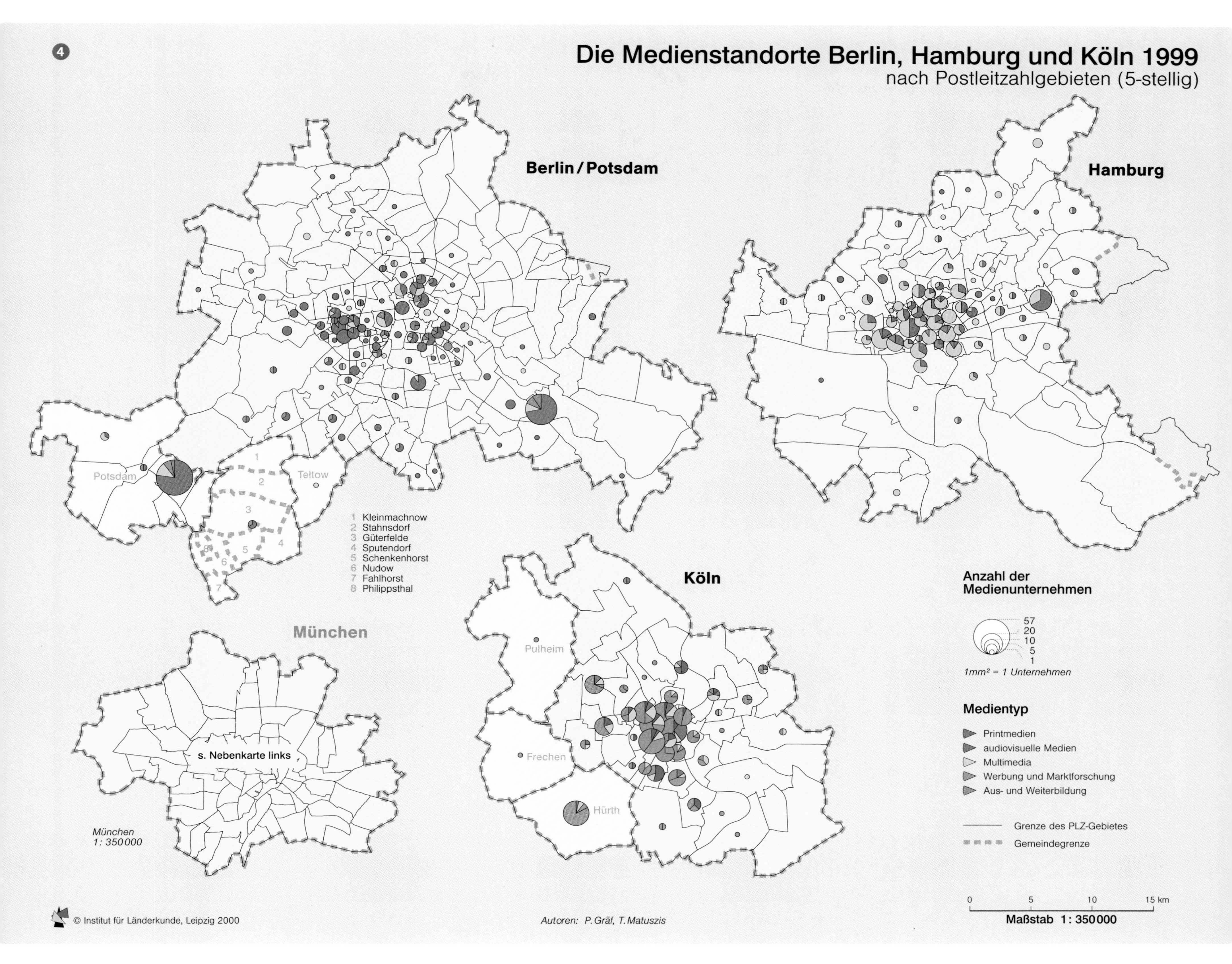

zentrum, aber auch ein die Branche dominierendes Unternehmen. Die gezielte Standortstrategie erkennt mögliche Branchenkerne im Vorfeld und fördert systematisch deren Entwicklung.

Die Standortstrategie einer Stadt oder Kommune muss begleitender Natur sein. Studien haben gezeigt, dass es nicht ausreicht, die Ansiedlung zu initiieren. Die konsequente Betreuung durch Gesellschaften und Arbeitskreise ist unerlässlich. Hierbei ist eine Standortstrategie um so erfolgreicher, je besser die Kooperation zwischen den internen/lokalen Partnern und externen Akteuren funktioniert. Durch eine gezielte, sukzessive Ansiedlungsstrategie kann eine Stadt oder Kommune großen Einfluss auf die lokale Medienstrukturpolitik nehmen.

Die Medienstandorte zweiter Ordnung

Die deutsche Medienindustrie beschränkt sich nicht nur auf die vier bekannten Standorte Hamburg, Berlin, München und Köln. Eine ganze Reihe weiterer Städte und Kommunen hat die Vorzüge der Medien erkannt. Die Ausstrahlungseffekte auf lokale kulturelle Einrichtungen, die positive Beeinflussung des Stadtimages, die Funktion als Werbeträger und die nicht ganz unstrittige ökologische Unbedenklichkeit der Branche nutzen inzwischen auch bisher kaum im Medienbereich engagierte (kleinere) Städte für die regionalwirtschaftliche Entwicklung. Diese sogenannten Standorte zweiter Ordnung wie z.B. Dortmund setzen in ihrer Ansiedlungsstrategie auf Branchennischen. In dem Bewusstsein, es mit den bekannten Standorten in Bezug auf ein bestehendes Image nicht aufnehmen zu können, setzen sie gezielt auf spezielle Bereiche der Medien und versuchen diese auszubauen.

Der Standort Dortmund setzt beispielsweise auf Entwicklungen in den Bereichen ▶ Business-TV und ▶ E-Commerce. Eine begünstigende Rahmenbedingung ist in diesem Beispiel das Technologiezentrum, das für das nötige qualitativ hochwertige Fachpersonal sorgt. Dabei muss der Ermittlung und Pflege der Marktnischen höchste Priorität zukommen, um sich gegen bekanntere Standorte behaupten zu können. Für Dortmund, aber auch für viele andere Orte stellt die Medienbranche ein effektives Instrument des regionalen Strukturwandels dar.◆

Das Buchverlagswesen und seine Standorte

Peter Gräf

Der Georg Westermann Verlag, Braunschweig

Unter dem vielfältigen Dach der Medien treten in der Marktbedeutung und in der Breitenwirkung Bücher, ▶ Verlage und der Buchhandel gegenüber den audiovisuellen Medien neuerdings etwas in den Hintergrund. Zu Unrecht, wenn man die Basiszahlen dieses Marktes analysiert: 17,7 Mrd. DM Umsatz (1998) bei ▶ buchhändlerischen Betrieben in Deutschland, davon nur 0,4% über den Vertriebsweg des Internet-Buchhandels. Rund 78.000 Neuerscheinungen bei einer Zahl von 820.000 lieferbaren Büchern erfordern eine erhebliche organisatorische und logistische Struktur des Vertriebs, wobei sich inzwischen bereits zwischen den Betriebsstandorten der Verlage und dem Buchhandel regionale Distributionszentren etabliert haben. Die Relation Erst- zu Neuauflagen betrug 1998 75:25%. Bezogen auf die Erstauflage waren 9,5% Taschenbücher, und 51,4% entfielen auf die Bereiche Sprach- und Literaturwissenschaft sowie Belletristik.

Börsenverein des Deutschen Buchhandels e. V. – Interessenverband der buchhändlerischen Betriebe in Deutschland

Buchhändlerische Betriebe – Verbreitender Buchhandel und Verlage

ISBN-Nummer – Abkürzung für internationale Standardbuchnummer

Verbreitender Buchhandel – Buchhändler in Einzelhandelsfunktion

Verkehrsnummer – Spezielle Registrierung der Mitglieder; Voraussetzung der Vergabe einer ISBN-Nummer

Verlag – Produzent von Büchern und Broschüren (ferner Presseverlage, Musikverlage)

Ungebrochenes Interesse am Buch

Als ökonomische Rahmenbedingung gilt, dass sich in Deutschland rund ein Drittel der Bevölkerung über 14 Jahre besonders für Bücher interessiert, Frauen stärker als Männer. Das Interesse wächst mit zunehmendem Alter (bis unter 70 Jahre) und mit dem Bildungsstatus. In Städten ist das Interesse, statistisch betrachtet, deutlich größer als in ländlichen Räumen. Nach der Ausbildungszeit arbeiten jedoch nur 15% der Bevölkerung täglich mit Büchern. Unter den Freizeitbeschäftigungen rangiert Bücherlesen auf Rang sechs, nach Musikhören, Fernsehen, Tageszeitunglesen, Essengehen, mit Freunden feiern, Zeitschriftenlesen und Autofahren.

Die monatlichen Ausgaben für Bücher, Zeitungen und Zeitschriften lagen 1997 in einem 2-Personen-Haushalt von Rentenempfängern bei 39,09 DM (davon 4,75 DM für Bücher und Broschüren), bei einem 4-Personen-Haushalt von Angestellten und Beamten mit höherem Einkommen bei 109,69 DM (davon 57,48 DM für Bücher und Broschüren).

Die regionale Verteilung von Verlagen

1999 gab es in Deutschland 24.154 Unternehmen, die im weitesten Sinne dem Buchhandel zuzurechnen sind, davon 32% des ▶ verbreitenden Buchhandels und 68% Verlage. 7057 Unternehmen haben sich zur Interessenwahrnehmung im ▶ Börsenverein des Deutschen Buchhandels als Mitglieder organisiert, darunter 2087 Verlage. Nur 902 Mitglieder von 7057 entfallen auf die neuen Länder.

Verlage haben eine sehr unterschiedliche Zahl von Mitarbeitern. Das Statistische Bundesamt erfasst seit 1995 in seiner monatlichen Betriebsstatistik Verlage mit mehr als 20 Beschäftigten. Dies waren 1998 jahresdurchschnittlich 210 Verlage, rund 10% der Verlags-Mitglieder des Börsenvereins des Deutschen Buchhandels. Der Verlagsbuchhandel ist stark auf den Inlandsmarkt orientiert, nur 7,8% des Jahresumsatzes entfielen auf ausländische Kunden.

Die regionale Verbreitung der Verlagssitze ist außerordentlich heterogen ❷, mit eindeutigem Schwerpunkt im Südwesten Deutschlands. Das Zentrum des Verlagswesens in Deutschland ist München mit 296 Verlagen, d.h. nahezu jeder siebente Verlag hat seinen Sitz in München ❶. Weitere wichtige Verlagszentren sind Berlin (195), Hamburg (137), Stuttgart (120) und Frankfurt am Main (111). Dieses Verteilungsmuster gilt auch für die umsatzstärksten Verlage Deutschlands. Alle anderen Städte verzeichnen weniger als 100 Verlage, ohne dass ein eindeutiger Zusammenhang von Einwohnergröße und Verlagsbedeutung festzustellen wäre. So hat Leipzig 447.000 Einwohner und 26 Verlage, Heidelberg 140.000 Einwohner und 32 Verlage und Köln 964.000 Einwohner und 90 Verlage. Verlagsstandorte spiegeln deutlich die jüngste Geschichte nach 1945 wider, was auch nach 10 Jahren Wiedervereinigung noch den Unterschied zwischen alten und neuen Ländern erklärt. Die Häufung von Verlagsstandorten in Leipzig im 19. und frühen 20. Jh. hatte sich nach 1945 durch Verlagerung der Verlagssitze in die Bundesrepublik aufgelöst. Die Rückgabe von Altimmobilien hat nur in Ausnahmefällen zur Rückverlagerung des Verlagshauptsitzes geführt.

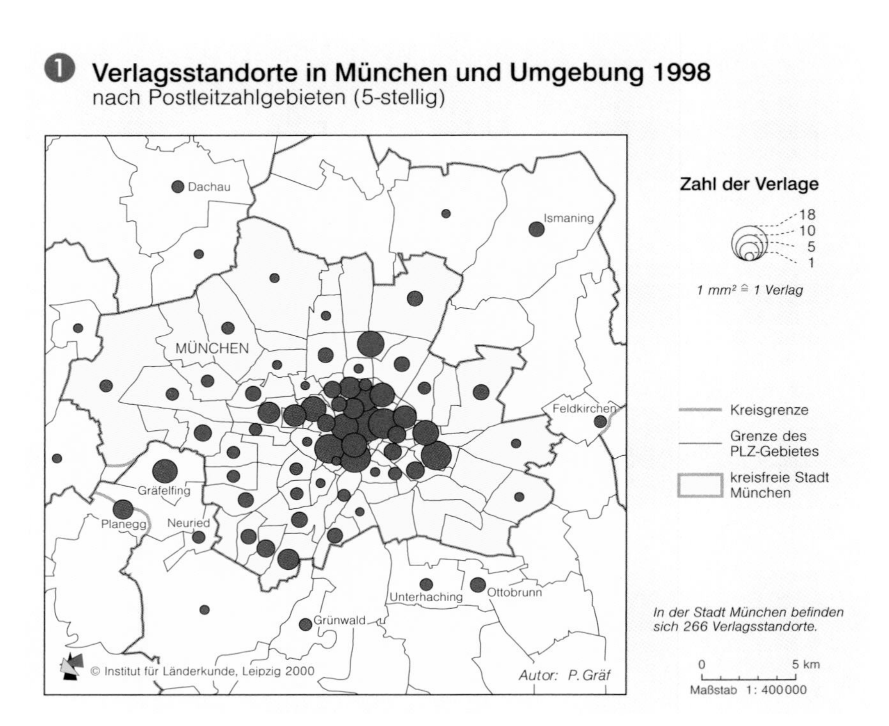

❶ Verlagsstandorte in München und Umgebung 1998
nach Postleitzahlgebieten (5-stellig)

Fasst man die regionale Verbreitung der Verlage nach Bundesländern zusammen, so entfallen rund 60% der Verlagsstandorte auf Bayern und Baden-Württemberg (zusammen), bzw. je rund 32% auf Bayern (677) und Nordrhein-Westfalen (676) sowie 26% auf Baden-Württemberg (543). Wählt man als Betrachtungsfilter die Unternehmensgröße nach dem Umsatz bemessen, so findet man in der Gruppe mit mehr als 25 Mio. DM Jahresumsatz in Baden-Württemberg 31, in Bayern 27, in Nordrhein-Westfalen 21 und in Hamburg 10 Verlage.

Die regionale Verteilung der Titelproduktion (Erstauflagen) zeigt in den Schwerpunkten eine etwas andere Verteilung als jene der Verlagsstandorte generell. An 25 Standorten erscheinen pro Jahr mehr als 400 Erstauflagen, wobei in den neuen Ländern nur Leipzig vertreten ist (Berlin ausgenommen). In sechs Städten wurden 1998 mehr als 1000 Titel pro Jahr neu aufgelegt: München (7877), Berlin (6884), Frankfurt a.M. (4273), Köln (2435), Hamburg (1841) und Aachen (1577).

Interessante Aspekte zeigt ein internationaler Quervergleich: Weltweit führte 1996 die VR China mit 110.283 Titelproduktionen, gefolgt von Großbritannien (107.263) und Deutschland (71.515). Die USA kommen im gleichen Jahr auf 68.175, Japan auf 56.221 und Russland auf 36.237 Neuerscheinungen.◆

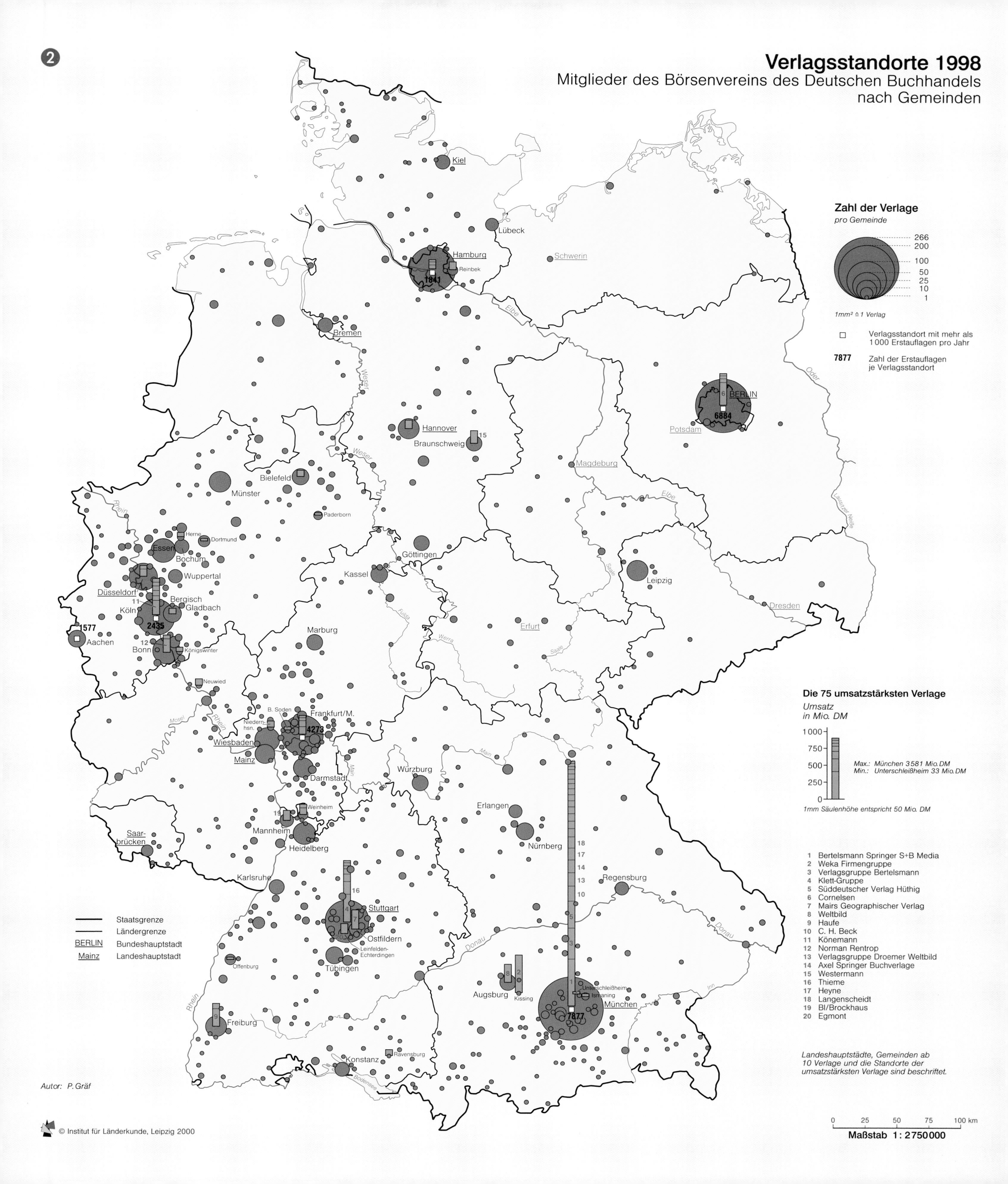

2
Verlagsstandorte 1998
Mitglieder des Börsenvereins des Deutschen Buchhandels nach Gemeinden
Zahl der Verlage
pro Gemeinde
266
200
100
50
25
10
1
1mm² ≙ 1 Verlag
Verlagsstandort mit mehr als 1 000 Erstauflagen pro Jahr
7877
Zahl der Erstauflagen je Verlagsstandort
Die 75 umsatzstärksten Verlage
Umsatz in Mio. DM
1 000
750
500
250
0
Max.: München 3 581 Mio. DM
Min.: Unterschleißheim 33 Mio. DM
1mm Säulenhöhe entspricht 50 Mio. DM
1 Bertelsmann Springer S+B Media
2 Weka Firmengruppe
3 Verlagsgruppe Bertelsmann
4 Klett-Gruppe
5 Süddeutscher Verlag Hüthig
6 Cornelsen
7 Mairs Geographischer Verlag
8 Weltbild
9 Haufe
10 C. H. Beck
11 Könemann
12 Norman Rentrop
13 Verlagsgruppe Droemer Weltbild
14 Axel Springer Buchverlage
15 Westermann
16 Thieme
17 Heyne
18 Langenscheidt
19 BI/Brockhaus
20 Egmont
Landeshauptstädte, Gemeinden ab 10 Verlage und die Standorte der umsatzstärksten Verlage sind beschriftet.
Staatsgrenze
Ländergrenze
BERLIN Bundeshauptstadt
Mainz Landeshauptstadt
Kiel
Lübeck
Hamburg
Reinbek
1841
Schwerin
Bremen
Hannover
Braunschweig
BERLIN
6884
Potsdam
Magdeburg
Bielefeld
Münster
Paderborn
Herne
Dortmund
Essen
Bochum
Wuppertal
Düsseldorf
Bergisch Gladbach
Köln
2435
1577
Aachen
Bonn
Königswinter
Göttingen
Kassel
Leipzig
Dresden
Marburg
Erfurt
Neuwied
B. Soden
Frankfurt/M.
Niedernhsn.
4273
Wiesbaden
Mainz
Darmstadt
Würzburg
Erlangen
Nürnberg
Weinheim
Mannheim
Heidelberg
Saarbrücken
Karlsruhe
Regensburg
Stuttgart
Ostfildern
Leinfelden-Echterdingen
Tübingen
Offenburg
Augsburg
Kissing
Unterschleißheim
Ismaning
München
7877
Freiburg
Konstanz
Ravensburg
Elbe
Weser
Oder
Lausitzer Neiße
Saale
Fulda
Werra
Rhein
Mosel
Main
Donau
Inn
Bodensee
0 25 50 75 100 km
Maßstab 1 : 2 750 000
Autor: P. Gräf

Öffentlich-rechtliche und private Rundfunk- und Fernsehanbieter

Peter Gräf, Hanan Hallati und Petra Seiwert

Der aktuelle Handlungsrahmen für private Rundfunk- und Fernsehanbieter wird durch die 3. Novelle des Rundfunkstaatsvertrags gebildet, der nach zähen Verhandlungen am 1.1.1997 in Kraft trat. Die Rolle der Landesmedienanstalten blieb unangetastet, zusätzlich wurde jedoch eine Kommission zur Ermittlung der Konzentration im Medienbereich (KEK) gebildet, der die Konzentrationskontrolle des Medienmarkts obliegt. Konnte vor der 3. Novelle ein Unternehmen nur zwei TV-Programme veranstalten (1 Vollprogramm und 1 Spartenprogramm), kann nach geltendem Recht nunmehr die Zahl der Programme unbegrenzt sein, so lange nicht ein Zuschauermarktanteil von 30% überschritten wird. Hinzu kommt, dass dritten Veranstaltern „Fenster" von mindesten 260 Minuten pro Woche eingeräumt werden müssen, sofern der Zuschaueranteil aller Programme eines Unternehmens 10% übersteigt.

Diese Regelungen haben durchaus Standortbedeutung, entscheiden sie doch über den ▸ Diffusionsraum von Zulieferunternehmen im Umfeld von TV-Produktionsstandorten. Solche Produktionsstätten finden sich nicht nur an den dominanten Medienstandorten München, Köln, Berlin, Hamburg (▸▸ Beitrag Gräf/Matuszis). Eine Fülle regionaler Studios, Lokalproduktionen und vor allem externer Zulieferer von digitalen Dienstleistungen von Orten außerhalb der großen Medienstandorte sind typisch für den technischen Produktionswandel und für die ▸ multimediale Konvergenz von Fernsehgeräten und PCs einschließlich der Öffnung klassischer Rundfunk- und Fernsehkabelnetze für Internetnutzung und ▸ interaktive Shoppingkanäle.

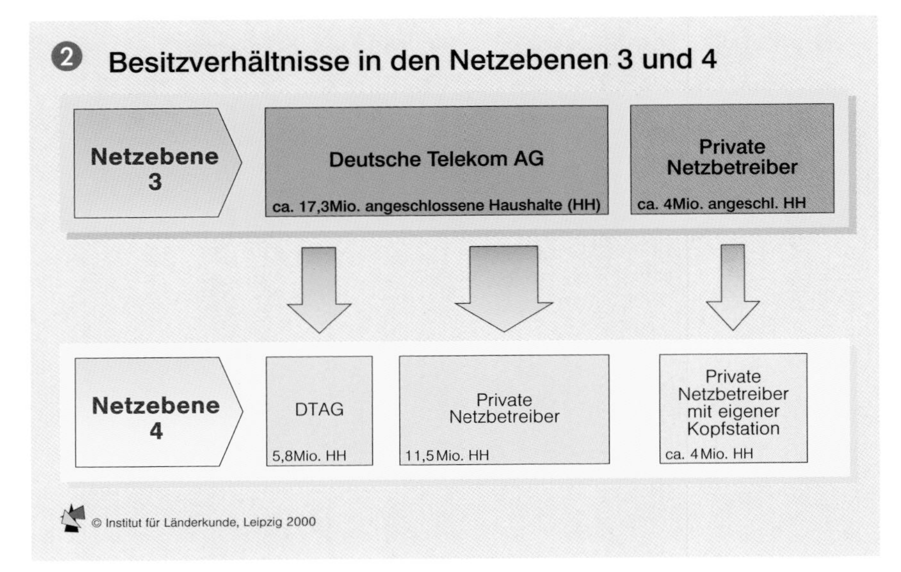

Öffentlich-rechtliche Rundfunk- und Fernsehanstalten

Öffentlich-rechtliche Rundfunk- und Fernsehanstalten haben trotz der hohen Dynamik privater Anbieter insbesondere auch für regionalspezifische Programmangebote eine herausragende Bedeutung. Sie sind Ausdruck der Kulturhoheit der Länder und arbeiten unter dem Dach der ARD mit den bundesweiten (ARD) und landesweiten Sendern (3. Programme) zusammen. Das „zweite Bein" stellt das ZDF (Mainz) dar, der Verbund mit den Nachbarländern Österreich und Schweiz bildet „3Sat", der mit Frankreich „arte". Die öffentlich-rechtlichen Anstalten haben in der Regel eine typische hierarchische Standortstruktur: Sendezentralen bzw. Landesfunkhäuser, Regionalstudios (überwiegend Rundfunk und Fernsehen) sowie regionale Korrespondenzbüros. Wie die Karte ❸ zeigt, ist die Dichte dieser landespezifischen Netze in einzelnen Bundesländern unterschiedlich ausgeprägt. Bei einem Drittel der Sendeanstalten ist der organisatorische Verbund länderübergreifend: MDR, NDR, SWR.

Verbreitung und Nutzung von TV-Kabelanschlüssen

Das Bundesverfassungsgericht ebnete 1981 mit seinem 3. Rundfunkurteil den Weg zu einem dualen Rundfunksystem in Deutschland, dem ab 1984 die Landesmediengesetze folgten, bis schließlich 1987 mit dem Rundfunkstaatsvertrag aller damaligen Bundesländer ein einheitlicher Rechtsrahmen geschaffen wurde. Die Bundesregierung beschloss 1984, mit einem verstärkten Ausbau der Breitbandkabelnetze (BK-Netze) das duale Rundfunksystem in Deutschland zu fördern.

BK-Netze wurden als mehrstufig gegliedertes Verteilsystem konzipiert, das in vier Netzebenen überregional, regional und mit zwei Ortsebenen gegliedert

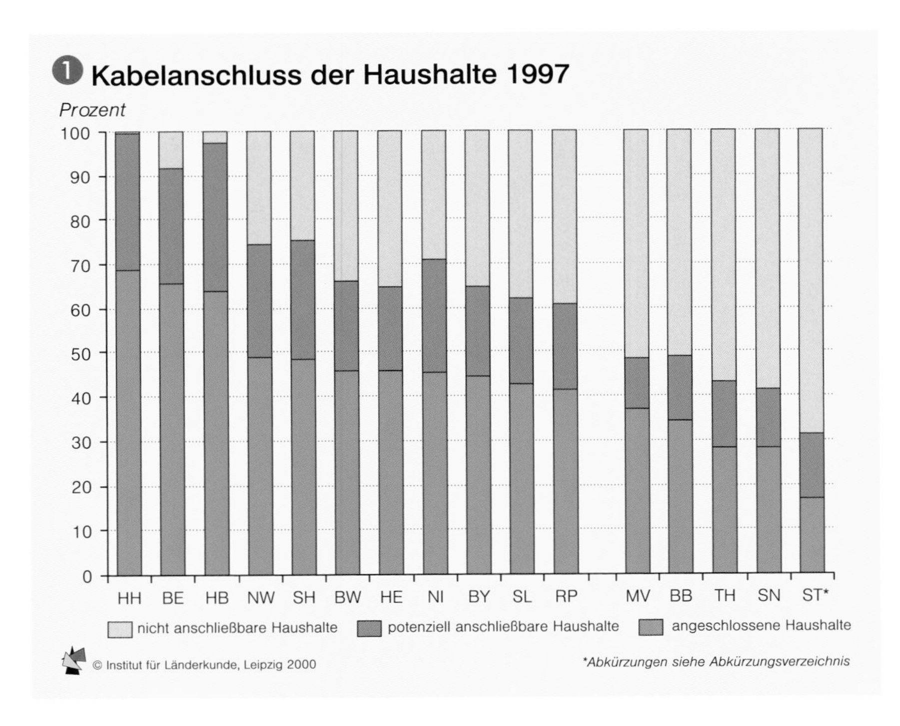

ARD – Arbeitsgemeinschaft der Rundfunkanstalten Deutschlands

Diffusionsraum – das räumliche Gebiet einer Verbreitung

duales Rundfunksystem – gesetzliche Regelung für öffentlich-rechtliche und private Rundfunk- und TV-Sender

High-Speed-Internet – Internet mit hohen Datenübertragungsgeschwindigkeiten

interaktive Shoppingkanäle – Sendekanäle bzw. Internetadressen für den elektronischen Handel (**Teleshopping**)

multimediale Konvergenz – das Bündeln mehrerer Medien

On-Demand-Dienste – interaktives Fernsehprogramm, das auf Anforderung ein gewünschtes Programm sendet (**Video-on-Demand**)

Pay-TV – codierte Fernsehsendungen auf bestimmten privaten Kanälen, die nur mit bestimmten Dekodierungsgeräten angesehen werden können

regionaler Content – regionale Ausrichtung eines Anbieters

terrestrisch – erdgebunden (im Zusammenhang mit Sendern: im Gegensatz zur Verbreitung über Satelliten)

Verkehrstelematik – Verkehrssteuerung mittels Informations- und Telekommunikationstechnik

ZDF – Zweites Deutsches Fernsehen

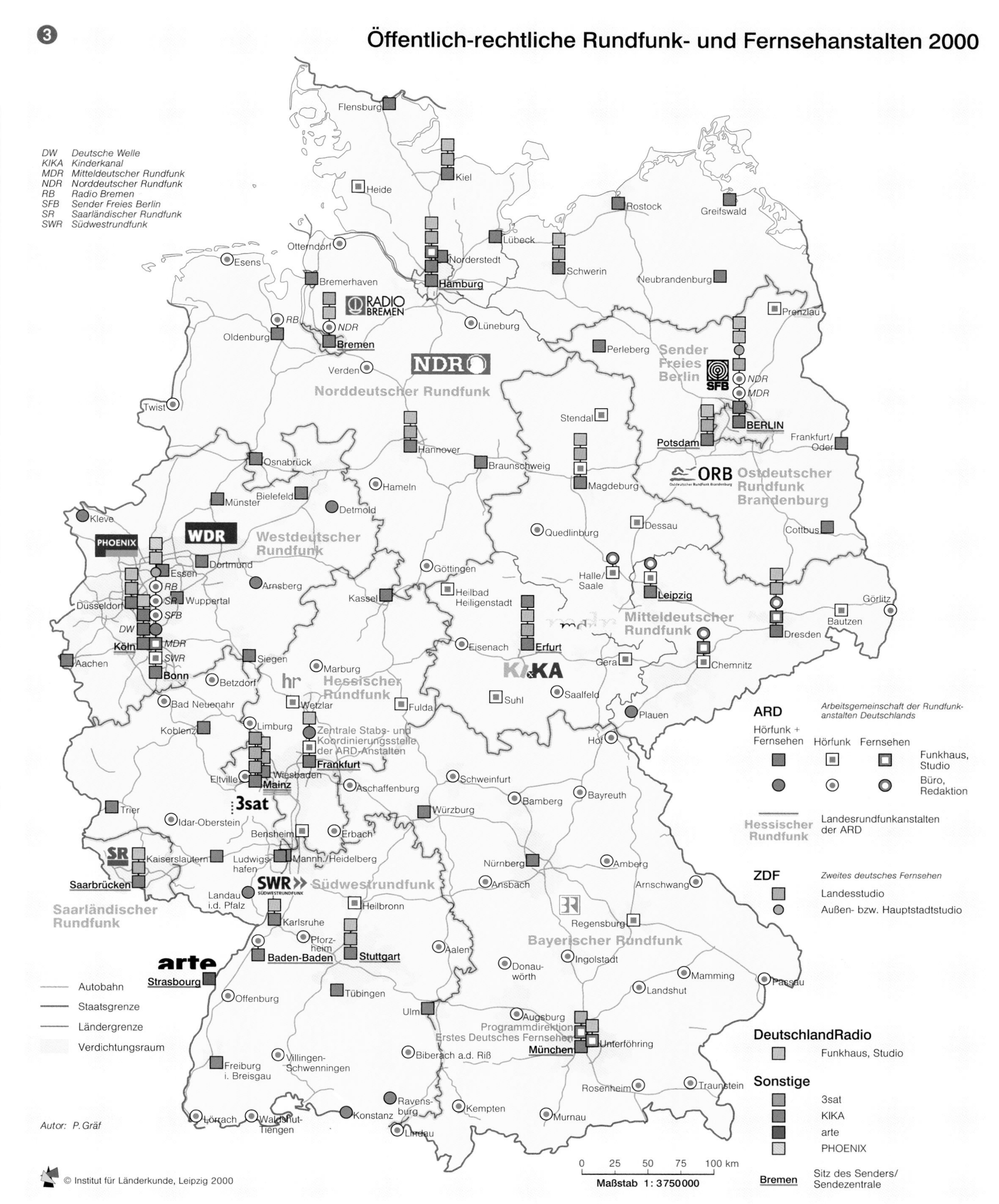

3 Öffentlich-rechtliche Rundfunk- und Fernsehanstalten 2000

ist. Die Besitzverhältnisse der Kabel-TV-Netze sind bis heute durch eine starke Zersplitterung in den Netzebenen 3 und 4 geprägt, soweit auf Länderebene nicht schon Teilprivatisierungen vorgenommen wurden **2**.

Der Markt für BK-Netze war bis 1999 durch die fast ausschließliche Monopolstellung der Deutschen Telekom AG (DTAG) geprägt, welche ca. 17 Mio. Haushalte direkt oder indirekt anschloss. Daneben existieren rund 6000 private Kabelnetzbetreiber, wovon nur einige wenige (z.B. Tele Columbus, Primacom etc.) unabhängig vom Zuführungsnetz der DTAG sind und somit Haushalte mit Rundfunk- und Fernsehprogrammen versorgen können. Die anderen kleineren, privaten Netzbetreiber sind auf die Zuführung der Signale durch die DTAG angewiesen. Die Verbreitung der Kabel-TV-Netze in Deutschland ist auf Grund der Anzahl der Haushalte und der potenziellen Anschlussmöglichkeiten sehr unterschiedlich **1**. Hierbei zeigt sich eine Divergenz im Versorgungsgrad zwischen den alten und neuen Ländern, gemessen am Verhältnis von Haushalten insgesamt, anschließbaren Haushalten und angeschlossenen Haushalten. In den neuen Ländern konnte der Ausbau erst nach der Wende meist durch private Netzbetreiber forciert werden **4**.

Die derzeitige Nutzung der Kabel-TV-Netze basiert auf der Verbreitung von analogen und digitalen Programmen. Neben den landesweit ausgestrahlten nationalen Programmen öffentlich-rechtlicher Anstalten und privater Anbieter, den überregional verteilten regionalen Programmen (N3, BR3, HR3 etc.) und den internationalen Gemeinschaftsprogrammen (3Sat und arte) werden auch internationale Satellitenprogramme über die Netze verteilt.

Die potenziellen Nutzungsmöglichkeiten der Kabel-TV-Netze sind – bei Frequenzerweiterung und Ausbau eines Rückkanals – weitaus größer, als nur Rundfunk- und Fernsehprogramme zu distribuieren. In den USA und in Großbritannien führten die frühen Privatisierungsbestrebungen im Bereich des Kabel-TV-Marktes zu einem intensiven Wettbewerb, der der Angebotsgestaltung von TV-, Sprach- und Datenübertragungen über das Breitbandkabelnetz innovative Wachstums- und Verbreitungspotenziale brachte. Der 2000 begonnene Verkauf von Teilen der Kabel-TV-Netze in Deutschland kann aller Voraussicht nach zu bedeutenden Transformationsprozessen im Telekommunikations- und Mediensektor führen. Die Folgen daraus können veränderte Anbieterstrukturen, eine Zunahme von interaktiven Diensten sowie ein Bedeutungsgewinn für den ▸ regionalen Content sein. Der Ausbau der be- →

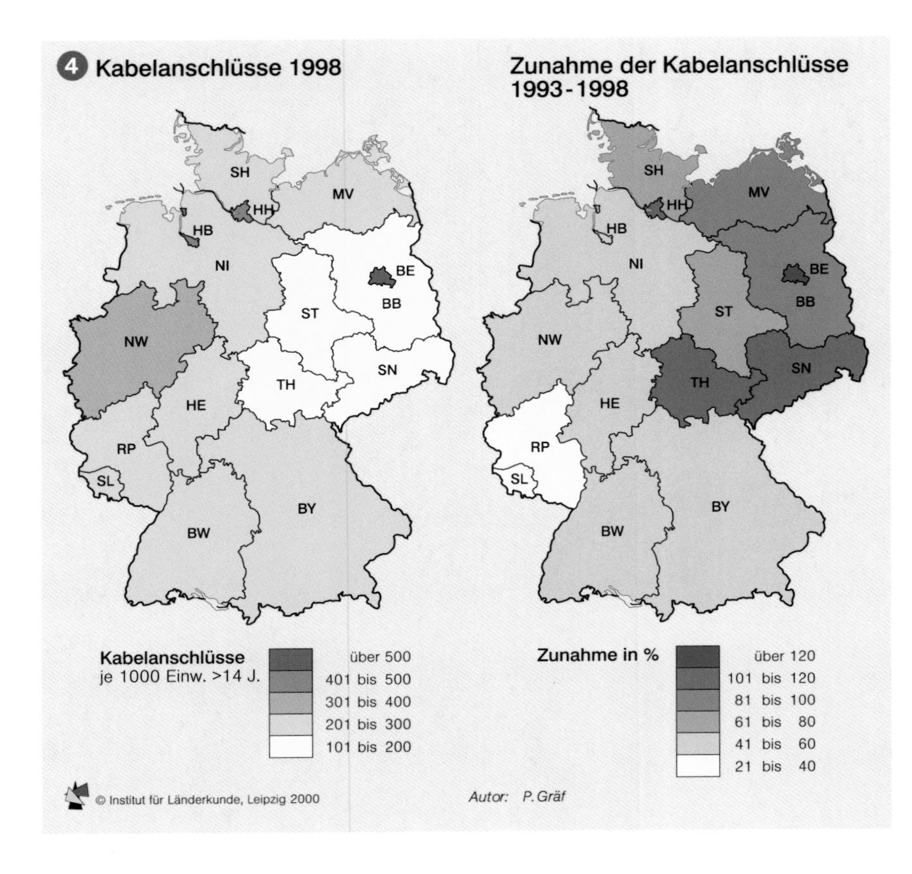

stehenden BK-Netze zu einem multimedialen Zugangssystem kann somit neue Geschäftsfelder für Telekommunikationsanbieter eröffnen, in denen Dienste wie Kabeltelefonie, interaktives TV, ▸ High-Speed-Internet und ▸ On-Demand-Dienste einen bedeutenden Stellenwert einnehmen können. Zeitgleich werden andere Techniken (x-DSL, Powerline, Richtfunktechnik, IP-Übertragungen etc.) ihre Chancen nutzen, um den Markt mit multimedialen Diensten über die Telekommunikations- bzw. Stromnetze zu versorgen.

Rechtliche Grundlagen

Die Fortentwicklung des Fernsehrechts geht auf die EU-Fernsehrichtlinie „Fernsehen ohne Grenzen" zurück. Sie führte letztlich zum 4. Rundfunkänderungsstaatsvertrag vom 1.1.1999, der im Kern Werberegeln, Teleshopping, Jugendschutz und Datenschutz regelt. Auch die Liste frei empfangbarer Sport-Großveranstaltungen wurde darin festgeschrieben. Der multimedialen Entwicklung versucht das Informations- und Kommunikationsdienste-Gesetz (IuKDG) vom 1.8.1997 im Verbund mit dem Mediendienste-Staatsvertrag (ebenfalls 1.8.1997) gerecht zu werden. Während ersteres die Individualkommunikation betrifft, bezieht sich letzterer auf Aspekte der Massenkommunikation. Allerdings verwischen in Bereichen wie Teleshopping, E-Commerce und Internet die Grenzen zwischen beiden Kommunikationsbereichen immer stärker.

Die oben erwähnten 15 Landesmedienanstalten, zumeist in den Landeshauptstädten angesiedelt ❸, haben mit Bezug auf die länderspezifische Kulturhoheit das Kontrollrecht über private Rundfunk- und Fernsehanbieter. Die Kontrolle erfolgt über eine Lizenzierung, unabhängig von der Reichweite der Programmangebote von lokal über regional, landesweit und bundesweit bis hin zu international. Darunter fällt auch das Genehmigungsrecht zur Einspeisung von in- wie ausländischen Programmen in Kabelnetze, wodurch deutlich unterschiedliche Programmspektren in den Kabelnetzen verbreitet werden. Auch das öffentlich-rechtliche Fernsehen ist davon betroffen, da keineswegs alle dritten Programme der ARD-Anstalten in allen Kabelnetzen Verbreitung finden ❺. Durch die rasche Verbreitung von Satelliten-Empfangseinrichtungen wird diese Steuerungsmöglichkeit und Selektion jedoch unterlaufen.

Die technische Entwicklung eilt den rechtlichen Regelungen deutlich voraus. So stehen digitale Übertragungstechniken im Rundfunk und Fernsehen erst am Anfang der Markteinführung und ermöglichen künftig eine weitere Kommerzialisierung von Programmverbreitungen. ▸ Pay-TV, ▸ Video-on-Demand, ▸ Teleshopping und neue Dienste der ▸ Verkehrstelematik sind bislang noch gering verbreitet. Dennoch kämpfen die Medien-Großunternehmen wie beispielsweise Bertelsmann, CLT Luxembourg oder die Kirch-Gruppe auch in diesen Sektoren bereits um Marktanteile.

Aktuelle Standorte privater Programmanbieter

Die Karte ❻ der Verwaltungs- und meist auch Produktionsstandorte von privaten Rundfunk- und Fernsehprogrammanbietern zeigt räumliche und reichweitenspezifische Schwerpunkte. Während lokales Fernsehen auf wenige Standorte beschränkt ist und regionales Fernsehen eher die Domäne öffentlich-rechtlicher Anstalten mit ihren Regionalstudios ist, ist bei den rund 100 privaten Fernsehanbietern eine bundesweite Empfangbarkeit die Regel. Konträr dazu zeigen sich die Strukturen der privaten Rundfunkanstalten, deren überwiegender Schwerpunkt auf lokalen und regionalen Sendegebieten liegt, ergänzt durch einige landesweite Programme und wenige bundesweite. Die überwiegend ▸ terrestrische Verbreitung führt funktechnisch zu grenzüberschreitenden Reichweiten, d.h. zu Ausstrahlungen sowohl über Ländergrenzen als auch über Staatsgrenzen hinweg. Da einige dieser Programme auch mit Kabel bzw. über Satellit zu empfangen sind, ist eine geographische Reichweitentypisierung nicht eindeutig zu vorzunehmen.◆

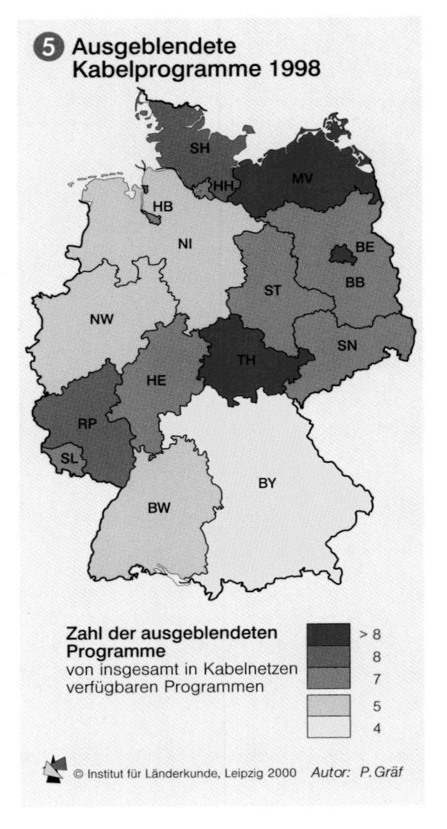

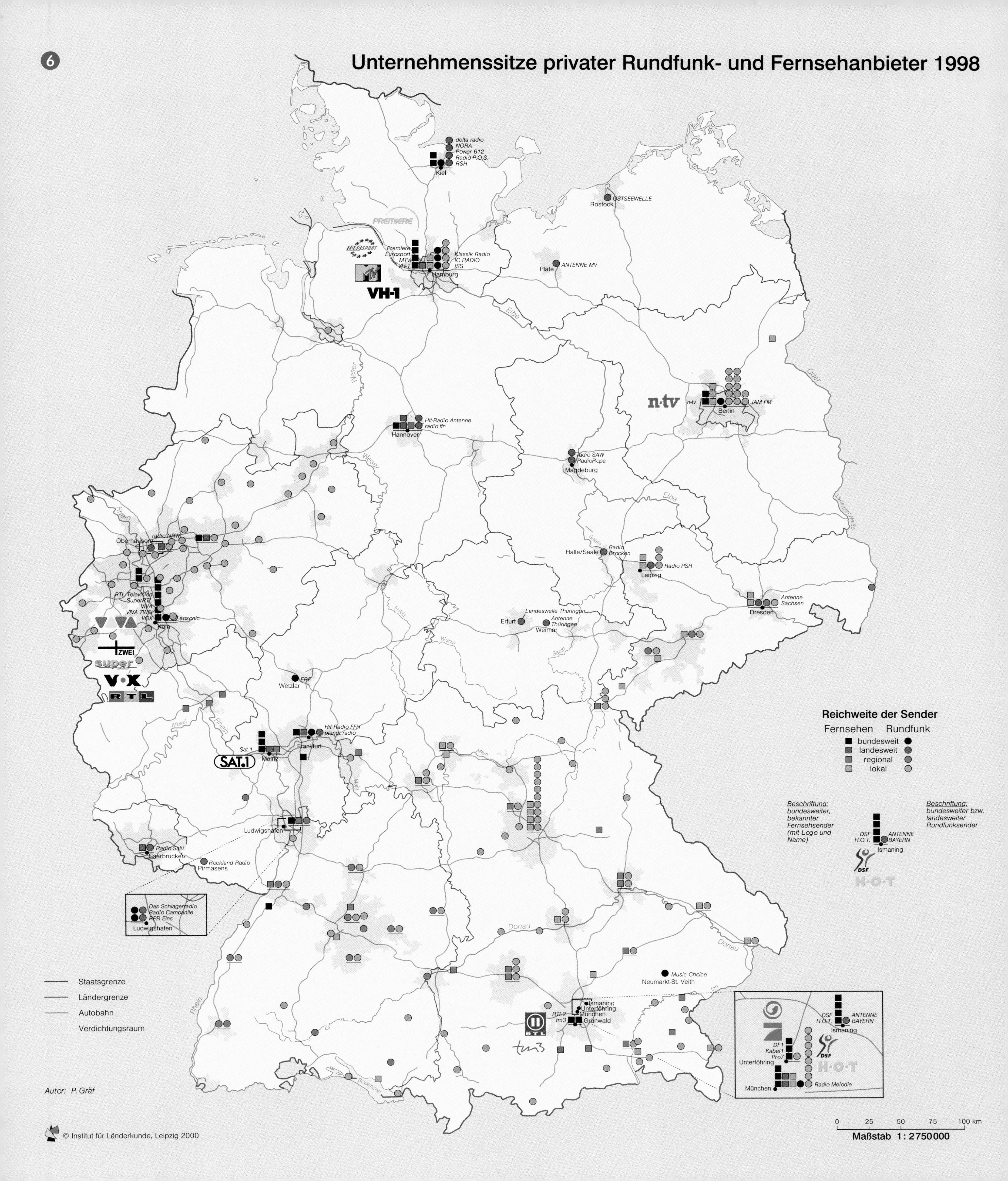

6
Unternehmenssitze privater Rundfunk- und Fernsehanbieter 1998
delta radio
NORA
Power 612
Radio P.O.S.
RSH
Kiel
OSTSEEWELLE
Rostock
PREMIERE
EUROSPORT
Premiere
Eurosport
MTV
VH-1
Klassik Radio
IC RADIO
ISS
Hamburg
VH-1
ANTENNE MV
Plate
Elbe
Weser
Oder
n-tv
n-tv
JAM FM
Berlin
Hit-Radio Antenne
radio ffn
Hannover
Radio SAW
RadioRopa
Magdeburg
Lausitzer Neiße
Rhein
radio NRW
Oberhausen
RTL Television
SuperRTL
VIVA
VIVA ZWEI
VOX
eosonic
Köln
VIVA
ZWEI
super
VOX
RTL
Saale
Radio Brocken
Halle/Saale
Radio PSR
Leipzig
Antenne Sachsen
Dresden
Fulda
Landeswelle Thüringen
Erfurt
Antenne Thüringen
Weimar
Werra
ERF
Wetzlar
Mosel
Hit Radio FFH
planet radio
Frankfurt
Sat.1
Mainz
SAT.1
Main
Reichweite der Sender
Fernsehen
Rundfunk
bundesweit
landesweit
regional
lokal
Beschriftung:
bundesweiter,
bekannter
Fernsehsender
(mit Logo und
Name)
Beschriftung:
bundesweiter bzw.
landesweiter
Rundfunksender
DSF
H.O.T.
ANTENNE BAYERN
Ismaning
DSF
H·O·T
Ludwigshafen
Radio Salü
Saarbrücken
Rockland Radio
Pirmasens
Das Schlagerradio
Radio Campanile
RPR Eins
Ludwigshafen
Donau
Donau
Music Choice
Neumarkt-St. Veith
Inn
Staatsgrenze
Ländergrenze
Autobahn
Verdichtungsraum
Rhein
Ismaning
Unterföhring
München
Grünwald
RTL 2
tm3
RTL
tm3
DSF
H.O.T.
ANTENNE BAYERN
Ismaning
DSF
H·O·T
DF1
Kabel1
Pro7
Unterföhring
Radio Melodie
München
Bodensee
Autor: P. Gräf
0
25
50
75
100 km
Maßstab 1 : 2750000
© Institut für Länderkunde, Leipzig 2000

Lokale und regionale Informationsvielfalt im Pressewesen

Jürgen Rauh

Die Presse- und Medienlandschaft in Deutschland ist in Bewegung. Nach wie vor erreicht die Abonnement-Tagespresse als regionales und lokales Informationsinstrument einen hohen Anteil der Bevölkerung. Die Konkurrenz verschärft sich jedoch aus verschiedenen Richtungen: Kostenlos verteilte Anzeigenblätter erweitern vielfach ihren redaktionellen Teil, Regional- und Lokalfernsehen sowie -rundfunk sind in der Lage, Informationen, die vormals den Tageszeitungen vorbehalten waren, „just in time" zu liefern, und das Internet steht auch als lokales und regionales Informationsforum erst am Anfang eines viel versprechenden Diffusionsprozesses. Der zunehmende Kostendruck hat Reaktionen erforderlich gemacht, die sich u.a. in verlegerischen Konzentrationen artikulieren. Die Herstellungskosten, die zu einem großen Anteil auflagenunabhängig sind – z.B. die Kosten für Redaktion und Satz –, sowie die Vergabepraxis bei Anzeigen bringen Verlage mit hohen Auflagen in eine günstigere Position als Zeitungen mit kleiner Auflage (vgl. Schütz 1996). Die Informationsvielfalt und -reichweite ist Veränderungen unterworfen.

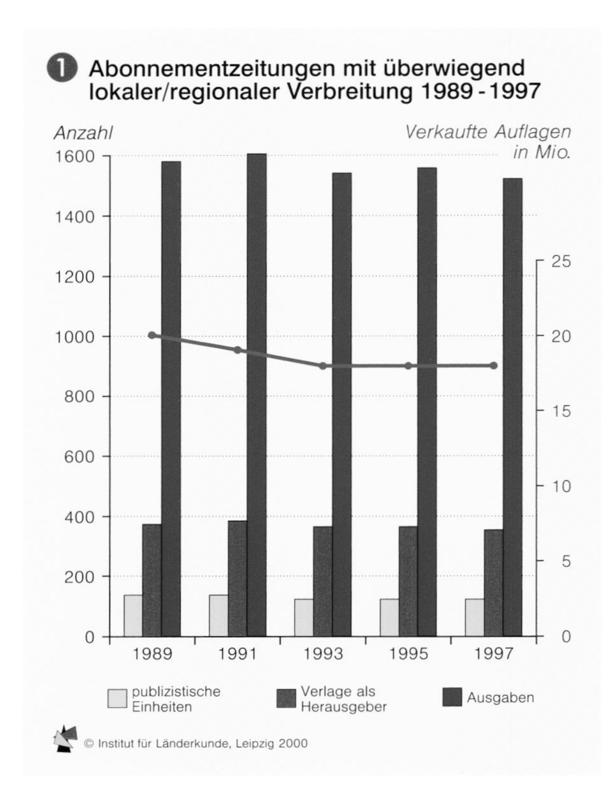

❶ Abonnementzeitungen mit überwiegend lokaler/regionaler Verbreitung 1989-1997

Zeitliche Entwicklung

In Deutschland werden von 29 Mio. verkauften Tageszeitungen 62,7% im Abonnement vertrieben. Dieser Anteil blieb über Jahre hinweg fast konstant (1989: 59,0% alte Länder), wenngleich die Zahlen zur Entwicklung der verkauften Auflagen von Tageszeitungen seit 1993 einen rückläufigen Trend andeuten und besonders in den neuen Ländern seit 1990 ein Rückgang der verkauften Exemplare lokaler und regionaler Abo-Zeitungen zu verzeichnen ist. Insbesondere jüngere Menschen zeigen ein deutlich vermindertes Interesse am Tageszeitungsabonnement.

Vor allem die lokalen und regionalen Abo-Zeitungen haben mit einer Auflage von 17,1 Mio. Exemplaren eine große Bedeutung ❶. Dem Medienbericht der Bundesregierung zufolge ist die Zahl der Verlagsbetriebe, die Tageszeitungen herausgeben, zwischen 1993 und 1997 um 3,4%, die Zahl der Vollredaktionen, die auch als „Publizistische Einheiten" bezeichnet werden, um 1,5% sowie die Zahl der redaktionellen Ausgaben um 1,2% zurückgegangen (▶▶ Beitrag Bode, Bd. 1) ❷.

❷ Anteil der Kreise mit Tageszeitungen mit nur einem Mantel 1954-1997*

Heute (1999) werden die insgesamt rd. 1600 Zeitungsausgaben Deutschlands von nur 135 Vollredaktionen erstellt, d.h. dass sie – unabhängig von der Zahl der Lokalredaktionen – lediglich 135 verschiedene Zeitungsmäntel aufweisen. Somit ist die Vielfalt des überregionalen Teils, der i.d. Regel aus der allgemeinen Politik und Wirtschaft sowie aus überregionalen Sport-, Kultur- und Unterhaltungsteilen besteht, relativ gering. Besonders gravierend wirkt sich dieser Umstand auf die Meinungsvielfalt aus, wenn an einem Ort lediglich eine oder auch mehrere Tageszeitungen mit demselben Zeitungsmantel erscheinen ❸.

Räumliche Konzentrationen

Großräumig ist eine Konzentration von Kreisen, in denen ausschließlich lokale und regionale Tageszeitungen mit demselben Zeitungsmantel angeboten werden, in den neuen Ländern festzustellen. Das bedeutet, dass in zwei Dritteln der ostdeutschen Kreise und für ca. 4 Mio. Haushalte bei einem Abonnement einer regionalen Tageszeitung keine Auswahl bzgl. des redaktionellen Teils des Zeitungsmantels besteht, auch wenn unterschiedliche Lokalausgaben existieren sollten. Obwohl mehr als die Hälfte aller früheren Zeitungen in der DDR nicht mehr am Markt sind, bestimmen 14 ehemalige SED-Bezirkszeitungen die Zeitungslandschaft im freien Pressemarkt (vgl. Medienbericht 1998). 1990/91 wurden durch die Treuhandanstalt diese ehemaligen Bezirkszeitungen als ganze Betriebe an westdeutsche Medienunternehmen verkauft. Schütz (1996) beschreibt die ausschließlich aus wirtschaftlichen Aspekten heraus getroffene Entscheidung als Auslöser des größten Konzentrationsschubs in der deutschen Pressegeschichte. Eine Aufteilung der Verbreitungsgebiete, Entflechtung oder Pluralisierung blieb aus. Viele der von kleineren Verlagen gegründeten lokalen Zeitungen in Ostdeutschland konnten sich daher gegen die alten ostdeutschen Zeitungen nicht durchsetzen. Neben den 14 Vollredaktionen der Regionalzeitungen existiert nur mehr eine Vollredaktion einer neu gegründeten Zeitung.

In Leipzig bestanden 1990 kurzfristig sieben regionale Tageszeitungen – heute wird nur mehr die Leipziger Volkszeitung in verschiedenen Lokalausgaben angeboten. In Berlin wird die Pressekonzentration auch dadurch deutlich, dass von zehn Tageszeitungen sieben im Besitz einer Verlagsgruppe sind; den lokalen Markt beherrschen drei Großverlage.

In den alten Ländern ist die Pressekonzentration schon seit den 1950er Jahren ein Thema. Mehrere Indikatoren deuten darauf hin, dass die Konzentration der Tagespresse inzwischen ein derart hohes Niveau erreicht hat, dass Schließungen von Tageszeitungen weitgehend ausgeschlossen sind (vgl. Röper 1993). Einstellungen von regionalen Ausgaben sind jedoch weiterhin zu beobachten. Dies macht sich auch räumlich bemerkbar: In 38 Kreisen und kreisfreien Städten der alten Länder wurden 1998 weniger Titel regionaler Tageszeitungen gezählt als vor elf Jahren; dagegen sind in vier Landkreisen bzw. Stadtkreisen mehr Titel am Markt als noch 1988. Etwa 11 Millionen Haushalte in den alten Ländern können in ihren Landkreisen nur eine regionale Tageszeitung abonnieren (= 39,3% aller Haushalte). Dies ist in der Hälfte aller westdeutschen Stadt- und Landkreise der Fall. Insbesondere im Saarland, in Rheinland-Pfalz, Schleswig-Holstein und Niedersachsen finden sich überdurchschnittlich viele Kreise, in denen zwar verschiedene Lokalausgaben, aber überall derselbe Zeitungsmantel angeboten wird.

Die Nutzung der regionalen Abonnementzeitungen ist im Osten geringfügig höher als im Westen. In den Kernstädten und Agglomerationen Deutschlands ist im Allgemeinen eine unterdurchschnittliche Dichte von Tageszeitungsabonnements festzustellen. Vor allem Berlin, München und Hamburg fallen mit extrem niedrigen Werten auf. Im zeitlichen Vergleich wird auch deutlich, dass in den Stadtkreisen die Auflagen der regionalen Tageszeitungen z.T. stark zurückgehen. Köln, München, Bremen, Nürnberg und Essen haben seit 1988 besonders starke Rückgänge in den Verkaufsauflagen zu konstatieren. In den Großstädten tritt die erwähnte Konkurrenzsituation durch Lokalrundfunk, Straßenzeitungen und Anzeigenblätter verschärft zutage. Auch setzen in den Städten postmoderne Verhaltensmuster der Konsumenten häufig früher ein. Sie führen zu einem Pluralismus neuer Formen der Lebensstile, was sich auch im Zeitungsleseverhalten artikuliert. Kennzeichen hierfür ist eine Hinwendung zu überregionalen Tageszeitungen bzw. zu Straßenverkaufszeitungen. Zudem ist die Unsicherheit der Zeitungszustellung, verursacht durch z.B. die schwere Zugänglichkeit der Briefkästen in Altstadt- und Mietshäusern oder durch Zeitungsdiebstahl, in den Städten größer als im ländlichen Raum.

Die veränderten Bedingungen gehen einher mit einem Trend zu verlegerischen Kooperationen und Anzeigengemeinschaften sowie einer Neuausrichtung der Geschäftsfelder der Tageszeitungsverlage. Neben einer Ausdehnung des originären Betätigungsfeldes, z.B. in Richtung 7-Tage-Zeitung, Anzeigenblätter oder Buch- oder Zeitschriftenverlag, gibt es Beispiele von einem über das Anzeigen- und Beilagengeschäft hinausgehenden Zustellservice, von Betätigungen als Internetprovider und -informationsanbieter oder als Call Center (▶▶ Beitrag Gräf) wie auch von Beteiligungen bei regionalen Fernseh- und Rundfunksendern u.v.m.◆

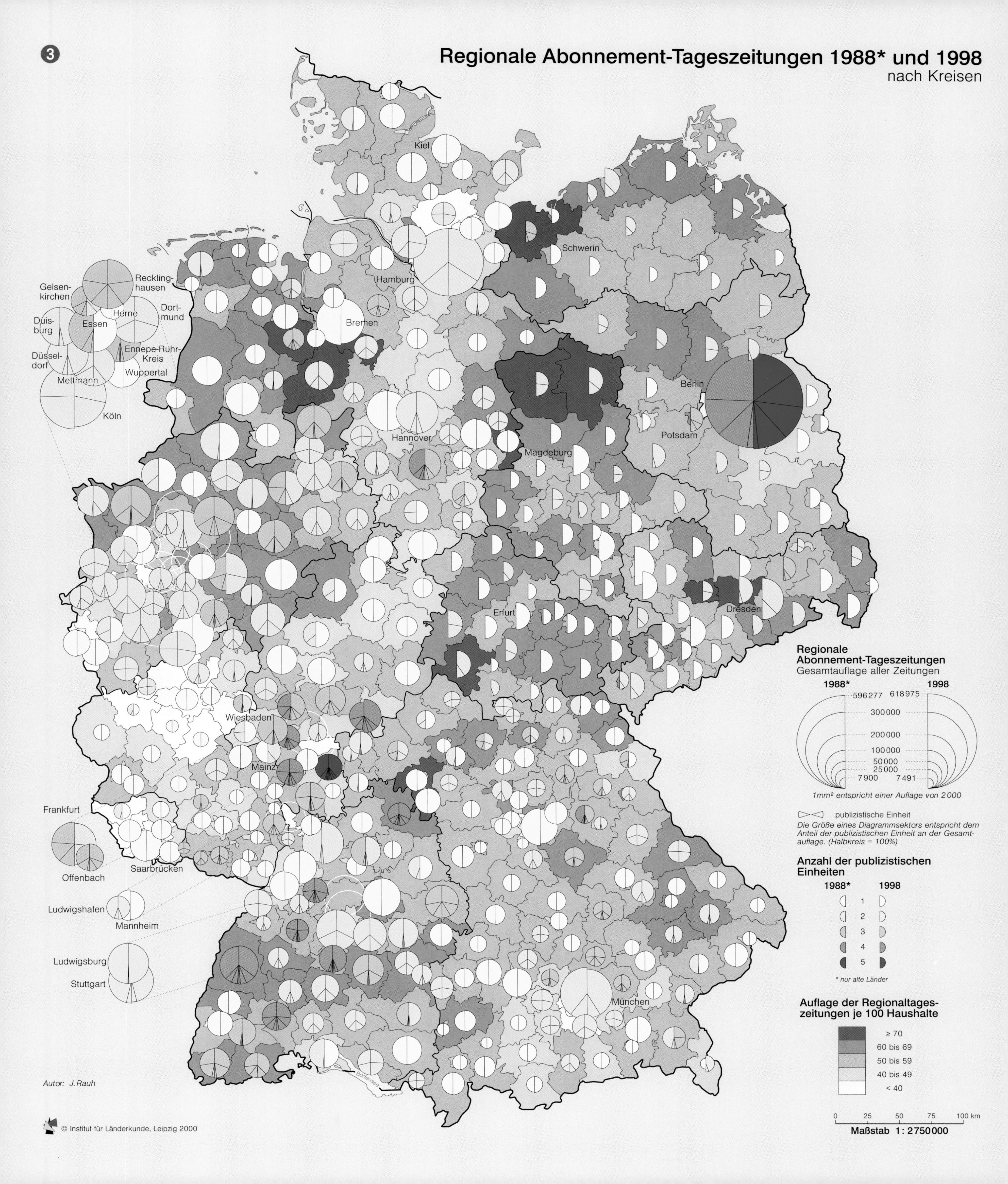
3
Regionale Abonnement-Tageszeitungen 1988* und 1998
nach Kreisen
Kiel
Schwerin
Hamburg
Bremen
Berlin
Potsdam
Hannover
Magdeburg
Erfurt
Dresden
Wiesbaden
Mainz
Saarbrücken
München
Bodensee
Gelsen-kirchen
Reckling-hausen
Herne
Dort-mund
Duis-burg
Essen
Düssel-dorf
Ennepe-Ruhr-Kreis
Wuppertal
Mettmann
Köln
Frankfurt
Offenbach
Ludwigshafen
Mannheim
Ludwigsburg
Stuttgart
Regionale Abonnement-Tageszeitungen
Gesamtauflage aller Zeitungen
1988*
1998
596 277
618 975
300 000
200 000
100 000
50 000
25 000
7 900
7 491
1mm² entspricht einer Auflage von 2 000
publizistische Einheit
Die Größe eines Diagrammsektors entspricht dem Anteil der publizistischen Einheit an der Gesamtauflage. (Halbkreis = 100%)
Anzahl der publizistischen Einheiten
1988*
1998
1
2
3
4
5
* nur alte Länder
Auflage der Regionaltageszeitungen je 100 Haushalte
≥ 70
60 bis 69
50 bis 59
40 bis 49
< 40
0
25
50
75
100 km
Maßstab 1 : 2 750 000
Autor: J. Rauh
© Institut für Länderkunde, Leipzig 2000

Erreichbarkeit und Raumentwicklung

Carsten Schürmann, Klaus Spiekermann und Michael Wegener

Messeschnellweg in Hannover

Erreichbarkeit beschreibt die Lagequalität eines Ortes in Bezug auf potenzielle Gelegenheiten für Kontakte, Besuche oder Warenaustausch. Erreichbarkeit ist ein Maß für den Nutzen, den Einwohner oder Betriebe aufgrund der Verbindungsqualität eines Ortes theoretisch erzielen können. Sie ist damit eine bedeutende Dimension des Verkehrssystems. Besitzt eine Stadt eine hohe Erreichbarkeit, kann allgemein von einem Standortvorteil für wirtschaftliche, aber auch für private Aktivitäten ausgegangen werden.

Erreichbarkeit kann durch eine Vielzahl unterschiedlichster Indikatoren gemessen werden. Einfache Indikatoren geben beispielsweise Informationen über die Verkehrsinfrastrukturausstattung einer Gebietseinheit wie etwa die Länge der Autobahnen oder die Anzahl der Bahnhöfe im Fernverkehr (Biehl 1986; 1991). Diese Indikatoren treffen

Komplexere Erreichbarkeitsindikatoren

Erreichbarkeit lässt sich einfach in Distanz oder Reisezeit darstellen. Komplexere Indikatoren sind Konstrukte aus zwei Größen: den Aktivitäten und Gelegenheiten, die potenziell zu realisieren bzw. zu erreichen sind, und dem Aufwand, diese zu erreichen. Komplexere Erreichbarkeitsindikatoren behandeln diese beiden Komponenten in verschiedener Art und Weise. Sie lassen sich in drei generische Indikatorengruppen einteilen (Schürmann/Spiekermann/Wegener 1997; Wegener/Eskelinen/Fürst/Schürmann/Spiekermann 2000):

- **Reiseaufwand**: Falls nur bestimmte Ziele von Interesse sind, beispielsweise Städte mit einer Mindestbevölkerungszahl, wird Erreichbarkeit als gesamter oder durchschnittlicher Reiseaufwand von den Ausgangsorten zu diesen Zielen gemessen. Reiseaufwand wird dabei gewöhnlich als Reisezeit oder Reisekosten ausgedrückt (vgl. z.B. Lutter/Pütz/Spangenberg 1993; BBR 2000).
- **Tägliche Erreichbarkeit:** Falls nur Ziele von Interesse sind, die innerhalb eines vorgegebenen Reisebudgets (Zeit, Kosten) zu erreichen sind, werden die mit solchen Restriktionen erreichbaren Zielaktivitäten zur Erreichbarkeit der Ausgangsorte summiert. Die Rationalität dieses Indikatortyps orientiert sich am Geschäftsreisenden, der innerhalb eines Tages zu einem anderen Ort reist, seine Geschäfte dort erledigt und abends zurückkehrt (Törnqvist 1970).
- **Potenzialerreichbarkeit:** Dieser Indikatortyp basiert auf der Annahme, dass die Attraktivität von Gelegenheiten mit deren Größe steigt, aber mit wachsendem Reiseaufwand sinkt. Das Erreichbarkeitspotenzial eines Ortes wird so aus der Summe aller über den Reiseaufwand gewichteten Zielaktivitäten (z.B. Bevölkerung oder Unternehmen) berechnet (Hansen 1959; Keeble/Owens/Thompson 1982; Keeble/Offord/Walker 1988).

❶ Erreichbarkeit von Hannover im Straßenverkehr

❷ Erreichbarkeit von Hannover im Eisenbahnverkehr

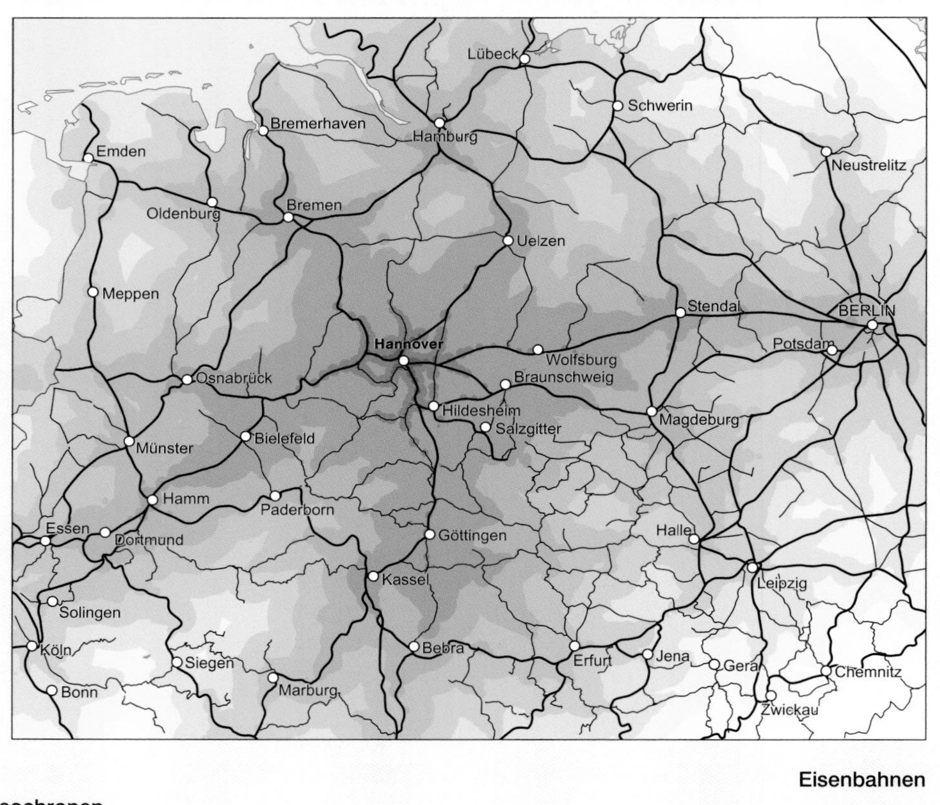

Fernstraßen

Autobahn
Bundesstraße

Reisezeit-Isochronen

0,5 | 1 | 1,5 | 2 | 2,5 | 3 | 3,5 | 4 | 4,5 *Stunden*

Eisenbahnen

Hauptstrecke
Nebenstrecke

Autor: K. Spiekermann

jedoch keine Aussagen über die Verbindungsqualität zu anderen Orten.

▶ Komplexere Erreichbarkeitsindikatoren berechnen die Attraktivität eines Ortes als Funktion der Aktivitäten bzw. Gelegenheiten an diesem Ort selbst und an anderen Orten und dem Aufwand, diese mittels unterschiedlicher Verkehrsmittel zu erreichen (vgl. z.B. BÖKEMANN, 1982; BRUINSMA/RIETVELD, 1996; SCHÜRMANN/SPIEKERMANN/WEGENER, 1997).

Reisezeiten von/nach Hannover

Im allgemeinen Sprachgebrauch werden die Reisezeiten zu oder von einem Ort häufig mit der Erreichbarkeit dieses Ortes gleichgesetzt. Reisezeitisochronen sind eine gängige Methode zur Visualisierung dieses ▶ Reiseaufwandes (SCHÜRMANN, 1999; SPIEKERMANN, 1999). Isochronenkarten für die Verkehrsträger Straße und Schiene, also Karten mit Linien gleicher Reisezeiten, bezogen auf eine deutsche Großstadt, lassen einen unmittelbaren Vergleich zwischen den beiden wichtigsten Verkehrsmitteln im Regional- und Fernverkehr zu. Aus Anlass der EXPO 2000 und aufgrund der zentralen Lage im deutschen Straßen- und Schienennetz wurde Hannover als Beispiel ausgewählt.

Im Straßennetz dehnen sich die Isochronen am weitesten entlang der Autobahnen aus ❶. So sind beispielsweise Bielefeld, Göttingen, Bremen und der Hamburger Süden innerhalb von 90 Minuten von Hannover aus zu erreichen, innerhalb von drei Stunden auch Berlin und das Ruhrgebiet. Dagegen zeigen sich für Regionen ohne Autobahnanschluss deutlich höhere Reisezeiten. Besonders deutlich wird dies für den Harz südöstlich und für den Norden Sachsen-Anhalts nordöstlich von Hannover.

Im Eisenbahnverkehr hat der Bau von Hochgeschwindigkeitsstrecken in Deutschland deutliche Reisezeitverkürzungen zur Folge. Von Hannover aus sind nun Berlin, Bremen und Hamburg, aber auch Göttingen und Kassel mit dem Zug innerhalb von 90 Minuten zu erreichen ❷. Charakteristisch bei den Eisenbahnisochronen ist die Herausbildung von „Inseln" besserer Erreichbarkeit um die IC- und ICE-Bahnhöfe herum, was besonders deutlich in Hamburg zu sehen ist. Dagegen weisen Regionen entlang der Hauptstrecken ohne Anschluss an den Hochgeschwindigkeitsverkehr und insbesondere Regionen zwischen den Hauptlinien deutlich höhere Reisezeiten auf, selbst wenn die Distanz nach Hannover relativ kurz ist.

Im Nahbereich bis zu 60 Minuten Fahrtzeit ist der Pkw das Verkehrsmittel mit der höheren Reichweite. Bei längeren Reisezeiten weist die Eisenbahn vor allem aufgrund der guten Einbindung Hannovers in das Hochgeschwindigkeitsnetz eine zunehmend bessere Erschließungsqualität auf. So benötigt man mit dem Pkw nach Berlin mit drei Stunden Fahrzeit fast doppelt so lange wie mit der Bahn. Auch in Richtung Süden, Südosten und Westen (Kassel, Frankfurt, Leipzig, Ruhrgebiet) ist die Bahn z.T. deutlich schneller als das Auto. In Richtung Norden und Nordwesten kann hingegen ein in etwa ausgewogenes Verhältnis zwischen beiden Verkehrsmitteln festgestellt werden.

Erreichbarkeiten in Deutschland

Zum Vergleich von Standortqualitäten sind Reisezeitisochronen jedoch nur bedingt geeignet, da sie keine Aussagen zu den Gelegenheiten an den Zielorten machen und Vergleiche mehrerer Orte nur in begrenztem Umfang zulassen. Zur Darstellung der unterschiedlichen Erreichbarkeiten in Deutschland wird daher auf das Konzept der ▶ täglichen Erreichbarkeit zurückgegriffen. Dieser Indikator kann zur Beurteilung von Standortqualitäten genutzt werden, um z.B. Einzugsbereiche von infrastrukturellen Großeinrichtungen wie etwa von Freizeitparks und Opernhäusern oder um Absatzmärkte von Vertriebseinrichtungen wie Einkaufszentren abschätzen zu können. Der ausgewählte Erreichbarkeitsindikator weist für jeden Punkt Deutschlands die innerhalb von fünf Stunden Reisezeit erreichbare Bevölkerung aus, welche auch Personen im europäischen Ausland einschließen kann ❸ ❹.

Im Straßennetz und auch im Eisenbahnnetz führt die Kombination von höheren Bevölkerungsdichten und gut ausgebauter Verkehrsinfrastruktur dazu, dass die Regionen höchster Erreichbarkeit in Deutschland nicht im geographischen Zentrum liegen, sondern →

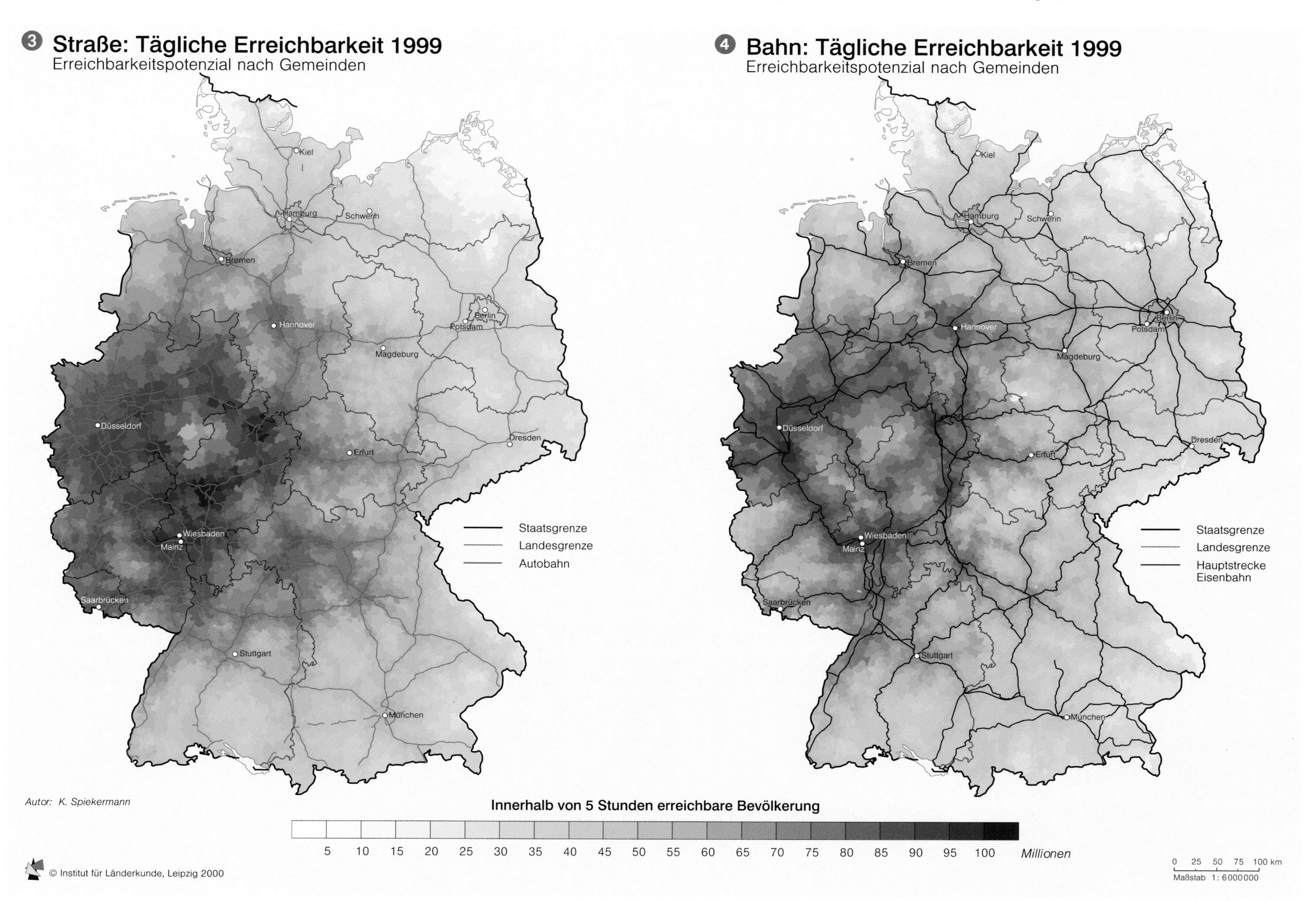

nach Westen verschoben sind. Bei beiden Verkehrsnetzen bildet sich ein Dreieck höchster Erreichbarkeit heraus, dessen Eckpunkte durch den Großraum Hannover und die Regionen Rhein-Ruhr und Rhein-Main markiert werden. Während bei der Bahn die Korridore höchster Erreichbarkeit relativ eng entlang der IC- und ICE-Strecken verlaufen, reichen die durch die Autobahnen bewirkten höheren Erreichbarkeiten auch weiter in die Regionen ohne Autobahn hinein. In diesen Gebieten hoher verkehrsbedingter Standortqualitäten ist in den meisten Gemeinden die Erreichbarkeit auf der Straße höher als die der Eisenbahn. Städte wie Hannover, Hamburg oder Berlin verfügen dagegen über eine bessere Bahnanbindung. Bei beiden Verkehrsarten sind von den besten Standorten aus innerhalb von fünf Stunden zwischen 90 und 100 Millionen Personen erreichbar. Bei der Straße sind diese besten Standorte die Gemeinden der Stadtregionen Rhein-Main, Gießen/Wetzlar, Kassel sowie einige Städte entlang der Sauerlandlinie A45, bei der Eisenbahn sind es die Städte Köln, Leverkusen und Kassel.

Deutschland ist durch große Unterschiede in der Erreichbarkeit gekennzeichnet. Im Norden, Osten und Süden des Landes fällt sie stark ab. Selbst von den dort liegenden Großstädten Hamburg, Berlin und München können innerhalb von fünf Stunden nur bis zu 56 Millionen Personen erreicht werden. Auch innerhalb des Dreiecks höchster Erreichbarkeit finden sich im Bereich des Sauerlandes relativ geringe Werte. Die niedrigsten Werte sind in Vorpommern vorzufinden, eine Folge geringer Bevölkerungsdichten und schlechter Verkehrsanbindungen.

Erreichbarkeiten in Europa

Im Zuge von europäischer Integration und Globalisierung sind Erreichbarkeiten und Lagevor- bzw. -nachteile im internationalen Maßstab zu betrachten. Als Beispielindikator ist hierfür die ▸ Potenzialerreichbarkeit mit der Zielgröße Bevölkerung (Bevölkerungspotenzial) gewählt worden, die Visualisierung erfolgt in Form von quasi-kontinuierlichen Oberflächen ❼.

Die Gebiete mit der größten Erreichbarkeit innerhalb Deutschlands sind gleichzeitig auch im europäischen Kontext die Regionen mit den höchsten Werten. Dies gilt für die Straßen- wie auch für die Eisenbahnerreichbarkeit ❼ (oben). In Europa existieren sehr große Disparitäten der Lagegunst. Über dem Durchschnitt liegende Erreichbarkeitswerte finden sich fast ausschließlich im europäischen Kernbereich. Von hier fällt die Erreichbarkeit in alle Richtungen steil ab. In peripheren Regionen Europas sind weit unterdurchschnittliche Werte vorzufinden, insbesondere in den nordischen Ländern und in weiten Teilen Osteuropas. Hier ragen nur die großen Agglomerationsräume aufgrund ihres Eigenpotenzials heraus. Mit etwas Phantasie läßt sich die „blaue Banane" (RECLUS 1989) herauslesen, die von London über die Beneluxstaaten und entlang des Rheins bis nach Oberitalien reichende europäische Megalopolis. Lediglich die Ile-de-France, die Pariser Stadtregion, setzt einen Kontrapunkt,

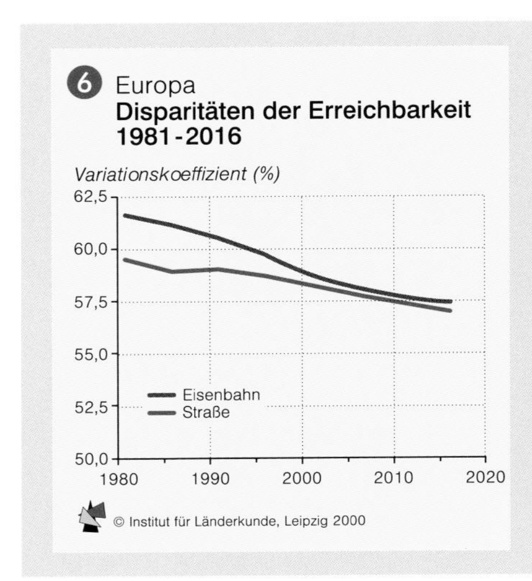

Die Entwicklung der Erreichbarkeitsdisparitäten in Europa wird für einzelne Verkehrsmittel als Variationskoeffizient ausgedrückt. Der Variationskoeffizient macht die Streuungswerte mehrerer Erhebungen (Stichproben) vergleichbar, indem er die Streuung als Prozentwert des arithmetischen Mittels ausdrückt. Zur Berechnung der Variationskoeffizienten wurden 1020 das Gebiet der Europäischen Union abdeckende Regionen benutzt. Dieser Koeffizient drückt die durchschnittliche Abweichung der regionalen Erreichbarkeitswerte vom europäischen Mittelwert der Erreichbarkeit in Prozent des Mittelwerts aus. Hohe Werte weisen auf große Unterschiede hin, kleine Werte auf kleinere Disparitäten der Erreichbarkeit.

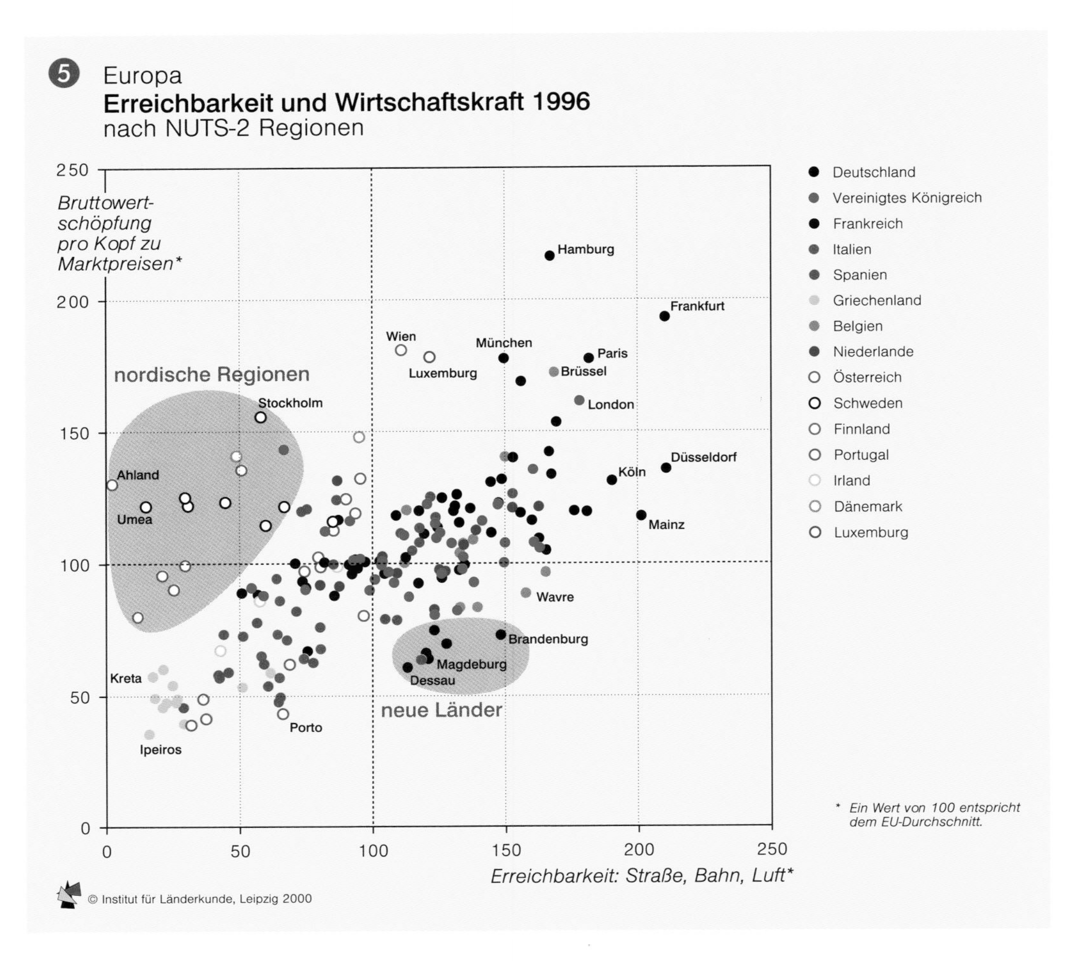

der aufgrund des französischen Hochgeschwindigkeitsnetzes (TGV) bei der Eisenbahnerreichbarkeit deutlicher betont ist.

Heutzutage ist in vielen europäischen Regionen die Straßenerreichbarkeit höher als die der Bahn. Dieses wird sich durch die Entwicklung der transeuropäischen Verkehrsnetze in den nächsten zwei Jahrzehnten (▸▸ Beitrag Lemke u.a.) in vielen Gebieten jedoch ändern ❼ (unten). Das im Aufbau befindliche grenzüberschreitende Hochgeschwindigkeitsbahnnetz führt vor allem in Deutschland und im Süden Frankreichs zu starken Verbesserungen des Erreichbarkeitspotenzials. Die Eisenbahn wird hier zum schnellsten Verkehrsmittel am Boden. Vor allem die Knotenpunkte im Hochgeschwindigkeitsbahnnetz, die Zentren der großen Verdichtungsräume, profitieren. Sichtbare Erreichbarkeitszuwächse bewirken auch die Verbesserungen der Bahninfrastruktur in Polen, in der Tschechischen Republik, in der Slowakischen Republik und in Ungarn. Der Neubau von Autobahnen verbessert die Lagegunst vor allem in Teilen Frankreichs und im deutsch-polnischen Grenzgebiet. In der europäischen Peripherie jedoch führen die vorgesehenen großen Investitionen weder im Straßennoch im Schienennetz zu spürbaren Verbesserungen der Erreichbarkeit. Die große Polarisierung der Erreichbarkeit in Europa läßt sich mit den geplanten transeuropäischen Verkehrsnetzen nicht abmildern, im Gegenteil, die Unterschiede zwischen zentralen und peripheren Regionen werden durch das überproportionale Wachstum der Erreichbarkeit im Zentrum eher noch größer (Spiekermann/Wegener 1996).

Erreichbarkeit und regionale Disparitäten

Zahlreiche empirische Studien haben gezeigt, dass es einen positiven Zusammenhang zwischen der Infrastrukturausstattung einer Region oder ihrer Erreichbarkeit auf der einen Seite und dem Niveau ihrer Wirtschaftskraft auf der anderen Seite gibt (vgl. z.B. Blonk 1979; Biehl 1986, 1991; Keeble/Offord/Walker 1988; Rietfeld/Bruinsma 1998). Eine Betrachtung regionaler wirtschaftlicher Disparitäten in der Europäischen Union zeigt, dass viele ökonomisch benachteiligte Regionen zugleich auch eine geographisch periphere Lage aufweisen ❺. Ausnahmen bilden lediglich die Regionen in den nordischen Ländern, die trotz ungünstiger Erreichbarkeit eine hohe Wirtschaftskraft haben, und die neuen Länder der Bundesrepublik Deutschland, die trotz guter Lage ökonomische Probleme haben.

Regionalökonomische Theorien schließen daraus, daß Regionen mit leichterem Zugang zu Rohstoffen und Absatzmärkten entsprechend produktiver, wettbewerbsfähiger und – vereinfacht gesprochen – erfolgreicher sind (vgl. Linneker 1997). Es ist deshalb ein wichtiges Ziel aller politischer Ebenen (EU, Bund, Länder), durch den Ausbau hochwertiger Verkehrsinfrastrukturen Impulse für die (regionale) Wirtschaft zu geben und so einen Beitrag zum Abbau der ökonomischen Disparitäten zu leisten. Auf europäischer Ebene bewirken die Investitionen in die transeuropäischen Netze bei der Erreichbarkeit allerdings nur einen geringen Rückgang der regionalen Disparitäten ❻. Ob durch Verbesserungen der Erreichbarkeit überhaupt Verbesserungen der Wirtschaftskraft bewirkt werden, ist empirisch nur schwer nachzuweisen. Verkehrsinfrastrukturinvestitionen scheinen nur dort eine starke Wirkung auf die Regionalentwicklung zu entfalten, wo ein Engpass beseitigt wird (Blum 1982; Biehl 1986, 1991) und gleichzeitig die Wirtschaftskraft eher unterdurchschnittlich war (Fürst/Schürmann/Spiekermann/Wegener 2000a; 2000b).◆

7

Erreichbarkeitspotenziale von Straße und Eisenbahn
im 10 km-Raster

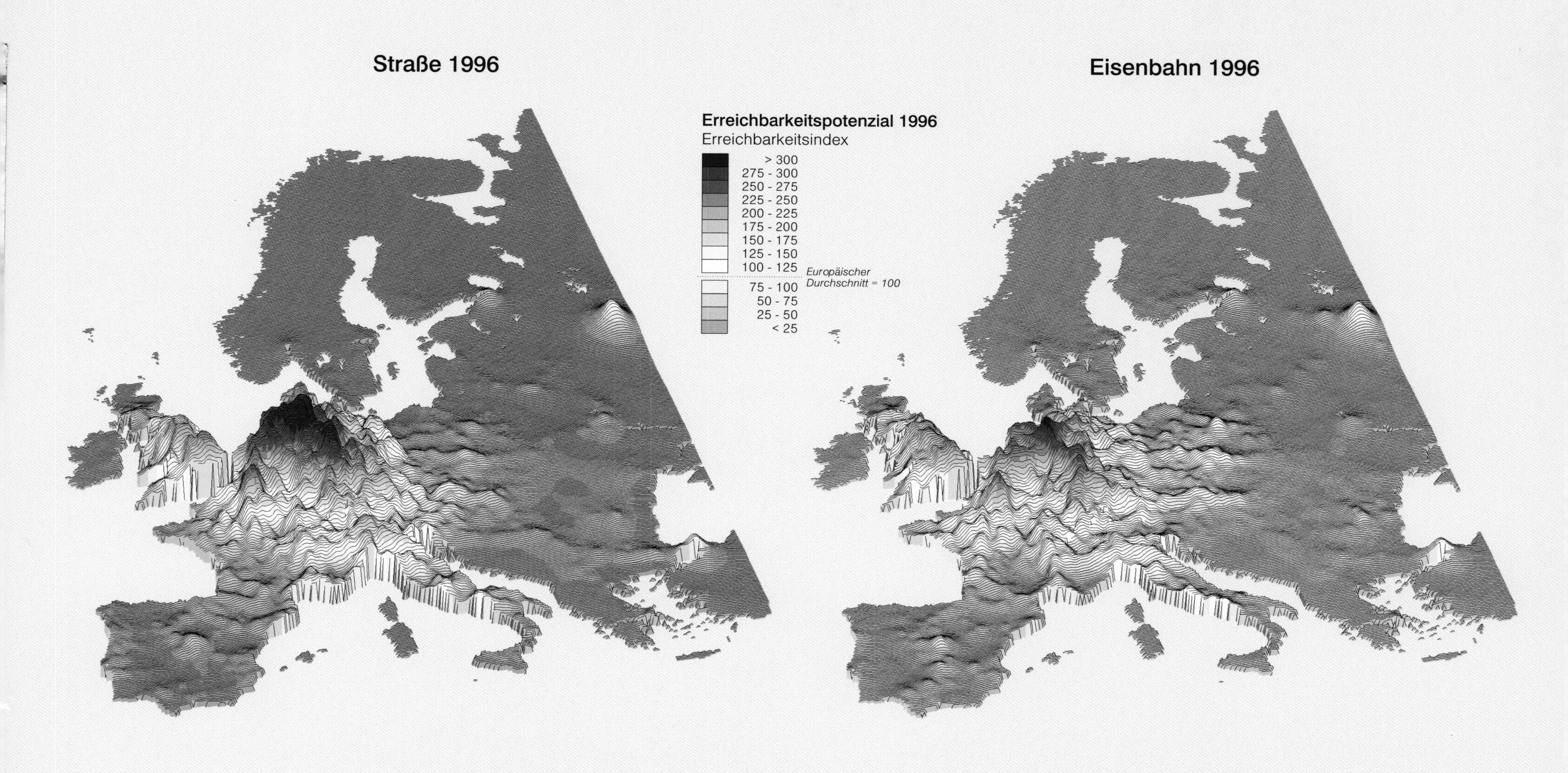

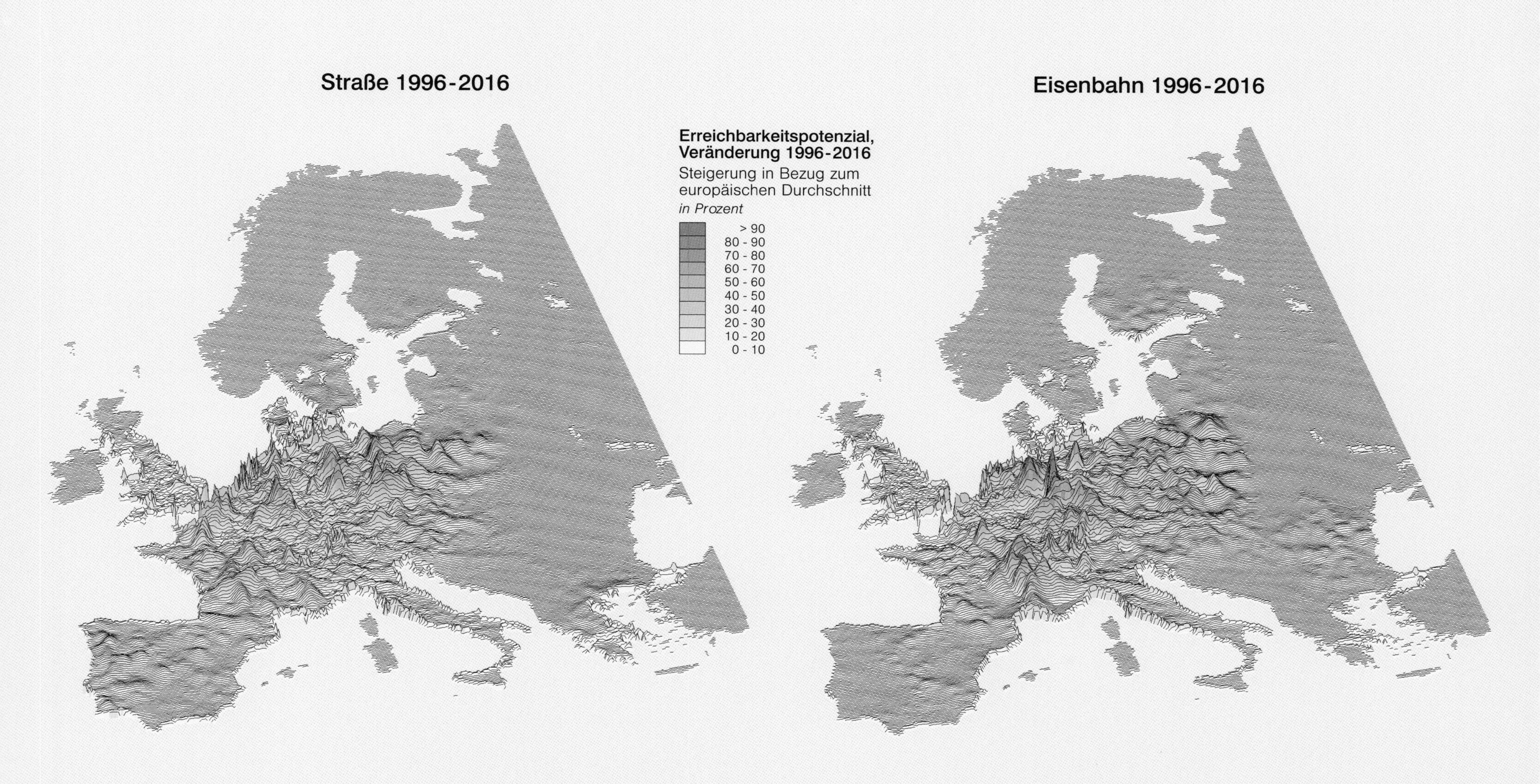

Autor: K. Spiekermann

Auswirkungen der „Verkehrsprojekte Deutsche Einheit"

Andrea Holzhauser und Josef Steinbach

Schienenverkehrsprojekt Deutsche Einheit Nr. 9, Ausbaustrecke Leipzig-Dresden

In den 40 Jahren der getrennten Entwicklung beider deutscher Staaten sind nur wenige grenzüberschreitende Verkehrsverbindungen als Transportkorridore zwischen dem Bundesgebiet und Berlin-West aufrechterhalten worden. Seit dem Mauerbau in Berlin 1961 wurden zudem zahlreiche Schienenstrecken im Grenzgebiet demontiert. In der Gesamtheit der Verkehrsverflechtungen der Bundesrepublik mit anderen Ländern spielte der Personen- und Güteraustausch mit der DDR kaum eine Rolle. Ende der achtziger Jahre erwies sich die Verkehrsinfrastruktur in Ostdeutschland im EG-weiten Vergleich als gravierender Engpassfaktor für die raumwirtschaftliche Entwicklung.

Zwar verfügte die DDR über ein relativ dichtes Straßen- und Eisenbahnnetz; dessen Nutzung war jedoch durch erhebliche qualitative Mängel wie Fahrbahnschäden und fehlende Ortsumgehungen bei den Straßen, veraltete Signal- und Sicherungstechnik sowie zahlreiche Langsamfahrstellen im Schienennetz, Tragfähigkeitsbeschränkungen vieler Brücken und die Überlastung wichtiger Knotenpunkte und Routen eingeschränkt. Zudem entsprach die Ausrichtung und Leistungsfähigkeit der Verkehrsverbindungen nicht den neuen Verkehrsströmen. Als besonders dringlich erwies sich die Schließung von Lücken im Verkehrsnetz beiderseits der Grenze.

Im Vorgriff auf den ersten Gesamtdeutschen Verkehrswegeplan (BMV 1992) legte daher der Bundesminister für Verkehr 1991 die „Verkehrsprojekte Deutsche Einheit" vor. Dabei handelt es sich um 17 als besonders vordringlich eingestufte Maßnahmen zum Ausbau der wichtigsten Ost-West-Achsen, denen eine Schlüsselstellung für das Zusammenwachsen Deutschlands und den wirtschaftlichen Aufschwung in den neuen Ländern beigemessen wurde (▶▶ Beitrag

Blaue Banane – zentraler Wirtschafts- und Siedlungsraum in Europa, der sich – grob bananenförmig – von der Rheinachse über den Beneluxraum bis nach Nordfrankreich ausdehnt

Erreichbarkeitspotenzial – die Summe der mit der Wirtschaftskraft gewichteten Einwohnerzahl aller in einer vorgegebenen Zeit (z.B. 5 Stunden) erreichbaren Regionen

gewichtete Wegzeitsummen – Streckenangaben mit Gewichtung nach der Reisezeit

NUTS – *franz.* Nomenclature des Unités Statistiques; EU-Bezeichnung für statistische Raumeinheiten auf drei Maßstabsebenen (NUTS 1 bis NUTS 3; in Deutschland Länder, Regierungsbezirke, Kreise)

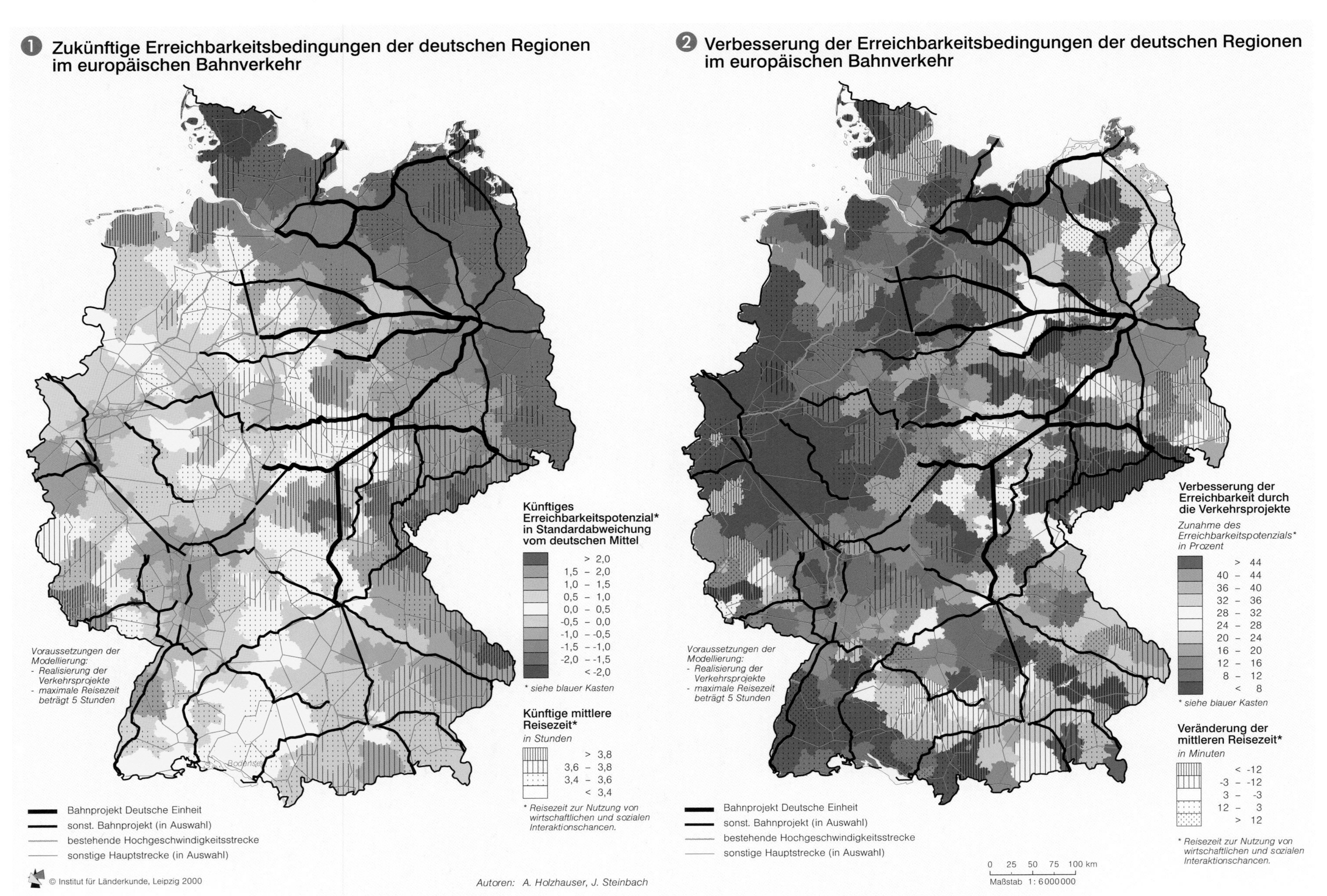

Auswirkungen der Schienenprojekte: Methodischer Ansatz

Kriterium für die vergleichende Bewertung ist das sog. ▶ Erreichbarkeitspotenzial, das für alle Kreise und kreisfreien Städte berechnet wird und angibt, wie viele Einwohner jeweils innerhalb einer maximalen Reisezeit von 5 Stunden mit der Bahn erreicht werden können. Dabei wird die Einwohnerzahl der potenziellen Zielregionen um so stärker gewichtet, je höher die regionale Wirtschaftskraft ist. Das Erreichbarkeitspotenzial ist ein Indikator für die sozialen und wirtschaftlichen Interaktionschancen der Bevölkerung, die mit Hilfe der Bahn wahrgenommen werden können (zur Methodik vgl. J. Steinbach, D. Zumkeller 1992).

Die räumlichen Unterschiede im Bundesgebiet werden als Abweichungen vom jeweiligen nationalen Durchschnitt (prozentual oder in Einheiten des Streuungsmaßes „Standardabweichung") dargestellt, so dass man aus der Karte direkt Art und Ausmaß der über- bzw. unterdurchschnittlichen Ausprägung des betreffenden Indikators ablesen kann. Darüber hinaus enthalten die Karten Angaben zu den durchschnittlichen Reisezeiten, die zur Wahrnehmung wirtschaftlicher und sozialer Interaktionen mit den potenziellen Zielregionen aufzuwenden sind, bzw. zu deren Veränderung. Die durchschnittlichen Reisezeiten können sich auch erhöhen, wenn durch die Realisierung der Schienenprojekte neue und attraktive Zielregionen innerhalb einer Reisezeit von 5 Stunden erreichbar werden.

Die Europakarte bezieht sich auf die Erreichbarkeit des deutschen Dienstleistungsangebotes von außen, also von den europäischen Regionen aus. Hier kommt das Potenzialmodell der gewichteten Wegzeitsummen zur Anwendung: Die Potenziale der 799 europäischen Bezugsregionen resultieren aus der Summe der gewichteten Reisezeiten im Bahnverkehr zu den 445 deutschen Zielregionen (Kreise und kreisfreie Städte), wobei jeweils die Anzahl der Beschäftigten im Dienstleistungssektor (als Indikator für die wirtschaftliche Bedeutung der Zielregion) als Gewichtungsfaktor dient.

Kagermeier, Bd. 1). Neun der 17 Verkehrsprojekte Deutsche Einheit betreffen den vorrangigen Ausbau von Schienenstrecken mit einem Investitionsvolumen von 30 Mrd. DM. Im Straßenverkehr wurden sieben Projekte für den Ausbau der wichtigsten Ost-West-Achsen für insgesamt 23,5 Mrd. DM vorgesehen. Ein weiteres Vorhaben galt dem Ausbau der Wasserstraße von Hannover über Magdeburg (Elbequerung) nach Berlin für Schubverbände bis zu 3500 t Tragfähigkeit (4 Mrd. DM). Von den neun Schienenprojekten sind fünf bereits abgeschlossen, die übrigen 12 Projekte sind in der Realisierung.

Die Schienenprojekte

Bei den Schienenprojekten Deutsche Einheit handelt es sich zumeist um Neubau- und Ausbaustrecken des Hochgeschwindigkeitsnetzes mit durchschnittlichen Fahrgeschwindigkeiten von 160 bis 250 Kilometern pro Stunde. Diese neue Technologie dient vorwiegend zur Verbindung der großen Agglomerationen und soll maßgeblich zum Funktionieren des Europäischen Binnenmarktes beitragen. Die Verkürzung der Reisezeiten fällt regional unterschiedlich aus und hängt im Wesentlichen von der relativen Lage innerhalb des auszubauenden Schienennetzes ab. Die Erfassung der räumlichen Auswirkungen der Aus- und Neubaumaßnahmen bezieht sich im Folgenden auf den Personenfernverkehr (vor allem Geschäfts- und Dienstreiseverkehr) über Entfernungen, auf denen die Hochgeschwindigkeitsbahn den Flugverkehr weitgehend ersetzen soll.

Die zukünftige Erreichbarkeit im Schienenfernverkehr nach Realisierung aller Projekte und die Verbesserung der Verkehrserschließung gegenüber der Ausgangssituation 1990 weisen erhebliche regionale Unterschiede auf der Ebene der Kreise und kreisfreien Städte auf. Die beiden Karten zeigen deutlich entgegengesetzte Grundmuster für die alten und neuen Länder auf. Während die Erreichbarkeitsbedingungen in Westdeutschland nach Realisierung der Schienenprojekte immer noch weit überdurchschnittlich ausgeprägt sind, lassen die meisten ostdeutschen Kreise und kreisfreien Städte überdurchschnittliche Zuwächse beim ▶ Erreichbarkeitspotenzial durch den Ausbau des Schienennetzes erwarten.

Karte ❶ zeigt, dass die Regionen der Rheinschiene, die städtischen Agglomerationen am nördlichen Mittelgebirgsrand und die Standorte entlang der alten und neuen Hochgeschwindigkeitsstrekken wegen ihrer zentralen Position im Kernraum der EU ▶ blaue Banane und ihrer guten Integration in das europäische Bahnnetz nach Realisierung der Projekte ihre Erreichbarkeitsvorsprünge behalten – auch gegenüber dem südostdeutschen Raum mit der Agglomeration München und den Wirtschaftszentren im Norden, z.B. Hamburg. Wegen ihrer Lagenachteile gegenüber Westeuropa, aber auch wegen der teilweise bestehenden innerdeutschen Randlage bleiben die ostdeutschen Regionen mit den günstigsten Erreichbarkeitsbedingungen immer noch hinter Nord- und Süddeutschland zurück. Die Schienenprojekte Deutsche Einheit tragen dazu bei, die Randlage Berlins im deutschen Schienenfernverkehr deutlich zu verringern: Die Bundeshauptstadt liegt nunmehr außerhalb der Zone des geringsten Erreichbarkeitspotenzials entlang der deutsch-polnischen Grenze und im Ostseeraum.

Karte ❷ relativiert im Grunde das Bild potenzieller Benachteiligung der neuen Länder. Es zeigt sich nämlich sehr eindrucksvoll, dass die Realisierung der Schienenprojekte Deutsche Einheit erheblich zur Aufwertung der wirtschaftlichen Kernregionen von Ostdeutschland beiträgt, vor allem in Sachsen, Sachsen-Anhalt und in Teilbereichen Thüringens sowie – durch einen „Erreichbarkeitskeil", der sich entlang der neuen Trassen nach Osten erstreckt – im Raum Berlin und im Nordosten (Raum Neubrandenburg). Ohne die geplanten Maßnahmen zum Ausbau des Schienennetzes würden sich die oben dargestellten Disparitäten noch weiter verstärken. Ähnliche Aufwertungseffekte ergeben sich übrigens auch in Süddeutschland, vor allem im südöstlichen Bayern und im Raum Allgäu/Donau-Iller.

In Karte ❸ wird das europäische Erreichbarkeitsgefälle bezogen auf das deutsche Angebot deutlich. Für den Bahnverkehr ist – ohne zeitliche Begrenzung der Reisezeit – besonders der innere Kernbereich von Bedeutung, der sich durch Wegezeiten unter dem europäischen Durchschnitt auszeichnet. Diese Zone reicht im Westen bis in den Pariser Raum, im Süden bis nahe Mailand, im Osten bis an die Linie Posen – Breslau – Brünn – Wien und im Norden bis in die Küstenbereiche. Betrachtet man die Auswirkungen der Schienenprojekte auf die Reisezeiten im europäischen Rahmen (▶ gewichtete Wegzeitsummen), so zeigt sich, dass die bisher weitgehend unerschlossene Peripherie am meisten davon profitiert. Dennoch wird der auf Deutschland bezogene Geschäfts- und Dienstreiseverkehr lange Bahnfahrten meiden und weiterhin das Flugzeug als Hauptverkehrsmittel nutzen.

Die Straßenprojekte

Zur Erfassung der Auswirkungen der Straßenprojekte Deutsche Einheit wurde die Funktion der Straßen als Träger des Güterverkehrs untersucht. Trotz der

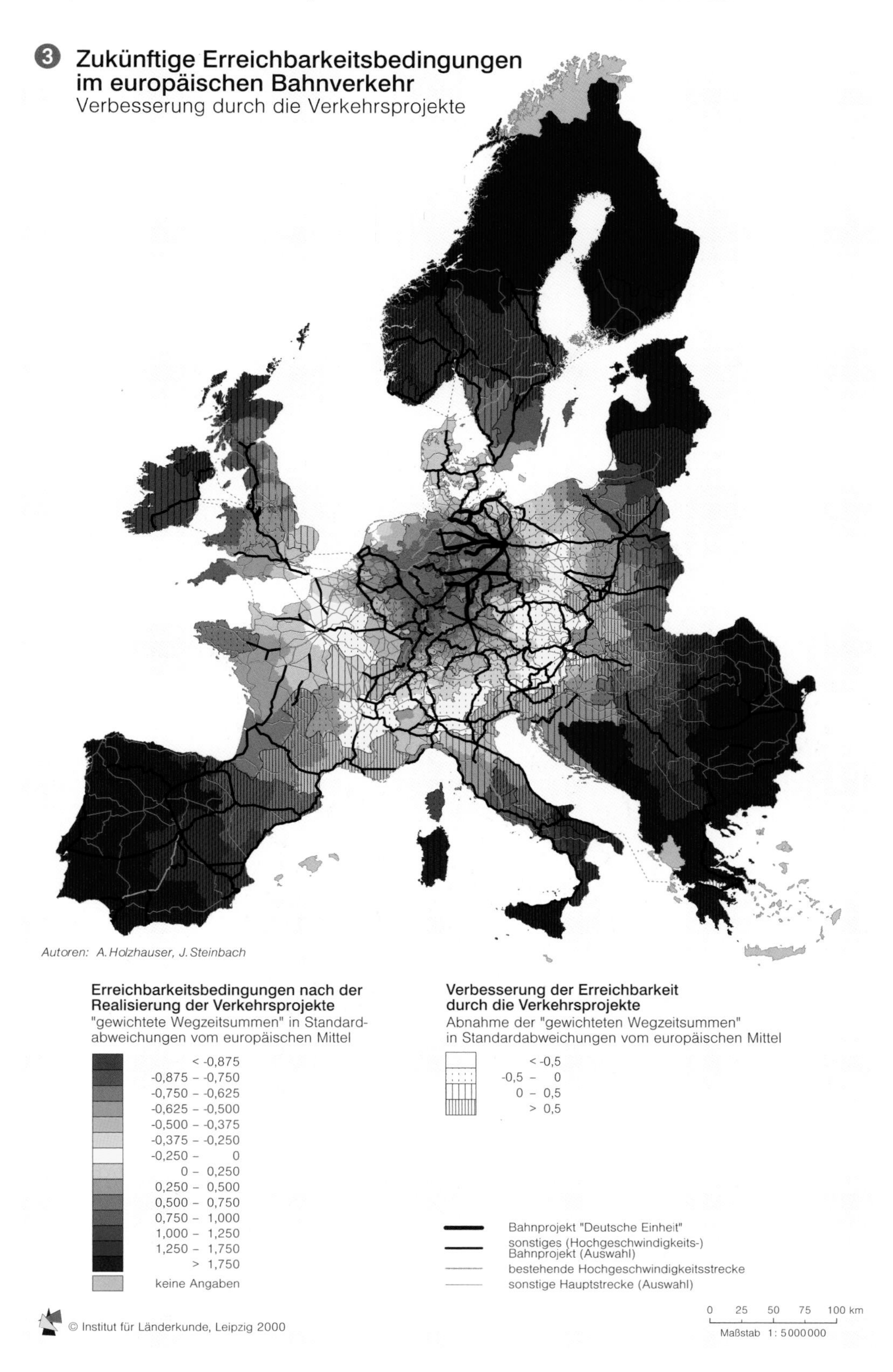

Initiativen zur Verkehrsverlagerung liegt der Anteil des Straßenverkehrs am gesamten Güterverkehr der EU derzeit bei etwa 75% und hat sich in jüngerer Zeit sogar noch erhöht (EUROPÄISCHE KOMMISSION 1999).

Die absolute Bedeutung der Straßenprojekte ist in Karte ❻ enthalten. Sie wird durch das Ausmaß der Verringerung von ▶ gewichteten Wegzeitsummen gemessen, welche sich durch den betrachteten Straßenabschnitt für die europäischen Zielregionen ergeben. Hier zeigt sich besonders die Bedeutung der zentralen Nord-Süd-Achse (A9) und der West-Ost-Achsen (A4, A2/A10), während etwa die Ostsee-Autobahn (A20) nur in wesentlich geringerem Ausmaß zur Verbesserung der Erreichbarkeit im deutschen und europäischen Straßengüterverkehr beiträgt (ihre touristische Bedeutung und ihre sonstigen Erschließungsfunktionen werden hier nicht untersucht). Die Karte veranschaulicht die in der Bundesrepublik zu erwartenden Erreichbarkeits-Verbesserungen im Detail und zeigt, dass praktisch alle wichtigen wirtschaftlichen Zentren in Ostdeutschland bedeutend aufgewertet werden und dass die Erreichbarkeitseffekte besonders auf Bayern, Niedersachsen und Schleswig-Holstein ausstrahlen.

Abbildung ❺ bezieht sich auf die Ergebnisse einer differenzierten Analyse der Erreichbarkeitseffekte. Für bestimmte Straßenquerschnitte der Projekte Deutsche Einheit (s. Markierung in ❻) wird hier dargestellt, in welchem Ausmaß die europäischen Regionstypen nach dem wirtschaftlichen Entwicklungsstand und der wirtschaftlichen Entwicklungsdynamik von der Realisierung der Straßenprojekte profitieren. Zum Beispiel trägt die A9 besonders zur Erschließung der prosperierenden westeuropäischen Agglomerationen bei, während die A4 und die A10 auch wesentlich die Erreichbarkeit der wichtigen Standorte in den osteuropäischen Reformstaaten begünstigen.

In Karte ❻ stellen die Flächenfarben die zukünftigen Erreichbarkeitsbedingungen im europäischen Straßengüterverkehr dar, die sich nach der Realisierung der Straßenprojekte Deutsche Einheit sowie der anderen betrachteten Straßenbaumaßnahmen ergeben. Deutlich zeigen sich die bevorzugte Situation des Zentralraumes der EU einschließlich der neuen Länder, die auch zukünftig erhalten bleibt, sowie das steile Erreichbarkeitsgefälle zu den peripheren Regionen. Durch die Flächenraster werden die Aufwertungseffekte veranschaulicht. Man erkennt erstens, dass die neuen Länder durch die Verkehrsprojekte Deutsche Einheit auf das Erreichbarkeitsniveau des EU-Zentralraumes gehoben werden, und zweitens, wie sehr diese auch zum Abbau des Erreichbarkeitsgefälles nach Osteuropa beitragen sowie auch – in Kombination mit den neuen Verbindungen über den Øresund und den Großen Belt – zur Erschließung von Skandinavien (▶▶ Beitrag Lemke u.a.).◆

Auswirkungen der Straßenprojekte: Methodischer Ansatz

Es kommt wieder das Potenzialmodell der ▶ gewichteten Wegzeitsummen zur Anwendung, wobei insgesamt 1364 Regionen in West- und Osteuropa die räumliche Bezugsgrundlage bilden (1045 NUTS 3-Regionen der EU und 319 mehr oder minder vergleichbare Einheiten in den übrigen betrachteten Staaten). Ein solcher „Standort" nimmt eine um so günstigere Position im Netzwerk des Straßenverkehrs ein, je geringere Werte sich für die Wegzeitsummen im Lkw-Verkehr (einschließlich der Wartezeiten an den Außengrenzen der EU bzw. an sonstigen Staatsgrenzen, der Verzögerungen im Fährverkehr etc.) zu allen anderen Regionen ergeben. Allerdings muss man in einem solchen Kalkül auch die unterschiedliche Bedeutung der Regionen als Ziele des Straßengüterverkehrs berücksichtigen. Daher wird der Potenzialindikator für eine Bezugsregion aus der Summe der gewichteten Lkw-Fahrzeiten (auf kürzesten Wegen) zu den west- und osteuropäischen Zielstandorten gebildet, wobei jede Fahrzeit mit dem Bruttoinlandsprodukt des Zielstandortes als Kennzahl seiner wirtschaftlichen Bedeutung multipliziert wird.

Die Auswirkungen der Projekte Deutsche Einheit zeigen sich beim Vergleich der gewichteten Wegzeitsummen, die auf der Basis des Straßennetzes vor der Projektrealisierung ermittelt wurden, mit den entsprechenden Werten, die sich ergeben, wenn man die Fertigstellung der projektierten Straßenabschnitte annimmt: In je größerem Ausmaß sich die gewichteten Wegzeitsummen für eine betrachtete Region verringern, desto mehr tragen die Verkehrsprojekte zur Verbesserung ihrer Erreichbarkeit bei, um so mehr steigen die Chancen für den nationalen und internationalen Güteraustausch.

Natürlich hängen die Auswirkungen der Projekte Deutsche Einheit auch von den anderen mittel- und längerfristig geplanten Veränderungen im europäischen Straßennetz ab. Daher sind im Simulationszustand dieses Netzes auch die Zubringerprojekte in Westdeutschland berücksichtigt, sowie andere geplante Ausbaumaßnahmen in verschiedenen europäischen Staaten.

❹ **Zukünftige Erreichbarkeitsbedingungen im europäischen Straßengüterverkehr**
Verbesserung durch die Verkehrsprojekte

Autoren: A. Holzhauser, J. Steinbach

Erreichbarkeitsbedingungen nach der Realisierung der Verkehrsprojekte
gewichtete Wegzeitsummen in Standardabweichungen vom europäischen Mittel

< -0,875
-0,875 – -0,750
-0,750 – -0,625
-0,625 – -0,500
-0,500 – -0,375
-0,375 – -0,250
-0,250 – 0
0 – 0,250
0,250 – 0,500
0,500 – 0,750
0,750 – 1,000
1,000 – 1,250
1,250 – 1,750
> 1,750

Verbesserung der Erreichbarkeit durch die Verkehrsprojekte
Abnahme der "gewichteten Wegzeitsummen" in Standardabweichungen vom europäischen Mittel

< -0,5
-0,5 – 0
0 – 0,5
> 0,5

Straßenprojekt "Deutsche Einheit"
sonstiges Straßenprojekt (Auswahl)
übergeordnetes Straßennetz

0 25 50 75 100 km
Maßstab 1 : 5 000 000

❺ **Verbesserung der Erreichbarkeit der europäischen Regionen im Straßengüterverkehr**

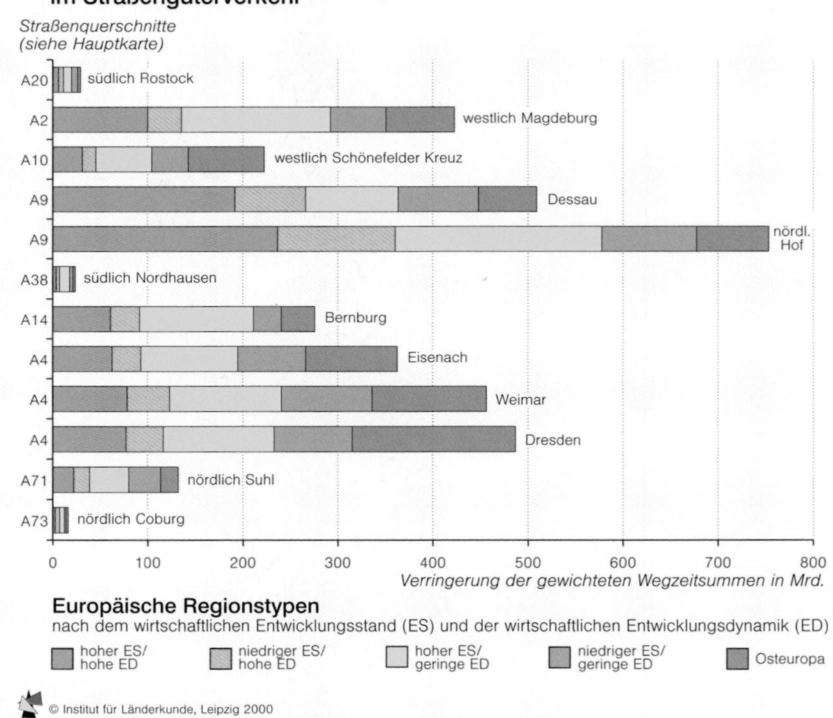

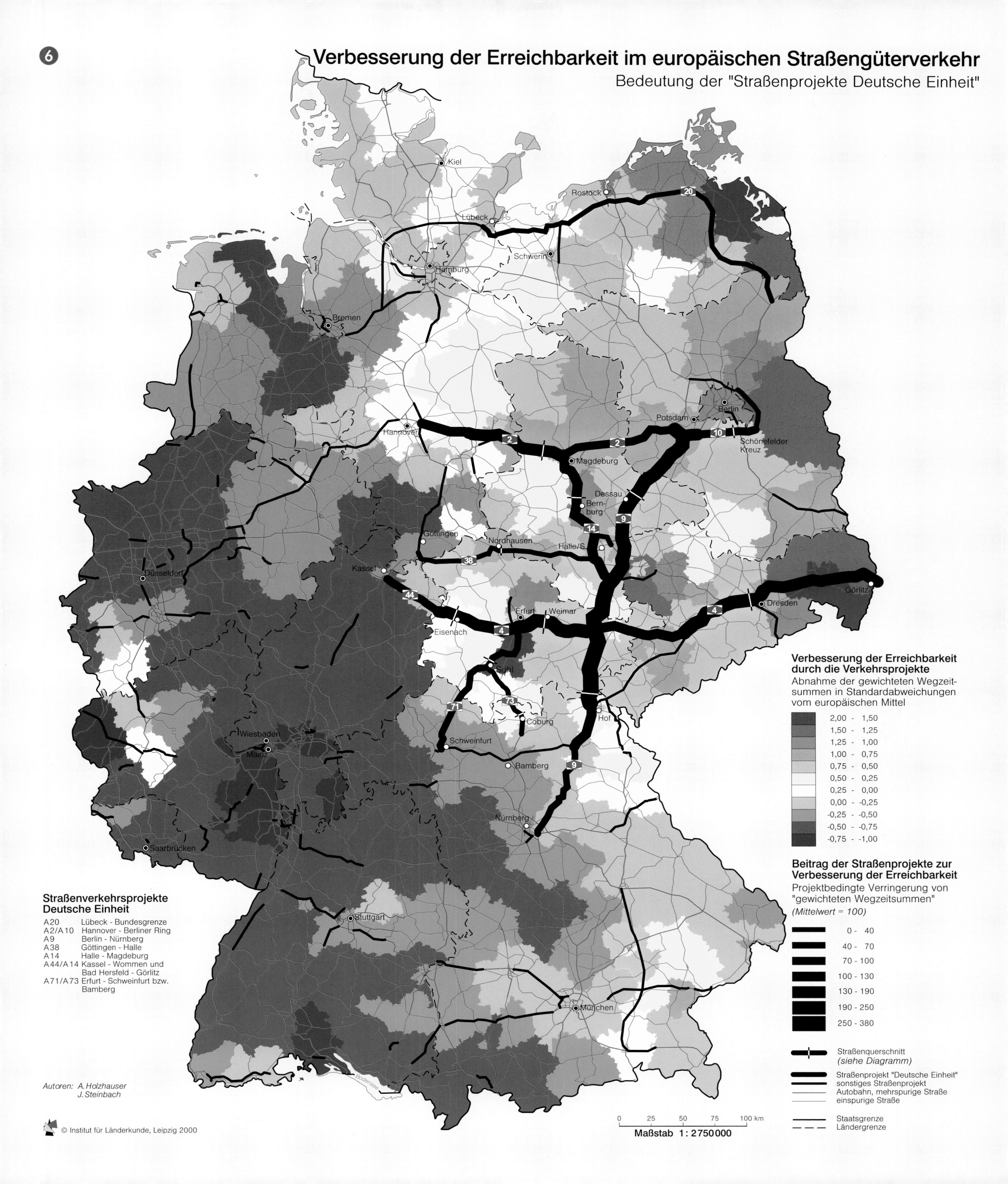
6
Verbesserung der Erreichbarkeit im europäischen Straßengüterverkehr
Bedeutung der "Straßenprojekte Deutsche Einheit"
Kiel
Rostock
Lübeck
Schwerin
Hamburg
Bremen
Berlin
Potsdam
Hannover
Schönefelder Kreuz
Magdeburg
Dessau
Bernburg
Göttingen
Nordhausen
Halle/S.
Kassel
Düsseldorf
Görlitz
Dresden
Erfurt
Weimar
Eisenach
Suhl
Coburg
Hof
Wiesbaden
Mainz
Schweinfurt
Bamberg
Nürnberg
Saarbrücken
Stuttgart
München
Bodensee
20
2
10
9
14
38
44
4
71
73
Verbesserung der Erreichbarkeit durch die Verkehrsprojekte
Abnahme der gewichteten Wegzeitsummen in Standardabweichungen vom europäischen Mittel
2,00 - 1,50
1,50 - 1,25
1,25 - 1,00
1,00 - 0,75
0,75 - 0,50
0,50 - 0,25
0,25 - 0,00
0,00 - -0,25
-0,25 - -0,50
-0,50 - -0,75
-0,75 - -1,00
Beitrag der Straßenprojekte zur Verbesserung der Erreichbarkeit
Projektbedingte Verringerung von "gewichteten Wegzeitsummen"
(Mittelwert = 100)
0 - 40
40 - 70
70 - 100
100 - 130
130 - 190
190 - 250
250 - 380
Straßenquerschnitt
(siehe Diagramm)
Straßenprojekt "Deutsche Einheit"
sonstiges Straßenprojekt
Autobahn, mehrspurige Straße
einspurige Straße
Staatsgrenze
Ländergrenze
0 25 50 75 100 km
Maßstab 1 : 2750000
Straßenverkehrsprojekte Deutsche Einheit
A20 Lübeck - Bundesgrenze
A2/A10 Hannover - Berliner Ring
A9 Berlin - Nürnberg
A38 Göttingen - Halle
A14 Halle - Magdeburg
A44/A14 Kassel - Wommen und Bad Hersfeld - Görlitz
A71/A73 Erfurt - Schweinfurt bzw. Bamberg
Autoren: A. Holzhauser
J. Steinbach
© Institut für Länderkunde, Leipzig 2000

Verkehrlich hoch belastete Räume

Günter Löffler und Horst Lutter

Autobahn München-Salzburg

Der Anstieg der ▸ Verkehrsleistung insbesondere im Straßenverkehr wird auch im nächsten Jahrzehnt weiter anhalten. Ausgehend von 741 Mrd. Personenkilometern im Jahr 1995 wird sich die Verkehrsleistung im Straßenpersonenverkehr bis zum Jahr 2010 um weitere 20% erhöhen, im Straßengüterverkehr ausgehend von 200 Mrd. Tonnenkilometern um 50%. Der Kfz-Betrieb verursacht eine Belastung durch Lärm und Abgase, und die notwendige ▸ Verkehrsinfrastruktur benötigt Flächen und zerschneidet und zerstört die Landschaft (▸▸ Beitrag Schumacher/Walz, Bd. 10).

Belastungen durch den Pkw-Verkehr

Der Verkehr ist Hauptverursacher von Waldschäden und Sommersmog, die wesentlich durch die Bildung von Ozon und Fotooxidation aus den Ausgangsschadstoffen hervorgerufen werden. Mit einem Anteil von 20% an den CO_2-Emissionen trägt der Verkehr erheblich zum Treibhauseffekt bei. Während des Tages sind bereits 17% aller Wohnungen einem primären Verkehrslärm von über 65 Dezibel (Außengeräuschpegel) ausgesetzt. Damit ist die Lebensqualität der hier wohnenden Menschen stark beeinträchtigt. In einigen Bereichen ist der Verkehr zum wichtigsten Umweltproblem geworden. Der Anteil der Emissionen aus dem Straßenverkehr am Gesamtaufkommen beträgt für Kohlenmonoxid (CO) 56%, für Stickstoffoxide (NO_x) 46% und für flüchtige organische Verbindungen (CH) 33%.

Der Ausbau des Verkehrswegenetzes hat inzwischen zu einem hohen Grad an Landschaftszerstörung und ▸ Flächenzerschneidung geführt und die Lebensräume bedrohter Tier- und Pflanzenarten massiv beeinträchtigt. Aber auch die Erholungsfunktion dieser Räume für den Menschen ist vielfach gestört. Die Verkehrsflächen umfassen insgesamt 1,6 Mio. ha und nehmen damit 4,6% der Fläche des Bundesgebietes ein.

Bereits in der Resolution der für Verkehr, Umwelt und Raumordnung zuständigen Minister und Senatoren der Länder und des Bundes von 1992 (BMRBS 1993a) für eine zukünftig umweltgerechtere Verkehrspolitik findet sich die Zielformulierung „In den verkehrlich hoch belasteten Räumen ist den Verkehrsträgern mit hoher Massenleistungsfähigkeit (Bahnen und Busse) absoluter Vorrang einzuräumen.“ In den folgenden Jahren wurde auf nachgeordneten Ebenen das Ziel der Entlastung verkehrlich hoch belasteter Räume aufgegriffen und differenziert. Innerhalb dieser Räume sind zwei Erscheinungsformen zu unterscheiden: zum einen Regionen mit flächenhafter Belastung, zum anderen die Verkehrskorridore mit bandartiger Belastung ❷.

Verkehrlich hoch belastet sind die ▸ Verdichtungsräume mit ihrem weiteren Umland, u.a. aufgrund der täglichen Pkw-Pendler (▸▸ Beitrag Bade/Spiekermann). Aber auch Erholungsgebiete, die überwiegend mit dem Pkw angefahren werden, und viele zentrale Orte im ländlichen Raum gehören aufgrund ihrer dichten Verkehrsinfrastruktur und/oder hoher Verkehrsaufkommen zu dieser Raumkategorie. Die wichtigen Nord-Süd- und Ost-West-Fernverkehrsverbindungen bilden hoch belastete ▸ Korridore, die im Umland der Ballungsräume aufgrund ihrer hohen Dichte teils zu flächenhaften Belastungsgebieten geworden sind (▸▸ z.B. Beitrag Klein /Löffler).

Lösungsansätze

Die hoch belasteten Räume werden nach raumordnerischen Gebietskategorien in Verdichtungsräume oder Fremdenverkehrsregionen und in ▸ Radial- oder Verbindungskorridore eingeteilt. In der Zukunft sind verstärkt Programme zur Senkung der verkehrlichen Belastung notwendig. Dies setzt gemeindeübergreifende Lösungsansätze zur Entwicklung regionaler Siedlungs- und Verkehrskonzepte voraus, die gleichzeitig auf die Verringerung des Flächenverbrauchs durch Verkehrsinfrastruktur und auf die Reduktion von Kfz-Fahrleistungen abzielen ❶.

In verkehrlich hoch belasteten Fremdenverkehrsregionen außerhalb der Verdichtungsräume sind die Erfordernisse der Verkehrsinfrastruktur mit der gewünschten Tourismusentwicklung abzustimmen. Umfassende Tourismus- und Verkehrskonzepte für die Entwicklung eines nachhaltigen Urlaubserholungsverkehrs sind daher erforderlich.

Neben diesen regionalen Konzeptansätzen sind in den hoch belasteten Verkehrskorridoren innerhalb der Verdichtungsräume und in den ins Umland ausgreifenden Radialkorridoren Maßnahmen zur Verkehrsentlastung zu ergreifen. Die Verbindungskorridore sind durch Verkehrsverlagerungen zu entlasten, wie sie bereits 1993 im Raumordnerischen Orientierungsrahmen (BMRBS 1993b) genannt werden.◆

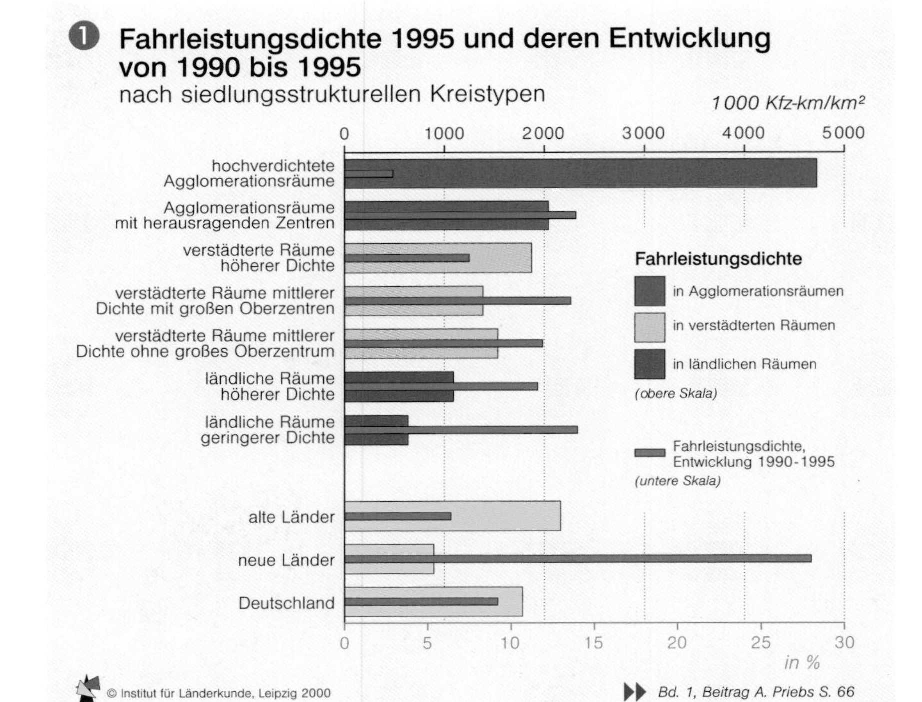

Fernverkehrskorridore entstehen durch Bündelung von (Fern-)Verkehrsinfrastruktur auf engem Raum (parallele Führung verschiedener Verkehrsträger) aufgrund naturräumlicher Gegebenheiten (z.B. Rheintal mit Fernstraße, Schiene und Binnenschifffahrt) oder durch gezielte Planung (z.B. BAB 3 und die im Bau befindliche ICE-Verbindung Köln-Frankfurt). Fernverkehrskorridore werden auch als **Verbindungskorridore** bezeichnet. Unter **Radialkorridoren** werden strahlenförmig vom Verdichtungsraum ins Umland führende Bündelungen von Verkehrswegen oder -trägern verstanden.

Flächenzerschneidung entsteht bei der Verkehrstrassenführung durch Gebiete mit einheitlicher Ausstattung oder Nutzung, z.B. durch ein Wasserschutzgebiet oder ein Naherholungsgebiet.

Verdichtungs-/Ballungsräume – Räume hoher Siedlungs- und Einwohnerdichte

Verkehrsinfrastruktur – Summe aller verkehrstechnischen Einrichtungen bzw. baulichen Anlagen, die benötigt werden, um Personen oder Güter von A nach B zu bewegen. Dabei wird ggf. durch eine zusätzliche Angabe nach den Verkehrsträgern unterschieden (z.B. Verkehrsinfrastruktur für die Schiene).

Verkehrsleistung – Beförderungsaufkommen, ausgedrückt in Anzahl von Personen (P) oder Tonnen Güter (t) multipliziert mit der Beförderungsweite in km. Die Verkehrsleistung für ein bestimmtes Raum-Zeit-Fenster wird in Personenkilometern (Pkm) oder Tonnenkilometern (tkm) angegeben.

②

Verkehrlich hoch belastete Räume 1995

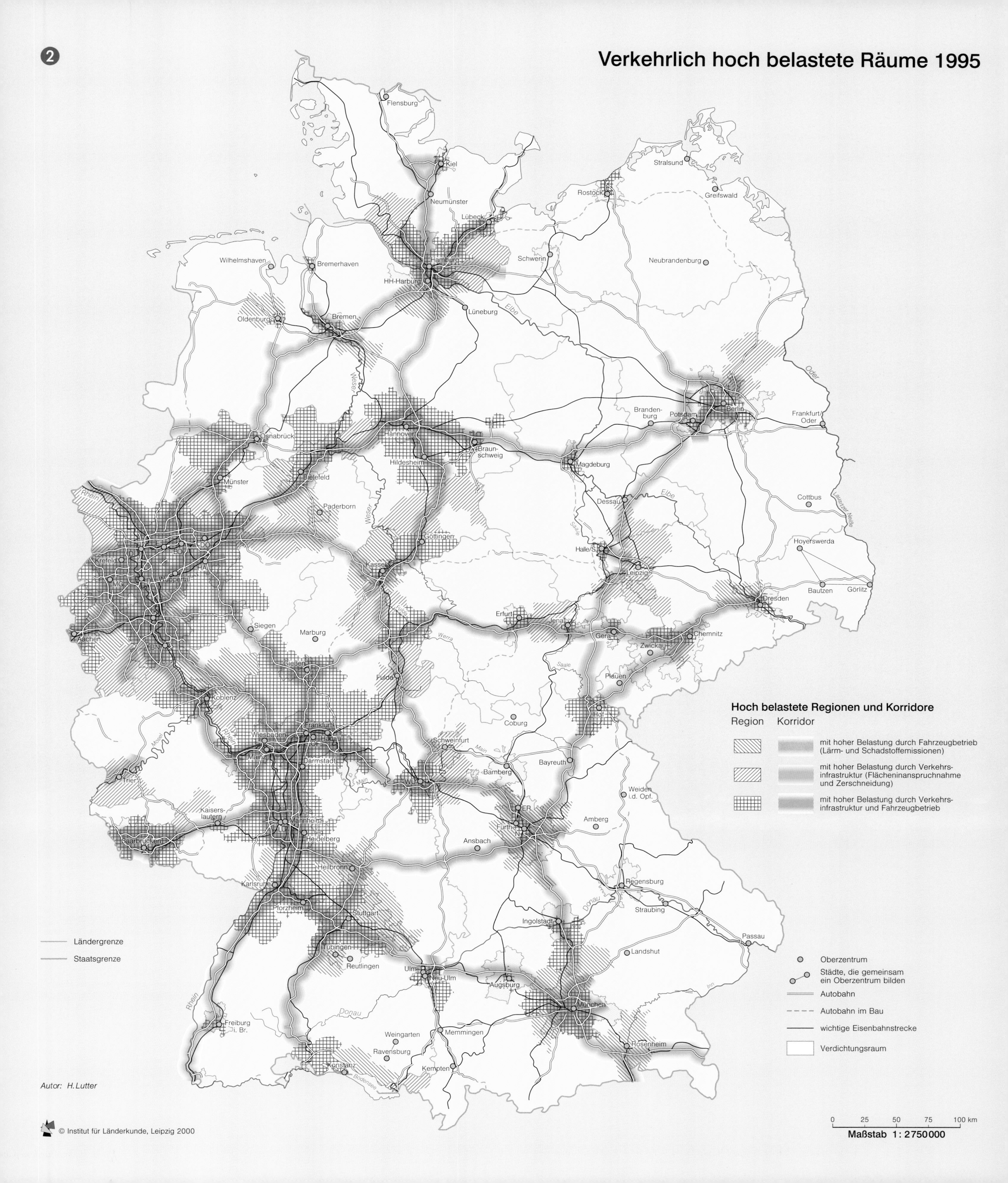

Autor: H. Lutter

Unfälle im Straßenverkehr

Ralf Klein und Günter Löffler

Die in der Bevölkerung am stärksten wahrgenommenen Auswirkungen des Verkehrs sind Unfallereignisse. Während die Medien überwiegend über spektakuläre Unfälle aller Verkehrszweige wie Flugzeugabstürze, Eisenbahnunglücke oder Massenkarambolagen berichten, zeigt die Statistik eindeutig, dass in Deutschland die ▸ Straßenverkehrsunfälle dominieren. Ihr Anteil an allen Verkehrsunfällen betrug 1998 mehr als 99,5%. In den letzten 20 Jahren ist die Zahl der polizeilich erfassten Unfälle mit ▸ Personenschäden generell rückläufig ❸ (zur Datenlage s. Anhang). Waren es 1980 noch 412.672, sank die Zahl bis 1998 auf 377.257 Unfälle mit Personenschäden. Unterbrochen wurde dieser Trend in der ersten Hälfte der 1990er Jahre im Zuge der Vereinigung, wie die Zahl der Unfalltoten zeigt ❹. Der vereinigungsbedingte Anstieg erklärt sich u.a. aus der enormen Zunahme der Zulassungszahlen in den neuen Ländern und – damit verbunden – aus der sprunghaft angestiegenen Fahrleistung bei vorläufig konstanten Straßenquantitäten und -qualitäten.

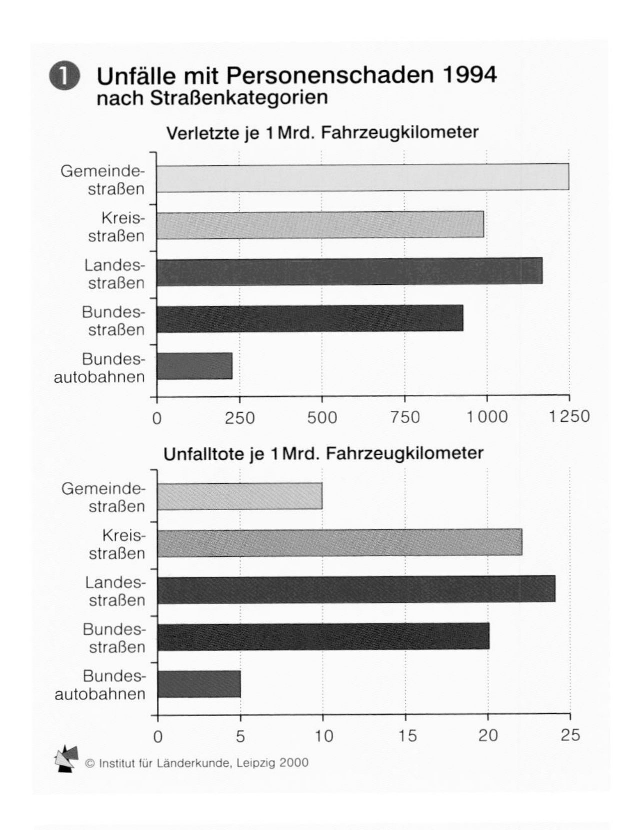

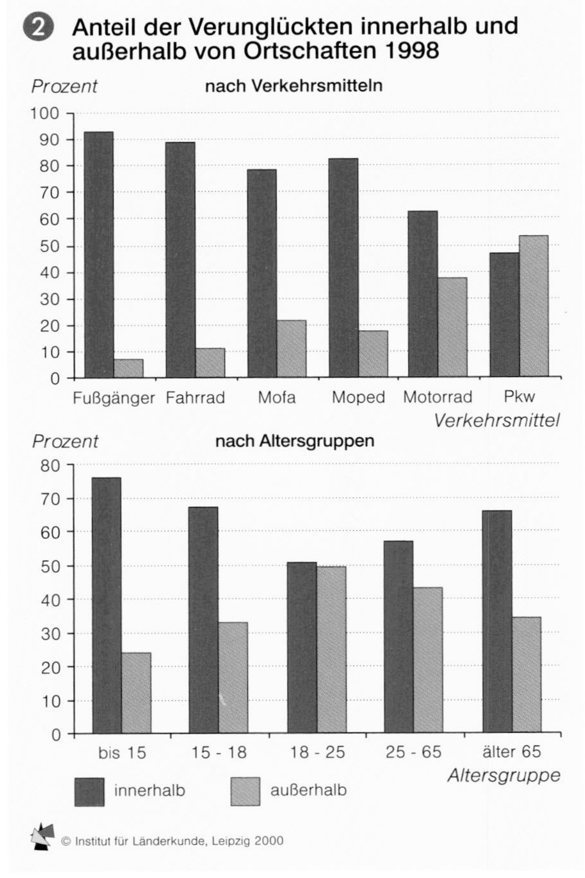

Ursachen für Straßenverkehrsunfälle

1998 ist das Fehlverhalten der Fahrzeugführer mit 87,5% bundesweit die häufigste Ursache bei den Straßenverkehrsunfällen. Daneben spielen die Straßenverhältnisse mit 5,7% und das Fehlverhalten von Fußgängern mit 4% noch eine gewisse Rolle. Innerhalb des Fehlverhaltens der Fahrzeugführer dominiert eine nicht angepasste Geschwindigkeit mit 20,6%, gefolgt von der Nichtbeachtung der die Vorfahrt regelnden Verkehrszeichen mit 16,4%, einem ungenügenden Sicherheitsabstand sowie starkem Bremsen des Vorausfahrenden ohne zwingenden Grund mit 9,5% sowie mangelnde Verkehrstüchtigkeit und der Verstoß gegen das Rechtsfahrgebot oder andere Fehler bei der Fahrbahnbenutzung mit jeweils 6,8%.

Werden die Unfälle mit Personenschäden nach Fahrleistung und Straßenklassen verglichen, zeigt sich, dass das Risiko, in einen Straßenverkehrsunfall verwickelt zu werden, recht unterschiedlich ist. Das generelle Unfallrisiko auf Gemeindestraßen ist beispielsweise um das Sechsfache höher als auf Bundesautobahnen ❶. Dagegen ist das Risiko, bei einem Verkehrsunfall auf Kreis-, Landes- oder Bundesstraßen getötet zu werden, etwa um das 2- bis 2,5fache größer als auf Gemeindestraßen und vier- bis fünfmal höher als auf Bundesautobahnen.

Gegensätze ergeben sich ebenfalls zwischen Unfällen innerhalb und außerhalb von Ortschaften. Sie werden besonders deutlich, wenn man die Anteile der Verunglückten an der Verkehrsbeteiligung oder Anteilswerte nach Altersklassen vergleicht ❷. Von den 505.111 Personenschäden im Jahr 1998 fanden 60% innerhalb und nur 40% außerhalb von Ortschaften statt. Vergleicht man die Zahlen nach der Verkehrsbeteiligung, wird deutlich, dass neben der generell höheren Fahrleistung in den Ortschaften hier die hohe Beteiligung von Fußgängern und Fahrradfahrern sowie von Mofa- und Mopedfahrern am gesamten Straßenverkehr eine Rolle spielt. Ähnliches gilt für die verschiedenen Altersgruppen. Kinder und Jugendliche sowie ältere Verkehrsteilnehmer sind wegen ihrer höheren Präsenz deutlich stärker an innerörtlichen Unfällen beteiligt. Alle diese Gruppen weisen einen höheren Anteil an Unfällen mit Personenschäden auf, da die Gefährdung aufgrund des geringen oder gänzlich fehlenden Schutzes und wegen ihres Verhaltens im Verkehrsraum besonders hoch ist.

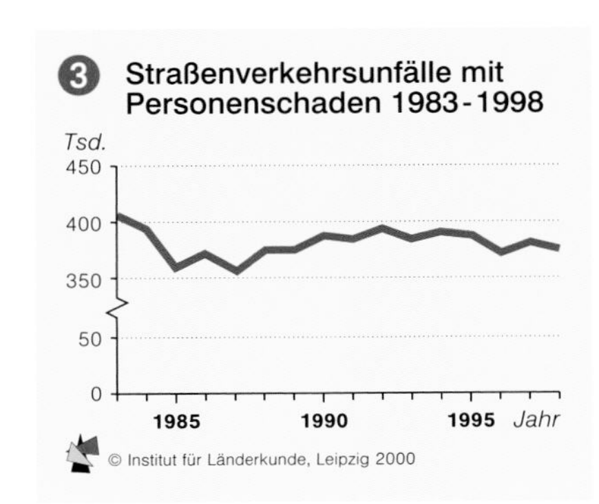

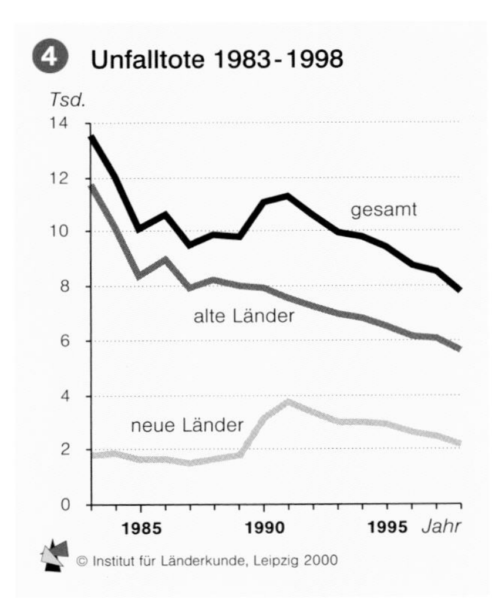

Verkehrsunfälle und Unfallrisiko

Die Karte ❺ zeigt die räumlichen Schwerpunkte und Unterschiede bei Unfällen und Risiken. Zwischen der Anzahl und der Schwere der Unfälle besteht kein räumlicher Zusammenhang. Ebenso ist ein Bezug zur Bevölkerungsverteilung nur sehr eingeschränkt möglich. In den großen Städten und Agglomerationen ereignen sich viele Unfälle, häufig auch mit Todesfolge (Fußgänger, Radfahrer) ❷. Betrachtet man zusätzlich die relative Häufigkeit bezogen auf die Straßenverkehrsflächen in den Kreisen und definiert auf diese Weise das Risiko, in einen Straßenverkehrsunfall verwickelt zu werden, so ergeben sich insbesondere innerhalb der geringer besiedelten Gebiete große Unterschiede. Weite Teile von Schleswig-Holstein, Niedersachsen und Rheinland-Pfalz weisen ein unterdurchschnittliches Unfallrisiko auf, fast flächendeckend überdurchschnittlich ist es dagegen in Sachsen und Mecklenburg-Vorpommern sowie in Teilgebieten Sachsen-Anhalts, Thüringens, Bayerns und Baden-Württembergs.

Die Ursachen für ein regional unterschiedliches Risiko liegen u.a. in der Art und Zusammensetzung der Verkehrsteilnahme, der Verkehrsbelastung und in Art und Zustand der Straßen. Zum Beispiel ergibt sich aus schlecht ausgebauten Bundesstraßen oder einem hohen Anteil von motorisierten Zweirädern ein höheres Gefährdungspotenzial, während vorhandene Autobahnen oder die Dominanz des Pkw bei der Verkehrsteilnahme ein geringeres Risiko bedeuten können. Die Verkehrsbelastung (▸▸ Beitrag Löffler) ist nicht ausschließlich in verdichteten Regionen, sondern auch in den Verkehrskorridoren und an den Grenzübergängen zu den Niederlanden, der Schweiz und Österreich hoch. Dies zeigt, dass die an den Unfällen beteiligten Personen oft nicht am Ort des Unfalls ansässig sind.◆

Straßenverkehrsunfälle – Alle von der Polizei registrierten Unfälle, bei denen infolge des Fahrverhaltens auf öffentlichen Wegen und Plätzen entweder Personen getötet oder verletzt werden oder Sachschaden entsteht.

Personenschäden
Getötete – Personen, die innerhalb von 30 Tagen nach einem Unfall an den Folgen des Unfalls sterben;
Schwerverletzte – Personen, die stationär in einem Krankenhaus behandelt werden;
Leichtverletzte – Verletzte Personen ohne stationäre Behandlung in einem Krankenhaus.

Sachschäden – man unterscheidet nach *schwerwiegenden Unfällen mit Sachschaden*, bei denen mindestens eines der am Unfall beteiligten Kfz abgeschleppt werden muss, und *Bagatellunfällen*. Bis 1994 wurden Unfälle mit schwerem Sachschaden (Sachschaden von 4000 DM und mehr bei mindestens einem der Geschädigten) anstelle der schwerwiegenden Unfälle mit Sachschaden erfasst.

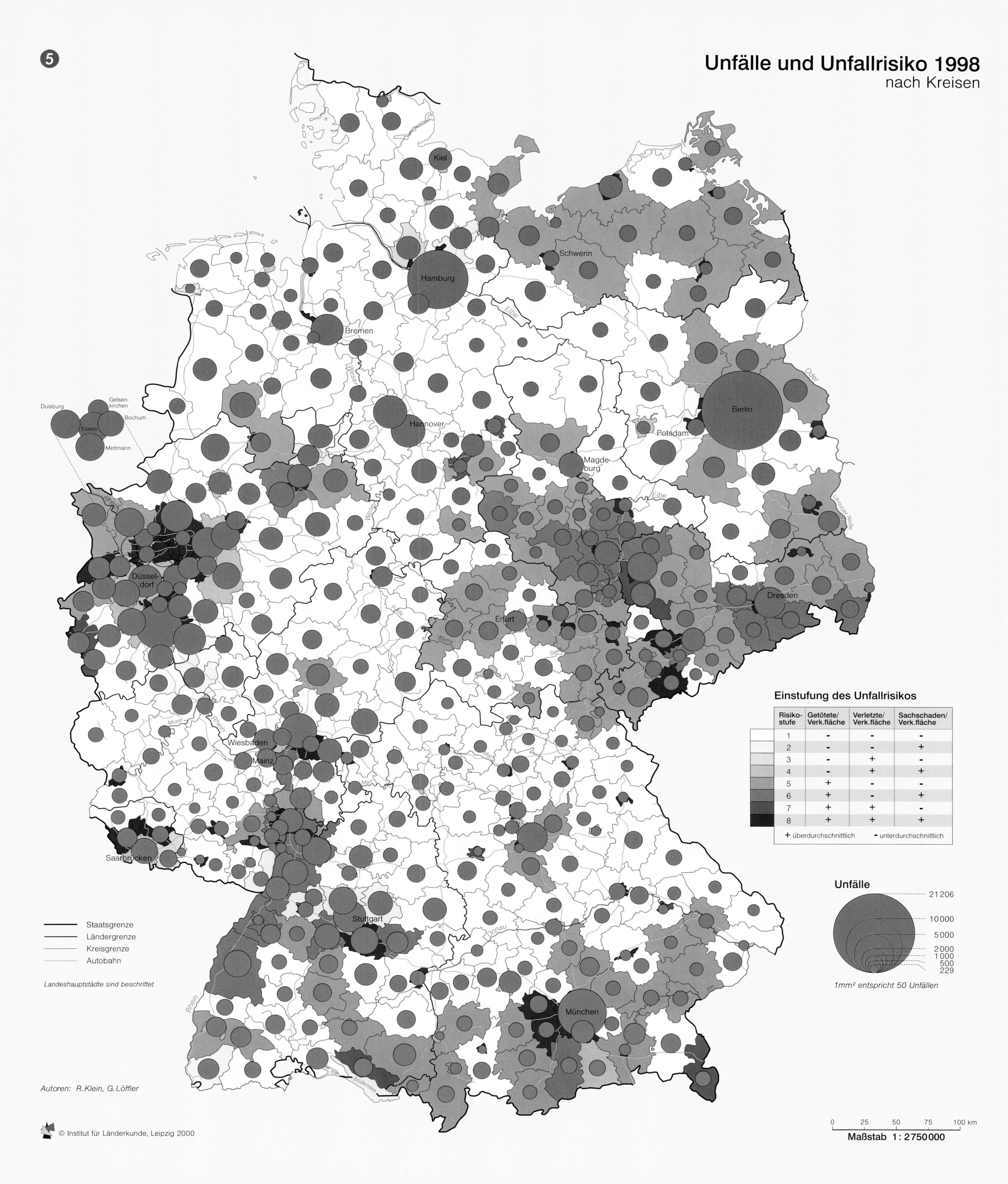
5
Unfälle und Unfallrisiko 1998
nach Kreisen
Kiel
Schwerin
Hamburg
Bremen
Elbe
Weser
Oder
Berlin
Potsdam
Hannover
Magdeburg
Duisburg
Gelsenkirchen
Bochum
Essen
Mettmann
Rhein
Düsseldorf
Erfurt
Werra
Fulda
Saale
Dresden
Lausitzer Neiße
Mosel
Wiesbaden
Mainz
Main
Saarbrücken
Stuttgart
Donau
München
Inn
Bodensee
Einstufung des Unfallrisikos
Risikostufe | Getötete/Verk.fläche | Verletzte/Verk.fläche | Sachschaden/Verk.fläche
1 | - | - | -
2 | - | - | +
3 | - | + | -
4 | - | + | +
5 | + | - | -
6 | + | - | +
7 | + | + | -
8 | + | + | +
+ überdurchschnittlich
- unterdurchschnittlich
Unfälle
21206
10000
5000
2000
1000
500
229
1mm² entspricht 50 Unfällen
Staatsgrenze
Ländergrenze
Kreisgrenze
Autobahn
Landeshauptstädte sind beschriftet
Autoren: R. Klein, G. Löffler
© Institut für Länderkunde, Leipzig 2000
0 25 50 75 100 km
Maßstab 1 : 2750000

Standortstruktur und Umweltwirkungen des Zulieferverkehrs

Ralf Klein

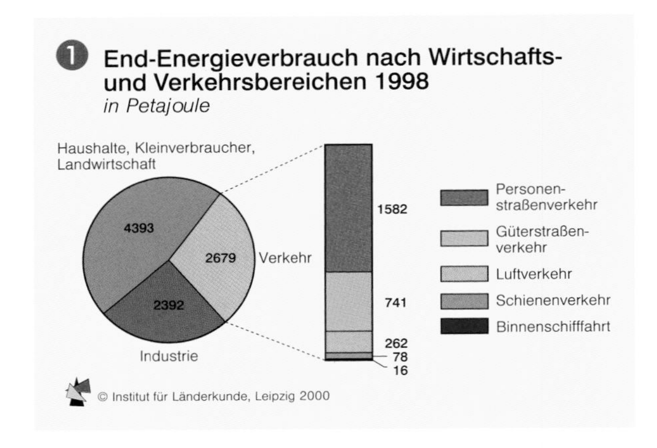

❶ End-Energieverbrauch nach Wirtschafts- und Verkehrsbereichen 1998
in Petajoule

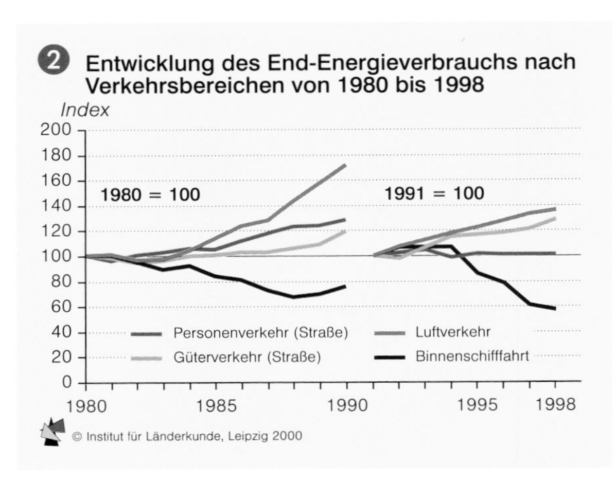

❷ Entwicklung des End-Energieverbrauchs nach Verkehrsbereichen von 1980 bis 1998

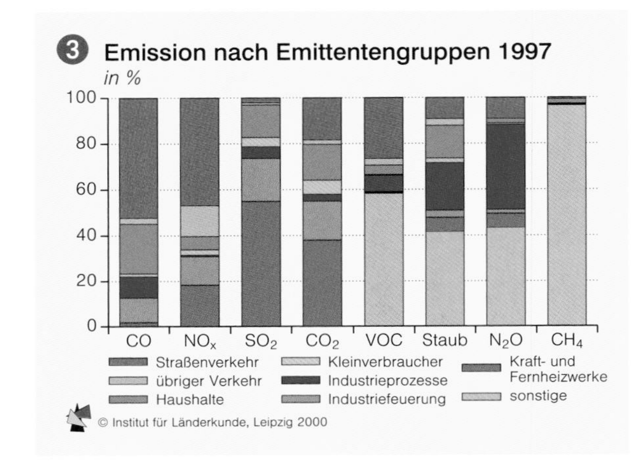

❸ Emission nach Emittentengruppen 1997

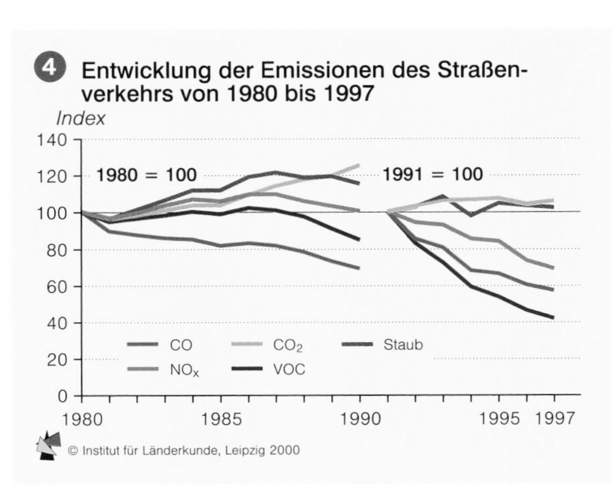

❹ Entwicklung der Emissionen des Straßenverkehrs von 1980 bis 1997

Das Verkehrsaufkommen hat sowohl im gewerblichen als auch im privaten Bereich in den letzten Jahrzehnten stark zugenommen. In gleicher Weise sind der Energieaufwand sowie die Menge des Schadstoffausstoßes (Emissionen) gestiegen. 1998 hatte der Verkehr einen Anteil von fast einem Drittel am gesamten Energieverbrauch, und davon hat der Güterverkehr wiederum einen Anteil von ebenfalls einem Drittel ❶. Der technische Fortschritt hat zwar zu einem immer niedrigeren Kraftstoffverbrauch pro Streckeneinheit geführt, doch werden diese Einsparungen durch die Menge der gefahrenen Kilometer mehr als kompensiert. Der Energieverbrauch weist besonders beim Güterverkehr hohe Zuwachsraten auf, so dass zu erwarten ist, dass der Verbrauch des Verkehrssektors gegenüber den Bereichen Haushalte und Industrie zunehmen wird ❷.

98% der für den Verkehr eingesetzten Energie basiert auf dem fossilen Energieträger Mineralöl. Bei der Verbrennung entstehen von einigen Verbindungen große Mengen. So beträgt der verkehrsbedingte Anteil der Stickstoffoxide (NO_x als NO_2) 60,2%, der von Kohlenmonoxid (CO) 54,9%, der von Kohlendioxid (CO_2) 20,4% und der flüchtiger organischer Verbindungen (VOC) 23,4% bzw. sogar 60%, wenn man die Lösemittelverwendung ausklammert. Ohne Stäube aus dem Schüttgutumschlag haben verkehrsbedingte Partikel einen Anteil von 22% ❸. (Zur Entstehung und der Wirkung von Luftschadstoffen siehe ▶▶ Beitrag Rabl). Die Emissionen sind – insbesondere in den letzten Jahren – zum Teil deutlich zurückgegangen ❹, was vor allem auf den vermehrten Einsatz des Dreiwege-Katalysators zurückzuführen ist. Bei CO_2 und Staub wurden die technischen Wirkungen allerdings durch das erhöhte Verkehrsaufkommen insgesamt weitgehend kompensiert. Für den Nutzfahrzeugverkehr ist daraus sogar eine deutliche Zunahme abzuleiten, da der Emissionen reduzierende Katalysator größtenteils in Pkw eingesetzt wird.

Eine differenzierte Betrachtung des Güterverkehrs lässt deutliche Unterschiede erkennen. Die Unterscheidung nach Verkehrsarten zeigt, dass die meisten Güter im Nahverkehr auf der Straße transportiert werden. Festzustellen ist auch, dass sich die Transportmengen der jeweiligen Verkehrsträger in den letzten Jahren kaum verändert haben. Eine andere Entwicklung weist dagegen der Verkehrsaufwand bzw. die Verkehrsleistung auf, der sich aus der transportierten Menge und den gefahrenen Kilometern ergibt. Hier liegt der Straßengüternahverkehr gleichauf mit den Eisenbahnen und der Binnenschifffahrt. Während diese Verkehrsträger keine wesentlichen Veränderungen aufweisen, wächst der Straßengüterfernverkehr und bleibt dominant.

Gleiches gilt auch für den Energieverbrauch und die Emissionen, da sie in einem proportionalen Verhältnis zum Verkehrsaufwand stehen. Hier ist allerdings zu beachten, dass die Energiemengen bzw. Emissionen pro Tonnenkilometer im Straßengüterverkehr wesentlich höher sind als bei den für die Beförderung von Massengütern prädestinierten Verkehrsträger Bahn und Schiff. Die Unterschiede zwischen den Verkehrsträgern werden also bei den Emissionen noch deutlicher.

Vernetzte Produktion generiert Verkehr

Für die Herstellung eines jeden Produktes sind Zulieferungen von Materialien und Halbfertigwaren erforderlich. Innerhalb eines Produktlebenszyklus fallen „von der Wiege bis zur Bahre" immer wieder Transportwege an ❺, und die fertigen Produkte werden – direkt oder indirekt über den Handel – zum Verbraucher gebracht. Die Liberalisierung des Warenverkehrs sowie der europäische Binnenmarkt sind wesentliche Determinanten einer zunehmenden Internationalisierung und Globalisierung der Märkte. Vor diesem Hintergrund ist

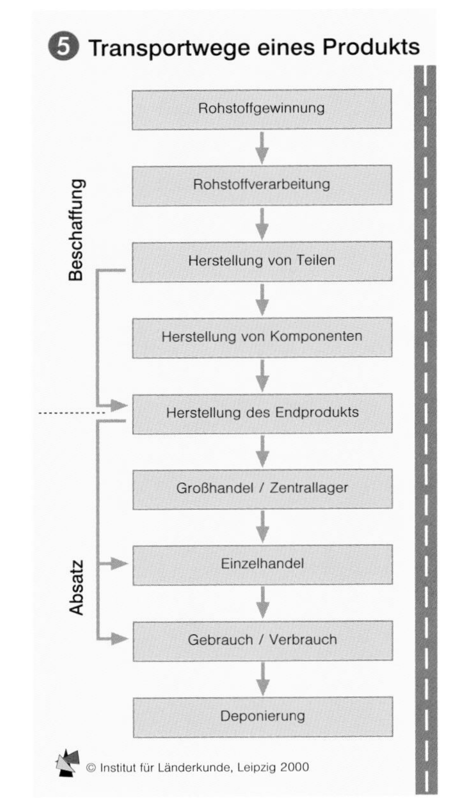

❺ Transportwege eines Produkts

gerade die Seite der Beschaffung in den Blickpunkt geraten. Durch Auslagerungsprozesse, die auch immer eine standörtliche Verlagerung bedeuten, erfolgt eine räumliche Ausdehnung der Produktionssysteme. Allgemeiner ausgedrückt findet eine Transformation von einer weitgehend einzelbetrieblichen Produktion zu einem multistandörtlichen Standortsystem mit vertikalen und horizontalen Vernetzungen statt. Werden Teile der Produktion ins Ausland verlagert oder im Ausland ansässige Zulieferer in das System integriert (▶▶ Beitrag Schamp), bedingt eine solche grenzüberschreitende Vernetzung auch weite Transportstrecken und einen hohen Verkehrsaufwand. Am Beispiel

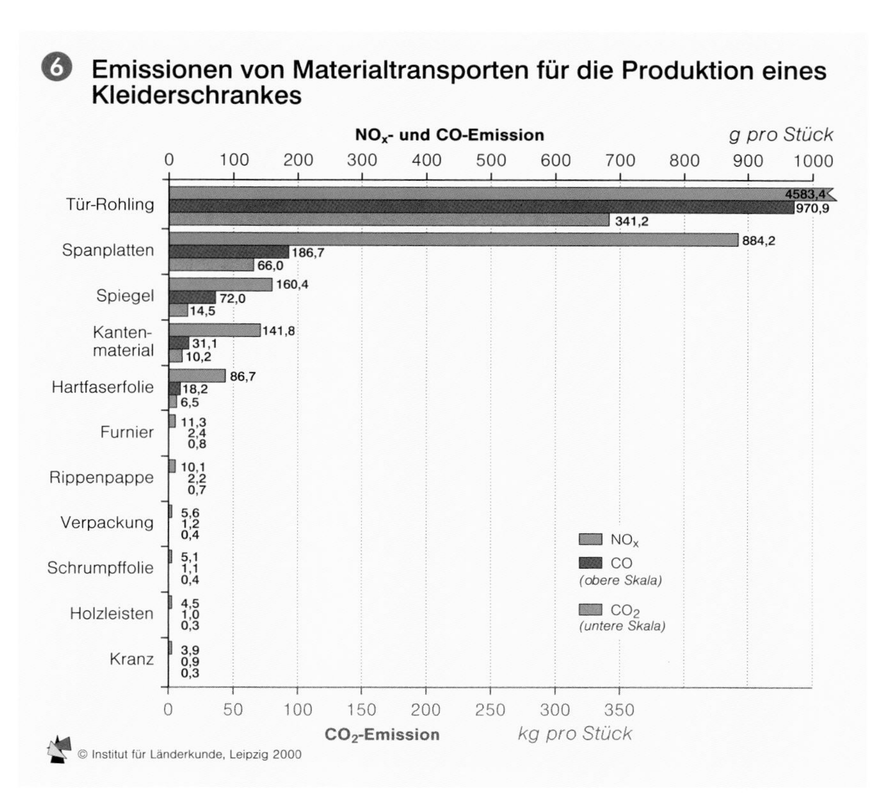

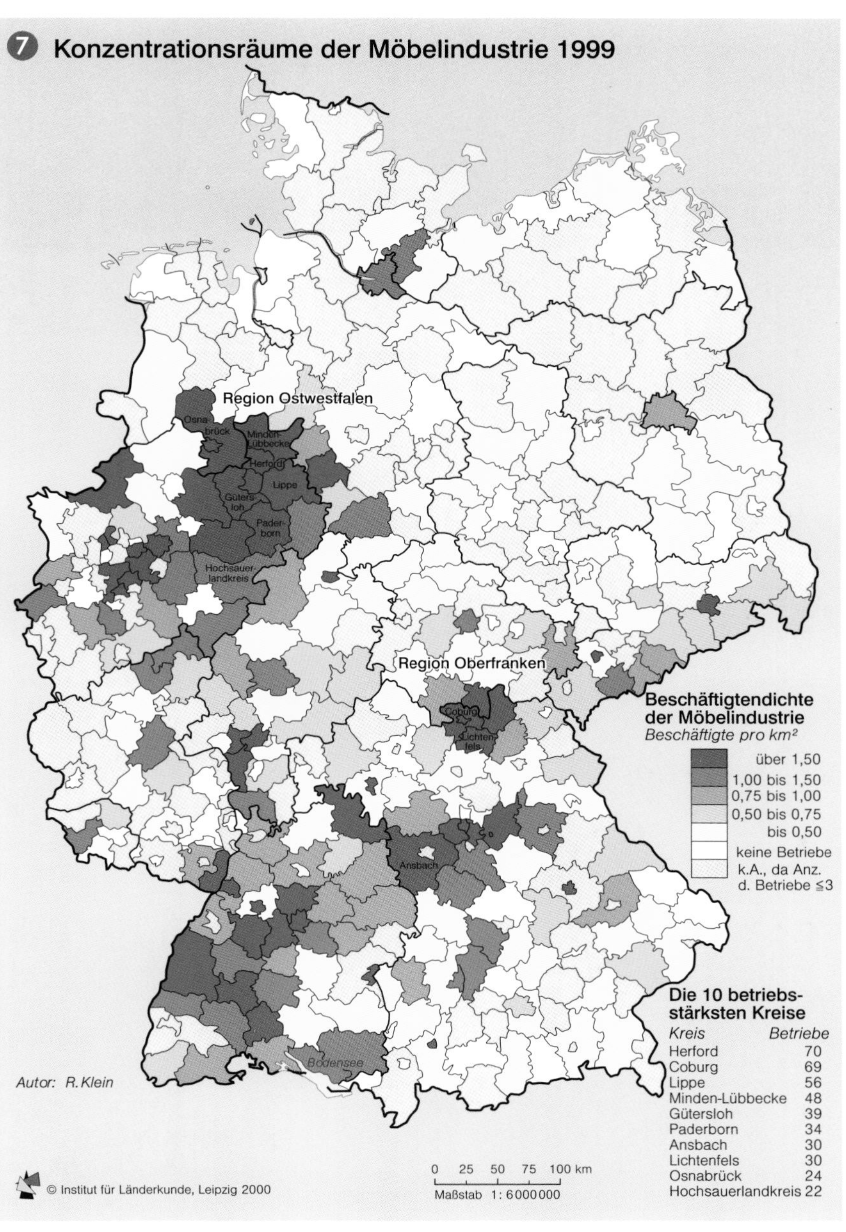

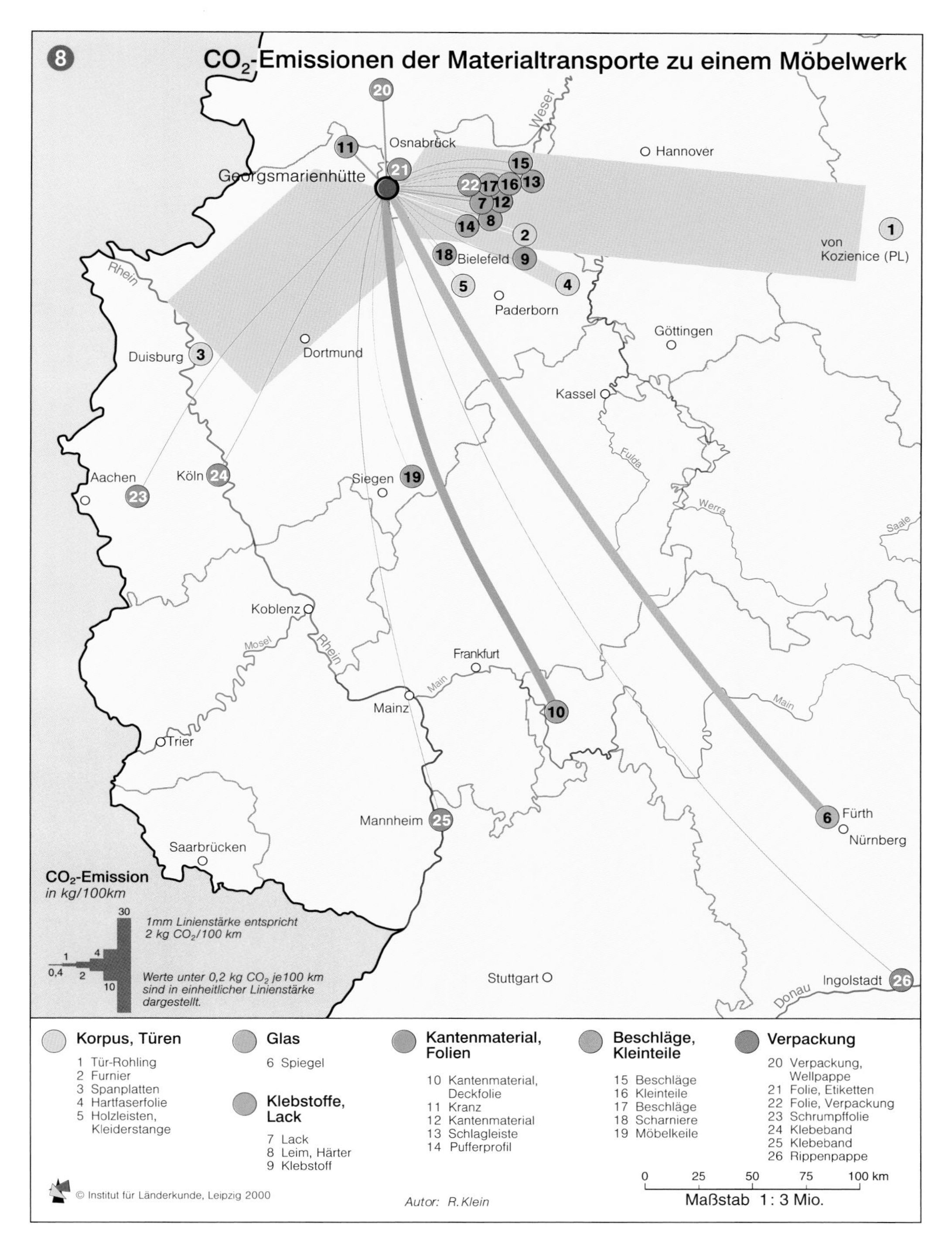

der Möbelherstellung werden die räumliche Organisationsstruktur der Beschaffung und ihr Einfluss auf Energieverbrauch und Emissionen verdeutlicht.

Zulieferbeziehungen der Möbelindustrie

Das räumliche Verteilungsmuster der Möbelindustrie weist mit Ostwestfalen und Oberfranken zwei ausgeprägte Schwerpunkte auf ❼. Das Beispiel zeigt die Materialtransporte zu einem außerhalb dieser Gebiete liegenden Möbelwerk für die Herstellung eines teilmassiven Kleiderschranks ❽. Dargestellt sind die CO_2-Emissionen, die bei diesen Transporten entstehen. Die CO- und NO_x-Emissionen sowie der Transport- und Energieaufwand weisen die gleiche Struktur auf. Die meisten Lieferanten befinden sich in Ostwestfalen. Einen relativ großen Transportaufwand und entsprechend viel Emissionen verursacht die Zulieferung von Spanplatten, die ein wesentlicher Bestandteil des Schrankes sind. Gleiches gilt für die mit Lkw beförderten Rohlinge für die Schranktüren, die aus dem 1115 km entfernten Kozienice in Polen kommen ❻. Aus größerer Entfernung werden vor allem Verpackungsmaterialien angeliefert, die aber bezogen auf die Produktionseinheit ein nur geringes Gewicht haben. Der Transportaufwand und damit der Energieverbrauch und die Emissionen sind entsprechend niedrig.

Die meisten Zulieferer befinden sich in einer Entfernung von weniger als 100 km vom Produktionsort, d.h. die räumliche Ausdehnung der Produktionssysteme ist nicht sehr groß. Die klein- und mittelbetrieblich strukturierte Möbelindustrie ist regional stark konzentriert, d.h. die Wege zwischen Zulieferbetrieben und Möbelherstellern sind relativ kurz. Damit gehört die Möbelherstellung (noch) nicht zu den Industrien, die durch zunehmende Differenzierung ihres Produktionssystems zum Anwachsen des Straßengüterverkehrs und zu erhöhtem Energieverbrauch und Emissionen beitragen.◆

Schadstoffimmissionen im Stadtverkehr – das Beispiel Würzburg

Peter Rabl

Verkehr in der Leistenstraße, Kreuzungsbereich B8/B19

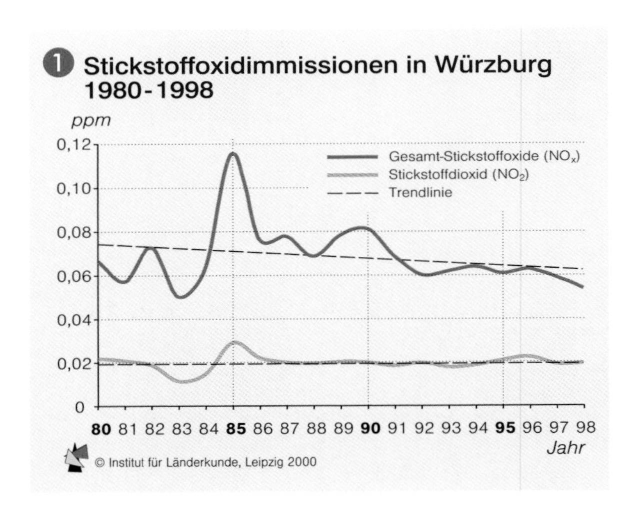

❶ Stickstoffoxidimmissionen in Würzburg 1980-1998

Emission, emittieren – Schadstoffausstoß, das Ausstoßen von Schadstoffen

Immission – Schadstoffeinwirkung

Inversionswetterlagen – Wenn sich warme Luftmassen über kalte schieben, kann kein Luftaustausch stattfinden, da die kalten Luftmassen nicht aufsteigen. Bei solchen Wetterlagen kommt es leicht zu besonders hohen Schadstoffkonzentrationen.

Leichtflüchtige organische Verbindungen – Lösungsmittel, Kraftstoffbestandteile oder teilverbrannte Kraftstoffanteile

orographisch – die Oberflächenformen beschreibend

Screening-Modell IMMIS-Luft – ein vereinfachtes Ausbreitungsmodell (rechnerische Beschreibung der Verdünnung von emittierten Schadstoffen bis zum Immissionsort) zur Abschätzung der Konzentrationen verschiedener Luftschadstoffe an dicht bebauten Innerortsstraßen. Es beruht auf dem Canyon-Plume-Box-Modell für Straßenschluchten und einem Box-Modell für offene Bebauung.

Box-Modelle legen ein bestimmtes Volumen zugrunde, in das im Zeitverlauf Schadstoffe und Frischluft eingemischt werden, und berechnen die Schadstoffkonzentration. Das Modell IMMIS-Luft wurde auf der Basis von etwa 300 Straßenschluchten mit ihren meteorologischen Daten und den Daten zum Verkehrsaufkommen entwickelt und getestet. Im Ergebnis liegen sog. Kopplungskonstanten vor, ermittelt über die beiden Box-Modelle, mit deren Hilfe unter Berücksichtigung lokaler Einflussgrößen u.a. aus den Bereichen Kfz-Aufkommen und -art, Bebauungssituation sowie aus meteorologischen Daten die Luftschadstoff-Immissionen berechnet werden können.

Die rapide Entwicklung des Straßenverkehrs in den letzten 40 Jahren hat dazu geführt, dass der Verkehr bundesweit im Vergleich zu anderen Quellen den Hauptanteil der Luftschadstoffe Kohlenmonoxid (CO: 56%) und Stickstoffoxid (NO_x: 46%) sowie einen großen Teil der flüchtigen organischen Verbindungen (CH: 33%) emittiert. In Städten beträgt der Anteil der Schadstoffimmissionen von Kraftfahrzeugen über 80%. Trotz der seit den 1970er Jahren laufend verminderten Emissionen am Einzelfahrzeug und Verbesserungen beim Kraftstoff gingen die Immissionen wegen der allgemeinen Zunahme der Straßenverkehrsleistung z.T. nur langsam zurück. Während bei Kohlenmonoxid und Blei in den letzten 20 Jahren eine stetige Abnahme erfolgte, zeigen die Immissionskonzentrationen der Gesamtstickstoffoxide erst seit Mitte der 1980er Jahre rückläufige Tendenzen, die des Stickstoffdioxids bleiben dagegen hoch ❶. Die Immissionsbelastung durch Ruß und Feinstaub aus dem Straßenverkehr hat trotz Emissionsminderungen bei Dieselfahrzeugen ebenfalls kaum abgenommen. Die von Kfz emittierten leichtflüchtigen organischen Verbindungen stellen zusammen mit den Stickstoffoxiden Vorläuferstoffe für bodennahes Ozon dar, das in höheren Konzentrationen u.a. Reizungen der unteren Atemwege bewirken kann. Die Herkunft, die physiologische Wirkung und die lufthygienischen Schwellenwerte maßgeblicher Kfz-bedingter Luftschadstoffe ergeben sich aus der Zusammenstellung ❻.

Gesetzlicher Hintergrund

Das Bundes-Immissionsschutzgesetz (BImSchG § 40,2) und die Straßenverkehrsordnung (StVO § 45) erlauben es, zum Schutz der Wohnbevölkerung vor Lärm und Abgasen die Benutzung bestimmter Straßen und Straßenabschnitte zu beschränken oder zu verbieten und den Verkehr umzuleiten. Solche Entscheidungen basieren auf den durch die Immissionsschutzbehörden festgestellten Belastungen, deren Schwellenwerte zuletzt 1997 in der 23. Verordnung zum Bundes-Immissionsschutzgesetz (23. BImSchV) neu fixiert wurden. In dieser Verordnung sind auch Vorschriften zur Feststellung der Luftschadstoffbelastung enthalten.

Um die verkehrsbedingte Immission zu ermitteln, sind folgende Faktoren wichtig: Emissionsdichte (Verkehrsstärke, Fahrmodus, Pkw-/Lkw-Anteil, Alter und Zustand der Fahrzeuge), Hintergrundkonzentration und Einflüsse anderer Quellen sowie klimatologische und ▸ orographische Rahmenbedingungen. In der Praxis werden die Immissionen mit ▸ Screening-Modellen berechnet oder in Sonder- oder Zweifelsfällen durch Messungen bestimmt.

Möglichkeiten zur Schadstoffminderung

Bis zum Jahr 2008 werden für neue Pkw-Typen europaweit die Emissionsminderungsstufen Euro 3 und 4 eingeführt, für Lkw die Stufen Euro 3 bis 5. Dadurch sollen die Emissionen neu zugelassener Pkw gegenüber der Schadstoffklasse Euro 2 je nach Komponente etwa auf die Hälfte bis ein Drittel, die der Lkw auf etwa ein Drittel bis ein Fünftel der heutigen Emissionen sinken. So ist zu erwarten, dass durch die allmähliche Erneuerung der Fahrzeugflotte die Gesamtemission des Kfz-Verkehrs bis zum Jahr 2020 auf etwa ein Drittel bis ein Zehntel der heutigen Emissionen zurückgeht. Kurzfristig können jedoch nur Maßnahmen eine Verringerung der verkehrsbedingten Immissionen bewirken, die zu geringeren Fahrleistungen auf den betroffenen Straßen führen. Kleinräumig gehören hierzu Verkehrsbeschränkungen bzw. Verkehrsverbote, wie sie vom BImSchG und der StVO vorgesehen sind, großräumig ist dies nur

❷ Die Lage Würzburgs im Maintal

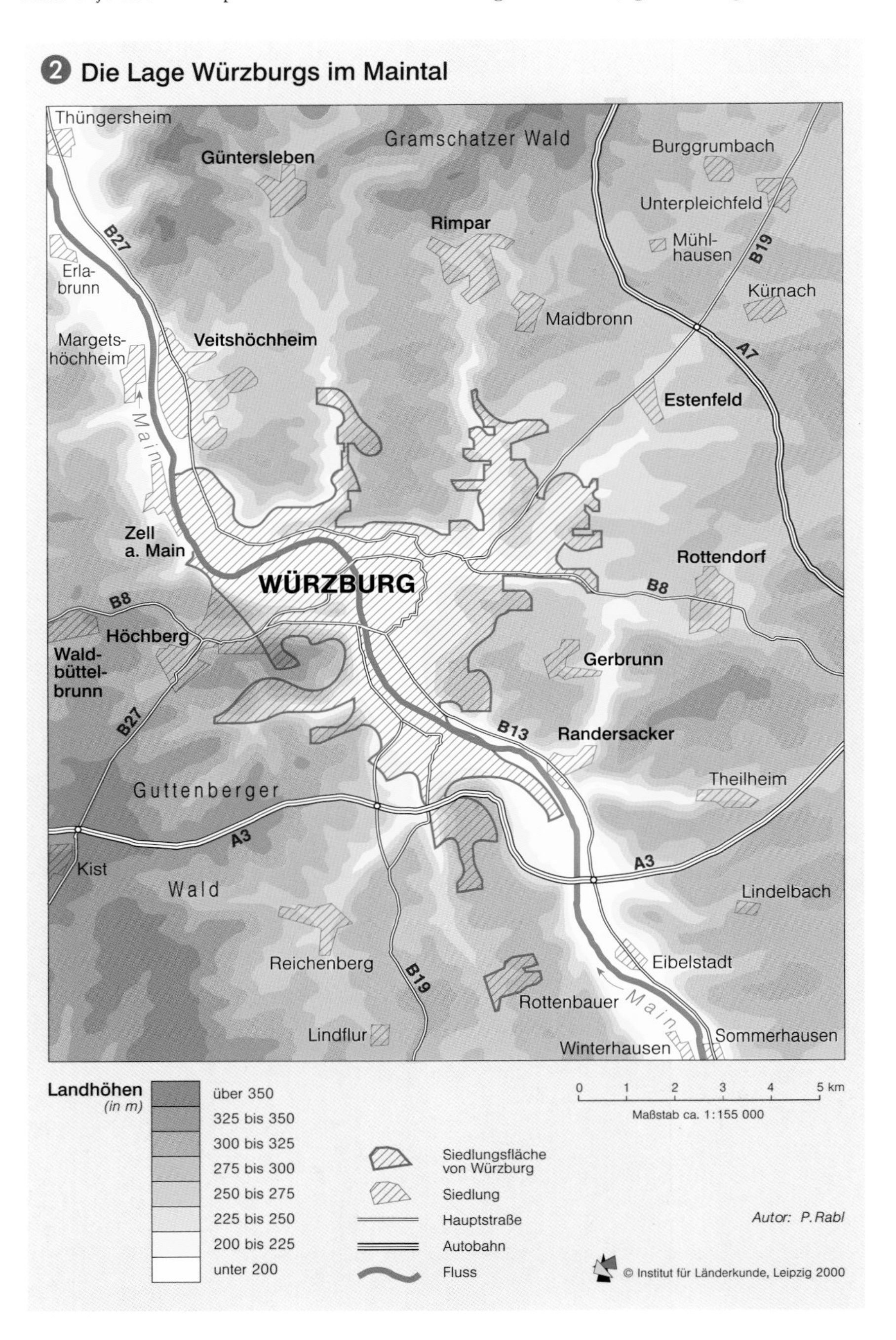

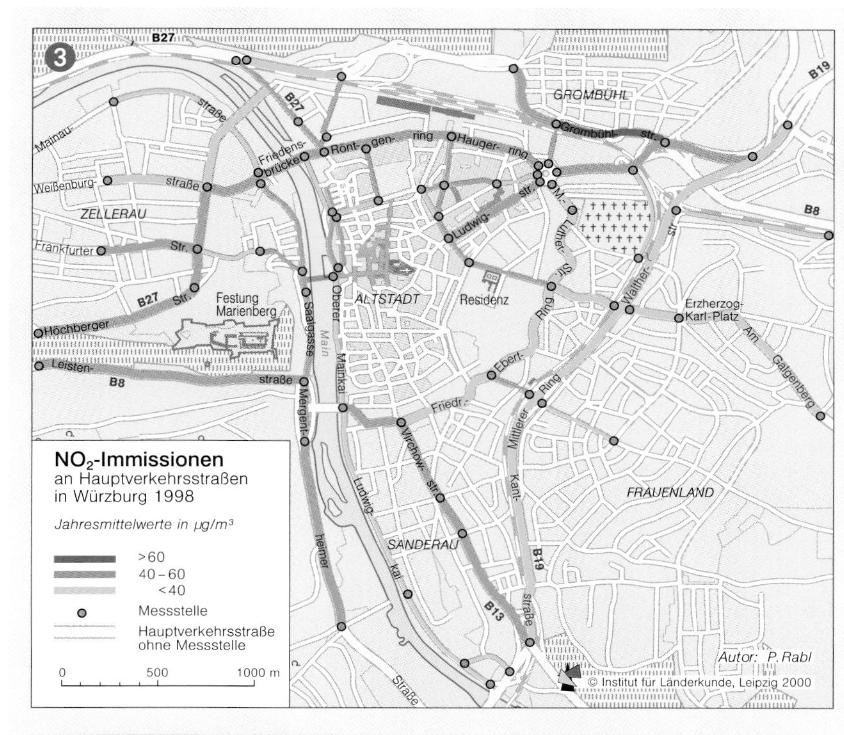

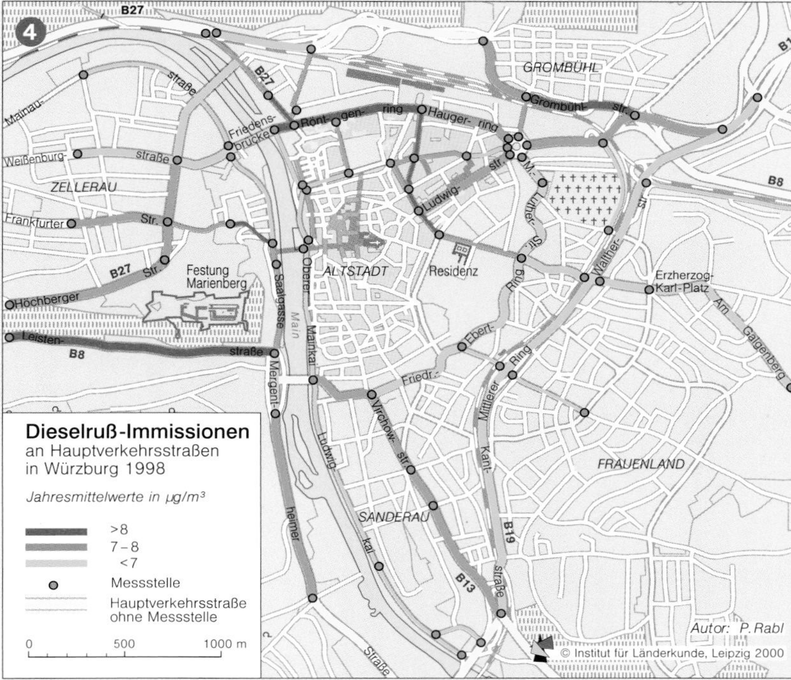

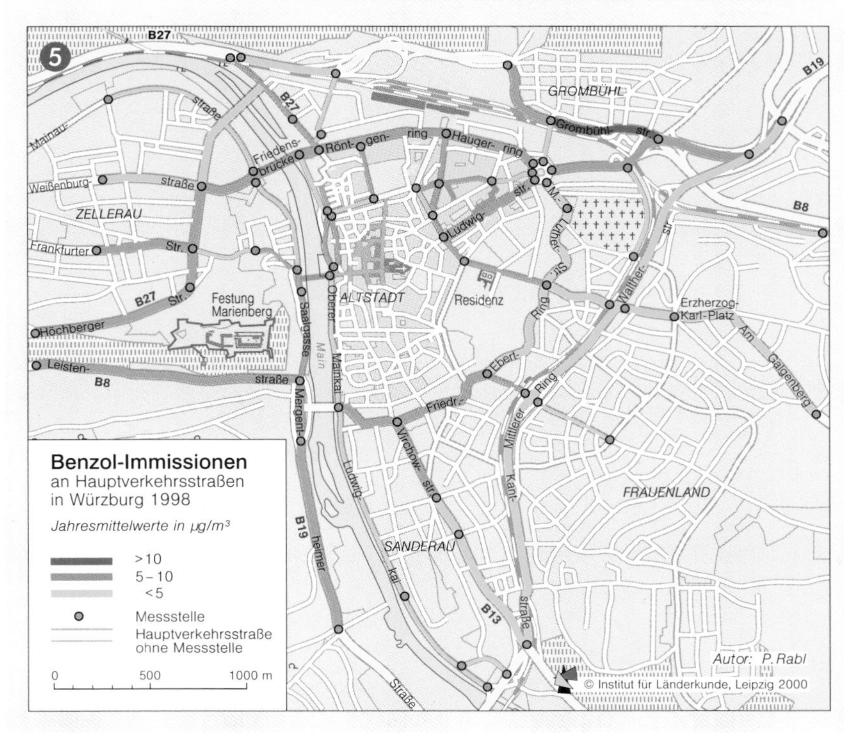

durch grundlegende raumordnerische Maßnahmen zu erreichen (▶▶ Beitrag Löffler zur Verkehrsbelastung).

Das Beispiel Würzburg

Die Stadt Würzburg ist sowohl durch die Lage im Fernstraßennetz als auch durch die regionale Kfz-Leistung verkehrlich hoch belastet. Der Abbau der Schadstoffbelastung aus dem Verkehr wird durch die orographische und stadtklimatische Situation z.T. stark eingeschränkt. Insbesondere die häufigen ▶ Inversionswetterlagen verhindern einen hinreichenden Luftaustausch in den tiefer gelegenen Bereichen der Stadt ❷. Das Bayerische Landesamt für Umweltschutz hat für das Jahr 1998 die Immissionen verschiedener Schadstoffe aus dem Verkehr auf verkehrlich hoch belasteten Straßen in Würzburg abgeschätzt. Mittels des Screening-Modells IMMIS-Luft wurden die entsprechenden Konzentrationen für die Straßenabschnitte unter Berücksichtigung der Vor-/Grundbelastung berechnet. Neben den aus dem Zeitraum 1995 bis 1998 stammenden Verkehrsdaten wurden die aktuellen Fahrzeugemissionsfaktoren des Bundesumweltamtes, die derzeitige Bebauungssituation sowie die meteorologischen Daten verwendet. Für drei Straßenabschnitte liegen Messwerte vor. Die Darstellungen der Immissionskonzentrationen von Ruß, Benzol und NO_x zeigen in ihren Jahresdurchschnitten ähnliche Verbreitungsmuster und deuten auf die Brennpunkte der verkehrlichen Belastung in Würzburg hin ❸❹❺. Besonders hohe Konzentrationen wurden für den Bereich Europastern im Stadtteil Grombühl ermittelt, ein Straßenabschnitt, der extrem belastet ist. In der Stadt Würzburg ist bei NO_2 seit Beginn der 1980er Jahre keine wesentliche Veränderung der verkehrsbedingten Immissionen eingetreten ❶. Bei Benzol ist durch den zunehmenden Anteil von Pkw mit Katalysator und die schrittweise Verbesserung des Kraftstoffs ein erheblicher Rückgang der Emissionen zu verzeichnen.◆

❻ Herkunft verkehrsbedingter Luftschadstoffe und ihre Wirkung am Menschen; lufthygienische Grenz- und Orientierungswerte
(Auswahl, Stand 1999)

Schadstoff	Entstehung, Herkunft	Wirkung am Menschen	Grenz- oder Orientierungswerte für kurze Einwirkung (0,5-1h)	lange Einwirkung (24h* bzw. 1 Jahr)
Kohlenmonoxid	unvollständige Verbrennung im Motor	blockierte Sauerstoffaufnahme der roten Blutkörperchen	50 mg/m³ (Richtlinie VDI 2310)	10 mg/m³ (Richtlinie VDI 2310)
Stickstoffmonoxid	Reaktion der Luftbestandteile Stickstoff und Sauerstoff bei Verbrennungsbedingungen	Methämoglobinbildung im Blut (blockiert Sauerstofftransport)	1 mg/m³ (Richtlinie VDI 2310)	0,5 mg/m³* (Richtlinie VDI 2310)
Stickstoffdioxid	Reaktion von Stickstoffmonoxid mit Luftsauerstoff am Katalysator oder mit Ozon oder anderen Oxidationsmitteln in der Außenluft	Reizung der Atemwege, Sekundärinfektionen	0,2 mg/m³ (EU-Richtlinie ab 2010: darf nur in 18 h/Jahr überschritten werden); 0,160 mg/m³ (Konzentrationswert der 23. BImSchV, darf nur 175 h/Jahr überschritten werden)	0,04 mg/m³ (EU-Richtlinie ab 2010)
Benzol	Benzinbestandteile (<1 %): unvollständige Verbrennung im Motor; Dealkylierung von Alkylbenzolen (>30 % im Benzin)	krebserzeugend (Leukämie)	-	10 µg/m³ (Konzentrationswert der 23. BImSchV); 2,5 µg/m³ (LAI-Zielwert)
Dieselruß	verfahrensbedingt beim Dieselmotor; entsteht verstärkt bei geringer Zündwilligkeit des Kraftstoffs	krebserzeugend im Tierversuch	-	8 µg/m³ (Konzentrationswert der 23. BImSchV); 1,5 µg/m³ (LAI-Zielwert)
Benzo (a)-pyren	Kondensation aromatischer Kerne beim Verbrennungsprozess; meist an Dieselruß-Partikel angelagert	krebserzeugend	-	1,6 ng/m³ (LAI-Zielwert)
Formaldehyd	unvollständige Verbrennung	Verdacht auf Krebserzeugung	-	120 µg/m³ (Empfehlung des Bundesgesundheitsamtes)
Feinstaub	Verbrennungsrückstände von Kraftstoffadditiven und -verunreinigungen; Reifen- und Straßenabrieb	Atemwegserkrankungen	-	50 µg/m³*; 40 µg/m³ (EU-Richtlinie ab 2010)

* Wert für 24h

Standortanforderungen und -wirkungen internationaler Flughäfen

Hans-Dieter Haas und Martin Heß

Der Luftverkehr in Deutschland ist seit Jahren ein stark wachsender Wirtschaftszweig. Die enorme Zunahme der Flugbewegungen, Passagier- und Frachtzahlen (▶▶ Beitrag Mayr, Luftverkehr) führte trotz ständiger Ausbaumaßnahmen zunehmend zu Engpässen. Die Folgen dieser Entwicklung sind sowohl Probleme der Flugsicherung (Überlastung des Luftraums) als auch das Erreichen infrastruktureller Grenzen an den deutschen Flughäfen, insbesondere an den 17 internationalen Verkehrsflughäfen. Um im schärfer werdenden Wettbewerb – sowohl unter den Flughäfen selbst als auch mit anderen Verkehrsträgern – bestehen zu können, versuchen Airport-Betreiber wie Fluggesellschaften, die Kapazitäten v.a. am Boden zu erhöhen. Dies ruft z.T. erhebliche Widerstände in der Bevölkerung hervor, die einen zu starken Flächenverbrauch und übergebührliche Lärm- bzw. Umweltbelastungen verhindern wollen. Bekannte Beispiele hierfür sind die Auseinandersetzungen um die Startbahn West (v.a. in den 1970er und 1980er Jahren) bzw. die Planungen einer neuen Landebahn Nord am Flughafen Frankfurt a.M. sowie die anhaltenden Diskussionen um die Erweiterung der Flughäfen Düsseldorf, Stuttgart und Berlin-Schönefeld.

Standortanforderungen von Verkehrsflughäfen

Zu den wichtigsten Anforderungen, die internationale Verkehrsflughäfen an ihr Umfeld stellen, zählen ein hinreichend großes Einzugsgebiet für Passagiere und Fracht, die Verkehrsanbindung an Schiene und Straße, nicht zuletzt aber die Verfügbarkeit von Flächen ❹. Die Expansionspläne vieler Flughäfen kollidieren dabei wiederholt mit der Ausdehnung des Wohnungsbaus an den Rändern der Ballungsräume, deren Einwohnerzahl aber wiederum einen wichtigen Standortfaktor darstellt. Deshalb wurden Flughafenverlagerungen immer wieder diskutiert und z.T. auch in die Tat umgesetzt, wie das Beispiel des Flughafens München zeigt ❶. Durch die näher rückende Bebauung im Flughafenumfeld entstanden jeweils starke Flächennutzungskonkurrenzen, so dass ein Ausweichen zunächst an den Stadtrand (1938 vom Oberwiesenfeld nach München-Riem) und später in das Erdinger Moos, 35 km von der City entfernt, der einzige Weg war, den Expansionsplänen des Flughafens sowie Sicherheits- und Lärmbelastungsaspekten weitgehend gerecht zu werden. Die Notwendigkeit einer Verlagerung wurde nicht zuletzt durch Flugzeugabstürze im Stadtgebiet deutlich. Die Flughafenfläche vergrößerte sich anlässlich dieser Verlagerungen maßgeblich auf heute 1500 ha, womit München II auch bzgl. der Grundfläche der zweitgrößte Flughafen Deutschlands ist.

Die Standortsuche für den neuen Großflughafen Berlin-Brandenburg International erfolgte ebenfalls mit der Überlegung, eine Verlagerung an einen von der Berliner City weit entfernten Ort zu wählen, um Nutzungskonflikten möglichst aus dem Weg zu gehen. Auf der anderen Seite sprechen Aspekte der schnellen Erreichbarkeit und der Nutzung vorhandener Flächen für einen Ausbau des bestehenden Flughafens Berlin-Schönefeld ❷. Die gegenwärtig noch in Betrieb befindlichen City-Airports in Tegel und Tempelhof sollen danach geschlossen werden. Nahezu alle deutschen Verkehrsflughäfen planen generell Ausbaumaßnahmen, die jedoch zumeist auf der bestehenden Fläche realisiert werden.

Die Anbindung an das deutsche Fernbahnnetz schließlich ist eine Standortanforderung der Flughäfen, die bis heute noch an keinem Airport – mit Ausnahme von Frankfurt a.M. – zufriedenstellend erfüllt ist. Die Flughäfen Düsseldorf und Schönefeld haben immerhin einen nahen, wenn auch nicht integrierten Bahnanschluss. In den nächsten Jahren wird sich die Anbindung mehrerer Flughäfen deutlich bessern, wie z.B. von Köln/Bonn, Leipzig/Halle, Stuttgart und Berlin-Schönefeld (Süd), wo bereits neue Fernbahnhöfe im Bau oder in einem konkreten Planungsstadium sind (▶▶ Beitrag Mayr, Luftfahrtsystem).

Wirkungen von Flughäfen

Welche regionalen Wirkungen von Flughäfen ausgehen, lässt sich zunächst in direkte und indirekte Effekte untergliedern. Zu den positivsten direkten Wirkungen internationaler Flughäfen ist zweifellos die Schaffung von Arbeitsplätzen zu zählen. So wiesen die 17 deutschen Verkehrsflughäfen 1999 zusammen nahezu 150 000 Arbeitsplätze bei Flughafenbetreibern und auf dem Gelände angesiedelten Unternehmen auf. Der direkte Beschäftigungseffekt lässt sich dabei im Durchschnitt auf etwa 1000 direkte Voll- und Teilzeitarbeitsplätze pro 1 Million Passagiere beziffern ❸. Der Multiplikatoreffekt führt in den Standortregionen darüber hinaus zu ca. 1,5 bis 2 weiteren indirekten Arbeitsplätzen je Flughafenbeschäftigten, an manchen Hub-Flughäfen (bedeutenden Knoten im Liniennetz der Fluggesellschaften, in Deutschland v.a. Frankfurt a.M.) ist eine noch größere indirekte Beschäftigungswirkung zu erwarten. Das gleiche gilt für die Lohn- und Gehaltssummen der Flughafenbeschäftigten in der Größenordnung von 4 Mrd. DM, welche wiederum zusätzliche Einkommen und Kaufkraft induzieren. Generell sind Flughäfen für viele, insbesondere exportorientierte und international operierende Unternehmen in der Region ein wichtiger Standortfaktor, der sich verschiedenen Untersuchungen zufolge auch positiv auf die Neuansiedlung von Betrieben auswirkt. Dabei handelt es sich überwiegend um Unternehmen aus den Bereichen Logistik, Transport, Handel und unternehmensbezogene Dienstleistungen. Die Standortgemeinden der Flughäfen profitieren somit vom zusätzlichen Gewerbesteueraufkommen.

Neben den direkten und indirekten positiven Effekten, die von den deutschen Verkehrsflughäfen ausgehen, sind allerdings auch die negativen Wirkungen in Form von Umweltbelastungen zu

❷ Gemeinsamer Landesentwicklungsplan
Standortsicherung Flughafen

Standortalternativen für den geplanten Großflughafen Berlin-Brandenburg International

Flughafen Schönefeld (Bestand) · geplante Flughafenfläche · Planungszone Bauhöhenbeschränkung · Planungszone Siedlungsbeschränkung I · Planungszone Siedlungsbeschränkung II · bebaute Siedlungsfläche · Wald · Gartenbau · Landesgrenze Berlin · Bezirksgrenze Berlin · Verwaltungskreisgrenze Brandenburg

Autor: M. Heß

© Institut für Länderkunde, Leipzig 2000

Maßstab 1 : 350000

nennen. Einer der wichtigsten Aspekte hierbei ist die spezifische Flächeninanspruchnahme. Dabei führt die direkte Flächennutzung (gegenwärtig ca. 115 km² Flughafen-Betriebsflächen) zu Verdichtung und Bodenversiegelung, die auch Auswirkungen auf den Grundwasserspiegel zur Folge haben können, wie die Veränderungen beim Bau des Flughafens München II zeigten. Verglichen mit dem Flächenbedarf anderer Verkehrsträger beansprucht der Flugverkehr in Deutschland jedoch relativ wenig Grund und Boden für seine Infrastruktureinrichtungen. Wesentlich entscheidender ist jedoch, dass weit größere Räume als die Betriebsflächen von Fluglärm, Zubringerverkehr sowie Siedlungsbeschränkungen betroffen sind. Innerhalb dieser Räume treten z.T. massive Belastungen für die Bevölkerung und Nutzungsprobleme auf. Welche weitreichenden Raumwirkungen Flughäfen haben, verdeutlicht exemplarisch Karte 2 am Beispiel der Planungen für den neuen Großflughafen in Berlin-Schönefeld. Weitere negative Wirkungen sind in den vom Flugbetrieb ausgehenden Schadstoffemissionen zu sehen.

Vom Airport zum „Multiport": neue Funktionen für Flughäfen

In jüngerer Zeit findet ein deutlicher funktionaler Wandel an vielen Verkehrsflughäfen in Deutschland statt. Neben die verkehrliche Funktion (Verkehrsdrehscheibe, Transportinfrastruktur) treten immer stärker andere Nutzungen. Dazu zählen insbesondere Einkaufspassagen, Konferenzzentren, Ausstellungsräume und Büroflächen. Mit derartigen zusätzlichen Angeboten erwirtschaftete allein der Frankfurter Flughafen im Jahr 1998 zusätzlich zum flugbetriebsbedingten Umsatz mehr als eine halbe Milliarde DM. Dieser Entwicklung Rechnung tragend wählte z.B. der Flughafen Leipzig/Halle für sich den zukunftsträchtigen Slogan „vom Airport zum Multiport". Fast alle Flughäfen schaffen nun neue Infrastrukturen, wie z.B. München mit der Errichtung des 250 Mio. DM teuren Munich Airport Center (MAC). Es vereint als zentrale Schnittstelle zwischen dem bestehenden und dem 2003 bezugsfertigen zweiten Terminal auf 31.000 m² Nutzfläche eine Shopping Mall, das Ausstellungszentrum eines Automobilherstellers, ein Ärzte-Zentrum, Tagungsräume und Büroflächen. Dieser Trend wird sich in naher Zukunft an allen deutschen Verkehrsflughäfen durchsetzen und erheblich zu den Einnahmen der Betreiber beitragen. Darüber hinaus werden mit der Etablierung von moderner Versorgungsinfrastruktur für die Flughafen-Umlandgemeinden auch weitere Arbeitsplätze geschaffen, in einem Umfeld, das sich zunehmend von einem Flughafen als Verkehrsknotenpunkt am Rande der Großstadt zu einer Standortgemeinschaft unterschiedlichster Funktionen wandelt, zu einer „City am Verdichtungsrand".◆

Flughafen Frankfurt/Main

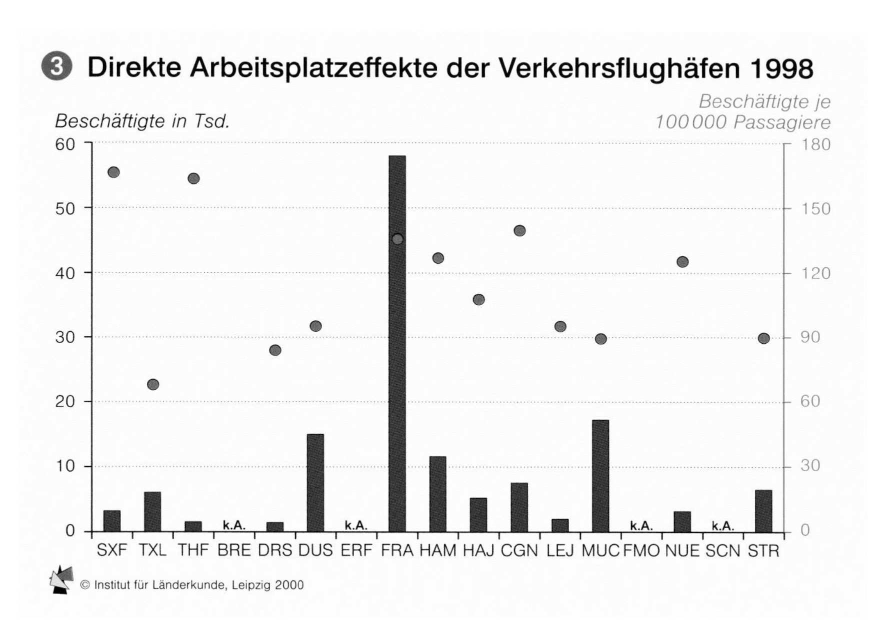

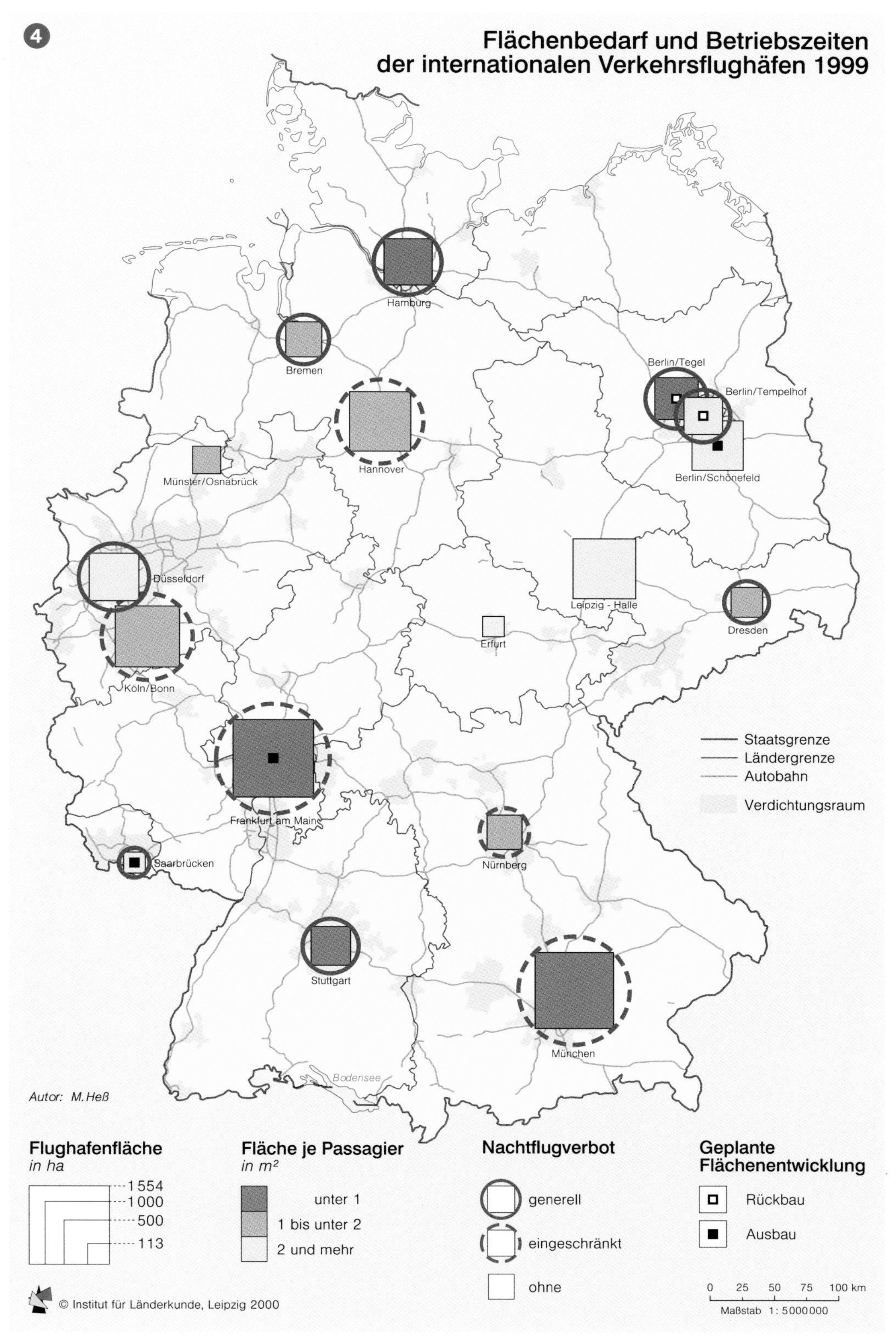

Die externen Kosten des Verkehrs

Jürgen Deiters

Die wettbewerbs- und umweltpolitische Forderung nach „Kostenwahrheit im Verkehr“ hängt eng mit dem Entstehen externer Kosten vor allem beim Straßenverkehr zusammen. Externe Effekte beruhen – allgemein gesprochen – auf der Abweichung der einzelwirtschaftlichen, internen von den gesamtwirtschaftlichen, gesellschaftlichen Kosten und Nutzen. Während von der Verkehrsinfrastruktur in der Regel positive externe Effekte (Nutzen) ausgehen (▶▶ Beiträge Schürmann u.a. und Holzhauser/Steinbach), verursacht deren Benutzung darüber hinaus Umweltschäden, Lärmbelästigungen und Unfallrisiken, deren Vermeidungs- bzw. Folgekosten nur zum Teil über die Preise, Steuern und Abgaben zur Verkehrsteilnahme gedeckt sind und als externe Kosten von der Allgemeinheit getragen werden müssen.

Der entscheidende Ansatzpunkt zur Vermeidung solcher Kosten besteht in der konsequenten Verwirklichung des Verursacherprinzips, also einer weitgehenden Internalisierung externer Verkehrskosten. Die bestehenden Rahmenbedingungen und Preismechanismen in Europa geben den Verkehrsmärkten aber das falsche Signal mit der Folge, dass z.B. das Straßennetz dem zunehmenden, umweltbelastenden Autoverkehr nicht mehr gewachsen ist und die Eisenbahn als umweltverträglichster Verkehrsträger über unausgelastete Kapazitäten verfügt (▶▶ Beitrag Juchelka, Schienengüterverkehr). Im Hinblick auf den fortschreitenden Liberalisierungsprozess in der EU wird die Verwirklichung „fairer und effizienter Preise des Verkehrs“ (EU-Kommission 1995) immer wichtiger, um mehr Nachhaltigkeit im Verkehr zu erreichen.

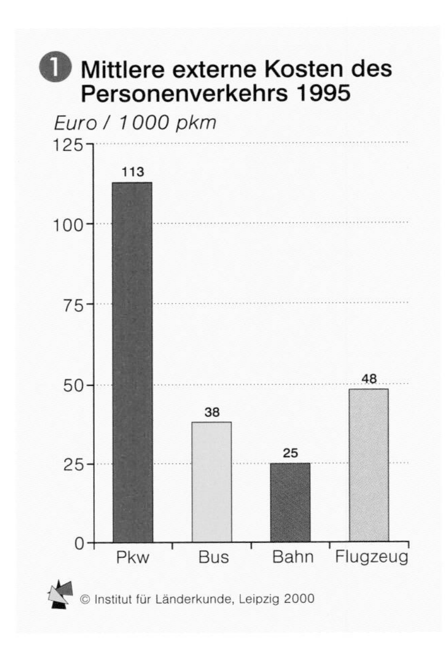

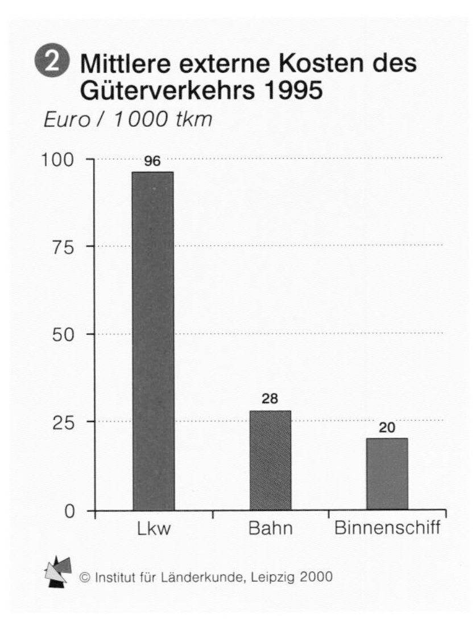

Die ungedeckten Verkehrskosten

Nach neuesten Berechnungen zeigt sich, dass in Deutschland die ▶ mittleren externen Kosten einer Pkw-Fahrt das Dreifache einer Busfahrt und das 4,5fache einer Bahnreise betragen (▶ dazu blauer Kasten , S. 144), bezogen auf die Beförderung einer Person über eine bestimmte Entfernung ❶. Im Güterverkehr stehen die externen Kosten des Schienen- und Straßenverkehrs im Verhältnis 1:3,4. Noch umweltfreundlicher als die Bahn ist die Binnenschifffahrt ❷. Als extrem umweltbelastend erweist sich der Luftfrachtverkehr: Pro 1000 Tonnenkilometer betragen die externen Kosten 199 Euro; zu drei Viertel sind sie der Klimaveränderung (CO_2-Emissionen) zuzurechnen. Demgegenüber nimmt der Passagierverkehr wegen der zumeist guten Auslastung der Kapazitäten (vor allem bei Urlaubs-Charterflügen) mit 48 Euro/1000 Pkm eine relativ günstige Position ein.

Die verschiedenen Verkehrsträger belasten Mensch und Umwelt auf sehr unterschiedliche Weise ❸ und ❾. Während im Straßenpersonenverkehr die Unfallfolgekosten dominieren, sind es im Straßengüterverkehr die Kosten der Luftverschmutzung. Die externen Kosten der eher umweltverträglichen Verkehrsarten Busverkehr und Binnenschifffahrt betreffen im Wesentlichen – emissionsbedingt – die Luftverschmutzung und Klimaveränderung. Bei der Bahn verteilen sich die verschiedenen Arten externer Kosten relativ gleichmäßig. Das Hauptproblem ist der Lärm; auffällig sind die überdurchschnittlich hohen Anteilwerte der ▶ vorgelagerten Effekte, wozu Umweltbelastungen des Strecken- und Waggonbaus gehören. Der Luftverkehr trägt relativ am stärksten zum Treibhauseffekt bei.

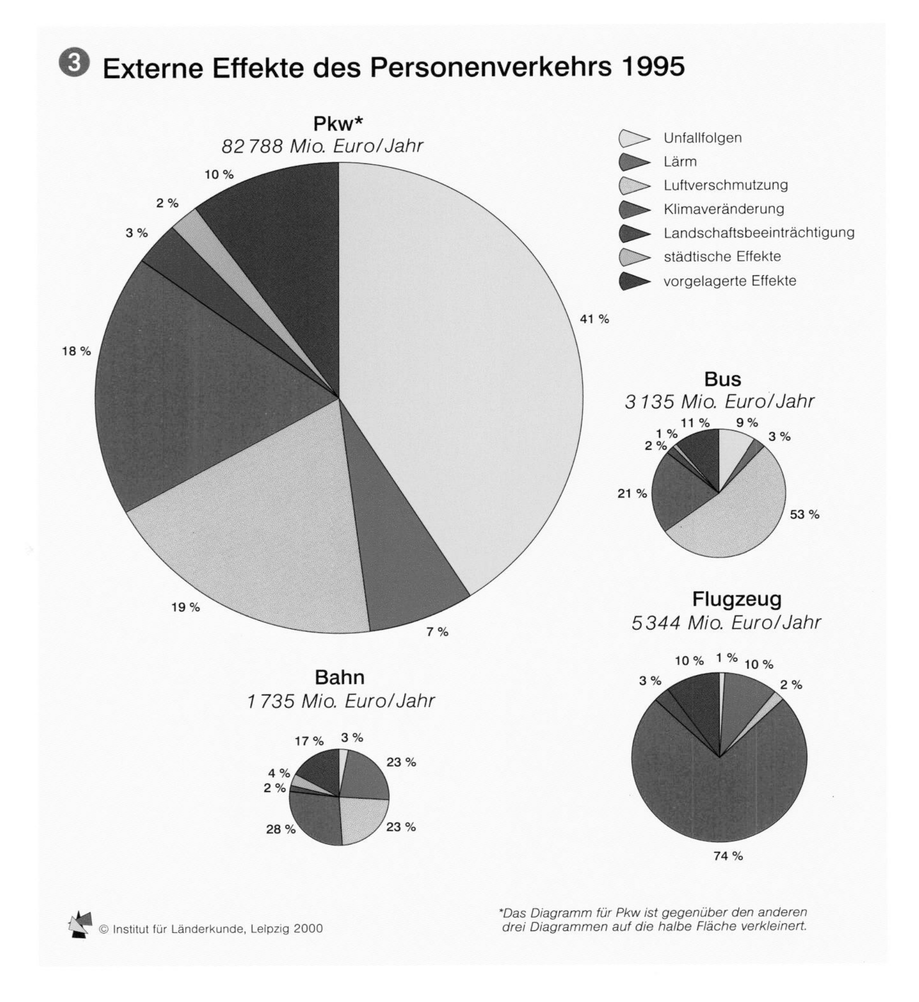

Wirtschaftskraft, Verkehrsleistung und externe Effekte

Anhand der Karten wird die europäische Dimension für ausgewählte Indikatoren aufgezeigt. Karte ❹ zeigt das großräumige Gefälle der Wirtschaftskraft in Westeuropa, das jedoch unter Einbezug von Norwegen nicht mehr dem einfachen Modell von Zentrum und Peripherie entspricht. Die Straßenverkehrsleistung pro Kopf der Bevölkerung ❺ folgt im Wesentlichen diesem Muster, was darauf hindeutet, dass der Straßenverkehr mit der Wirtschaft →

BIP – Bruttoinlandsprodukt

Emission – Schadstoffausstoß

orographisch – die Oberflächenformen betreffend

Road Pricing – Gebührenerhebung für die Straßenbenutzung

Traktion – Antrieb, Zugkraft

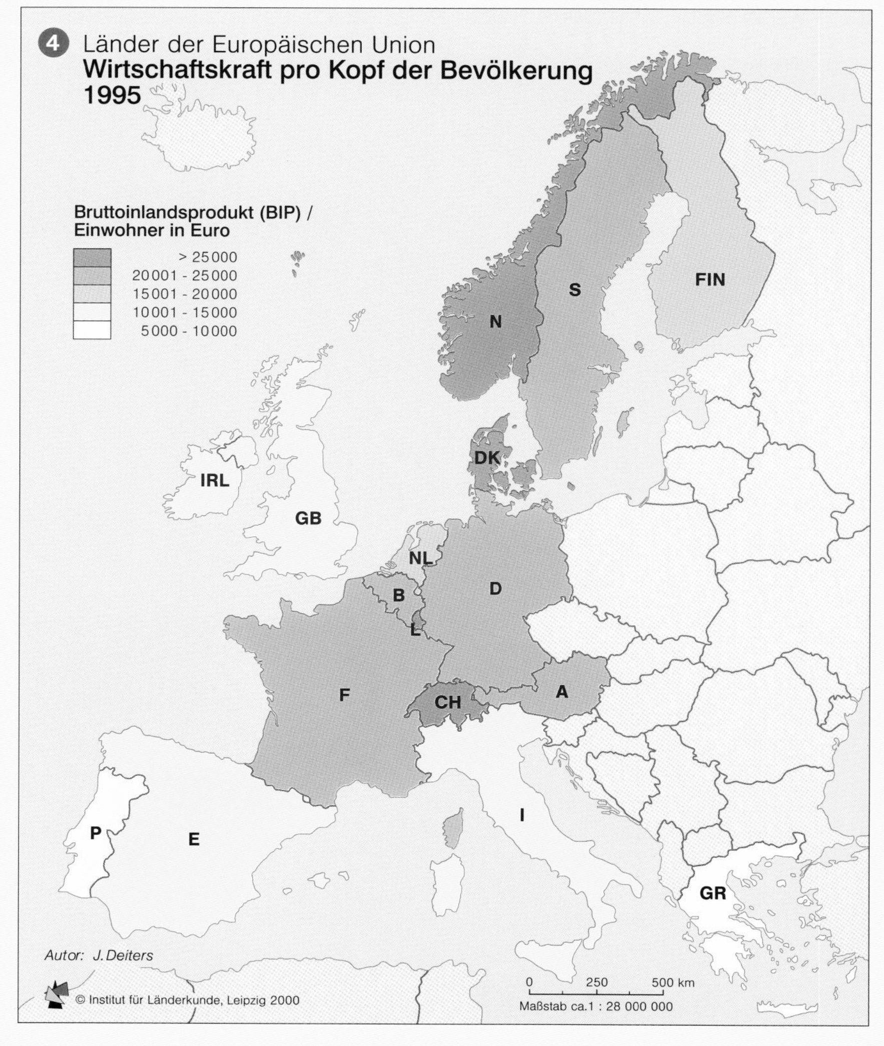
4 Länder der Europäischen Union
Wirtschaftskraft pro Kopf der Bevölkerung 1995
Bruttoinlandsprodukt (BIP) / Einwohner in Euro
> 25000
20001 - 25000
15001 - 20000
10001 - 15000
5000 - 10000
N
S
FIN
DK
IRL
GB
NL
B
L
D
F
CH
A
P
E
I
GR
Autor: J. Deiters
© Institut für Länderkunde, Leipzig 2000
0 250 500 km
Maßstab ca.1 : 28 000 000

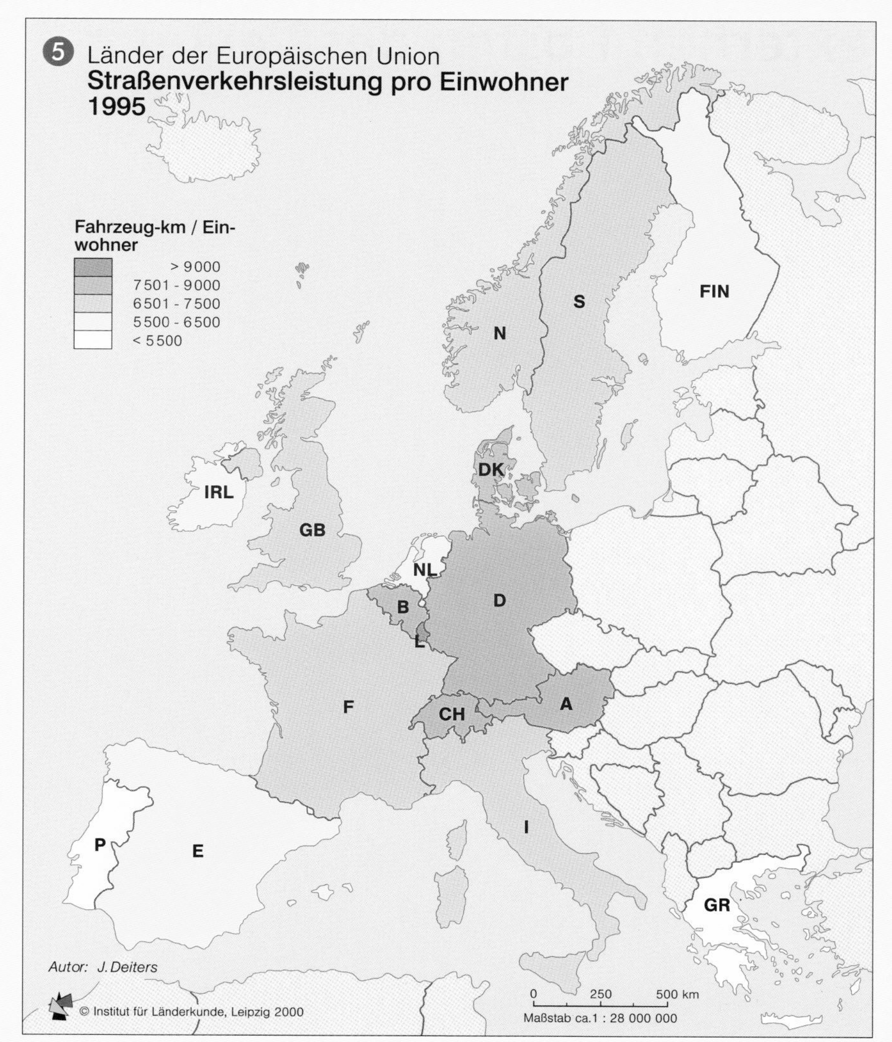
5 Länder der Europäischen Union
Straßenverkehrsleistung pro Einwohner 1995
Fahrzeug-km / Einwohner
> 9000
7501 - 9000
6501 - 7500
5500 - 6500
< 5500
N
S
FIN
DK
IRL
GB
NL
B
L
D
F
CH
A
P
E
I
GR
Autor: J. Deiters
© Institut für Länderkunde, Leipzig 2000
0 250 500 km
Maßstab ca.1 : 28 000 000

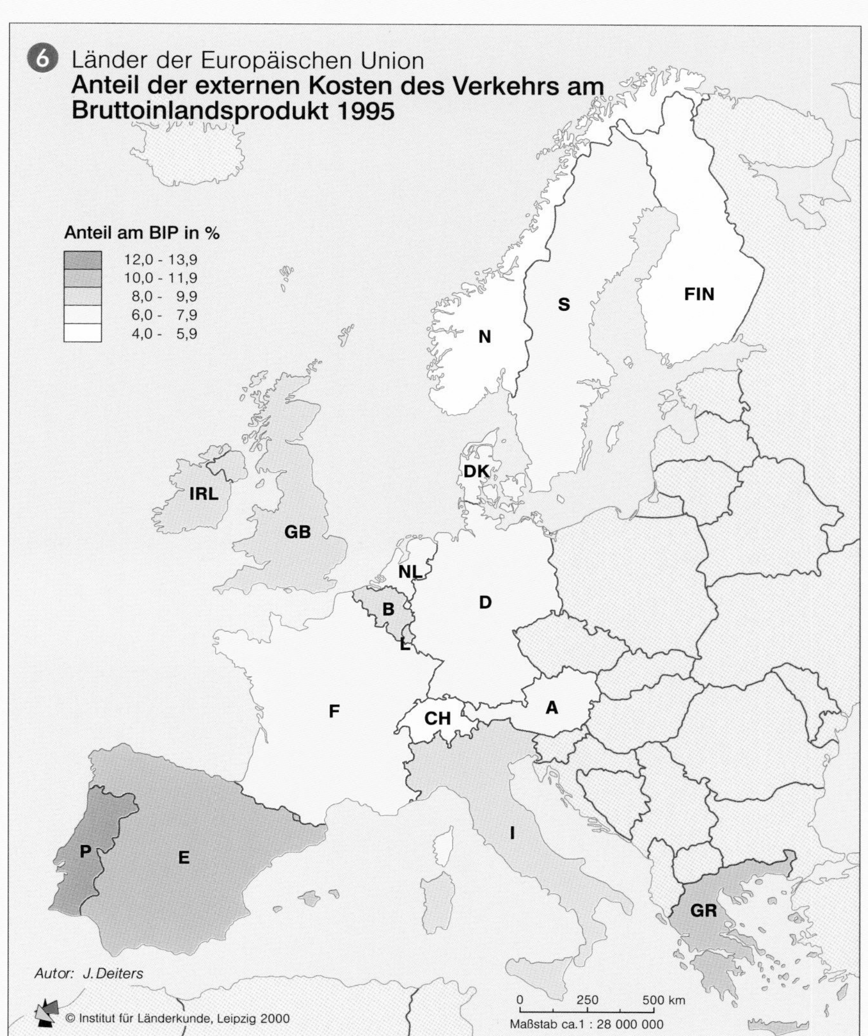
6 Länder der Europäischen Union
Anteil der externen Kosten des Verkehrs am Bruttoinlandsprodukt 1995
Anteil am BIP in %
12,0 - 13,9
10,0 - 11,9
8,0 - 9,9
6,0 - 7,9
4,0 - 5,9
N
S
FIN
DK
IRL
GB
NL
B
L
D
F
CH
A
P
E
I
GR
Autor: J. Deiters
© Institut für Länderkunde, Leipzig 2000
0 250 500 km
Maßstab ca.1 : 28 000 000

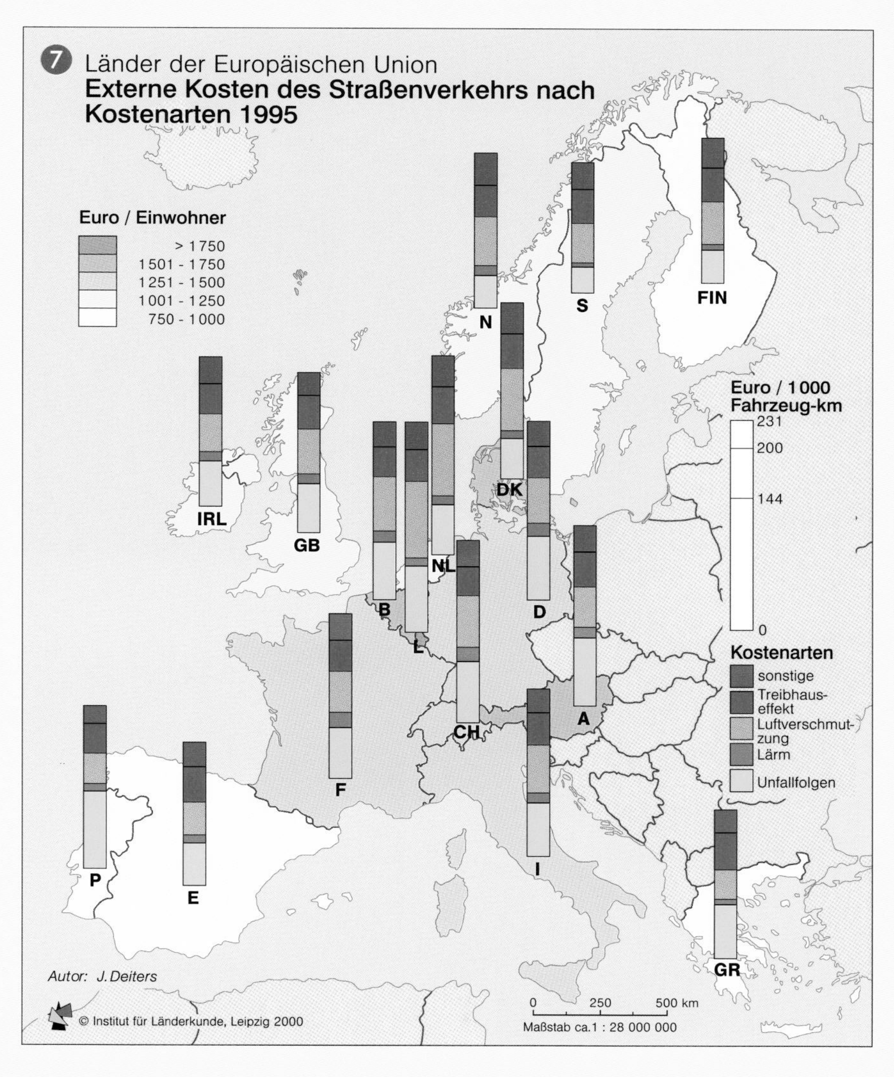
7 Länder der Europäischen Union
Externe Kosten des Straßenverkehrs nach Kostenarten 1995
Euro / Einwohner
> 1750
1501 - 1750
1251 - 1500
1001 - 1250
750 - 1000
Euro / 1000 Fahrzeug-km
231
200
144
0
Kostenarten
sonstige
Treibhauseffekt
Luftverschmutzung
Lärm
Unfallfolgen
N
S
FIN
DK
IRL
GB
NL
B
L
D
F
CH
A
P
E
I
GR
Autor: J. Deiters
© Institut für Länderkunde, Leipzig 2000
0 250 500 km
Maßstab ca.1 : 28 000 000

Was sind und wie ermittelt man externe Kosten des Verkehrs?

Erstmals 1995 legte der Internationale Eisenbahnverband (UIC), Paris, eine umfassende Ermittlung der externen Effekte des Verkehrs in Westeuropa vor. Die Studie wurde zur Grundlage eines Grünbuchs über „faire und effiziente Preise im Verkehr" der EU-Kommission (1995). In Aktualisierung und Erweiterung dieser Studie haben INFRAS (Zürich) und IWW (Universität Karlsruhe) im Auftrag des UIC im März 2000 unter dem Titel „External Costs of Transport" neue Ergebnisse (Datenbasis 1995) veröffentlicht. Sie sollen die im Weißbuch der EU-Kommission zur „gerechten Bezahlung der Infrastrukturnutzung" 1998 umrissene Politik zur nachhaltigen Verkehrsentwicklung unterstützen.

Die Studie bezieht sich auf die 15 EU-Mitgliedstaaten zuzüglich Norwegen und Schweiz. Die externen Kosten werden nach den **Verkehrsarten** Straßenverkehr (Pkw, Motorrad, Bus, Lkw-Leicht- und -Schwerlastverkehr), Schienen- und Luftverkehr (jeweils getrennt nach Personen- und Güterverkehr) sowie Binnenschifffahrt (Güterverkehr) unterschieden. Neben den gesamten werden auch die **mittleren externen Kosten**, bezogen auf die Verkehrsleistung angegeben, im Personenverkehr als Personen-Kilometer (Pkm), im Güterverkehr als Tonnen-Kilometer (tkm), im Straßenverkehr als Fahrzeug-km.

Folgende **Kostenarten** werden berücksichtigt:

Unfallfolgen
Es handelt sich um die von Versicherungen nicht getragenen Kosten für medizinische Versorgung, Arbeitsausfall, Invalidität und Tod (das menschliche Leben wird mit 1,5 Mio. Euro bewertet). Mit 29% haben die Unfallkosten den größten Anteil an den externen Kosten des Verkehrs der 17 Länder.

Lärmwirkungen
Die Ermittlung der Lärmkosten beruht auf den lärmbedingten Erkrankungen (insbesondere Herzinfarkt) und der Wertminderung von Immobilien. Eine weitere Kostenkomponente bildet die (theoretische) Zahlungsbereitschaft der betroffenen Bevölkerung zur Reduktion oder Vermeidung des Verkehrslärms. Der Anteil der Lärmkosten beträgt 7%.

Luftverschmutzung
Schadstoffemissionen beeinträchtigen die Gesundheit und die Biosphäre, rufen Material- und Gebäudeschäden hervor und mindern die land- und forstwirtschaftlichen Erträge. Kosten der Luftverschmutzung haben mit 25% den zweithöchsten Anteil an den externen Kosten des Verkehrs in Westeuropa.

Klimaveränderung
CO_2-Emissionen gelten als Hauptverursacher der globalen Erwärmung. Für eine Tonne CO_2 werden 135 Euro berechnet. Im Luftverkehr wird dieser Kostensatz wegen der spezifischen Risiken der Emission in große Höhe verdoppelt. Mit 23% steht der vom Verkehr ausgehende Treibhauseffekt an dritter Stelle der externen Kosten in Westeuropa.

Landschaftsbeeinträchtigung
Die Versiegelung der Landschaft durch die Verkehrsinfrastruktur wird über Kompensations- und Wiederherstellungskosten (bezogen auf den Zustand 1950) berechnet. Diese Kostenart macht 3% an den externen Verkehrskosten aus.

Städtische Effekte
Hier werden Zeitverluste der Fußgänger und die Zurückdrängung des Radverkehrs als externe Kosten des wachsenden Autoverkehrs berechnet. Der Anteil beträgt 2%.

Vorgelagerte Effekte
Es handelt sich um zusätzliche Umweltkosten, die der Fahrzeugproduktion und dem Ausbau der Verkehrsinfrastruktur zuzurechnen sind. Sie tragen in Westeuropa mit 11% zu den externen Kosten des Verkehrs bei.

Staukosten im Straßenverkehr wurden ebenfalls berechnet, doch nicht in die externen Kosten einbezogen, weil sie im wesentlichen von den betroffenen Verkehrsteilnehmern getragen werden und insofern keine gesellschaftlichen (externen) Kosten sind (▶▶ Beitrag Deiters/Gräf/Löffler, Einführung).

Quelle: Infras/IWW: External Costs of Transport, Zürich/Karlsruhe 2000

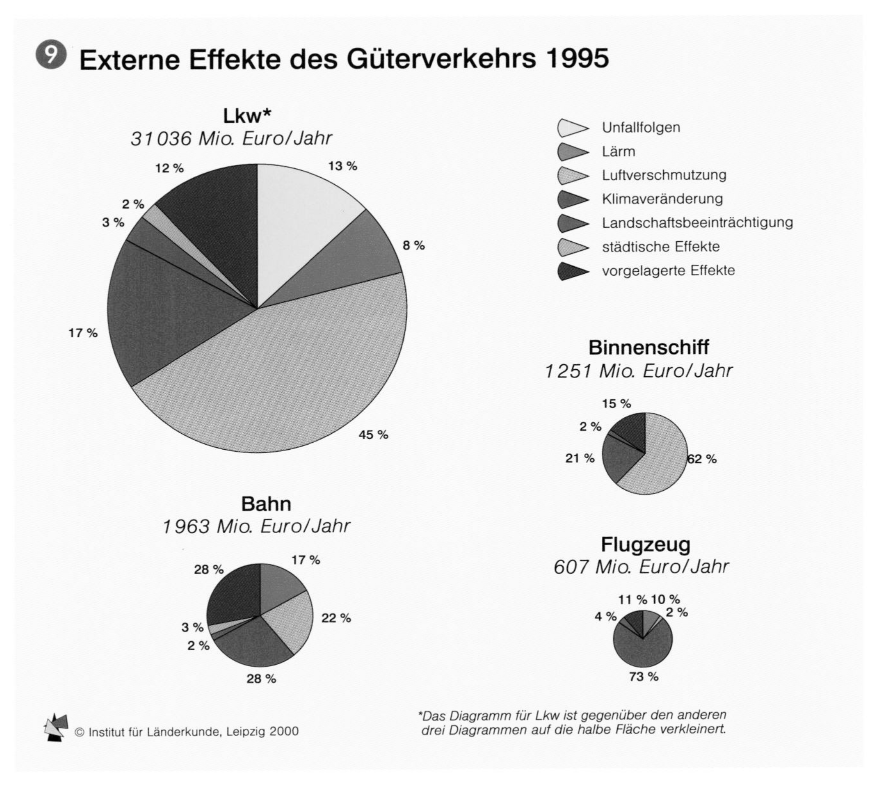

wächst. Die externen Kosten des Verkehrs belaufen sich in den 17 Ländern 1995 auf rund 530 Mrd. Euro; das entspricht 7,8% ihres Bruttoinlandsprodukts (BIP). Karte 6 zeigt im Vergleich zu Karte 4, dass die externen Kosten des Verkehrs im Vergleich zum BIP in der Regel umso höher sind, je geringer die Wirtschaftskraft eines Landes ist. Die gesellschaftlichen Kosten des Verkehrs treffen also vor allem die schwachen Volkswirtschaften.

Die Höhe der externen Kosten des Straßenverkehrs 7 hängt eng mit dem Umfang der Straßenverkehrsleistung zusammen, jeweils bezogen auf die Bevölkerungszahl eines Landes 5. Betrachtet man jedoch die mittleren externen Kosten des Straßenverkehrs (Euro pro 1000 Fahrzeug-km), so wird deren Höhe offenbar nicht direkt von der Wirtschaftskraft eines Landes bestimmt (vgl. z.B. Schweden und Portugal). Die Arten der externen Kosten geben einen Hinweis auf die besonderen Verhältnisse in den einzelnen Ländern. Überdurchschnittlich hohe Anteile der Kostenarten Unfallfolgen und Luftverschmutzung entsprechen jeweils besonderen Belastungen durch den Pkw-Verkehr einerseits und durch den Lkw-Verkehr andererseits.

Das zeigen auch die Karten 10 und 12: Überdurchschnittlich hohe Unfallfolgekosten treten in den hochentwickelten Kernländern der EU, aber auch in Portugal auf, während Schweden das Musterbeispiel eines Landes geringer Unfallhäufigkeit trotz hoher privater Motorisierung ist. Die externen Kosten der Luftverschmutzung, Hauptindikator für den Straßengüterverkehr, hängen eng mit der Wirtschaftskraft des Landes zusammen. Besonders hoch sind sie in den Ländern mit starkem Transitverkehr (Österreich, Dänemark) bzw. mit Hafenhinterlandverkehr (Niederlande, Belgien).

Die mittleren externen Kosten im Ländervergleich

Die mittleren externen Kosten des Personenverkehrs und des Güterverkehrs in den Ländern Westeuropas weisen beträchtliche nationale Unterschiede für die einzelnen Verkehrsarten auf 8 11. Im Straßenverkehr ist die Zusammensetzung des Fahrzeugparks (Alter, Kraftstoffverbrauch, Abgaswerte, Diesel-Anteil), im Schienenverkehr der Anteil der Elektro- bzw. ▶ Diesel-Traktion ein wichtiger Bestimmungsgrund. Weitere Einflussfaktoren sind der Ausbau der Verkehrsinfrastruktur, die Auslastung der eingesetzten Transportkapazitäten, Dichte und Verteilung der potenziell betroffenen Bevölkerung, ▶ orographische Gegebenheiten, ökologische Raumempfindlichkeit und schließlich die Unterschiede der Kaufkraftparität in Europa. Der Spitzenwert für die Schweiz im Straßengüterverkehr resultiert im Wesentlichen aus der Tonnagebeschränkung für den Lkw-Transit (Huckepackverkehr mit der Bahn als Alternative).

Bis 2010 werden die gesamten externen Kosten des Verkehrs in der EU zu-

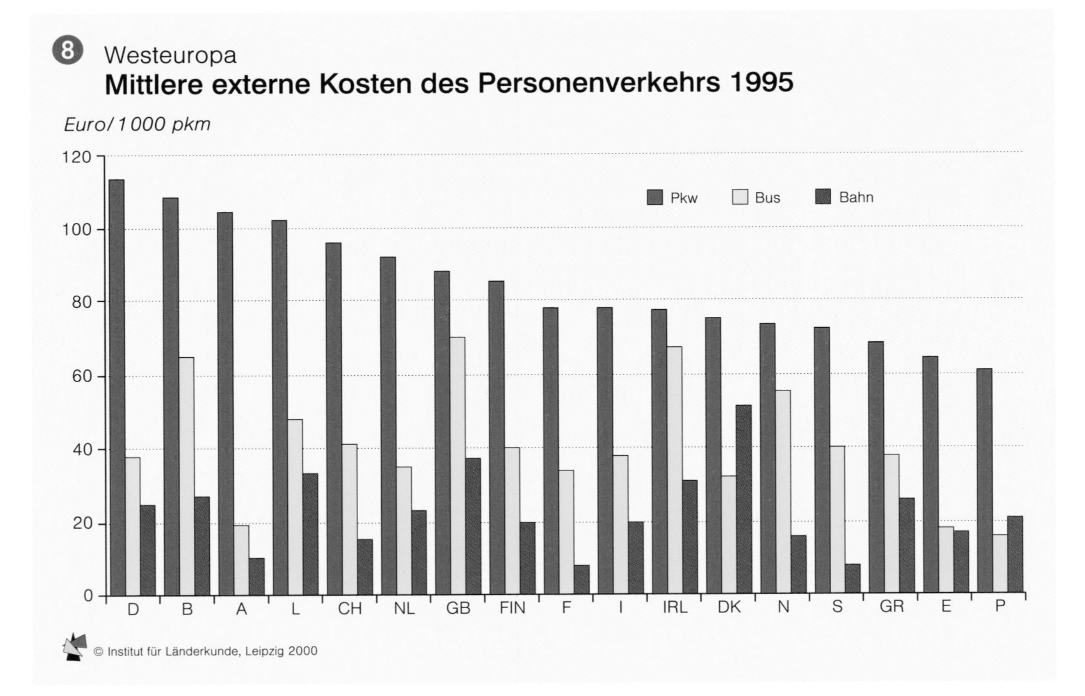

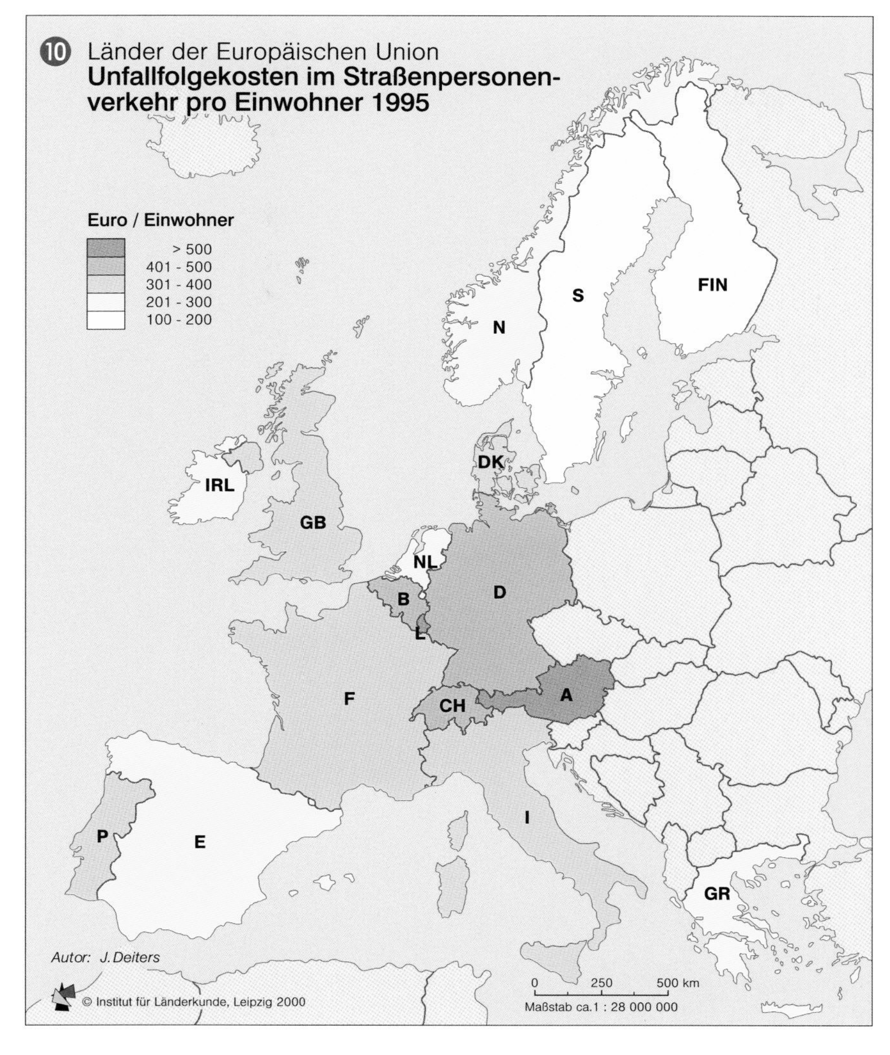

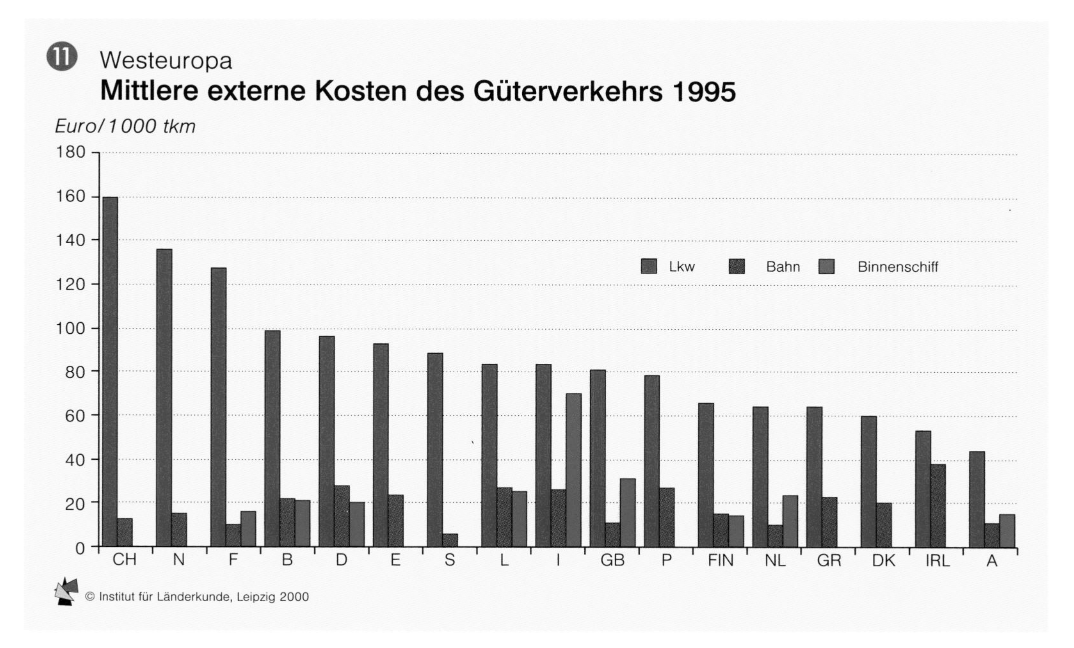

züglich Norwegen und Schweiz um 42% zunehmen, hauptsächlich wegen des wachsenden Verkehrs vor allem im Straßen- und Luftverkehr. Aber auch die mittleren externen Kosten des Verkehrs werden ansteigen, weil die Zunahme der Unfallfolgekosten – deren Berechnung an das BIP-Wachstum gebunden ist – nicht durch Abgasreduktion und dergleichen kompensiert werden kann. Die mittleren externen Kosten des Straßenverkehrs werden um 8% (Pkw) bzw. 15% (Lkw) zunehmen; die wachsende Klimabelastung (CO_2-Emissionen) kann durch Kraftstoffeinsparungen am Fahrzeug nicht ausgeglichen werden. Die mittleren externen Kosten des Schienenverkehrs werden bis 2010 bei der Personenbeförderung leicht abnehmen (–2%), beim Gütertransport jedoch ähnlich wie beim Lkw-Verkehr zunehmen (14%). Für die 17 europäischen Länder ergibt sich für 2010, dass das Verhältnis der mittleren externen Kosten Schiene/Straße im Personenverkehr 1:4,7 und im Güterverkehr 1:4,8 beträgt und sich damit gegenüber 1995 (1:4,3 bzw. 4,6) weiter zum Nachteil des Schienenverkehrs verschiebt.

Würde man die Internalisierung der externen Kosten des Straßenverkehrs auf die Differenz gegenüber der Bahn beschränken, so müsste man den Pkw-Verkehr mit 14,2 Pfennig je Personenkilometer und den Lkw-Verkehr mit 15,7 Pfennig je Tonnenkilometer belasten. Bei einer mittleren Pkw-Besetzung von 1,44 Personen verbleiben 9,9 Pfennig/Pkm. Auf 100 km bezogen ergeben sich Zusatzkosten in Höhe von 9,90 DM, die entweder in Form einer fahrleistungsbezogenen Straßenbenutzungsgebühr durch automatisches ▶ *Road Pricing* oder über die Mineralölsteuer zu entrichten sind. Bei einem Kraftstoffverbrauch von 8 l/100 km müssten pro Liter zusätzlich 1,24 DM Steuern erhoben werden.

Im Straßengüterverkehr müssten für einen Lkw mit 40 Tonnen Gesamtgewicht pro Kilometer 62,8 Pfennig und bei einer jährlichen Fahrleistung von 125.000 km 78.500 DM (rd. 40.000 Euro) zusätzlich bezahlt werden. Die Euro-Vignette für Nutzfahrzeuge (750 bzw. 1250 Euro) ist weit davon entfernt, „Kostenwahrheit" im Güterverkehr zu schaffen. Das Umweltbundesamt hat errechnet, dass allein die Herstellung von Kostengleichheit zwischen Straße und Schiene unter Zugrundelegung der Trassenpreise der Deutschen Bahn AG eine Schwerverkehrsabgabe für Fahrzeuge über 12 Tonnen von 27 bis 29 Pfennig pro Fahrzeugkilometer erfordern würde.◆

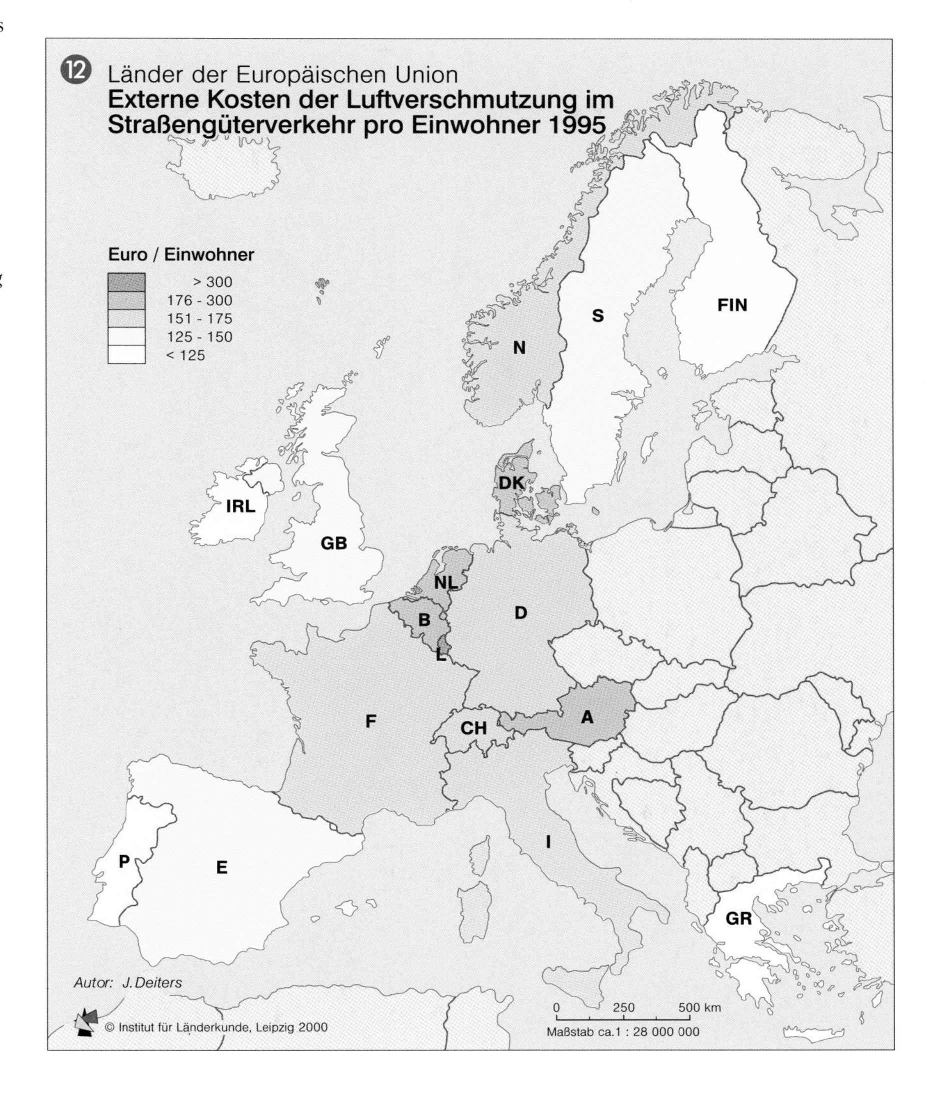

Erreichbarkeit in Netzen der Mobilkommunikation

DeTeMobil und Peter Gräf

Mitte des Jahres 2000 waren in Deutschland 33,2 Mio. Handyverträge in Kraft, darunter nur noch 100.000 im analogen C-Netz, rund 99,5% in digitalen Netzen von D1, D2, E-Plus und Viag Interkom. Die zunächst fast ausschließlich als mobile Telefone genutzten Handys werden in zunehmendem Maße in Kombination mit Laptops oder Organizern für Daten-, E-Mail- und Faxübermittlung genutzt. Eine neue Generation von Handys ist seit 1999 ▶ WAP-fähig. Mehr noch hat schon seit 1997 das ▶ SMS-Mitteilungssystem breite Akzeptanz vor allem auch unter jugendlichen Handynutzern gefunden.

Wettbewerb im Mobilfunk

Die Nachfrage nach leistungsfähiger mobiler Datenkommunikation hat zahlreiche technische Entwicklungen induziert. Mit HSDM bietet E-Plus eine erste Lösung, der die Deutsche Telekom flächendeckend bis Ende 2000 mit ▶ GPRS folgen wird. Nach Vergabe (z.T. Versteigerung) der ▶ UMTS-Frequenzen wird ab 2003 eine neue Generation an multimediafähiger Mobilkommunikation entstehen (Übertragung von Daten und Bildern, Internetzugang, GPS-Satellitennavigation zur raumbezogenen Orientierung in Fahrzeugen).

Zur Mobilkommunikation gehört auch der professionelle Bündelfunk (PAMR). Anfang 2000 sind 200.000 Endgeräte registriert, davon 155.000 im Chekker-Netz der Dolphin Telecom. Darüber hinaus existieren 125.000 Betriebsfunknetze mit 1,5 Mio. Funkanlagen in nicht öffentlichen Netzen (▶ PMR). Im Vordergrund steht hier die innerbetriebliche Kommunikation bei Industrie, Verkehrs- und Logistikunternehmen, bei kommunalen Dienstleistern sowie im Sicherheits- und Rettungswesen. Allein Polizei, Feuerwehr und Rettungsdienste betreiben rund 300.000 Geräte. Seit der Öffnung des Marktes für Betriebsfunk nach der ersten Postreform 1989 haben innerhalb von 11 Jahren zahlreiche Unternehmen Lizenzen für Datenfunk und Pagingdienste erhalten. Die Marktkonsolidierung hatte eine Reihe von Übernahmen durch Motorola und Matra zur Folge (u.a. von Bosch, AEG). Inzwischen ist das inselartig aufgebaute Chekker- und RegioKom-Netz der T-Mobil durch stufenweise Übernahme 1998/1999 zu einem landesweiten Chekkernetz der Dolphin Telecom umgestaltet worden und wird versorgungstechnisch zunächst auf analoger Basis verdichtet. Das Chekkernetz unterscheidet Regionalzonen, Netzzonen (Wirtschaftsregionen) und überregionale Gebiete mit sieben Maxizonen und einer Supermaxizone ❶.

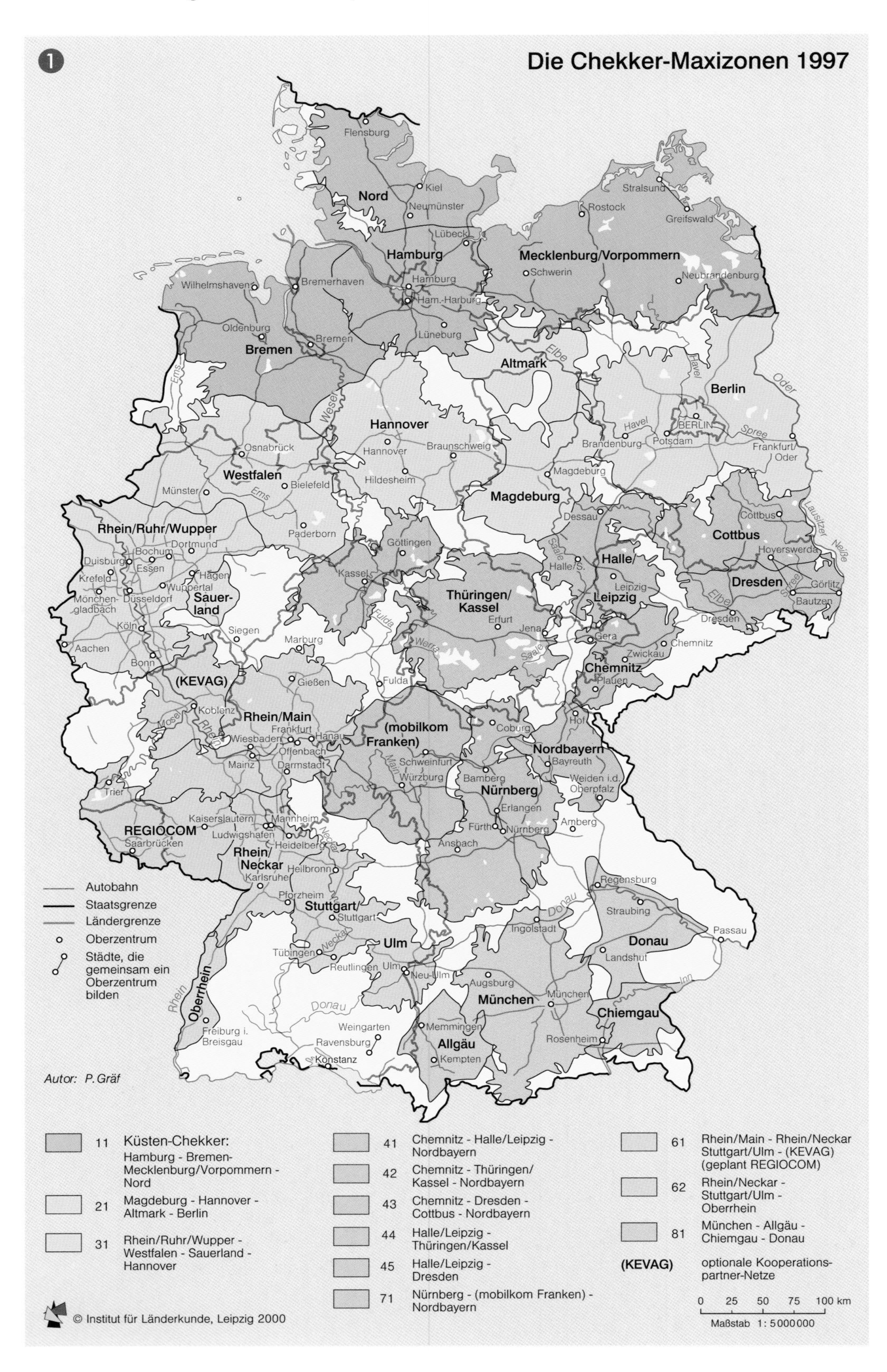

Für die weitere Planung muss auf die große Prognoseunsicherheit im Telekommunikationsbereich hingewiesen werden: Vor 10 Jahren wurden für Deutschland bis zum Jahr 2000 10 Mio. Handybesitzer erwartet, tatsächlich waren es über 30 Mio. Ähnlich erging es dem Markt für PMR. Trotz der rasanten Verbreitung der mobilen Telefone in GSM-Netzen trat der prognostizierte Marktverfall bei PMR nicht ein, obwohl die ▶ Bündelfunkdienste bislang nicht in digitalen Netzen arbeiten. Die künftig angestrebte digitale Umrüstung der PMR wird von den starken Verbandsinteressen der Arbeitsgemeinschaft Betriebsfunk für Industrie und Nahverkehr (ABIN), der Vereinigung Deutscher Elektrizitätswerke (VDEW) sowie der Behörden und Organisationen mit Sicherheitsaufgaben (BOS) gesteuert. Für Deutschland und die Schweiz wird der gemeinsame Standard TETRAPOL angestrebt, der auch die künftige Vernetzbarkeit der genannten Anwender sicherstellen kann. Schon das ▶ Schengener Abkommen von 1992 forderte eine grenzüberschreitende Zusammenarbeit der Polizei, die bislang aus technischer Inkompatibilität der Funkeinrichtungen weitgehend nicht möglich war.

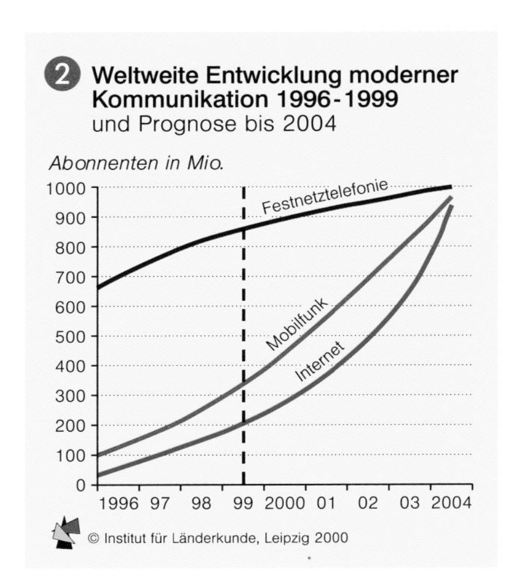

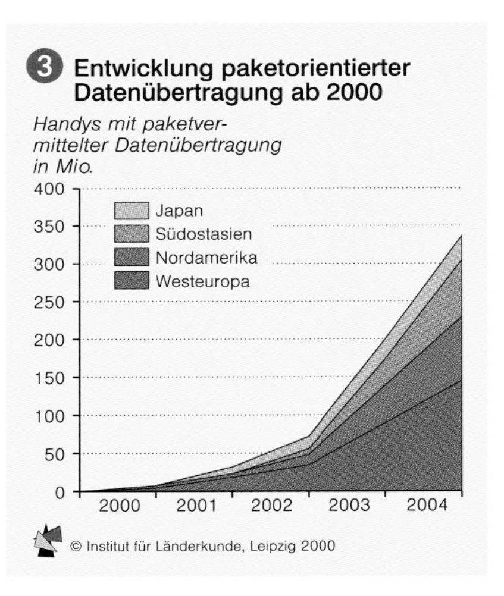

Die Entwicklung des T-D1-Mobilfunknetzes

Die Entwicklung im T-D1-Netz ist in allen wesentlichen Aspekten geprägt von der dynamischen Marktentwicklung des Mobilfunks in den letzten zehn Jahren. Das trifft im selben Maße auch für die Funkversorgung an sich zu.

Basis der ersten Ausbauplanungen waren Autotelefone, wie sie für die Jahre 1991-1993 typisch waren. Der Focus lag auf der Netzversorgung wichtiger Großstädte und der Erschließung der verbindenden Verkehrsadern. Schritt für Schritt wurden weitere Gebiete erschlossen, um so eine angemessene Grundversorgung zu erreichen.

Mitte der 1990er Jahre kamen die Verfügbarkeit von Handys und damit ein sich änderndes Nutzungsverhalten

GPS – Global Positioning System, Satellitennavigation (▶▶ Beitrag Beer/Rosenthal)

GPRS – General Paket Radio Services – hochleistungsfähige Datenübertragung in Mobilfunknetzen, voraussichtlich Ende 2000 flächendeckend in Deutschland verfügbar

GSM – Global Systems for Mobile Communications. Weltweit verbreiteter Standard für Mobilkommunikation (9,6 Kbit/s)

Inhouse-Versorgung – Funkversorgung im Inneren von Gebäuden

Öffentlicher Bündelfunk – siehe PAMR

Pagingdienste – Alphanumerische Kurzmitteilung im Mobilfunk (siehe auch SMS)

PAMR – Private Access Mobile Radio, öffentlicher Mobilfunk oder Betriebsfunk (Bündelfunk), bislang analog, künftig digital

PMR – Professional Mobile Radio, nichtöffentlicher Mobilfunk oder Betriebsfunk, bislang analog, künftig digital

Schengener Abkommen – am 14.6.1984 in Schengen (Luxemburg) unterzeichnetes Abkommen von EU-Staaten über die Abschaffung von Grenzkontrollen im EU-Binnenraum, in Kraft seit 26.3. 1995

SMS – Short Message System, alphanumerische Kurzmitteilungen mit max. 160 Zeichen für Mobilkommunikation

UMTS – Universal Mobile Telecommunication System, multimedialer Übertragungsstandard mit 2 MB/sec. Nach Lizenzversteigerungen und Netzaufbau ab ca. 2003 verfügbar.

WAP – Wireless Application Protocol, aufbereitete Seiten aus dem Internet können über ein Handy (Mobilfunk) abgerufen werden.

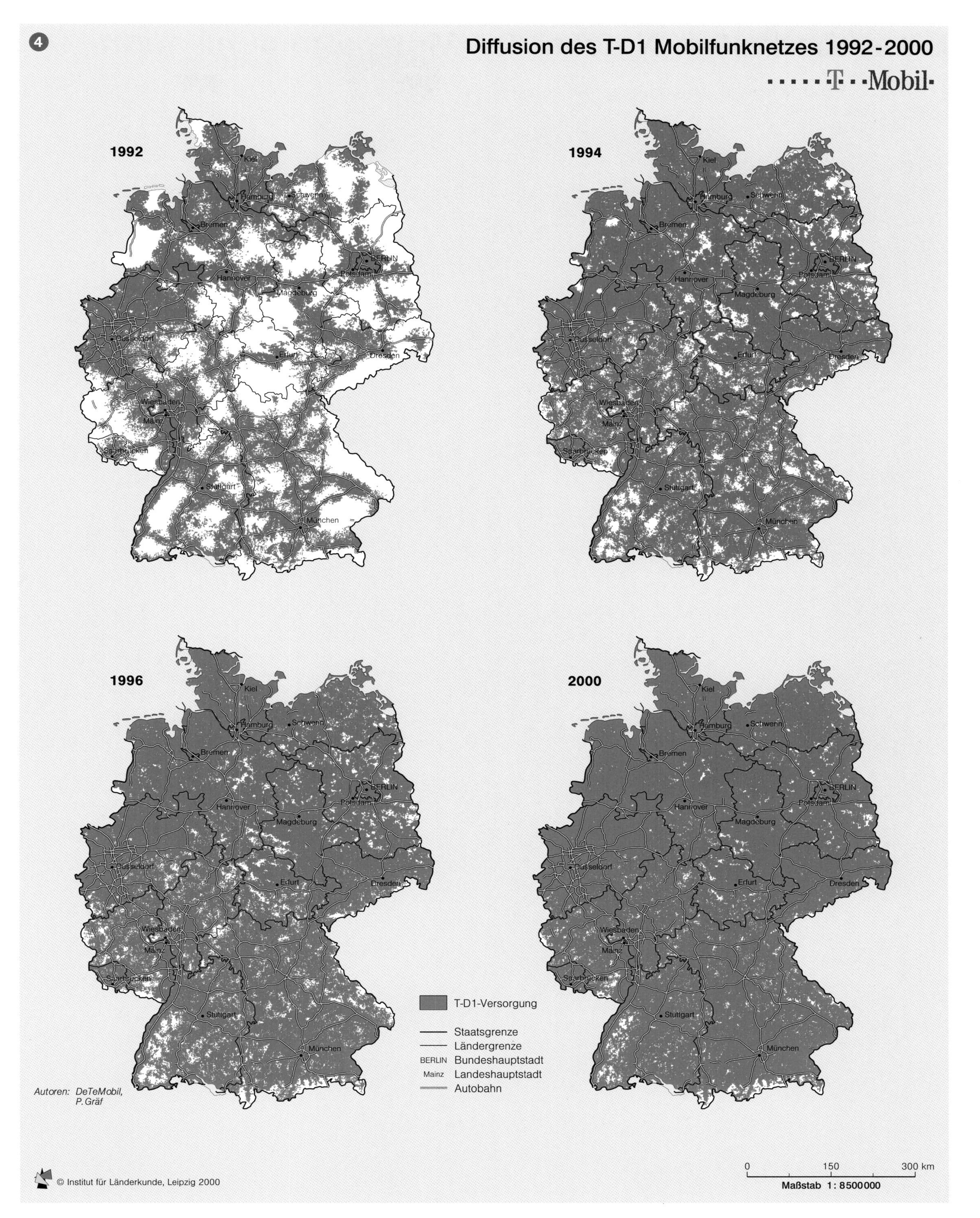

der Kunden hinzu. Dem musste ein weiterer Netzausbau Rechnung tragen. Ziel war eine fast flächendeckende Versorgung, bei der nahezu 100% der Bevölkerung erreicht wären. Dies war ab etwa Ende 1997 gegeben 4.

Mit dem Eintritt in den Massenmarkt liegt seitdem der Schwerpunkt auf weiterer Netzverdichtung zur Unterstützung einer tief gehenden ▶ Inhouse-Versorgung bei gleichzeitiger Sicherstellung ausreichender Netzkapazitäten. Dafür werden enorme Anstrengungen unternommen, die sich netzseitig in hohen Zahlen für Funkstandorte ausdrücken. T-Mobil geht derzeit von mindestens 20.000-25.000 ▶ GSM-Standorten in Deutschland aus, um den Kunden jederzeit bedarfsgerecht innovative Dienstleistungen anbieten zu können.

Zudem entwickelt sich das Handy immer mehr vom reinen Mobil-Telefon zum mobilen Info-Terminal. Stand beim Start des digitalen T-D1-Netzes die Sprachübertragung im Mittelpunkt, so gewinnt nun die mobile Datenübertragung in raschem Maße an Bedeutung. Sowohl die Möglichkeit des Versendens von Kurznachrichten über das T-D1-Netz wie auch das Abrufen speziell aufbereiteter Internet-Seiten durch ein besonderes Handy erfreuen sich seit der Einführung im Herbst 1999 einer ständig steigenden Beliebtheit. Mit WAP haben T-D1-Kunden auch unterwegs Zugriff auf die wichtigsten Informationen aus Wirtschaft, Politik, Sport und Unterhaltung. Um den neuen Anforderungen an die mobile Datenkomunikation Rechnung zu tragen, hat T-Mobil im T-D1-Netz als einer der ersten Netzbetreiber der Welt im Sommer 2000 den ▶ GPRS eingeführt, der eine deutlich schnellere Datenübertragung via Handy sowie erstmals eine volumenorientierte Abrechnung erlaubt.

Dank der internationalen Verbreitung des GSM-Standards können T-D1-Kunden in derzeit mehr als 90 Ländern dieser Welt bequem ihr Handy benutzen und sind unter der gewohnten Rufnummer erreichbar. Mit der ab ca. 2003 zur Verfügung stehenden 3. Mobilfunkgeneration (▶ UMTS) wird erstmals ein international einheitlicher Mobilfunkstandard eingeführt (Übertragungsrate 2MB/s). Im Jahr 2000 haben die Lizenzvergaben in Europa begonnen.◆

Verkehrstelematik – neue Chancen im Verkehrswesen

Michael Beer und Gerd Rosenthal

Mobilität für Personen und Güter zu sichern, ist eine der vorrangigen Aufgaben unserer Gesellschaft. Die enge Verknüpfung von Mobilität und Wirtschaftswachstum zeigt deutlich, wie wichtig die schnelle Erreichbarkeit eines gewünschten Ziels ist. Um bei steigendem Motorisierungsgrad, wachsendem Anteil von Transportleistungen und der Globalisierung von Wirtschaftsbeziehungen weiterhin effiziente Strukturen für alle zu erhalten, ist die vorhandene Verkehrsinfrastruktur besser zu nutzen und umweltverträglich einzusetzen. Steigendes Verkehrsaufkommen kann deshalb nicht mehr nur durch neue Straßen und Wege bewältigt werden, sondern ist durch eine optimierte Verteilung auf den vorhandenen Netzen abzuwickeln. Vermeidbare Bewegungen müssen ersetzt oder zeitlich variabel verschoben werden. Fahrten, die mit umweltgerechteren Verkehrsmitteln durchgeführt werden können, müssen dorthin verlagert werden. Dabei ist den individuellen Mobilitätsbedürfnissen ebenso wie dem Schutz von Klima und Umwelt Rechnung zu tragen.

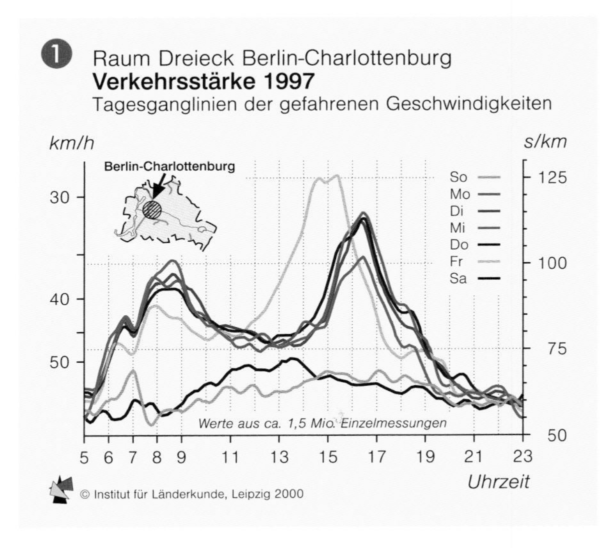

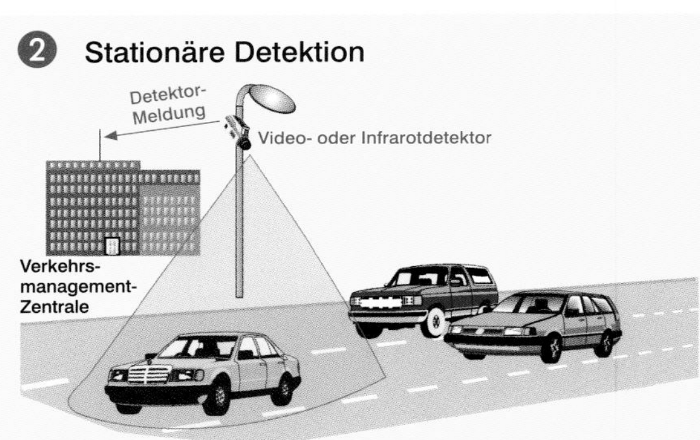

Bei der stationären Detektion werden Positionen, Geschwindigkeiten, Fahrzeugabstände, Fahrzeugarten und Zeitangaben von fest installierten Detektoren (z. B. Video- oder Infrarotdetektoren) erfasst. Diese Informationen werden anonymisiert und z. B. über Datenleitungen oder Funksender an eine Verkehrsmanagementzentrale für die Verkehrsberechnung übertragen.

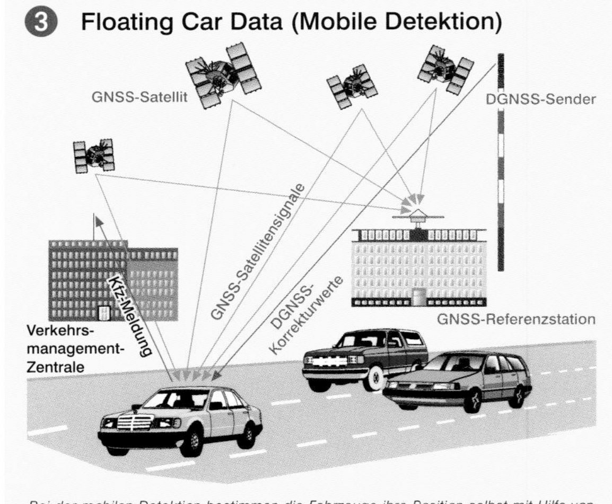

Bei der mobilen Detektion bestimmen die Fahrzeuge ihre Position selbst mit Hilfe von Globalen Navigations-Satellitensystemen (GNSS). Für spurgenaue Ergebnisse, insbesondere in urbanen Ballungsräumen, werden zusätzlich Verbesserungen des Differential GNSS (DGNSS) benutzt, die von Satellitenpositionierungsdiensten bereitgestellt werden (z.B. in Deutschland von SAPOS® der Landesvermessungsverwaltungen, der u.a. über UKW-Rundfunksender der ARD und über 2-m-Funksender meter- bis zentimetergenaue Positionsbestimmungen ermöglicht). Ergänzt um Fahrzeugart, Geschwindigkeit und Zeitangabe senden die Fahrzeuge diese Informationen anonymisiert, z.B. als Short Messages über Funktelefon, an eine Verkehrsmanagementzentrale für die Verkehrsberechnung.

Informationserfassung

Unabdingbar für ein effizientes Verkehrsmanagement ist die detaillierte Kenntnis über die aktuelle Lage des öffentlichen und des individuellen Verkehrs. Die modernen Techniken der ▸ Verkehrstelematik ermöglichen das Erfassen, Zusammenführen, Prognostizieren und Bereitstellen aller relevanten Informationen. Grundlegend sind neben Kenntnissen über die aktuelle Belegung der Straßen und Parkflächen und über Reisezeiten auch Wetterdaten sowie Informationen über die Art und Gestaltung der vorhandenen Verkehrsnetze und Verkehrsmittel sowie über Veranstaltungen und Baustellen im Straßenraum. Zu einer intermodalen, d.h. individuelle und öffentliche Verkehrsmittel kombinierenden Reiseplanung werden auch Informationen öffentlicher Verkehrsträger benötigt. Für die räumliche Zuordnung werden die Daten mit ▸ Geobasis-Informationssystemen verknüpft. So lassen sich Aussagen über Verkehrsstärken ❶ wie auch Entscheidungen für die Lenkung der Verkehre treffen.

Die Belegung der Bundesautobahnen wird heute mit Hilfe von ▸ Induktionsschleifen und ▸ Above-Ground-Detektoren an Brücken erfasst. Innerhalb von städtischen Ballungsräumen bedarf es jedoch detaillierterer Erfassungseinrichtungen. Dabei wird zunehmend eine mobile Technik bevorzugt (▸ Floating Car Data) ❸, die gegenüber stationären Einrichtungen ❷ wirtschaftliche Vorteile hat und Ortsunabhängigkeit, die Bestimmung von Reisezeiten und nicht zuletzt die Kombination mit ▸ Car-Navigationssystemen ermöglicht.

Verkehrsmanagement

Ziel eines Verkehrsmanagements ist es, alle gewonnenen Daten miteinander zu verknüpfen und unter Berücksichtigung aller Verkehrsangebote optimale Lösungen in Abhängigkeit von der jeweiligen Verkehrssituation zu bieten. Dazu müssen Verkehrsstörungen in einer Zentrale aus den Informationen rechtzeitig erkannt bzw. prognostiziert werden. Durch Bereitstellen individueller und pauschaler Verhaltensempfehlungen über verschiedene Medien (z.B. Rundfunk, GSM-Funktelefon, Internet) und direkte Steuerung (z.B. Ampelschaltungen, Verkehrspolizei) kann die Verteilung des Verkehrs optimiert werden. Im Regelfall geschieht dies automatisiert, nur bei Störfällen sind manuelle Eingriffe erforderlich. Durch die Vernetzung mit Management- und Einsatzleitzentralen von öffentlichen Verkehrsträgern, Rettungsdiensten und Polizei lässt sich die Effizienz wesentlich steigern.

Realisierungen

Für die Lenkung des Fernverkehrs sind zur Zeit bundesweit an 700 km Autobahn ▸ Streckenbeeinflussungsanlagen in Betrieb ❺, die den Durchfluss über Warnhinweise und Geschwindigkeitsbeschränkungen steuern. Damit sollen Staus weitgehend minimiert bzw. verhindert werden.

Um die Informationen allen Verkehrsteilnehmern jederzeit zur Verfügung stellen zu können, ist neben den klassischen Verkehrshinweisen des Rundfunks das ▸ RDS-TMC entwickelt worden. Über TMC-taugliche Radios werden gewünschte und benötigte Verkehrsinformationen bereitgestellt und von den digitalen Verkehrskanälen der öffentlich-rechtlichen Rundfunkanstalten ausgestrahlt. Auch erste private Rundfunksender unterstützen das RDS-TMC. Es ist in Westeuropa weitgehend verfügbar ❹. Je nach Bedarf können damit Verkehrsmeldungen individuell per Sprachangabe oder als Anzeige in einer gewünschten Sprache abgerufen werden.

Diese Informationen sind auch für die Verkehrsteilnehmer in den Ballungsgebieten nutzbar, müssen dort aber erweitert werden, um den lokalen Mobilitätsbedürfnissen Rechnung zu tragen. Wichtig sind z.B. Informationen über freie Parkflächen am Zielort und über öffentliche Verkehrsmittel.

Die Betriebe des öffentlichen Personennahverkehrs haben zusätzlich in den vergangenen Jahren ▸ rechnergestützte Betriebsleitsysteme eingerichtet. Stationäre und verstärkt satellitengestützte

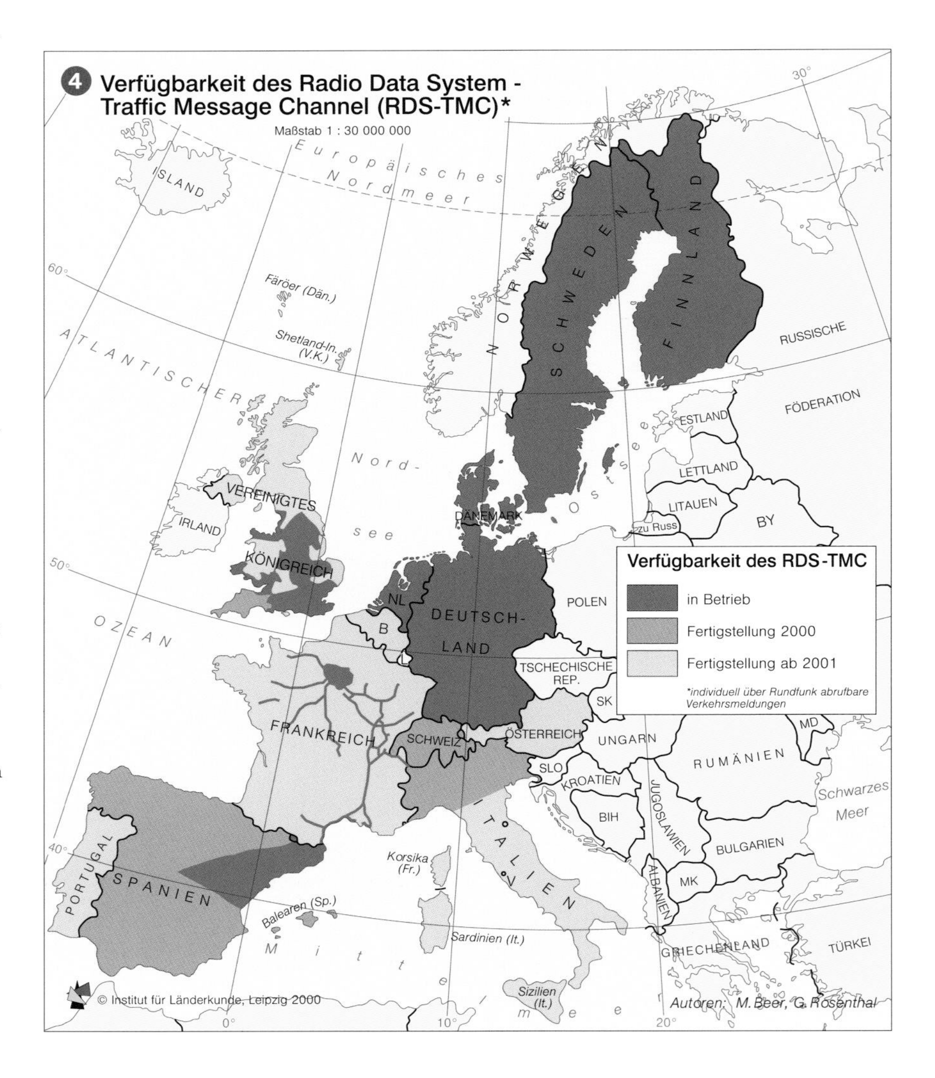

Above-Ground-Detektor – Messeinrichtung, die Verkehrsmengen von oben, z.B. an Brücken montiert zählt

Car-Navigationssystem – elektronisch gesteuertes Routenleitsystem

Floating Car Data (FCD) – Positionierung eines fahrenden Fahrzeugs via Satellit

Geobasis-Informationssysteme – Digitale liegenschafts- und landschaftsbeschreibende Informationen der deutschen Landesvermessung (ATKIS)

GSM-Funktelefon – **G**lobal **S**ystem for **M**obile Communication; technologischer Standard für Mobilkommunikation

Induktionsschleife – in die Fahrbahn eingefräste Messeinrichtung, die den sie überfahrenden Verkehr analysiert

Intermodales Routing – Zielführung unter Nutzung aller verfügbaren Verkehrsmittel

RDS-TMC – **R**adio **D**ata **S**ystem – **T**raffic **M**essage **C**hannel; Verkehrsfunk

Satellitenpositionierungsdienst – Netz von Referenzstationen und Telemetrieeinrichtungen zur Bereitstellung von Korrekturen für die Daten Globaler Navigations-Satelliten-Systeme (GPS der USA, GLONASS der Russischen Föderation, zukünftig auch Galileo der EU)

Streckenbeeinflussung – Variable Höchstgeschwindigkeitsanzeige mit Stau- und anderen Gefahrenwarnungen

Verkehrstelematik – Nutzung von Telekommunikation und Informatik für Lösungen im Verkehrswesen

Ortungen der Fahrzeuge erleichtern das Einhalten des Fahrplans und zügiges Reagieren auf Staus, Baustellen oder Unfälle. Gleichzeitig können die Fahrgäste auf elektronischen Anzeigen an Haltestellen oder in den Fahrzeugen aktuell informiert werden.

Das Bundesministerium für Bildung, Wissenschaft und Forschung hat 1997 das Projekt „Mobilität in Ballungsräumen" ausgelobt, in dem fünf Leitprojekte gefördert werden, die sich mit Fragen der Verkehrstelematik auseinandersetzen. Auch die EU unterstützt verschiedene Projekte zu diesem Themenbereich. In Berlin wird derzeit eine Verkehrsmanagementzentrale für den Regelbetrieb aufgebaut, die mit Zugriff auf die Informationen des öffentlichen und individuellen Verkehrs ein regionales, intermodales Verkehrsmanagement leisten soll. Für die Bestimmung der aktuellen Verkehrslage wird auf eigene Daten und in Kürze auch auf ▸ Floating Car Data zurückgegriffen. Die Verknüpfung von weitreichenden Informationen ermöglicht frühzeitige Steuerungsprozesse sowie tageszeit- und wochentagsabhängige Verkehrsprognosen, in die wetter- und umweltrelevante Rahmendaten integriert sind. Auf der Grundlage der Verkehrslagebilder wird zukünftig ein ▸ intermodales Routing ermöglicht, mit dem der Verkehrsteilnehmer zeit- und kostenoptimiert sein Ziel erreichen kann, wobei seinen individuellen Mobilitätsbedürfnissen Rechnung getragen wird.◆

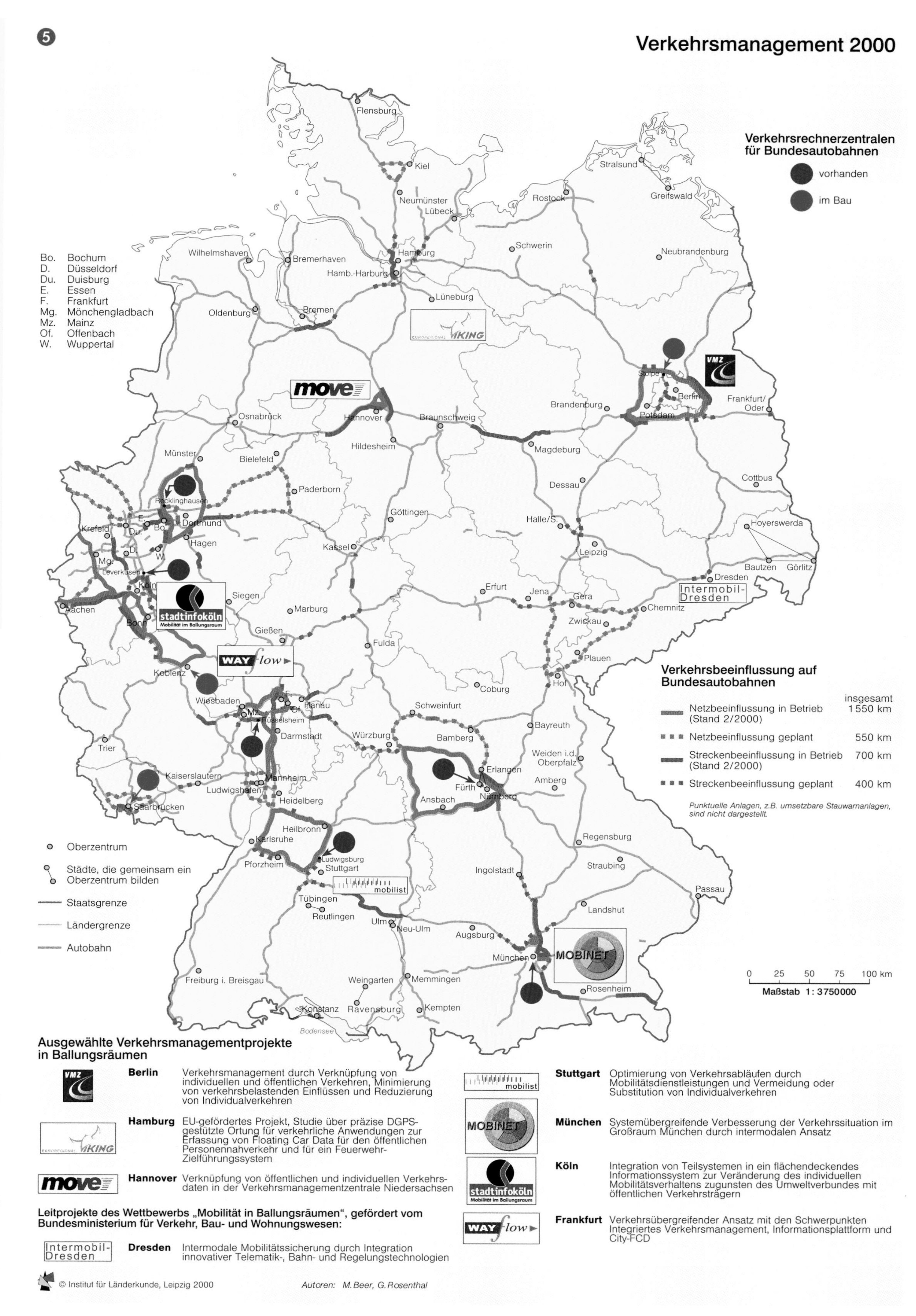

Anhang

Ein Nationalatlas für Deutschland

Konzeptkommission

Was ist ein Nationalatlas und für wen wird er gemacht?

Die Alltagserfahrung konfrontiert die meisten Menschen mit Schulatlanten und Straßenatlanten, die jeweils ihrem spezifischen Zweck entsprechend über die Länder der Welt oder über Straßen und Orte einer Region informieren. Ein Nationalatlas dagegen macht es sich zur Aufgabe, ein Land in allen seinen Dimensionen darzustellen. Dazu zählen die natürlichen Grundlagen, die Gesellschafts- und die Bevölkerungsstruktur, die Verteilung von Ressourcen, Siedlungen, Verkehrsnetzen und Wirtschaftskraft sowie weitere Elemente der Landesausstattung und Landesentwicklung. Ein Nationalatlas dient der räumlich differenzierten Information über das gesamte Land für seine Bewohner und Gäste, aber auch der Repräsentation eines Landes nach außen. Für diesen ersten deutschen Nationalatlas ist es darüber hinaus ein wichtiges Ziel zu dokumentieren, wie die über 40 Jahre getrennten zwei ehemaligen deutschen Teilstaaten zusammenwachsen.

Das Besondere eines Atlas ist es, die vielfältigen Inhalte in thematischen Karten darzustellen. Karten sind die ideale Form, von pauschalen zu räumlich differenzierten Aussagen zu gelangen. Eine Karte zeigt anschaulich regionale Unterschiede und vermag auch Zusammenhänge und Hintergründe aufzuzeigen. Durch die notwendige Zeichenerklärung, durch ergänzende Grafiken und erläuternde Texte wird das Lesen und Verstehen der Karten als Abbildung der räumlichen Strukturen und Prozesse erleichtert.

Der Atlas will an Deutschland Interessierte im In- und Ausland ansprechen. Er möchte Diskussionsstoff für Schulen und Universitäten bieten und als Nachschlagewerk in Familien und Bibliotheken dienen. Die räumliche Perspektive soll Staunen erwecken und neue Fragen aufwerfen. Als Schnittstelle zwischen Wissenschaft und Öffentlichkeit will er das Verständnis für die räumliche Differenzierung sozialer, wirtschaftlicher und naturräumlicher Strukturen und Prozesse schärfen, ein Interesse für Kartographie und Geographie wecken und als fundierte Informationsquelle für breite Bevölkerungskreise dienen. Deshalb ist es ein Anliegen, die wissenschaftlichen Inhalte für Laien zu erläutern, Begriffe zu definieren und die Themen anschaulich in Bild, Grafik und Karte darzustellen. Weiterführende Literaturangaben im Anhang ermöglichen interessierten Laien und Fachleuten eine Vertiefung der Themen.

Wie kam es zum Projekt Nationalatlas?

Fast alle europäischen und auch viele außereuropäische Länder besitzen einen Nationalatlas. Seit im Jahr 1899 Finnland den ersten Nationalatlas herausgegeben hat, um damit sein Streben nach Unabhängigkeit von Russland zu dokumentieren, gehören Nationalatlanten zu den Insignien souveräner Staaten. Aufgrund der ständig wechselnden Grenzen Deutschlands und der territorialen Ansprüche der verschiedenen deutschen Staatsführungen hat es nie einen Nationalatlas für Deutschland gegeben. In der DDR erschien in den Jahren 1976-81 der anspruchsvolle „Atlas Deutsche Demokratische Republik". In der Bundesrepublik Deutschland gab es zwei thematische Atlaswerke: „Die Bundesrepublik Deutschland in Karten" (Statistisches Bundesamt, Institut für Landeskunde und Institut für Raumforschung 1965-70) sowie den „Atlas zur Raumentwicklung" (Bundesforschungsanstalt für Landeskunde und Raumordnung 1976-87). Beide beanspruchen jedoch nicht den Status eines Nationalatlas.

Die Wiedervereinigung der beiden deutschen Teilstaaten im Jahr 1990 erschien deshalb als geeigneter Zeitpunkt, die Erstellung eines gesamtdeutschen Atlaswerkes zu konzipieren. Der Versuch, nach ersten Planungen eine staatliche Finanzierung des Projektes zu erzielen, schlug fehl. Im Jahr 1995 beschlossen die Dachverbände der deutschen Geographen und Kartographen[1] sowie die Deutsche Akademie für Landeskunde, das Projekt zusammen mit dem Institut für Länderkunde in Leipzig (IfL) auch ohne staatlichen Auftrag zu verwirklichen.

Nach dem Erscheinen des Pilotbandes (1997) begann das IfL mit der Realisierung des Projektes aus institutionellen Mitteln, die das Institut von seinen Zuwendungsgebern erhält, dem Bundesministerium für Verkehr, Bau- und Wohnungswesen sowie dem Sächsischen Staatsministerium für Wissenschaft und Kunst. Darüber hinaus konnten für einzelne Bände Projektmittel und Fördersummen eingeworben werden.

Wer wirkt am Nationalatlas mit?

Das Institut für Länderkunde als Forschungsinstitut der Wissenschaftsgemeinschaft Gottfried Wilhelm Leibniz ist Herausgeber des Nationalatlas Bundesrepublik Deutschland. Es konzipiert das Gesamtwerk und koordiniert die Mitarbeit einer Vielzahl von Wissenschaftlern, die als Koordinatoren für einzelne Bände wirken oder als Autoren die Inhalte und Entwürfe der Karten sowie die Textbeiträge erarbeiten.

Das Projekt steht unter Schirmherrschaft des derzeitigen Präsidenten des Deutschen Bundestages Wolfgang Thierse.

Die Deutsche Gesellschaft für Geographie, die Deutsche Gesellschaft für Kartographie und die Deutsche Akademie für Landeskunde unterstützen das Projekt als **Trägerverbände**.

Vertreter dieser Verbände und des IfL bilden eine **Konzeptkommission**, die das Vorhaben konzeptionell unterstützt und bei der Ausarbeitung von Inhalt und Aufbau der einzelnen Bände zu Rate gezogen wird.

Zahlreiche Bundesbehörden und deutschlandweit tätige gesellschaftlich relevante Institutionen begleiten das Projekt darüber hinaus in einem **Beirat**, der beratende und unterstützende Funktion hat. In diesem Gremium sind besonders diejenigen Einrichtungen vertreten, deren Aufgaben das Gesamtwerk betreffen, während andere Bundesämter und Institutionen themenspezifisch für Einzelbände eingebunden sind.

Auf Anraten der Deutschen Gesellschaft für Kartographie wurde eine **kartographische Beratergruppe** gebildet, die dem Institut für Länderkunde in Fragen der grafischen Darstellung zur Seite steht.

Schließlich ist die **Atlasredaktion** im Institut für Länderkunde zu nennen, das sich für einige Jahre überwiegend auf dieses Vorhaben konzentriert. Lektorat, Gestaltung, Redaktion und computergrafische Bearbeitung der Karten, Abbildungen und Texte bis hin zum Layout und zu den Druckvorlagen erfolgen im Institut für Länderkunde.

Wie ist das Gesamtwerk aufgebaut?

Nationalatlanten anderer Länder aus den letzten Jahrzehnten zeigen, dass Atlanten nicht mehr ausschließlich aus analytischen und komplexen Karten bestehen, sondern multimedial mit Fotos, Grafiken und erläuterndem Text versehen sind. Außerdem sind bereits die ersten elektronischen Nationalatlanten erschienen. Der deutsche Nationalatlas erscheint in einer gedruckten wie auch in einer elektronischen Ausgabe. Das Konzept für die elektronische Ausgabe beruht darauf, die Inhalte der Druckausgabe in elektronischer Form vollständig wiederzugeben. Darüber hinaus ermöglicht das elektronische Medium, mit den im Atlas verarbeiteten Daten interaktiv Karten zu generieren und zu gestalten.

Die Konzeptkommission hat die Vielfalt der Themen, die zusammen das komplexe Deutschlandbild ergeben, in zwölf Bereiche eingeteilt. Dabei wurde auf innere Zusammenhänge von Themenkomplexen geachtet, doch mussten auch pragmatische Gesichtspunkte berücksichtigt werden. Die Einzelbände dürfen nicht als unabhängige Einheiten gesehen werden, da das Gesamtwerk die Vernetzung der verschiedenen Natur- und Lebensbereiche berücksichtigt. Dabei kommt es bei Einzelthemen notwendigerweise auch zu Doppelungen. Das Zusammenspiel von Natur und Gesellschaft, von Siedlungsentwicklung und Bevölkerung, von Landwirtschaft und Ökologie kann immer von mehreren Seiten aus betrachtet werden, so dass viele Themen mit unterschiedlicher Schwerpunktsetzung und Blickrichtung in mehreren Bänden aufgegriffen werden. Durch die Vielzahl der Einzelthemen komplettiert sich das Gesamtbild Deutschlands in zwölf thematischen Bänden, die in etwa halbjährigem Turnus innerhalb von sechs Jahren (1999 - 2005) erscheinen werden.

- **Gesellschaft und Staat**

Der erste Band stellt die historischen und organisatorischen Hintergründe des Staatswesens der Bundesrepublik dar, geht auf die wichtigsten Elemente der Gesellschaft ein, thematisiert die verschiedenen Ebenen der administrativen Einteilung, die Deutschland in Länder, Kreise und Gemeinden untergliedert, sowie von anderen Instanzen definierte Regionen, wie z.B. Wahlbezirke, Bistümer und Landeskirchen oder Kammern.

- **Relief, Boden und Wasser**

Die naturräumlichen Grundlagen des Landes werden in zwei Bänden dargestellt, deren Leitthema das Zusammenwirken von Mensch und Natur ist. In dem ersten Band wird auf die naturräumliche Gliederung und Landschaftsnamen eingegangen, auf Veränderungen in Relief und Bodenbeschaffenheit und auf Qualität und Verteilung von Wasser und Gewässern.

- **Klima, Pflanzen- und Tierwelt**

Der zweite Band beschäftigt sich mit klimatischen Unterschieden in den verschiedenen Landesteilen und über längere Beobachtungszeiträume sowie mit der Verbreitung von Tier- und Pflanzenarten und mit Aspekten des Naturschutzes und der Landschaftspflege.

- **Bevölkerung**

Der Band befasst sich mit der in Deutschland lebenden Bevölkerung in ihrer vielfältigen Zusammensetzung und räumlichen Verteilung, mit ihren Veränderungen und den Faktoren, die dazu führen, wie Geburten und Sterbefälle, Zu- und Wegzüge, Einwanderungen aus dem Ausland und Auswanderungen in andere Länder.

- **Dörfer und Städte**

Das Siedlungssystem Deutschlands ist ein Kontinuum zwischen Stadt und Land, in dem städtische Lebensformen dominieren und ländliche Lebensformen auch in Städten in angepasster Form aufgegriffen werden. Der Band dokumentiert die für die deutsche Kulturlandschaft typische Vielfalt von Groß-, Mittel- und Kleinstädten mit ihren historischen Ortskernen und ihren Veränderungsprozessen.

• **Bildung und Kultur**
Der Band befasst sich mit Schule und Hochschule, Wissenschaft und Forschung, Berufsausbildung und Fortbildung sowie Kulturangeboten und -förderung von der Hochkultur bis zur Sozio- und Jugendkultur. Die regionale Differenzierung von Ausstattung und Nutzung von Kultur und Bildung stellt zugleich Komponenten des weltweiten Wettbewerbs um Wirtschaftsstandorte sowie eine Dimension von Lebensqualität in den Teilräumen Deutschlands dar, die nicht zuletzt auch zur Identifikation der Bevölkerung mit ihrer Region beiträgt.

• **Arbeit und Lebensstandard**
Die Welt der Arbeit, besonders der differenzierte Arbeitsmarkt, zu dem heutzutage auch die Arbeitslosigkeit mit dem speziellen Problem der Langzeitarbeitslosigkeit gehört, bilden einen wichtigen Aspekt des Lebensstandards der Menschen in Deutschland. Arbeit integriert oder schließt aus; sie ist der Schlüssel zur Teilhabe am Konsum, an Wohn- und Freizeitangeboten sowie zur Ausstattung mit Statussymbolen, die immer größere Bedeutung zu erlangen scheinen.

• **Unternehmen und Märkte**
Die Volkswirtschaft eines Landes bildet das Rückgrat seines Wohlstands. Zu ihr gehören die großen und die multinationalen Unternehmen sowie die unzähligen Klein- und Mittelbetriebe, die im ganzen Land Investitionen tätigen und Arbeitsplätze bieten, aber auch die Landwirtschaft, die sich längst vom traditionellen Bild des familiären Subsistenzbetriebes gelöst und in das Spektrum von Unternehmen eingereiht hat.

• **Verkehr und Kommunikation**
Der reibungslose Ablauf von Verkehr, Arbeits- oder Schulweg, Warentransport, Nachrichtenübermittlung und Energieübertragung ist Grundlage für das Funktionieren von Wirtschaft und Alltagsleben. Die moderne Gesellschaft ist undenkbar ohne Internet und Online-Banking, ohne den Flugverkehr für Fernreisen und die Geschäftsverbindungen zwischen den großen deutschen und europäischen Städten durch Flüge und Hochgeschwindigkeitszüge. Das, was als reiner Servicebereich im Hintergrund zu stehen scheint, ist ein umfangreicher Wirtschaftssektor, der mit allen Lebensbereichen und allen Teilräumen des Landes verbunden ist.

• **Freizeit und Tourismus**
Kaum ein anderes Volk reist so viel wie die Deutschen. Deutschland ist aber auch in jedem Jahr ein Reiseziel für Millionen von Touristen aus aller Welt. Zu Ferien, Kurzurlauben, Geschäftsreisen und Wochenendaufenthalten erhalten Landschaften und Städte Besucher aus allen Landesteilen. Die Gestaltung der Tages- und Wochenend-Freizeit wirkt sich auch kleinräumig auf Städte und Naherholungsgebiete aus.

• **Deutschland in der Welt**
Deutschland muss auch unter dem Blickwinkel der Globalisierung gesehen werden: die internationale Vernetzung und die Vereinheitlichung von Märkten, Werten und Lebensformen sowie die Verkürzung von Distanzen durch den Fortschritt der Verkehrstechnik und der Kommunikationsmedien machen sich im Leben jedes Einzelnen bemerkbar. Das Resultat ist eine enge internationale Verknüpfung fast aller Lebensbereiche. Ein Aspekt davon ist das Zusammenwachsen Europas, das für Deutschland mit neun Nachbarländern eine besondere Bedeutung hat.

• **Deutschland im Überblick**
Der Abschlussband will die wichtigsten Themen aller vorangegangenen Bände zu einem Überblick zusammenfassen und in aktualisierter Form darstellen.

Wie sind die Bände konzipiert?

Die wichtigsten Grundsätze für das Atlaswerk betreffen eine breite fachliche Einbindung durch Bandkoordinatoren und Autoren sowie inhaltliche Aktualität und Selektivität.

• **Bandkoordination**
Die Koordination der einzelnen Bände wurde an Fachleute übertragen, die über Erfahrung und Vernetzung in der Wissenschaft verfügen. Damit wird gewährleistet, dass das jeweilige Bandthema in einer dem neuesten wissenschaftlichen Stand entsprechenden Form aufgearbeitet wird und die Spezialisten für einzelne Teilthemen zu Wort kommen. Die Verankerung in Arbeitskreisen der Geographie ist dafür ein weiterer Garant.

• **Autoren**
Alle Bände bestehen aus zahlreichen Beiträgen von einer oder zwei Doppelseiten, deren Autoren jeweils benannt sind. Auf diese Weise ist die Verantwortlichkeit für wissenschaftliche Arbeiten eindeutig gekennzeichnet. Es ist erklärtes Ziel des Herausgebers, junge Wissenschaftler und Fachleute auch von außerhalb der wissenschaftlichen Institutionen zur Mitarbeit zu ermutigen sowie neben Geographen und Kartographen auch Repräsentanten anderer Raumwissenschaften und Disziplinen zu Wort kommen zu lassen.

• **Inhalte**
Das ausschlaggebende Kriterium für die Auswahl von einzelnen Themen der Atlasbände besteht in der Ausgewogenheit zwischen Aktualität und Zeitlosigkeit, zwischen der oft von kurzlebigen Einzelereignissen geweckten Aufmerksamkeit der Öffentlichkeit und langlebigen wissenschaftlichen Forschungsinteressen, zwischen Alltagsfragen und Grundlagenforschung. Für das Gesamtwerk ist eine gewisse konzeptionelle Vollständigkeit der Themen im Sinn einer umfassenden Landeskunde angestrebt, wobei Themenkomplexe oft nur durch Beispiele repräsentiert werden. Für deren Auswahl sind die bewusste Entscheidung der Herausgeber und Koordinatoren, aber auch die Verfügbarkeit von Daten und Autoren entscheidend.

• **Darstellungsformen**
Das Wesen eines Atlas ist die Darstellung durch Karten auf der Grundlage einer fachwissenschaftlich fundierten Kartographie. Die abstrakte Darstellungsform von Karten soll in ihrer Aussage jedoch anschaulich durch Bild und Grafik unterstützt werden. Hintergrundinformationen und Interpretationshinweise können zusätzlich durch Text vermittelt werden. Der Nationalatlas will diese Ausdrucksformen in dem Maß einsetzen, wie sie zur Verdeutlichung von Inhalten notwendig sind und helfen, dem Leser ein Thema interessant und verständlich vorzustellen. Das Konzept sieht dabei Anteile von ca. 50% Karten, 25% Abbildungen und 25% Text vor.

Nationalatlas Bundesrepublik Deutschland
Organigramm

Schirmherr
Bundestagspräsident Wolfgang Thierse

Trägerverbände
Deutsche Gesellschaft für Geographie (DGfG)
Deutsche Gesellschaft für Kartographie (DGfK)
Deutsche Akademie für Landeskunde (DAL)

Konzeptkommission

Kuratorium / Wiss. Beirat
Herausgeber
Institut für Länderkunde Leipzig
Verlag

Sponsoren und Projektförderer
Kartographische Beratergruppe

Atlasredaktion
Printausgabe
elektronische Ausgabe

Beirat
Amt für Militärisches Geowesen (AMilGeo)
Arbeitsgemeinschaft der Vermessungsverwaltungen der Länder der Bundesrepublik Deutschland (AdV)
Bundesamt für Bauwesen und Raumordnung (BBR)
Bundesamt für Kartographie und Geodäsie (BKG)
Bundesamt für Naturschutz (BfN)
Bundesanstalt für Arbeit (BA)
Deutscher Industrie- und Handelstag (DIHT)
Statistisches Bundesamt (StBA)

Bandkoordinatoren
(12 Bände)

Autoren
Autoren
Autoren

Was ist von der elektronischen Ausgabe zu erwarten?

Die elektronische Ausgabe ist für einen großen Nutzer- und Interessentenkreis konzipiert und besteht aus der Kombination einer illustrativen und einer interaktiven Komponente. Die Atlasthemen sind für das Medium entsprechend aufbereitet und mit einem breiten Spektrum an multimedialen Karten und Abbildungen illustriert. Zusätzlich hat der Nutzer die Möglichkeit, die thematischen Informationen der Atlasthemen auch in interaktiv veränderbaren Karten aufzurufen, selbst zu gestalten und auszudrucken. Hier wird eine Möglichkeit zur regelmäßigen Aktualisierung von Daten gegeben sein.

Wie sieht die Zukunft des Nationalatlas aus?

Viele Daten und Informationen, die in Karten, Texten und Grafiken dargestellt und interpretiert werden, sind schon in kurzer Zeit veraltet. Die Schnelllebigkeit unserer Zeit verändert nicht nur soziale Verhältnisse, Einwohnerzahlen oder den Grad der Luftverschmutzung innerhalb kürzester Fristen. Selbst die für zeitlos gehaltenen naturräumlichen Bedingungen ändern sich schneller, als man glaubt. Innerhalb von wenigen Jahren entstehen Seenplatten, wo früher riesige Braunkohlegruben waren, Landstriche werden aufgeforstet oder Moore trocknen aus. Ein Nationalatlas erfasst einen Status quo, der in der Zukunft als Messlatte dienen kann, an dem Veränderungen erkannt und ihr Ausmaß erfasst werden können. Es wird sich zeigen, ob weitere Auflagen mit aktualisierten Karten und Beiträgen auf Interesse stoßen. In der elektronischen Ausgabe wird dagegen eine Aktualisierung eines Teils der Datensätze regelmäßig erfolgen können.

Es ist schwer abzuschätzen, wie sich gesellschaftliche Anforderungen und die Technik innerhalb der nächsten Jahre verändern werden. Über die weitere Zukunft des Atlas über das Erscheinungsjahr des letzten Bandes hinaus soll hier nicht spekuliert werden. Vielleicht wird dann schon ein virtueller Nationalatlas im Internet präsentiert werden.

Leipzig, im Mai 2000
U. Freitag (Berlin)
K. Großer (Leipzig)
C. Lambrecht (Leipzig)
G. Löffler (Würzburg)
A. Mayr (Leipzig)
G. Menz (Bonn)
N. Protze (Halle)
S. Tschaschel (Leipzig)
H.-W. Wehling (Essen)

Thematische Karten – ihre Gestaltung und Benutzung

Konrad Großer und Birgit Hantzsch

Die Karte

ist ein *abstrahierendes* und zugleich *anschauliches graphisches Zeichenmodell* von Teilen des oberflächennahen Bereichs der Erde (Georaum) oder anderer Himmelskörper bzw. von Konstruktionen (Ideen, Planungen), die sich auf deren Oberflächen beziehen. Wie jedes Modell vereinfacht und verallgemeinert die Karte die Wirklichkeit *zweckbezogen*. Im Rahmen ihrer Zweckbestimmung dient sie der *Speicherung* und der *Vermittlung von Informationen* und *Wissen* sowie dem *Erkenntnisgewinn* über diese Räume.

Das graphische Modell Karte lässt sich digital beschreiben. Es kann aber erst dann als Karte i.e.S. bezeichnet werden, wenn das digitale Modell visualisiert wird.

Merkmale der Karte sind

a) die mathematisch definierte, nie verzerrungsfreie Verebnung (Kartennetzentwürfe) und Verkleinerung (Maßstab) der Quasi-Kugeloberfläche der Erde auf einen Zeichnungs-/ Druckträger oder Bildschirm;
b) die hohe Anschaulichkeit infolge der geometrischen Ähnlichkeit (Homologie) zur Erdoberfläche und der damit verbundenen Wahrung von Lagebeziehungen;
c) die Verwendung graphischer Zeichen (Kartenzeichen) entsprechend den Regeln der Graphiklehre, d.h. unter Ausnutzung der Eigenschaften der graphischen Variablen, sowie die Erklärung der Bedeutung der Kartenzeichen in einer Legende;
d) die Verwendung spezifischer Methoden der graphischen Abstraktion, mit der eine begriffliche Abstraktion einhergeht (kartographische Generalisierung und kartographischen Darstellungsmethoden). Diese resultieren aus der maßstäblichen Verkleinerung und der strukturellen Verschiedenheit der darzustellenden Objekte und Erscheinungen des Georaums (ihrer diskreten Verteilung oder kontinuierlichen Verbreitung sowie ihrer – bezogen auf den Maßstab – flächen-, linien- oder punkthaften Natur);
e) die Verwendung von benennender und erklärender Schrift (geographische Namen, Bezeichnungen, Zahlen).

Gemäß dem Modellcharakter beschränkt bzw. konzentriert sich die Darstellung auf den der Zweckbestimmung entsprechenden Teil des Gesamtgegenstandes, d.h. auf

- einen horizontalen (räumlichen) Ausschnitt des Georaumes (Ausnahme: Gesamtdarstellungen der Erde);
- einen als *Kartengegenstand* oder *-thema* bezeichneten vertikalen (sachlichen) Ausschnitt des Georaumes (der Litho-, Pedo-, Hydro-, Atmo-, Bio- oder Soziosphäre);
- einen bestimmten *Zustand* oder *Zeitabschnitt* bzw. auf
- vornehmlich der *Orts- und Lagebeschreibung* dienende Objekte (topographische oder geographische Karte);
- einem *speziellen Sachbereich* zugeordnete Objekte und Erscheinungen (thematische Karte).

Thematische Karten

Im Unterschied zu den meisten Hand- und Hausatlanten dominieren in Nationalatlanten *thematische Karten*. Ihr Inhalt geht stets über die reine Orts- und Lagebeschreibung zum Zwecke der Orientierung oder der allgemeinen Information hinaus. Thematische Karten vermitteln vornehmlich Vorstellungen, Einsichten und Zusammenhänge über die Verbreitung und Verteilung der zur Darstellung ausgewählten Erscheinungen, Sachverhalte und Entwicklungen im geographischen Raum.

Die thematische Darstellung kann hierbei *qualitativen* oder *quantitativen* (*absolut* oder *relativ*) Charakter haben, aber auch *Veränderungen* in einem gegebenen Zeitraum zeigen.

Für einen solchen Zweck reichen einfache orts- und lagebeschreibende Kartenzeichen nicht aus. Daher hat die Kartographie im Verlaufe ihrer Herausbildung zur eigenständigen Wissenschaft Methoden entwickelt, die eine dem Charakter jedes Gegenstandes angemessene graphische Wiedergabe erlauben (s.u. sowie ❸).

Karten als Modelle

Bedingt durch den Fortschritt von Wissenschaft und Technik stellt sich stets aufs neue die Frage: *Was überhaupt ist eine Karte?* Die Karte wird heute als *Mittel der Information und Kommunikation* oder als eine besondere Art von *Informationsspeicher* angesehen. Andere theoretische Ansätze heben Aspekte der *Semiotik* (der Theorie der Zeichen) hervor und gehen davon aus, dass eine besondere Zeichensprache, die sog. *Kartensprache*, existiert.

Weithin anerkannt und praxisbezogen ist es, ▶ Karten als grafische Modelle des Georaums zu betrachten. In Fachkreisen wird die Bearbeitung von Karten daher häufig als *kartographische Modellierung* bezeichnet. Einige ihrer wichtigsten theoretischen Grundlagen werden nachfolgend skizziert.

Graphische Grundelemente und graphische Variablen

Punkte, *Linien* und *Flächen* sind die Bausteine jeglichen graphischen Ausdrucks (❶ links). Ihre visuelle Wahrnehmung beruht auf den Unterschieden ihrer Helligkeit bzw. Farbe zum Hintergrund, z.B. dem Weiß des Papiers.

Eine theoretisch gestaltlose Fläche von bestimmter *Helligkeit* und *Farbe* lässt sich in ihrer *Form* sowie in *Muster*, *Orientierung* und *Größe* verändern ❷. Diese Möglichkeiten der graphischen Abwandlung bezeichnete der französische Kartograph J. Bertin 1967 als *graphische bzw. visuelle Variablen*. Er zeigte, dass die graphischen Variablen unterschiedliche Wahrnehmungseigenschaften aufweisen. Sie wirken *trennend*, *ordnend* oder *quantitativ*. In diesem Sinne sind sie bei der Gestaltung von Graphiken und Karten zu nutzen, um *qualitative* oder *quantitative* Unterschiede oder den *geordneten* Charakter der Sachmerkmale auszudrücken. Dabei ist die Zahl der praktisch verwendbaren Abwandlungen von Variable zu Variable verschieden.

Außerdem ist für den graphischen Ausdruck die Anordnung der Zeichen in den beiden Richtungen der Darstellungsebene von Bedeutung. In Diagrammen wird diese von den dargestellten Daten definiert; in Karten hingegen entspricht sie dem verkleinerten, grundrisslich bestimmten und abstrahierenden Abbild der Objekte an der Erdoberfläche.

Karten und Computer

Die Bearbeitung und Herstellung von Karten ist heute kaum mehr vorstellbar ohne die Verwendung von Computern. Auch für die Kartennutzung steht der Bildschirm zur Verfügung. Beides erfordert eine digitale Beschreibung der graphischen Grundelemente. Diese erfolgt überwiegend nach zwei Prinzipien, denen Datenformate entsprechen:

1. durch Punkte und Linien im *xy-Koordinatensystem*, wobei Linien auf Geraden oder Kurven zwischen zwei Punkten (Stützpunkten) und Flächen auf den geschlossenen Linienzug ihres Umrisses zurückgeführt werden (*Vektorprinzip bzw. -format*, ❶ *Mitte*);
2. durch Zerlegung der als Bild im allgemeinen Sinne aufzufassenden Graphik in matrix- bzw. rasterartig angeordnete Bildpunkte, sog. *Pixel* (Abk. für *picture element*). Pixel mit je zwei gleichartigen Nachbarpixeln in horizontaler, vertikaler oder diagonaler Richtung ergeben Linien, während die Pixel innerhalb von Flächen bis zu den Randpixeln gleiche Eigenschaften aufweisen (*Rasterprinzip bzw. -format*, ❶ *rechts*).

Das Vektorformat wird derzeit vor allem für die *Bearbeitung und Speicherung* der Karten genutzt, während das Rasterformat für die *Digitalisierung* von Vorlagen (*Scannen*) und die *Visualisierung*, d.h. die Ausgabe auf den Bildschirm, direkt auf Papier und die Herstellung der Druckvorlagen, Bedeutung hat.

Kartographische Darstellungsmethoden ❸

Bei der Abbildung von georäumlichen Strukturen und Prozessen oder darauf bezogener Sachverhalte sind kartographiespezifische Grundsätze und Regeln einzuhalten. Man bezeichnet diese als *kartographische Darstellungsmethoden* und *-prinzipien* oder – mit Blick auf das Ergebnis der kartographischen Modellierung – als *kartographisches Gefüge*.

Über die anzuwendende *Darstellungsmethode* wird unter Beachtung des *Maßstabs* und des *Verwendungszwecks* der Karte sowie einer Reihe weiterer Aspekte entschieden. Diese Aspekte sind unten als „Checkliste" zusammengestellt, die auch für das Verständnis thematischer Karten hilfreich sein kann. Es ist zu fragen:

- Sind die Objekte, Erscheinungen oder Sachverhalte

❶ Graphische Grundelemente und ihre mathematische Beschreibung

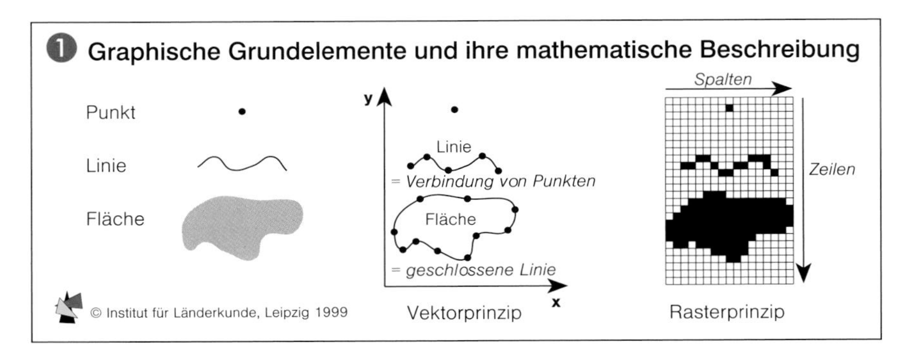

❷ Graphische Variablen (nach BERTIN 1967)

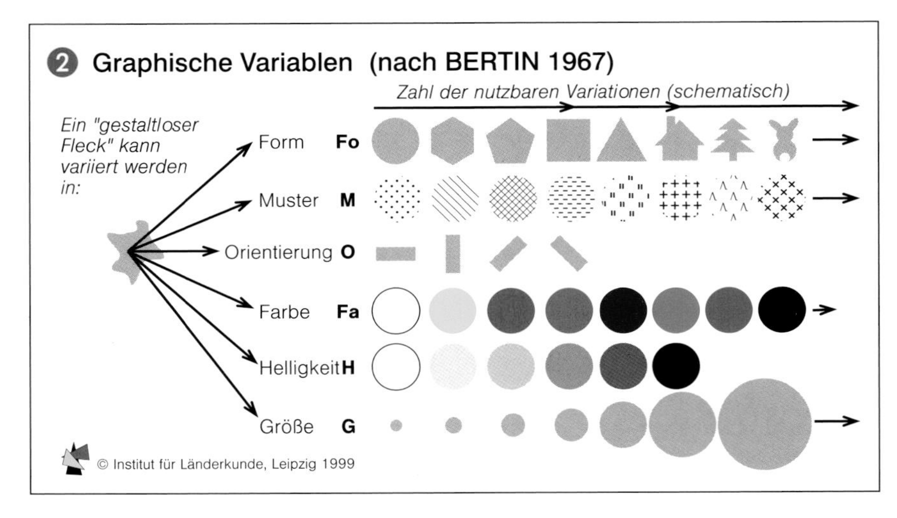

- im Georaum als sog. *Diskreta* eindeutig abgrenzbar, gestreut verteilt *(dispers)* oder als *Kontinua* stetig verbreitet?
- *konkret* oder abstrakt als *Raumgliederung* dargestellt?
- in ihrem *Zustand*, ihrer *Entwicklung* oder als *Ortsveränderung* abgebildet?
- *qualitativ* oder durch statistische Werte, d.h. *quantitativ*, dargestellt?
- als *absolute* oder *relative* Werte wiedergegeben?
- Beziehen sich die Kartenzeichen auf Objekte, die in der extremen Verkleinerung der Karte zu *Punkten* oder *Linien* werden, oder auf solche, die als *Flächen* erhalten bleiben?
- Handelt es sich um eine *lagetreue*, eine weitgehend *lagewahrende* oder eine *raumwahrende* Darstellung ?

Alle Methodensysteme der Kartographie bauen auf den genannten Aspekten auf. Jedoch existieren *keine einheitlichen Bezeichnungen* für die kartographischen Darstellungsmethoden. In dieser Übersicht werden deshalb für jede Methode mehrere gleichbedeutende Begriffe angeführt. Dabei bezeichnet der Begriff *Signatur* vornehmlich Kartenzeichen in lagetreuer Darstellung, während die Verbindung mit *Kartogramm* die raumwahrende Wiedergabe kennzeichnet.

Zwischen einer Reihe von kartographischen Darstellungsmethoden gibt es keine starren Grenzen. Auf entsprechende Übergänge und Ähnlichkeiten wird hingewiesen. Auch lassen sich manche Methoden miteinander kombinieren, was in den Atlaskarten überwiegend praktiziert wird.

Verwendbarkeit der graphischen Variablen im Rahmen der kartographischen Darstellungsmethoden (Abkürzungen)

Variable	uneingeschränkt	eingeschränkt
Form	Fo	fo
Muster	M	m
Orientierung	O	o
Farbe	Fa	fa
Helligkeit	H	h
Größe	G	g

❸ [a] ***Positionssignaturen,*** *Standortsignaturen, lokale Gattungssignaturen:* kleine, kompakte und daher lagetreue Kartenzeichen, die sich auf ein im Kartenmaßstab punkthaftes Objekt oder eine sehr kleine Fläche beziehen; vielgestaltige Signaturformen (Fo): geometrisch, symbol- bis bildhaft; signatureigener Bezugspunkt im Mittelpunkt oder Fußpunkt; variierbar in fa, h, O und zwei bis drei Größenstufen (g); Charakter der Darstellung qualitativ.

❸ [b] ***Mengensignaturen***, *Wertsignaturen:* größenvariable Kartenzeichen einfacher geometrischer Form (fo): Kreis, Quadrat, Dreieck; geometrischer Bezug wie [a], i.d.R. deutlich größere Flächen einnehmend als [a] (lagewahrend); variierbar in Fa, o, M (Qualitäten ausdrückend) sowie H (für Relativwerte); quantitative, absolute Darstellung; Größenvariation (G) entsprechend einem kontinuierlichen oder gestuften, flächenproportionalen oder vermittelnden Signaturmaßstab (Wertmaßstab); methodisch zwischen [a] und [c].

❸ [c] ***Positionsdiagramme***, *Ortsdiagramme, lokalisierte Diagramme, Diagrammsignaturen:* Diagramme unterschiedlichster Arten (Kreissektoren-, Säulen-, Balken-, Kurven-, Richtungsdiagramme u.a.) oder von *bildstatistischem* Charakter; wesentliches Merkmal: diagrammeigenes Koordinatensystem (xy oder polar) bzw. Zusammensetzung aus mehreren Elementen; geometrischer Bezug wie [a]; diagrammeigener Bezugspunkt zentrisch oder im Fußpunkt (Säulen); quantitative, absolute und/oder relative Darstellung; Wertmaßstab (G) linear (Säulen) oder wie [b]; zu unterscheiden von Kartodiagrammen ! [n].

❸ [d] ***Punktmethode***, *Wertpunkte:* kleine kreisförmige Punkte (0,5-10 mm^2), selten anderer fo (Quadrat, Dreieck, Strichel), in großer Anzahl, die jeweils einen nicht eindeutig lokalisierbaren Wert repräsentieren; u.U. in 2-3 Größen (g) oder Farben (fa) für Qualitäten verwendet; lagewahrende, absolute Darstellung von Verteilungen und *Dichten*; quantitativer Charakter der Darstellung; bei regelhafter Anordnung in Bezugsflächen Übergang zur Dichtedarstellung mittels [k].

❸ [e] ***Liniensignaturen***, *lineare Signaturen, Objektlinien, Netze linearer Elemente:* topographisch lagerichtige Linien, meist Bestandteil netz- oder baumartiger Strukturen (Straßen-, Flussnetz); Darstellung qualitativ; variierbar sind fa, Breite (g) sowie im Linienverlauf fo und M, z.B. doppel- oder dreilinig, gerissen, punktiert oder anders strukturiert; als breitere Linien (> 1 mm) in [f] übergehend; als *Grenzlinie* (Umriss von Flächen) vermittelnd zu [i].

Bändern,

1. *Objektbänder, Bandsignaturen* [f]: auf lineare topographische Objekte bezogen; Breite (G) variabel (1-20 mm), häufig logarithmischer *Signaturmaßstab*; ggf. in sich 2-3mal gegliedert (z.B. für Niedrig-, Mittel- und Hochwasser); lagewahrend, u.U. breite Streifen entlang des Bezugsobjekts überdeckend; oft Darstellung der Intensität gegenläufiger Bewegung (Pendler); auch qualitativ (Gewässerqualität); in Fa, H und m abwandelbar;
2. *Bandkartogramme* [g], *Banddiagramme:* schematische Darstellung durch geradlinige Verbindung von Punkten im Sinne georaumbezogener Graphen (raumwahrend); bei Angabe von Ausgangs- und Zielpunkt bzw. der Richtung Analogie zu [h].

❸ [h] ***Pfeile, Vektoren***, *Bewegungslinien, Bewegungssignaturen:* vielgestaltige Mittel zur Darstellung von Richtung und Ortsveränderung; Bezug auf punkthaftes Einzelobjekt (Reiseroute), verstreute Objekte, linienhafte Objekte (längs: Flüsse, Verkehrswege; quer: Fronten) oder Kontinua (Strömungen, z.B. Wind, Meeresströmungen); Ausdruck der Geschwindigkeit oder Intensität durch Breite und/oder Länge (G) des Pfeilschaftes oder Scharung kleiner Pfeile; variierbar in Fo (vielfältige Pfeilformen), auch in fa und h.

❸ [i] ***Flächenmethode***, *Arealmethode, Gattungsmosaik:* durch den Umriss (Kontur) und/oder eine Füllung ausgewiesene Flächen; Variation der Kontur ähnlich [e]; als Flächenfüllung Farben (Fa, h), Flächenmuster (M, O, h), Schrift oder Symbole; qualitative Darstellung; zu unterscheiden ist die Wiedergabe von

1. *konkreten* Flächen [i] (z.B. Bebauung, Wald, Gesteine),
2. *abstrakten raumgliedernden* Flächen [i] (Verwaltungseinheiten, Landschaften, Wirtschaftsregionen),
3. von sog. *Pseudoarealen* [j] *(Pseudoflächen, Flächenmittelwertmethode, qualitative Flächenfüllung)*, d.h. Verbreitungsgebieten gestreuter Einzelobjekte bzw. nicht eindeutig abgrenzbarer Erscheinungen und Sachverhalte (z.B. Pflanzenarten, Sprachen); unscharfe Abgrenzung ausgedrückt durch Wegfall der Kontur oder als Flächenmuster (m).

❸ [k] ***Flächenkartogramm***, *Choroplethendarstellung:* auf reale oder abstrakte Flächen (vgl. [i]) bezogene quantitative Darstellung von *Relativwerten* durch Flächenfüllung; zu unterscheiden:

1. echte *Dichtedarstellung (Dichtemosaik)*: Bezug statistischer Werte auf die *Flächengröße* (z.B. Bevölkerungsdichte in Ew./km^2),
2. *statistische Mosaike anderer Relativwerte* (z.B. Anteil der Kinder an der Gesamtbevölkerung); wegen extremer Größenunterschiede der *Bezugsflächen* ist bei nicht dargestellter *Bezugsgröße Fehlinterpretation* möglich; anders bei einheitlichen *geometrischen* Bezugsflächen der *Felder- oder Quadratrastermethode* [l]; nutzbare Variable vor allem H, ggf. unterstützt durch fa, o und m.

[m,n] ***Kartodiagramm,*** *Gebietsdiagramm:* gleicher *flächenhafter (!) Bezug* wie [k], jedoch absolute quantitative Darstellung durch größenvariable (G) Figuren oder Diagramme, die zusätzlich Relativwerte ausweisen können; diagrammeigener Bezugspunkt wie [c], fiktiver Hilfspunkt für Raumbezug im visuellen Schwerpunkt der Bezugsfläche; *Verwechslungsmöglichkeit* mit [b] und [c].

❸ [o] ***Isolinien*** *(Linien gleicher Werte)*: traditionelle Methode zur Darstellung der *Wertefelder* georäumlicher *Kontinua* (Temperatur, Höhen, Potentiale, flächige Bewegungen); Linienkonstruktion durch Interpolation der Daten von Messpunkten oder mathematische Modellierung; Linienbreite (g) geringfügig variierbar; besonders anschaulich bei Füllung der Flächen zwischen den Isolinien [p] mit Farben (Fa, H) als *Höhenschichten* oder *thematische Schichtstufen*. →

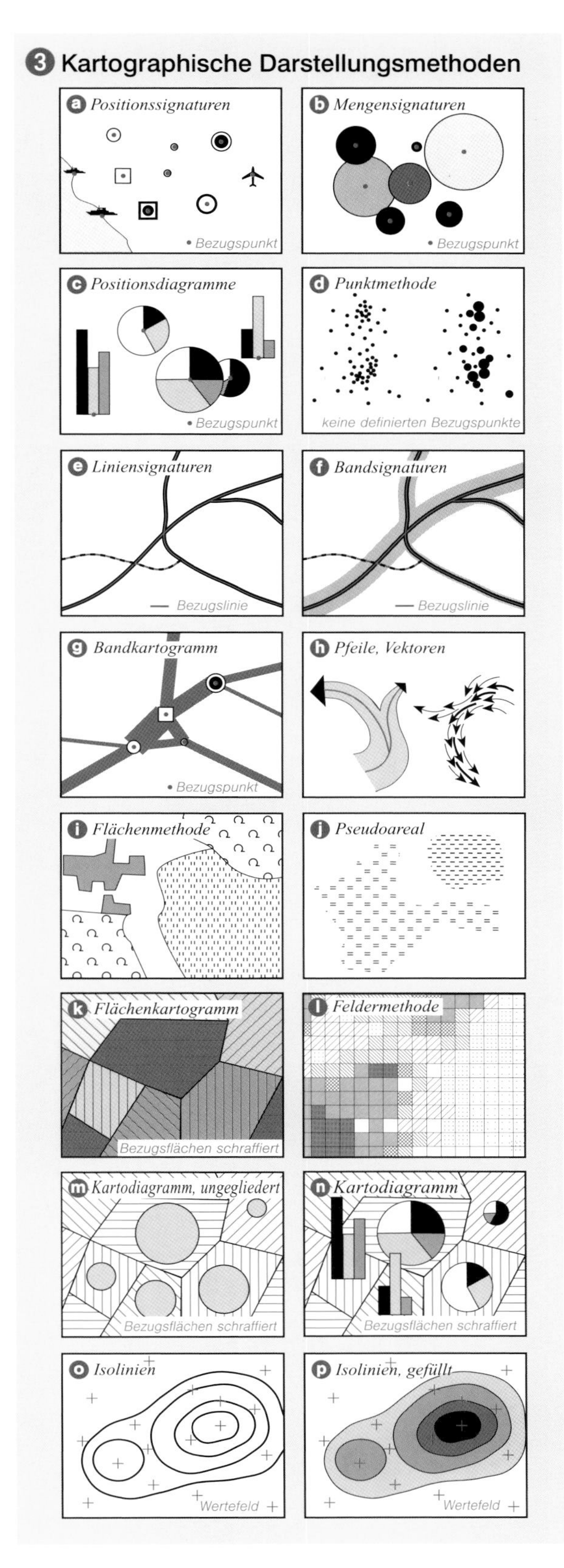

Grundlagenkarten

Aufgaben der topographischen Grundlage von thematischen Karten

Topographische bzw. allgemeingeographische Kartenelemente sind sowohl bei der Herstellung als auch bei der Nutzung einer thematischen Karte unverzichtbar. Während des Entwurfs einer Karte durch den Autor und bei der Bearbeitung durch den Kartographen dienen sie als Gerüst, in das der thematische Inhalt eingebunden wird.

Dem Kartennutzer liefert die Kartengrundlage den notwendigen räumlichen Hintergrund, an dem er sich in der Karte orientieren kann. Des Weiteren haben die Grundlagenelemente eine erklärende Funktion. Das Erkennen und Verstehen der Lage und der räumlichen Muster der Objekte und Erscheinungen wird durch das Wechselspiel zwischen Topographie und Thema unterstützt.

Für den vorliegenden Nationalatlas wurden die Grundlagen für die Deutschland-, Europa- und Weltkarten neu erarbeitet.

Konzeption und kartographische Bearbeitung der Grundlagenkarten

Auf der Basis des Spaltenlayouts von 4 Spalten plus Randspalte benutzt der Atlas ein System von fünf Grundlagenkarten bzw. Maßstäben. Die Grundlagenelemente Gewässer und Verkehr stehen auch über die Staatsgrenzen hinaus bis zum Bearbeitungsrahmen zur Verfügung. Dadurch wird bei Bedarf die Darstellung von Themen mit grenzüberschreitendem

4 Maßstabsübersicht

1 cm =		
27,5 km	1 : 2 750 000	50 km
37,5 km	1 : 3 750 000	50 km
50 km	1 : 5 000 000	100 km
60 km	1 : 6 000 000	100 km
85 km	1 : 8 500 000	100 km

Charakter in einer Rahmenkarte möglich.

Ausgangsmaterial

Die Wahl des Ausgangsmaterials für die Herstellung der Grundlagenkarten des Atlas war an bestimmte Voraussetzungen gebunden. Es sollte

- dem Hauptmaßstab möglichst nahekommen,
- in digitaler Form vorliegen und damit die automatische Konstruktion thematischer Inhaltselemente am Computer unterstützen,
- vollständig, aktuell und schnell verfügbar sein.

Unter den verschiedenen digitalen Datenbasen von Deutschland erfüllt das DLM 1000 (Digitales Landschaftsmodell im Maßstab 1 : 1.000.000) des Bundesamtes für Kartographie und Geodäsie (BKG) die genannten Forderungen am besten; ausgenommen die Vorgabe hinsichtlich des Maßstabs. Eine maßstabsgerechte Generalisierung war erforderlich (s.u.). Das Modell und die daraus abgeleiteten Grundlagen für den Atlas basieren auf Lamberts winkeltreuer Kegelabbildung (2 längentreue Bezugsbreitenkreise 48°40' und 52°40').

Da der Blattschnitt des DLM 1000 nicht dem Blattschnitt des Hauptmaßstabs 1 : 2.750.000 entspricht, wurden die Grundlagenelemente für die Rahmenkarte am äußeren Rand aus anderen, meist analogen Vorlagen ergänzt. Auch die Grundlagen der Europa- und Weltkarten in vermittelnden Kartennetzentwürfen wurden nach analogem Material zusammengestellt.

Auswahl und Klassifizierung der Grundlagenelemente

Die Grundlagenkarte für Deutschland enthält die Elemente Gewässer (einschließlich Küstenlinie), Grenzen, Verkehr, Wald und Relief.

5 Gewässer

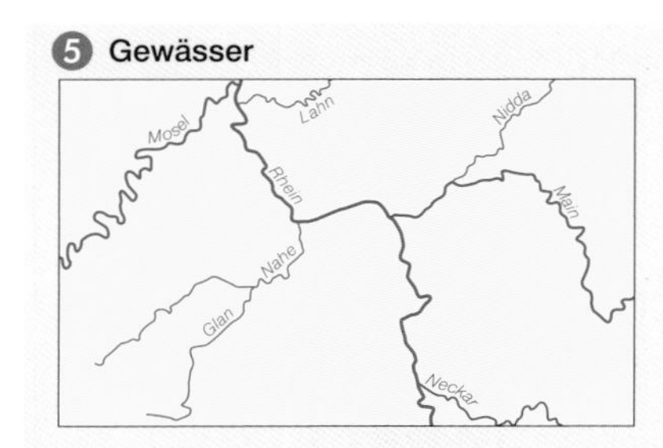

6 Kreise

Das Gewässernetz 5 wurde in 5 Klassen unterteilt und durch Ergänzung weiterer Gewässer verdichtet. Seine Klassifizierung berücksichtigt im wesentlichen die Länge der Flussläufe. Flüsse, deren Verlauf identisch mit einer Staats- oder Ländergrenze ist, sind höheren Klassen zugeordnet worden.

Die Flächen der Verwaltungsgliederung mit den dazugehörigen Grenzen sind die wichtigsten Bezugseinheiten für die Darstellung der Themen 6.

Dazu gehören in den Deutschlandkarten (Stand 1997):

- Länder,
- Regierungsbezirke,
- Landkreise und kreisfreie Städte;
- Raumordnungsregionen,
- Wahlkreise und
- siedlungsstrukturelle Kreistypen;

in regionalen Darstellungen:

- Gemeinden;

in den Europakarten:

- Staaten und
- NUTS-Regionen *(nomenclature des unités territoriales statistiques – Erfassungseinheiten der Territorialstatistik der EU)*;

in den Weltkarten:

- Staaten.

Das Element Siedlung umfasst die Signaturen und Namen der Verwaltungssitze der Länder und Kreise sowie einer Auswahl von Städten, geordnet nach ihrer Bevölkerungszahl. Städte mit mehr als 100.000 Einwohnern sind ggf. zusätzlich durch ihre Siedlungsfläche dargestellt 7.

7 Siedlung und Verkehr

Der Verkehr enthält die Elemente Autobahnen, Europastraßen und Eisenbahnen. Das Eisenbahnnetz ist nach dem aktuellen Kursbuch der DB in ICE-, EC- und IC-Strecken bzw. IR-Linien untergliedert. Flughäfen sind nach ihrer Bedeutung für den internationalen und überregionalen Flugverkehr, See- und Binnenhäfen nach der Menge der umgeschlagenen Güter unterschieden.

Als Element der Bodenbedeckung wird der Wald ab einer Fläche von 10 km² wiedergegeben 8.

8 Wald

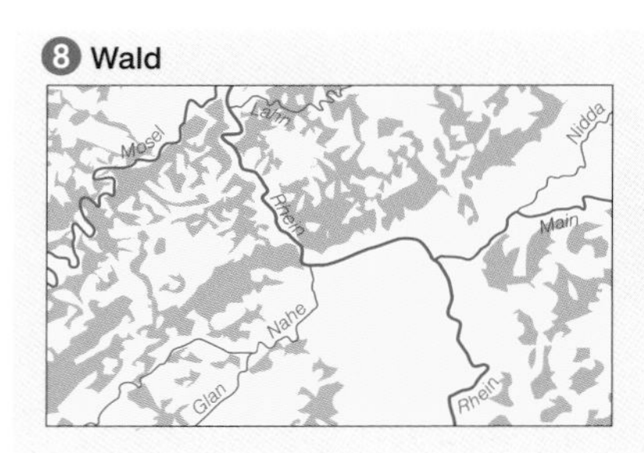

Das Relief wird in der Übersichtskarte durch eine Höhenschichtenfärbung 9

9 Höhenschichten

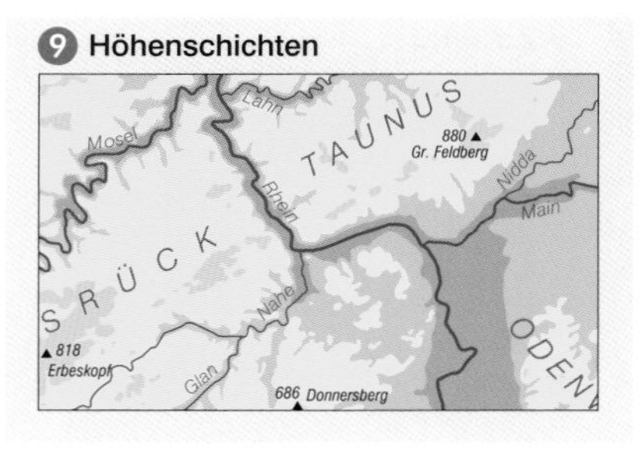

und/oder durch eine schattenplastische Reliefschummerung 10 dargestellt. Die Klassifizierung der Höhenschichten und ihre Farbgebung lehnen sich an die gängigen Schulatlanten an.

10 Reliefschummerung

Grundzüge der Bearbeitung

Die genannten Elemente wurden dem DLM 1000 einzeln entnommen, verkleinert und über mehrere Zwischenschritte in das Graphikprogramm FreeHand 8.0 importiert.

Dort dienten sie als Hintergrund für die Digitalisierung bzw. Plazierung von Linien und Signaturen. Während des Nachzeichnens wurde eine Generalisierung (Vereinfachung) und die Abstimmung auf bereits bearbeitete Kartenelemente vorgenommen.

Daran schloss sich die Ergänzung der Elemente Gewässer und Verkehr bis zum Kartenrahmen an.

Die Grundlagen für Folgemaßstäbe, d.h. die kleinermaßstäbigen Karten, entstanden durch Verkleinerung des Hauptmaßstabs mit anschließender Generalisierung der Elemente.

Ebenenkonzept

Inhalt und Anordnung der 110 Ebenen der digitalen Karte wurden so konzipiert, dass die Grundlagenelemente

- vollständig wiedergegeben,
- inhaltlich an die Thematik angepasst und
- flexibel kombiniert

werden können.

Dies erlaubt die notwendige Abstimmung der Inhaltsdichte der Grundlage auf die Thematik.

Für Elemente außerhalb der Staatsgrenze bis zum Kartenrahmen stehen gesonderte Ebenen zur Verfügung, wodurch die Wahl zwischen Insel- und Rahmenkarte gewährleistet wird.

Beschriftung

Um eine gute Lesbarkeit der Karten zu sichern, beschränkt sich die Beschriftung in den thematischen Karten auf ein Minimum. Beschriftet sind i.d.R. die Gewässer, Länder und Landeshauptstädte; andere Verwaltungseinheiten und Verwaltungssitze, die thematischen Signaturen und Diagramme aber nur dann, wenn im Text darauf verwiesen wird. Entsprechende Verweise betreffen meist Extremwerte oder in anderer Weise typische Regionen.

Für die Entnahme von Einzelinformationen sind dem Atlas Folienkarten unterschiedlicher Maßstäbe beigelegt, die die Kreisnamen enthalten.

Layout und Legende

Die Karten sind vorrangig Inselkarten; d.h. die kartographische Darstellung beschränkt sich auf das Staatsgebiet der Bundesrepublik Deutschland. Sie wird nur in Ausnahmefällen bis zum Blattrand geführt, da die Beschaffung und Abgleichung von Material und Daten für das angrenzende Ausland sehr hohen Aufwand bedeuten würde.

Kartenlayout

Mit dem Ziel der möglichst einfachen Handhabung des Atlas wurde das Kartenlayout weitgehend vereinheitlicht. Sein Grundschema geht aus ⓫ hervor.

Die Abbildungsnummer steht in allen Karten, Diagrammen und Grafiken in der linken oberen Ecke.

Der Kartentitel (oben rechts oder links) gibt kurz und prägnant das Thema der Karte und – soweit erforderlich – das Bezugsjahr oder den Bezugszeitraum an. Gleiches trifft für die Diagramme zu. Der Titel kann durch einen Untertitel ergänzt sein, der die verwendete Bezugseinheit ausweist (z.B. „nach Kreisen") oder aber erläuternden Charakter hat. Die Bezugseinheiten gehen u.U. auch aus den Zwischentiteln der Legende hervor.

Die in Einzelkarten zum Kartentitel gehörende Angabe des dargestellten Raumes erübrigt sich im Nationalatlas für alle Deutschlandkarten. In Karten, die eine ausgewählte Region Deutschlands wiedergeben, ist die Gebietsangabe Bestandteil des Titels.

In der **Legende** am *rechten* und/oder am *unteren Blattrand* werden die verwendeten Kartenzeichen erklärt. Sind sehr viele Kartenzeichen zu erklären, stehen Teile der Legende ggf. *links* von der Karte.

Die Aufteilung der Legende in Blöcke und die Verwendung verschiedener Schriftgrößen und Schriftschnitte (halbfett, kursiv) spiegeln die *Gliederung des Karteninhalts* wider. Halbfett überschriebene Legendenblöcke entsprechen zugleich weitgehend den *thematischen Schichten* im Kartenbild. Meist wird eine Zwei-, seltener eine Dreigliederung vorgenommen.

Für *Maßeinheiten* und *ergänzende Erläuterungen* (z.B. Fußnoten) wird *kursive Schrift* verwendet. Blaue Pfeile (▶) kennzeichnen *Verweise* auf die *blau unterlegten Glossarkästen* oder *Grafiken* im Text, die für das Verständnis des Karteninhalts wichtig sind.

Der ***Maßstab*** *(rechts unten)* wird sowohl *grafisch* (Maßstabsleiste) als auch in *Zahlenform* angegeben; letzteres, um einen schnellen Vergleich innerhalb des Atlas und ggf. mit anderen Karten zu ermöglichen.

Der oder die ***Kartenautoren*** werden *links unten* über dem **Copyrightvermerk** genannt. Nicht immer sind die Autoren der Textbeiträge mit den Kartenautoren identisch. Die an der Gestaltung, Redaktion und Bearbeitung der Karten beteiligten Kartographen sind im Anhang aufgeführt.

Farben und Flächenmuster ⓬

Liegende Rechtecke in der Legende erklären ***flächenhaft dargestellte Karteninhalte*** (Flächenfarben, Flächenmuster, Schraffuren) [a]. Diese Kästchen sind unmittelbar *aneinandergereiht*, wenn es sich um *Flächenkartogramme / Choroplethen* handelt, welche Klassen relativer Zahlenwerte wiedergeben. *Lücken* in der betreffenden Werteskala werden durch *voneinander abgerückte Legendenkästchen* ausgedrückt. Auch bei der Erklärung *qualitativer Merkmale (Flächenmethode)* werden entsprechende *Abstände* eingehalten (vgl. Abschnitt „Darstellungsmethoden").

Die Erklärung der ***Farbfüllungen*** von *Mengensignaturen* und *Positions-* und *Kartodiagrammen* (s. ebd.) wiederholt die in der Karte auftretende *Grundform des Kartenzeichens* bzw. von Diagrammteilen (z.B. Kreissektoren). [b]

Die ***Farbgebung*** der Kartenzeichen folgt dem Grundsatz: *Dunkle, intensive* Farben stehen für *hohe Werte*, unabhängig davon, ob sie positiv oder negativ sind; *helle Farben* drücken *geringe Werte* aus. Zeitbezogenen Darstellungen (Altersangaben) liegt das Prinzip zugrunde, *je älter umso dunkler* [c].

Sind in einer Karte sowohl positive als auch negative Werte dargestellt, wird eine ***zweipolige Farbskala*** [d] verwendet, die der *Thermometerskala* entspricht: *warme* Farben (Rot, Orange) für *positive* und *kalte* Farben (Blau, Blaugrün) für *negative Werte*.

Des Weiteren werden für die ***kombinierte Darstellung*** [e] zweier quantitativer Merkmale *Mischfarben* benutzt. Hierbei ist jedem Merkmal eine *Farbreihe* zugeordnet, z.B. von Gelb nach Rot und von Gelb nach Grün. Diese Art der Farbanwendung wird in *Matrixform* erklärt.

Flächenmuster und ***Schraffuren*** [f] werden *getrennt* erklärt, wenn sie eine *selbständige Darstellungsschicht* bilden. Auch für sie gilt die Regel, je dichter das Muster, umso höher der Wert. Drücken die Flächenmuster jedoch in Verbindung mit der darunter liegenden Flächenfarbe einen bestimmten *Typ* aus, wird dieser als *eine* Legendeneinheit aufgefasst und erklärt.

Signaturgrößen ⓭

Der Erklärung der *Signaturgrößen* dient die grafische Darstellung des *Signaturmaßstabs (Wertmaßstabs)*. Aus Platzgründen sind die Vergleichsfiguren ineinander gestellt und nur die Größen für runde Werte sowie für den größten und den kleinsten auftretenden Wert angegeben. In der Regel werden *kontinuierliche flächenproportionale Wertmaßstäbe* benutzt, bei denen eine Einheitsfläche (z.B. 1 mm²) einer bestimmten Werteinheit (z.B. 1000 Einwohnern) entspricht. Dieses Verhältnis ist zusätzlich in Zahlen ausgewiesen (z.B. 1 mm² = 1000 Einwohner). Die Verwendung *anderer Wertmaßstäbe* ist durch einen entsprechenden *Hinweis* vermerkt.

Diagramme

Es werden vorwiegend folgende ***Diagrammtypen*** verwendet: Kreissektoren-, Säulen- (gegliedert oder gruppiert), Balken- und Kurvendiagramme.

Die Diagrammelemente (Linien, Flächen) sind weitgehend im Diagramm selbst beschriftet. Kann auf eine Erklärung in Legendenform nicht verzichtet werden, ist diese der Richtung und Abfolge der zu erklärenden Flächen, Linien und dgl. angepasst. Vertikal gegliederte Säulen werden z.B. in vertikaler Anordnung erklärt.

Die ***Beschriftung der Diagrammachsen*** ist differenziert nach:

- den *Achsenbezeichnungen (kursiv)*; das sind *Merkmale* bzw. *Maßeinheiten*,
- den *Zahlenwerten (normal)* an den Teilstrichen.

Vielstellige Zahlen werden durch die Angabe entsprechender Einheiten vermieden, z.B. *in Tsd. oder in Mio.* (s.a. Verzeichnis der Abkürzungen).

Zeitachsen sind *gleichabständig* unterteilt, auch wenn die zugehörigen Daten nur für ungleichabständige Perioden zur Verfügung standen. Die mit Daten belegten Zeitpunkte sind i.d.R. graphisch gekennzeichnet (z.B. durch Punkte auf den Kurven).

In Einzelfällen liegen die dargestellten Achsen nicht im ***Nullpunkt*** des diagrammeigenen Koordinatensystems (*abgeschnittene Diagramme*).

In vergleichenden Darstellungen von ***alten und neuen Ländern*** wird wie folgt unterschieden:

- alte Länder:
  linke Säule,
  dunkel,
  blau,
- neue Länder:
  rechte Säule,
  hell,
  rot.◆

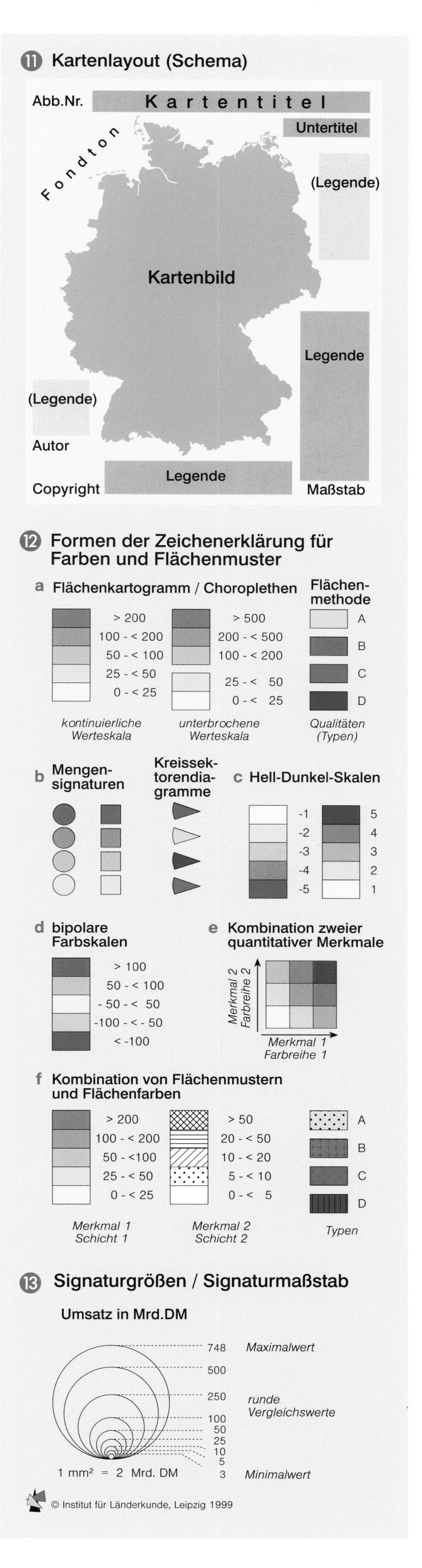

Abkürzungen für Kreise, kreisfreie Städte und Länder

Länder der Bundesrepublik Deutschland

- BB Brandenburg
- BE Berlin
- BW Baden-Württemberg
- BY Bayern
- HB Bremen
- HE Hessen
- HH Hamburg
- MV Mecklenburg-Vorpommern
- NI Niedersachsen
- NW Nordrhein-Westfalen
- RP Rheinland-Pfalz
- SH Schleswig-Holstein
- SL Saarland
- SN Sachsen
- ST Sachsen-Anhalt
- TH Thüringen

Kreis / kreisfreie Stadt / Landkreis

- A Augsburg (Stadt und Land)
- AA Ostalbkreis (Aalen)
- AB Aschaffenburg (Stadt und Land)
- ABG Altenburger Land (Altenburg)
- AC Aachen (Stadt und Land)
- AIC Aichach-Friedberg
- AK Altenkirchen/ Westerwald
- AM Amberg
- AN Ansbach (Stadt und Land)
- ANA Annaberg (Annaberg-Buchholz)
- AÖ Altötting
- AP Weimarer Land (Apolda)
- AS Amberg-Sulzbach
- ASL Aschersleben-Staßfurt
- ASZ Aue – Schwarzenberg
- AUR Aurich
- AW Ahrweiler (Bad Neuenahr-Ahrweiler)
- AZ Alzey – Worms
- AZE Anhalt – Zerbst

- B Berlin
- BA Bamberg (Stadt und Land)
- BAD Baden-Baden
- BAR Barnim (Eberswalde)
- BB Böblingen
- BBG Bernburg
- BC Biberach an der Riss
- BGL Berchtesgadener Land (Bad Reichenhall)
- BI Bielefeld
- BIR Birkenfeld, Idar-Oberstein
- BIT Bitburg – Prüm
- BL Zollernalbkreis (Balingen)
- BLK Burgenlandkreis (Naumburg)
- BM Erftkreis (Bergheim)
- BN Bonn
- BO Bochum
- BOR Borken
- BOT Bottrop
- BRA Wesermarsch (Brake/Unterweser)
- BRB Brandenburg
- BS Braunschweig
- BT Bayreuth (Stadt und Land)
- BTF Bitterfeld
- BÜS Kreis Konstanz (Büsingen am Hochrhein)
- BZ Bautzen

- C Chemnitz
- CB Cottbus
- CE Celle
- CHA Cham
- CLP Cloppenburg
- CO Coburg (Stadt und Land)
- COC Cochem – Zell
- COE Coesfeld
- CUX Cuxhaven
- CW Calw

- D Düsseldorf
- DA Darmstadt, Darmstadt-Dieburg
- DAH Dachau
- DAN Lüchow – Dannenberg
- DAU Daun
- DBR Bad Doberan
- DD Dresden, Dresden-Land
- DE Dessau
- DEG Deggendorf
- DEL Delmenhorst
- DGF Dingolfing – Landau
- DH Diepholz
- DL Döbeln
- DLG Dillingen an der Donau
- DM Demmin
- DN Düren
- DO Dortmund
- DON Donau – Ries (Donauwörth)
- DU Duisburg
- DÜW Bad Dürkheim, Weinstraße
- DW Weißeritzkreis (Dippoldiswalde)
- DZ Delitzsch

- E Essen
- EA Eisenach
- EBE Ebersberg
- ED Erding
- EE Elbe – Elster (Herzberg)
- EF Erfurt
- EI Eichstätt
- EIC Eichsfeld (Heiligenstadt)
- EL Emsland (Meppen)
- EM Emmendingen
- EMD Emden
- EMS Rhein – Lahn – Kreis (Bad Ems)
- EN Ennepe-Ruhr-Kreis (Schwelm)
- ER Erlangen
- ERB Odenwaldkreis (Erbach)
- ERH Erlangen-Höchstadt
- ES Esslingen am Neckar
- ESW Werra – Meißner – Kreis (Eschwege)
- EU Euskirchen

- F Frankfurt/M.
- FB Wetteraukreis (Friedberg/ Hessen)
- FD Fulda
- FDS Freudenstadt
- FF Frankfurt/O.
- FFB Fürstenfeldbruck
- FG Freiberg
- FL Flensburg
- FN Bodenseekreis (Friedrichshafen)
- FO Forchheim
- FR Freiburg im Breisgau, Breisgau-Hochschwarzwald
- FRG Freyung – Grafenau
- FRI Friesland (Jever)
- FS Freising
- FT Frankenthal/ Pfalz
- FÜ Fürth (Stadt und Land)

- G Gera
- GAP Garmisch – Partenkirchen
- GC Chemnitzer Land (Glauchau)
- GE Gelsenkirchen
- GER Germersheim
- GG Groß-Gerau
- GI Gießen
- GL Rheinisch-Bergischer Kreis (Bergisch Gladbach)
- GM Oberbergischer Kreis (Gummersbach)
- GÖ Göttingen
- GP Göppingen
- GR Görlitz
- GRZ Greiz
- GS Goslar
- GT Gütersloh
- GTH Gotha
- GÜ Güstrow
- GZ Günzberg

- H Hannover (Stadt und Land)
- HA Hagen
- HAL Halle/ Saale
- HAM Hamm
- HAS Haßberge (Haßfurt)
- HB Bremen/Bremerhaven
- HBN Hildburghausen
- HBS Halberstadt
- HD Heidelberg
- HDH Heidenheim an der Brenz
- HE Helmstedt
- HEF Hersfeld – Rotenburg (Bad Hersfeld)
- HEI Dithmarschen (Heide)
- HER Herne
- HF Herford
- HG Hochtaunuskreis (Bad Homburg v.d. Höhe)
- HGW Hansestadt Greifswald
- HH Hansestadt Hamburg
- HI Hildesheim
- HL Hansestadt Lübeck
- HM Hameln – Pyrmont
- HN Heilbronn (Stadt und Land)
- HO Hof (Stadt und Land)
- HOL Holzminden
- HOM Saar-Pfalz-Kreis (Homburg/Saar)
- HP Bergstraße (Heppenheim an der Bergstraße)
- HR Schwalm-Eder-Kreis (Homburg/ Efze)
- HRO Hansestadt Rostock
- HS Heinsberg
- HSK Hochsauerlandkreis (Meschede)
- HAST Hansestadt Stralsund
- HU Main-Kinzig-Kreis (Hanau)
- HVL Havelland (Rathenow)
- HWI Hansestadt Wismar
- HX Höxter
- HY Hoyerswerda

- IGB Sankt Ingbert
- IK Ilm-Kreis (Arnstadt)
- IN Ingolstadt

- J Jena
- JL Jerichower Land (Burg bei Magdeburg)

- K Köln
- KA Karlsruhe (Stadt und Land)
- KB Waldeck-Frankenberg (Korbach)
- KC Kronach
- KE Kempten/ Allgäu
- KEH Kelheim
- KF Kaufbeuren
- KG Bad Kissingen
- KH Bad Kreuznach
- KI Kiel
- KIB Donnersbergkreis (Kirchheimbolanden)
- KL Kaiserslautern (Stadt und Land)
- KLE Kleve
- KM Kamenz
- KN Konstanz
- KO Koblenz
- KÖT Köthen
- KR Krefeld
- KS Kassel (Stadt und Land)
- KT Kitzingen
- KU Kulmbach
- KÜN Hohenlohekreis (Künzelsau)
- KUS Kusel
- KYF Kyffhäuserkreis (Sondershausen)

- L Leipzig, Leipziger Land
- LA Landshut (Stadt und Land)
- LAU Nürnberger Land (Lauf an der Pegnitz)
- LB Ludwigsburg
- LD Landau in der Pfalz.
- LDK Lahn-Dill-Kreis (Wetzlar)
- LDS Dahme-Spreewald (Lübben)
- LER Leer/ Ostfriesland
- LEV Leverkusen
- LG Lüneburg
- LI Lindau/ Bodensee
- LIF Lichtenfels
- LIP Lippe (Detmold)
- LL Landsberg am Lech
- LM Limburg – Weilburg
- LÖ Lörrach
- LOS Oder –Spree (Beeskow)
- LU Ludwigshafen am Rhein (Stadt und Land)
- LWL Ludwigslust

- M München (Stadt und Land)
- MA Mannheim
- MB Miesbach
- MD Magdeburg
- ME Mettmann
- MEI Meißen
- MEK Mittlerer Erzgebirgskreis (Marienberg)
- MG Mönchengladbach
- MH Mülheim (Ruhr)
- MI Minden – Lübbecke

MIL	Miltenberg
MK	Märkischer Kreis (Lüdenscheid)
ML	Mansfelder Land (Eisleben)
MM	Memmingen
MN	Unterallgäu (Mindelheim)
MOL	Märkisch – Oderland (Seelow)
MOS	Neckar – Odenwald – Kreis (Mosbach)
MQ	Merseburg – Querfurt
MR	Marburg – Biedenkopf
MS	Münster
MSP	Main – Spessart – Kreis (Karlstadt)
MST	Mecklenburg – Strelitz (Neustrelitz)
MTK	Main –Taunus – Kreis (Hofheim am Taunus)
MTL	Muldentalkreis (Grimma)
MÜ	Mühldorf am Inn
MÜR	Müritz (Waren)
MW	Mittweida
MYK	Mayen – Koblenz
MZ	Mainz – Bingen
MZG	Merzig – Wadern
N	Nürnberg
NB	Neubrandenburg
ND	Neuburg-Schrobenhausen
NDH	Nordhausen
NE	Neuss
NEA	Neustadt an der Aisch – Bad Windsheim
NES	Rhön – Grabfeld (Bad Neustadt an der Saale)
NEW	Neustadt an der Waldnaab
NF	Nordfriesland (Husum)
NI	Nienburg/ Weser
NK	Neunkirchen/ Saar
NM	Neumarkt in der Oberpfalz
NMS	Neumünster
NOH	Grafschaft Bentheim (Nordhorn)
NOL	Niederschlesischer Oberlausitzkreis (Niesky)
NOM	Northeim
NR	Neuwied/ Rhein
NU	Neu – Ulm
NVP	Nordvorpommern (Grimmen)
NW	Neustadt an der Weinstraße
NWM	Nordwestmecklenburg (Grevesmühlen)
OA	Oberallgäu (Sonthofen)
OAL	Ostallgäu (Marktoberdorf)
OB	Oberhausen
OC	Bördekreis (Oschersleben)
OD	Stormarn (Bad Oldersloe)
OE	Olpe
OF	Offenbach am Main (Stadt und Land)
OG	Ortenaukreis (Offenburg)
OH	Ostholstein (Eutin)
OHA	Osterode am Harz
OHV	Oberhavel (Oranienburg)
OHZ	Osterholz (Osterholz – Schwarmbeck)
OK	Ohrekreis (Haldensleben)
OL	Oldenburg (Stadt und Land)
OPR	Ostprignitz – Ruppin (Neuruppin)
OS	Osnabrück (Stadt und Land)
OSL	Oberspreewald – Lausitz (Senftenberg)
OVP	Ostvorpommern (Anklam)
P	Potsdam
PA	Passau (Stadt und Land)
PAF	Pfaffenhofen an der Ilm
PAN	Rottal – Inn (Pfarrkirchen)
PB	Paderborn
PCH	Parchim
PE	Peine
PF	Pforzheim, Enzkreis
PI	Pinneberg
PIR	Sächsische Schweiz (Pirna)
PL	Plauen
PLÖ	Plön/ Holstein
PM	Potsdam – Mittelmark (Belzig)
PR	Prignitz (Perleberg)
PS	Pirmasens
QLB	Quedlinburg
R	Regensburg (Stadt und Land)
RA	Rastatt
RD	Rendsburg – Eckernförde
RE	Recklinghausen
REG	Regen
RG	Riesa – Großenhain
RH	Roth
RO	Rosenheim
ROW	Rotenburg/ Wümme
RS	Remscheid
RT	Reutlingen
RÜD	Rheingau – Taunus – Kreis (Bad Schwalbach)
RÜG	Rügen (Bergen)
RV	Ravensburg
RW	Rottweil
RZ	Herzogtum Lauenburg (Ratzeburg)
S	Stuttgart
SAD	Schwandorf
SAW	Altmarkkreis Salzwedel
SB	Saarbrücken
SBK	Schönebeck
SC	Schwabach
SDL	Stendal
SE	Segeberg (Bad Segeberg)
SFA	Soltau – Fallingbostel
SG	Solingen
SHA	Schwäbisch Hall
SHG	Schaumburg (Stadthagen)
SHL	Suhl
SI	Siegen – Wittgenstein
SIG	Sigmaringen
SIM	Rhein – Hunsrück – Kreis (Simmern)
SK	Saalkreis (Halle/ Saale)
SL	Schleswig – Flensburg
SLF	Saalfeld – Rudolstadt
SLS	Saarlouis
SM	Schmalkalden – Meiningen
SN	Schwerin
SO	Soest
SÖM	Sömmerda
SOK	Saale – Orla – Kreis (Schleiz)
SON	Sonneberg
SP	Speyer
SPN	Spree – Neiße (Forst)
SR	Straubing, Straubing-Boden
ST	Steinfurt
STA	Stamberg
STD	Stade
STL	Stollberg
SU	Rhein – Sieg Kreis (Siegburg)
SW	Schweinfurt (Stadt und Land)
SZ	Salzgitter
TBB	Main – Tauber – Kreis (Tauberbischofsheim)
TF	Teltow – Fläming (Luckenwalde)
TIR	Tirschenreuth
TO	Torgau – Oschatz
TÖL	Bad Tölz – Wolfratshausen
TR	Trier
TS	Traunstein
TÜ	Tübingen
TUT	Tuttlingen
UE	Uelzen
UER	Uecker – Randow (Pasewalk)
UH	Unstrut – Hainich – Kreis (Mühlhausen/ Thüriingen)
UL	Ulm, Alb – Donau – Kreis
UM	Uckermark (Prenzlau)
UN	Unna
V	Vogtlandkreis (Plauen)
VB	Vogelsbergkreis (Lauterbach/ Hessen)
VEC	Vechta
VER	Verden (Verden/ Aller)
VIE	Viersen
VK	Völklingen
VS	Schwarzwald – Baar – Kreis (Villingen – Schwenningen)
W	Wuppertal
WAF	Warendorf
WAK	Wartburgkreis (Bad Salzungen)
WB	Wittenberg
WE	Weimar
WEN	Weiden i.d. Opf.
WES	Wesel
WF	Wolfenbüttel
WHV	Wilhelmshaven
WI	Wiesbaden
WIL	Bernkastel – Wittlich
WL	Harburg (Winsen/ Luhe)
WM	Weilheim – Schongau
WN	Rems – Murr – Kreis (Waiblingen)
WND	Sankt Wendel
WO	Worms
WOB	Wolfsburg
WR	Wernigerode
WSF	Weißenfels
WST	Ammerland (Westerstede)
WT	Waldshut (Waldshut – Tiengen)
WTM	Wittmund
WÜ	Würzburg (Stadt und Land)
WUG	Weißenburg – Gunzenhausen
WUN	Wunsiedel i. Fichtelgebirge
WW	Westerwaldkreis (Montabaur)
Z	Zwickau, Zwikkauer Land
ZI	Löbau – Zittau
ZW	Zweibrücken

Länder

A	Österreich
AL	Albanien
AND	Andorra
ARM	Armenien
AZ	Aserbaidschan
B	Belgien
BF	Burkina Faso
BG	Bulgarien
BH	Belize
BIH	Bosnien-Herzegowina
BRN	Bahrein
BU	Burundi
BY	Weißrußland
CH	Schweiz
CI	Côte d'Ivoire
CR	Costa Rica
CZ	Tschechische Republik
D	Deutschland
DK	Dänemark
DOM	Dominikanische Republik
DY	Benin
E	Spanien
ES	El Salvador
EST	Estland
F	Frankreich
FIN	Finnland
FL	Liechtenstein
GB	Großbritannien, Vereinigtes Königreich
GCA	Guatemala
GH	Ghana
GR	Griechenland
GUY	Guyana
H	Ungarn
HN	Honduras
HR	Kroatien
I	Italien
IL	Israel
IRL	Irland
IS	Island
J	Japan
JA	Jamaika
JOR	Jordanien
KN	St. Kitts und Nevis
KS	Kirgisistan
KWT	Kuwait
L	Luxemburg
LS	Lesotho
LT	Litauen
LV	Lettland
MC	Monaco
MD	Moldau
MK	Makedonien
MW	Malawi
N	Norwegen
NIC	Nicaragua
NL	Niederlande
P	Portugal
PA	Panama
PL	Polen
Q	Katar
RG	Guinea
RH	Haiti
RL	Libanon
RO	Rumänien
RSM	San Marino
RT	Togo
RUS	Russische Föderation
RWA	Ruanda
S	Schweden
SK	Slowakische Republik
SLO	Slowenien
SME	Suriname
SYR	Syrien
TJ	Tadschikistan
TM	Turkmenistan
TR	Türkei
UA	Ukraine
UAE	Vereinigte Arabische Emirate
USA	Vereinigte Staaten von Amerika
UZB	Usbekistan
WL	St. Lucia
WV	St. Vincent und die Grenadinen
YU	Jugoslawien

Quellenverzeichnis

Verwendete Abkürzungen

ADAC	Allgemeiner Deutscher Automobil Club
ADFC	Allgemeiner Deutscher Fahrrad Club
AdV	Arbeitsgemeinschaft der Vermessungsverwaltungen der Länder der Bundesrepublik Deutschland
AFI	Alpenforschungsinstitut
ARL	Akademie für Raumforschung und Landesplanung
Aufl.	Auflage
BBR	Bundesamt für Bauwesen und Raumordnung
bearb.	bearbeitete (Auflage)
Bearb.	Bearbeitung
BfLR	Publikationen des BBR vor 1998, Bundesforschungsanstalt für Landeskunde und Raumordnung
BMRBS	Bundesministerium für Raumordnung, Bauwesen und Städtebau (bis1998)
BMV	Bundesministerium für Verkehr (bis 1998)
BMVBW	Bundesministerium für Verkehr, Bau- und Wohnungswesen
DGfG	Deutsche Gesellschaft für Geographie
Difu	Deutsches Institut für Urbanistik
DIW	Deutsches Institut für Wirtschaftsforschung
erg.	ergänzte (Auflage)
erweit.	erweiterte (Auflage)
EU	Europäische Union
GVZ	Güterverkehrszentrum
IfL	Institut für Länderkunde
IINKAR	Indikatoren und Karten zur Raumentwicklung
IRPUD	Institut für Raumplanung Universität Dortmund
ISL	Institut für Seeverkehrswirtschaft und Logistik
Kart.	Kartenentwurf, Kartographische Grundlagen, Kartographische Datenaufbereitung bzw. Datenverarbeitung
Konstr.	Konstruktion
MKRO	Ministerkonferenz für Raumordnung
ÖPNV	Öffentlicher Personennahverkehr
Red.	Redaktion
Reg TP	Regulierungsbehörde für Telekommunikation und Post
StÄdL	Statistische Ämter der Länder
StBA	Statistisches Bundesamt
unveröff.	unveröffentlicht(en)
UPI	Umwelt- und Prognose-Institut
VDA	Verband der Automobilindustrie
VCD	Verkehrsclub Deutschland
VDI	Verein Deutscher Ingenieure
VDV	Verband Deutscher Verkehrsunternehmen
versch.	verschiedene

Nationalatlas Bundesrepublik Deutschland

Herausgeber: Institut für Länderkunde, Schongauerstr. 9, 04329 Leipzig
Projektleitung: Prof. Dr. A. Mayr, Dr. S. Tzschaschel

Verantwortliche
für Redaktion: Dr. S. Tzschaschel
für Kartenredaktion: Dr. K. Großer

Mitarbeiter
Redaktion: Dipl.-Geogr. V. Bode, F. Gränitz (M. A.), D. Hänsgen (M. A.) unter Mitarbeit von: G. Mayr, C. Fölber
Kartenredaktion: Dipl.-Ing. f. Kart. B. Hantzsch, Dipl.-Ing. (FH) W. Kraus, Dipl.-Geogr. C. Lambrecht, Dipl.-Ing. (FH) A. Müller
Kartographie: Kart. R. Bräuer, Dipl.-Ing. (FH) S. Dutzmann, Dipl.-Ing. f. Kart. B. Hantzsch, Dipl.-Geogr. U. Hein, Dipl.-Ing. (FH) W. Kraus, Dipl.-Ing. (FH) A. Müller, R. Richter, K. Ronniger, Stud.-Ing. O. Schnabel, Dipl.-Ing. (FH) S. Specht, Kart. M. Zimmermann
Elektr. Ausgabe: Dipl.-Geogr. C. Lambrecht, Dipl.-Geogr. E. Losang
Satz, Gesamtgestaltung und Technik: Dipl.-Ing. J. Rohland
Bildauswahl: Dipl.-Geogr. V. Bode
Repro.-Fotografie: K. Ronniger

S. 10-11: Deutschland auf einen Blick
Autoren: Dirk Hänsgen, M. A. (Text), Dipl.-Ing. f. Kart. Birgit Hantzsch (Karte) und Dipl.-Geogr. Uwe Hein (Karte), Institut für Länderkunde, Schongauerstr. 9, 04329 Leipzig
Kartographische Bearbeiter
Abb. 1: Konstr.: U. Hein; Red.: U. Hein; Bearb.: U. Hein
Abb. 2: Red.: B. Hantzsch; Bearb.: B. Hantzsch, R. Bräuer
Literatur
BREITFELD, K. u.a. (1992): Das vereinte Deutschland. Eine kleine Geographie. Leipzig.
FRIEDLEIN, G. u. F.-D. GRIMM (1995): Deutschland und seine Nachbarn. Spuren räumlicher Beziehungen. Leipzig.
SPERLING, W. (1997): Germany in the Nineties. In: HECHT, A. u. A. PLETSCH (Hrsg.): Geographies of Germany and Canada. Paradigms, Concepts, Stereotypes, Images. Hannover (= Studien zur internationalen Schulbuchforschung. Band 92), S. 35-49.
StBA (jährlich): Statistisches Jahrbuch für die Bundesrepublik Deutschland. Wiesbaden.
StBA: Basisdaten Geographie online im Internet unter: http://www.statistik-bund.de
UMWELTBUNDESAMT: Umweltrelevante Aktivitäten: Bevölkerung, Flächennutzung online im Internet unter: http://www.umweltbundesamt.de
Quellen von Karten und Abbildungen
Abb. 1: Bevölkerungsdichte: StBA
Abb. 2: Geographische Übersicht: DLM 1000 des BKG

S. 12-29: Verkehr und Kommunikation – eine Einführung
Autoren: Prof. Dr. Jürgen Deiters, Fachgebiet Geographie im Fachbereich Kultur- und Geowissenschaften der Universität Osnabrück, Seminarstr. 19 a/b, 49069 Osnabrück
Prof. Dr. Peter Gräf, Geographisches Institut der Rheinisch-Westfälischen Technischen Hochschule Aachen, Templergraben 55, 52056 Aachen
Prof. Dr. Günter Löffler, Institut für Geographie der Bayerischen Julius-Maximilians-Universität Würzburg, Am Hubland, 97074 Würzburg
Kartographische Bearbeiter
Abb. 1, 2, 4, 5, 25: Red.: B. Hantzsch; Bearb.: R. Bräuer
Abb. 3, 13, 14, 15, 16, 17, 18, 20, 22, 23: Red.: B. Hantzsch; Bearb.: R. Richter
Abb. 6, 7, 21, 24, 33, 36: Red.: K. Großer; Bearb.: S. Dutzmann
Abb. 8, 9, 10, 11, 12: Red.: K. Großer; Bearb.: S. Dutzmann, C. Reichel
Abb. 19, 26: Red.: B. Hantzsch; Bearb.: B. Hantzsch
Abb. 27, 29, 30, 31, 32, 34, 35, 37, 38: Red.: K. Großer; Bearb.: R. Richter
Abb. 28: Red.: K. Großer; Bearb.: S. Dutzmann
Literatur
BARTHELD, H.-J. (1999): Mit der Euregio-Bahn vom Vogtland nach Tschechien. In: Bus & Bahn 10, S. 12-13.
BBR (Hrsg.) (1998): Aktuelle Daten zur Entwicklung der Städte, Kreise und Gemeinden. Ausgabe 1998. Bonn (= Berichte des BBR. Band 1).
BMVBW (Hrsg.) (1999): Bericht der Bundesregierung über den Öffentlichen Personennahverkehr in Deutschland nach der Vollendung der deutschen Einheit. Bonn, Berlin.
BURMEISTER, J. (1996): Regionalisierte Nebenbahnen im Aufwind. In: Internationales Verkehrswesen im Aufwind 48. Heft 5. Spezial „ÖPNV in Deutschland“, S. 15-20.
DEITERS, J. (1992): Auto-Mobilität und die Folgen. In: Geographie heute 102, S. 4-11.
DEITERS, J. (1999): Regionalisierter ÖPNV im Wettbewerb. In: KÜNZEL, R. u.a. (Hrsg.): Profile der Wissenschaft. 25 Jahre Universität Osnabrück, S. 299-320.
DEITERS, J. (2000): Traffic infrastructure, car mobility and public transport. In: MAYR, A. u. W. TAUBMANN (Eds.): Germany Ten Years after Reunification. Leipzig (= Beiträge zur Regionalen Geographie. Band 52), S. 117-137.
EITO – EUROPEAN INFORMATION TECHNOLOGY OBSERVATORY (Hrsg.) (2000): European Information Technology Observatory 2000 – Millennium Edition. Frankfurt am Main.
FLIEGNER, S. (1998): Wandel der Alltagsmobilität in Ostdeutschland unter der Perspektive autoreduzierter Mobilität am Beispiel des Paulusviertels in Halle (Saale). In: Hallesches Jahrbuch Geowissenschaften. Reihe A. Band 20, S. 117-135.
FRANKFURTER ALLGEMEINE ZEITUNG (2000). Versch. Ausgaben.
GÖTZ, K., T. JAHN u. I. SCHULTZ (1998): Mobilitätsstile in Freiburg und Schwerin. In: Internationales Verkehrswesen 50. Heft 6, S. 256-261.
GRÄF, P. (1999): Fraktal, virtuell, flexibel. Die Arbeitsorganisation der kommenden Generation. In: WALTER, R. u. B. RAUHUT (Hrsg.): HORIZONTE – Die RWTH Aachen auf dem Weg ins 21. Jahrhundert. Heidelberg, New York, S. 701-709.
GRÄF, P. (Hrsg.) (1999): Telecommunications in Progress – Geography, Economy and Social Impacts. Research in Germany.

NETCOM, Vol. 13. Nr.3-4. Montpellier.
Grentzer, M. (1999): Räumlich-strukturelle Auswirkungen von IuK-Technologien in transnationalen Unternehmen. Münster.
Handelsblatt (2000). Versch. Ausgaben.
Hesse, M. u. S. Schmitz (1998): Stadtentwicklung im Zeichen von „Auflösung“ und Nachhaltigkeit. In: Informationen zur Raumentwicklung 7/8, S. 435-453.
Infras/IWW (2000): External Costs of Transport. Accident, Environmental and Congestion Costs in Western Europe. Zürich, Karlsruhe.
Kagermeier, A. (1998): Nachhaltigkeitsdiskussion: Herausforderung für Verkehrsgeographie. In: Geographische Rundschau. Heft 10, S. 548-549.
Kuchenbecker, K.-G. u. G. Speck (1998): Die Bedeutung des Schienenverkehrs für die Länder nach der Bahnreform 1994. Das Beispiel Rheinland-Pfalz. In: Internationales Verkehrswesen. Heft 10, S. 452-458.
Laschke, B. (1998): Investitionen in die Verkehrsinfrastruktur begünstigen die Wirtschaftsansiedlung in Ostdeutschland. In: Raumforschung und Raumordnung, S. 406-413.
Lutter, H. (1980): Raumwirksamkeit von Fernstraßen. Bonn (= Forschungen zur Raumentwicklung. Band 8).
Meissner, F. v. (1998): Die sächsische Vogtlandbahn hat den Betrieb aufgenommen. In: Bus & Bahn 32. Heft 1, S. 15-17.
Prognos AG u.a. (1999): Umweltwirkungen von Verkehrsinformations- und -leitsystemen im Straßenverkehr. Untersuchung im Auftrag des Umweltbundesamtes Berlin. Endbericht. Basel.
Rauh, J. (1999): Telekommunikation und Raum. Informationsströme im internationalen, regionalen und individuellen Beziehungsgefüge. Münster.
UPI (2000): Externe Kosten Verkehr. Freiburg (= UPI-Bericht 21). Online im Internet unter: *http://www.upi-institut.de/upi21.htm*
Zerdick, A. u.a. (1999): Die Internet.Ökonomie. Strategien für die digitale Wirtschaft. Heidelberg.
VDV, VDV-Förderkreis (Hrsg.) (1998): Regionaler Schienenpersonennahverkehr. Neue Fahrzeuge und deren Einsatzfelder. Düsseldorf.
VDV, VDV-Förderkreis (Hrsg.) (2000): Stadtbahnen in Deutschland. Düsseldorf.

Empfehlungen weiterführender Literatur

Aberle, G. (2000): Transportwirtschaft. 3. Aufl. München, Wien.
Apel, D. u.a. (1997): Kompakt, mobil, urban: Stadtentwicklungskonzepte zur Verkehrsvermeidung im internationalen Vergleich. Berlin (= Difu-Beiträge zur Stadtforschung. Band 24).
Arbeitskreis Verkehr DGfG: online im Internet unter: http://www.giub.uni-bonn.de/vgdh/verkehr/
BBR (Hrsg.) (1998): Strategien für einen raum- und umweltverträglichen Verkehr. Informationen zur Raumentwicklung. Heft 6.
Behrendt, S. u. R. Kreibich (Hrsg.) (1994): Die Mobilität von morgen. Umwelt- und Verkehrsentlastung in den Städten. Weinheim, Basel (= ZukunftsStudien. Band 12).
BMVBW (Hrsg.) (1999): Verkehr in Zahlen 1999. Bonn u.a.
Bremer Gesellschaft für Wirtschaftsforschung e.V. (Hrsg.) (2000): Engpass Verkehr. Der Verkehrssektor in Deutschland – eine Wachstumsbremse? Frankfurt a. M.
Commission of the European Communities (1998): Trans-European Transport Network. Brüssel.
European Conference of Ministers of Transport (ECMT) (2000): Trends in the Transport Sector 1970-1998. Paris (= OECD Publications Service).
Faller, P. (Hrsg.) (1999): Transportwirtschaft im Umbruch. Wien.
Gassner, R., R. Kreibich u. R. Nolte (Hrsg.) (1997): Zukunftsfähiger Verkehr. Neue Verkehrssysteme und telematisches Management. Weinheim, Basel (= ZukunftsStudien. Band 20).
Haas, H.-D. (Hrsg.) (1997): Zur Raumwirksamkeit von Großflughäfen. Kallmünz (= Münchner Studien zur Sozial- u. Wirtschaftsgeographie. Band 39).
Hesse, M. (1998): Wirtschaftsverkehr, Stadtentwicklung und politische Regulierung. Berlin (= Difu-Beiträge zur Stadtforschung. Band 26).
Hüsing, M. (1999): Die Flächenbahn als verkehrspolitische Alternative. Wuppertal (= Wuppertal Spezial 12).
Kagermeier, A. (1997): Siedlungsstruktur und Verkehrsmobilität. Eine empirische Untersuchung am Beispiel von Südbayern. Dortmund (= Verkehr spezial. Heft 3).
Maier, J. u. H.-D. Atzkern (1992): Verkehrsgeographie. Stuttgart.
Petersen, R. u. K. O. Schallaböck (1995): Mobilität für morgen. Chancen einer zukunftsfähigen Verkehrspolitik. Berlin, Basel, Boston.
Pez, P. (1998): Verkehrsmittelwahl im Stadtbereich und ihre Beeinflußbarkeit. Kiel (= Kieler Geographische Schriften. Band 95).
VDV (Hrsg.) (1995): Busse + Bahnen: Mobilität für Menschen und Güter 1895-1995. Düsseldorf.

Quellen von Karten und Abbildungen

Abb. 1: Erreichbarkeit von Agglomerationsräumen im Pkw-Verkehr 1998,
Abb. 2: Erreichbarkeit von Agglomerationsräumen im Schienenverkehr 1998: BBR (1998): INKAR, Indikatoren 12/03 u. 12/04.
Abb. 3: Brutto-Anlageinvestitionen 1950-1998: BMV (Hrsg.) (1991), S. 40ff. BMWBW (Hrsg.) (1999), S. 32ff.
Abb. 4: Dichte des Fernstraßennetzes 1998: BBR (1998): INKAR, Indikator 12/01.
Abb. 5: Fahrleistungsdichte 1995: BBR (1998): INKAR, Indikator 12/02
Abb. 6: Anteile an der Verkehrsleistung im Personenverkehr: BMVBW (Hrsg.) (1999).
Abb. 7: Entwicklung der privaten Motorisierung 1970-1998: Deiters, J. (2000), Fig. 3.
Abb. 8: Verkehrsmittelwahl der städtischen Bevölkerung 1972-1997: Deiters, J. (2000), Tab. 3.
Abb. 9: Indikatoren zum Straßenverkehr: Deiters, J. (2000), Fig. 4.
Abb. 10: Führerscheinbesitzer und Pkw-Verfügbarkeit: Deiters, J. (2000), Fig. 5.
Abb. 11: Bahnstrukturreform und Regionalisierung des ÖPNV: Deiters, J. (1999), Abb. 1.
Abb. 12: Zusätzliche Zugleistung der DB AG seit der Bahnreform: Deiters, J. (1999), Abb. 3. BMVBW (1999), Tab. 10.
Abb. 13: Güterverkehrsaufkommen in ausgewählten Hauptgütergruppen 1950-1990: BMV (Hrsg.) (1991), S. 352-355.
Abb. 14: Anteil des grenzüberschreitenden Güterverkehrsaufkommens am Gesamtaufkommen: BMV (Hrsg.) (1991), S. 266f., S. 284f. u. S. 332-335. BMVBW (Hrsg.) (1999), S. 186 u. S. 255.
Abb. 15: Grenzüberschreitender Güterverkehr (Versand und Empfang): BMV (Hrsg.) (1991), S. 266f., S. 284f. u. S. 332-335. BMVBW (Hrsg.) (1999), S. 186 u. S. 225.
Abb. 16: Güterverkehrsleistung nach Verkehrsträgern 1997: BMVBW (Hrsg.) (1999), S. 233, S. 235 u. S. 237.
Abb. 17: Mittlere Transportweite ausgewählter Gütergruppen nach Verkehrsträgern 1999: BMVBW (Hrsg.) (1999), S. 233, S. 235 u. S. 237.
Abb. 18: Güterzusammensetzung nach Verkehrsträgern 1998: BMVBW (Hrsg.) (1999), S. 232, S. 234 u. S. 236.
Abb. 19: Erreichbarkeit der Terminals für den kombinierten Ladeverkehr (KLV) 1998: BBR (1999): INKAR, Indikator 12/01.
Abb. 20: Endenergieverbrauch im Güterverkehr 1955-1998: BMV (Hrsg.) (1991), S. 430f. BMVBW (Hrsg.) (1999), S. 271.
Abb. 21: Anteile an der Verkehrsleistung im Güterverkehr: BMVBW (Hrsg.) (1999).
Abb. 22: Kostenstruktur im Lkw-Verkehr 1996: Aberle, G. (2000), S. 256.
Abb. 23: Länge öffentlicher Straßen 1951-1998: Autorenvorlage.
Abb. 24: Schadstoffemissionen des Verkehrs 1966-97: Autorenvorlage.
Abb. 25: Verkehrstote 1998: BBR (2000): INKAR. Eigene Bearb. nach Angaben der StÄdL.
Abb. 26: End-Energieverbrauch des Verkehrs nach Energieträgern 1998: Autorenvorlage.
Abb. 27: Verkauf von Mobiltelefonen 1999: Dataquest (Februar 2000), Unternehmensangaben.
Abb. 28: Wichtige Internet-Unternehmen: Frankfurter Allgemeine Zeitung.
Abb. 29: Bewertung der Internet-Auftritte europäischer Banken Januar 2000: Lafferty Group Internet Rangliste (Januar 2000).
Abb. 30: Zweck der Internet-Nutzung: Boston Consulting Group.
Abb. 31: Anteile von Online-Diensten und Internet-Service-Providern 1999: GfK Online-Monitor. Hinweis: Nutzerzahlen können nicht mit Kundenzahlen gleichgesetzt werden (Befragung Nov.-Jan. 1999/2000, Mehrfachnennungen möglich).
Abb. 32: Online-Aktienhandel 1999-2002: Datamonitor (2000).
Abb. 33: Internet-Auftritte europäischer Banken: Lafferty Group Internet Rangliste (Januar 2000).
Abb. 34: Was für die Einkäufer bei E-Commerce wichtig ist: Forit GmbH Frankfurt a.M. (2000).
Abb. 35: Förderung des Online-Kaufs: Boston Consulting Group.
Abb. 36: Beliebteste Zeitungen und Zeitschriften im Internet, November 1999: IVW (1999).
Abb. 37: Werbeumsatzstärkste Tageszeitungen 1998/99: AC Nielsen Werbeforschung.
Abb. 38: Konsolidierungspotenzial auf dem Medienmarkt in den 90er Jahren: McKinsey.

Bildnachweis

S. 12: Albrecht Dürer auf dem Main bei Sulzfeld am 16. Juli 1520: copyright Museum der Stadt Nürnberg, Matthäus Schiesel 1903 (Farblithographie)
S. 12: Helikopter mit spiralförmiger Luftschraube von Leonardo da Vinci (1486-1490): Manuskript B – Notizbücher in der Bibliothek des Institut de France, Paris. In: Charles Gibbs-Smith (1978): Die Erfindungen von Leonardo da Vinci. Stuttgart, Zürich, S. 25.
S. 12: Otto von Lilienthal im Flug mit einem seiner Doppeldecker-Segler um 1895: copyright Blacker Calmann Cooper Ltd. In: Charles Gibbs-Smith (1978): Die Erfindungen von Leonardo da Vinci. Stuttgart, Zürich, S. 21.
S. 12: Benz Patent-Motorwagen, am Steuer Karl Benz mit Josef Brecht um 1887: copyright Daimler – Chrysler AG
S. 13: Werbeplakat der Luftschiffbau Zeppelin GmbH (1932-1935): copyright Archiv der Luftschiffbau Zeppelin GmbH
S. 13: Berlin, Potsdamer Brücke und Potsdamer Straße um 1910: copyright Album von Berlin (o. J.). Berlin. W.- Globus Verlag GmbH
S. 13: Ausbesserungswerk Potsdam um 1895: copyright Reichsverkehrsministerium 1939
S. 15: Reisende im Bahnhof Hamburg Hbf: copyright DB AG
S. 16: Umschlagzentrum in Bremen: copyright S. Kremer
S. 17: München – U-Bahn: copyright Siemens – Pressebild
S. 21: DB-Lkw: copyright R. Schuster – HELGA LADE FOTOAGENTUR
S. 23: Rush-hour in Hamburg: copyright Greenpeace
S. 25: Internet – Arbeitsplatz: copyright Siemens – Pressebild
S. 26: Screenshot IfL: copyright J. Rohland
S. 26: Handys der neuen UMTS-Generation: copyright Siemens – Pressebild
S. 27: Call-Center: copyright Siemens – Pressebild
S. 28: Verkehrsleitzentrale in Hannover: copyright Siemens – Pressebild

S. 30-33: Das Eisenbahnnetz

Autor: Dr. Konrad Schliephake, Institut für Geographie der Bayerischen Julius-Maximilians-Universität Würzburg, Am Hubland , 97074 Würzburg

Kartographische Bearbeiter

Abb. 1: Red.: B. Hantzsch; Bearb.: R. Richter
Abb. 3: Kart.: T. Schenk; Red.: B. Hantzsch; Bearb.: M. Zimmermann
Abb. 4: Kart.: T. Schenk; Red.: K. Großer; Bearb.: R. Richter
Abb. 5: Kart.: T. Schenk; Red.: B. Hantzsch; Bearb.: R. Bräuer

Literatur

BMV (Hrsg.) (bis 1998): Verkehr in Zahlen. Hamburg.
BMVBW (Hrsg.) (ab 1999): Verkehr in Zahlen. Hamburg.
Eisenbahnjahr-Ausstellungsgesellschaft mbH (Hrsg.) (1985): Zug der Zeit – Zeit der Züge. Deutsche Eisenbahn 1835-1985. Das offizielle Werk zur gleichnamigen Ausstellung. Band 1/2. Berlin.
Gall, L. u. M. Pohl (Hrsg.) (1999): Die Eisenbahn in Deutschland. Von den Anfängen bis zur Gegenwart. München.
Kirsche, H. J. (1990): Bahnland DDR. Reiseziele für Eisenbahnfreunde. 2. bearb. u. erg. Aufl. Berlin.
Liebl, T. u.a. (1985): Offizieller Jubiläumsband der Deutschen Bundesbahn, 150 Jahre deutsche Eisenbahnen. München.
Rehbein, E. u.a. (1989): Friedrich List. Leben und Werk. Berlin.
Schliephake, K. (2000): Verkehrsdrehscheibe Deutschland. Mobilitätszuwachs und Infrastrukturausbau im vereinigten Staat. In: Petermanns Geographische Mitteilungen. Heft 5, S. 58-69.
StBA (Hrsg.) (jährlich): Statistisches Jahrbuch für die Bundesrepublik Deutschland. Wiesbaden.
Statistisches Jahrbuch der Deutschen Demokratischen Republik (jährlich). Berlin.
Statistisches Jahrbuch des Deutschen Reichs (jährlich). Berlin.

Quellen von Karten und Abbildungen

Abb. 1: Länge der Schienenstrecken nach Bahntypen 1910 und 1920: Eigene Berechnungen nach Statistisches Jahrbuch des Deutschen Reichs 1912, 1920.
Abb. 3: Eisenbahnnetz 1999: BBR (2000).
Abb. 4: Länge des Eisenbahnnetzes 1900-1998: Eigene Berechnungen nach Statistischen Jahrbüchern des Deutschen Reichs, der DDR und der BRD.
Abb. 5: Eisenbahnfernverkehr 2000: Deutsche Bahn AG. IfL-Kartographie.

Bildnachweis

S. 30: TEE 1957: copyright Deutsche Bundesbahn 1957, Palm
Abb. 2: Friedrich Lists Konzept eines deutschen Fernbahnnetzes 1833: F. List (1833): Über ein sächsisches Eisenbahnsystem als Grundlage eines allgemeinen deutschen Eisenbahnsystems und insbesondere über die Anlegung einer Eisenbahn von Leipzig nach Dresden. In: Beckerath, E. v. u. O. Stühler (1929): Friedrich List. Schriften zum Verkehrswesen. Berlin (= Friedrich List. Schriften/Reden/Briefe. Band 3. 1. Teil), vor S. 189
S. 32: ICE mit Neigetechnik auf der Fahrt zwischen Stuttgart und Zürich 1999: copyright DB AG, Wagner

S. 34-35: Das Straßennetz

Autor: Dr. Konrad Schliephake, Institut für Geographie der Bayerischen Julius-Maximilians-Universität Würzburg, Am Hubland, 97074 Würzburg.

Kartographische Bearbeiter

Abb. 1, 2: Red.: B. Hantzsch; Bearb.: R. Richter

Abb. 3: Kart.: T. Schenk; Red.: B. Hantzsch; Bearb.: R. Richter
Abb. 4: Konstr.: T. Schenk; Red.: B. Hantzsch; Bearb.: R. Bräuer

Literatur

BMV (Hrsg.) (bis 1998): Verkehr in Zahlen. Hamburg.
BMVBW (Hrsg.) (ab 1999): Verkehr in Zahlen. Hamburg.
ELSNER Handbuch für Straßen- und Verkehrswesen (jährlich). Darmstadt, Dieburg.
SCHLIEPHAKE, K. (2000): Verkehrsdrehscheibe Deutschland. In: Petermanns Geographische Mitteilungen. Heft 5: Straßen und Brücken in Bayern.(1989). 5. Folge. München.
BMVBW (Hrsg.) (monatlich): Verkehrsnachrichten. Bonn.

Quellen von Karten und Abbildungen

Abb. 1: Länge der öffentlichen Straßen 1950-1998: Eigene Berechnungen nach: BMV (Hrsg.) (1991): Verkehr in Zahlen. Berlin. BMVBW (Hrsg.) (1999): Verkehr in Zahlen. Hamburg. Statistisches Jahrbuch der Deutschen Demokratischen Republik (versch. Jahre). Berlin.
Abb. 2: Mittlere Kfz-Belastung und Kfz-Bestand 1953-1998: BMV (Hrsg.) (1991). BMVBW (Hrsg.) (1999).
Abb. 3: Befestigte Flächen der öffentlichen Straßen 1951-1996: BMV (Hrsg.) (1991). Eigene Schätzungen.
Abb. 4: Fernstraßennetz 2000: BBR. Bonn.

S. 36-37: Wasserstraßen und Binnenhäfen

Autor: Prof. Dr. Helmut Nuhn, Fachbereich Geographie der Philipps-Universität Marburg, Deutschhausstr. 10, 35037 Marburg

Kartographische Bearbeiter

Abb. 1, 2, 3: Red.: C. Mann; Bearb.: S. Specht

Literatur

ACHILLES, F. W. (1985): Größter Binnenhafen der Welt. Duisburg.
BMV (Hrsg.) (1995): Binnenschiffahrt und Bundeswasserstraßen, Jahresbericht 1993/94. Bonn.
BUNDESVERBAND DER DEUTSCHEN BINNENSCHIFFAHRT e.V. (Hrsg.) (1999): Binnenschiffahrt 1998/99. Duisburg.
JABLONOWSKI, V. (1993): Güterverkehrszentrum Duisburg – Struktur und Funktionswandel des Duisburger Hafens. In: Duisburger Geographische Arbeiten. Band 11.
KRAUSE, N. (1991): Bedeutung der Binnenwasserstraßen im deutschen Güterverkehr. In: Jahrbuch der Hafenbautechnischen Gesellschaft 1991. Bonn, S. 72-83.
VEREIN FÜR EUROPÄISCHE BINNENSCHIFFAHRT UND WASSERSTRASSEN e.V. (Hrsg.) (1994): Die Flotte, die Unternehmen und die Beschäftigten in der Binnenschiffahrt und die Leistungsfähigkeit und Wirtschaftlichkeit der Binnenschiffahrt. Duisburg.
VEREIN FÜR EUROPÄISCHE BINNENSCHIFFAHRT UND WASSERSTRASSEN e.V. (Hrsg.) (1995): Die Binnenwasserstraßen der Bundesrepublik Deutschland. Duisburg.
VEREIN FÜR EUROPÄISCHE BINNENSCHIFFAHRT UND WASSERSTRASSEN e.V. (Hrsg.) (1996): Die Häfen in der Bundesrepublik Deutschland und in Nachbarländern. Duisburg.

Quellen von Karten und Abbildungen

Abb. 1: Rhein-Ruhr Hafen,
Abb. 2: Logport: Autorenvorlage. Eigene Erhebungen. Literatur (s.o.).
Abb. 3: Binnenwasserstraßen und Häfen: BMV (Hrsg.) (1996): Bundeswasserstraßen und Bauwerke. Hamburg. Bundesverband öffentliche Binnenhäfen e.V. Gemittelte Umschlagsmenge 1994-1995 u. Infrastrukturangaben f. öffentliche u. Werkshäfen. In: VEREIN FÜR EUROPÄISCHE BINNENSCHIFFAHRT UND WASSERSTRASSEN e.V. (Hrsg.) (1996).

Zu Karte 3

Die dargestellte Auswahl von Binnenwasserstraßen und -häfen basiert auf amtlichen Unterlagen sowie Verbandsmaterial und umfasst nur die größeren Anlagen mit kontinuierlicher Nutzung. Im Hinblick auf die teilweise stark schwankenden Umschlagmengen wurde bei der Größenzuordnung von Mittelwerten ausgegangen, die allerdings wegen der unzureichenden Datenlage nicht auf einheitliche Stichjahre bezogen werden konnten.

S. 38-41: Luftfahrtsystem und Vernetzung internationaler Verkehrsflughäfen

Autor: Prof. Dr. Alois Mayr, Institut für Länderkunde, Schongauerstr. 9, 04329 Leipzig und Institut für Geographie der Universität Leipzig, Johannisallee 19a, 04103 Leipzig

Kartographische Bearbeiter

Abb. 1, 2: Red.: K. Großer; Bearb.: M. Zimmermann
Abb. 4: Red.: K. Großer; Bearb.: R. Bräuer
Abb. 5: Red.: K. Großer; Bearb.: R. Richter

Literatur

ADV (1994-1999): Jahresberichte 1993-1998. Stuttgart.
ADV (1999): Flugplätze in Deutschland. Stuttgart.
BBR (Hrsg.) (2000): Raumordnungsbericht 2000. Bonn (= Berichte. Band 7).
BERNHARDT, H. (o. J.): Schienenanbindung der deutschen Flughäfen. Stuttgart.
BUNDESREGIERUNG (Hrsg.) (2000): Flughafenkonzept der Bundesregierung vom 30. August 2000. Entwurf. Bonn.
DG BANK INVESTMENT BANKING UND DEUTSCHE VERKEHRSBANK AG (1998): Europäische Flughäfen. Frankfurt a. M.
ERNST, E. (1981): Im Flughafenstreit weht ein eisiger Wind. Der Streit um den Ausbau des Frankfurter Flughafens. In: Geographische Rundschau. Heft 7, S. 292-274.
HAAS, H.-D. (1994): Europäischer Luftverkehr und der neue Flughafen Münchens. In: Geographische Rundschau. Heft 5, S. 274-281.
HILSINGER, H.-H. (1976): Das Flughafen-Umland. Paderborn (= Bochumer Geographische Arbeiten. Heft 23).
KNEIFEL, J. L. (1972): L' aviation civile en République Démocratique Allemande : Une étude de l'évolution de l'Aviation Civile et du droit aérien de la R. D. A. depuis 1949 et ses rapports juridiques et économiques avec les compagnies aériennes des États du COMECON et d'autres pays. Berlin (West).
MAYR, A. (1985): Berlin als Flughafenstandort. In: HOFMEISTER, B. u.a.: Festschrift zum 45. Deutschen Geographentag in Berlin. Berlin.
MAYR, A. (1997): Luftverkehr und Flughäfen in Deutschland. In: IfL (Hrsg.): Atlas Bundesrepublik Deutschland. Pilotband, S. 88-92.
MAYR, A. u. F. BUCHENBERGER (1994): Luftverkehr und Flugplätze in Westfalen. Atlas-Doppelblatt mit Begleittext. Münster (= Geographisch-landeskundlicher Atlas von Westfalen. Themenkreis VIII Verkehr: Lieferung 7. Doppelblatt 5).
PAGNIA, A. (1992): Die Bedeutung von Verkehrsflughäfen für Unternehmungen. Frankfurt a. M. (= Europäische Hochschulschriften. Reihe 5. Band 1376).
SIEBECK, J. E. (1981): Die Verkehrsströme des Personenluftverkehrs der Bundesrepublik Deutschland unter besonderer Berücksichtigung der Verkehrsflughäfen und deren Einzugsbereiche. Düsseldorf (= Düsseldorfer Geographische Schriften. Heft 18).
STBA (1996-2000): Luftverkehr 1995-1999. Fachserie 8 Verkehr. Reihe 6 Luftverkehr. Wiesbaden.
TREIBEL, W. (1992): Geschichte der deutschen Verkehrsflughäfen. Eine Dokumentation von 1909 bis 1989. Bonn.
WILMER, CUTLER & PICKERING/PLANUNGSBÜRO LUFTRAUMNUTZER (Hrsg.) (1991): Deutschlands Flughafen-Kapazitätskrise: eine WCP-Studie. London u.a.

Quellen von Karten und Abbildungen

Abb. 1: Kapazität und Auslastung der internationalen Flughäfen 1999: ADV (1999). Eigene Erhebungen.
Abb. 2: Flugzeugbewegungen (Gesamtverkehr) 1999: ADV (1999).
Abb. 3: Flugplätze in Deutschland: ADV (Nachdruck mit Genehmigung der ADV).
Abb. 4: Erreichbarkeit von Flughäfen 1999: Laufende Raumbeobachtung des BBR.
Abb. 5: Infrastruktur und Erreichbarkeit der internationalen Flughäfen 1999: Eigene Erhebungen. BERNHARDT, H. (o. J.), S. 9.

Bildnachweis

S. 38: Vollautomatisch gesteuerte Hochbahn zwischen den Terminals 1 und 2 am Flughafen Frankfurt am Main: copyright Flughafen Frankfurt Main AG, Stefan Rebscher
S. 40: Airport-Express zum Flughafen Berlin-Schönefeld: copyright DB AG/Kirsche

S. 42-45: Transeuropäische Verkehrsnetze

Autoren: Dipl.-Ing. Meinhard Lemke, Dipl.-Ing. Carsten Schürmann, Dipl.-Ing. Klaus Spiekermann und Prof. Dr. Michael Wegener, Institut für Raumplanung (IRPUD), Fakultät Raumplanung, Universität Dortmund, August-Schmidt-Str. 6, 44221 Dortmund.

Kartographische Bearbeiter

Abb. 1: Konstr.: M. Lemke; Red.: W. Kraus, M. Lemke; Bearb.: W. Kraus, M. Lemke
Abb. 2: Red.: K. Großer; Bearb.: R. Richter, K. Ronniger
Abb. 3, 4, 6: Konstr.: M. Lemke; Red.: M. Lemke; Bearb.: W. Kraus, M. Lemke
Abb. 5: Konstr.: K. Spiekermann, M. Wegener; Red.: K. Spiekermann, M. Wegener; Bearb.: W. Kraus, K. Spiekermann, M. Wegener

Literatur

COMMISSION OF THE EUROPEAN COMMUNITIES (1998): Trans-European Transport Network. 1998 Report on the Implementation of the Guidelines and Priorities for the Future. Brüssel (= COM (1998). 614 final).
EUROPÄISCHE KOMMISSION (1995): Europa 2000+. Europäische Zusammenarbeit bei der Raumentwicklung. Luxemburg.
EUROPÄISCHE KOMMISSION (1999): EUREK – Europäisches Raumentwicklungskonzept. Auf dem Wege zu einer räumlich ausgewogenen und nachhaltigen Entwicklung der Europäischen Union. Luxemburg.
EUROPEAN COMMUNITIES (1996): Decision No. 1692/96/EC of the European Parliament and of the Council of 23 July 1996 on Community guidelines for the development of the trans-European transport network. In: Official Journal of the European Communities 39. L228, S. 1-104.
EUROPEAN ENVIRONMENT AGENCY (1998): Spatial and Ecological Assessment of the TEN: Demonstration of Indicators and GIS Methods. Kopenhagen (= Environmental Issues Series. No. 11).
FÜRST, F. u.a. (2000): Brückenschlag nach Skandinavien. Wirtschaftliche Auswirkungen der Øresund-Brücke. In: RaumPlanung 90, S. 109-113.
SPIEKERMANN, K. u. M. WEGENER (1993): Zeitkarten für die Raumplanung. In: Informationen zur Raumentwicklung. Heft 7, S. 459-487.
SPIEKERMANN, K. u. M. WEGENER (1994): The Shrinking continent: new time-space maps of Europe. In: Environment and Planning B: Planning and Design 21, S. 653-673.
SPIEKERMANN, K. u. M. WEGENER (1996): Trans-European Networks and Unequal Accessibility in Europe. In: EUREG-European Journal of Regional Development 4, S. 35-42.
TINA SECRETARIAT (Transport Infrastructure Needs Assessment) (1999): Identification of the Network Components for a Future Trans-European Transport Network in Bulgaria, Cyprus, Czech Republic, Estonia, Hungary, Latvia, Lithuania, Poland, Romania, Slovakia and Slovenia. Final Report. Wien.
VICKERMAN, R. W. V., K. SPIEKERMANN u. M. WEGENER (1999): Accessibility and Economic Development in Europe. In: Regional Studies 33. Heft 1, S. 1-15.

Quellen von Karten und Abbildungen

Abb. 1: Leitschema Flughäfen: EUROPEAN COMMUNITIES (1996), S. 1-104. TINA SECRETARIAT (1999). IRPUD (2000): European Transport Networks: online im Internet unter: http://irpud.raumplanung.uni-dortmund.de/irpud/pro/ten/ten_e.htm
Abb. 2: Gesamtinvestitionen für die transeuropäischen Netze: COMMISSION OF THE EUROPEAN COMMUNITIES (1998). TINA SECRETARIAT (1999).
Abb. 3: Leitschema Straßen,
Abb. 4: Leitschema Eisenbahnen: EUROPEAN COMMUNITIES (1996), S. 1-104. TINA SECRETARIAT (1999). IRPUD (2000): European Transport Networks: online im Internet unter: http://irpud.raumplanung.uni-dortmund.de/irpud/pro/ten/ten_e.htm
Abb. 5: Eisenbahnreisezeiten in Europa: SPIEKERMANN, K. u. M. WEGENER (1998): Zeitkarten: online im Internet unter: http://irpud.raumplanung.uni-dortmund.de/irpud/pro/time/time.htm
Abb. 6: Leitschema Binnenwasserstraßen: EUROPEAN COMMUNITIES (1996), S. 1-104. TINA SECRETARIAT (1999). IRPUD (2000): European Transport Networks: online im Internet unter: http://irpud.raumplanung.uni-dortmund.de/irpud/pro/ten/ten_e.htm

Bildnachweis

S. 44: Die Brücke über den Øresund (Dänemark–Schweden): copyright HOCHTIEF

S. 46-47: Neue Bahnhofsprojekte

Autor: Dipl.-Geogr. Götz Baumgärtner, Rotebühlstr. 84, 70178 Stuttgart

Kartographische Bearbeiter

Abb. 1: Red.: K. Großer; Bearb.: R. Bräuer

Literatur

BAUMGÄRTNER, G. (1998): „Stuttgart 21" und seine Folgen für Stuttgart und die Region. In: STATISTISCHEN AMT STUTTGART (Hrsg.): Statistik und Informationsmanagement. Heft 10, S. 258-274.
BUND DEUTSCHER ARCHITEKTEN (BDA), DEUTSCHE BAHN AG u. FÖRDERVEREIN DEUTSCHES ARCHITEKTURZENTRUM (DAZ) (1996): Renaissance der Bahnhöfe – Die Stadt im 21. Jahrhundert. Braunschweig.
DEUTSCHE BAHN AG (Hrsg.) (1998): Bahnhof der Zukunft – Werkstattbericht.
MARKETING-GESELLSCHAFT BAHNHOF GbR (Hrsg.) (1997): Bahn & City – Bahnhofsguide Deutschland. Konstanz.

Quellen von Karten und Abbildungen

Abb. 1: Neue Bahnhofsprojekte bis 2001: EHI – Report. ECE Projektmanagement GMBH & Co.KG, Hamburg. Immobilien Team Consulting GmbH & CO.KG, Hamburg.

Bildnachweis

S. 46: Planungsfläche des Projektes „Stuttgart 21" (Foto u. Zeichnung): DB-Projekt Stuttgart 21
S. 46: Leipziger Bahnhofspromenaden: copyright V. Bode

S. 48-49: Neue Umschlagsysteme für den Schienengüterverkehr

Autor: Dr. Rudolf Juchelka, Geographisches Institut der Rheinisch-Westfälischen Technischen Hochschule Aachen, Templergraben 55, 52056 Aachen

Kartographische Bearbeiter

Abb. 1, 2: Kart.: H.-J. Ehrig; Red.: H.-J. Ehrig; Bearb.: S. Specht

Literatur

DEUTSCHE BAHN AG (Hrsg.) (1999): Umweltbericht 1998. Berlin.
DEUTSCHE BAHN AG (Hrsg.) (1999): Mobilitätsbilanz für Personen und Güter. Berlin.
DREIER, J. (1995): Konzept für den Einsatz von selbstfahrenden Einzelwagen im Wagenladungsverkehr der Eisenbahnen. Aachen.
EUROPÄISCHE KOMMISSION (Hrsg.) (1996):

Weißbuch: Eine Strategie zur Revitalisierung der Eisenbahn in der Gemeinschaft. Brüssel.
Fromhold-Eisebith, M. (1994): Straßen und Schienen für Europa. Der Ausbau europäischer Verkehrsnetze bei zunehmender Verflechtung und Mobilität. In: Geographische Rundschau. Heft 5, S. 266-273.
Höltgen, D. (1992): Güterverkehrszentren. Knotenpunkte des kombinierten Verkehrs im europäischen Binnenmarkt. In: Geographische Rundschau. Heft 12, S. 708-715.
Hoser, A. (1999): Die Bahn im Spannungsfeld logistischer Anforderungen. In: Faller, P. (Hrsg.): Transportwirtschaft im Umbruch. Wien, S. 95-103.
Juchelka, R. (1995): Höchste Eisenbahn. Hochgeschwindigkeitsverkehr in Europa. In: Geographie heute. Heft 127, S. 8-13.
Klotz, H. (2000): Wirtschaftlichkeit wird das Kombi-Angebot bestimmen. In: Internationales Verkehrswesen. Heft 6, S. 271-273.
Schwarz, A. (2000): Logistiklösungen auf die Bahn gebracht. In: Internationales Verkehrswesen. Heft 6, S. 274f.
UIC – Union Internationale des Chemins de fer (Hrsg.) (1998a): Geschäftsbericht UIC 1997. Paris.
UIC – Union Internationale des Chemins de fer (Hrsg.) (1998b): Trans European Rail Freight Freeways. Paris.
Wilckens, M. (1994): Frachthochgeschwindigkeit – eine Idee gewinnt Konturen. In: Internationales Verkehrswesen. Heft 9, S. 506-512.
Wolf, W. (1992): Eisenbahn und Autowahn. Personen- und Gütertransport auf Schiene und Straße, Bilanz, Perspektiven. Erweit. Neuausgabe. Hamburg.

Quellen von Karten und Abbildungen

Abb. 1: Tägliche Verkehrsrelationen des Umschlagbahnhofs Köln Eifeltor Ende der 90er Jahre: Deutsche Bahn AG.
Abb. 2: Umschlagbahnhöfe (Ubf) 1984-2000: Deutsche Bahn AG. Deutsche Bundesbahn, Zentrale Verkaufsleitung. Kombiverkehr, Frankfurt (Stand: 5/1993).

Bildnachweis

S. 48: Umschlagbahnhof Köln Eifeltor: copyright S. Kremer. Quellen der Kenndaten des Umschlagbahnhofs Köln Eifeltor: International Union of Combined Road-Rail Transport Companies (UIRR). Stadt Köln.

S. 50-51: Güterverkehrszentren – Knotenpunkte der Transportlogistik

Autor: Dipl.-Geogr. Thomas Nobel, wissenschaftlicher Mitarbeiter am Institut für Seeverkehrswirtschaft und Logistik, Universitätsallee GW 1 Block A, 28359 Bremen und Geschäftsführer der Deutschen GVZ-Gesellschaft mbH Bremen

Kartographische Bearbeiter

Abb. 1, 2: Red.: K. Großer, O. Schnabel; Bearb.: O. Schnabel
Abb. 3: Red.: K. Großer; Bearb.: R. Bräuer

Literatur

Eckstein, W. E. (2000): Aus Verkehr wird Logistik. In: Bremer Gesellschaft für Wirtschaftsforschung e.V. (Hrsg.): Engpass Verkehr. Der Verkehrssektor in Deutschland – eine Wachstumsbremse? Sonderdruck. Frankfurt a. M.
Leerkamp, B. u. T. Nobel (1999): GVZ – Bausteine einer nachhaltigen Raum-, Verkehrs- und Standortplanung. In: Internationales Verkehrswesen. Heft 7/ 8, S. 325-328.

Quellen von Karten und Abbildungen

Abb. 1: Entwicklungsstand der Güterverkehrszentren (GVZ) 2000: ISL (2000): Bundesweiter Erfahrungsaustausch der GVZ-Standorte auf der Grundlage des Benchmarking-Ansatzes mit der Zielsetzung, die Verbesserung der Entwicklungsprozesse an den einzelnen Standorten (zu einem GVZ-Netz) zu forcieren. Projektleitung: T. Nobel. Forschungsvorhaben im Auftrag des BMVBW, FE-Nr.: 70.568/1998. Bremen.
Abb. 2: GVZ Großbeeren (Brandenburg-Berlin) 2000: Landesentwicklungsgesellschaft für Städtebau, Wohnen und Verkehr des Landes Brandenburg mbH (2000).
Abb. 3: Güterverkehrszentren 2000: ISL (2000).

Bildnachweis

S. 50: Das GVZ in Leipzig-Radefeld: copyright G. Herfert

S. 52-53: Standorte und Logistik von Kurier-, Express- und Paketdiensten

Autor: Dr. Rudolf Juchelka, Geographisches Institut der Rheinisch-Westfälischen Technischen Hochschule Aachen, 52056 Aachen

Kartographische Bearbeiter

Abb. 1: Konstr.: R. Juchelka; Red.: R. Juchelka, W. Kraus; Bearb.: R. Richter
Abb. 2, 3, 4, 5, 6, 7: Konstr.: R. Ercolanoni; Red.: R. Ercolanoni, W. Kraus; Bearb.: W. Kraus

Literatur

Blochmann, F. O. (1994): Internationale Kurier- und Expressdienste: Strategien für innovative Transportlösungen. Landsberg/ Lech (= Die Bibliothek der Wirtschaft 9).
Deutsche Lufthansa AG (Hrsg.) (1999): Weltluftverkehr. Ausgabe 1999. Köln.
„KEP – Kurier Express Paket" (1999). In: DVZ – Deutsche Verkehrszeitung. Heft 139. Sonderbeilage.
Kille, E. (1991): Kurier-, Express- und Paketdienstmärkte in Europa. In: Internationales Verkehrswesen. Heft 1/2, S. 22-29.

Quellen von Karten und Abbildungen

Abb. 1: Die zehn größten Luftfracht-Carrier 1998: Deutsche Lufthansa AG (Hrsg.) (1999).
Abb. 2: Kurier-, Express- und Paketdienste 2000 – Dalsey-Hillblom-Lynn (DHL),
Abb. 3: Kurier-, Express- und Paketdienste 2000 – Deutscher Paket Dienst (DPD),
Abb. 4: Kurier-, Express- und Paketdienste 2000 – Federal Express (FedEx),
Abb. 5: Kurier-, Express- und Paketdienste 2000 – German Parcel,
Abb. 6: Kurier-, Express- und Paketdienste 2000 – United Parcel Service (UPS): nach den Angaben der KEP-Dienste (1. Quartal 2000).
Abb. 7: Europa-Netzwerk des United Parcel Service (UPS): nach unveröff. Angaben von UPS.

S. 54-55: Standorte und Teilnetze privater Telefonanbieter und Citycarrier

Autor: Prof. Dr. Jürgen Rauh, Geographisches Institut der Technischen Universität München, Arcisstr. 21, 80333 München

Kartographische Bearbeiter

Abb. 1: Red.: J. Rauh; Bearb.: R. Richter
Abb. 2: Red.: J. Rauh; Bearb.: K. Maag, M. Zimmermann
Abb. 3: Red.: J. Rauh; Bearb.: K. Maag, S. Dutzmann

Literatur

Carrier24 (1999): Unternehmensplan 2000 bis 2004. München (unveröff.).
Carrier24 GmbH – Intro-Page: online im Internet unter: http://www.carrier24.de
Kellerman, A. (1993): Telecommunications and geography. London, New York.
Mannesmann AG (Hrsg.) (1999): Mannesmann 1998 wertvoller geworden. Düsseldorf (= Geschäftsbericht 1998).
Mannesmann Arcor – the telephone people: online im Internet unter: http:// www.arcor.net
Rauh, J. (1999): Telekommunikation und Raum. Informationsströme im internationalen, regionalen und individuellen Beziehungsgefüge. Münster, Hamburg, London (= Geographie der Kommunikation. Band 1).
Rauh, J. (1999): Telecommunication network planning based on micro-geographical market data: The case of a German city-carrier. In: Netcom – Networks and Communication Studies. Heft 3-4, S. 185-198.
Reg TP (Hrsg.) (1999): Telekommunikations- und Postmarkt im Jahre 1999. Marktbeobachtungsdaten der Regulierungsbehörde für Telekommunikation und Post. Bonn.
Reg TP – Regulierungsbehörde für Telekommunikation und Post: online im Internet unter: http://www.regtp.de

Quellen von Karten und Abbildungen

Abb. 1: Erteilte Kommunikationslizenzen Januar 1997-Juni 1999: Reg TP.
Abb. 2: Mannesmann Arcor: Mannesmann Arcor (Dezember 1999, unveröff.).
Abb. 3: Regional- und Citycarrier/ Backbone-Netz von Carrier24: Carrier24 (unveröff.). Reg TP.

Telekommunikationslizenzen

Das Telekommunikationsgesetz (TKG § 6) schreibt vor, dass es für denjenigen einer Lizenz bedarf, der

1. Übertragungswege betreibt, die die Grenze eines Grundstücks überschreiten und für Telekommunikationsdienstleistungen für die Öffentlichkeit genutzt werden,
2. Sprachtelefondienst auf der Basis selbst betriebener Telekommunikationsnetze anbietet.

Die notwendigen Lizenzen, die von der Regulierungsbehörde für Telekommunikation und Post vergeben werden, sind in vier Klassen eingeteilt:

- Lizenzklasse 1: Betreiben von Übertragungswegen für Mobilfunkdienstleistungen für die Öffentlichkeit durch den Lizenznehmer oder andere (Mobilfunklizenz).
- Lizenzklasse 2: Betreiben von Übertragungswegen für Satellitenfunkdienstleistungen für die Öffentlichkeit durch den Lizenznehmer oder andere (Satellitenfunklizenz).
- Lizenzklasse 3: Betreiben von Übertragungswegen für Telekommunikationsdienstleistungen für die Öffentlichkeit durch den Lizenznehmer oder andere, für deren Angebot nicht die Lizenzklassen 1 oder 2 bestimmt sind (Übertragungswegelizenz).
- Lizenzklasse 4: Erbringung von Sprachtelefondienst auf der Basis selbst betriebener Telekommunikationsnetze (Sprachlizenz). Diese Lizenzklasse schließt nicht das Recht zum Betreiben von Übertragungswegen ein.

Die Lizenzen können sowohl für das gesamte Bundesgebiet wie auch für einzelne Teilräume (Gemeinden, Landkreise etc.) beantragt werden.

S. 56-57: Hochleistungs- und Wissenschaftsnetze

Autor: Prof. Dr. Jürgen Rauh, Geographisches Institut der Technischen Universität München, Arcisstr. 21, 80333 München

Kartographische Bearbeiter

Abb. 1: Red.: K. Großer, J. Rauh; Kart.: J. Rauh, R. Richter
Abb. 2, 3, 4: Red.: K. Großer, J. Rauh; Kart.: R. Bräuer, K. Maag

Literatur

Deutsches Forschungsnetz e.V. – DFN-Verein: online im Internet unter: http:// www.dfn.de
DFN-Verein (Hrsg.) (Jahrgänge1995-1999): DFN-Mitteilungen.
DFN-Verein (Hrsg.) (1999): Wir im Deutschen Forschungsnetz. Verzeichnis der Anwender des WiN und der DFN-Dienste. Nr. 28.
Hoffmann, G. (1995): B-WiN. Das Breitband-Wissenschaftsnetz. In: DFN-Mitteilungen. Heft 39, S. 21-24.
Hoppe, A. (1996): Räumliche Entwicklung und Bedeutung des Wissenschaftsnetzes (WIN) für Forschung und Lehre an den Hochschulen der neuen Bundesländer. Unveröff. Diplomarbeit. Freie Universität Berlin. Berlin.
Quandel, G. (1999): G-WiN – Die Weichen gestellt. In: DFN-Mitteilungen. Heft 51, S. 16-18.
Treml, U. (1996): Zentrale Auswertung von Betriebsstatistiken im Breitband-Wissenschaftsnetz mit dezentraler Verarbeitung. Unveröff. Diplomarbeit Universität Erlangen-Nürnberg. Erlangen.
WiN-Labor: online im Internet unter: http:// www-win.rrze.uni-erlangen.de

Quellen von Karten und Abbildungen

Abb. 1: Entwicklung der B-WiN-Anschlüsse Juni 1996 – November 1999: Deutsches Forschungsnetz e.V. – DFN-Verein. WiN-Labor.
Abb. 2: Standorte und Zuordnung der Einzelanschlüsse im WiN: Deutsches Forschungsnetz e.V. – DFN-Verein. DFN-Verein (Hrsg.) (1999). WiN-Labor.
Abb. 3: Verkehrsaufkommen an den wichtigsten Einzelanschlüssen im WiN,
Abb. 4: Datenverkehr im B-WiN: Deutsches Forschungsnetz e.V. – DFN-Verein. WiN-Labor.

S. 58-61: Mobilität und Verkehrsmittelwahl

Autoren: Prof. Dr. Lienhard Lötscher und Oliver Mayer, Geographisches Institut der Ruhr-Universität Bochum, Universitätsstr. 150, 44801 Bochum
Prof. Dr. Rolf Monheim, Fachgruppe Geowissenschaften der Universität Bayreuth, Universitätsstr. 30, 95447 Bayreuth

Kartographische Bearbeiter

Abb. 1: Kart.: O. Mayr; Red.: K. Großer; Bearb.: R. Bräuer
Abb. 2: Red.: K. Großer; Bearb.: R. Bräuer
Abb. 3, 4, 6: Red.: K. Großer; Bearb.: S. Dutzmann
Abb. 5: Red.: B. Hantzsch; Bearb.: B. Hantzsch

Literatur

Apel, D. u.a. (1995): Flächen sparen, Verkehr reduzieren: Möglichkeiten zur Steuerung der Siedlungs- und Verkehrsentwicklung. Berlin (= Difu-Beiträge zur Stadtforschung 16).
Apel, D. u.a. (1997): Kompakt, mobil, urban: Stadtentwicklungskonzepte zur Verkehrsvermeidung im internationalen Vergleich. Berlin (= Difu-Beiträge zur Stadtforschung 24).
Bovy, Ph. (1999): Stadtstruktur und Modal Split. Globale Tendenzen und Auswirkungen auf den öffentlichen Verkehr. In: Der öffentliche Nahverkehr in der Welt 1/99, S. 8-15.
Brög, W. u. E. Erl (1999): Kenngrößen für Fußgänger- und Fahrradverkehr. Bergisch Gladbach (= Berichte der Bundesanstalt für Straßenwesen. H. M. 109).
Brög, W., E. Erl u. B. Glorius (2000): Transport and ageing of the population. Paris (= ECMT-Report of Round Table 112, Paris, 19.-20.11.1998).
City mobil (Hrsg.) (1999): Stadtverträgliche Mobilität: Handlungsstrategien für eine nachhaltige Verkehrsentwicklung in Stadtregionen. Berlin (= Stadtökologie. Band 3).
Götz, K., T. Jahn u. I. Schultz (1998): Mobilitätsstile in Freiburg und Schwerin. In: Internationales Verkehrswesen 50. Heft 6, S. 256-261.
Götz, K. (1999): Mobilitätsstile – Folgerungen für ein zielgruppenspezifisches Marketing. In: Friedrichs, J. u. K. Holländer (Hrsg.): Stadtökologische Forschung. Theorien und Anwendungen. Berlin (= Stadtökologie. Band 6), S. 299-326.
Häberli, V. (1995): Serviceleistungen im Verkehr. Unentgeltliches Hinbringen und Abholen von Personen. Zürich.
Hautzinger, H. u.a. (1994): Mobilität – Ursachen, Meinungen, Gestaltbarkeit. Heilbronn (= Institut für Angewandte Verkehrs- und Tourismusforschung e.V.).
Hautzinger, H. u.a. (2000): Fahrleistungsatlas für die Bundesrepublik Deutschland. Räumliche Struktur der Pkw-Fahrleistungen. In: Internationales Verkehrswesen 52. Heft 3, S. 81-85.
Heller, J. (1997): Vom Umdenken zum Umsteigen. Steigerungspotentiale des ÖPNV durch eine Marktoffensive in Erlangen. Bayreuth (= Arbeitsmaterialien zur Raumordnung und Raumplanung. Heft 163).

Holz-Rau, Ch. (1990): Bestimmungsgrößen des Verkehrsverhaltens. Analyse bundesweiter Haushaltsbefragungen und modellierte Hochrechnung. Berlin (= Schriftenreihe des Instituts für Verkehrsplanung und Verkehrswegebau – TU Berlin. Band 22).
Holz-Rau, Ch. u. E. Kutter (1995): Verkehrsvermeidung. Siedlungsstrukturelle und organisatorische Konzepte. Bonn (= Materialien zur Raumentwicklung. Heft 73).
Holz-Rau, Ch. u.a. (1999): Nutzungsmischung und Stadt der kurzen Wege. Werden die Vorzüge einer baulichen Mischung im Alltag genutzt? Bonn (= Werkstatt: Praxis. Nr. 7).
Hunecke, M. (1997): Nachhaltige Entwicklung in der Personenmobilität. Eine Bewertung der Umsetzbarkeit von fünf Leitbildern für eine ökologisch nachhaltige Personenmobilität auf der Basis empirischer Erkenntnisse aus der sozial- und verhaltenswissenschaftlichen Verkehrsforschung. Gelsenkirchen (Sekretariat für Zukunftsforschung. Werkstattbericht. Nr. 19).
Kagermeier, A. (1997): Siedlungsstruktur und Verkehrsmobilität. Eine empirische Untersuchung am Beispiel Südbayern. Dortmund (= Verkehr spezial. Heft 3).
Kalwitzki, K.-P. (Hrsg.) (1999): Themenheft zum Mobilitätsmanagement. Verkehrszeichen. Heft 4.
Klein, S. (1999): Beeinflussung der Verkehrsmittelwahl im Personenverkehr – Ermittlung des kommunalen Handlungsspielraums im Städtevergleich. Berlin u.a. (= Schriftenreihe Verkehr+Technik. Band 88).
Lötscher, L., S. Fleisgarten u. O. Mayer (1996): Mobilität und Verkehrsverhalten im Ruhrgebiet. Eine Untersuchung zum Personenverkehr – mit kommentiertem Literaturverzeichnis. Essen.
Lötscher, L., S. Fleisgarten u. L. Basten (1996): Traffic: The Spatial Context of Behaviour Patterns – a Pilot Study in the Ruhr. In: Davies, J. (Hrsg.): Contemporary City Structuring. International Geographical Insights. Cape Town, S. 445-450.
Monheim, R. (1985): Analyse von Tätigkeiten und Wegen in die Stadt. Neue Möglichkeiten für den Modal-Split. In: Verkehr und Technik, S. 267-270 u. S. 324-330.
Monheim, R. (1989): Verkehrswissenschaft und Verkehrsplanung im Spannungsfeld von Trends und Zielen. In: Der Städtetag 42, S. 691-696.
Monheim, R. (1997): Sanftes Verkehrsmanagement als Beitrag zu einer nachhaltigen Verkehrsentwicklung. In: ARL (Hrsg.): Das Prinzip der nachhaltigen Entwicklung in der räumlichen Planung. Hannover (= ARL-Arbeitsmaterial. Nr. 238), S. 112-133.
Pez, P. (1998): Verkehrsmittelwahl im Stadtbereich und ihre Beeinflußbarkeit. Eine verkehrsgeographische Analyse am Beispiel von Kiel und Lüneburg. Kiel (= Kieler Geographische Schriften. Band 95).
Schöppe, E. u. M. Knöbel (1998): Grunddaten zum Verkehrsverhalten. In: Apel, D. u.a. (Hrsg.): Handbuch der kommunalen Verkehrsplanung. Kapitel 2.2.1.4. Bonn.
SPIEGEL-Dokumentation (1993): Auto, Verkehr und Umwelt. Hamburg.
Verband Deutscher Verkehrsunternehmen (Hrsg.) (1994): Nahverkehr in der Fläche. Socialdata (Bearb.). Köln.
Verband Deutscher Verkehrsunternehmen (Hrsg.) (1995): Nahverkehr in Ostdeutschland Socialdata (Bearb.). Köln.
VCÖ Verkehrsschule Österreich (Hrsg.) (1999): Mobilität lernen, sicher & umweltbewusst. Unterrichtsmappe für die 6. Schulstufe. Wien.
Würdemann, G. (1998): Handlungsfelder der räumlichen Planung für eine lebenswerte und verkehrsarme Stadt und Region. In: Informationen zur Raumentwicklung. Heft 6, S. 351-368.
Wulfhorst, G. u.a. (2000): Raumnutzung und Mobilitätsverhalten: Wechselwirkungen zwischen Stadtentwicklung, Lebensstil und Verkehrsnachfrage. In: Hunecke, M. (Hrsg.): Gestaltungsoptionen für eine zukunftsfähige Mobilität – eine empirische Studie zum Zusammenwirken von Raumstruktur und Lebensstil im Mobilitätsverhalten von Frauen und Männern in vier Kölner Stadtquartieren. Gelsenkirchen (= Sekretariat für Zukunftsforschung. Werkstattbericht. Nr. 27).

Quellen von Karten und Abbildungen

Abb. 1: Verkehrsmittelwahl in ausgewählten Städten und Landkreisen,
Abb. 2: Verkehrsmittelwahl in den 90er Jahren,
Abb. 3: Modal Split nach dem Wegezweck 1997,
Abb. 4: Verkehrsmittelwahl: Eigene Erhebungen und Götz u.a. (1998)
Abb. 5: Verkehrsmittelwahl in Berlin und engerem Verflechtungsbereich: nach Erhebungen der Berliner Verkehrsbetriebe.
Abb. 6: Verkehrsmittelwahl von Lebensstilgruppen 1997: Eigene Erhebung.

S. 62-63: Entwicklung der privaten Motorisierung

Autoren: Prof. Dr. Lienhard Lötscher und Oliver Mayer, Geographisches Institut der Ruhr-Universität Bochum, Universitätsstr. 150, 44801 Bochum
Prof. Dr. Rolf Monheim, Fachgruppe Geowissenschaften der Universität Bayreuth, Universitätsstr. 30, 95447 Bayreuth

Kartographische Bearbeiter

Abb. 1: Red.: K. Großer; Bearb.: A. Müller, O. Schnabel
Abb. 2, 3, 4, 5: Red.: K. Großer; Bearb.: R. Bräuer
Abb. 6: Red.: K. Großer; Bearb.: A. Müller, R. Bräuer

Literatur

Deutsche Shell AG: diverse Prognosen.
Kraftfahrt-Bundesamt (Hrsg.) (1999): Statistische Mitteilungen des Kraftfahrt-Bundesamtes. Stuttgart (= Reihe 2. Sonderheft 2. Bestand an Kraftfahrzeugen und Kraftfahrzeuganhängern am 1. Juli 1999 nach Zulassungsbezirken in Deutschland).
Kraftfahrt-Bundesamt: diverse Statistiken als Kopie, z.T. unveröff.
Reutter, O. u. U. Reutter (1996): Autofreies Leben in der Stadt. Autofreie Stadtquartiere im Bestand. Dortmund (= Verkehr spezial. Heft 2).
StBA (Hrsg.) (1999): Wirtschaftsrechnungen. Einkommens- und Verbrauchsstichprobe 1998. Stuttgart (= Fachserie 15. Heft 1: Langlebige Gebrauchsgüter privater Haushalte).
BMVBW (Hrsg.) (1999): Verkehr in Zahlen 1999. Hamburg.

Quellen von Karten und Abbildungen

Abb. 1: Pkw-Dichte nach Kreisen 1955-1999,
Abb. 2: Pkw-Gesamtbestand 1949-1999,
Abb. 3: Pkw-Dichte 1949-1997: Eigene Auswertung. Kraftfahrt-Bundesamt. Literatur (s.o.). *Abb. 4*: Prognosen zum Pkw-Bestand 1961-1995: Deutsche Shell AG.
Abb. 5: Pkw-Dichte 1980-1999,
Abb. 6: Pkw-Dichte 1999: Eigene Auswertung. Literatur (s.o.). StBA.

S. 64-65: Räumliche Struktur des Pkw-Verkehrs

Autor: Dipl.-Geogr. Arnd Motzkus, Institut für angewandte Verkehrs- und Tourismusforschung e.V. Heilbronn, Kreuzäckerstraße 15, 74081 Heilbronn

Kartographische Bearbeiter

Abb. 1: Red.: K. Großer; Bearb.: O. Schnabel
Abb. 2: Red.: K. Großer; C. Lambrecht; Bearb.: R. Richter

Literatur

Hautzinger, H. u.a. (1994): Fahrleistungen und Unfallrisiko von Kraftfahrzeugen. Bergisch Gladbach (= Berichte der Bundesanstalt für Straßenwesen. Heft M 30).
Hautzinger, H., D. Heidemann u. B. Krämer (1996): Inländerfahrleistungen 1993. Bericht zur Fahrleistungserhebung 1993. Bergisch Gladbach (= Berichte der Bundesanstalt für Straßenwesen. Heft M 61).
Hautzinger, H., D. Heidemann u. B. Krämer (2000): Fahrleistungsatlas für die Bundesrepublik Deutschland. Räumliche Struktur der Pkw-Fahrleistungen. In: Internationales Verkehrswesen. Heft 3, S. 81-85.
Motzkus, A. (1997): Verkehrsverflechtungen in Agglomerationen. Ein siedlungsstrukturell-differenzierter Modellansatz. In: Internationales Verkehrswesen. Heft 5, S. 216-220.
Motzkus, A. (2000): Dezentrale Konzentration – Leitbild einer Region der kurzen Wege? Auf der Suche nach einer verkehrssparsamen Siedlungsstruktur als Beitrag für eine nachhaltige Gestaltung des Mobilitätsgeschehens in der Metropolregion Rhein-Main. Bonn (unveröff. Manuskript).

Quellen von Karten und Abbildungen

Abb. 1: Pkw-Fahrleistungen nach siedlungsstrukturellen Gemeindetypen 1993: Hautzinger, H. D., D. Heidemann u. B. Krämer (1999): Räumliche Struktur der Pkw-Fahrleistungen in der Bundesrepublik Deutschland. Fahrleistungsatlas. Heilbronn, S. 32.
Abb. 2: Bestand und Fahrleistung von Privat-Pkw 1993: Pkw-Bestand 1993: laufende Raumbeobachtung des BBR.

S. 66-67: Kosten der Pkw-Haltung

Autor: Dipl.-Geogr. Christian Lambrecht, Institut für Länderkunde, Schongauerstr. 9, 04329 Leipzig

Kartographische Bearbeiter

Abb. 1, 2, 3: Red.: C. Lambrecht, O. Schnabel; Bearb.: O. Schnabel

Quellen von Karten und Abbildungen

Abb. 1: Preisentwicklung für Normalbenzin: Mineralölwirtschaftsverband e.V.
Abb. 2: Normalbenzinpreise 1999/2000: Eigene Erhebungen.
Abb. 3: Pkw-Haftpflichtversicherung 2000: Gesamtverband der Deutschen Versicherungswirtschaft: Regionalstatistik 1999. HUK-Coburg: Regionalklassenverzeichnis (Stand: 1.1.2000). Kfz-Versicherung: Persönliches Angebot: online im Internet unter: www.huk.de

Bildnachweis

S. 66: Araltankstelle in Leipzig: copyright J. Rohland

S. 68-71: ÖPNV in Städten und Stadtregionen

Autor: Prof. Dr. Jürgen Deiters, Fachgebiet Geographie im Fachbereich Kultur- und Geowissenschaften der Universität Osnabrück, Seminarstr. 19 a/b, 49069 Osnabrück

Kartographische Bearbeiter

Abb. 1: Red.: K. Großer; Bearb.: S. Dutzmann
Abb. 2: Konstr.: C. Diekmann; Red.: C. Diekmann, W. Kraus; Bearb.: R. Richter
Abb. 3, 4: Konstr.: O. Kruth; Red.: O. Kruth, W. Kraus; Bearb.: R. Richter
Abb. 5: Red.: F. Ruppenthal; Bearb.: F. Ruppenthal
Abb. 6: Red.: W. Kraus; Bearb.: W. Kraus

Literatur

Apel, D. u.a. (1997): Kompakt, mobil, urban. Stadtentwicklungskonzepte zur Verkehrsvermeidung im internationalen Vergleich. Berlin (= Difu-Beiträge zur Stadtforschung 24).
BMVBW (1999): Bericht der Bundesregierung über den Öffentlichen Personennahverkehr in Deutschland nach Vollendung der deutschen Einheit. Berlin. Auch online im Internet unter: http://www.bmvbw.de
BMVBW (Hrsg.) (1999): Verkehr in Zahlen 1999. Hamburg.
Homepage_KVV: online im Internet unter: http://www.karlsruhe.de/KVV
VDV (Hrsg.) (1991 ff.): VDV-Statistik der Jahre 1990 bis 1998. Köln.
VDV, VDV-Förderkreis (Hrsg.) (2000): Stadtbahnen in Deutschland. Düsseldorf.

Quellen von Karten und Abbildungen

Abb. 1: Bahnsysteme des öffentlichen Personennahverkehrs: VDV, VDV-Förderkreis (Hrsg.) (2000). VDV (Hrsg.) (1998).
Abb. 2: Spezifische Fahrtenhäufigkeit im ÖPNV 1990-1998 (ausgewählte Städte),
Abb. 3: Spezifische Fahrtenhäufigkeit im ÖPNV 1994-1998,
Abb. 4: Spezifische Fahrtenhäufigkeit im ÖPNV 1998: Literatur (s.o.). Eigene Auswertung.
Abb. 5: Karlsruhe – Beispiel der Vernetzung von Regionalbahn-, Stadtbahn- und Straßenbahnlinien: Karlsruher Verkehrsverbund (KVV).
Abb. 6: Region mit Verkehrsbund und Stadtbahnnetz: IfL-Kartographie. KVV. VCD (Hrsg.) (1999): Fahrplankarte für Bus und Bahn. Ausgabe 1999/2000. Bonn.

S. 72-73: Verkehr im ländlichen Raum

Autor: PD Dr. Peter Pez, Kulturgeographie im Fachbereich III der Universität Lüneburg, Scharnhorststr. 1, 21335 Lüneburg

Kartographische Bearbeiter

Abb. 1: Konstr.: K. Großer; Red.: K. Großer, W. Kraus; Bearb.: R. Richter
Abb. 2: Konstr.: U. Hein; Red.: W. Kraus; Bearb.: S. Specht

Literatur

BMV (Hrsg.) (1990): Aufbereitung von Ergebnissen der Stadtverkehrsforschung. Sachgebiet: Betriebliche und technische Sonderformen im IV und ÖPNV. Hof/Saale (= Forschung Stadtverkehr. Reihe Auswertungen. Heft A, 6), S. 48-79.
BMVBW (1999): Bericht der Bundesregierung über den Öffentlichen Personennahverkehr in Deutschland nach Vollendung der deutschen Einheit. Berlin. Auch online im Internet unter: http://www.bmvbw.de
FGSV (Forschungsgesellschaft für Strassen- und Verkehrswesen) (1986): Öffentlicher Personennahverkehr in Räumen und Zeiten schwacher Verkehrsnachfrage. Fakten und Lösungen. Köln.
Hüsing, M. (1999): Die Flächenbahn als verkehrspolitische Alternative. Wuppertal (= Wuppertal spezial 12).
Lutter, H. (1980): Raumwirksamkeit von Fernstraßen. Eine Einschätzung des Fernstraßenbaues als Instrument zur Raumentwicklung unter heutigen Bedingungen. Bonn (= Forschungen zur Raumentwicklung 8).
Lutter, H. u. T. Pütz (1992): Räumliche Auswirkungen des Bedarfsplans für die Bundesfernstraßen. In: Informationen zur Raumentwicklung. Heft 4, S. 209-224.

Quellen von Karten und Abbildungen

Abb. 1: Schienen- und Fernstraßennetz 1951-1997: BMV (Hrsg.) (1991): Verkehr in Zahlen 1991. Berlin, S. 78-81, 98-101 u. 172-173. BMVBW (Hrsg.) (1999): Verkehr in Zahlen 1999. Hamburg, S. 53, 65 u. 109.
Abb. 2: Verkehrsverbünde und bedarfsorientierte ÖPNV-Angebote 2000/2001: Laufende Raumbeobachtung des BBR (1999). Verkehrsverbünde 1999. In: BBR (Hrsg.) (2000): Raumordnungsbericht. Bonn (= Berichte. Band 7), S. 121. VCD (Hrsg.) (1999): Beiheft Fahrplankarte für Bus und Bahn. Ausgabe 1999/2000. Bonn, S. 77-107. Eigene Erhebungen D. Hänsgen. Eigene Erhebungen P. Pez.

Bildnachweis

S. 72: Autofreies Oberstdorf: copyright P. Pez

Darstellungsmethodik zu Abb. 2

Die graphische Differenzierung von ländlichem und nicht-ländlichem Raum basiert auf der siedlungsstrukturellen Gemeindetypisierung des BBR (1999). Die 17 vorkommenden Gemeindetypen wurden zu den drei, in der Legende genannten Regionstypen zusammengefasst. Bei Verwaltungsgemeinschaften (z.B. den Verbandsgemeinden in Rheinland-Pfalz oder den niedersächsischen Samtgemeinden) ist aufgrund der Methodik des BBR zu beachten, dass die Darstellung der Ober- und Mittelzentren im ländlichen Raum von der verwaltungsräumlichen Abgrenzungen der gesamten Verwaltungsgemeinschaft überprägt wird und der ländliche Raum in diesen Fällen nicht genauer differenziert werden kann. Neben den Verkehrsverbünden kommen auch regionale Verkehrsgemeinschaften und Zweckverbände zur Darstellung, die sich aufgrund ihrer Leistungen in den Bereichen Tarifverbund und Fahrplanintegration den gesteigerten Formen des integrierten Verkehrs in hohem Maße annähern. Ebenfalls aufgenommen sind Verbünde, Verkehrsgemeinschaften und Zweckverbände, die sich für den Zeitabschnitt 2000/2001 in Planung bzw. im Aufbau befinden.

S. 74-77: Einzelhandel – Versorgungsstrukturen und Kundenverkehr

Autoren: Dipl.-Geogr. Sven Henschel, Daniel Krüger und Prof. Dr. Elmar Kulke, Geographisches Institut der Humboldt-Universität zu Berlin, Chausseestr. 86, 10099 Berlin

Kartographische Bearbeiter

Abb. 1, 2, 3, 4, 6, 7, 8: Red.: K. Großer; Bearb.: S. Dutzmann

Abb. 5, 9: Kart.: E. Hinke, D. Krüger; Red.: K. Großer; Bearb.: S. Dutzmann

Abb. 10: Kart.: D. Krüger; Red.: K. Großer; Bearb.: S. Dutzmann

Literatur

BAG (1996): Langzeitauswertung der Untersuchung Kundenverkehr. Berlin.

BBE Unternehmensberatung (2000): Kaufkraft 2000 – Chancen für den Einzelhandel. Köln.

DIW (1996): Entwicklungen des Personenverkehrs in der Bundesrepublik Deutschland. In: DIW-Wochenbericht 63. Heft 37, S. 614-623.

Eckstein, W. E. (2000): Aus Verkehr wird Logistik. In: Bremer Gesellschaft für Wirtschaftsforschung e.V. (Hrsg.): Engpass Verkehr. Der Verkehrssektor in Deutschland – eine Wachstumsbremse? Sonderdruck. Frankfurt a. M.

EHI (1999). Handel aktuell ´99. Köln.

EHI (2000): Shopping Center Report. Köln.

Industrie- und Handelskammer zu Berlin (1998): Einzelhandel in der Region Berlin-Brandenburg. Berlin.

Kulke, E. (1994): Auswirkungen des Standortwandels im Einzelhandel auf den Verkehr. In: Geographische Rundschau. Heft 5, S. 290-296.

Kulke, E. (1998): Einzelhandel und Versorgung. In: Kulke, E. (Hrsg.) Wirtschaftsgeographie Deutschlands. Gotha, S. 162-182.

Leerkamp, B. u. T. Nobel (1999): GVZ – Bausteine einer nachhaltigen Raum-, Verkehrs- und Standortplanung. In: Internationales Verkehrswesen 7 u. 8, S. 325-328.

macrom (2000): Kaufkraftkennziffern 1999. München.

Schätzl, L. (1981): Wirtschaftsgeographie 2. Paderborn u.a. (= Uni-Taschenbücher 1052).

StBA (versch. Jahrgänge): Umsätze und ihre Besteuerung. Wiesbaden.

StBA (1993): Handels- und Gaststättenzählung. Wiesbaden.

StBA (1999): Verwendung des Inlandsprodukts. Wiesbaden.

Quellen von Karten und Abbildungen

Abb. 1: Modal Split der Innenstadtbesucher 1980-1996: BAG (1996).

Abb. 2: Umsatzkonzentration im Einzelhandel 1962-1998: StBA (versch. Jahrgänge).

Abb. 3: Typen städtischer Zentren: Eigene Zusammenstellung.

Abb. 4: Anteil der Betriebsformen an der Verkaufsfläche des Lebensmitteleinzelhandels 1966-1999: EHI (1999).

Abb. 5: Entwicklung des sekundären Einzelhandelnetzes 1964-1999: EHI (2000).

Abb. 6: Verkehrsleistung nach ausgewählten Fahrtzwecken 1976-1994: DIW (1996). KONTIV. StBA.

Abb. 7: Anteil des Einzelhandelsumsatzes am privaten Verbrauch 1980-2000: BAG. HDE. StBA.

Abb. 8: Verkaufsflächen 1991-1997: HGZ (1993). StBA.

Abb. 9: Verkaufsfläche im Einzelhandel 1993: HGZ (1993). StBA.

Abb. 10: Kaufkraft pro Einwohner 1999: macrom (2000).

S. 78-79: Arbeit und Berufsverkehr – das tägliche Pendeln

Autoren: Prof. Dr. Franz-Josef Bade, Fachgebiet Volkswirtschaftslehre insb. Raumwirtschaftspolitik, Fakultät Raumplanung, Universität Dortmund, August-Schmidt-Str. 6, 44221 Dortmund

Dipl.-Ing. Klaus Spiekermann, Institut für Raumplanung (IRPUD), Fakultät Raumplanung, Universität Dortmund, August-Schmidt-Str. 6, 44221 Dortmund

Kartographische Bearbeiter

Abb. 1: Red.: K. Spiekermann, S. Specht; Bearb.: S. Specht

Abb. 2: Konstr.: K. Spiekermann; Red.: K. Spiekermann, W. Kraus; Bearb.: K. Spiekermann, W. Kraus

Abb. 3: Konstr.: K. Spiekermann; Red.: K. Spiekermann, W. Kraus; Bearb.: R. Bräuer

Literatur

Bade, F.-J. u. A. Niebuhr (1999): Zur Stabilität des räumlichen Strukturwandels. In: Jahrbuch für Regionalwissenschaften 19, S. 131-156.

BBR (Hrsg.) (2000): Raumordnungsbericht 2000. Bonn (= Berichte. Band 7).

Holz-Rau, C. (1997): Siedlungsstruktur und Verkehr. Bonn (= Materialien zur Raumentwicklung. Heft 84).

Kagermeier, A. (1997): Siedlungsstruktur und Verkehrsmobilität. Eine empirische Untersuchung am Beispiel von Südbayern. Dortmund (= Verkehr spezial. Heft 3).

Leser, H. u.a. (1997): Wörterbuch Allgemeine Geographie. München, Braunschweig.

Motzkus, A. (1997): Verkehrsverflechtungen in Agglomerationen. Ein siedlungsstrukturell differenzierter Modellansatz. In: Internationales Verkehrswesen. Heft 5, S. 216-221.

Ott, E. u. T. Gerlinger (1992): Die Pendlergesellschaft. Zur Problematik der fortschreitenden Trennung von Wohn- und Arbeitsort. Köln.

Sinz, M. u. A. Blach (1994): Pendeldistanzen als Kriterium siedlungsstruktureller Effizienz. In: Informationen zur Raumentwicklung 7/8. S. 465-480.

Spiekermann, K. (1997): Berufspendler – Die Trennung von Wohnort und Arbeitsort. In: IfL (Hrsg.): Atlas Bundesrepublik Deutschland. Pilotband. Leipzig, S. 92-93.

Spiekermann, K. u. M. Wegener (1997): Car Pooling and Energy Consumption. In: Hensher, D. u.a. (Hrsg.): World Transport Research. Volume 2: Modelling Transport Systems. North-Holland.

Quellen von Karten und Abbildungen

Abb. 1: Pendlermerkmale ausgewählter Großstädte (1970-1998): Bundesanstalt für Arbeit: Beschäftigtenstatistik. Eigene Auswertungen.

Abb. 2: Berufspendlerverflechtungen 1998: Bundesanstalt für Arbeit: Beschäftigtenstatistik. Eigene Auswertungen.

Abb. 3: Berufspendler 1998: Bundesanstalt für Arbeit: Beschäftigtenstatistik. Eigene Auswertungen.

S. 80-81: Wachsender Freizeitverkehr – umweltverträgliche Alternativen

Autor: Dr. Martin Lanzendorf, Department of Urban Geography, Faculty of Geographical Sciences, Universiteit Utrecht, Postbus 80 115, NL-3508 TC Utrecht

Kartographische Bearbeiter

Abb. 1, 2, 3, 4: Red.: K. Großer; Bearb.: R. Richter

Abb. 5: Konstr.: W. Schiedermair; Red.: K. Großer, A. Müller; Bearb.: A. Müller

Literatur

BMV (Hrsg.) (1998): Verkehr in Zahlen 1998. Hamburg.

European Conference of Ministers of Transport (1998): Transport and Leisure. Conclusions of Round Table 111, Paris, 15-16 October 1998: online im Internet unter: http://www.oecd.org//cem/online/conclus/rt111e.pdf

Lanzendorf, M. (2000): Freizeitmobilität. Unterwegs in Sachen sozial-ökologischer Mobilitätsforschung. Eingereicht als Dissertationsschrift am Fachbereich VI – Geographie/Geowissenschaften der Universität Trier. Trier.

Mobilität und Klima. Wege zu einer klimaverträglichen Verkehrspolitik (1994). Bonn (= Bericht der Enquete-Kommission „Schutz der Erdatmosphäre“ des 12. Deutschen Bundestages 2).

Umwelt- und Prognose-Institut Heidelberg e.V. (2000): „Autofreie Erlebnistage“, Entwicklung der Freizeitkultur mit autofreien Sonntagen. Aktuelle Termine. 6. erweit. Aufl. Heidelberg (= UPI-Berichte. Nr. 37). Auch online im Internet unter: http://www.upi-institut.de/upi37.htm

Empfohlene weiterführende Literatur

Benthaus-Apel, F. (1995): Zwischen Zeitbindung und Zeitautonomie. Eine empirische Analyse der Zeitverwendung und Zeitstruktur der Werktags- und Wochenendfreizeit. Wiesbaden (= DUV: Sozialwissenschaft).

Bundesministerium für Bildung und Forschung: Freizeitverkehr – Projektträger Mobilität und Verkehr, Bauen und Wohnen: online im Internet unter: http://www.freizeitverkehr.de

Frändberg, L. (1998): Distance matters. An inquiry into the relation between transport and environmental sustainability in tourism. Göteborg (= Humanekologiska skrifter 15).

Götz, K. (1996): Freizeitmobilität und Natur. In: Stadtwege. Nr. 2/96, S. 18-21.

Götz, K., T. Jahn u. I. Schultz (1997): Mobilitätsstile – ein sozial-ökologischer Untersuchungsansatz. Arbeitsbericht Subprojekt 1 des CITY: mobil Forschungsverbundes. Freiburg (= Forschungsbericht stadtverträgliche Mobilität. Band 7).

Heinze, G. W. u. H. H. Kill (1997): Freizeit und Mobilität. Neue Lösungen im Freizeitverkehr. Hannover.

Holz-Rau, C. u. E. Kutter (1995): Verkehrsvermeidung. Siedlungsstrukturelle und organisatorische Konzepte. Bonn (= Materialien zur Raumentwicklung. Heft 73).

Lanzendorf, M. (1996): Quantitative Aspekte des Freizeitverkehrs. Wuppertal (= Arbeitspapiere des Forschungsverbunds „Ökologisch verträgliche Mobilität“. Nr. 6).

Lanzendorf, M. (1998): Freizeitmobilität als Gegenstand angewandter Umweltforschung. In: Geographische Rundschau. Heft 10, S. 570-574.

Lüdtke, H. (1994): Typen des Verkehrsverhaltens im Kontext von privater Technik und Freizeit. In: Freizeitpädagogik. Heft 1, S. 65-77.

Lüdtke, H. (1995): Zeitverwendung und Lebensstile. Empirische Analysen zu Freizeitverhalten , expressiver Ungleichheit und Lebensqualität in Westdeutschland. Marburg (= Marburger Beiträge zur Sozialwissenschaftlichen Forschung. Nr. 5).

Meier, R. (2000): Freizeitverkehr. Analysen und Strategien. Bern (= Berichte des Schweizerischen Nationalen Forschungsprogramms 41 „Verkehr und Umwelt“. Reihe D, Bericht 5).

Reutter, O. u. H. Dalkmann (2000): Freizeitmobilität in Leipzig. Haushaltsbefragung zu Freizeitaktivitäten und zum Freizeitverkehr der Leipziger Bevölkerung. Modellvorhaben des Umweltbundesamtes: Umweltschonender Einkaufs- und Freizeitverkehr. Teilbericht 9. Wuppertal.

Schallaböck, K. O. (1997): Tourism, Transport and Ecology. In: Hein, W. (Hrsg.): Tourism and Sustainable Development. Hamburg (= Schriften des Deutschen Übersee-Instituts Hamburg. Nr. 41), S. 339-357.

Schuck-Wersig, P. u. G. Wersig (1994): Flexibilisierung des Handelns als Hintergrund der Prognose der Mobilitätsentwicklung. In: Forschungsverbund Lebensraum Stadt (Hrsg.): Mobilität und Kommunikation in den Agglomerationen von heute und morgen. Band 3: Bericht aus den Teilprojekten, 1. Faktoren des Verkehrshandelns. Berlin, S. 141-356.

Quellen von Karten und Abbildungen

Abb. 1: Mittlerer Verkehrsaufwand nach Wegezwecken 1976-1996: BMV (Hrsg.) (1998).

Abb. 2: Verkehrsmittel der Deutschen auf Urlaubsreisen 1976, 1986 und 1996: BMV (Hrsg.) (1998).

Abb. 3: Zwecke von Freizeitreisen am Wochenende 1997: Lanzendorf (2000), S. 84.

Abb. 4: Verkehrsmittel auf Freizeitreisen am Wochenende 1997: Lanzendorf (2000), Abb. 92.

Abb. 5: Umweltverträglicher Freizeitverkehr 1999: ADFC Kreisverband Köln und Umgebung e.V. (1995): Freizeit ohne Auto in Köln-Chorweiler. Köln. AFI (1995): Nahverkehrsplan Garmisch-Partenkirchen. Garmisch-Partenkirchen (= AFI Projektinformation Fachgebiet Verkehr). AFI: Angaben zu Projekten des Freizeit-/Erholungsverkehrs im Raum Garmisch-Partenkirchen (unveröff. November 1999). Bundesministerium für Umwelt, Jugend und Familie (Hrsg.) (1998): Europäisches Forum für Sanfte Mobilität im Tourismus. Innovative Modellvorhaben und Projekte. Internationale Konferenz im Rahmen der österreichischen EU-Präsidentschaft, 9. bis 11. Dezember 1998, Bad Hofgastein, Salzburg. Wien (= Tagungsbericht). Büro für integrierte Stadt- und Verkehrsplanung (1994): Verkehrsentwicklungsplan Rheinisch-Bergischer Kreis. Köln. Büro für Tourismus- und Erholungsplanung (1998): Entlastung verkehrlich hoch belasteter Fremdenverkehrsregionen. Abschlussbericht des Forschungsprojektes im Auftrag des BMRBS/BBR. Bonn (= Forschungsberichte des BBR. Heft 86). DB Station&Service AG, Fahradangelegenheiten (unveröff. März 2000). Deutscher Fremdenverkehrsverband e.V. (1998): Dokumentation Bundeswettbewerb: Umweltfreundliche Fremdenverkehrsorte in Deutschland. Oberammergau. Fahrplan im Wald (1998). In: fairkehr. Heft 4. [Neue Verkehrsmittel – Inline Skating]. In: Frankfurter Rundschau vom 5. Juni 1999. Matt-Willmatt, H. (1999): Im Zug der Zeit – auf der Schiene zum Ziel und mobil am Urlaubsort im Schwarzwald. In: Ministerium für Umwelt und Verkehr Baden-Württemberg (Hrsg.): „Freizeit – Umwelt – Tourismus“. Zweites Mainauer Mobilitätsgespräch 10. Juni 1999. Stuttgart. Ministerium für Wirtschaft und Mittelstand, Energie und Verkehr des Landes Nordrhein-Westfalen (2000): Von zehn bis sechs. NachtExpress plus. Düsseldorf. Monheim, H. u. Zöpel, C. (Hrsg.) (1997): Raum für Zukunft. Zur Innovationsfähigkeit von Stadtentwicklungs- und Verkehrspolitik. Festschrift für Karl Ganser. Essen. Reutter, O. u. U. Reutter (1996): Autofreies Leben in der Stadt. Autofreie Stadtquartiere im Bestand. Dortmund (= Verkehr spezial. Heft 2). [Neue Verkehrsmittel – Inline Skating]. In: taz [die tageszeitung] vom 9. Juli 1999. Thiemann-Linden, Jörg (2000): Endspurt der Vorbereitungen für den neuen „Südsee“. In: Rundbrief zum Modellvorhaben des Umweltbundesamtes: Umweltschonender Einkaufs- und Freizeitverkehr in Halle und Leipzig. Nr. 3, März. Thiesies, M. (1998): Mobilitätsmanagement. Handlungsstrategien zur Verwirklichung umweltschonender Verkehrskonzepte. Bielefeld (= Schriftenreihe für Verkehr und Technik 86). Umwelt- und Prognose-Institut Heidelberg e.V. (2000). Usedomer Bäderbahn GmbH.

VCD (1989): Königliche Verhältnisse in Bus & Bahn. Wettbewerb 1998. Kurzfassungen zu den eingereichten Projekten. Bonn. Langfassung Königliche Verhältnisse in Bus und Bahn Voraussetzung für eine nachhaltige Mobilität in: VCD Clever. Ökologisch. Mobil: online im Internet unter: http://www.vcd.org Wuppertaler Stadtwerke AG.

S. 82-85: Luftverkehr Mobilität ohne Grenzen

Autor: Prof. Dr. Alois Mayr, Institut für Länderkunde, Schongauerstr. 9, 04329 Leipzig und Institut für Geographie der Universität Leipzig, Johannisallee 19a, 04103 Leipzig

Kartographische Bearbeiter

Abb. 1, 2, 3, 4, 5: Red.: A. Müller; Bearb.: A. Müller

Literatur

s. Anhang zum Beitrag Mayr, Luftfahrtsystem

Quellen von Karten und Abbildungen

Abb. 1: Flughäfen Entwicklung des Passagierverkehrs 1991-1999: ADV (1991-1999): Jahresstatistiken. Stuttgart.

Abb. 2: Von Deutschland angeflogene Flugziele 1999: Eigene Erhebungen 1997, 1999.

Abb. 3: Fluggastaufkommen und innerdeutsche Fluggastströme 1999: StBA (2000), S. 48, 49.

Abb. 4: Luftfracht- und Luftpostaufkommen 1999: ADV (1999): Jahresstatistik. Stuttgart.

Abb. 5: Flughäfen in Europa: ACI Airports Council International European Region: online im Internet unter: http://www. aci-europe.org

Abb. 6: Einsteiger auf deutschen Verkehrsflughäfen nach bedeutenden Zielländern 1990-1999: StBA (2000), S. 10-11.

Bildnachweis

S. 82: Flughafen Frankfurt a. M.: copyright Flughafen Frankfurt Main AG, Stefan Rebscher

S. 84: Flughafen Leipzig/Halle mit neuer Intercontinentalbahn: copyright Flughafen Leipzig/Halle GmbH, U. Schossig

S. 86-89: Entwicklung und Strukturwandel des Güterverkehrs

Autor: apl. Prof. Dr. Ernst-Jürgen Schröder, Institut für Kulturgeographie der Albert-Ludwigs-Universität Freiburg i. Br., Werderring 4, 79085 Freiburg

Kartographische Bearbeiter

Abb. 1, 2, 4: Red.: K. Großer; Bearb.: S. Dutzmann

Abb. 3: Red.: V. Scheuring; Bearb.: V. Scheuring

Abb. 5: Red.: K. Großer, E.-J. Schröder; Bearb.: R. Bräuer, V. Scheuring

Literatur

Aberle, G. (2000): Transportwirtschaft. 3. Aufl. München, Wien.

BMV (Hrsg.) (1980-1992, 1998): Verkehr in Zahlen 1980-1992, 1998. Berlin, Hamburg.

BMVBW (Hrsg.) (1999): Verkehr in Zahlen 1999. Hamburg.

Bretzke, W.-R. (1988): Strukturwandel im Güterverkehr als verkehrspolitischer Handlungsbedarf. In: Internationales Verkehrswesen. Heft 1, S.18-25.

Schröder, E.-J. (1989): Auswirkungen wirtschaftsstruktureller Änderungen auf den Güterverkehr in der Bundesrepublik Deutschland seit 1974. In: Raumforschung und Raumordnung 1, S. 28-32.

Schröder, E.-J. (1994): Droht Deutschland der Verkehrsinfarkt? In: Internationales Verkehrswesen. Heft 4, S.181-191.

Quellen von Karten und Abbildungen

Abb. 1: Güterverkehrsaufkommen und -leistung im Binnenverkehr 1974-1997: BMV (1987), S. 194f. BMVBW (1999), S. 224f.

Abb. 2: Güteraufkommen nach Hauptgütergruppen 1965-1993: BMV (1980), S.180ff. BMV (1996), S. 241.

Abb. 3: Grenzüberschreitender Güterverkehr 1999 zwischen Deutschland und der EU: Kessel+Partner Transport Consultants. Freiburg. Statistisches Bundesamt Wiesbaden, Gruppe Verkehr.

Abb. 4: Güterverkehrsleistung und Anteile der Verkehrsträger im Binnenverkehr 1974-1997: BMV (1980), S.175. BMV (1998), S.232f.

Abb. 5: Transportkorridore 1999: BMVBW (1999), S.224f.

Bildnachweis

S. 86: Der wichtigste Verkehrsträger für den Güterverkehr: Lkw hier als Huckepack-Ladung: copyright DB AG/Chlouba

S. 87: Frachtschiff: copyright V. Bode

S. 88: Wachstumssektor Luftfracht: copyright Flughafen Frankfurt Main AG, Reinhard Stroh

S. 88: Schienengüterverkehr: copyright DB AG/Klee

S. 90-91: Straßengüterverkehr auf Wachstumskurs

Autor: apl. Prof. Dr. Ernst-Jürgen Schröder, Institut für Kulturgeographie der Albert-Ludwigs-Universität Freiburg i. Br., Werderring 4, 79085 Freiburg

Kartographische Bearbeiter

Abb. 1-4: Kart.: R. Strittmatter; Red.: K. Großer; Bearb.: S. Dutzmann

Abb. 5: Kart.: B. Gaida; Red.: K. Großer, E.-J. Schröder; Bearb.: R. Richter, E.-J. Schröder

Literatur

Aberle , G. (1997): Transportwirtschaft. 2. Aufl. München, Wien.

BMVBW (Hrsg.) (1999): Verkehr in Zahlen 1999. Hamburg.

Eckey, H.-F. u. W. Stock (2000): Verkehrsökonomie. Wiesbaden

Güterkraftverkehr und die Liberalisierung des europäischen Verkehrsmarktes (1999). In: Internationales Verkehrswesen. Heft 11, S. 494-495.

Haase, D. (1998): Das neue Trassenpreissystem der Deutschen Bahn AG. In: Internationales Verkehrswesen. Heft 10, S. 460-465.

Hansmann, A. (1998): Europa benötigt einen erfolgreichen KV. In: Internationales Verkehrswesen. Heft 12, S. 623-625.

Heimerl, G. (1998): Strukturelle Hemmnisse im grenzüberschreitenden Schienenverkehr. In: Internationales Verkehrswesen. Heft 12, S.594-598.

Kraftfahrt-Bundesamt/Bundesamt für Güterverkehr (Hrsg.) (1999): Verkehrsleistung deutscher Lastkraftfahrzeuge 1999. Stuttgart.

Müntefering, F. (1999): Verkehrspolitik für Wachstum und Beschäftigung. In: Internationales Verkehrswesen. Heft 9, S. 362.

Schröder, E.-J. (1994): Droht Deutschland der Verkehrsinfarkt? In: Internationales Verkehrswesen. Heft 4, S.181-191.

Quellen von Karten und Abbildungen

Abb. 1: Güterverkehrsaufkommen und Anteile der Verkehrsträger 1994 und 1998: BMVBW (1999), S.186, S. 204.

Abb. 2: Verkehrsaufkommen im Straßengüterverkehr 1991 und 1997: BMVBW (Hrsg.) (1999), S. 225.

Abb. 3: Grenzüberschreitender Straßengüter- und Transitverkehr 1994 und 1998: BMVBW (Hrsg.) (1999), S.186, S. 204.

Abb. 4: Güterverkehrsprognose 2010 und 2015: Kessel+Partner Transport Consultants (1991, 1998). Freiburg.

Abb. 5: Straßengüterverkehr 1998: Verkehrsleistung deutscher Lastkraftfahrzeuge 1999, S.14-23.

Bildnachweis

S. 90: Lkw Verkehr auf der Autobahn: copyright USELMANN, BILDER PUR-München

S. 92-95: Schienengüterverkehr unausgeschöpfte Potenziale

Autor: Dr. Rudolf Juchelka, Geographisches Institut der Rheinisch-Westfälischen Technischen Hochschule Aachen, Templergraben 55, 52056 Aachen

Kartographische Bearbeiter

Abb. 1: Red.: B. Hantzsch; Bearb.: S. Dutzmann

Abb. 2, 3: Red.: B. Hantzsch; Bearb.: R. Bräuer

Abb. 4: Red.: B. Hantzsch; Bearb.: M. Zimmermann

Abb. 5: Kart.: H.-J. Ehrig; Red.: B. Hantzsch; Bearb.: B. Hantzsch

Abb. 6: Kart.: H.-J. Ehrig; Red.: B. Hantzsch; Bearb.: R. Richter

Abb. 7: Kart.: H.-J. Ehrig; Red.: B. Hantzsch; Bearb.: M. Zimmermann

Literatur

Dreier, J. (1995): Konzept für den Einsatz von selbstfahrenden Einzelwagen im Wagenladungsverkehr der Eisenbahnen. Aachen.

Deutsche Bahn AG (Hrsg.) (1999): Umweltbericht 1998. Berlin.

Europäische Kommission (Hrsg.) (1996): Weißbuch: Eine Strategie zur Revitalisierung der Eisenbahn in der Gemeinschaft. Brüssel.

Fromhold-Eisebith, M. (1994): Straßen und Schienen für Europa. Der Ausbau europäischer Verkehrsnetze bei zunehmender Verflechtung und Mobilität. In: Geographische Rundschau. Heft 5, S. 266-273.

Hoser, A. (1999): Die Bahn im Spannungsfeld logistischer Anforderungen. In: Faller, P. (Hrsg.): Transportwirtschaft im Umbruch. Wien, S. 95-103.

Höltgen, D. (1992): Güterverkehrszentren. Knotenpunkte des kombinierten Verkehrs im europäischen Binnenmarkt. In: Geographische Rundschau. Heft 12, S. 708-715.

Juchelka, R. (1995): Höchste Eisenbahn. Hochgeschwindigkeitsverkehr in Europa. In: Geographie heute. Heft 127, S. 8-13.

Klotz, H. (2000): Wirtschaftlichkeit wird das Kombi-Angebot bestimmen. In: Internationales Verkehrswesen. Heft 6, S. 271-273.

Schwarz, A. (2000): Logistiklösungen auf die Bahn gebracht. In: Internationales Verkehrswesen. Heft 6, S. 274f.

UIC Union Internationale des Chemins de fer (Hrsg.) (1998a): Geschäftsbericht UIC 1997. Paris.

UIC Union Internationale des Chemins de fer (Hrsg.) (1998b): Trans European Rail Freight Freeways. Paris.

Wickens, M. (1994): Fracht-hochgeschwindigkeit eine Idee gewinnt Konturen. In: Internationales Verkehrswesen. Heft 9, S. 506-512.

Wolf, W. (1994): Eisenbahn und Autowahn. Personen- und Gütertransport auf Schiene und Straße, Bilanz, Perspektiven. Erweit. Neuausgabe. Hamburg.

Quellen von Karten und Abbildungen

Abb. 1: Kenndaten der DB Cargo AG 1999: DB Cargo AG.

Abb. 2: Beförderungsleistung des Güterfernverkehrs 1960-1999: StBA.

Abb. 3: Modal Split der Güterverkehrsleistung 1900-1999: Schätzung nach Institut der Deutschen Wirtschaft, Köln (1999).

Abb. 4: DB Cargo-Standorte und Planungskonzept Netz 21 : DB Cargo AG.

Abb. 5: Transeuropäische Güterverkehrskorridore: UIC Union Internationale des Chemins de fer.

Abb. 6: DB Cargo-Verbindungen von Chemiestandorten: Cargo aktuell (1999). Heft 4, S. 8.

Abb. 7: Frachthochgeschwindigkeitsverkehr: Transeuropäische Güterverkehrskorridore im Betrieb oder geplant: Mögliche Punkt-Punkt-Verbindungen im FHG-Verkehr: UIC-Union internationale des Chemins de fer.

Bildnachweis

S. 92: DB Cargo (1995): copyright DB AG

S. 96-97: Seeverkehr und Umstrukturierungen der Häfen

Autor: Prof. Dr. Helmut Nuhn, Fachbereich Geographie der Philipps-Universität Marburg, Deutschhausstr. 10, 35037 Marburg

Kartographische Bearbeiter

Abb. 1: Konstr.: C. Mann, H. Nödler; Red.: C. Mann, H. Nödler; Bearb.: C. Mann, H. Nödler

Abb. 2: Konstr.: C. Mann; Red.: C. Mann; Bearb.: C. Mann

Abb. 3, 4: Konstr.: Ch. Enderle, C. Mann; Red.: Ch. Enderle, C. Mann; Bearb.: Ch. Enderle, C. Mann

Literatur

Breitzmann, K.-H. (1994): Shipping, Ports and Transport in Transition to the Market Economy: Seeschiffahrt, Seehäfen und Verkehr im Prozeß der marktwirtschaftlichen Transition. Rostock (= Rostocker Beiträge zur Verkehrswissenschaft und Logistik. Heft 3).

Nuhn, H. (1989): Der Hamburger Hafen Strukturwandel und Perspektiven für die Zukunft: In: Geographische Rundschau. Heft 11, S. 646-654.

Nuhn, H. (1994): Strukturwandlungen im Seeverkehr und ihre Auswirkungen auf die europäischen Häfen. In: Geographische Rundschau. Heft 5, S. 282-289.

Nuhn, H. (1996): Die Häfen zwischen Hamburg und Le Havre. In: Geographische Rundschau. Heft 7/8, S. 420-428.

Nuhn, H. (1997): Hansestadt Rostock Vom maritimen Tor zur Welt zum Regionalhafen für die Ostsee. In: Europa Regional. Heft 2, S. 8-22.

Nuhn, H. (1998): Maritime Wirtschaft in Norddeutschland. In: Kulke, E. (Hrsg.) (1998): Wirtschaftsgeographie Deutschlands. Stuttgart, S. 309-344.

Seehafen Rostock Verwaltungsgesellschaft mbH (Hrsg.) (2000): Seehafen Rostock. Rostock.

Strohmeyer, D. (1992): Bremerhaven Wirtschafts- und Stadtentwicklung im Spannungsfeld langfristiger Konjunkturlagen. Bremen (= Bremer Beiträge zur Geographie und Raumplanung. Heft 24).

Wirtschaftsministerium der Freien Hansestadt Hamburg (Hrsg.) (1998): The Port of Hamburg as a Logistics Service Centre Opportunities of a New Era. Hamburg.

Quellen von Karten und Abbildungen

Abb. 1: Rostock: Eigene Erhebung. Seehafen Rostock Verwaltungsgesellschaft mbH (Hrsg.) (2000).

Abb. 2: Containerumschlag 1980-1998: Eigene Erhebung. Literatur (s.o.).

Abb. 3: Hamburg: Eigene Erhebung. Nuhn, H. (1989). Wirtschaftsministerium der Freien Hansestadt Hamburg (Hrsg.) (1998).

Abb. 4: Bremen: Eigene Erhebung. Literatur (s.o.).

S. 98-99: Von der Straße auf die Schiene: kombinierter Verkehr

Autor: Prof. Dr. Jürgen Deiters, Fachgebiet Geographie im Fachbereich Kultur- und Geowissenschaften der Universität Osnabrück, Seminarstr. 19 a/b, 49069 Osnabrück

Kartographische Bearbeiter

Abb. 1: Kart.: H.-J. Ehrig; Red.: K. Großer; Bearb.: S. Dutzmann

Abb. 2, 3, 4: Red.: K. Großer; Bearb.: S. Dutzmann

Abb. 5: Red.: K. Großer, A. Müller; Bearb.: S. Dutzmann, A. Müller

Literatur

Aberle, G. (2000): Transportwirtschaft. 3. Aufl. München, Wien.

Klotz, H. (2000): Wirtschaftlichkeit wird das Kombi-Angebot bestimmen. In: Internationales Verkehrswesen. Heft 6, S. 271-273.

Kombiverkehr Deutsche Gesellschaft für kombinierten Güterverkehr mbH & Co KG (Hrsg.) (2000): Geschäftsbericht 1999. Frankfurt a. M.

Seidelmann, C. (1997): Der Kombinierte Verkehr ein Überblick. In: Internationales Verkehrswesen. Heft 6, S. 321-325.

Zapp, K. (1999): DB Cargo kontra Kombiverkehr? In: Internationales Verkehrswesen. Heft 7/8, S. 320-321.

Quellen von Karten und Abbildungen

Abb. 1: Kombinierter Verkehr Schiene-Straße 1983-1999: DB Cargo.

Abb. 2: Transportaufkommen der Rollenden Landstraße 1990-1999: Kombiverkehr KG.

Abb. 3: Das Containerzug-System von Eurogate, European Rail Shuttle und KEP Logistik: Eurogate.
Abb. 4: Transportaufkommen der Kombiverkehr KG 1997-1999: Kombiverkehr KG.
Abb. 5: Kombinierter Verkehr Schiene-Straße: DB Cargo. DB Netz. Kombiverkehr KG.

Bildnachweis

S. 98: Eurogate-Containerzug mit Privat-Lok: copyright M. Schmelter
S. 98: Rollende Landstraße: copyright Kombiverkehr KG, Frankfurt a. M.

S. 100-101: Räumliche Arbeitsteilung und Lieferverkehr

Autor: Prof. Dr. Eike W. Schamp, Institut für Wirtschafts- und Sozialgeographie der Johann Wolfgang Goethe-Universität Frankfurt a. M., Dantestr. 9, 60054 Frankfurt a. M.

Kartographische Bearbeiter

Abb. 1: Konstr.: E. W. Schamp; Red.: K. Großer, W. Kraus; Bearb.: M. Zimmermann
Abb. 2: Konstr.: Ö. Alpaslan; Red.: K. Großer, W. Kraus, Ö. Alpaslan; Bearb.: M. Zimmermann
Abb. 3: Konstr.: Ö. Alpaslan; Red.: K. Großer, W. Kraus; Bearb.: M. Zimmermann
Abb.: 4: Konstr.: Ö. Alpaslan; Red.: K. Großer, Ö. Alpaslan; Bearb.: M. Zimmermann

Literatur

Bertram, H. u. E. W. Schamp (1989): Räumliche Wirkungen neuer Produktionskonzepte in der Automobilindustrie. In: Geographische Rundschau. Heft 5, S. 284-290.
Haubold, V. u. D. Stahl (1994): Lean Production in der Industrie. Implikationen für die Speditionsbranche. In: Internationales Verkehrswesen. Heft 6, S. 317-325.
Ihde, G.-B., H. Hartmann u. F. Merath (1995): Industrieller Strukturwandel und verkehrliche Wirkungen. In: Raumforschung und Raumordnung 53, S. 444-452.
Klippel, B. (1993): Raumsysteme der europäischen Autoindustrie. Bestimmungsfaktoren und Entwicklung der räumlichen Strukturen der europäischen Pkw-Produktion. München.
Läpple, D. (Hrsg.) (1993): Güterverkehr, Logistik und Umwelt. Berlin.
Merath, F. (1995): Verkehrswege als Einsatzfaktor effizienter Produktion. Zum Zusammenhang zwischen Produktionsverlagerungen und verkehrlichen Wirkungen. In: Zeitschrift für Verkehrswissenschaft: Heft 5, S. 279-290.

Quellen von Karten und Abbildungen

Abb.1: Kaskaden-Modell der modularen Lieferung am Beispiel eines Autositzes: Lear Corporation GmbH & Co. KG, 65843 Sulzbach.
Abb. 2: Zulieferpark der Fordwerke: Eigene Erhebungen.
Abb. 3: Automontage, Zulieferparks und JIT-Sitzefertiger 2000: Eigene Erhebungen.
Abb. 4: Zulieferersystem einer Just-in-Time-Produktion 2000: Schamp, E. W. (1993): Das Auto-Produktionssystem im Wandel: Tendenzen einer neuen räumlichen Arbeitsteilung in der deutschen Zulieferindustrie. WSG Diskussionspapiere 29/93, Wirtschaftsuniversität Wien.

S. 102-103: Der Strukturwandel im Speditions- und Transportgewerbe

Autorin: Dr. Heike Bertram, Institut für Wirtschafts- und Sozialgeographie der Johann Wolfgang Goethe-Universität Frankfurt a. M., Dantestr. 9, 60054 Frankfurt a. M.

Kartographische Bearbeiter

Abb. 1, 2, 3, 4: Red.: K. Großer; Bearb.: M. Zimmermann
Abb. 5: Konstr.: H. Bertram, U. Hein; Red.: B. Hantzsch; Bearb.: R. Bräuer
Abb. 6: Kart.: H. Heine; Konstr.: H. Bertram, U. Hein; Red.: B. Hantzsch; Bearb.: S. Dutzmann

Literatur

Aberle, G. (2000): Transportwirtschaft: Einzelwirtschaftliche und gesamtwirtschaftliche Grundlagen. München.
Bertram, H. (1994): Das Speditions- und Transportgewerbe im Wandel. Probleme einer Branche im Verdichtungsraum Frankfurt. In: Geographische Rundschau 46. Heft 5, S. 298-303.
Ferger, H. (1998): Die Spedition auf neuen Wegen in das Jahr 2000. Jahrbuch 1997/98, Fachverband Spedition und Logistik der VdV in Hessen e.V.
Schmidt, K.: Aktuelle Entwicklungen und Perspektiven auf dem deutschen Transportmarkt ein Jahr vor der endgültigen Liberalisierung. Jahrbuch 1997/98, Fachverband Spedition und Logistik der VdV in Hessen e.V.

Quellen von Karten und Abbildungen

Abb. 1: Umstrukturierung im Speditions- und Transportgewerbe: Eigene Darstellung.
Abb. 2: Beschäftigte im Speditions- und Transportgewerbe 1980-1998: Bundesanstalt für Arbeit: Beschäftigtenstatistik (unveröff. Zahlen). Eigene Berechnungen.
Abb. 3: Unternehmen des gewerblichen Straßengüterverkehrs 1998: Bundesverband Güterkraftverkehr Logistik und Entsorgung e.V. (Hrsg.) (1998): Verkehrswirtschaftliche Zahlen 1998.
Abb. 4: Verkehrsleistung im Straßengüterverkehr 1989-1998: BMVBW (Hrsg.) (1999): Verkehr in Zahlen 1999. Hamburg.
Abb. 5: Beschäftigtenentwicklung im Speditions- und Transportgewerbe 1988-1998,
Abb. 6: Beschäftigte im Speditions- und Transportgewerbe 1999: Bundesanstalt für Arbeit: Beschäftigtenstatistik (unveröff. Zahlen). Eigene Berechnungen.

Bildnachweis

S. *102*: copyright Bilder Pur München, Uselmann

S. 104-105: Stadtverträglicher Güterverkehr durch Stadtlogistik

Autoren: Dipl.-Geogr. Reinhard Eberl, BMW AG Werk Regensburg, Herbert-Quandt-Allee, 93055 Regensburg
PD Dr. Kurt E. Klein, Institut für Geographie der Universität Regensburg, Universitätsstr. 31, 903053 Regensburg

Kartographische Bearbeiter

Abb. 1: Konstr.: S. Fischer; Red.: B. Hantzsch; Bearb.: M. Zimmermann
Abb. 2: Konstr.: S. Fischer, S. Oberländer; Red.: B. Hantzsch; Bearb.: M. Zimmermann
Abb. 3: Konstr.: S. Fischer; Red.: B. Hantzsch; Bearb.: S. Dutzmann

Literatur

Dornier GmbH (Hrsg.) (1994): Erfassung und Aufbereitung von Grundlagendaten des Wirtschaftsverkehrs in fünf ausgewählten Großstädten sowie Erarbeitung eines Handlungsrahmens. Abschlußbericht des Forschungs- und Entwicklungsvorhabens. Nr. 704 33/93 im Auftrag des Bundesministeriums für Verkehr. Friedrichshafen.
Eberl, R., K. E. Klein u. P. Oexler (1998): Steuerung des innerstädtischen Wirtschaftsverkehrs. Citylogistik in Regensburg. In: Geo-graphische Rundschau. Heft 10, S. 551-556.
Hatzfeld, U. u. M. Hesse (1994): Stadtlogistik Interessen statt Logistik ? In: Internationales Verkehrswesen. Heft 1, S. 646-653.
Hatzfeld, U. u. M. Hesse (1996): Wirtschaftsverkehr. Stadtlogistik zum öffentlichen Thema machen. In: Informationen zur Raumentwicklung. Heft 7/8, S. 412.
Hesse, M. (1998): Wirtschaftsverkehr, Stadtentwicklung und politische Regulierung. Zum Strukturwandel in der Distributionslogistik und seinen Konsequenzen für die Stadtplanung. Berlin (= Difu-Beiträge zur Stadtforschung 26).
Kaupp, M. (1998): City-Logistik als kooperatives Güterverkehrs-Management. Wiesbaden (= Gabler Edition Wissenschaft: Logistik und Verkehr).
Macke, L. (1997): City-Logistik In der Praxis kein Selbstläufer. In: Distribution. Heft 1/2, S. 8-10.
Stolze, A. u. B. Bräutigam (1996): Citylogistik-Projekte in Deutschland Auswertende Analyse. In: Symposium über Operations Research (SOR 95), Universität Passau, 13.-15 September 1995. Passau. Konferenzmaterial, S. 184.
Synthesis-IWS (Hrsg.) (1992): Stadt und Wirtschaftsverkehr. Befunde, Optionen, Konzepte. Ergebnisse der Tagung vom 30. und 31. Oktober 1991. Regensburg.
Thoma, L. (1995): City-Logistik Konzeption, Organisation, Implementierung. Wiesbaden (= Gabler Edition Wissenschaft).
Vahrenkamp, R. (1995): Güterverkehrszentren und Citylogistik. In: Internationales Verkehrswesen. Heft 7/8, S. 467-472.
Willeke, R. (1992):Wirtschaftsverkehr in Städten. Frankfurt/Main (= Schriftenreihe des Verbandes der Automobilindustrie e.V. (VDA). Nr. 70).
Wittenbrink, P. (1992): City-Logistik sind neue Konzepte notwendig? In: Verkehr und Technik. S. 293-297.
Wittenbrink, P. (1995): Bündelungsstrategien der Speditionen im Bereich der City-Logistik. Eine ökonomische Analyse. Göttingen (= Beiträge aus dem Institut für Verkehrswissenschaft an der Universität Münster. Nr. 136).
Wlcek, H. (1998): Gestaltung der Güterverkehrsnetze von Sammelgutspeditionen. Nürnberg (= Schriftenreihe der Gesellschaft für Verkehrsbetriebswirtschaft und Logistik (GVB) e.V. Heft 37).
Würmser, A. (1995): City-Logistik. In: Logistik Heute/Heft 10. Sonderbeilage.

Quellen von Karten und Abbildungen

Abb. 1: Reduzierung der Straßenbelastung in der Innenstadt durch Stadtlogistik: Eigene Erhebungen.
Abb. 2: Veränderung der Tourenorganisation durch Stadtlogistik bei der Belieferung der Innenstadt: Eigene Erhebungen.
Abb. 3: Stadt-/ Citylogistik-Projekte 1999: Eigene Erhebungen.

Bildnachweis

S. *104*: Citylogistik mit moderner Telematik-Ausstattung: copyright Siemens-Pressebild

S. 106-107: Innovation Telearbeit und Call-Center-Standorte

Autor: Prof. Dr. Peter Gräf, Geographisches Institut der Rheinisch-Westfälischen Technischen Hochschule Aachen, Templergraben 55, 52056 Aachen

Kartographische Bearbeiter

Abb. 1: Red.: B. Hantzsch; Bearb.: K. Ronniger
Abb. 2: Red.: Konstr.: U. Hein; Red.: B. Hantzsch; Bearb.: R. Richter
Abb. 3: Red.: B. Hantzsch; Bearb.: R. Richter
Abb. 4: Konstr.: U. Hein; Red.: B. Hantzsch; Bearb.: R. Bräuer

Literatur

Bundesministerium für Wirtschaft und Technologie (Hrsg.) (1999): Telearbeit Erfahrungen aus der Praxis: Abschlußbericht. Berlin (= BMWI-Dokumentation. Nr. 467).
Deutscher Direktmarketing Verband e.V. (2000): Service im Dialog. TeleMedien Services Jahrbuch 2000. Wiesbaden.
Godehardt, B. u. H.-U. List (1999): Vernetztes Arbeiten und Lernen. Telearbeit, Telekooperation, Teleteaching. Heidelberg.
Gräf, P. (1999): Fraktal, virtuell, flexibel. Die Arbeitsorganisation der kommenden Generation. In: Walter, R. u. B. Rauhut (Hrsg.): HORIZONTE Die RWTH Aachen auf dem Weg ins 21. Jahrhundert. Heidelberg, New York, S. 701-709.
Korte, W. B. u. R. Wynne (1996): Telework. Penetration, Potential and Practice in Europe. Amsterdam.

Quellen von Karten und Abbildungen

Abb. 1: Verbreitung der Telearbeit in Europa: DLR/TA-Telearbeit (1999).
Abb. 2: Call-Center Dienste 1999: Deutscher Direktmarketing Verband (1999).
Abb. 3: Call-Center Land Nordrhein-Westfalen: Call Center der Citi Services GmbH in Aachen. Call Center Offensive NRW. Düsseldorf. Ministerium für Wirtschaft und Mittelstand, Technologie und Verkehr des Landes Nordrhein-Westfalen (1998).
Abb. 4: Telearbeit für den Mittelstand 1999: Bundesministerium für Wirtschaft und Technologie (Hrsg.) (1999). DLR/TA-Telearbeit (1999).

Danksagung

Bundesministerium für Wirtschaft und Technologie. Bonn, Berlin. Deutscher Direktmarketing Verband (DDV). Wiesbaden. DLR Deutsches Zentrum für Luft- und Raumfahrt e.V. Ministerium für Wirtschaft und Mittelstand, Technologie und Verkehr des Landes Nordrhein-Westfalen. Düsseldorf. TA-Telearbeit. Köln. Wirtschaftsministerium Mecklenburg-Vorpommern.

S. 108-109: Der Intrabanken- und Interbanken-Zahlungsverkehr

Autor: Dr. Andreas Koch, Geographisches Institut der Rheinisch-Westfälischen Technischen Hochschule Aachen, Templergraben 55, 52056 Aachen

Kartographische Bearbeiter

Abb. 1: Red.: B. Hantzsch, S. Dutzmann; Bearb.: S. Dutzmann, R. Richter
Abb. 2, 3: Red.: B. Hantzsch; Bearb.: R. Richter

Literatur

Bundesverband Deutscher Banken Der Bankenverband online: online im Internet unter: http://www.bdb.de
Der Weg einer Überweisung (1995). In: Finanztest Spezial, S. 26-29.
Deutsche Bank Leading to results: online im Internet unter: http://www.deutsche-bank.de
Deutsche Genossenschaftsbank AG: DG BANK - Homepage: online im Internet unter: http://www.dgbank.de
Deutscher Sparkassen- und Giroverband e.V: Sparkasse: online im Internet unter: http://www.sparkasse.de
DG Verlag (Hrsg.) (1999a): Bankenverzeichnis ZV (Zahlungsverkehr). Stand: 5/99. Unveröff. Wiesbaden.
DG Verlag (Hrsg. 1999b) Liste der Mitglieder des Deutschen Genossenschaftsringes (Ringliste). 33. Auflage. Stand: 7/99. Unveröff. Wiesbaden.
Grill, W., L. Gramlich u. R. Eller (Hrsg.) (1999): Gabler Bank-Lexikon. Wiesbaden.
Homepage der Deutschen Bundesbank: online im Internet unter: http://www.bundesbank.de
Lukas, S. (1995): Elektronische Zahlungs-Systeme in Deutschland. Neuwied, Berlin (= Fachbuchreihe des Informationsdienstes SOURCE).
SIZ Informatikzentrum der Sparkassenorganisation GmbH: online im Internet unter: http://www.siz.de
Volks- und Raiffeisenbanken Deutschlands: Homepage VR: online im Internet unter: http://www.vrnet.de

Quellen von Karten und Abbildungen

Abb. 1: Transaktionen im Intrabanken- und Interbanken-Zahlungsverkehr: Der Weg einer Überweisung (1995). Deutsche Bank 24 (unveröff.).
Abb. 2: Zuständigkeitsbereiche der Sparkassen und Volks- und Raiffeisenbanken 1998/99,
Abb. 3: Intrabanken- und Interbanken-Zahlungsverkehr: DG Verlag (Hrsg.) (1999a). DG Verlag (Hrsg.) (1999b). Eigene Erhebungen.

Bildnachweis

S. *108*: Die Hauptstelle der Landeszentralbank der Freistaaten Sachsen und Thüringen in Leipzig: copyright V. Bode

S. 110-111: Städte und Regionen im Internet

Autor: Dipl.-Geogr. Holger Floeting, Deutsches Institut für Urbanistik, Straße des 17. Juni 112, 10623 Berlin

Kartographische Bearbeiter

Abb. 1, 2, 3: Kart.: C. Blödorn; Red.: K.

Großer, O. Schnabel; Bearb.: O. Schnabel
Abb. 4: Kart.: T. Stegh; Red.: K. Großer, O. Schnabel; Bearb.: O. Schnabel

Literatur

Bütow S. u. H. Floeting (1998): Elektronische Stadt- und Wirtschaftsinformationssysteme in deutschen Städten. In: Neuausrichtung kommunaler Dienstleistungen, Konzepte, Instrumente, Beispiele. Stuttgart (= Recht, Wirtschaft, Finanzen), S. 331-352.
Bütow S. u. H. Floeting (1999): Elektronische Stadt- und Wirtschaftsinformationssysteme in den deutschen Städten. Stuttgart (= Wissenschaft für die Praxis. Band 6).
IWD Informationsdienst des Instituts der Deutschen Wirtschaft (1999): Nr. 48.
Floeting H. u. S. Gaevert (1997): Städte im Netz, Elektronische Bürger-, Stadt- und Wirtschaftsinformationssysteme der Kommunen. Berlin (= Ergebnisse einer Difu-Städteumfrage).

Quellen von Karten und Abbildungen

Abb. 1: Anteil interaktiver Elemente in Online-Angeboten deutscher Städte: Difu-Online-Städteumfrage (2000).
Abb. 2: Veränderungen im Bereich der IuK-Technik 2000: Eigene Erhebung.
Abb. 3: Schwerpunkte der Online-Angebote deutscher Städte 2000,
Abb. 4: Städte und Länder im Internet 2000: Difu-Online-Städteumfrage (2000).

S. 112-113: Vernetzte Unternehmenskommunikation das Beispiel der Siemens AG

Autor: Dr. Martin Grentzer, Siemens Business Services GmbH & Co. OHG, SBS BAP HRS 5, 81730 München

Kartographische Bearbeiter

Abb. 1, 2: Konstr.: B. Grasnick; Red.: B. Grasnick, W. Kraus; Bearb.: W. Kraus

Literatur

Castells, M. (1994): Space of Flows Raum der Ströme. Eine Theorie des Raums in der Informationsgesellschaft. In: Noller, P. (Hrsg.): Stadt-Welt: über die Globalisierung städtischer Milieus. Frankfurt a. M. u.a. (= Die Zukunft des Städtischen 6), S. 120-134.
Grentzer, M. (1995): Teleworking. Raumrelevanz von Kommunikationstechnologie. Augsburg.
Grentzer, M. (1999a): Räumlich-strukturelle Auswirkungen von IuK-Technologien in transnationalen Unternehmen. Münster u.a. (= Geographie der Kommunikation 2).
Grentzer, M. (1999b): Economic-geographic Aspects of a Geography of Telecommunications. In: Netcom Networks and Communication Studies. Heft 3/4, S. 211-224.
Kellerman, A. (1993): Telecommunications and Geography. London u.a.
Rangosch-du Moulin, S. (1997): Videokonferenzen als Ersatz oder Ergänzung von Geschäftsreisen. Substitutions- und Komplementäreffekte, untersucht bei Unternehmen in der Schweiz. Zürich (= Wirtschaftsgeographie und Raumplanung 26).

Quellen von Karten und Abbildungen

Abb. 1: Telearbeiter der Siemens AG 1999: Siemens AG, Betriebsrat München-Hofmannstraße.
Abb. 2: Siemens Corporate Network 1998: Siemens Business Services GmbH & Co. OHG, Siemens Communications Network.

Bildnachweis

S. 112: Siemens-Standort München-Perlach: copyright Siemens-Pressebild

S. 114-115: Medienstandorte: Schwerpunkte und Entwicklungen

Autoren: Prof. Dr. Peter Gräf und Tanja Matuszis (M. A.), Geographisches Institut der Rheinisch-Westfälischen Technischen Hochschule Aachen, Templergraben 55, 52056 Aachen

Kartographische Bearbeiter

Abb. 1: Red.: B. Hantzsch; Bearb.: O. Schnabel
Abb. 2, 3, 4: Red.: B. Hantzsch; Bearb.: B. Hantzsch

Literatur

Branchenverzeichnis Medien. Red Box (2000): online im Internet unter: http://62.153.223.5/public/start-de.html
Hanke, S. (1996): Der Standortwettbewerb um die Medienwirtschaft. Wiesbaden.
Landeshauptstadt München Industrie-und Handelskammer für München und Oberbayern (Hrsg.) (2000): Der Medienstandort München. München.
Mediaguide Berlin-Brandenburg (2000), Mediaguide Nord (2000), Mediaguide NRW (2000): online im Internet unter: www.messetreff.de
Steinmetz, C. (Hrsg.) (2000): Medienhandbuch Köln. Die audio-visuellen Medien. 5. Aufl. Köln.

Quellen von Karten und Abbildungen

Abb. 1: Kriterien für die Betitelung Medienstandort : IPSOS-Studien 1997.
Abb. 2: Standorte großer Medienunternehmen 1998: Media Perspektiven, Basisdaten 98.
Abb. 3: Der Medienstandort München 1999: Landeshauptstadt München Industrie-und Handelskammer für München und Oberbayern (Hrsg.) (2000).
Abb. 4: Die Medienstandorte Berlin, Hamburg und Köln 1999: Hanke, S. (1996). Steinmetz, C. (Hrsg.) (2000).

Danksagung

Büro für Medien- und Kommunikationswirtschaft der Stadt Dortmund. ConM, München. Horst Röper, FORMATT-Institut, Dortmund. Industrie- und Handelskammer für München und Oberbayern. Landeshauptstadt München. Stabstelle für Medienwirtschaft, Köln.

S. 116-117: Das Buchverlagswesen und seine Standorte

Autor: Prof. Dr. Peter Gräf, Geographisches Institut der Rheinisch-Westfälischen Technischen Hochschule Aachen, Templergraben 55, 52056 Aachen

Kartographische Bearbeiter

Abb. 1: Konstr.: U. Hein; Red.: B. Hantzsch; Bearb.: R. Richter
Abb. 2: Konstr.: U. Hein, Red.: B. Hantzsch; Bearb.: R. Bräuer

Literatur

Arbeitsgemeinschaft der ARD-Werbegesellschaften (Hrsg.) (1999): Media Perspektiven. Basisdaten. Daten zur Mediensituation in Deutschland 1999. Frankfurt a. M.
Börsenverein des Deutschen Buchhandels e.V. (Hrsg.) (1999): Buch und Buchhandel in Zahlen 1999. Frankfurt a. M.
Buchhändler-Vereinigung GmbH (Hrsg.) (1999): Adressbuch für den deutschsprachigen Buchhandel 1999/2000. Frankfurt a. M.

Quellen von Karten und Abbildungen

Abb. 1: Die 500 Verlagsstandorte in München und Umgebung 1998,
Abb. 2: Verlagsstandorte 1998: Adress-CD-ROM des Börsenvereins 1999. Eigene Auswertungen.

Bildnachweis

S. 116: Der Georg Westermann Verlag, Braunschweig: copyright Georg Westermann GmbH & Co.

S. 118-121: Öffentlich-rechtliche und private Rundfunk- und Fernsehanbieter

Autoren: Prof. Peter Gräf, Hanan Hallati (M. A.) und Petra Seiwert (M. A.), Geographisches Institut der Rheinisch-Westfälischen Technischen Hochschule Aachen, Templergraben 55, 52056 Aachen

Kartographische Bearbeiter

Abb. 1: Red.: B. Hantzsch; Bearb: S. Dutzmann
Abb. 2, 5, 6: Red.: B. Hantzsch; Bearb: B. Hantzsch
Abb. 3,4: Red.: B. Hantzsch; Bearb: R. Richter

Literatur

3sat online: online im Internet unter: http://www.3sat.de
Arbeitsgemeinschaft der ARD-Werbegemeinschaften (1999): Media Perspektiven Basisdaten. Daten zur Mediensituation in Deutschland 1999. Frankfurt a. M.
Arbeitsgemeinschaft der Landesmedienanstalten in der Bundesrepublik Deutschland (1998): Jahrbuch der Landesmedienanstalten 1997/98. Privater Rundfunk in Deutschland. München.
ARD: Radio-Fernsehen-Online: online im Internet unter: http://www.ard.de
Brünjes, S. u. U. Wenger (1998): Radio-Report. Programme-Profile-Perspektiven. Bonn.
Kaase, M. (1998): Massenkommunikation und Massenmedien. In: Schäfers, B. u. W. Zapf (Hrsg.): Handwörterbuch zur Gesellschaft Deutschlands. Opladen.
ZDF.online: online im Internet unter: http://www.zdf.de

Quellen von Karten und Abbildungen

Abb. 1: Kabelanschluss der Haushalte 1997: Arbeitsgemeinschaft der ARD-Werbegemeinschaften (1997): Media Perspektiven Basisdaten. Daten zur Mediensituation in Deutschland 1997. Frankfurt a. M.
Abb. 2: Besitzverhältnisse in den Netzebenen 3 und 4: Hallati, H. (1999).
Abb. 3: Öffentlich-rechtliche Rundfunk- und Fernsehanstalten 2000: ARD-Jahrbuch 2000. Arbeitsgemeinschaft der Landesmedienanstalten in der Bundesrepublik Deutschland (2000). Eigene Erhebungen C. Lambrecht.
Abb. 4: Kabelanschlüsse 1998/ Zunahme der Kabelanschlüsse 1993-1998: Arbeitsgemeinschaft der ARD-Werbegemeinschaften (1998): Media Perspektiven Basisdaten. Daten zur Mediensituation in Deutschland 1998. Frankfurt a. M.
Abb. 5: Ausgeblendete Kabelprogramme 1998: Arbeitsgemeinschaft der ARD-Werbegemeinschaften (1999): Media Perspektiven Basisdaten. Daten zur Mediensituation in Deutschland 1999. Frankfurt a. M.
Abb. 6: Unternehmenssitze privater Rundfunk- und Fernsehanbieter 1998: Arbeitsgemeinschaft der Landesmedienanstalten in der Bundesrepublik Deutschland (1998): Media Perspektiven Basisdaten. Daten zur Mediensituation in Deutschland 1998. Frankfurt a. M.

Bildnachweis

S. 118: MDR-Zentrale in Leipzig: copyright V. Bode

S. 122-123: Lokale und regionale Informationsvielfalt im Pressewesen

Autor: Prof. Dr. Jürgen Rauh, Geographisches Institut der Technischen Universität München, Arcisstr. 21, 80333 München

Kartographische Bearbeiter

Abb. 1, 2: Kart.: J. Rauh; Red.: K. Großer; Bearb.: R. Richter
Abb. 3: Kart.: K. Maag, J. Rauh; Red.: K. Großer, U. Hein; Bearb.: S. Dutzmann

Literatur

Blotevogel, H. H. (1984): Zeitungsregionen in der Bundesrepublik Deutschland. Zur räumlichen Organisation der Tagespresse und ihren Zusammenhängen mit dem Siedlungssystem. In: Erdkunde. Heft 2, S. 79-93.
Bode, V. (1999): Struktur und Organisation der Tagespresse. In: IfL (Hrsg.): Nationalatlas Bundesrepublik Deutschland. Band 1: Gesellschaft und Staat. Mithrsg. von Heinritz, G., S. Tzschaschel u. K. Wolf. Heidelberg, Berlin, S. 74-75.
Bundesverband Deutscher Zeitungsverleger e.V. (Hrsg.) (1998): Zeitungen 1998. Bonn.
Informationsgemeinschaft zur Feststellung der Verbreitung von Werbeträgern (Hrsg.) (1988): IVW-Verbreitungsanalyse Tageszeitungen 1988. Bonn.
Informationsgemeinschaft zur Feststellung der Verbreitung von Werbeträgern (Hrsg.) (versch. Ausgaben): Auflagenliste. Bonn.
Presse- und Informationsamt der Bundesregierung (Hrsg.) (1998): Bericht der Bundesregierung über die Lage der Medien in der Bundesrepublik Deutschland. Medienbericht 1998. Bonn (= Berichte und Dokumentationen).
Pürer, H. u. J. Raabe (1996): Medien in Deutschland. Band 1: Presse. Konstanz.
Röper, H. (1993): Konzentrationswerte im Zeitungsmarkt wieder gestiegen. Daten zur Konzentration der Tagespresse in der Bundesrepublik Deutschland im I. Quartal 1993. In: Media Perspektiven. Heft 9, S. 402-409.
Schütz, W. J. (1996): Vielfalt oder Einfalt? Zur Entwicklung der Presse in Deutschland 1945-1995. In: Landeszentrale für politische Bildung Baden-Württemberg (Hrsg.): Man muß daran glauben ... Politik und Publizistik. 30. März-1. April 1995, Haus auf der Alb, Bad Urach. Stuttgart.
Schütz, W. J. (1997a): Deutsche Tagespresse 1997. In: Media Perspektiven. Heft 12, S. 663-684.
Schütz, W. J. (1997b): Redaktionelle und verlegerische Struktur der deutschen Tagespresse. In: Media Perspektiven. Heft 12, S. 685-694.
Stamm Presse- und Medien-Handbuch. Leitfaden durch Presse und Werbung. Nachweis und Beschreibung periodischer Druckschriften sowie aller Werbemöglichkeiten in Deutschland und der wichtigsten im Ausland (versch. Ausgaben). Essen.
Zeitungs Marketing Gesellschaft (Hrsg.) (1999): Verbreitungsatlas 1998/99. Verbreitungsgebiete und verbreitungsanalytische Daten der Tageszeitungen und Programm-Supplements. Frankfurt/Main.

Quellen von Karten und Abbildungen

Abb. 1: Abonnementzeitungen mit überwiegend lokaler/regionaler Verbreitung 1989-1997: Schütz, W. J. (1997a).
Abb. 2: Anteil der Kreise mit Tageszeitungen mit nur einem Mantel 1954-1997: Schütz, W. J. (1997a).
Abb. 3: Regionale Abonnement-Tageszeitungen 1988 und 1998: Informationsgemeinschaft zur Feststellung der Verbreitung von Werbeträgern (Hrsg.) (1998). Zeitungs Marketing Gesellschaft (Hrsg.) (1999).

Bildnachweis

S. 122: Regionale und lokale Tageszeitungen: copyright V. Bode

S. 124-127: Erreichbarkeit und Raumentwicklung

Autoren: Dipl.-Ing. Carsten Schürmann, Dipl.-Ing. Klaus Spiekermann und Prof. Dr. Michael Wegener, Institut für Raumplanung (IRPUD), Fakultät Raumplanung, Universität Dortmund, August-Schmidt-Str. 6, 44221 Dortmund.

Kartographische Bearbeiter

Abb. 1-10: Konstr.: RPVD; Red.: K. Großer, RPVD; Bearb.: S. Specht

Literatur

BBR (Hrsg.) (2000): Raumordnungsbericht 2000. Bonn (= Berichte. Band 7).
Biehl, D. (Hrsg.) (1986): The Contribution of Infrastructure to Regional Development. Final Report of the Infrastructure Studies Group to the Commission of the European Communities. Luxembourg.
Biehl, D. (1991): The role of infrastructure in regional development. In: Vickerman, R. W. (Hrsg.): Infrastructure and Regional Development. European Research in Regional Science1. London, S. 9-35.
Blonk, W. A. G. (1979): Transport and Regional Development. An International Handbook. Farnborough. Hampshire.
Blum, U. (1982): Effects of transportation investments on regional growth: a theoretical and empirical investigation. In: Papers of the Regional Science Association 49, S. 169-184.
Bruinsma, F. u. P. Rietveld (1996): The accessibility of European cities: theoretical framework and comparison of approaches. In: Environment and Planning A 30, S. 499-521.
Bökemann, D. (1982): Theorie der Raumplanung. München, Wien.

Fürst, F. u.a. (2000a): The SASI Model: Demonstration Examples. Dortmund (= Berichte aus dem Institut für Raumplanung 51).

Fürst, F. u.a. (2000b): Brückenschlag nach Skandinavien. Wirtschaftliche Auswirkungen der Øresund-Brücke. In: RaumPlanung 90, S. 109-113.

Hansen, W. G. (1959): How accessibility shapes land-use. In: Journal of the American Institute of Planners 25, S. 73-76.

Keeble, D., P. L. Owens u. C. Thompson (1982): Regional accessibility and economic potential in the European Community. In: Regional Studies 16, S. 419-432.

Keeble, D., J. Offord u. S. Walker (1988): Peripheral Regions in a Community of Twelve Member States. Luxembourg.

Linneker, B. (1997): Transport Infrastructure and Regional Economic Development in Europe. A Review of Theoretical and Methodological Approaches. Sheffield (= Department of Town and Regional Planning Report 133).

Lutter, H., T. Pütz u. M. Spangenberg (1993): Lage und Erreichbarkeit der Regionen in der EG. Forschungen zur Raumentwicklung. Band 23. Bonn.

RECLUS (1989): Les villes européennes. Rapport pour la DATAR. Paris.

Rietveld, P. u. F. Bruinsma, (1998): Is Transport Infrastructure Effective? Transport Infrastructure and Accessibility: Impacts on the Space Economy. Berlin, Heidelberg, New York (= Advances in spatial science).

Schürmann, C. (1999): Eisenbahn- und Straßenisochronen von Berlin. Methodische Aspekte: online im Internet unter: http://irpud.raumplanung.uni-dortmund.de/irpud/pro/berlin/berlin.htm

Schürmann, C., K. Spiekermann u. M. Wegener (1997): Accessibility Indicators. Dortmund (= Berichte aus dem Institut für Raumplanung 39).

Spiekermann, K. (1999): Visualisierung von Eisenbahnreisezeiten – Ein interaktives Computerprogramm. Dortmund (= Berichte aus dem Institut für Raumplanung 45).

Spiekermann, K. u. M. Wegener (1996): Trans-European networks and unequal accessibility in Europe. In: EUREG – European Journal of Regional Development 4, S. 35-42.

Törnqvist, G. (1970): Contact Systems and Regional Development. Lund (= Lund Studies in Geography. Band 35).

Wegener, M. u.a. (2000): Geographical Position. Study Programme on European Spatial Planning. Bonn (= Schriftenreihe Forschung, im Druck).

Quellen von Karten und Abbildungen

Abb. 1: Erreichbarkeit von Hannover im Straßenverkehr,

Abb. 2: Erreichbarkeit von Hannover im Eisenbahnverkehr,

Abb. 3: Straße: Tägliche Erreichbarkeit 1999,

Abb. 4: Bahn: Tägliche Erreichbarkeit 1999,

Abb. 5: Erreichbarkeit und Wirtschaftskraft 1996,

Abb. 6: Disparitäten der Erreichbarkeit 1981-2016,

Abb. 7: Erreichbarkeitspotenziale von Straße und Eisenbahn: IRPUD-Erreichbarkeitsmodelle Deutschland und Europa.

Bildnachweis:

S. 124: Messeschnellweg in Hannover: copyright Siemens-Pressebild

S. 128-131: Auswirkungen der „Verkehrsprojekte Deutsche Einheit"

Autoren: Dipl.-Geogr. Andrea Holzhauser und Prof. Dr. Josef Josef Steinbach, Fach Geographie in der Mathematisch-Geographischen Fakultät der Katholischen Universität Eichstätt, Ostenstr. 26, 85072 Eichstätt.

Kartographische Bearbeiter

Abb. 1, 2, 3, 4, 6: Konstr.: A. Holzhauser; Red.: A. Holzhauser; Bearb.: A. Holzhauser, K. Neudecker, S. Specht

Abb. 5: Konstr.: A. Holzhauser; Red.: A. Holzhauser; Bearb.: A. Holzhauser, K. Neudecker, R. Richter, M. Zimmermann

Literatur

BMV (1992): Bundesverkehrswegeplan 1992. Bonn.

Europäische Kommission (1999): EUREK – Europäisches Raumentwicklungskonzept. Luxemburg.

Steinbach, J. (1999): Uneven Worlds. Theories, Empirical Analysis and Perspectives to Regional Development. Bergtheim bei Würzburg (= DWV-Schriften zur Wirtschaftsgeographie. Band 1).

Steinbach, J. u. D. Zumkeller (1992): Integrierte Planung von Hochgeschwindigkeitsverkehr in Europa. In: Informationen zur Raumentwicklung. Heft 4, S. 265-286.

Quellen von Karten und Abbildungen

Abb. 1: Zukünftige Erreichbarkeitsbedingungen der deutschen Regionen im europäischen Bahnverkehr,

Abb. 2: Verbesserung der Erreichbarkeitsbedingungen der deutschen Regionen im europäischen Bahnverkehr,

Abb. 3: Zukünftige Erreichbarkeitsbedingungen im europäischen Bahngüterverkehr,

Abb. 4: Zukünftige Erreichbarkeitsbedingungen im europäischen Straßengüterverkehr,

Abb. 5: Verbesserung der Erreichbarkeit der europäischen Regionen im Straßengüterverkehr,

Abb. 6: Verbesserung der Erreichbarkeit im europäischen Straßengüterverkehr: ADAC (1992): Der ADAC Atlas Deutschland Europa 1993/94. München (stark verändert). BMV (1992). BMVBW (1999): Sachstandsbericht Verkehrsprojekte Deutsche Einheit. Bonn. Deutsche Bahn AG (1999): Kursbuch. Frankfurt. Europäische Kommission (1999): Sechster Bericht über die Regionen. Luxemburg. Eurostat: versch. statistische Jahrbücher u. spezielle Datenzusammenstellungen. Neudecker, Klaus (2000): Implementierung von Potenzialmodellen in Geographische Informationssysteme – dargestellt am Beispiel der Europäischen Union und ihrer Osterweiterung. Unveröff. Diplomarbeit. Katholische Universität Eichstätt. Eichstätt. Offizielle Statistiken der behandelten südosteuropäischen Staaten (1996-1999). Shell (1998/99): Der große Shell Atlas 98/99. Ostfildern (stark verändert). UIC – Union Internationale des Chemin de fer: online im Internet unter http://www.uic.asso.fr

Bildnachweis

S. 128: Schienenverkehrsprojekt Deutsche Einheit Nr. 9, Ausbaustrecke Leipzig-Dresden: copyright V. Bode

S. 132-133: Verkehrlich hoch belastete Räume

Autoren: Prof. Dr. Günter Löffler, Institut für Geographie der Bayerischen Julius-Maximilians-Universität Würzburg, Am Hubland, 97074 Würzburg

WissDir Dr. Horst Lutter, Referat I 1Raumentwicklung, Bundesamt für Bauwesen und Raumordnung, Am Michaelshof 8, 53177 Bonn

Kartographische Bearbeiter

Abb. 1: Konstr.: G. Löffler; Red.: W. Kraus; Bearb.: R. Richter

Abb. 2: Konstr.: BBR; Red.: W. Kraus; Bearb.: R. Richter

Literatur

BMRBS (Hrsg.) (1993a): Entschließungen der Ministerkonferenz für Raumordnung. Bonn.

BMRBS (Hrsg.) (1993b): Raumordnungspolitischer Orientierungsrahmen. Leitbilder für die räumliche Entwicklung der Bundesrepublik Deutschland. Bonn-Bad Godesberg.

Kanzlerski, D. u. H. Lutter (1998): Einführung: Tendenzen und Probleme der Verkehrsentwicklung. In: Informationen zur Raumentwicklung. Heft 6, S. I-VI.

Lutter, H. (1995): Verkehrlich hoch belastete Räume. In: BfLR-Mitteilungen. Nr. 3, S. 4-5.

Entschliessung der Ministerkonferenz für Raumordnung (1997): Handlungskonzept zur Entlastung verkehrlich hoch belasteter Räume vom Kfz-Verkehr, 3. Juni 1997.

Quellen von Karten und Abbildungen

Abb. 1: Fahrleistungsdichte 1995 und deren Entwicklung von 1990 bis 1995: Tabelle 12 „Verkehr", Indikatoren Spalten 2 u.3. In: BBR (Hrsg.) (1998): Aktuelle Daten zur Entwicklung der Städte, Kreise und Gemeinden. Bonn (= Berichte des BBR. Band 1), S. 199-211.

Abb. 2: Verkehrlich hoch belastete Räume 1995: BfLR (1997): Verkehrlich hoch belastete Räume – Regionen und Korridore. Anhang zur Entschließung der MKRO vom 3. Juni 1997. In: Lutter, H.: Handlungskonzept zur Entlastung verkehrlich hoch belasteter Räume im Kfz-Verkehr. In: BfLR – Mitteilungen und Informationen. Nr. 4, S. 10-11.

Bildnachweis

S. 132: Autobahn München-Salzburg: copyright USELMANN, BILDER PUR-München

S. 134-135: Unfälle im Straßenverkehr

Autoren: Dr. Ralf Klein und Prof. Dr. Günter Löffler, Institut für Geographie der Bayerischen Julius-Maximilians-Universität, Am Hubland, 97074 Würzburg

Kartographische Bearbeiter

Abb. 1, 2, 3, 4, 5: Red.: K. Großer; Bearb.: S. Dutzmann

Quellen von Karten und Abbildungen

Abb. 1: Unfälle mit Personenschaden 1994: BMV (Hrsg.) (1997): Verkehr in Zahlen. Hamburg, S. 169-171.

Abb. 2: Anteil der Verunglückten innerhalb und außerhalb von Ortschaften 1998: StBA (Hrsg.) (1999): Statistisches Jahrbuch für die Bundesrepublik Deutschland. Wiesbaden, S. 324, Tab. 13.26.

Abb. 3: Straßenverkehrsunfälle mit Personenschaden 1983-1998: StBA (Hrsg.) (versch. Jahrgänge): Statistisches Jahrbuch für die Bundesrepublik Deutschland. Wiesbaden.

Abb. 4: Unfalltote 1983-1998: StBA (Hrsg.) (Versch. Jahrgänge): Statistisches Jahrbuch für die Bundesrepublik Deutschland. Wiesbaden.

Abb. 5: Unfälle und Unfallrisiko 1998: Eigene Bearb. nach Angaben der StÄdL.

Zur Datenlage

Die statistische Erfassung von Straßenverkehrsunfällen klassifiziert Unfälle nach Personen- und Sachschäden. Die Klassifikationsmerkmale bezüglich Sachschäden wurden in Deutschland 1995 geändert. Damit wird die zeitliche Vergleichbarkeit erschwert. Auch internationale Vergleiche von Unfällen, Verunglückten und Verkehrstoten sind aufgrund verschiedener nationaler Definitionen und Klassifikationen nur eingeschränkt möglich.

Absolute Zahlenangaben bezogen auf Verwaltungseinheiten sind allein betrachtet nur bedingt aussagekräftig. Dies resultiert aus der unterschiedlichen Verkehrsbelastung als Folge der Bevölkerungsverteilung sowie der unterschiedlichen Zusammensetzung des Verkehrsaufkommens durch lokale, regionale und transregionale sowie internationale Verkehrsströme.

S. 136-137: Standortstruktur und Umweltwirkungen des Zulieferverkehrs

Autor: Dr. Ralf Klein, Institut für Geographie der Bayerischen Julius-Maximilians-Universität Würzburg, Am Hubland, 97074 Würzburg

Kartographische Bearbeiter

Abb. 1, 2, 3, 4, 5, 6, 7: Red.: B. Hantzsch; Bearb.: B. Hantzsch

Abb. 7, 8: Red.: B. Hantzsch; Bearb.: R. Bräuer

Literatur

BMVBW (Hrsg.) (1999): Verkehr in Zahlen 1999. Hamburg.

Umweltbundesamt (Hrsg.) (1998): Daten zur Umwelt – Der Zustand der Umwelt in Deutschland – Ausgabe 1997. Berlin.

Umweltbundesamt (Hrsg.) (1999): Umweltdaten 1998. Berlin.

Quellen von Karten und Abbildungen

Abb. 1: End-Energieverbrauch nach Wirtschafts- und Verkehrsbereichen 1998,

Abb. 2: Entwicklung des End-Energieverbrauchs nach Verkehrsbereichen von 1980 bis 1998,

Abb. 3: Emission nach Emittentengruppen 1997,

Abb. 4: Entwicklung der Emissionen des Straßenverkehrs von 1980 bis 1997,

Abb. 5: Transportwege eines Produkts,

Abb. 6: Emissionen von Materialtransporten für die Produktion eines Kleiderschrankes,

Abb. 7: Konzentrationsräume der Möbelindustrie 1999: Eigene Auswertung und Berechnung nach Literatur (s.o.).

Abb. 8: Co_2-Emissionen der Materialtransporte zu einem Möbelwerk: Eigene Erhebungen.

Bildnachweis

S. 136: Schlafzimmerschrank: copyright Wiemann Möbel

S. 138-139: Schadstoffimmissionen im Stadtverkehr – das Beispiel Würzburg

Autor: Reg.-Dir. Dr. Peter Rabl, Bayerisches Landesamt für Umweltschutz, Bürgermeister-Ulrich-Str. 160, 86179 Augsburg

Kartographische Bearbeiter

Abb. 1, 2, 3, 4, 5: Red.: W. Weber, W. Kraus; Bearb.: W. Weber, M. Zimmermann

Abb. 6: Bearb.: S. Dutzmann

Literatur

23. Verordnung zum Bundes-Immissionsschutzgesetz (Verordnung über die Festlegung von Konzentrationswerten) (1996). BGBl I, S.1962.

Bayerisches Landesamt für Umweltschutz (Hrsg.) (versch. Jahrgänge): Lufthygienische Jahresberichte 1975 bis 1998.

Bayerisches Staatsministerium für Landesentwicklung und Umweltfragen (Hrsg.) (1997): Lufthygienische Wirksamkeit möglicher verkehrlicher Maßnahmen im Vollzug des §40(2) BImSchG, Materialien 122. München.

Bayerisches Staatsministerium für Wirtschaft, Verkehr und Technologie (Hrsg.) (1998): Bayerischer Solar- und Windatlas. München.

Deutscher Bundestag (Hrsg.) (1996): Sechster Immissionsschutzbericht der Bundesregierung. Drucksache 13/4825 vom 11.06.1996.

Drägerwerk AG (Hrsg.) (1995): ORSA 5 Gebrauchsanweisung. 7. Auflage. Lübeck.

Gesellschaft für Informatik, Verkehrs- und Umweltplanung mbH (1996/1997): IMMIS-Luft. Version 2.0/2.5. Berlin.

Gesetz zum Schutz vor schädlichen Umwelteinwirkungen durch Luftverunreinigung, Geräusche, Erschütterungen und ähnliche Vorgänge (Bundes-Immissionsschutzgesetz) (1990).

INFRAS AG (Hrsg.) (1999): Handbuch für Emissionsfaktoren des Straßenverkehrs. Berlin.

Institut für Klima, Umwelt und Energie (Hrsg.) (1999): Modell zur Wirkungseinschätzung von verkehrsbezogenen Minderungsmaßnahmen. Wuppertal.

Landesanstalt für Umweltschutz Baden-Württemberg (Hrsg.) (1996): Emissionsmindernde Maßnahmen im Straßenverkehr. Karlsruhe.

LAI (Länderausschuss für Immissionsschutz) (Hrsg.) (1994): Beurteilungswerte für luftverunreinigte Immissionen. Bericht an die Umweltkonferenz.

Moriske, H.-J. u.a. (1996): Erfassung von NO_2 – Konzentration in der Außenluft mittels Passivsammlern nach Palmes. Teil 1: Gefahrstoffe, Reinhalt. Luft 56, S.129-132. Teil 2: Gefahrstoffe, Reinhalt. Luft 56, S. 161-164.

Richtlinie 1999/30/EG des Rates über Grenzwerte für Schwefeldioxid, Stickstoffdioxid und Amtsblatt der Europäischen Gemeinschaft L 163/41 vom 29. Juni 1999.

Richtlinie VDI 2310 Maximale Immissionskonzentrationen. Köln, Berlin.
Straßenverkehrsordnung (1997).
TÜV Ecoplan Umwelt GmbH (1998): Immissionsmessungen verkehrsbedingter Schadstoffe im Freistaat Bayern 1996-1998 im Auftrag des bayerischen Landesamtes für Umweltschutz. München.
Verein Deutscher Ingenieure (Hrsg.) (1974): Handbuch zur Reinhaltung der Luft Band 1. Richtlinie VDI 2310 Maximale Immissionskonzentrationen. Köln, Berlin.
Yamartino, R. J. u. G. Wiegand (1986): Development and Evaluation of Simple Models for the Flow. Turbulence and Pollutant Concentration within an Urban Street Canyon. In: Atmosphere Environment 20. S. 2137-2156.

Quellen von Karten und Abbildungen

Abb. 1: Stickstoffoxidimmission in Würzburg 1980-1998: Bayerisches Landesamt für Umweltschutz (Hrsg.) (versch. Jahrgänge). TÜV Ecoplan Umwelt GmbH (1998).
Abb. 2: Die Lage Würzburgs im Maintal: Entwurf Institut für Geographie der Bayerischen Julius-Maximilians-Universität Würzburg.
Abb. 3: NO_2-Immissionen,
Abb. 4: Dieselruß-Immissionen: Bayerisches Staatsministerium für Wirtschaft, Verkehr und Technologie (Hrsg.) (1998). Eigene Erhebungen. INFRAS AG (Hrsg.) (1999).
Abb. 5: Benzol-Immissionen: Bayerisches Staatsministerium für Wirtschaft, Verkehr und Technologie (Hrsg.) (1998). Eigene Erhebungen. INFRAS AG (Hrsg.) (1999).
Abb. 6: Herkunft verkehrsbedingter Luftschadstoffe und ihre Wirkung am Menschen; lufthygienische Grenz- und Orientierungswerte: 23. Verordnung zum Bundes-Immissionsschutzgesetz. LAI (Länderausschuss für Immissionsschutz) (Hrsg.) (1994). Richtlinie VDI 2310 Maximale Immissionskonzentrationen. Köln, Berlin. Verein Deutscher Ingenieure (Hrsg.) (1974).

Bildnachweis

S. 138: Verkehr in der Leistenstraße, Kreuzungsbereich B8/B19: copyright W. Weber/Geographisches Institut Würzburg

S. 140-141: Standortanforderungen und -wirkungen internationaler Verkehrsflughäfen

Autoren: Prof. Dr. Hans-Dieter Haas und Dr. Martin Heß, Institut für Wirtschaftsgeographie der Ludwig-Maximilians-Universität München, Ludwigstr. 28, 80539 München

Kartographische Bearbeiter

Abb. 1: Kart.: F. Eder; Konstr.: H.-D. Haas; Red.: B. Hantzsch; Bearb.: A. Müller
Abb. 2: Kart.: F. Eder; Konstr.: M. Heß; Red.: B. Hantzsch; Bearb.: A. Müller
Abb. 3: Red.: B. Hantzsch; Bearb.: B. Hantzsch
Abb. 4: Konstr.: M Heß; Red.: B. Hantzsch; Bearb.: R. Richter

Literatur

ADV (Hrsg.) (1997): Sicherung und Optimierung des Luftverkehrsstandortes Deutschland. Situationsanalyse und Beiträge zu Problemlösungen.
Haas, H.-D. (1994): Europäischer Luftverkehr und der neue Flughafen München. In: Geographische Rundschau. Heft 5, S. 274-281.
Haas, H.-D. (Hrsg.) (1997): Zur Raumwirksamkeit von Großflughäfen. Wirtschaftsgeographische Studien zum Flughafen München II. Kallmünz (= Münchner Studien zur Sozial- und Wirtschaftsgeographie. Band 39).
Haas, H.-D., H. Brockfeld u. M. Hess (1993): Der Flughafen München – seine internationale Entwicklung und nationale Bedeutung. In: Zeitschrift für den Erdkundeunterricht. Heft 9, S. 292-300.
Mayr, A. (1997): Luftverkehr und Flughäfen in Deutschland. In: IfL (Hrsg.): Atlas Bundesrepublik Deutschland. Pilotband. Leipzig.

Quellen von Karten und Abbildungen

Abb. 1: Verlagerung des Flughafens München: Haas, H.-D. (1994). Haas, H.-D. (Hrsg.) (1997).
Abb. 2: Gemeinsamer Landesentwicklungsplan: Katasteramt des Bezirks Berlin-Tempelhof. Landesregierung Brandenburg, Gemeinsame Landesplanungsabteilung Berlin-Brandenburg.
Abb. 3: Direkte Arbeitsplatzeffekte der Verkehrsflughäfen 1998: Arbeitsgemeinschaft Deutscher Verkehrsflughäfen.
Abb. 4: Flächenbedarf und Betriebszeiten der internationalen Verkehrsflughäfen 1999: Angaben der 17 internationalen Verkehrsflughäfen in Deutschland.

Bildnachweis

S. 141: Luftverkehrsdrehkreuz Frankfurt/Main: copyright Flughafen Frankfurt Main AG/ Stefan Rebscher

S. 142-145: Die externen Kosten des Verkehrs

Autor: Prof. Dr. Jürgen Deiters, Fachgebiet Geographie im Fachbereich Kultur- und Geowissenschaften der Universität Osnabrück, Seminarstr. 19 a/b, 49069 Osnabrück

Kartographische Bearbeiter

Abb. 1, 2, 8, 10, 11, 12: Red.: O. Schnabel; Bearb.: O. Schnabel
Abb. 3, 9: Red.: K. Großer; Bearb.: O. Schnabel
Abb. 4, 5, 6, 7: Kart.: R. Wellmer; Red.: K. Großer; Bearb.: O. Schnabel

Literatur

Breuer, S. u. M. Pennekamp (1999): Internalisierung externer Kosten als umweltpolitische Herausforderung. In: Internationales Verkehrswesen. Heft 11, S. 504-507.
EU (Hrsg.) (1995): Faire und effiziente Preise im Verkehr. Grünbuch der EU-Kommission. Luxemburg.
EU (Hrsg.) (1998): Fair Payment for Infrastructure Use. Weißbuch der EU-Kommision. Brüssel.
INFRAS/IWW (Hrsg.) (2000): External Costs of Transport. Accident, Environment and Congestion Costs of Transport in Western Europe. Im Auftrag des Internationalen Eisenbahnverbandes UIC (Paris). Zürich, Karlsruhe.
Isenmann, T. (1994): Marktwirtschaftliche Verkehrspolitik: Wirtschaftsverträglichkeit und Raumwirksamkeit. Chur, Zürich (= WWZ-Beiträge 20).
Maibach, M., R. Iten u. S. Mauch (1993): Kostenwahrheit im Verkehr. Fallbeispiel Agglomeration Zürich. Chur, Zürich.
Umweltbundesamt (Hrsg.) (2000): Einführung einer fahrleistungsbezogenen Schwerverkehrsabgabe in Deutschland. Berlin.

Quellen von Karten und Abbildungen

Abb. 1: Mittlere externe Kosten des Personenverkehrs 1995,
Abb. 2: Mittlere externe Kosten des Güterverkehrs 1995,
Abb. 3: Externe Effekte des Personenverkehrs 1995: Eigene Berechnungen. INFRAS/IWW (Hrsg.) (2000), S. 273.
Abb. 4: Wirtschaftskraft pro Kopf der Bevölkerung 1995,
Abb. 5: Straßenverkehrsleistung pro Einwohner 1995,
Abb. 6: Anteil der externen Kosten des Verkehrs am Bruttoinlandsprodukt 1995,
Abb. 7: Externe Kosten des Straßenverkehrs nach Kostenarten 1995,
Abb. 8: Mittlere externe Kosten des Personenverkehrs 1995: Eigene Berechnungen. INFRAS/IWW (Hrsg.) (2000).
Abb. 9: Externe Effekte des Güterverkehrs 1995: Eigene Berechnungen. INFRAS/IWW (Hrsg.) (2000), S. 273.
Abb. 10: Unfallfolgekosten im Straßenpersonenverkehr pro Einwohner 1995,
Abb. 11: Mittlere externe Kosten des Güterverkehrs 1995,
Abb. 12: Externe Kosten der Luftverschmutzung im Straßengüterverkehr pro Einwohner 1995: Eigene Berechnungen. INFRAS/IWW (Hrsg.) (2000).

S. 146-147: Erreichbarkeit in Netzen der Mobilkommunikation

Autoren: Deutsche Telekom MobilNet GmbH, Landgrabenweg 151, 53227 Bonn
Prof. Dr. Peter Gräf, Geographisches Institut der Rheinisch-Westfälischen Technischen Hochschule Aachen, Templergraben 55, 52056 Aachen

Kartographische Bearbeiter

Abb. 1: Red.: B. Hantzsch; Bearb.: R. Bräuer
Abb. 2, 3, 4: Red.: B. Hantzsch; Bearb.: B. Hantzsch

Literatur

Reischl, G. u. H. Sundt (1999): Die mobile Revolution. Das Handy der Zukunft und die drahtlose Informationsgesellschaft. Frankfurt, Wien.
Harke, W. (2000): PMR und PAMR – eine lukrative Marktnische? Die digitale Zukunft des professionellen Betriebsfunks. In: NET – Zeitschrift für Kommunikationswissenschaft. Heft 3, S. 34-36.

Quellen von Karten und Abbildungen

Abb. 1: Die Chekker-Maxizonen 1997: Dolphin Telecom (Deutschland) GmbH.
Abb. 2: Weltweite Entwicklung moderner Kommunikation 1996-1999: Ericsson.
Abb. 3: Entwicklung paketorientierter Datenübertragung ab 2000: Ericsson.
Abb. 4: Diffusion des T-D1 Mobilfunknetzes 1992-2000: Deutsche Telekom MobilNet GmbH.

Danksagung
Deutsche Telekom MobilNet GmbH.

S. 148-149: Verkehrstelematik – neue Chancen im Verkehrswesen

Autoren: Dipl.-Ing. Michael Beer, Abt. VII Verkehr, Senatsverwaltung für Stadtentwicklung, An der Urania 4-10, 10787 Berlin
Dipl.-Ing. Gerd Rosenthal, Abt. III Geoinformation und Vermessung, Referat B Grundlagenvermessung, Senatsverwaltung für Stadtentwicklung, Hohenzollerndamm 177, 10713 Berlin

Kartographische Bearbeiter

Abb. 1: Kart.: G. Blanke; Red.: B. Hantzsch; Bearb.: B. Hantzsch, R. Richter
Abb. 2, 3: Kart.: G. Blanke; Red.: B. Hantzsch; Bearb.: S. Dutzmann, R. Richter
Abb. 4: Kart.: G. Blanke; Red.: B. Hantzsch; Bearb.: B. Hantzsch, M. Zimmermann
Abb. 5: Kart.: G. Blanke; Red.: B. Hantzsch; Bearb.: B. Hantzsch, R. Richter

Literatur

AdV: SAPOS – Satellitenpositionierungsdienst der deutschen Landesvermessung: online im Internet unter: http://www.sapos.de
BVG – Berliner Verkehrsbetriebe (Hrsg.) (1999): Rechnergestütztes Betriebsleitsystem für Berlin. Berlin.
Bundesministerium für Bildung, Wissenschaft, Forschung und Technologie (Hrsg.) (1998): Leitprojekte „Mobilität in Ballungsräumen“. Bonn. Auch online im Internet unter: http://www.mobiball.de
Homepage der AdV: online im Internet unter: http://www.adv-online.de
Klemann, J. (1999): Mobilitätsmanagement im Ballungsraum Berlin. Toronto (= Intelligent Transportation Society of America).
Landesvermessungsamt Rheinland-Pfalz (Hrsg.) (1996): Das Geoinformationssystem ATKIS und seine Nutzung in Wirtschaft und Verwaltung. Anläßlich des 3. AdV Symposiums ATKIS am 29. und 30. Oktober 1996 in Koblenz. Koblenz.
Mertens, R. (1999): Verkehrsmanagement in Berlin. In: Senatsverwaltung für Bauen, Wohnen und Verkehr (Hrsg): SAPOS 2000 – Ihr Standpunkt. Vorträge des 2. SAPOS®-Symposiums, 9.-11. Mai 1999 in Berlin. Berlin, S. 115-119.
Peuser, M. u. P. Hankemeier (1999): Individuelle Verkehrslenkung für Sicherheitsdienste und öffentlichen Nahverkehr. In: Baubehörde Hamburg, Amt für Verkehr (Hrsg.): Telematik im Verkehr, Werkstattbericht Hamburg. Hamburg, S. 68-73.
Rosenthal G. (1999): SAPOS – ein modernes Lagefestpunktfeld. In: Senatsverwaltung für Bauen, Wohnen und Verkehr (Hrsg.), S. 40-51.
Rosenthal G. u. F. Rokahr (1999): Über die Nutzung von Geoinformationen der deutschen Landesvermessung in der Verkehrstelematik. In: Zeitschrift für Vermessungswesen. Heft 4, S.112-121.
Schulz, G. (1999): Fahrzeugpositionierung bei der Feuerwehr Hamburg. In: Senatsverwaltung für Bauen, Wohnen und Verkehr (Hrsg.), S. 120-123.

Quellen von Karten und Abbildungen

Abb. 1: Verkehrsstärke 1997: Dynamisches Verkehrsleitsystem Berlin/Senatsverwaltung für Stadtentwicklung, Berlin.
Abb. 2: Stationäre Detektion: Eigener Entwurf.
Abb. 3: Floating Car Data (Mobile Detektion): Eigener Entwurf.
Abb. 4: Verfügbarkeit des Radio Data System – Traffic Message Channel (RDS-TMC): ERTICO (European Road Transport Telematics Implementation Co-ordination Organisation) Intelligent Transport Systems – Europe.
Abb. 5: Verkehrsmanagement 2000: BMVBW. Senatsverwaltung für Stadtentwicklung, Berlin.

S. 154-157: Thematische Karten – ihre Gestaltung und Benutzung

Autoren: Dr. Konrad Großer und Dipl.-Ing. für Kart. Birgit Hantzsch, Institut für Länderkunde, Schongauerstr. 9, 04329 Leipzig

Kartographische Bearbeiter

Abb. 1, 2, 3, 4, 5, 6, 7, 8, 9, 10, 11, 12: Red.: K. Großer, B. Hantzsch; Kart.: K. Großer, B. Hantzsch

Literaturhinweise zur Vertiefung

Arnberger, E. (1966): Handbuch der Thematischen Kartographie. Wien.
Bertin, J. (1974): Graphische Semiologie. Berlin, New York. Übersetzung der Originalausgabe „Sémiologie graphique“ (1967). Paris.
Board, C. (1967): Maps as models. In: Chorley, R. L. u. P. Haggett (eds.): Models in Geography. London, S. 671-725.
Grosser, K. (1982): Zur Konzeption thematischer Grundlagenkarten. In: Geographische Berichte 104. Heft 3, S.171-183.
Grosser, K. (1997): Topographische Grundlage und kartographische Bearbeitung des Pilotbandes. In: IfL (Hrsg.): Atlas Bundesrepublik Deutschland. Pilotband, S. 19-25.
Louis, H. (1960): Die thematische Karte und ihre Beziehungsgrundlage. In: Petermanns Geographische Mitteilungen 104. Heft 1, S. 54-63.
Hake, G. u. D. Grünreich (1994): Kartographie, Walter de Gruyter. Berlin, New York.
Imhof, E. (1972): Thematische Kartographie, Walter de Gruyter. Berlin, New York.
Ogrissek, R. (1983): ABC Kartenkunde. Leipzig.
Salistschew, K. (1967): Einführung in die Kartographie. Gotha, Leipzig.
Spiess, E. (1971): Wirksame Basiskarten für thematische Karten. In: Internationales Jahrbuch für Kartographie 11, S. 224-238.

Sachregister